ENQUÊTE

SUR

L'EXPLOITATION ET LA CONSTRUCTION

DES CHEMINS DE FER

ENQUÊTE

SUR

L'EXPLOITATION ET LA CONSTRUCTION

DES CHEMINS DE FER

PUBLIÉE

PAR ORDRE DE SON EXCELLENCE LE MINISTRE DE L'AGRICULTURE

DU COMMERCE ET DES TRAVAUX PUBLICS

PARIS

IMPRIMERIE IMPÉRIALE

—

M DCCC LXIII

ARRÊTÉ.

——

Le Ministre Secrétaire d'État au département de l'agriculture,
du commerce et des travaux publics,

Vu le cahier des charges des concessions de chemins de fer, et, notamment,
les articles de ces cahiers des charges qui fixent les conditions techniques de
la construction et de l'exploitation des chemins de fer;

Vu le règlement d'administration publique sur la police, l'usage et l'exploitation des chemins de fer, en date du 15 novembre 1846;

Considérant qu'il serait impossible de faire droit aux demandes de nouveaux chemins de fer formées par un grand nombre de localités, si les conditions actuelles de tracé, de courbes, de rampes et d'exploitation n'étaient
pas modifiées, de manière à garder une juste mesure entre les dépenses de
construction et d'exploitation des nouvelles lignes et leur tarif probable;

Considérant, d'autre part, que l'exploitation des lignes actuellement concédées a donné lieu à de nombreuses réclamations, et qu'il y a lieu, notamment, de rechercher les moyens de donner aux trains plus de vitesse et aux
voyageurs le bien-être et la sécurité auxquels ils ont droit;

Sur le rapport du conseiller d'État, directeur général des ponts et chaussées et des chemins de fer,

Arrête :

ARTICLE PREMIER.

Il est formé, sous la présidence du Ministre, une Commission chargée d'étudier :

1° La construction et l'exploitation à bon marché des chemins de fer;

2° La vitesse à imprimer aux trains;

3° La police des gares, application des articles des cahiers des charges relatifs aux voitures de correspondance, au camionnage, aux traités de réexpédition ;

5° Et toutes les autres questions d'exploitation que le Ministre croira devoir lui soumettre.

ART. 2.

Sont nommés membres de cette commission :

MM. MICHEL CHEVALIER, sénateur ;

ALFRED LEROUX, membre du Corps législatif ;

DE BELLEYME, membre du Corps législatif ;

VUILLEFROY, président de la section des travaux publics au Conseil d'État ;

DE FRANQUEVILLE, directeur général des ponts et chaussées et des chemins de fer ;

AVRIL, inspecteur général des ponts et chaussées ;

BUSCHE, inspecteur général des ponts et chaussées ;

COMBES, inspecteur général des mines ;

TALABOT, directeur de la compagnie de la Méditerranée ;

DIDION, directeur de la compagnie d'Orléans ;

FOULON, ingénieur en chef des ponts et chaussées ;

VANDAL, conseiller d'État, directeur général des postes ;

PROSPER TOURNEUX, chef de la division de l'exploitation des chemins de fer, secrétaire ;

ADOLPHE MOREAU, auditeur au Conseil d'État, secrétaire adjoint.

Paris, le 5 novembre 1861.

Signé E. ROUHER.

RAPPORT

A SON EXCELLENCE LE MINISTRE DE L'AGRICULTURE,

DU COMMERCE ET DES TRAVAUX PUBLICS.

Monsieur le Ministre,

Des réclamations isolées d'abord, bientôt plus nombreuses, se sont élevées contre l'exploitation des chemins de fer; elles ont trouvé de l'écho dans un grand nombre de corps constitués, Conseils Généraux des départements et Chambres de Commerce. Au sein même du Corps Législatif et du Sénat, plusieurs orateurs se sont associés à ce mouvement de l'opinion. Vous avez donc pensé, Monsieur le Ministre, que le moment était venu pour l'Administration d'intervenir par un examen approfondi du sujet.

A la date du 5 novembre 1861, Votre Excellence forma une Commission qui devait, sous sa présidence, procéder à une enquête, et, après avoir contrôlé les faits signalés, rechercher, s'il y avait lieu, les mesures à prendre.

Déjà, à une autre époque, en novembre 1853, votre prédécesseur, M. Magne, à la suite de graves accidents qui s'étaient produits sur le réseau d'une des grandes Compagnies, celle d'*Orléans*, avait nommé une commission qui dût rechercher les moyens propres à assurer la sécurité et la régularité de l'exploitation des chemins de fer. Les travaux de cette commission furent exposés alors dans un savant rapport de son secrétaire, M. Tourneux, chef de la division de l'exploitation des chemins de fer. A ce rapport étaient joints de nombreux documents économiques et statistiques, qui n'ont pas peu contribué à faire connaître sous leur vrai jour, aussi bien dans les pays étrangers qu'en France, les beaux résultats obtenus déjà à cette époque par notre industrie des chemins de fer.

Cette première enquête eut aussi pour effet de montrer au public avec quel empressement et quelle sollicitude le Gouvernement se mettait à l'œuvre lorsqu'il s'agissait de le protéger. Les Compagnies, de leur côté, purent se convaincre que si le Gouvernement avait à cœur tout ce qui touche à l'intérêt comme à la sécurité du public, s'il était jaloux de faire droit aux plaintes reconnues justes, il ne l'était pas moins de les garantir elles-mêmes contre les attaques passionnées ou sans fondement.

Aujourd'hui, M. le Ministre, vous avez voulu que les investigations de la Commission ne se bornassent pas à l'examen de l'exploitation des chemins de fer. Désireux de profiter de la réunion des hommes éclairés que vous aviez appelés à étudier avec vous cette matière, vous avez pensé qu'il était bon de soumettre en même temps à leurs délibérations une autre série de questions, soulevées par l'initiative de l'Administration, sur les moyens de diminuer, dans un certain nombre de cas au moins, les frais de la construction des chemins de fer, d'en simplifier la gestion et d'imiter en France les chemins de fer à bon marché, et très-simplement administrés, qui se présentent maintenant dans quelques parties de l'Europe.

Le moment ne pouvait être mieux choisi pour une pareille étude, puisque le Gouvernement se trouvait en face de groupes de populations qui, situées dans des conditions topographiques difficiles, réclamaient cependant au nom de l'équité qu'on les admît, de même que le reste de la France, au bienfait des voies ferrées. Le gouvernement, d'ailleurs, venait d'être saisi à nouveau de projets et de rapports ayant pour objet de rendre plus économiques la construction et l'exploitation des chemins de fer, destinés à un mouvement local et à un commerce borné.

L'arrêté constitutif de la Commission portait donc d'abord, « qu'en « présence des réclamations nombreuses que l'exploitation des lignes « actuellement concédées avait provoquées, il convenait notamment de « rechercher les moyens de donner aux trains plus de vitesse et d'assu-« rer aux voyageurs le bien-être et la sécurité auxquels ils avaient « droit. »

Ensuite il constatait « qu'il serait impossible de faire droit aux

« demandes de nouveaux chemins de fer, formées par de nombreuses
« localités, si les conditions actuelles de tracé, de courbes, de rampes
« et d'exploitation n'étaient pas modifiées, de manière à garder une
« juste mesure entre les dépenses de construction et d'exploitation des
« nouvelles lignes et leur trafic probable. »

Afin que la Commission fût pourvue de renseignements précis
et de la plus fraîche date, sur l'exploitation et la construction des
chemins de fer à l'étranger, Votre Excellence a chargé des hommes,
déjà bien au courant de la matière, de se rendre dans la Grande-
Bretagne et en Allemagne, afin d'y bien examiner les chemins de fer
de toute categorie, d'y observer les faits anciens et nouveaux, et de
lui en faire un rapport circonstancié. M. Moussette, inspecteur principal de l'exploitation commerciale, que votre administration avait
plusieurs fois déjà envoyé en Angleterre et qui s'y était livré à des
études commerciales d'un grand intérêt [1], y est retourné avec
M. Lan, ingénieur des mines, qui s'était fait remarquer par l'esprit
éclairé avec lequel il avait pris part à une mission précédente, en Angleterre, et M. Bergeron, ingénieur civil, qui s'était consacré à l'étude
des chemins de fer économiques et comptait, dans les administrations
des chemins de fer anglais, des relations nombreuses. M. Dubocq, ingénieur des mines, qui avait acquis antérieurement une connaissance ap-
profondie des chemins de fer allemands, s'est rendu de même en Allemagne par votre ordre pour le même objet.

La Commission a voulu entendre, d'une part, les représentants
des Compagnies et, de l'autre, les personnes qui, à titre de manufacturiers ou de commerçants, ou par leur situation politique, ou par
la nature des recherches auxquelles elles s'étaient livrées, étaient en-
position de l'éclairer. Pour qu'un ordre méthodique présidât toujours
à ses opérations, elle chargeait, dès le principe, une sous-commission
prise dans son sein de préparer un questionnaire, où toutes les matières
indiquées dans l'arrêté de Votre Excellence devaient trouver leur place.
Ce questionnaire, en effet, a servi de guide à la Commission, dans les
séances où les personnes appelées à déposer devant elle ont été entendues. C'est aussi en le prenant pour base de leurs réponses écrites
que les Compagnies ont fait connaître les éléments constitutifs de leur
exploitation respective, et ont fourni les explications qu'on attendait
d'elles.

[1] On trouvera dans les *Annexes* plusieurs de ces rapports antérieurs de M. Moussette.

Partagé en trois grandes sections, comprenant 103 articles, *service des voyageurs, service des marchandises, construction et exploitation plus économiques des chemins de fer*, ce questionnaire offrait ensuite les subdivisions suivantes :

SECTION Iʳᵉ.
SERVICE DES VOYAGEURS.

1° Vitesse des trains express.
——— des trains omnibus.
——— des trains mixtes.
Correspondance des trains.
2° Sécurité, bien-être.
3° Police des gares.

SECTION II.
SERVICE DES MARCHANDISES.

1° Transports par petite vitesse.
2° ——— par grande vitesse.

SECTION III.
CONSTRUCTION ET EXPLOITATION ÉCONOMIQUES DES CHEMINS DE FER.

L'audition des représentants des Compagnies a rempli les huit premières séances de la Commission. Dans le cours de ces séances, qui ont permis à chacun des membres de la Commission d'apprécier les soins que les Compagnies apportent aux intérêts dont elles sont chargées, plusieurs questions laissées en dehors du questionnaire primitif ont été traitées, tant sur l'initiative des membres de la Commission, que sur celle des représentants des Compagnies.

La Commission a appelé ensuite dans son sein des députés qui avaient pris la parole dans les discussions relatives aux chemins de fer ou qui s'étaient faits les organes de réclamations relatives à l'exploitation. MM. Ancel, Auguste Chevalier, Cosserat et Roulleaux-Dugage; des membres du tribunal de commerce de la Seine, M. le président Denière et M. Berthier; des représentants de l'industrie de nos divers centres manufacturiers et commerciaux : MM. Amédée Burat, Coste, Chagot, Vulfran Mollet, Pagézy, Villeminot-Huard; des ingénieurs, des promoteurs de systèmes nouveaux de construction et de traction économiques, et des inventeurs de dispositions propres à augmenter le bien-être des voyageurs : MM. Arnoux, Delcambre, Eugène Flachat. Enfin, elle a entendu les explications orales de MM. Bergeron, Dubocq, Lan et Moussette, qui déjà précédemment avaient adressé à Votre Excellence des rapports écrits, pleins de renseignements précieux, que nous reproduisons dans les *Annexes*.

La Commission a pensé que, pour tirer de l'enquête à laquelle elle venait de procéder tout le bénéfice que le public était en droit d'en attendre, il était utile de délimiter le champ de la discussion à laquelle elle devait se livrer elle-même, afin que les votes de la Commission indiquassent nettement à l'Administration les améliorations réalisables. Dans ce but, une sous-commission nouvelle fut chargée du soin de déduire, de tous les renseignements apportés par les personnes appelées à déposer et de tous les documents qui avaient passé sous ses yeux, le programme des délibérations à intervenir, et de rédiger, en conséquence, un ensemble de résolutions destinées à être soumises à la Commission tout entière.

De nombreuses séances furent consacrées à la rédaction de ces résolutions, et vous le savez vous-même, Monsieur le Ministre, puisque vous avez pris une si grande part à nos travaux, ce n'est qu'après un examen approfondi de la part de la Commission que les résolutions premières, plus ou moins amendées, sont devenues des avis définitifs. Ce sont ces avis que nous avons l'honneur de consigner dans ce rapport à Votre Excellence.

Ces résolutions se divisent en trois parties, subdivisées elles-mêmes en plusieurs articles.

La première, qui comprend le *Service des voyageurs,* se partage comme il suit :

I. — DE LA VITESSE.

De la vitesse [1] effective des trains express;
——————————— des trains omnibus;
——————————— des trains mixtes;
Des correspondances des trains aux points de croisement;
Des traités de correspondance.

---

[1] Par la vitesse *effective,* on entend ici la vitesse moyenne du parcours; on la calcule en divisant la longueur du trajet parcouru par la durée totale du voyage, temps d'arrêt compris. La vitesse de *pleine marche* est celle qu'atteint le train, pendant qu'il est en marche, indépendamment des ralentissements qu'il subit soit lorsqu'on approche d'une station, soit lorsqu'on la quitte, soit encore lorsqu'on rencontre un point de bifurcation.

II. — De la Sécurité.

Des signaux pour les trains en route et les bifurcations;
De la communication des agents entre eux et avec le mécanicien;
De la communication entre les agents et les voyageurs;
Des wagons réservés aux femmes voyageant seules.

III. — Du Bien-être.

Des rideaux;
Du chauffage des voitures des 2e et 3e classes;
Des banquettes et dossiers;
Des compartiments réservés aux fumeurs;
Des water-closets;
De l'emploi de la houille dans les machines des trains de voyageurs.

IV. — De la Police des Gares.

De l'admission des diverses sortes de voitures publiques dans les gares.

La seconde, qui comprend le *Service des marchandises*, se subdivise ainsi :

I. — De la Vitesse.

Des délais de la petite et de la grande vitesse;
D'un service intermédiaire entre les deux vitesses;
De l'expédition des marchandises suivant l'ordre d'inscription;
Du transport par trains express des marchandises.

II. — Questions relatives à la Responsabilité des Compagnies pour le transport des marchandises.

De la lettre de voiture et du récépissé;
De la pénalité en cas de retard;
De la responsabilité des Compagnies en cas de transports communs à plusieurs.

III. — Questions relatives aux Tarifs.

Du relèvement des tarifs des marchandises;
De leur homologation;
Du système des coupures;
Des traités particuliers.

IV. — Questions Diverses.

Du camionnage;

Du factage;

Du magasinage.

Du groupage.

De la fourniture des wagons par les expéditeurs.

Du transport des céréales.

La troisième et dernière, qui comprend la *Construction et l'Exploitation des lignes nouvelles à établir*, se subdivise en deux concernant :

Les lignes qui rentreraient naturellement dans les réseaux des grandes Compagnies existantes;

Les lignes d'intérêt purement local qui, par la nature des besoins qu'elles auraient à desservir, pourraient rester en dehors des Compagnies existantes, et présenteraient le caractère particulier de chemins à transbordement.

Nous ne nous bornerons pas, sur chacune des questions que la Commission s'était posées, à transcrire ici l'avis qu'elle a adopté; nous essaierons aussi de résumer les opinions qui se sont fait jour dans le cours de la discussion. Nous y joindrons, avec les observations des personnes entendues dans l'enquête, les explications fournies par les représentants des Compagnies, tant oralement que par écrit. Sous cette forme, le travail de la Commission répondra mieux à la pensée de Votre Excellence et présentera au public plus d'éléments de conviction.

I^{RE} PARTIE.

SERVICE DES VOYAGEURS.

CHAPITRE IER.

DE LA VITESSE.

DES TRAINS EXPRESS; DE LEUR VITESSE, DE LEUR NOMBRE, DES SORTES DE PLACES QU'ILS COMPORTENT.

Le service des voyageurs par les trains express a donné lieu dans le public à diverses réclamations. On a adressé à ce service, tel qu'il est fait aujourd'hui, plusieurs reproches. On représente que la vitesse effective des trains express n'est pas assez grande; que ces trains ne sont pas suffisamment multipliés, et même qu'il y a des lignes importantes qui en sont totalement dépourvues. On demande enfin pourquoi les trains express sont réservés exclusivement aux voyageurs de première classe. De là trois questions qui méritent d'être examinées séparément.

Si la vitesse des trains express est assez grande.

La vitesse effective des trains express a-t-elle atteint, en France, tout ce qui serait désirable? La comparaison des chemins de fer étrangers, de ceux de l'Angleterre du moins, avec les chemins de fer français, fournit, à cet égard, des renseignements qu'il serait difficile de ne pas prendre en considération. Ainsi, la vitesse effective des express sur les chemins français, au moment de l'enquête [1], était:

De Paris à Marseille...... 46 kilomètres par heure.
De Paris à Bordeaux..... 5o *idem.*

[1] Au moment où la Commission a terminé ses travaux, la vitesse de l'express, dans les différentes directions, n'avait pas changé, excepté entre Paris et Marseille, où la Compagnie avait établi un service express plus rapide dans la direction de Paris à Marseille seulement. Il en sera parlé bientôt.

De Paris à Calais........ 57 kilomètres par heure.
De Paris à Strasbourg.... 49 *idem.*
De Paris au Havre....... 51 *idem.*

Sur les chemins de fer anglais, il est notoire qu'on atteint une vitesse plus grande. Il est rare en effet que sur ces lignes l'*express* ne fasse pas soixante kilomètres à l'heure; on peut même citer des lignes, comme celle de Londres à Holyhead, où l'on dépasse de plusieurs kilomètres ce degré de vitesse. Les trains de la Malle, qui, en Angleterre, existent indépendamment des express, vont plus rapidement encore. C'est ainsi que certains trains de la Malle atteignent la vitesse effective de 67 à 71 kilomètres [1].

Cependant les Compagnies ont été unanimes à soutenir qu'il ne leur était pas possible d'augmenter la vitesse des express. Quelques-unes ont dit qu'elles avaient fait des essais dans ce sens, et qu'elles avaient dû y renoncer. Elles ont allégué le nombre des arrêts auxquels elles étaient astreintes. Une partie de ces stationnements proviendrait du service de la poste aux lettres. Mais cette observation, dont nous sommes loin de méconnaître la portée, n'est pas sans réponse possible. Les Compagnies peuvent modifier leurs ordres de service, et l'Administration des Postes, qui, d'après la déclaration même des Compagnies, se montre animée de l'esprit de progrès, ne se refusera pas à faire ce qu'il faudra pour donner une plus grande vitesse aux trains express, soit par une certaine diminution du nombre des arrêts, soit en abrégeant la durée même du stationnement par l'adoption de dispositions mécaniques pour la délivrance et la réception des dépêches, soit par d'autres moyens, parmi lesquels on peut signaler la réduction du poids des bureaux ambulants.

Voici en effet ce qu'a déclaré à la Commission M. le Directeur général des Postes, l'un de ses membres :

« L'Administration des Postes, a dit ce haut fonctionnaire, s'est
« préoccupée des améliorations que, sous le rapport de la simplification
« des stationnements, elle pourrait apporter à son service actuel sur
« les voies ferrées; déjà elle est arrivée, en combinant, par exemple,
« l'emploi du train express et du train omnibus qui le suit immé-
« diatement, à réaliser, dans certains cas, de notables économies de
« temps, et les lignes de Saint-Étienne et de Clermont peuvent être

---

[1] Voir à ce sujet aux *Annexes* le rapport de M. Lan.

« citées comme des exemples significatifs des résultats obtenus sous ce
« rapport.

 « L'Administration des Postes s'est aussi livrée à des études ayant
« pour but l'installation, aux stations, d'appareils mécaniques destinés
« à la réception et au dépôt des correspondances sans temps d'arrêt
« du train. L'appareil en usage sur les chemins belges a été essayé,
« puis écarté, comme ne présentant pas toutes les conditions de sûreté
« et de précision désirables : mais aujourd'hui, grâce au concours
« bienveillant de la Compagnie *du Nord,* sur les lignes de laquelle
« les essais ont été faits, le problème paraît enfin résolu : L'expé-
« rience d'un appareil nouveau, exécutée à deux reprises à la gare de
« Saint-Denis, a donné les résultats les plus concluants : des sacs d'un
« poids de 10 à 12 kilogrammes ont été enlevés ou déposés au vol par
« un train, marchant à la vitesse de 108 kilomètres. Il s'ensuit donc
« que d'ici à peu de temps des appareils semblables, dont le prix de
« revient ne monte pas à plus de 300 francs, pourront être établis à
« toutes les stations ; ils permettront de supprimer tout temps d'arrêt
« quelconque, en ce qui touche le service des dépêches (toutes les fois
« que le poids de ces dépêches n'excédera pas 12 kilogrammes), et
« donneront aux Compagnies la facilité d'augmenter la vitesse de leurs
« trains, si tant est que les conditions de leur vitesse soient subordon-
« nées au service de la Poste. »

Conformément à ces données nouvelles, la Compagnie *de Paris
à Lyon et à la Méditerranée* a organisé un service plus rapide entre
Paris et Marseille. On fait aujourd'hui le trajet en 16 heures 15 minutes, ce qui suppose une vitesse effective de 53 kilomètres à l'heure.
On l'a vu plus haut, déjà et depuis plusieurs années, la Compagnie *du
Nord* offre au public un service d'une remarquable rapidité, puisque
la vitesse effective y est : sur la ligne de Calais, de 57 kilomètres
par heure ; sur celle de Boulogne, de 55 kilomètres pour les trains de
marée et pour les trains directs, et sur la ligne de Jeumont, de 55 kilomètres. Ainsi le signal du perfectionnement est donné en France sur
ce point ; avec l'aide d'un peu de temps et avec les recommandations
au besoin impératives de l'Administration, le public doit obtenir tout
ce qui est raisonnablement désirable.

Il a été dit au nom des Compagnies, non sans une certaine insis-
tance, qu'une vitesse très-grande, telle que celle des express ou des
trains de la Malle en Angleterre, outre qu'elle présente quelques
dangers, rend le voyage pénible par l'exagération du mouvement de

lacet et par les autres ballottements qu'elle détermine. Mais ces objections sont plus spécieuses que réelles; les dangers qu'offriraient l'express ou le train de la Malle en Angleterre, en comparaison des trains omnibus, ne sont constatés par aucune statistique. Quant à l'incommodité des ballottements, on doit l'attribuer à l'imperfection de l'entretien de la voie ou à la construction mal entendue des voitures, beaucoup plus qu'à l'accroissement de la vitesse de marche. Sur celles de nos lignes qui sont le mieux établies et où le matériel est le plus parfait, on atteint souvent une vitesse de marche qui diffère peu de celle des trains rapides de l'Angleterre, quoique en somme la vitesse effective soit moindre; et cette grande célérité n'incommode pas le voyageur.

Le rapport de M. Lan porte l'indication de divers moyens que les Compagnies anglaises ou quelques-unes d'entre elles ont adoptés dans le but d'accélérer la marche effective des trains sans accroître la vitesse de marche proprement dite. Nous ne les reproduirons pas ici. Nous renvoyons à ce rapport [1].

Toutefois, la Commission, persuadée qu'il ne faut pas précipiter le progrès et que, dans les perfectionnements, il convient de procéder par gradation, n'a pas cru qu'il convînt, quant à présent, de demander une grande augmentation effective de la vitesse des express. La vitesse de 55 à 60 kilomètres, qu'elle indique comme devant devenir la règle pour ces trains, n'est que la consécration de la pratique actuelle de quelques-uns des services français.

La Commission, d'ailleurs, reconnaît qu'il faut faire la part des difficultés résultant du mode même de construction des lignes. Ainsi, toutes les fois qu'une ligne offrira, autrement que par exception, des pentes raides, ou qu'elle présentera un grand nombre de courbes à petit rayon, la vitesse des express devra être diminuée d'autant. La Commission n'hésite pas davantage à admettre que la vitesse des trains qui portent les dépêches doit être subordonnée aux nécessités du service des Postes. Mais sur ce dernier point l'Administration des Postes paraît disposée à accéder aux combinaisons qui faciliteraient un service rapide, auquel elle-même est la première intéressée. Ainsi ce n'est point de ce côté qu'il y a lieu de prévoir des obstacles.

En résumé, sur ce point, la Commission est d'avis :

Qu'il est convenable que, sur les lignes principales, la vitesse des express

[1] Voir aux *Annexes*.

c.

atteigne, autant que possible, 55 à 60 kilomètres de marche effective par heure; mais que cette accélération ne peut être imposée aux Compagnies qu'autant que le degré des pentes et leur fréquence ne prescriraient pas de s'en abstenir dans l'intérêt même de la sécurité, et qu'autant que l'Administration des Postes continuerait les efforts qu'elle a déjà faits, et qu'elle simplifierait le service soit par la réduction du nombre des arrêts, soit par l'adoption de dispositions mécaniques pour la délivrance et la réception des colis.

La question de savoir si les trains express doivent être multipliés plus qu'ils ne l'ont été jusqu'à ce jour, et jusqu'où la multiplication pourrait être poussée, a été portée devant la Commission particulièrement sur les instances de M. Ancel, député du Havre, qui a demandé que ce service fût développé entre Paris et le Havre de manière à ce qu'il fût possible en toute saison, hiver comme été, au négociant de cette dernière ville de faire le voyage de Paris, aller et retour, dans la même journée, en ayant, à Paris, un délai suffisant pour ses affaires. Dans l'état actuel des choses, le train express, au départ du Havre pour Paris, se trouve supprimé pendant toute la durée du service d'hiver, qui est d'au moins la moitié de l'année.

La Commission n'a pas cru qu'il lui appartînt de résoudre la question spéciale à la ville du Havre. Elle a considéré que ce serait empiéter sur les attributions de l'Administration, et c'est seulement d'une manière générale qu'il lui a paru qu'elle pouvait envisager la question.

Dans la plupart des cas, pour qu'un train express doive être établi, il convient qu'il soit rémunérateur. Sauf quelques cas exceptionnels, le Gouvernement excéderait la mesure s'il usait des pouvoirs qu'il possède en vertu des cahiers des charges, et de l'influence dont il est investi, pour contraindre une Compagnie de chemin de fer à avoir un service express sur une ligne où il ne rendrait qu'un produit inférieur à la dépense. Par la supériorité de leur vitesse, relativement aux autres trains, les trains express ne laissent pas que d'être une cause de dérangement ou, du moins, de complication dans le service. On conçoit cependant des cas où un intérêt public devra déterminer le Gouvernement à prescrire la création d'un train *express*, quand même il devrait n'être pas rémunérateur pour la Compagnie. L'un de ces cas serait celui d'une ligne qui rattacherait à Paris un grand arsenal maritime. En supposant, ce que nous sommes loin de prétendre, qu'un service express de Paris à Brest ne dût pas couvrir ses frais, il n'en faudrait pas moins le créer. Ce que nous disons d'un grand arsenal maritime serait également vrai d'un grand port de commerce. Mais, pour ce dernier cas, il est infiniment probable que si l'express n'était pas rémunérateur dès le début, il ne tarderait pas à le devenir par le développement des affaires et par les relations personnelles qui en seraient la conséquence. Une bonne organisation d'un service rapide pour les voyageurs, dans toutes les directions qui peuvent correspondre à un grand mouvement d'affaires, est pour le public une excitation utile et doit tourner à l'avantage des Compagnies elles-mêmes, directement ou indirectement.

Un moyen de rendre rémunérateurs certains trains express, qui ne le seraient pas d'eux-mêmes après un peu de temps, s'ils restaient réduits à transporter des voyageurs de la 1re classe, ainsi qu'ils l'ont été jusqu'à ce jour en France, consisterait à faire cesser cette restriction, et à élargir ainsi la clientèle de ce service spécial. C'est une question qui sera examinée tout à l'heure.

Relativement à l'augmentation du nombre des express, la Commission est d'avis :

Que le nombre actuel des express paraît suffisant sur la plupart des grandes lignes; que néanmoins il existe encore des lignes principales qui ne sont pas desservies par des trains ayant véritablement le caractère des express, et qu'en conséquence, sur ces lignes, il serait désirable qu'il fût établi au moins un train express journalier dans chaque sens.

De l'admission des voitures de seconde et de troisième classe dans les trains express.

Jusqu'à présent, les trains express en France n'ont admis que des voyageurs payant les premières places. Cette sorte de privilége se motive par le fait que le nombre des places que comporte un train express est fort limité. Le nombre de voitures dont peut se composer avec avantage un train de cette espèce n'est guère que de huit ou dix. Jusqu'ici, quand on a excédé ce nombre, c'était au détriment de la vitesse. Si de là on retranche au moins un wagon pour les bagages et deux bureaux ambulants de la Poste, on voit qu'il ne restera place que pour cinq ou sept voitures de voyageurs. Les voitures de première classe ne renfermant que vingt-quatre voyageurs, il s'ensuit qu'un pareil train ne transporte qu'un nombre fort restreint de personnes. Les Compagnies, assez ordinairement assurées de remplir à peu près les voitures de voyageurs de la première classe, ont dû exclure la seconde et la troisième. Il serait difficile d'en faire l'objet d'un blâme.

En Angleterre, au contraire, excepté sur quelques lignes toutes spéciales et d'une médiocre étendue, les trains express transportent toujours des voyageurs de la seconde classe, et assez souvent même de la troisième. C'est que dans ce pays les trains express sont distincts des trains de la Malle. L'Administration des Postes a ses trains spéciaux, payés spécialement par elle, qui prennent les voyageurs qu'ils peuvent, et par suite n'en chargent qu'une médiocre quantité, tous de la première classe ordinairement. La poste anglaise ne néglige pas de se servir de l'express, en même temps que des trains de la Malle proprement dits; mais, dans ce cas, elle n'emploie pas de bureaux ambulants; elle expédie les paquets de dépêches comme des colis, sauf cependant à les faire suivre par un de ses agents. Les trains express anglais dégagés ainsi des bureaux ambulants qui, en France, sont en nombre multiple, et, il faut bien le dire, d'un poids exorbitant, ont une plus grande capacité pour le transport des voyageurs. Par cela même, ils ont plus de facilité pour recevoir des voyageurs de seconde ou de troisième classe. Ajoutons que, dans beaucoup de cas, lorsque les voyageurs de troisième classe sont admis dans les trains express, ce n'est qu'à la condition de faire un long trajet. Cette règle, pourtant, n'est pas sans exception; il existe, en Angleterre, des trains express qui se changent en omnibus aux points extrêmes des lignes. Sur certaines lignes on a été déterminé à admettre la troisième classe dans les express par la concurrence des bateaux à vapeur.

En France, pour que les trains express reçussent des voyageurs de 2e et surtout de 3e classe, il faudrait que leur capacité fût augmentée. Ce résultat pourrait être obtenu par deux moyens entre autres : le premier consisterait en ce que l'Administration des Postes fît une moindre partie de son service dans les bureaux ambulants, de manière à se réduire à un seul de ces bureaux par train. Ce serait pour les trains un soulagement notable, à cause du poids énorme qu'atteignent ces voitures. Or ce résultat est possible; il est conforme à l'opinion exprimée par M. le Directeur général des Postes au sein de la Commission. Si l'Administration centrale avait un local plus commode et plus vaste que l'hôtel de la rue Jean-Jacques-Rousseau, il est à croire qu'on en viendrait là immédiatement. Un second moyen, plus efficace que le premier, serait l'introduction de locomotives plus puissantes pour la traction des trains express. Or, à cet égard, on a des espérances qu'on peut considérer comme touchant déjà à la réalité; pour s'en convaincre, il suffit de lire le rapport du jury français sur l'exposition universelle de Londres [1].

Quoique la Commission se soit occupée, ainsi qu'il vient d'être dit, de l'introduction des voyageurs, autres que ceux de la 1re classe, dans les trains express, elle n'a point fait de cette question l'objet d'un vote spécial. Ainsi qu'on le verra, elle a cherché à résoudre par une autre voie le problème de l'accélération du voyage pour les voyageurs de la 2e et de la 3e classe; mais les deux combinaisons ne s'excluent pas; elles pourraient au contraire parfaitement marcher d'accord, et, sans se gêner l'une l'autre, concourir au même but.

DES TRAINS OMNIBUS. — CORRESPONDANCE DES TRAINS. — DES TRAINS MIXTES.

De l'accélération des trains omnibus.

Pendant l'enquête, les Compagnies se sont montrées peu favorables, ou, pour parler plus exactement, fortement opposées à l'accélération des trains omnibus. Elles ont dit que la marche actuelle de ces trains est déterminée par le nombre des stations; que, ce nombre étant très-considérable, et par conséquent les stations étant très-rapprochées, il en résulte forcément une grande perte de temps, soit parce que chacune des stations comporte un temps d'arrêt, soit parce qu'il faut ralentir la marche lorsqu'on approche d'une station, et qu'ensuite un certain délai est nécessaire pour regagner une vitesse notable. Quand les stations sont en très-grand nombre, la conséquence est forcée; à aucun instant, lors même qu'elle est parvenue à son maximum, la vitesse de marche n'est bien grande. Ce raisonnement est juste si l'on se fait une loi absolue de s'arrêter à toutes les stations et si celles-ci sont extrêmement multipliées, et rien n'est plus exact de dire qu'alors il devient extrêmement difficile de marcher vite. Les Compagnies ont fait observer, à cette occasion, que l'Administration, au lieu de tendre à restreindre le nombre des stations, avait bien plutôt le penchant d'en créer incessamment de nouvelles.

Mais, en supposant même un nombre très-grand de stations reconnues, s'ensuit-il donc nécessairement que tous les trains omnibus doivent avoir une marche lente? De ce que les stations ont été très-multipliées, il n'en résulte pas que tous les trains doivent s'arrêter à

[1] Rapport de M. Eugène Flachat sur les locomotives, classe V, section 3, tome II, page 318. On y voit que la surface de chauffe des nouvelles machines à destination des trains express vient d'être portée à 164 mètres carrés, au lieu de 100 environ qui, auparavant, en étaient la limite supérieure. On sait que la puissance de traction des locomotives croît dans un rapport direct avec la surface de chauffe.

chacune d'elles. Toutes les localités, il s'en faut, ne sont pas également fondées à demander qu'on les fasse jouir de l'avantage d'un service aussi complet; dans le nombre, il en est beaucoup dont l'importance est assez restreinte pour qu'on puisse leur donner à moins de frais la satisfaction qu'elles comportent.

Une des Compagnies, celle *de l'Est,* a fait remarquer qu'il y avait telle de ses stations où s'arrêtent les trains ordinaires dirigés de Paris sur Strasbourg, qui ne fournit en moyenne que deux voyageurs par an pour cette destination : il résulte du relevé qu'elle a produit, que, pour un groupe de seize stations, on a eu, à destination de Strasbourg, vingt-cinq voyageurs en tout en 1860, et 30 en 1861. Un pareil fait démontre qu'on ne porterait vraiment aucun préjudice sérieux à l'intérêt public en supprimant, pour un certain nombre de trains omnibus, une partie des stations : c'est, du reste, ce que font déjà les Compagnies, car il est de règle parmi elles que, pendant la nuit, les trains franchissent beaucoup de stations sans s'y arrêter. Cette pratique, convenablement étendue, fournirait, on n'en saurait douter, le moyen de résoudre un problème important, celui de permettre aux voyageurs de la 2ᵉ et de la 3ᵉ classe d'exécuter de longs parcours plus rapidement qu'aujourd'hui.

Il est incontestable, en effet, que la lenteur des trains omnibus diminue, dans une forte proportion, le bienfait des chemins de fer, pour les voyageurs qui se servent des secondes ou des troisièmes, lorsqu'ils ont à faire un voyage de quelque longueur, comme de Paris à Marseille, à Montpellier, à Bayonne, à Bordeaux ou même à Strasbourg. Voici, en effet, quelles sont, pour ces différents voyages, les durées des trajets et les vitesses moyennes effectives, en omnibus et en express :

VOYAGES.	DISTANCES kilométriques.	TRAINS OMNIBUS.		TRAINS EXPRESS.	
		durée des trajets.	vitesse moyenne effective.	durée des trajets.	vitesse moyenne effective.
De Paris à Marseille............	863ᵏ	29ʰ 25ᵐ	29ᵏ	16ʰ 15ᵐ	53ᵏ
De Paris à Montpellier..........	840	28 35	29	1c 45	43
De Paris à Bayonne............	781	26 55	29	18 10	43
De Paris à Bordeaux...........	578	19 16	27	11 35	50
De Paris à Strasbourg..........	502	16 00	31	10 15	49
Totaux.............	3,564	120 11	"	76 00	"
Moyennes..........	"	"	30	"	47

Ainsi, en moyenne, d'après ces exemples, la durée du trajet en omnibus est, à la durée du trajet en express, comme 30 est à 47 ou comme 100 est à 157.

Les voyageurs que leur état de fortune force à se servir des secondes et des troisièmes places éprouvent ainsi un grand désavantage par rapport à ceux qui voyagent en 1re classe. Le Gouvernement de l'Empereur s'est justement préoccupé d'une inégalité aussi marquée. Dans le temps où nous vivons, avec l'esprit qui anime les populations, il est sage de donner la plus grande satisfaction possible à ce sentiment d'égalité qui occupe une si grande place dans la société et qui est devenu le mobile de tant d'heureux efforts, le promoteur de tant de grandes choses.

Diverses objections, cependant, se sont produites : on a dit notamment que la vitesse est une marchandise qu'il faut payer, et que ce n'est pas la faute des Compagnies si les classes peu aisées ou pauvres n'ont pas le moyen de voyager par l'express, où sont les premières places; qu'il est fâcheux, sans doute, que les classes peu aisées ne puissent faire la dépense des places où l'on voyage plus vite, mais que le fait est à ranger parmi les conséquences nombreuses de l'organisation sociale auxquelles tout le monde se résigne. On a ajouté que, pour les classes peu aisées, les longs trajets, les seuls à l'égard desquels une accélération aurait de l'importance, sont l'exception beaucoup plus que la règle, et que, par conséquent, elles n'ont que très-peu d'intérêt à l'accélération des trains omnibus.

Examinons en peu de mots chacune de ces objections.

L'observation que la vitesse est une marchandise qu'on doit payer, et que ce n'est pas la faute des Compagnies si les classes peu aisées n'en ont pas le moyen, n'est pas à sa place ici. L'accélération de la vitesse des trains omnibus est dans l'intérêt, non pas seulement des classes peu aisées ou pauvres, mais dans celui de toutes les classes de la société, puisque tout le monde voyage dans les trains omnibus; ces trains, en effet, contiennent des premières places. L'argument qu'on oppose à la proposition d'accélérer les trains omnibus aurait de la valeur si l'industrie des chemins de fer était parfaitement libre et livrée à la concurrence générale, comme celle de filer du coton ou d'imprimer du calicot; mais en France, plus que dans d'autres pays, c'est une industrie constituée à l'état de monopole, non-seulement par sa nature propre, mais aussi par le soin qu'a eu le Gouvernement de s'abstenir, dans la plupart des cas, d'autoriser des lignes ferrées qui se fissent concurrence les unes aux autres. Du fait du monopole. il résulte qu'il appartient à l'Administration de soumettre l'industrie des chemins de fer aux règlements qu'elle juge conformes à l'intérêt public et à la politique du Gouvernement, car le système réglementaire est le corollaire et le correctif du monopole. Et puis c'est le cas de faire intervenir ici une considération décisive : il est de principe que le Gouvernement ne subventionne pas l'industrie en général; les chemins de fer, au contraire, par une exception presque unique qui se produit sur une grande échelle, sont subventionnés dans de fortes proportions, soit au moyen de sommes une fois payées, soit au moyen de travaux livrés gratis, soit par la garantie d'un minimum d'intérêt. A ces faveurs inusitées, le Gouvernement est fondé à mettre des conditions qui ont été convenues, et au nombre de celles-ci figure le droit de régler directement ou indirectement l'ordre du service, et, nommément, le degré de vitesse des trains. Il résulte clairement des termes du cahier des charges que le Gouvernement est investi à cet égard de pouvoirs étendus.

A l'autre objection, que l'accélération des trains omnibus n'aurait que peu d'intérêt pour les classes pauvres ou peu aisées, parce que les voyageurs de ces classes ne font en général que de courts trajets, on peut répondre qu'elle repose sur une pétition de principe. Il est incontestable que, dans l'état actuel des choses, les voyageurs de la première classe parcourent un trajet moyen plus grand que ceux de seconde, et ceux de seconde un plus grand que ceux de troisième. Les statistiques produites par les Compagnies à cet égard sont irrécusables. Mais n'y a-t-il pas lieu de penser que les voyageurs qui prennent les deuxièmes et troisièmes places voyageraient davantage et feraient de plus longues excursions, s'ils y étaient encouragés par la rapidité des trains, comme aussi par le degré de bien-être et de commodité qu'ils y trouveraient? Nous ne parlons pas de la modération des prix, ce n'est pas encore le lieu.

La preuve existe qu'il est possible de multiplier les arrêts, en conservant aux trains une vitesse bien supérieure à celle qu'ils ont aujourd'hui en France. M. *Lan*, en parlant de ce qu'on nomme en Angleterre *les trains parlementaires*, qui sont particulièrement à l'usage des classes les moins aisées, cite celui de la ligne de Londres à Newcastle, qui parcourt un trajet de 440 kilomètres. La distance moyenne des stations entre elles n'y est que de 8 à 9 kilomètres, et la vitesse effective y atteint pourtant 36 kilomètres à l'heure. Il suit de là qu'en supprimant un petit nombre de stations, rien ne serait plus facile que d'atteindre ou même de dépasser la vitesse effective de 40 kilomètres. Sur les grandes lignes françaises, on trouve dans le service des trains omnibus un espacement moyen qui diffère peu de l'exemple que nous venons de citer des trains parlementaires anglais.

Temps perdu dans la correspondance des trains.

Un des moyens d'améliorer le service des trains omnibus, au point de vue de la célérité, serait de diminuer la longue attente que les voyageurs sont assez souvent obligés de subir aux points de croisement. Les Compagnies ont fait remarquer que, pour améliorer cette partie du service, elles ne voyaient d'autre procédé que de multiplier les trains sur les embranchements, et elles assurent que ce serait pour elles une dépense considérable et à peu près improductive. A cet égard la Commission était dans l'impossibilité d'exprimer une opinion motivée. Seule, en effet, l'expérience, et une expérience assez prolongée, pourra montrer ce qu'il faudrait attendre d'une certaine multiplication des trains sur les lignes secondaires. Mais il n'est pas démontré qu'on ne puisse, dans certains cas au moins, abréger sensiblement la durée des stationnements que subissent les voyageurs, sans recourir à la création de nouveaux trains. Il y a lieu de faire sur ce point une étude détaillée et minutieuse dont les Compagnies possèdent tous les éléments.

Au sujet de l'amélioration du service dans l'intérêt des populations peu aisées, diverses observations ont été présentées à la Commission par les personnes entendues dans l'enquête. M. *Auguste Chevalier* a critiqué le service des trains omnibus tel qu'il s'exécute aujourd'hui; suivant cet honorable député, la vitesse varie, en tenant compte du profil des divers chemins, entre 24 et 33 kilomètres 1/2; il suffit de citer de pareils chiffres pour démontrer qu'il y a là un progrès à réaliser. M. Auguste Chevalier propose les deux moyens suivants :

1° Enlever aux trains le caractère d'omnibus sur une partie du parcours; dès lors ce ne serait plus que sur une partie du parcours que le train s'arrêterait à toutes les stations;

2° Diminuer la durée des temps d'arrêt aux stations.

Trains à bon marché.

Il a demandé aussi la création de trains à bon marché, destinés à cette catégorie du public qui, faisant abstraction de la rapidité des communications, se préoccupe principalement d'obtenir une circulation économique. Pour définir avec quelque précision la création qu'il sollicite, M. Auguste Chevalier a indiqué le nombre de 24 kilomètres par heure pour la vitesse effective, et le prix de 3 centimes par kilomètre, comme devant servir de bases au nouveau service.

M. *Eugène Flachat* a demandé que les Compagnies fussent autorisées à adjoindre à leurs trains de marchandises des wagons de 3ᵉ classe, dont la recette serait faite par un conducteur, comme celle des omnibus ou des voitures de la banlieue de Paris, mais sans être astreintes à aucun service régulier d'heure ou de vitesse, et avec le droit de percevoir le tarif actuel, sauf à l'abaisser suivant leurs convenances.

Suivant M. Eugène Flachat, le nombre de voyageurs de 3ᵉ classe a été, en Angleterre, par kilomètre, en 1860, de.   5,700

Il a été, en France, de.   3,900

La différence est de 30 p. o/o.

Il en conclut qu'il y a une catégorie de voyageurs de 3ᵉ classe que les chemins de fer français ne peuvent prendre : c'est la partie de la population agricole qui est en relations avec la petite ville voisine : c'est aussi la population ouvrière cherchant de l'ouvrage aux environs de son domicile.

Trains mixtes. La circulation des trains de marchandises, a dit à la Commission M. Flachat, donne un moyen d'arriver au but : elle offre un vaste champ à l'intérêt dont il s'agit ; mais comme cette innovation serait d'une application difficile, compliquée, et d'un succès éventuel, il faut laisser aux Compagnies, pour la tenter, la plus grande somme de liberté ; il faut qu'elles puissent faire ce qu'elles voudront sous le rapport des prix, dans les limites du tarif, et sous celui de la vitesse, sans les astreindre à aucune condition de régularité, dans l'organisation de ce service.

Ces diverses dispositions se recommandent particulièrement à l'attention de l'Administration et des Compagnies en ce que les deux personnes dont elles émanent, M. Auguste Chevalier et M. Eugène Flachat, se proposent, d'une manière générale, de donner satisfaction aux intérêts des voyageurs pauvres et en ce qu'elles soulèvent la question d'un abaissement du prix des places. Elles tendent à résoudre le problème de faciliter les voyages aux classes les moins aisées, par le développement du service des trains *mixtes*, c'est-à-dire des trains composés à la fois de voyageurs et de marchandises.

Le cours naturel des choses a déjà conduit plusieurs des Compagnies à avoir des trains mixtes; quelques-unes, comme celles *du Nord* et *de Paris à la Méditerranée*, n'en font qu'un usage très-restreint; au contraire, celle *de l'Est* et celle *d'Orléans* s'en servent sur une grande échelle.

Ces trains sont de deux natures, les trains de voyageurs auxquels on ajoute des wagons de marchandises, et les trains de marchandises qui contiennent des voitures à voyageurs. Cette dernière combinaison, pratiquée surtout par la Compagnie *de l'Est*, a pour but, ainsi qu'elle l'a dit, « de faciliter les relations des banlieues avec les villes où se tiennent les marchés et de permettre au public d'arriver à l'heure des tribunaux : elle donne, en outre, un moyen de retour le soir à des heures où ne pourraient être établis des trains spéciaux de voyageurs. » La Compagnie *de l'Est* a eu raison d'ajouter : « qu'il y a tout intérêt à ce que l'Administration autorise le maintien et l'extension même de ce moyen de circulation très-apprécié des populations. »

Après avoir délibéré sur les sujets qui précèdent, la Commission a émis l'avis :

Qu'il y a lieu d'établir sur les lignes principales, pour le trajet entier et dans chaque sens, un train journalier direct, contenant des voitures de toutes classes et marchant à la vitesse effective de 40 kilomètres à l'heure; cette obligation ne serait pas imposée aux lignes qui offrent un système de fortes pentes ou à celles d'une fréquentation très-médiocre;

Qu'en ce qui touche l'admission des voyageurs dans les trains de marchandises, il convient de laisser aux Compagnies la plus grande latitude, sans les astreindre, dans ce cas, à un abaissement de tarif;

Que relativement à l'organisation du service des trains qui correspondent aux points de croisement, l'état de choses actuel doit être modifié dans toute la limite du possible, afin que les voyageurs ne soient plus astreints à des arrêts de plusieurs heures pour attendre, aux points de croisement, la correspondance d'une autre ligne.

DES TRAITÉS DE CORRESPONDANCE [1].

La question des traités de correspondance est du nombre de celles qui ont surgi dans le cours des discussions de la Commission. Nous en parlerons ici, quoique ces traités concernent le service des marchandises plus que celui des voyageurs. L'article 53 du cahier des charges interdit aux Compagnies, conformément à l'article 14 de la loi du 15 juillet 1845, de faire, sans une autorisation spéciale de l'Administration, des traités ou arrangements qui ne seraient pas consentis en faveur de toutes les entreprises desservant les mêmes voies de communication. Cet article 14 porte qu'en cas d'infraction, la Compagnie est passible des peines portées à l'art. 419 du Code pénal. Mais suffit-il à une Compagnie de chemins de fer de demander l'autorisation; lui est-il permis, une fois la demande faite et en attendant la réponse, qui peut se faire attendre indéfiniment, de mettre le traité à exécution? Les Compagnies étaient portées à résoudre cette question par l'affirmative, quand l'autorisation tardait.

Mais les tribunaux, à plusieurs reprises, ont interprété la loi en ce

[1] *Cahier des charges*, art. 53 : « A moins d'une autorisation spéciale de l'Administration, il est « interdit à la Compagnie, conformément à l'article 14 de la loi du 15 juillet 1845, de faire, direc- « tement ou indirectement, avec des entreprises de transports de voyageurs ou de marchandises « par terre ou par eau, sous quelque dénomination ou forme que ce puisse être, des arrangements « qui ne seraient pas consentis en faveur de toutes les entreprises desservant les mêmes voies de com- « munication.

« L'Administration, agissant en vertu de l'article 33 ci-dessus, prescrira les mesures à prendre « pour assurer la plus complète égalité entre les diverses entreprises de transport dans leurs rap- « ports avec le chemin de fer. »

Loi du 15 juillet 1845, art. 14 :

« A moins d'une autorisation spéciale de l'Administration supérieure, il est interdit à la Compa- « gnie, sous les peines portées par l'article 419 du Code pénal, de faire directement ou indirecte- « ment, avec des entreprises de transport de voyageurs ou de marchandises par terre ou par eau, « sous quelque dénomination ou forme que ce puisse être, des arrangements qui ne seraient pas con- « sentis également en faveur de toutes les autres entreprises desservant les mêmes routes. »

Code pénal, art. 419 :

« Tous ceux qui, par des faits faux ou calomnieux semés à dessein dans le public, par des sur-offres « faites aux prix que demandaient les vendeurs eux-mêmes, par réunion ou coalition entre les prin- « cipaux détenteurs d'une même marchandise ou denrée, tendant à ne pas la vendre ou à ne la « vendre qu'à un certain prix, ou qui, par des voies ou moyens frauduleux quelconques, auront « opéré la hausse ou la baisse du prix des denrées ou marchandises ou des papiers et effets publics « au-dessus ou au-dessous des prix qu'aurait déterminés la concurrence naturelle et libre du « commerce, seront punis d'un emprisonnement d'un mois au moins, d'un an au plus, et d'une « amende de 500 francs à 10,000 francs. Les coupables pourront de plus être mis, par l'arrêt ou « le jugement, sous la surveillance de la haute police pendant deux ans au moins et cinq ans au « plus. »

sens, que l'approbation préalable et officiellement notifiée était le point de départ indispensable de la mise à exécution. Tout récemment la Cour de Cassation, adoptant cette jurisprudence, vient de décider que cette approbation préalable était nécessaire [1], quel que fût le délai écoulé depuis la communication du traité à l'Administration. Les Compagnies se sont émues de cet arrêt, parce que la pénalité encourue, en cas d'infraction, ne va à rien moins qu'à l'emprisonnement non-seulement pour des agents inférieurs, mais pour les directeurs mêmes des Compagnies.

En face d'une interprétation juridique, désormais inattaquable, fallait-il s'occuper uniquement de la question réglementaire, c'est-à-dire se borner à préciser, d'une manière plus commode pour l'exploitation, les formalités de l'autorisation, ou bien fallait-il de plus rechercher les modifications à introduire dans le système actuel des pénalités ?

Il a paru à tous les membres de la Commission qu'un délai indéfiniment prolongé entre la communication du traité à l'Administration et la réponse de celle-ci, ayant pour objet de l'accepter ou de l'interdire, ne pouvait se justifier. La nécessité de l'autorisation préalable, pour une convention qui a souvent un caractère d'urgence, est de nature à entraver la marche du commerce, si la décision n'arrive promptement. Elle tend à placer fréquemment les Compagnies dans une situation d'illégalité presque inévitable, et les expose à des dommages-intérêts de la part d'entreprises concurrentes, et à des poursuites dans l'intérêt de la loi de la part du ministère public. La Commission a donc jugé opportun de reconnaître sur ce point aux Compagnies une liberté plus grande, en modifiant à cet effet le cahier des charges à l'observation duquel la loi n'a fait que pourvoir. Convenait-il cependant d'autoriser la mise à exécution du traité aussitôt la communication faite à l'Administration par la Compagnie ? La Commission ne l'a pas pensé. Elle a cru préférable de stipuler un délai, passé lequel les traités seraient exécutoires sous la réserve d'un droit de veto dont l'Administration demeurerait investie indéfiniment, pour le cas où des plaintes fondées lui seraient adressées; mais elle a fixé ce délai à cinq jours seulement. Quelque court qu'il soit, ce délai suffit pour que l'Administration puisse constater si la proposition qu'on lui soumet n'offre pas quelque énormité.

Quant à la pénalité, la Commission a reconnu que le système ac-

[1] Voir aux *Annexes*.

tuel portait des peines hors de proportion avec l'infraction. La véritable peine ici, celle qui est à sa place et qui suffit bien, est celle qui résulte des dommages-intérêts que les tribunaux peuvent prononcer. Faire de l'infraction aux dispositions de l'article 53 du cahier des charges et de l'article 14 de la loi du 15 juillet un délit qui rende passibles d'emprisonnement les directeurs mêmes des Compagnies, lui a paru dépasser le but qu'on avait voulu atteindre, dans le cas qui serait le plus fréquent, celui d'une action privée intentée par un entrepreneur de transports concurrent.

Mais ce système de pénalité, établi par une loi, ne saurait être modifié que suivant la forme législative. Le Gouvernement appréciera ce qu'il jugera opportun de faire dans ce sens. Ce qu'il appartient à l'Administration de modifier de son propre mouvement, ce sont les dispositions purement réglementaires qui font partie du cahier des charges. La Commission propose donc à Votre Excellence d'introduire dans le cahier des charges un article portant :

Qu'à l'avenir tout traité de correspondance sera exécutoire de plein droit cinq jours après la communication officielle qui en aura été faite à l'Administration, et que le droit d'approbation préalable attribué jusqu'ici à l'Administration sera remplacé par un droit de suspension, applicable à toute époque.

CHAPITRE II.

DE LA SÉCURITÉ.

SIGNAUX. — COMMUNICATION DES AGENTS AVEC LE MÉCANICIEN. — COMMUNICATION ENTRE LES AGENTS D'UN TRAIN ET LES VOYAGEURS.

Signaux.

Les Compagnies ont exprimé à la Commission le désir de conserver le système de protection des bifurcations qui est particulier à chacune : celles *de l'Est* et *du Nord* ont indiqué les améliorations spéciales récemment adoptées par elles dans ce but.

Suivant le système de la Compagnie *de l'Est*, les aiguilles de bifurcation sont indiquées aux mécaniciens par des ailettes mobiles, le jour, et par des signaux à réflecteur, la nuit; elles sont protégées par un disque à 600 mètres et par un second disque à 100 mètres.

L'arrêt absolu est prescrit devant le disque à 100 mètres. Lorsque plusieurs trains se présentent à la fois à une bifurcation, les aiguilleurs ne doivent ouvrir la voie que successivement, de manière à n'avoir jamais qu'un train à la fois dans l'espace compris entre les disques extrêmes.

Suivant le système de la Compagnie *du Nord,* le disque-signal rouge, qui ferme chaque voie, a été rapproché de l'aiguilleur. On l'a remplacé par un signal fixe de couleur verte, placé à une notable distance, qui est destiné à rappeler aux mécaniciens qu'ils approchent d'une bifurcation et qu'ils ont à prendre leurs mesures pour exécuter les prescriptions du règlement. La Commission a cherché à savoir si le ralentissement ordonné aux bifurcations était observé; elle a pu se convaincre que cette prescription n'était nulle part rigoureusement suivie.

Relativement aux signaux en général, les Compagnies n'ont pas fait difficulté de reconnaître que, soit les disques répétiteurs, soit la sonnerie trembleuse, qui remplissent bien les conditions désirables pour le service de jour, ne présentent pas les mêmes garanties quand il s'agit du service de nuit. Les essais d'un système nouveau de protection, expérimenté en ce moment par la Compagnie *de Paris à la Méditerranée,* sont suivis avec intérêt par toutes les Compagnies, et si l'appareil *Tyer* tient ce qu'il semble promettre, elles s'empresseront sans doute de l'appliquer sur leurs lignes.

Communication
des agents
avec le mécanicien.

Quant aux communications à établir, dans l'intérieur d'un train en marche, entre les agents et le mécanicien, les Compagnies ont reconnu unanimement l'insuffisance des systèmes essayés jusqu'ici, qui consistent dans l'emploi du sifflet de la locomotive ou des signaux à main, ou dans celui d'une corde; celle-ci ne peut être employée que dans les trains composés d'un petit nombre de voitures et dans ceux qui, n'étant pas astreints en route à des ruptures de charge, ne nécessitent aucun remaniement des véhicules attelés au départ.

Les Compagnies *du Nord* et *de l'Est* ont informé la Commission qu'elles faisaient en ce moment l'essai de nouveaux systèmes de communication électrique dus à MM. *Prudhomme* et *Achard,* systèmes qui paraîtraient appelés à réussir.

Communication
entre
les agents d'un train
et le mécanicien.

Relativement à l'établissement d'une communication entre les agents du train et les voyageurs, les Compagnies ont unanimement déclaré

que cette communication était inadmissible, parce qu'elle occasionnerait plus de dangers qu'elle ne rendrait de services.

Votre Excellence, en apprenant le tragique événement qui, sur le
réseau de l'Est, enlevait à la vie un magistrat distingué, avait partagé la douloureuse émotion du public. Par ses ordres, trois ingénieurs
en chef des ponts et chaussées, MM. Thoyot, Couche et de Fourcy,
avaient été chargés d'étudier spécialement la question de la sécurité
des voyageurs dans les trains en marche; et, à la date du 12 avril
1861, ils vous adressaient leur rapport. Nous n'en reproduisons ici
que les conclusions; mais à cause de l'importance de la question et
du soin avec lequel elle avait été étudiée, nous avons cru devoir en insérer la majeure partie dans les *Annexes*. A cette époque, malgré tout
le désir de cette Commission de répondre aux préoccupations si légitimes de l'opinion publique, par l'indication des moyens propres à
prévenir de pareils attentats, ou tout au moins à entourer le voyageur
en route d'une protection plus efficace, elle écarta tout d'abord
l'idée d'une communication entre les voyageurs et les agents du train.
Elle se borna à demander que les Compagnies fussent invitées :
« 1° à pratiquer, dans le délai de six mois, dans les compartiments de
« 1re et 2e classe, une ou deux ouvertures fermées par une glace trans-
« parente, et placées au-dessus des filets à bagages ; 2° à organiser,
« dans le même délai, sur toutes les voitures composant les trains de
« voyageurs, un système de marchepieds et de mains courantes hori-
« zontales, qui permît, soit aux agents du train, soit à des contrô-
« leurs spéciaux, de parcourir toute la longueur du convoi du côté des
« accotements du chemin ; 3° à présenter au Ministre les ordres de
« service arrêtés par elles pour ce contrôle de route, en exécution des
« prescriptions ci-dessus ».

La sécurité des voyageurs en route sur les chemins de fer a, de
tout temps, préoccupé l'attention du Gouvernement; déjà, M. le Ministre, en 1857, le rapporteur de la Commission d'enquête, instituée
par votre prédécesseur, s'exprimait ainsi :

« Quelques personnes désireraient qu'il fût possible de mettre à la
« disposition de tous les voyageurs un moyen de donner au mécanicien
« le signal d'arrêt. Des recherches sérieuses n'ont pas été faites dans
« cette voie par les Compagnies, et on le comprend : en effet, outre que
« le problème se complique au point de vue mécanique, il y aurait à

« craindre que certains voyageurs ne se fissent un jeu de répandre l'a-
« larme en provoquant l'arrêt des trains, ou n'abusassent des moyens
« mis à leur disposition exclusivement pour les cas graves, en donnant
« le signal d'arrêt pour des causes futiles ou sans gravité réelle. Dans
« tous les cas, la Commission pense que, si la science parvient à ré-
« soudre le problème, l'Administration ne devrait autoriser l'installation
« de l'appareil dans les trains que lorsque la législation permettra de
« punir de peines très-sévères les voyageurs qui feraient un emploi
« abusif de ce moyen de sécurité. »

Il y a peu de jours, devant le Corps législatif (à la séance du
16 avril), M. de Boureuille, secrétaire général du Ministère des travaux
publics, Commissaire du Gouvernement, répondant à une interpella-
tion de l'honorable M. Lafond de Saint-Mür, disait à son tour [1] :

« L'honorable M. Lafond de Saint-Mür a parlé d'un procédé qu'il
« regrette de ne pas voir appliqué sur nos chemins de fer, et à l'aide
« duquel les voyageurs de toutes les voitures d'un train pourraient faire
« appel au conducteur de ce train.

« Voilà bien des années, Messieurs, que celui qui a l'honneur de
« parler devant vous s'occupe de chemins de fer. Il a étudié personnel-
« lement cette question de mise en communication des voyageurs avec
« les conducteurs des trains. Eh bien, je dois le dire, ce qui est pos-
« sible, sous ce rapport, ailleurs qu'en France, ne l'est guère en France,
« ou du moins il ne faut pas croire que ces questions soient aussi
« faciles à résoudre.

« Tout ce qu'on a trouvé de meilleur jusqu'à présent, ce qu'il y a
« de plus pratique, ce serait l'établissement d'une corde, d'une chaîne,
« par exemple, qui permettrait au public de communiquer avec le con-
« ducteur.

« On a indiqué enfin un autre procédé : c'est le procédé des voitures
« américaines, qui est aussi celui de quelques pays voisins, et, entre
« autres, de la Suisse, le procédé des voitures ouvertes par les deux
« extrémités.

« Je ne dis pas que cela ne soit pas possible; mais il faut voir si cela
« est pratique. Il faut considérer à quel bas prix le public veut voyager
« en France. Il est évident qu'avec des voitures ouvertes aux deux extré-
« mités et les espèces de paliers qu'il faut réserver à chaque extrémité,

[1] *Moniteur* du 17 avril 1863.

K.

« on diminue la place à livrer au public, et on ne peut plus, dès lors,
« faire les transports à aussi bon marché.

« Il serait très-désirable sans doute que l'on pût avoir à la fois la
« sécurité, l'économie et la vitesse ; mais ce sont des conditions souvent
« difficiles à réaliser ensemble. Je ne dis pas cela pour prétendre qu'il
« n'y ait rien à faire, mais pour démontrer que c'est un problème ardu
« et complexe. Ce problème, je l'ai déjà dit, préoccupe l'Administra-
« tion d'une manière constante. Il faut lui laisser le soin d'étudier, et
« s'en rapporter un peu à ce qu'elle jugera possible de faire pour ar-
« river à une situation qui concilie la sécurité, l'économie et la rapidité. »

La sollicitude de la Commission, Monsieur le Ministre, avait été
appelée aussi sur cette question de la protection des voyageurs dans
les trains en marche, par le vœu émané de la Commission Muni-
cipale de la ville de Paris, vœu dont un de ses membres, notre col-
lègue, s'était fait l'interprète dans notre sein. Elle a reconnu,
d'accord sur ce point avec les représentants de l'Administration, avec
la Commission d'enquête de 1857 et avec celle de 1861 ainsi qu'avec
les Compagnies, que la communication directe entre les voyageurs et
les agents d'un train présenterait plus de dangers que d'avantages ;
qu'elle mettrait aux mains du public un moyen d'arrêter le train à
tout moment, moyen dont l'emploi, laissé forcément à la libre disposition de chacun des voyageurs, serait de nature, sinon à occasionner
des accidents par des arrêts imprudents, au moins à retarder la
marche des trains par des pertes de temps multipliées. La Commission a de plus pensé, Monsieur le Ministre, que les mesures recommandées par la Commission spéciale de 1861, dans le rapport que
nous avons cité plus haut, n'étant pas de nature à amener des résultats efficaces, il ne convenait pas d'en prescrire l'application aux
Compagnies. Notamment en ce qui touche l'établissement de marchepieds et de mains courantes, ce serait, dans la plupart des cas,
demander l'impossible. A l'exception de celle *du Nord*, qui n'a ni souterrains ni ouvrages d'art considérables, et de celle *du Midi*, qui, ayant
une entre-voie plus large, a mis d'elle-même en usage le système des
marchepieds et des mains courantes, toutes les Compagnies, par le
fait même des dimensions de leurs ponts, viaducs et souterrains, ne
sauraient, sous peine de compromettre la vie des agents, ordonner
la circulation extérieure de ceux-ci. Reste maintenant, pour assurer
non plus seulement la sécurité individuelle des voyageurs, mais celle
du train tout entier, la communication des agents du train entre eux

et le mécanicien. La Commission a été d'avis qu'elle pouvait être établie dans beaucoup de cas, et qu'elle devait l'être toutes les fois que ce serait possible.

Relativement à la question de protection spéciale à accorder aux femmes voyageant seules, la Commission avait pensé qu'il serait nécessaire de faire à l'avenir aux Compagnies une obligation formelle de mettre dans tous les trains, pour la 2ᵉ comme pour la 1ʳᵉ classe, un compartiment qui leur fût réservé. V. E., ainsi qu'a pu l'annoncer au Corps Législatif M. de Boureuille, commissaire du Gouvernement, dans cette même séance du 17 avril dont nous avons déjà eu l'occasion de parler, n'a pas voulu différer la mise à exécution de la mesure. A l'occasion d'un attentat réel ou prétendu, qui aurait été commis sur la ligne de la Méditerranée, V. E. a prescrit d'office cette mesure.

En ce qui concerne la sécurité, la Commission est donc d'avis :

1° De recommander, pour la protection des bifurcations, l'emploi d'un système analogue à celui récemment établi par la Compagnie du Nord, lequel consiste dans l'établissement de deux signaux dont le premier, fixe et de couleur spéciale, est destiné à prescrire le ralentissement avant d'atteindre le second signal, le signal rouge. L'intime liaison du second signal avec le mécanisme placé au point de croisement ou de bifurcation paraît indispensable ; l'homme chargé de la manœuvre devra toujours avoir son signal tourné à l'arrêt, et ne devra l'ouvrir que pour donner passage à un seul train à la fois ;

2° D'inviter les Compagnies à continuer l'étude des moyens propres à constater l'extinction des feux des signaux de nuit, les essais faits en ce moment par la compagnie de Paris à la Méditerranée étant de nature à autoriser des espérances ;

3° Que toutes les fois que la composition des trains ne s'y opposera pas, la communication entre les gardes-freins et le mécanicien devra être rendue obligatoire ;

Qu'il n'y a pas lieu de faire de même, en ce qui touche la communication entre les voyageurs et les agents du train.

CHAPITRE III.

DU BIEN-ÊTRE.

La plupart des Compagnies ont dit, dans l'enquête, que les cahiers de charges ayant autorisé, dès l'origine des chemins de fer, la création pour les voyageurs de trois classes distinctes, à prix différents, il était naturel qu'il y eût aussi, entre ces classes, des différences sous le rapport du bien-être. Cette observation a été reproduite par les Compagnies dans leurs réponses écrites.

Cependant en ce qui touche les compartiments de 2ᵉ classe, celles qui n'ont pas encore adopté la mesure n'ont pas fait d'objection à ce qu'ils fussent munis de rideaux; elles n'ont repoussé cette obligation qu'en ce qui touche la 3ᵉ classe, ajoutant que les voyageurs les lacéraient ou les faisaient disparaître. Mais, pour ce qui est de la soustraction des rideaux, il a été répondu qu'on pourrait en diminuer les chances au moyen de dispositions particulières dans la fabrication des tissus mêmes.

Relativement au chauffage des voitures autres que celles de la 1ʳᵉ classe, les Compagnies ont insisté sur le supplément de dépense et surtout les pertes de temps que cette pratique occasionnerait, si elle était généralisée.

La Compagnie *de Paris à la Méditerranée* a fait l'essai du système *Delcambre*, qui consisterait à chauffer les voitures avec un courant de vapeur prise dans le tuyau d'échappement de la machine. Cette compagnie déclare que si, en effet, ce système chauffe bien, il a cependant un inconvénient grave, qui suffirait pour le faire écarter, celui de détourner une partie de la vapeur avant qu'elle ait produit son effet utile comme tirage, et, par conséquent, de réduire la production de force.

Les autres Compagnies qui, toutes à peu près, ont suivi ces expériences et en ont connu les résultats, repoussent le système et déclarent que, à leur connaissance, il n'existe pas encore aujourd'hui de moyen économique et pratique d'obtenir le chauffage de tous les compartiments sans distinction.

En ce qui touche l'inclinaison des banquettes et l'élévation des dossiers dans les voitures de 2ᵉ et 3ᵉ classe, les Compagnies ont reconnu que ces améliorations utiles pouvaient être réalisées, et elles ont pris l'engagement d'y pourvoir dans la construction des voitures nouvelles, et au fur et à mesure de la mise en réparation des véhicules en service.

Relativement aux fumeurs, elles ont répondu que la règle n'était pas d'affecter dans chaque train des compartiments spéciaux à leur usage, parce que ce serait constituer, dans bien des cas, une difficulté sérieuse pour l'exploitation ; mais elles ont assuré qu'elles donnaient depuis longtemps des ordres à leurs agents pour que la tolérance fût toujours pratiquée lorsqu'elle ne ferait pas naître de plaintes de la part des autres voyageurs, et pour que les agents tinssent la main au respect du règlement, qui prohibe l'usage de fumer, toutes les fois qu'une personne en exprimerait le désir.

Water-closets.

En ce qui touche l'établissement de water-closets dans les trains, les Compagnies *de l'Est*, *d'Orléans*, et *de Lyon* ont annoncé que déjà, sur les trains de la poste et les express, elles faisaient l'essai de wagons construits dans des conditions spéciales qui répondaient à cet objet. Celle *du Midi* a dit qu'elle avait, dès l'origine, établi des appareils dans les coupés, et celle *de l'Ouest*, qu'elle en avait placé dans quelques voitures de luxe. La Compagnie *du Nord* seule a fait connaître que son intention n'était pas de tenter des essais, et qu'elle entendait attendre, pour établir des water-closets dans ses trains, qu'un système satisfaisant, suivant elle, eût été découvert.

Emploi de la houille dans les machines à voyageurs.

L'usage de la houille pour l'alimentation des machines à voyageurs a excité, à l'origine, tant de réprobation de la part des voyageurs qu'incommodait la fumée de ce combustible, que l'Administration avait dû l'interdire et les Compagnies elles-mêmes s'en abstenir spontanément ; mais, depuis, est intervenu l'emploi des appareils fumivores qui tendent à faire disparaître l'inconvénient. Les Compagnies se sont accordées à exposer à la Commission que le prix élevé du coke, la difficulté même de s'en procurer, dans certains cas, les ont depuis longtemps provoquées à faire l'essai de la houille dans le chauffage des machines à voyageurs en y adaptant des appareils fumivores et particulièrement celui de M. *Tembrinck*. Les résultats ont été très-satisfaisants : l'emploi de la houille crue tend à se généraliser dans le service des trains de voyageurs, ce qui procure de l'économie aux Compagnies et ménage la richesse minérale.

Pour montrer à quel point le problème semble résolu aujourd'hui, la Commission ne croit pouvoir mieux faire que de reproduire les conclusions du rapport présenté à Votre Excellence, au mois de janvier 1862, par M. *Couche*, ingénieur en chef des mines, touchant l'emploi de la houille dans les machines locomotives et sur les machines à foyer fumivore du système Tembrinck.

« Les faits qui précèdent établissent, ce me semble, disait M. Couche,
« que le moment est venu d'assigner un terme à la grande expérience
« qui se poursuit depuis plusieurs années.

« Il faut sans doute y regarder à deux fois, en pareille matière, avant
« d'affirmer qu'un problème est résolu. L'histoire de toutes les indus-
« tries, celle des chemins de fer en particulier, est remplie de ces solu-
« tions affirmées un jour sur la foi de quelques essais et démenties en-
« suite, un peu plus tôt ou un peu plus tard, par l'expérience. Mais
« s'il est sage de douter longtemps, il ne faut pas douter toujours et
« nier l'évidence. Si une expérience aussi prolongée, faite dans des con-
« ditions aussi variées que celle dont j'ai rendu compte, n'est pas con-
« cluante, quelle est celle qui méritera ce titre?

« On peut dire que, pour entrer franchement dans la voie de la sup-
« pression de la fumée, et se mettre en mesure de la réaliser prochai-
« nement, les Compagnies n'attendent plus qu'une chose, une mise en
« demeure de l'Administration supérieure.

« L'injonction adressée aux Compagnies pourrait être formulée à peu
« près ainsi :

« A partir du..... la fumée des locomotives en marche ou en
« stationnement est interdite, chacun étant libre du choix du moyen
« pourvu qu'il atteigne le but.

« Il est évident d'ailleurs qu'un délai assez prolongé serait nécessaire;
« la transformation d'un foyer ordinaire en foyer Tembrinck, par
« exemple, est assez coûteuse et assez longue, et une telle opération,
« étendue à une fraction considérable de l'effectif, devrait nécessaire-
« ment être répartie sur plusieurs exercices.

« Cette transformation coûte 2,500 francs environ, dépense qui, au
« surplus, sera rapidement couverte par l'économie de combustible,
« soit qu'on substitue le gros au coke ou le tout-venant au gros.

« Mais il importe, d'un autre côté, de remarquer qu'en matière de
« délais il faut se garder d'exagérer. Il y a toujours une première pé-
« riode pendant laquelle on ne fait absolument rien, et cette période
« est d'autant plus longue que le délai lui-même est plus long.

« L'interdiction de la fumée des locomotives pourrait, selon moi, da-
« ter du 1ᵉʳ janvier 1866, sans préjudice d'ailleurs des mesures à
« prendre pour utiliser complétement, dès à présent, les palliatifs dont
« on dispose, et notamment le souffleur. Les Compagnies qui ne se

« seraient pas mises en mesure à cette époque en seraient quittes alors
« pour ne plus brûler de houille, de houille fumeuse du moins, et elles
« l'auraient voulu. Mais aucune, à coup sûr, ne se mettra dans cette
« situation.

« L'Administration ne repousserait pas d'ailleurs les demandes de
« prolongation de délai fondées sur des motifs valables. Mais, je le ré-
« pète, une échéance trop éloignée a des inconvénients; dans le début,
« elle est trop lointaine pour qu'on s'en préoccupe, et quand le terme
« se rapproche on l'a oubliée. »

La Commission, M. le Ministre, qui regarde le chauffage de toutes
les voitures sans distinction comme répondant à un vœu prononcé
du public, aurait vivement désiré pouvoir vous soumettre des propositions à cet effet. Mais après avoir étudié la question sous toutes
ses faces, elle a acquis la conviction qu'il n'existait pas encore de
moyens pratiques et économiques de généraliser le chauffage des voitures.

Avant de s'y résigner, elle a voulu entendre M. *Delcambre*, l'inventeur du système de chauffage expérimenté par la Compagnie de Paris
à la Méditerranée. M. Delcambre a mis sous les yeux de la Commission
un modèle de son appareil, et lui en a expliqué le mécanisme; il a
surtout insisté sur ce point, que l'épreuve faite n'ayant porté que sur
un seul voyage, à l'aller, de Paris à Montargis, ne pouvait, en aucun
cas, être déclarée concluante. Mais, tout considéré, la Commission,
sans condamner en principe le système Delcambre, a pensé que,
dans l'état actuel des choses, il était impossible d'en recommander
l'usage aux Compagnies. Elle a examiné ensuite le système du chauffage au moyen de poêles qui est usité tant en Suisse qu'en Amérique; il lui a paru qu'il présentait moins d'avantages que d'inconvénients.

En résumé, en ce qui concerne les mesures propres à assurer le
bien-être des voyageurs, la Commission pense:

*1° Qu'il y a lieu de prescrire aux Compagnies l'emploi des rideaux dans
les compartiments de la troisième classe, et à plus forte raison dans ceux de la
seconde. Les Compagnies pourraient substituer des persiennes aux rideaux,
à l'exemple de la Compagnie des Ardennes;*

*2° Que les dossiers et les banquettes de la 3° classe devraient être incli-
nés et les dossiers élevés à la hauteur de la tête des voyageurs;*

3° Qu'il n'y a pas lieu de prescrire des règles nouvelles en ce qui concerne les fumeurs;

4° Qu'il est désirable que le système de water-closets, en usage sur tous les chemins allemands, et en ce moment expérimenté chez nous par plusieurs Compagnies, reçoive une application générale;

5° Que pour l'alimentation des machines à voyageurs, l'emploi de la houille doit être toléré, quand, par la nature de la houille employée et par l'introduction d'appareils fumivores, cet emploi serait exempt d'inconvénients sensibles.

Au sujet du bien-être et de la commodité des voyageurs, il n'est pas superflu de faire suivre les avis émis par la Commission de quelques observations qui ne pouvaient revêtir la forme d'un avis précis, mais qui ne laissent pas que d'avoir leur importance.

Avantage que trouveraient les compagnies à rendre le voyage aussi commode que possible.

La Commission a accueilli avec confiance les promesses faites par les Compagnies de donner tous leurs soins à ces points si intéressants, dont le public est justement préoccupé. Le temps apportant avec lui la réflexion a, nous le croyons, dissipé une erreur qui était fort accréditée dans les administrations de chemins de fer des différents pays. On avait remarqué que, par un esprit d'économie, dont quelquefois il y avait lieu d'être surpris, mais qui n'excède pas les bornes de la liberté naturelle de chacun, des personnes riches ou aisées se mettaient aux secondes places, et que de même des personnes auxquelles leur degré d'aisance aurait parfaitement permis de voyager dans les secondes se plaçaient aux troisièmes. On en avait conclu qu'il était de l'intérêt des Compagnies de rendre peu commode et peu agréable le voyage dans les voitures de seconde classe, et d'exclure à peu près toute commodité et tout agrément des voitures de troisième. On se flattait ainsi de reporter des secondes aux premières et des troisièmes aux secondes les personnes que le désir d'économiser sur les frais de voyage portait à s'imposer à elles-mêmes une sorte de déclassement.

Par rapport à cette catégorie même de personnes, le calcul était-il bon, ou du moins méritait-il la peine qu'on s'y livrât? Il est permis d'en douter.

Une des raisons, la plus forte probablement de toutes celles qui décident la généralité des personnes riches, ou d'une aisance assez grande, à préférer les premières places, et la plupart des personnes qui possèdent une certaine fortune à fréquenter les secondes plutôt que les troisièmes, c'est le désir de se trouver, pendant le voyage, dans un milieu qui leur ressemble, c'est-à-dire de voyager parmi des gens que leur éducation, leur tenue, leur mise et leur langage rapprochent d'elles-mêmes. Il y a là un besoin impérieux dont, en général, on recherche vivement la satisfaction. Le nombre de ceux qui subordonnent ou sacrifient ce besoin au désir de se soustraire à une dépense qui cependant n'eût pas excédé leurs moyens, est fort limité, on peut le croire. En tous cas, il n'est pas assez considérable pour que, en se plaçant au point de vue exclusif d'une exploitation productive, on en fasse la base du système, quant à la disposition des voitures et quant aux commodités à offrir à chaque sorte de places.

Sous un autre aspect, le calcul auquel s'étaient ainsi laissées aller plusieurs des Compagnies de chemins de fer, en France comme à l'étranger, ne pouvait manquer de léser, d'une manière même profonde, leurs propres intérêts. L'incommodité calculée des voitures de deuxième et de troisième classe avait pour effet nécessaire de dégoûter des voyages les personnes qui se seraient mises dans ces deux catégories de places, par la raison que c'étaient celles que leur éducation et leurs moyens matériels indiquaient naturellement à leur choix. Le goût des voyages se répand généralement de nos jours, et il faut s'en féliciter puisque le voyage sert incontestablement à l'éducation et à l'instruction des hommes et qu'il est la condition même du développement des affaires commerciales. Il est de l'intérêt évident des Compagnies de l'exciter et non pas de le contrarier. Lorsqu'on a à résoudre le problème de fixer les divers degrés de bien-être et de commodité qui conviennent pour les diverses classes de voitures, faut-il, avant tout, se déterminer par le désir de contraindre à voyager dans les premières tous ceux auxquels leur fortune le permettrait, en rendant déplaisant le séjour des secondes, et faut-il priver de toute commodité les troisièmes afin d'empêcher des voyageurs en possession d'une certaine aisance de se rejeter sur ces dernières places ? N'est-il pas plus sage, plus habile, plus commercial, en même temps que plus humain, de chercher, avant toute chose, à contenter le public dans toutes ses parties, aussi bien les personnes peu aisées ou pauvres que les autres, en rendant aussi commodes que possible les diverses sortes de places ? N'est-ce pas là le moyen, pour les Compagnies, de se constituer une plus nombreuse clientèle ? L'expérience a montré que, de nos jours, en fait d'industrie, le meilleur calcul est de s'adresser aux masses. Les industries qui prospèrent le plus, celles qui ont la base la plus solide, sont celles où l'on se propose pour objet de satisfaire le grand nombre. C'est là pourtant ce que les Administrations de chemins de fer perdaient de vue lorsqu'elles semblaient chercher à violenter les personnes très-économes qui prenaient des places au-dessous de celles qu'elles auraient pu payer. En agissant ainsi, les Compagnies sacrifiaient un intérêt majeur à un intérêt minime, outre qu'elles contrevenaient à l'obligation morale que le législateur avait voulu leur imposer.

Ce n'est pas à dire que les voitures de la deuxième classe doivent ressembler à celles de la première ou que la parité doive être établie entre les voitures de la troisième et de la deuxième classe. Les habitudes de propreté ne sont pas développées au même degré, à beaucoup près, dans toutes les parties de la population, et la rudesse des voyageurs qui fréquentent les voitures de troisième classe est telle que, même sans mauvaise intention, ils pourraient maltraiter fort un ameublement ou des aménagements d'un modèle un peu raffiné. Il serait donc déplacé de demander du luxe pour les voitures de troisième classe. On peut s'en dispenser aussi dans les voitures de seconde, où cependant se réunit un public plus soigneux. Mais il faudrait que partout on rencontrât, dans la limite du possible, le bien-être, la commodité et à plus forte raison la salubrité. Tout voyageur doit être assis commodément et trouver, par exemple, un dossier disposé de telle façon qu'il y puisse reposer la tête et dormir. La ventilation doit être assurée partout indistinctement : partout on doit avoir le moyen de se garantir, pendant l'été, contre les rayons d'un soleil ardent, et lorsqu'aura été résolu le problème d'un chauffage général qui ne soit pas trop dispendieux et ne détermine pas une grande perte de temps, l'application devra en être formellement prescrite.

L'industrie en général et l'art de construire les voitures en particulier sont tellement perfectionnés de nos jours et disposent de moyens tellement puissants et tellement variés que, quand les Compagnies se seront résolument posé le problème de trouver une forme de voiture qui réunisse les conditions de la solidité des aménagements avec celles du bien-être et de la commodité pour les voyageurs des troisièmes et à plus forte raison pour ceux des secondes, elles ne pourront beaucoup tarder à le résoudre. Elles contenteront le public et par cela même accroîtront leur clientèle avec leurs recettes, sans que leur matériel soit exposé à des dégâts trop onéreux.

CHAPITRE IV.

POLICE DES GARES.

ADMISSION DES DIVERSES SORTES DE VOITURES PUBLIQUES DANS LES GARES.

La plupart des Compagnies ont demandé le maintien du régime actuel, tel qu'il résulte des dispositions réglementaires de l'ordonnance de 1846 [1]. Suivant elles, ce régime, qui place entre les mains du Préfet, dans un intérêt d'ordre public et de police, tous les pouvoirs relatifs à l'entrée et au stationnement des voitures publiques dans les gares, satisfait aujourd'hui à tous les besoins. Dans la pratique, l'Administration départementale, en ne délivrant une autorisation qu'aux entrepreneurs qui ont pris au préalable l'engagement de desservir tous les trains, aussi bien ceux de nuit que ceux de jour, en d'autres termes de faire un service régulier et complet, se montre par là, disent-elles, le juge éclairé et le protecteur des intérêts du public.

La Compagnie *d'Orléans* a spécialement demandé l'exclusion des voitures dites à volonté. Une autre Compagnie, celle *du Midi,* a présenté des observations tendant à ce que l'entrée des gares fût accordée exclusivement aux voitures des correspondants du chemin de fer.

M. *Pagézy,* la seule des personnes entendues dans l'enquête qui ait présenté des observations sur cette question, a exprimé une opinion contraire au système de la réglementation : il a repoussé les autorisations restreintes ou privilégiées, parce qu'il croit que la régularité même du service ne saurait être assurée qu'au moyen de la libre concurrence, c'est-à-dire par la liberté donnée à toutes les sortes de voitures d'entrer dans les gares et d'y faire le service.

Par le fait de recommandations aussi diamétralement contradictoires, la Commission se trouvait placée ainsi entre deux systèmes opposés, celui de la réglementation administrative et celui de la liberté. Plusieurs de ses membres se sont déclarés les partisans du premier; ils le

[1] Ordonnance du 15 novembre 1846, article 1ᵉʳ : « L'entrée, le stationnement et la circulation « des voitures publiques ou particulières, destinées soit au transport des personnes, soit au transport « des marchandises, dans les cours dépendant des stations des chemins de fer, seront réglés par des « arrêtés du préfet du département. Ces arrêtés ne seront exécutoires qu'en vertu de l'approbation « du Ministre des travaux publics. »

considèrent comme une des conditions essentielles de la bonté et de la régularité du service; ils l'ont défendu, en conséquence, au nom de l'intérêt général; ils ont surtout insisté sur ce que la réglementation par les soins de l'autorité préfectorale, à part trois ou quatre villes où des conflits regrettables se sont élevés, est universellement acceptée sans réclamations, et a donné jusqu'ici les meilleurs résultats. D'autres membres ont soutenu que le système de la réglementation était contraire à l'esprit même de l'ordonnance de 1846 : qu'il ne devait son origine qu'à une interprétation abusive du texte, et que s'il avait prévalu, c'était uniquement par la tolérance de l'Administration supérieure. La majorité de la Commission s'est ralliée à cette dernière opinion. Elle a pensé qu'à l'avenir l'intervention de l'Administration devait cesser de se produire en pareille matière; qu'au lieu de perpétuer une réglementation restrictive, en opposition avec le principe salutaire de la liberté de l'industrie, il était bon de tenter au moins une expérience qui n'a pas encore été faite. La Commission est donc d'avis :

1° Qu'en ce qui concerne le service de ville proprement dit, toutes les voitures indistinctement devraient être admises dans les gares;

Toutefois à l'égard des omnibus, il serait tenu compte, pour la place qui sera assignée à chacun d'eux, du nombre de trains qu'ils desserviront;

2° Que l'entrée des gares doit être accordée à toutes les voitures, dites de correspondance ;

Qu'il serait utile néanmoins que les Compagnies pussent avoir un correspondant attitré, subventionné même au besoin par elles, aussi bien pour le transport des voyageurs que pour celui des colis de messagerie.

Observations
sur le prix des places.

Nous ne pouvons quitter le sujet du service des voyageurs sans dire un mot d'une question qui est d'une grande portée, mais qui aussi bien est délicate, et sur laquelle la Commission ne pouvait guère délibérer, de manière à arriver à des conclusions formelles : nous voulons parler du prix des places. On a vu que quelques-unes des personnes entendues dans l'Enquête, notamment MM. Auguste Chevalier et Eugène Flachat, avaient soulevé cette question. Un remarquable Mémoire de M. Marqfoy, que Votre Excellence nous a transmis, contient, sur ce sujet, un ensemble d'observations et de calculs qu'il serait regrettable de passer sous silence.

L'auteur de ce mémoire fait remarquer l'extrême inégalité qui s'est manifestée dans l'accroissement de la circulation et du produit, entre le service des marchandises et celui des voyageurs. Des calculs, qui se rapportent non pas à la totalité, mais à la majeure partie des chemins de fer français, c'est-à-dire à toutes les lignes comprises dans les statistiques publiées par les six grandes Compagnies, ont conduit M. Marqfoy à des rapprochements qui peuvent se résumer ainsi :

Service des marchandises. Dans l'intervalle de dix ans, compris entre le 1er janvier 1852 et le 31 décembre 1861, le nombre de tonnes kilométriques [1], par kilomètre de chemin de fer exploité et par an, est monté de 145,308 à 452,442, et la recette correspondante s'est élevée de 12,411f à 30,060f. Pendant ce temps, le tarif moyen perçu par tonne et par kilomètre a été abaissé de 0f,0854 à 0f,0664, et cet abaissement s'est produit sous l'influence de la réduction successive des différents articles des tarifs perçus. D'ailleurs, il y a lieu d'observer que l'abaissement des prix de transport serait beaucoup plus marqué si l'on comparait le tarif des chemins de fer en petite vitesse à celui du roulage qui existait auparavant, car, selon les chiffres cités par M. Marqfoy, le tarif moyen du roulage était de 0f,249 par tonne et par kilomètre.

Service des voyageurs. Dans la même période décennale, le nombre de voyageurs kilométriques [2], par kilomètre exploité et par an, ne s'est accru que de 262,866 à 315,427. Les recettes, par kilomètre exploité et par an, n'ont augmenté que de 16,814f à 17,980f.

Le tarif moyen perçu a été, en 1852, de 0f,0639, et, en 1861, de 0f,0570. Mais ici, l'abaissement du tarif moyen perçu a été uniquement l'effet du développement plus grand du nombre de voyageurs de deuxième et surtout de troisième classe. Pendant que le tarif moyen perçu s'abaissait si médiocrement, la base de la perception restait invariable; les tarifs de voyageurs ont été à peu près fixes depuis la création des chemins de fer, et sont demeurés très-approximativement conformes aux maxima portés aux cahiers des charges, à savoir :

0f,10   par voyageur et par kilomètre pour la 1re classe.

0f,075 par voyageur et par kilomètre pour la 2e classe.

0f,055 par voyageur et par kilomètre pour la 3e classe.

Les variations principales qui ont eu lieu dans les bases de la per-

[1] Le tonnage d'une ligne se mesure avec la *tonne kilométrique* pour unité. Ainsi, 80 tonnes, transportées à 100 kilomètres, constituent 8,000 tonnes kilométriques.

[2] Même observation pour les voyageurs. L'unité qui sert de mesure au trafic des voyageurs est le voyageur qui a parcouru un kilomètre.

ception ont été dans le sens de l'augmentation, à cause des décimes de guerre, établis aux profit du Trésor et ajoutés aux prix des places antérieurement fixés.

Il est à noter que les trois prix des places, qui viennent d'être rappelés, sont à peu près les mêmes qui étaient en usage dans les Messageries pour le coupé, l'intérieur et la rotonde.

Si maintenant l'on rapproche les faits relatifs aux voyageurs de ceux qui concernent les marchandises, on voit que, dans la période décennale qui a occupé M. Marqfoy, l'accroissement du trafic kilométrique a été, pour les marchandises, de 100 à 312, tandis que, pour les voyageurs, il n'est que de 100 à 120. Pour les marchandises, la progression de la recette a été de 100 à 242; pour les voyageurs, elle n'est que de 100 à 107.

Il semble résulter de là que, en maintenant immobiles leurs prix des places, les Compagnies méconnaissent leur intérêt. Cette conclusion acquerrait un bien autre degré de probabilité s'il était constant que, pour toutes les Compagnies, ainsi que M. Marqfoy le signale pour l'une d'elles, et pour l'année 1860, près des deux tiers des places restent inoccupés. Les calculs de M. Marqfoy montrent d'ailleurs ce fait important que les prix des places pourraient s'abaisser beaucoup sans atteindre la limite de ce qu'il appelle les prix rémunérateurs.

Quelques-unes des personnes qui ont écrit sur l'exploitation des chemins de fer ont exprimé un étonnement qu'il convient de mentionner ici. Elles se sont montrées surprises de ce que les Compagnies s'étaient abstenues, jusqu'ici, d'appliquer au service des voyageurs le système des tarifs différentiels dont elles se servent tant pour le transport des marchandises, et qui a produit des résultats si avantageux pour le public et pour elles-mêmes. En d'autres termes, ne serait-il pas possible que, pour les longs trajets, les voyageurs de la deuxième classe, et surtout ceux de la troisième payassent moins proportionnellement que pour un petit trajet? Il est hors de doute que ce système serait très-profitable pour les personnes pauvres ou peu aisées, et qu'il les provoquerait à voyager davantage. Il est vraisemblable que, par cela même qu'il mettrait la dépense des voyages mieux en harmonie avec les ressources si limitées d'une grande partie de la population, il accroîtrait dans une forte proportion le nombre des personnes qui voyagent et par cela même tendrait à augmenter le montant des recettes des Compagnies.

Il n'est pas superflu de rappeler que la Compagnie des Omnibus de Paris, en créant une catégorie de places à 15 centimes, parallèlement aux places d'intérieur qui restaient à 30 centimes, est parvenue, en très-peu de temps, à augmenter de plus de trois cinquièmes le nombre de ses voyageurs [1].

Nous livrons ces considérations à la sagesse de Votre Excellence, et à l'intelligence des Compagnies qui est de plus en plus éveillée, par la nécessité, sur les moyens d'accroître le produit de leur exploitation.

[1] Voici la statistique des voyageurs dans les Omnibus de Paris :

ANNÉE.	NOMBRE MOYEN des omnibus en service journalier.	NOMBRE TOTAL de voyageurs.	VOYAGEURS d'intérieur.	VOYAGEURS d'impériale.
1860	448	67,776,935	42,016,081 ou 63 p. o/o	25,750,854 ou 37 p. o/o
1861	502	76,285,538	45,965,781 ou 60 p. o/o	30,319,757 ou 40 p. o/o
1862	526	81,939,603	49,128,029 ou 59 p. o/o	32,811,574 ou 41 p. o/o

L'intérieur contient 14 places; l'impériale 10 places. (Dans les deux derniers mois de 1862, il a commencé à circuler des voitures ayant 12 places d'impériale.)

IIᵉ PARTIE.

SERVICE DES MARCHANDISES.

CHAPITRE Iᵉʳ.
DE LA VITESSE.

DES DÉLAIS DE LA PETITE VITESSE [*].

Accélération
de la petite vitesse,
pour diverses catégories
de marchandises.

La plupart des personnes entendues dans l'enquête ont insisté plus ou moins sur les améliorations que réclame, suivant elles, impérieusement le service des marchandises, notamment en petite vitesse; ce concert de réclamations, joint au grand nombre de plaintes que les chambres de commerce ont fait entendre, commandait à la Commission un examen tout particulier de la question.

M. *Roulleaux-Dugage*, dans la comparaison qu'il a établie entre le roulage et les chemins de fer, a dit que l'exagération des frais accessoires, l'absence de classification, suivant leur nature, des marchandises et denrées, la mobilité des tarifs et surtout la durée excessive du

[*] Arrêté du 15 avril 1859:

Aʀᴛ. 6. «Les animaux, denrées, marchandises et objets quelconques, à petite vitesse, seront «expédiés dans le jour qui suivra celui de la remise.

Aʀᴛ. 7. «La durée du trajet, pour les transports à petite vitesse, sera calculée à raison de vingt-«quatre heures par fraction indivisible de 125 kilomètres.

«Ne seront pas comptés les excédants de distance jusques et y compris 25 kilomètres. Ainsi «150 kilomètres compteront comme 125, 275 comme 250, etc.

Aʀᴛ. 9. «Les expéditions seront mises à la disposition des destinataires dans le jour qui suivra «celui de leur arrivée effective en gare.

Aʀᴛ. 10. «Le délai total résultant des articles 6, 7, 9, sera seul obligatoire pour les Compagnies.

Aʀᴛ. 12. «Du 1ᵉʳ avril au 30 septembre, les gares seront ouvertes, pour la réception et la livraison «des marchandises à petite vitesse, à six heures du soir.

«Du 1ᵉʳ octobre au 31 mars, elles seront ouvertes à sept heures du matin, au plus tard, et «fermées, au plus tôt, à cinq heures du soir.

«Par exception, les dimanches et jours fériés, les gares des marchandises à petite vitesse seront «fermées à midi, et les livraisons restant à faire avant la fin de la journée seront remises à la pre-«mière moitié du jour suivant.

«Dans ce dernier cas, le délai fixé pour la perception du droit de magasinage, soit par les tarifs «généraux, soit par les tarifs spéciaux homologués par l'Administration supérieure, sera augmenté «de tout le temps compris entre l'heure de midi et l'heure réglée aux paragraphes 1 et 2 du présent «article pour la fermeture des gares.»

voyage, étaient autant de motifs pour le public de regretter l'ancien roulage. D'après cet honorable député, le commerce pouvait alors, grâce à la libre concurrence, se faire bien servir; mais aujourd'hui qu'il est en face d'entreprises investies d'un monopole, il est désarmé et souvent sacrifié.

M. *Auguste Chevalier* a signalé non-seulement la longueur des délais réglementaires fixés par l'arrêté du 15 avril 1859, pour le transport des marchandises, mais encore la fréquence des cas dans lesquels ces délais sont dépassés. Ce n'est pas, a-t-il dit, dans une accélération de la marche proprement dite des trains qu'il faudrait chercher un remède au mal; la vitesse de déplacement sur les rails qui, pour les marchandises en petite vitesse, peut varier aujourd'hui entre 25 et 28 kilomètres, lui paraîtrait même déjà trop considérable : il croit qu'il y aurait avantage à la réduire à 20. Mais il y a d'énormes pertes de temps dans les stations d'évitement ou dans les gares. Une meilleure disposition intérieure des gares et l'emploi généralisé d'appareils mécaniques, substitués aux bras de l'homme, dans les diverses manœuvres, ont été indiqués par M. Auguste Chevalier comme des moyens d'accélérer l'expédition des marchandises, que les Compagnies françaises de chemins de fer devraient imiter des Compagnies anglaises. Selon lui, toute gare à marchandises devrait être installée de façon à ce que le train qui arrive pût être déchargé immédiatement, et pour cela il faudrait que ce train abordât le long d'un des quais mêmes de déchargement. Sur ces quais on installerait des appareils puissants, destinés à opérer rapidement le déchargement des wagons. Les gares de Londres, Manchester, Birmingham, où tout train arrivé dans la journée est déchargé avant la nuit, fournissent des exemples dont le Gouvernement doit recommander et même imposer l'imitation aux Compagnies françaises.

M. *Villeminot-Huard* admet que les Compagnies font, en général, de l'arrêté ministériel relatif aux délais, la règle ordinaire de leur service de transport; mais il ajoute que, effectué dans ces conditions, le transport ne représente pas encore une vitesse assez grande aux yeux du commerce; en effet, quand le chemin de fer prend quatre jours pour rendre à Paris les marchandises de Reims, il ne réalise ni plus ni moins que ce qu'exécutait jadis le roulage ordinaire, lequel marchait à raison de 35 à 40 kilomètres par jour, et l'accéléré qui, faisant en moyenne 4 kilomètres à l'heure, rendait à Paris les colis en quarante-huit heures, c'est-à-dire dans la moitié du temps qui est employé aujourd'hui par le chemin de fer. Le commerce de Reims fait donc, suivant M. Villeminot-Huard, une question capitale de l'accélération du service actuel de la petite vitesse. Du reste, a-t-il dit, cette réforme est autant et plus dans l'intérêt des Compagnies de chemins de fer que dans celui des expéditeurs. A l'appui de cette opinion, il a cité ce qui se passe sur la ligne de Reims à Rethel, où la Compagnie des Ardennes, pour n'avoir pas voulu apporter de modifications à son service, tel qu'il s'exécute en vertu même de l'arrêté ministériel relatif aux délais, voit les transports lui échapper et s'effectuer par la route ordinaire.

M. Villeminot-Huart voudrait que, pour les transports à petite distance, les délais de livraisons fussent comptés par heures et non plus par jours, de façon que, pour des trajets inférieurs à 60 kilomètres, le temps employé ne fût pas, en fait, supérieur à quarante-huit heures, et que, pour les trajets variant de 60 à 150 kilomètres, les délais ne dépassassent pas trois jours. Telle est aujourd'hui, sous ce rapport, l'insuffisance des chemins de fer, que, dans toutes les directions où il s'agit d'un parcours restreint, les négociants de Reims établissent ou subventionnent des services de roulage parallèles à la voie de fer.

M. Villeminot-Huard est partisan de l'organisation d'une vitesse intermédiaire entre la grande et la petite : il ne craint pas, comme quelques-uns de ses confrères, que cette création soit, entre les mains des Compagnies, un moyen d'obliger le commerce à lui payer des prix plus élevés; parce que si les Compagnies tentaient de contraindre les expéditeurs à employer ce service intermédiaire au lieu de la petite vitesse, le Gouvernement saurait défendre le commerce contre les manœuvres fiscales des Compagnies. Il croit aussi que, dans le cas d'une semblable tentative de la part des Compagnies, le commerce de Reims notamment trouverait, dans le comité du contentieux qu'il a formé, une force capable de triompher de la difficulté.

M. *Cosserat* a adressé au service des marchandises expédiées en petite vitesse les reproches qui ont déjà été signalés; il a exposé :

1° Que les délais fixés par l'arrêté du 15 avril étaient trop longs;

2° Que les Compagnies, cependant, les revendiquaient toujours en entier, et que souvent même ces délais ne leur suffisaient pas.

Conséquemment, le service de la petite vitesse laisse à désirer et sous le rapport de la célérité, et sous celui de la régularité. Citant l'exemple de ce qui se passe sur la ligne du Nord pour les expéditions entre Amiens et Paris, il a insisté pour que le Gouvernement usât de sa légitime influence, afin d'obtenir de la Compagnie qu'elle améliorât son service de petite vitesse : un jour pour la remise du colis à la gare d'expédition, un jour pour la délivrance à domicile, et trois jours pour le parcours sur les rails, soit cinq jours en moyenne pour le trajet total, tel est l'état des choses que subit le commerce. N'est-ce pas trop pour une simple distance de 123 kilomètres? L'industrie, qui en souffre chaque jour, regrette le roulage accéléré qui était plus rapide et plus exact.

M. *Valfran Mollet* a pareillement déposé que les délais fixés par l'arrêté du 15 avril étaient, toujours et sans exception, revendiqués par les Compagnies, et trop souvent dépassés par elles. Il a ajouté que les délais accordés [1] pour le passage d'un réseau à un autre, quand la marchandise doit passer successivement par les mains de plusieurs Compagnies, font un double emploi; il a demandé, en conséquence, sinon qu'on les fît disparaître, tout au moins qu'on les réduisît. Il a recommandé la suppression complète du délai d'un jour au départ, et d'un jour à l'arrivée, en ce qui concerne les colis qui n'effectuent qu'un petit parcours.

M. *Denière*, président du tribunal de commerce de la Seine, et M. *Berthier*, du même tribunal, ont constaté que la livraison des marchandises confiées aux chemins de fer paraît, en règle générale, ne s'effectuer que dans le plein des délais réglementaires, ce qui est regrettable. De plus, ces délais, calculés à raison de 24 heures par fraction indivisible de 125 kilomètres, sont trop longs. Ils croient donc que l'Administration devrait essayer d'apporter, dans l'intérêt du commerce, des améliorations au régime actuel. Ils ont signalé l'encombrement à peu près général des gares de marchandises comme la première, et peut-être l'unique cause des retards qu'éprouve la livraison des colis, retards qui indisposent tant le public contre les Compagnies. Mais ils ont déclaré, en revanche, que, dans leur opinion, le service,

[1] Arrêté du 15 avril 1859.

Art. 8. « Pour les animaux, denrées, marchandises et objets quelconques passant d'une ligne sur « une autre sans solution de continuité, le délai d'expédition fixé à l'article 6 ne sera compté qu'à la « gare originaire et une seule fois; mais il est accordé aux Compagnies un jour de délai pour la « transmission d'une ligne à l'autre, la durée du trajet, pour chaque Compagnie, restant fixée « comme il est dit à l'article 7.

« Toutefois, à Paris, pour la transmission d'une gare à l'autre par le chemin de fer de ceinture, « le délai sera de deux jours; mais il comprendra la durée du trajet sur ledit chemin.

« Le délai de transmission entre les lignes qui, aboutissant dans une même localité, n'ont pas « encore de gare commune, sera porté à trois jours, le surplus des conditions énoncées au para- « graphe 1er du présent article restant applicable dans ce dernier cas »

par les chemins de fer, des marchandises en petite vitesse a déjà réalisé, sur celui du roulage, des avantages très-sérieux, tant pour le temps employé au parcours, que pour les prix, lorsqu'il s'agit de longs trajets. Ils l'ont établi par l'exemple du trajet entre Marseille et Paris, que le roulage ordinaire effectuait en 18 jours et l'accéléré en 10 jours, tandis qu'aujourd'hui le chemin de fer rend la marchandise en 9 jours, avec un prix inférieur d'un tiers à celui du roulage accéléré.

MM. *Denière* et *Berthier* ont signalé l'absence, que les tribunaux de commerce ne constatent que trop souvent, de toute solidarité et bonne entente entre les chefs d'industrie expéditeurs et les chemins de fer, solidarité et bonne entente qui seraient nécessaires cependant pour assurer aux transports toute la célérité qu'ils comportent. Aussi, jusqu'à ce jour, ont dit MM. Denière et Berthier, malgré les inconvénients qui sont inhérents à l'emploi des intermédiaires, le commerce n'a pu s'empêcher de s'adresser à des commissionnaires dont l'intervention lui assure, sous le double rapport de la régularité et de la célérité, des avantages qu'on n'obtient pas en traitant directement avec les Compagnies de chemins de fer, et dont celles-ci ne pourraient peut-être pas le faire jouir dans les conditions actuelles d'organisation de leur service intérieur. L'existence de la Compagnie des Messageries impériales rend donc, à cet égard, au commerce entre Paris et Marseille, par exemple, des services réels. Seulement ce que font les Messageries Impériales, les Compagnies de chemins de fer pourraient le faire elles-mêmes sans grande difficulté. Elles pourraient substituer leur action à celle des intermédiaires quels qu'ils soient. Tel est le but vers lequel, selon MM. Denière et Berthier, devraient tendre maintenant les efforts des Compagnies de chemins de fer.

Si le service des marchandises, ont dit enfin MM. Denière et Berthier, s'effectue en Angleterre dans des conditions de rapidité auxquelles rien n'est comparable en France, on doit l'attribuer à cet échange perpétuel et intime de relations entre les chemins de fer et les chefs de maison, manufacturiers ou négociants. C'est l'effet de ces liens de solidarité bien sentie, et dégagée de toute forme bureaucratique, qui unissent l'un à l'autre ces deux commerçants dont l'un s'appelle l'expéditeur et l'autre la Compagnie du chemin de fer.

De même que MM. *Denière* et *Berthier*, M. *Pagézy* ne s'est pas borné à faire la critique de l'exploitation des Compagnies en ce qui concerne le service de la petite vitesse; il s'est plu à reconnaître ce qu'il y a de bien dans leur exploitation et les améliorations qui distinguent les chemins de fer de l'ancien roulage. Malgré l'encombrement des gares, encombrement qui a été la conséquence d'un développement inespéré du trafic, les Compagnies observent, suivant lui, les prescriptions de l'arrêté ministériel relatif aux délais. Il peut bien y avoir, dans la pratique, quelques infractions, et il n'est pas, pour sa part, sans avoir entendu des négociants se plaindre du refus des Compagnies de transporter, dans le délai obligatoire, les marchandises qui leur étaient apportées; mais ce ne sont que des exceptions qui n'infirment pas la règle, suivant lui habituelle, de la régularité et de l'observation des délais réglementaires dans le transport des marchandises en petite vitesse.

Si le roulage, a dit M. Pagézy, avait des délais moins longs que les chemins de fer, c'était uniquement pour les petites distances. Aussi cette industrie, qui disparaissait à l'origine des chemins de fer, n'a pas été longtemps à reparaître, pour cette destination spéciale. Offrant des facilités plus grandes pour les petits trajets, elle répond à un véritable besoin public, auquel l'industrie des chemins de fer ne donnait pas satisfaction. Mais en revanche, pour les grands parcours, le chemin de fer présente des avantages de rapidité et de régularité qui, s'ils n'ont pas tenu tout ce qu'on pouvait en attendre, sont cependant positifs.

M. *André Leroy*, pépiniériste à Angers, qui envoie ses produits dans toutes les contrées, a fourni à la Commission des relevés détaillés, desquels il résulterait que, presque dans toutes les directions, la petite vitesse des chemins de fer est beaucoup plus lente que ne l'était, il y a dix ans, le roulage accéléré.

Au sujet de la petite vitesse, qui préoccupe si vivement une partie du public commerçant, il était essentiel de chercher des termes de comparaison dans la pratique des nations étrangères. Cette partie de l'exploitation avait été spécialement recommandée par Votre Excellence aux personnes qu'elle avait envoyées en Allemagne et en Angleterre. Nous allons résumer les renseignements qu'elles ont fournis :

M. *Dubocq*, ingénieur des mines, dans le rapport qu'il a adressé à Votre Excellence au mois de mars 1862, donne sur l'exploitation des chemins de fer allemands les renseignements suivants, touchant les délais en vigueur pour les expéditions en petite vitesse. Il fait d'abord remarquer que, sur ces chemins, les délais courent à partir de la première heure du jour qui suit celui indiqué par le timbre de la lettre de voiture. — Il ajoute que :

Les délais de transport sont :

« Dans le pays de *Bade*, pour les distances ne dépassant pas 148 ki-
« lomètres...................................... 2 jours.

« Pour les distances supérieures du réseau, qui a
« 361 kilomètres...................... 3   *

« Dans le *Wurtemberg*, de station à station, sur
« tout le réseau de 442 kilomètres......... 4   *

« En *Bavière*, pour les distances allant jusqu'à
« 185 kilomètres...................... 2   *

« Pour chaque 111 kilomètres en sus......... 1 jour de plus.

« En *Autriche*, sur tous les chemins, 111 kilomètres par jour.

Sur les trois chemins de *Silésie* :

« Pour les distances jusqu'à 151 kilomètres.... 3 jours.

« De 151 à 301 kilomètres................. 4   *

« Au delà............................ 5   *

Sur l'*Est-Prussien* on compte :

« Jusqu'à 135 kilomètres.................. 3 jours.

« Et 110 kilomètres en moyenne par jour pour les distances supé-
« rieures.

« Sur la ligne de *Berlin-Stettin*, longue de 339 ki-
« lomètres, on admet entre deux points quel-
« conques du réseau..................... 3 jours.

« Le chemin de *Berlin-Hambourg*, de 299 kilo-
« mètres, et celui de *Berlin-Anhalt*, qui a 358
« kilomètres de développement, acceptent
« comme délai de transport, de station à sta-
« tion.............................. 2 jours.

« Les autres lignes de Berlin et de Leipzig à Cologne, qui ont formé pour leur exploitation une association spéciale, transportent des marchandises d'un point quelconque du réseau à une autre station, sur les lignes principales de *Cologne-Magdebourg*, *Magdebourg-Berlin* et *Magdebourg-Leipzig*, dans des délais variant avec les distances, de 1 à 2 jours. Pour les transports qui vont aux points les plus éloignés des lignes secondaires, tels que Hartzbourg, Bremer-Hafen, Emden, Osna-

« brück, Emmerich, les délais sont de trois jours, ce qui donne pour les
« transports extrêmes un parcours de 216 kilomètres en 24 heures.

« Enfin le chemin *Rhénan* transporte les marchandises qui parcourent
« une seule de ses trois lignes, dont les longueurs sont de 154, 90 et
« 82 kilomètres, en....................... 2 jours,
« et les articles qui transitent de l'une à l'autre, en. 3   «

« Ces délais ne s'appliquent en général qu'aux marchandises de la
« première et de la seconde classe.

« Sur la plupart des lignes, on ajoute encore à ces transports de 2 à
« 3 jours pour l'enlèvement et le déchargement, ainsi que 24 heures
« pour la transmission d'une ligne à une autre contiguë, et l'on arrive
« ainsi à fixer le délai de livraison. »

Mais c'est en Angleterre qu'on observe un état de choses très-diffé-
rent de celui qui se présente en France, et, il faut le dire, bien plus
commode pour les opérations du commerce. Les rapports détaillés sur
l'exploitation qu'a successivement rédigés M. Moussette et celui de
M. Lan, que nous avons reproduits dans les *Annexes*, font bien connaître le régime légal des chemins de fers anglais, et l'organisation du
service tel que les Compagnies l'ont établi.

En Angleterre le transport des marchandises n'est assujetti légalement à aucun délai déterminé. Les seules dispositions législatives qui
concernent les délais de transport et de livraison portent simplement
que les Compagnies de Chemins de fer devront effectuer le transport
dans un raisonnable délai. Mais dans la pratique, les Compagnies ont
interprété ces termes si vagues de la loi par une célérité très-remar-
quable, même en ce qui concerne ce qu'on appelle chez nous la petite
vitesse. Nous citons quelques exemples relatifs à ce dernier service :

D'Aberdeen à Londres. (559 milles ou 899 kilomètres, c'est-à-dire
un peu plus que de Paris à Marseille.) En 39 heures 40 minutes les
denrées et en 45 heures les marchandises *de classes*[1] ont passé des
mains des expéditeurs aux mains des destinataires. Elles ont été livrées
à domicile par la Compagnie.

D'Édimbourg à Londres. (399 milles ou 643 kilomètres, c'est-à-dire
plus que de Paris à Bordeaux.) Transport en 23 heures 30 minutes.

---

[1] Ce sont principalement les produits manufacturés ou les matières premières d'une valeur
élevée.

Délai total pour l'enlèvement de chez l'expéditeur, le voyage et la livraison à domicile, 3o à 4o heures, selon les trains.

De Bristol à Londres. (Distance 118 milles 1/2 ou 191 kilomètres, un peu moins que de Paris au Hâvre.) La marchandise, reçue à 8 heures du soir et partie à 1o heures, arrive à Londres à 8 heures 3o minutes du matin et est délivrée à domicile avant 1o heures. Le trajet, avec la remise à domicile, ne dure donc que 12 heures, et avec l'attente dans la gare de départ, 14 heures.

De Manchester à Londres. (188 milles 3/4 ou 3o4 kilomètres.) Départ à 9 heures 45 minutes du soir; arrivée à 7 heures 15 minutes du matin; livraison moins de deux heures après; total 12 heures entre le départ et la livraison à domicile. Avec l'attente en gare à Manchester, ce serait, au plus, 14 heures.

De Liverpool à Londres. (2o1 milles ou 323 kilomètres.) Départ, 1o heures 3o minutes du soir; arrivée à 9 heures 25 m. du matin. Livraison dans le même temps que les expéditions de Manchester.

Il serait facile de citer indéfiniment des exemples de ce genre.

Ainsi, en fait, quoiqu'elles ne se trouvent en face d'aucune obligation légale à cet effet, les Compagnies anglaises expédient et délivrent la marchandise dans un délai extrêmement court, par le service ordinaire répondant à notre petite vitesse. Sur toutes les lignes importantes sans exception, les colis, remis dans la journée, sont expédiés le soir même et délivrés au destinataire très-peu de temps après l'arrivée des trains. L'usage ordinaire dans les grandes gares est de recevoir les ballots de marchandises jusqu'à deux heures avant le départ du train.

Pour donner une idée plus précise de la supériorité du service ordinaire des Compagnies anglaises sur le service de la petite vitesse des Compagnies françaises, nous ajouterons que, sous le régime qui a été établi en France par l'arrêté du 15 avril 1859, la livraison au domicile du destinataire aurait lieu comme il suit pour les différents trajets qui viennent d'être énumérés :

D'Aberdeen à Londres la marchandise serait livrée le onzième jour, au lieu de l'être après 4o heures dans un cas, après 45 dans un autre.

D'Édimbourg à Londres, le neuvième jour, au lieu de 3o à 4o heures.

De *Bristol à Londres*, le sixième jour, au lieu de 14 heures.

De *Manchester à Londres*, le septième jour, au lieu de 14 heures.

De *Liverpool à Londres*, à peu près de même.

Dans le cas de la livraison en gare, la remise aurait lieu un jour plus tôt.

M. *Moussette* fait remarquer que pour établir une comparaison équitable entre l'exploitation des Compagnies anglaises et celle des Compagnies françaises, il faut tenir compte, non-seulement de la concurrence que se font entre elles les Compagnies anglaises, mais aussi de la liberté, en quelque sorte illimitée que la législation leur a laissée pour tout ce qui a rapport au service, et même pour les délais de livraison. Cette liberté plus grande, à la faveur de laquelle elles auraient le droit strict de marcher plus lentement, est la raison pour laquelle elles marchent si vite. « Il y a lieu aussi de considérer, ajoute-« t-il, que les tarifs anglais sont considérablement plus élevés que « ceux des chemins de fer français, surtout pour les marchandises « de classe : ainsi, pour les colis au-dessous de 51 kilogrammes, les « taxes appliquées par les Compagnies anglaises aux expéditions en « petite vitesse sont, en général, de beaucoup supérieures à celles de « la grande vitesse en France, et elles ne descendent à 20 centimes « par tonne et par kilomètre que dans des cas exceptionnels et pour « de très-grandes distances, et cela seulement pour le maximum de « la coupure (51 kilogrammes ou le quintal de 112 livres anglaises). « En outre, dans la plupart des cas, la fixation de taxe minima main-« tient des tarifs exceptionnellement élevés pour les expéditions jusqu'à « 200 kilogrammes. Enfin, en prenant le trafic des marchandises de « classes et des *parcels* de petite vitesse dans son ensemble, pour toutes « les lignes anglaises, on arrive à ce résultat : que le tarif moyen perçu « est d'au moins 12 centimes par tonne et par kilomètre. Sur le réseau « du *Great-Northern*, ce tarif moyen est de près de 16 centimes. Or, on « sait que sur les lignes françaises la moyenne des prix perçus pour « les marchandises de cette catégorie varie entre 7 et 9 centimes au « plus. »

Il résulte de ce qui précède, Monsieur le Ministre, que les critiques n'ont pas manqué aux Compagnies, au sujet du service des marchandises en petite vitesse, et que l'expérience fournit des arguments d'un grand poids aux personnes qui réclament une plus grande rapidité dans le service de la petite vitesse. Cependant les Compagnies, devant

la Commission, se sont efforcées de justifier leur manière d'agir à cet
égard.

La plupart des Compagnies ont affirmé qu'elles faisaient, de l'observation des délais fixés par l'arrêté du 15 avril, la règle habituelle
de leur service des marchandises; qu'il n'y avait d'exception que pour
les expéditions empruntant plusieurs lignes distinctes. Toutes se sont
accordées à représenter que les délais fixés par l'arrêté du 15 avril
1859 avaient réalisé déjà, pour le commerce, une amélioration considérable en comparaison, soit de l'ancien roulage accéléré ou ordinaire,
soit du service de la batellerie, qui, elle, ne connaissait d'autres délais que ce qu'on nommait un *délai moral*.

Entre autres exemples cités à la Commission, la Compagnie *du Nord*
a rappelé ce qui se passait entre Lille et Paris, où le roulage accéléré,
qui prenait 100 francs par 1,000 kilogrammes, mettait 4 jours, et où
le roulage ordinaire, qui prenait 65 francs, mettait 8 jours, tandis
que le chemin de fer transporte aujourd'hui par la petite vitesse, en
3 jours, au prix de 45 francs. La Compagnie *du Midi* a dit que, de
Bordeaux à Cette, elle rend la marchandise en 3 et 4 jours, alors que
le roulage accéléré mettait 8 jours, le roulage ordinaire 15 jours, et
la batellerie entre 12 et 20.

Les Compagnies ajoutent que c'est à tort qu'on voudrait comparer les chemins de fer au roulage; que l'analogie n'existe vraiment
pas entre les deux services, et que si l'on avait à établir une comparaison
avec un autre mode de transport, c'est le service de la batellerie qu'il
faudrait prendre pour le second terme du parallèle. Le roulage en
effet n'agissait que sur le chargement d'une voiture, c'est-à-dire sur
un nombre très-limité de colis qu'il était toujours facile d'atteindre,
et ces colis, presque toujours, voyageaient tous entre les deux mêmes
points. La voiture, bâchée dans la cour du commissionnaire de roulage, allait d'un trait et arrivait, sans avoir rompu charge, à la ville
habitée par les destinataires. Le chargement d'un bateau, au contraire,
a plus d'une analogie avec celui d'un train de chemin de fer, et cependant jusqu'ici, ont-elles dit, si l'on n'a pas craint souvent de comparer
les prix perçus par la navigation à ceux des tarifs des voies de fer, jamais, par une réciprocité qui eût été pourtant de toute justice, on n'a
songé à mettre en parallèle la vitesse sur les chemins de fer avec la
marche de la navigation.

Mais les Compagnies ne se sont pas contentées de faire valoir les avantages que procurait au public le règlement de la vitesse, tel qu'il est consigné dans l'arrêté du 15 avril 1859. Les Compagnies *du Nord, de l'Est* et *du Midi* ont critiqué le système de cet arrêté, en ce que, suivant elles, les délais qu'il a fixés seraient trop courts. Dans le public, ont-elles dit, on ne se rend pas assez compte de ce que c'est que le service des chemins de fer, relativement aux transports par la petite vitesse. Sans doute un chemin de fer est un instrument puissant qui arrive à produire une masse de travail considérable, mais c'est à la condition que ce travail se divise à l'infini. Ainsi toute marchandise qui est amenée du dehors à la gare doit être reçue d'abord, puis successivement pesée, classée, étiquetée et chargée. Il y a des feuilles de route à faire, des trains à former suivant les directions, et quelquefois suivant la nature particulière des marchandises a transporter. Or, à Paris surtout, toutes ces opérations sont essentiellement longues et difficiles : dans certaines gares, comme celle de la Chapelle par exemple, la quantité sur laquelle s'opère la manutention s'élève souvent au delà de 6,000 tonnes par jour, ce qui représente le chargement approximatif de 8 à 900 wagons, tant au départ qu'à l'arrivée. Si les opérations sont longues et multiples au départ, elles ne le sont pas moins à l'arrivée. Le train une fois en gare doit être débranché; chaque wagon doit être débâché et conduit au quai destiné au déchargement de la marchandise qu'il porte. Il y a donc à la fois, au départ et à l'arrivée, des pertes de temps forcées très-considérables, et ce sont justement ces pertes de temps dont, au dire des Compagnies que nous venons de nommer, l'arrêté du 15 avril n'aurait pas tenu un compte suffisant. Si l'Administration exploitait elle-même, ont dit encore les Compagnies, elle ne tarderait pas à reconnaître la nécessité d'une réglementation moins rigoureuse.

Les Compagnies ont fait remarquer aussi l'insuffisance qui caractérise, suivant elles, les délais fixés pour la transmission d'une ligne à l'autre, aux points de croisement ou de bifurcation. Les Compagnies *de l'Est* et *du Midi* notamment ont demandé que ces délais fussent augmentés d'un jour par chaque point d'embranchement.

Plusieurs des représentants des Compagnies ont exposé que, du moment où l'Administration demanderait qu'une célérité plus grande fût donnée aux transports des marchandises, les difficultés que leur occasionnent déjà les délais (trop courts suivant eux) qui sont portés par l'arrêté du 15 avril 1859 deviendraient bientôt de véritables impossibilités matérielles. Selon eux, l'encombrement des gares, résultat inévitable, à certains moments, de l'apport de quantités considérables de marchandises spéciales, telles que les céréales, les vins, les houilles, devra se produire alors plus communément, malgré tous les efforts que les Compagnies, dans le but d'y parer, pourront tenter en augmentant leur personnel et leur matériel roulant. Les organes des Compagnies ont demandé, en conséquence, que les Compagnies de chemins de fer ne fussent jamais tenues de recevoir, par jour, plus du double de la moyenne des expéditions de l'année précédente, étant entendu que l'Administration fixerait elle-même, chaque année, le chiffre réglementaire de cette moyenne; ils auraient voulu aussi qu'une disposition nouvelle de la loi donnât au ministre le droit formel d'autoriser la fermeture des gares à marchandises, dans le cas d'encombrement officiellement constaté. En Angleterre, les Compagnies tiennent cette faculté de la loi directement.

M. *Moussette* a confirmé le fait allégué par les Compagnies, du droit accordé par le Parlement anglais aux Compagnies de chemins de fer, de fermer leurs gares dans les temps d'encombrement. En principe, a-t-il dit, il est permis aux Compagnies anglaises de refuser les expéditions; mais il a ajouté qu'en fait, ce droit de fermeture des gares n'avait encore reçu jusqu'ici qu'une seule application. C'est à Liverpool, vers la fin de l'année 1861. A ce moment, par suite des craintes suscitées par la probabilité d'une guerre avec l'Amérique, les achats de cotons en laine disponibles, destinés à la place de Manchester, avaient été faits sur une échelle telle, qu'ils encombrèrent la gare de Liverpool et forcèrent la Compagnie à user de son droit, c'est-à-dire à défendre momentanément l'accès de sa gare. Néanmoins la fermeture n'était pas complète, en ce sens que la gare se fermait ou s'ouvrait selon que l'encombrement se produisait ou cessait, et que la Compagnie expédiait la nuit, autant que possible, toutes les quantités reçues dans le courant du jour. Cet état de choses anormal n'a pas, du reste, duré plus de sept jours, selon M. Moussette. Quoique, en Angleterre, les Compagnies ne soient astreintes à aucun délai réglementaire pour le transport des marchandises, quoiqu'elles soient armées même de ce droit suprême de fermeture de leurs gares, il a fallu une circonstance aussi exceptionnelle pour les déterminer à interrompre un instant leur service régulier. Jusque-là, même en présence d'apports considérables, comme ceux que détermine, à certains jours et par certains vents, l'arrivage, dans les principaux ports de mer, d'une quantité inusitée de marchandises étrangères, jamais l'admission en gare des marchandises n'avait été un instant interrompue. A cette occasion, M. Moussette a cité l'exemple d'une ligne, qui n'est pourtant que de second ordre pour les marchandises, le *South-Eastern*, qui a enlevé et transporté dernièrement dans une seule nuit 1,200 tonnes de marchandises, dont la plupart étaient des céréales, article encombrant et difficile à manipuler.

La Commission a repris une à une les différentes questions qui avaient été soulevées, à l'occasion du service des marchandises en petite vitesse.

Tout ce que les Compagnies avancent relativement à la difficulté d'expédier avec rapidité, à cause des opérations successives à effectuer ou des soins multiples à prendre, lui a paru réfuté par un argument qui est sans réplique, celui que fournit l'expérience de l'Angleterre. Sous l'empire de la nécessité, les Compagnies anglaises ont conçu et mis en pratique un système de service dont on trouvera l'indication dans les différents Rapports de M. Moussette et dans celui de M. Lan, qui figurent aux *Annexes* et auxquels, dans l'exposé qui précède, nous avons fait quelques emprunts. Il n'est pas possible de soutenir que ces dispositions, en vertu desquelles, au point de départ l'expédition, au point d'arrivée la livraison, et pendant le trajet la continuité de la circulation s'effectuent d'une façon si avantageuse pour le commerce, ne sauraient être imitées en France.

Pour l'exportation des objets manufacturés, par exemple, la rapidité est, dans un grand nombre de cas, un besoin de premier ordre. Sous peine, pour notre commerce d'exportation, de rester, vis-à-vis du commerce anglais, dans une infériorité dommageable à l'industrie nationale tout entière, il est à désirer que le service des transports soit, aussi prochainement que possible, organisé chez nous, de manière à atteindre une vitesse égale à celle que les Compagnies anglaises mettent à la disposition des négociants de Manchester, de Birmingham et de Leeds. S'il existe entre les deux pays, l'Angleterre et la France, une différence dans l'industrie des chemins de fer, ne tiendrait-elle pas, pour une bonne part, à ce que; chez nos voisins, la concurrence est un aiguillon qui oblige les Compagnies à s'efforcer sans cesse de satisfaire le public, tandis que, chez nous, la concurrence n'existe pas ou n'existe que par exception entre les voies ferrées? Il est alors du devoir du Gouvernement d'intervenir, en vertu des pouvoirs qu'il tient de la loi et des contrats. La Commission a pensé en conséquence que, dans l'espèce, le Gouvernement avait lieu d'user des attributions qui lui sont réservées. Les marchandises à très-bas prix, telles que la houille, les matériaux de construction, le plâtre, les minerais de fer peuvent, sans inconvénient, continuer à demeurer dans les conditions de la vitesse actuelle de 125 kilomètres par jour, avec les délais accessoires. Mais, relativement à celles qui constituent le reste des transports dits de petite vitesse, et particulièrement pour la plupart des produits manufacturés et pour les matières premières d'une certaine valeur, les besoins du commerce, qu'il n'est pas possible au Gouvernement de méconnaître, appellent une modification. Si les chefs d'industrie peuvent, dans des cas donnés, n'attacher d'importance qu'au prix du transport, il est d'autres cas où ils tiennent, avant tout, compte du temps. Il est donc convenable de laisser subsister, autant qu'il plaira aux Compagnies, des tarifs spéciaux, à délais allongés et à prix réduits; mais il doit y avoir, en même temps, des transports à délais plus courts, sauf à ce que les tarifs y soient plus élevés. Il n'est pas permis de négliger un de ces deux besoins plus que l'autre. En résumé, une accélération du service qui est connu sous le nom de la petite vitesse doit être prescrite par l'Administration, sans préjudice des arrangements que les Compagnies pourraient proposer au public pour des transports plus lents. Pour ce service, les maxima de tarifs portés au cahier des charges semblent suffisamment élevés, de sorte que l'accélération dont il s'agit ne devrait pas être accompagnée d'un relèvement des taxes concédées aux Compagnies.

Au reste, quant à présent, l'accélération proposée par la Commission n'a rien que de très-modéré, et beaucoup de personnes la jugeront insuffisante. Il ne s'ensuivra, en effet, qu'une vitesse fort inférieure encore à celle dont jouissent l'industrie et le commerce dans la Grande-Bretagne. Mais la Commission s'est déterminée par cette considération que, pour être efficace, la réforme devait ne pas être précipitée. Elle espère, d'ailleurs, que mieux éclairées sur leur propre intérêt et sur les liens qui le rendent solidaire de l'intérêt public, les Compagnies se rallieront au système de l'accélération, de manière à ne pas se renfermer dans le cadre étroit des prescriptions réglementaires.

La modération avec laquelle la Commission propose de modifier la vitesse du transport des marchandises suffirait à justifier la réponse négative qu'elle a donnée à la proposition des Compagnies de faire marcher de front le relèvement du tarif légal porté au cahier des charges avec l'accroissement de vitesse qui serait prescrit.

Sur ce point, il ne sera pas hors de propos de consulter la partie des Rapports de M. Moussette qui fait connaître les tarifs appliqués par les Compagnies anglaises de chemins de fer. Les indications de M. Moussette attestent que, pour l'ensemble des produits manufacturés, les tarifs anglais, tels qu'ils sont réellement perçus, sont plus élevés que les maxima dont la perception est autorisée par les cahiers des charges actuels des Compagnies françaises. Toutefois, pour les articles les plus usuels la différence ne serait pas grande, et du reste d'autres renseignements fournis à l'enquête par des négociants, particulièrement par la Chambre de commerce de Mulhouse, autorisent à croire que, lorsqu'il s'agit de desservir un centre important de production, les Compagnies anglaises savent se déterminer à ne percevoir qu'un tarif modéré, qui égale à peine les tarifs similaires en France. Ainsi, selon le témoignage de cette Chambre de commerce, les calicots écrus payent, de Mulhouse à Paris, pour 491 kilomètres, 65 francs la tonne de 1,000 kilogrammes, et les tissus imprimés, qui forment la majeure partie des expéditions, 85 francs. La moyenne, réellement payée pour les envois de tissus de coton de toute sorte de Mulhouse à Paris, est ainsi entre 75 et 80 francs. Or, selon ces mêmes renseignements, si, pour le trajet de Mulhouse à Paris, le tarif par kilomètre était celui des tissus de coton de Manchester à Londres, ce transport ne coûterait que 70 francs. Ce serait moins encore si on prenait pour terme de comparaison le tarif de Glasgow à Londres. Quand le commerce de Mulhouse veut une plus grande vitesse que celle qui est si bien nommée la petite, il paye 198 francs par tonne; mais la transmission dure alors 24 heures, de sorte que, dans ce cas, la vitesse est moindre que par le service ordinaire des chemins de fer anglais de Manchester ou de Glascow à Londres, quoique le prix soit à peu près triple.

La Commission, en même temps qu'elle se rangeait à l'opinion d'obliger les Compagnies à un service plus rapide pour le transport des marchandises, s'est proposé de donner aux Compagnies des facilités nouvelles pour réaliser cet objet. Selon le dire des Compagnies et d'après les observations que l'honorable M. Denière, de concert avec M. Berthier, a présentées à la Commission, une des causes de la lenteur actuelle du service de la petite vitesse c'est l'encombrement des gares. On verra dans la suite de ce Rapport quelles dispositions la Commission propose dans le but non-seulement d'atténuer cet inconvénient, mais même de le faire disparaître. Les Compagnies françaises auraient dès lors autant de latitude que celles de l'Angleterre pour les manœuvres des gares et pour le service en général; l'accélération imposée ne serait donc aucunement une gêne.

La Commission est donc d'avis d'établir une distinction entre les diverses marchandises transportées en petite vitesse, de manière à réserver l'accélération aux marchandises qui rentrent dans la classe des produits manufacturés et des matières premières, telles que la laine et le coton, dont le prix est relativement élevé.

La Commission, Monsieur le Ministre, n'a pas cru devoir accueillir la demande faite par les Compagnies, soit d'être autorisées à restreindre la réception journalière des marchandises à un maximum que fixerait annuellement l'Administration, soit de prévoir, par un article formel du cahier des charges ou par une disposition législative, le cas où les Compagnies éprouveraient le besoin de fermer leurs gares et de donner au Ministre la faculté de les y autoriser. La Commission estime que les Compagnies, en leur qualité d'entreprises privilégiées, nanties d'un monopole, ne sont pas libres de se soustraire aux charges qui sont la conséquence obligatoire de leur situation exceptionnelle. On comprend la liberté complète d'action laissée aux Compagnies anglaises par les actes de concession, dans ce pays de libre concurrence, où la lutte des intérêts privés, constamment en présence, est reconnue depuis longtemps comme la condition absolue de la satisfaction de l'intérêt général. En vertu de ce système, qui a été appliqué sans réserve à la concession des lignes ferrées, une concurrence très-active existe entre les Compagnies anglaises de chemins de fer; si bien que, le jour où l'apathie ou l'inintelligence d'une Compagnie laisserait le service d'une ligne en souffrance, on verrait aussitôt une entreprise rivale, par des facilités plus grandes offertes au public, appeler à elle le commerce, et forcer la première à mettre son exploitation au niveau des besoins du public. En France, l'absence presque complète jusqu'ici de concurrence entre les chemins de fer écarte ce précieux équilibre, qui est le salut de l'industrie britannique.

La Commission n'a donc pas pensé qu'il fût possible d'autoriser les Compagnies à restreindre la réception journalière des marchandises à un certain quantum fixé annuellement de concert entre elles et Votre Excellence; elle n'a pas admis davantage qu'il convînt de poser comme un droit spécial et nouveau pour le Gouvernement celui de les autoriser, dans certains cas, à fermer momentanément leurs gares. Ce droit découle suffisamment du droit général de police dont Votre Excellence est investie, en vue de cas tout à fait extrêmes, sans avoir besoin, pour être exercé légalement, d'être écrit dans la loi d'une manière spéciale. L'énoncer dans la forme indiquée par les Compagnies inquiéterait le public sans motifs et exciterait peut-être les Compagnies à en solliciter l'application dans des circonstances où leur prévoyance aurait pu les mettre en mesure de satisfaire le commerce.

En ce qui touche les petites distances, les Compagnies n'ont pas fait difficulté de reconnaître l'infériorité relative de leur service comparé à celui des anciennes messageries ou du roulage, mais elles n'ont pas été d'accord au sujet des mesures nouvelles à prendre. Les unes, telles que celles *de Paris à la Méditerranée* et *de l'Est*, ont proposé la création, conforme au surplus aux dispositions du cahier des charges, d'un service intermédiaire, pour les délais et pour les prix, entre la grande et la petite vitesse, service dont quelques représentants du commerce ont recommandé l'établissement. D'autres Compagnies, telles qu'*Orléans* et *le Nord*, ont déclaré qu'on se trouvait en face d'une véritable impossibilité. Suivant elles, dans le cas spécial des petits trajets, les lenteurs et les frais d'un double camionnage annihileraient toujours les avantages de célérité propres au transport sur rails. Elles ont reproduit, à cette occasion, l'assertion que l'accélération de vitesse, dans le service des marchandises, était contraire aux intérêts du commerce, qui, pour ces expéditions, se préoccupe, suivant elles, bien plus du bon marché que de la rapidité du transport.

A l'égard des petits parcours, la Commission recommande l'essai d'un système dans lequel le transport pour les petits trajets aurait une rapidité beaucoup plus grande que celle qui résulte du règlement actuel, mais serait rétribué par un tarif intermédiaire entre celui de la petite et celui de la grande vitesse.

En résumé, au sujet de la petite vitesse, la Commission est d'avis :

1° Qu'il y a lieu de fixer des délais moindres que ceux établis aujourd'hui, pour le transport de la plupart des produits manufacturés et des matières premières d'un prix élevé;

Qu'à cet effet la vitesse de 125 kilomètres par 24 heures spécifiée à l'article 50 [1] *des cahiers des charges devrait être portée à 200 kilomètres;*

2° Que relativement aux petites distances, le moyen le plus simple d'activer le transport des marchandises serait de le faire par la grande vitesse, avec un tarif intermédiaire entre celui de la grande et de la petite vitesse.

[1] *Cahier des charges :*

Article 50, § 3. Le maximum de durée du trajet sera fixé par l'Administration, sur la proposition de la Compagnie, sans que ce maximum puisse excéder vingt-quatre heures par fraction indivisible de 125 kilomètres.

1.

Observations sur les
réductions possibles
de tarif, applicables
au transport de certai-
nes matières premières
voyageant en grandes
masses.

La métallurgie.

L'usage que les Compagnies font de leur tarif a des rapports intimes avec le développement de la prospérité publique, car il peut exercer une influence considérable sur les diverses industries manufacturières ou agricoles, tant pour la facilité de leurs approvisionnements en matières premières que pour l'extension de leurs débouchés intérieurs et extérieurs. C'est une justice à rendre aux Compagnies françaises qu'elles se sont servies de leur tarif de marchandises d'une manière conforme à l'intérêt public, par le caractère de modération qu'elles lui ont imprimé en se tenant le plus souvent, pour le service de la petite vitesse qui est incomparablement le plus chargé, au-dessous des *maxima* portés aux cahiers des charges et même de beaucoup. A cet égard, elles ont été beaucoup plus hardies que pour le service des voyageurs et même que pour celui des marchandises en grande vitesse, et elles n'ont eu qu'à s'en féliciter. Par l'emploi des tarifs différentiels qui réduisent fortement les prix pour les longues distances, elles ont élargi, dans une forte proportion, le cercle des opérations commerciales. Par la modicité de leurs tarifs de transit, c'est-à-dire applicables aux marchandises qui ne font que traverser le territoire français sans s'y arrêter, elles ont protégé le commerce de nos ports et prêté assistance à la navigation française. Quant aux transports purement intérieurs, c'est-à-dire ayant leur point de destination sur le territoire même, elles ont fait des expériences qu'elles n'ont pas eu à regretter et qui montrent à quel degré le transport par chemin de fer peut être fait économiquement. Les exemples les plus remarquables qu'on en puisse citer sont la houille et le plâtre. Pour la houille, quelques Compagnies, et plus particulièrement celle *du Nord,* ont effectué des transports à raison de 3 centimes et demi par tonne et par kilomètre, et de très-grandes quantités de combustible minéral ont ainsi été transportées sur les chemins de fer, au grand avantage de nos fabriques. Pour le plâtre, l'abaissement a été plus marqué encore. Des transports importants se sont faits à raison d'un peu plus de deux centimes par tonne et par kilomètre [1]. C'est particulièrement sur le réseau de la Compagnie *d'Orléans* que ce mouvement se présente.

Les abaissements qui viennent d'être signalés dans les. prix de

[1] Pour cet article, la Compagnie d'Orléans prend :

De Paris à Bordeaux, 577 kilomètres, o'o21 par tonne et par kilomètre; Compagnie de Paris à la Méditerranée, *de Charenton à Auxerre,* 171 kilomètres, o'o23 par tonne et par kilomètre; Compagnie de l'Ouest, *d'Argenteuil à Saint-Lô,* 3:3 kilomètres, o'o22 par tonne et par kilomètre.

transport ont été adoptés par les Compagnies spontanément, par l'effet seul de l'appréciation qu'elles ont su faire de leur propre intérêt dans ses rapports avec l'intérêt public. Récemment, le Gouvernement a pris l'initiative de mesures de ce genre, applicables à toutes les Compagnies, dans le but non-seulement de faciliter d'une manière générale les opérations de l'industrie, mais aussi de rendre plus aisée à un certain nombre d'établissements la transition de l'ancien système commercial fondé sur la protection, au nouveau système que le Gouvernement de l'Empereur a adopté, à son éternel honneur, le système de la liberté du commerce. Un certain nombre de manufactures, et entre autres des établissements métallurgiques, se trouvent à une telle distance des gisements de combustible minéral, qu'ils pouvaient se considérer comme menacés dans leur existence même, du moment que l'aiguillon de la concurrence étrangère venait se joindre à celui de la concurrence intérieure; de même, pour l'agriculture, il était essentiel de généraliser pour elle les moyens économiques de se procurer du plâtre et de la chaux. Les changements que le Gouvernement vient d'apporter aux maxima, stipulés dans les cahiers de charges pour la perception des frais de transport d'une certaine quantité de produits, consacrent une amélioration marquée. Les maxima descendent pour la houille, le plâtre et la pierre à chaux, ainsi que pour les matériaux de construction, les engrais et amendements, à 4 centimes par tonne et par kilomètre, lorsque la distance atteint 300 kilomètres. En fait de maxima réglementaires, il était difficile d'établir une plus forte réduction.

Mais en dessous de ces maxima, le champ reste ouvert aux Compagnies. Il ne serait pas superflu de les encourager à tenter des essais en grand, si déjà ce que nous avons rapporté pour la houille et le plâtre n'attestait que leur attention est tournée de ce côté. Les Compagnies de chemins de fer reconnaissent déjà, et ne peuvent manquer de reconnaître de plus en plus, en quoi leur situation diffère de celle des anciens entrepreneurs de roulage. Chacune d'elles possède dans l'étendue de son réseau le monopole des transports, et elle le possède pour un laps de temps indéfini. D'où suit que toute mesure propre à développer les transports, et, d'une manière générale, à activer le commerce sur la surface où s'étend son réseau, ne peut manquer d'accroître sa circulation et ses recettes. Par des dispositions prévoyantes qui faciliteraient leurs labeurs à l'industrie manufacturière ou à l'agriculture, une Compagnie de chemin de fer peut contribuer à enrichir le pays qu'elle dessert, et, en y activant le développement de l'aisance, y donner naissance à des besoins dont elle profitera directement, puisqu'une population aisée donne toujours lieu à beaucoup plus de commerce et par conséquent à beaucoup plus de transports qu'une population pauvre.

A ce point de vue, les Compagnies, ayant une durée d'existence à peu près indéfinie, pourraient faire des opérations à longue portée et d'une réussite assurée pour elles-mêmes.

Il ne serait pas difficile de citer des cas où les Compagnies pourraient prendre l'initiative d'un abaissement de tarif pour quelques marchandises spéciales, de manière à se créer immédiatement pour elles-mêmes un supplément de transport qui serait considérable, en garantissant l'existence d'établissements qui peuvent se considérer comme menacés aujourd'hui. L'exemple le plus frappant qu'on puisse signaler est celui de quelques-uns de nos groupes métallurgiques qui représentent beaucoup de travail, et que la distance entre le combustible et le minerai place dans une situation inquiétante. Les moyens de transport en chemin de fer sont tellement perfectionnés aujourd'hui, grâce aux nouveaux systèmes qui ont été conçus et pratiqués pour la construction des locomotives, qu'il est possible de mouvoir, avec la vitesse accoutumée, un train chargé de 5oo à 6oo tonnes. Si donc le train a sa charge entière (et pourquoi n'en ferait-on pas une condition dans certains cas?), le transport peut s'effectuer à un prix très-bas sans cesser d'être rémunérateur pour la Compagnie. Il résulte de là que les transports tels que ceux du combustible minéral et des minerais de fer pourraient être rendus assez économiques, pour modifier très-heureusement la situation de quelques groupes de forges qui pourraient se croire très-compromis, le jour par exemple où le Gouvernement faisant un pas de plus dans la voie de la liberté du commerce réduirait fortement les droits actuels sur les fers, pour les supprimer plus tard.

Cette question a occupé déjà plusieurs personnes profondément versées dans la connaissance des chemins de fer et des ressources qu'ils présentent pour l'avancement de l'industrie nationale. Ici, nous croyons devoir reproduire un passage du rapport de M. Eugène Flachat, membre du jury international, sur les locomotives exposées à Londres, en 1862.

Après avoir constaté les progrès accomplis dans la construction des locomotives et la puissance acquise désormais à ces appareils, cet ingénieur expérimenté s'exprime ainsi :

« Il est facile de se faire une idée de l'importance de ces progrès
« divers en se reportant aux besoins de notre industrie. Chez nous, le
« minerai appelle la houille de bien loin, et les gîtes houillers sont
« dépourvus de minerai. Mais les minerais, bien que séparés du com-
« bustible par de longues distances, sont situés dans des contrées où
« les chemins de fer ont pu pénétrer en gardant de très-faibles incli-
« naisons. De là, la possibilité d'effectuer avec des machines puissantes
« le transport, par trains complets, de 600 tonnes de charbon et de
« minerai à un coût qui ne dépassera pas 1 centime par tonne et par
« kilomètre, si les transports se distribuent également dans les deux
« sens, et 2 centimes quand le retour à vide sera indispensable.
« Aujourd'hui, le tarif appliqué à ces transports varie de 3 1/2 cen-
« times à 4, et déjà, sous l'influence de ces prix relativement bas, un
« grand courant de transport de houille et de coke s'est établi entre
« les bassins houillers de Sarrebruck et de Mons, sur les minerais de
« fer de la Meuse, de la Moselle et de la Marne. Les retours en minerai
« y ont aussi commencé. Or 1 centime de réduction sur les prix de
« transport du charbon peut abaisser le prix de fabrication du fer de
« 6 francs ou de 10 fr. 50 cent. par tonne, la distance à parcourir
« variant entre 200 et 300 kilomètres, et la consommation de houille
« pour une tonne de fer pouvant être estimée entre 3 et 4 tonnes. La
« production en fer de la Champagne étant bien près d'atteindre
« 300,000 tonnes, l'économie, sur cette fabrication, serait de
« 1,800,000 francs à 3,150,000 francs dont la moyenne représente
« l'intérêt à 5 p. o/o de la moitié du capital entier consacré, dans
« ces contrées, à la fabrication du fer. Aucun pays ne présenterait
« l'exemple d'un pareil abaissement du prix des transports, aucune voie
« navigable ne l'a encore réalisé [1]. »

DES DÉLAIS DE LA GRANDE VITESSE.

Les Compagnies ont exposé que les délais en usage pour le service
des articles dits de messagerie, qui composent les expéditions en
grande vitesse, ne dépassaient pas ceux qui ont été fixés par l'arrêté
du 15 avril; qu'en règle générale ce service était fait, chez chacune

[1] Rapports du jury français de l'exposition universelle de 1862, tome II, page 325.

d'elles, au moyen des trains omnibus de voyageurs, sauf dans certains cas où, pour obéir à des besoins spéciaux du commerce, il était exceptionnellement confié à d'autres trains organisés à cet effet. Ainsi :

Orléans a un train spécial à grande vitesse de Tours à Paris, pour les denrées à destination des marchés de la capitale;

La Méditerranée, à certaines époques de l'année, a un train du même genre pour le transport des fruits et des légumes;

Le Nord a des trains à grande vitesse, pour la marée;

L'Est a quatre trains de grande vitesse sur les lignes de Strasbourg, Forbach et Mulhouse, qui prennent la messagerie et les denrées;

L'Ouest place de la petite messagerie dans ses express;

Le Midi fait de même pour certaines natures de denrées et les envois de finances.

Les Compagnies ont énuméré les améliorations que l'exploitation des chemins de fer, comparée au service de l'ancienne messagerie, a réalisées de nos jours, tant sous le rapport de la célérité que sous celui de l'abaissement des prix. Elles ont cité des exemples de ce qu'étaient les transports rapides sous le régime des malles-postes et des diligences. On trouvera leurs observations dans les *Annexes.*

Quant aux délais pour la réception et l'enregistrement des colis, les représentants des Compagnies ont reconnu l'utilité de les raccourcir dans la plupart des cas, et ont promis que tous leurs efforts tendraient à les réduire en fait, suivant l'importance des gares, au temps strictement nécessaire.

On verra, par le rapport de M. *Dubocq,* qu'en Allemagne les Compagnies ne sont pas tenues d'expédier les marchandises *de grande vitesse* par les trains express: en Prusse, cependant, on fait, en général, exception à cette règle pour le gibier et la marée, et aussi d'une manière générale sur les lignes où le nombre des voyageurs est restreint.

Il résulte des observations de ce savant ingénieur que les délais de transport, pour la grande vitesse, sont, en Autriche, de 318 kilomètres par jour. Pour les lignes prussiennes aboutissant à Berlin, dont la longueur ne dépasse pas 300 à 400 kilomètres, on compte 24 heures pour le parcours d'une seule ligne, et 48 heures pour le parcours sur deux lignes attenantes. Sur l'*Est-Prussien,* le délai, pour les distances de moins de 572 kilomètres, est de 48 heures; pour les distances plus grandes, de 60 heures. On compte de plus 12 heures pour le délai d'enlèvement, pour chaque délai de transmission d'une ligne à une autre et pour le délai de remise, les dimanches et jours fériés non compris. D'ordinaire cependant, sur les chemins allemands, il suffit que les marchandises de grande vitesse, pour être expédiées immédiatement, soient remises à la gare deux heures avant le départ des trains.

Le plus souvent, le tarif de la grande vitesse est le double de celui de la petite vitesse en 1re classe, pour toutes les natures de marchandises sans distinction, excepté en Bavière, où il n'est que de moitié en sus.

En Angleterre, où la petite vitesse égale ce qu'ailleurs on appelle la grande, il y a cependant aussi un service de grande vitesse. Quant au mode d'expédition et de livraison, voici ce qu'on lit dans le rapport de M. *Moussette* : « En Angleterre tous les *parcels* (colis) au-« dessous de 28 livres (12 kilog.), les *parcels* au-dessus de 28 livres « jusqu'à 112 livres (51 kilog.), que les expéditeurs ne déclarent pas « vouloir faire transporter par les trains de marchandises, et les colis de « tout poids (à l'exception de ceux dits de *grands poids*) que les expédi-« teurs veulent faire transporter à grande vitesse, sont chargés sur les « trains de voyageurs. On choisit ordinairement les trains omnibus pour « ce service; mais il arrive souvent que des marchandises destinées aux « extrémités des lignes sont chargées sur les trains express.

« Les délais pour ces expéditions n'excèdent que de peu la durée du « trajet; car on charge la marchandise aussitôt après sa remise à la « gare de départ, sur le premier train en partance, et on délivre la « marchandise au destinataire, soit entre ses mains, s'il vient lui-même « à la gare d'arrivée, soit à son domicile, aussitôt après l'arrivée du « train. »

Mais en revanche, les tarifs des colis transportés dans les trains de voyageurs sont très-élevés sur les chemins anglais. Le tarif le plus réduit, qui est celui de la Compagnie de Londres à Brighton, offre encore des prix de base de 1 fr. 60 cent. et de 80 centimes par tonne et par kilomètre pour des colis d'un poids assez fort (51 kilogrammes par exemple) transportés à 40 et même à 80 kilomètres.

La Commission, M. le Ministre, a reconnu qu'en France le service de la grande vitesse avait déjà subi d'heureuses modifications. Si elle ne vous propose pas de restreindre les délais réglementaires de ce service, en vue de lui imprimer une rapidité plus grande, ce n'est pas cependant qu'elle le considère comme ne laissant plus rien à désirer. Les plaintes encore fréquentes du public sur les lenteurs et surtout sur les irrégularités de ce service en grande vitesse, attestent qu'il y a encore quelque chose à faire à cet égard. Mais la Commission, qui voudrait autant que possible que les améliorations résultassent des efforts spontanés des Compagnies, plutôt que des dispositions impératives des lois et des règlements, a pensé que les Compagnies, qui, sur ce point, sont entrées dans la voie du progrès, ne s'arrêteraient pas en route, et qu'elles feraient au contraire de nouveaux pas, lorsqu'elles verraient, ce qui est immanquable, le développement du trafic suivre de près les facilités nouvelles qu'elles auraient données au commerce.

La Commission s'est occupée des réclamations qu'a soulevées l'application trop rigoureuse que font d'ordinaire les agents des Compagnies, de l'article 50 [1] du cahier des charges et de l'article 2 de l'arrêté du 15 avril 1859 [2], concernant les délais pour la présentation des colis à l'enregistrement. On a souvent demandé à l'Administration qu'à l'avenir le délai réglementaire de trois heures fût réduit, et qu'on se rapprochât sur ce point, le plus possible, de ce qui s'exécute en Angleterre.

La Commission a pensé qu'en effet ce délai pouvait être diminué. Puisque en Angleterre, pour le service qui correspond à la petite vitesse des chemins de fer français, les Compagnies dans la pratique n'hésitent pas à recevoir les colis, quelque nombreux qu'ils soient, deux heures et quelquefois une heure seulement avant le départ des trains, les Compagnies françaises ne seraient pas fondées à revendiquer, pour le service de la grande vitesse où tout doit se passer avec plus de célérité, que le commerce reste tenu d'apporter les

---

[1] *Cahier des charges*, article 50, §§ 1 et 2.

« Les animaux, denrées, marchandises et objets quelconques, à grande vitesse, seront expédiés « par le premier train de voyageurs comprenant des voitures de toutes classes, et correspondant « avec leur destination, pourvu qu'ils aient été présentés à l'enregistrement *trois heures* avant le « départ de ce train. »

[2] Arrêté du 15 avril 1859, article 2.

« Les animaux, denrées, marchandises et objets quelconques, à grande vitesse, seront expédiés « par le premier train de voyageurs, comprenant des voitures de toutes classes et correspondant « avec leur destination, pourvu qu'ils aient été présentés à l'enregistrement *trois heures au moins* « avant l'heure réglementaire du départ de ce train : *Faute de quoi, ils seront remis au départ suivant.* »

colis trois heures d'avance. Ici l'intérêt bien entendu des Compagnies leur commande manifestement de se prêter à un système plus expéditif, et la Commission a donc été d'avis :

Qu'à l'avenir il y aurait lieu de rédiger ainsi l'article 50 du cahier des charges :

Les animaux, denrées, marchandises et objets quelconques, à grande vitesse, seront expédiés par le premier train de voyageurs, comprenant des voitures de toutes classes, et correspondant avec leur destination, pourvu qu'ils soient présentés à l'enregistrement avant le départ de ce train, dans un délai qui sera fixé par l'Administration, sur la proposition de la Compagnie, sans que ce délai puisse excéder trois heures ou être inférieur à une heure.

Dans l'opinion de la Commission, la disposition nouvelle, qu'elle soumet à Votre Excellence, doit être entendue dans ce sens, que, pour le plus grand nombre des gares, le délai réglementaire d'une heure, avant le départ des trains, pour la présentation à l'enregistrement des colis, devra faire la règle générale, et qu'un délai plus long sera réservé exclusivement aux gares de Paris et d'un petit nombre de très-grandes villes, dans lesquelles une quantité souvent considérable de colis sont présentés au dernier moment. En outre les Compagnies ne devraient regarder que comme des limites ces délais réglementaires.

TRANSPORT PAR L'EXPRESS DE CERTAINES MARCHANDISES A DE CERTAINES CONDITIONS.

M. *Alphonse Payen*, négociant à Paris et membre de la Chambre de commerce, parlant au nom du commerce des soies tant de Paris que de Lyon, a appelé l'attention de la Commission sur le fait suivant : La Compagnie du chemin de fer *de Lyon et de la Méditerranée* a admis jusqu'à ces derniers temps, au départ de Lyon, dans les trains express, les caisses de soieries remises en gare à quatre heures du soir, et qui, de cette façon, arrivant à Paris à cinq heures du matin, étaient délivrées à domicile à huit heures. Ce service, supprimé récemment sans avis préalable, a été remplacé par un autre, qui occasionne, dans la remise à domicile en temps utile, un retard de vingt-quatre heures. Le service nouveau, a dit M. Payen, étant confié aux trains omnibus, il s'ensuit que les marchandises apportées à la gare à dix heures du soir n'arrivent plus à Paris qu'à midi, et ne sont distribuées qu'à partir de deux heures. Le commerce y perd vingt-quatre heures, en ce sens, que, lorsque les colis sont arrivés au magasin du destinataire, il reste à préparer les paquets qui doivent être réexpédiés aux diverses villes de l'Empire et ceux qui sont destinés à l'exportation. Dans le premier cas, qui s'applique surtout aux pièces d'échantillon, l'heure est souvent trop avancée pour qu'on puisse juger des nuances et des dessins, ce qui exige la clarté du grand jour, et se décider ainsi, en pleine connaissance de cause, sur le point de savoir s'il n'y a pas des modifications à proposer au fabricant avant de confirmer la demande; dans le second cas, les bureaux de la douane sont habituellement fermés à l'heure où les paquets sont prêts, et, dans l'un comme dans l'autre, il faut remettre au lendemain. C'est donc un jour de perdu pour le commerce.

Pour justifier la mesure qu'elle avait prise, la Compagnie de *Paris à la Méditerranée* a dit que, par cela même qu'elle admettrait, dans les express, les soieries, elle ne pourrait, sans s'exposer à des procès, se refuser à y recevoir toutes les autres sortes de marchandises. Or, si les marchandises de toute sorte étaient accueillies dans les express, ces trains seraient surchargés et ne pourraient plus marcher à la vitesse qu'on en attend.

M. Payen a fait observer que, les soieries ayant une grande valeur sous un petit volume, jamais les quantités livrées au chemin de fer n'ont pu être pour lui une cause de surcharge; qu'au moment le plus prospère du commerce des soieries, les expéditions de Lyon sur Paris n'ont jamais dépassé, en moyenne, 2,000 kilogrammes par jour, ce qui représentait cependant une valeur supérieure à 200,000 francs. Il faut bien, a ajouté M. Payen, que de tels transports, exceptionnels et restreints, ne soient pas une bien grande gêne pour une exploitation de chemin de fer, puisque, récemment, une autre Compagnie, celle du Nord, a établi un service qui transporte en douze heures, du soir au matin, par trains express, les petits colis de toute nature, expédiés de Paris à Londres, par Boulogne et Calais. M. Payen a donc insisté sur l'utilité qu'aurait le rétablissement, par la Compagnie *de Lyon*, de la facilité qu'elle a retirée au commerce, d'expédier des soieries par les trains express; il a rappelé à la Commission que, déjà au moment où avait eu lieu la suppression, le commerce de Lyon avait adressé à Votre Excellence une pétition signalant le dommage grave qui en résultait pour la grande industrie des soieries. Ici la rapidité du transport est d'une importance capitale, dont le commerce a si bien la conscience qu'il consentirait, pour l'obtenir, à payer un prix plus élevé que le tarif actuel de la grande vitesse.

MM. *Villeminot-Huard, Cosserat* et *Vulfran Mollet* se sont associés à ces considérations et ont appuyé la demande faite par M. Payen à l'effet d'obtenir des Compagnies le transport de certaines marchandises par les trains express moyennant des prix supérieurs à ceux du tarif actuel de la grande vitesse.

La Commission a pensé que la création du nouveau service demandé serait la source d'avantages incontestables pour le commerce, qui y trouverait des facilités pour ses opérations intérieures et extérieures. Elle croit donc utile d'encourager les Compagnies à suivre cette voie, où, déjà à diverses reprises, quelques-unes étaient entrées. Pour écarter d'elles des chances de procès, on pourrait limiter la quantité de marchandises dont chaque train express devrait être chargé. Pour éviter l'encombrement, il conviendrait de donner aux Compagnies la faculté de porter le prix de ces transports rapides au delà du maximum fixé par le cahier des charges pour la grande vitesse. Enfin, afin d'empêcher que ce service accéléré ne devînt une cause de retard pour les trains express, il lui a paru nécessaire que ce service fût réservé aux grands centres d'industrie et de commerce et aux points extrêmes des lignes desservies par l'express.

En conséquence elle est d'avis :

D'autoriser les Compagnies à transporter, par train express, certaines marchandises, aux conditions suivantes :

1° Que, par chaque train, la charge ne dépasse pas un poids déterminé, tel que serait celui de deux mille kilogrammes;

2° Que les Compagnies aient, dans ce cas, la faculté d'élever leurs tarifs de la grande vitesse de 20 ou 25 p. 0/0;

3° Que ces expéditions soient réservées au service des points extrêmes, et des grands centres d'industrie et de commerce;

4° Que ces marchandises puissent être apportées à la gare, non plus 3 heures, mais seulement 1 heure avant le départ des trains;

5° Que ce service accéléré s'applique aux envois de valeurs et d'argent, mais sans relèvement de tarif.

DE L'EXPÉDITION DES COLIS SUIVANT L'ORDRE D'INSCRIPTION.

Les Compagnies *d'Orléans, de la Méditerranée, du Nord* et *des Ardennes* ont réclamé la suppression de la prescription en vertu de laquelle l'ordre d'expédition des marchandises [1] fixe l'ordre des départs, parce qu'elle est impraticable et contradictoire avec les autres dispositions du cahier des charges, notamment avec le paragraphe 8 [2] de l'article 5o qui permet l'établissement d'un tarif réduit pour tout expéditeur consentant à un délai plus long que le délai réglementaire de la petite vitesse, et parce que, depuis la fixation officielle des délais par l'arrêté du 15 avril 1859, cette prescription est devenue sans objet. D'un autre côté les Compagnies *de l'Est*, *de l'Ouest* et *du Midi* ont déclaré qu'elles ne voyaient aucun inconvénient au maintien de cette clause. Mais toutes, à l'exception de celle *des Ardennes*, ont été d'accord sur ce point, que réduire le bénéfice de l'ordre d'inscription aux marchandises similaires, ainsi que l'ont proposé quelques personnes et notamment M. Vulfran Mollet, serait une complication qui gênerait extrêmement le bon service des transports, sans procurer au public un avantage réel.

MM. *Denière* et *Berthier* ont dit que, comme mesure d'ordre et d'équité tout à la fois, ils croyaient utile de maintenir la prescription de n'expédier les marchandises quelles qu'elles fussent, similaires ou non, que suivant l'ordre d'inscription.

La Commission, sans se dissimuler que cette règle pouvait, dans certains cas, présenter des inconvénients, qu'elle était d'une observation très-difficile, et qu'en fait, il s'en faut qu'elle soit toujours exactement observée, n'a pas pensé qu'il y eût un grand intérêt à l'abolir formellement. C'est dans cet esprit qu'elle a émis l'avis :

Qu'il n'y a pas lieu d'apporter de modifications à la réglementation en vigueur, en ce qui touche l'ordre d'expédition des marchandises.

-----

[1] *Cahier des charges*, article 49, §§ 1, 2, 3.

« La Compagnie sera tenue d'effectuer constamment avec soin, exactitude et célérité, et *sans tour
de faveur*, le transport des voyageurs, bestiaux, denrées, marchandises et objets quelconques qui
lui seront confiés.

« Les colis, bestiaux et objets quelconques seront inscrits, à la gare d'où ils partent et à la gare
où ils arrivent, sur des registres spéciaux au fur et à mesure de leur réception : mention sera
faite, sur les registres de la gare de départ, du prix total dû pour leur transport.

« Pour les marchandises ayant une même destination, les expéditions auront lieu *suivant l'ordre
de leur inscription* à la gare de départ. »

[2] Article 5o, § 8.

« Il pourra être établi un tarif réduit, approuvé par le Ministre, pour tout expéditeur qui
acceptera des délais plus longs que ceux déterminés ci-dessus pour la petite vitesse. »

CHAPITRE II.

QUESTIONS RELATIVES A LA RESPONSABILITÉ DES COMPAGNIES POUR LE TRANSPORT DES MARCHANDISES.

DU RÉCÉPISSÉ ET DE LA LETTRE DE VOITURE. — DE LA RETENUE EN CAS DE RETARD [1].

Les questions qui se rattachent au récépissé, à la lettre de voiture, et à la retenue en cas de retard, étaient au nombre des plus délicates parmi celles sur lesquelles la Commission a eu à délibérer. Elles avaient été vivement débattues dans le public. Lorsque les Compagnies ont eu à s'en expliquer dans l'enquête, elles ont dit que la délivrance du récépissé, rendue obligatoire par l'arrêté du 15 avril 1859, avait lieu toutes les fois que l'expéditeur en faisait la demande : elles ont représenté que les énonciations de ce récépissé, telles qu'elles sont formulées dans l'article 14 de l'arrêté, étaient suffisantes, et elles ont combattu l'insertion de toute clause nouvelle, qui aurait pour objet de stipuler, par avance, comme une des conditions même du transport, une indemnité quelconque, en cas de retard dans la livraison des colis. Elles ont particulièrement repoussé la stipulation qui porterait que, dans ce cas, le prix du transport serait réduit d'un tiers. *La Méditerranée* et *Orléans* ont demandé même que les mentions relatives au délai et au prix du transport fussent supprimées à l'avenir. Elles ont déclaré, qu'encore bien que les condamnations prononcées contre elles par les tribunaux pussent leur imposer le payement d'indemnités supérieures au prix total du transport, elles préféraient s'en tenir à la doctrine pure et simple de la réparation du dommage causé. Suivant elles, le principe en vertu duquel les Compagnies de chemin de fer ne sauraient, en matière de responsabilité encourue, être assimilées aux entreprises de roulage, a été établi par la Cour de cassation dans son arrêt du 27 janvier 1862 [2]. Ce principe ne saurait donc plus être

---

[1] Article 49, § dernier.

« Toute expédition de marchandises sera constatée, si l'expéditeur le demande, par une lettre « de voiture dont un exemplaire restera aux mains de la Compagnie et l'autre aux mains de l'expé- « diteur. Dans le cas où l'expéditeur ne demanderait pas de lettre de voiture, la Compagnie *sera* « tenue de lui délivrer un récépissé qui énoncera la nature et le poids du colis, le prix total du « transport et le délai dans lequel ce transport devra être effectué. »

[2] Voir aux *Annexes*.

contesté, et les Compagnies, le considérant comme la sauvegarde de leurs intérêts, trouveraient exorbitant, ont-elles dit, qu'on le contredît en leur imposant une pénalité qui serait encourue par ce seul fait qu'il y aurait du retard.

M. *Pagézy* verrait pour le commerce une grande utilité à ce que l'Administration ou le législateur obligeât les Compagnies, non-seulement à insérer dans le récépissé une clause pénale pour le cas d'inobservation des délais stipulés, mais aussi à souscrire, vis-à-vis des expéditeurs, de véritables lettres de voiture. La clause de la retenue du tiers du prix de transport devrait y figurer toujours, comme la meilleure garantie de l'exactitude du service. La retenue légale, limitée au tiers du prix dû pour le transport, ne constitue même pas dans la plupart des cas, suivant M. Pagézy, une pénalité assez forte, en comparaison du dommage causé; il voudrait en conséquence qu'indépendamment de cette stipulation, on réservât toujours aux expéditeurs le droit de s'adresser aux tribunaux pour obtenir, sous la forme de dommages et intérêts, la réparation la plus complète possible.

M. *Cosserat* a demandé que l'Administration tînt la main à la stricte exécution de l'arrêté du 15 avril, en ce qui touche la délivrance des récépissés. Il a insisté sur la nécessité que les récépissés énonçassent la retenue, en cas de retard, d'une certaine partie du prix du transport. Cet honorable député s'est borné à soutenir le principe d'une stipulation obligatoire à cet égard, sans indiquer quelle serait au juste la proportion de la retenue qu'il conviendrait d'adopter.

M. *Villeminot-Huard* voudrait qu'à l'avenir, et même avec les tarifs spéciaux, on fît disparaître des récépissés la mention d'après laquelle les Compagnies ne sont responsables ni des déchets, ni du coulage des marchandises qui leur sont confiées. Les tribunaux, a-t-il dit, ont constamment fait justice de ces stipulations qui ne se fondent sur aucun droit acquis aux Compagnies; il y aurait utilité néanmoins à faire cesser un état des choses contraire à l'esprit comme à la lettre des cahiers de charges. Le même déposant a exprimé le vœu que les récépissés continssent la clause de la retenue du tiers, comme le faisaient les anciennes lettres de voiture, parce que jusqu'ici cette clause a toujours été de droit commun envers tous les entrepreneurs de transport. Ce système lui paraît infiniment préférable à celui qui oblige les expéditeurs à faire un procès aux Compagnies, toutes les fois qu'ils ont à se plaindre du service, et d'après lequel l'appréciation du fait et l'étendue du dommage doivent être établies devant l'autorité judiciaire, et le montant de la réparation réglé par celle-ci dans chaque cas. Avec ce système, le commerce, reculant devant les désagréments et les fatigues d'un procès, se résigne et s'abstient alors même qu'il a des griefs sérieux.

A ce propos, M. Villeminot a donné à la Commission d'intéressants détails sur l'institution du comité de contentieux commercial, formé par les négociants de la ville de Reims, et qui a rendu déjà de grands services à l'industrie locale. Ce comité a pour objet d'éviter au commerce des pertes de temps qui lui sont si préjudiciables, et, par suite, de substituer à l'action individuelle celle d'un être collectif qui remplace le négociant et le représente dans ses rapports avec les Compagnies de chemins de fer, soit qu'il s'agisse de constatation pour retard, avarie ou coulage, soit qu'il faille, en vue d'obtenir la réparation du préjudice causé, intenter une action judiciaire. Le Comité est donc un mandataire général qui, dans tous les cas, se met aux lieu et place de l'individu et prend en mains la défense de ses intérêts.

La Chambre de commerce de Mulhouse signale l'insuffisance des prescriptions de l'arrêté du 15 avril. L'ancien mode usité par le Roulage et qui accordait à l'expéditeur, en cas de retard, le tiers du prix de transport, était, suivant elle, un stimulant bien autrement efficace. Une lettre de voiture, indiquant le nombre de jours dans lequel la Compagnie se serait engagée à effectuer le transport, l'obligerait définitivement et sans contestation possible en cas de retard. Elle expose que le mode actuellement suivi par les Compagnies, qui consiste à ne livrer la marchandise qu'après que l'expéditeur en a signé le reçu, constitue un abus grave; si ensuite il y a difficulté pour manque de poids, avarie ou retard, on oppose à l'expéditeur ce reçu, et la Compagnie est ainsi dispensée de faire droit à de justes réclamations, jusqu'à ce qu'elle y ait été contrainte et forcée par les tribunaux, ce qui suppose un procès, aux ennuis et aux frais duquel un simple particulier ne s'expose pas volontiers. Elle a donc exprimé le désir que les Compagnies de chemin de fer fussent ramenées aux conditions de livraison indiquées au Code de Commerce [1].

La Chambre de Commerce de Montpellier a demandé que l'Administration astreignît les Compagnies à placer, en marge du récépissé ou de

[1] Code de commerce, art. 96 et suivants.

la lettre de voiture, un extrait de leur tarif général et de leur tarif des frais accessoires, afin de permettre au négociant de se rendre compte des éléments qui entrent dans la composition de la taxe du colis expédié, et qu'il soit en mesure d'en relever, au besoin, les erreurs.

MM. *Denière et Berthier* ont traité, devant la Commission, la question du récépissé et de la lettre de voiture, et celle des pénalités en cas de retard, avec cette double autorité du négociant expérimenté et du magistrat, qui leur appartient et leur est si justement reconnue. Ils ont constaté d'abord le refus, à peu près général dans la pratique, de la part des agents des Compagnies, de délivrer aux expéditeurs les récépissés auxquels ceux-ci ont droit. Ils ont fait remarquer l'intérêt qui s'attache, non pas seulement à l'existence du récépissé en lui-même, mais aussi à sa délivrance immédiate, de telle sorte que cette pièce pût accompagner le colis ou être adressée le jour même du départ par l'expéditeur au destinataire. MM. Denière et Berthier attribuent la résistance des Compagnies, sur ce point, à la crainte qu'elles ont d'engager trop directement par là leur responsabilité en cas de retard; il serait donc utile que l'Administration tînt la main à l'observation de cette prescription formelle de leur cahier des charges.

Ces honorables déposants ont proposé, pour l'avenir, la création ou tout au moins l'essai d'un bulletin de récépissé, dans le genre de ceux dont fait usage l'Administration de l'Octroi de Paris. Dans ce système, des bulletins remis d'avance par les Compagnies, en quantité suffisante, aux négociants, pourraient être chaque fois présentés par l'expéditeur au bureau d'enregistrement, déjà revêtus par lui-même des énonciations spéciales à chaque expédition. Par là, les Compagnies et le public économiseraient le temps, et la délivrance des récépissés, ainsi simplifiée, s'accomplirait régulièrement à la satisfaction générale du commerce.

MM. Denière et Berthier ont loué l'exemple, donné par la Compagnie *d'Orléans*, et suivi récemment par celle *de l'Est*, d'une mesure très-sage, qui consiste dans le pouvoir accordé aux chefs de gare de transiger directement dans les contestations avec les expéditeurs ou les destinataires, toutes les fois que le dommage ne dépasse pas, 3oo francs à la Compagnie *d'Orléans* et 5oo francs à la Compagnie *de l'Est*.

Quant à la délivrance des lettres de voitures où serait insérée la clause de la retenue d'une partie du prix de transport, en cas de retard, MM. Denière et Berthier n'ont pas hésité à déclarer que, suivant eux, dans l'état actuel de la législation, elle ne pouvait pas être imposée aux Compagnies. En l'absence de tout droit écrit, pour les expéditeurs, à faire insérer cette clause comminatoire dans le récépissé, le tribunal de commerce de la Seine n'a pu reconnaître la légalité de la retenue, tant que les Compagnies n'y avaient pas souscrit. C'eût été imposer aux Compagnies une condition qui n'était pas prévue au contrat originaire intervenu entre l'État et elles. Le droit des Compagnies ainsi reconnu, MM. Denière et Berthier ont fait observer qu'il appartenait au législateur de modifier l'état de choses actuel. Ils ont indiqué pour le montant approximatif de la réparation à laquelle, en cas de retard, l'expéditeur aurait droit, un prorata variant du sixième au tiers du prix total du transport, suivant la nature des marchandises et la durée du retard.

Les personnes que Votre Excellence avait chargées de missions spéciales à l'étranger, afin de fournir à la Commission des renseignements précis et de la date la plus récente au sujet de l'exploitation des chemins de fer hors de France, n'ont pas manqué de porter leur attention sur cette matière.

Suivant M. *Moussette,* les Compagnies anglaises, au lieu de délivrer aux expéditeurs des récépissés ou des lettres de voiture, énonçant les conditions précises de délai suivant lesquelles devra s'effectuer le transport de la marchandise, notifient généralement au public un avis conçu en ces termes : « La Compagnie ne garantit pas les heures de départ, « ni celles d'arrivée des trains de marchandises. » Ce qui veut dire que les Compagnies ne garantissent aucun délai. Rien en effet ne les y oblige dans les actes de concession. Ces actes portent simplement que les Compagnies sont tenues de transporter la marchandise dans un délai raisonnable. En conséquence, elles ne sont pas exposées à subir des pénalités pour retards, lorsque les retards sont de peu d'étendue ou lorsqu'ils tiennent à des circonstances exceptionnelles ou à des erreurs involontaires et accidentelles, d'où n'est résulté pour l'expéditeur ou le destinataire aucun préjudice sérieux.

Toutes les autres indemnités pour pertes, avaries, etc. sont, sauf de très-rares exceptions, réglées par des transactions amiables avec les expéditeurs ou les destinataires. En somme, le montant total des retenues afférentes aux irrégularités de toute nature représente, pour l'ensemble du transport des marchandises de classes, environ un et six dixièmes p. o/o du produit brut.

Ce chiffre dépasse la proportion pour laquelle cette nature de déboursés entre dans les dépenses des lignes françaises.

M. Moussette constate cependant que, quoiqu'il n'y ait pas de pénalités légales, systématiquement applicables dans tous les cas de retards, les Compagnies anglaises n'en sont pas moins exposées à payer des indemnités, lorsque les retards causent un préjudice à l'expéditeur ou au destinataire. Les réclamations sont admises ou rejetées par les tribunaux, suivant les circonstances propres à chaque cas particulier. Le juge apprécie le fait en équité. Ce qui rend rares les indemnités pour retard, c'est que les Compagnies anglaises font les plus grands efforts pour imprimer une marche très-rapide à leur service, et qu'à cet égard leur habileté est aussi notoire que leur bonne volonté.

Sur cette question de l'indemnité, en cas de retard, M. Moussette présente une observation qui doit être mentionnée ici :

« Tous les Directeurs, dit-il, m'ont déclaré que, si les expéditeurs « exigeaient des engagements formels pour les délais d'expédition et « de livraison des marchandises, si la législation imposait aux Compagnies de chemins de fer des délais rigoureux, et si surtout une « pénalité était stipulée pour les cas de retard, ils indiqueraient sur « leurs engagements un délai triple au moins du délai actuellement « employé. Et, alors, ont-ils ajouté, de cet état de choses naîtrait certainement l'habitude de prendre tout le temps obligatoire, sous le « prétexte d'éviter les erreurs qu'entraîne un rapide service, et aussi « pour amener une économie d'exploitation, capable de compenser « les indemnités auxquelles les Compagnies seraient forcément assujetties. »

Ainsi, selon l'opinion de M. Moussette, la rapidité du service des marchandises en Angleterre serait la conséquence non-seulement de la concurrence que se font les Compagnies de chemins de fer, mais aussi bien de la grande liberté qui leur est laissée pour le service.

En Allemagne, les choses se passent tout autrement qu'en Angleterre. M. *Dubocq* a constaté que toutes les Compagnies délivraient aux expéditeurs une pièce résumant le contrat intervenu entre eux et le chemin de fer. En Autriche, un récépissé est ajouté à la lettre de voiture dont il reproduit les indications; dans les autres parties de l'Allemagne, l'expéditeur présente à la Compagnie une lettre de voiture rédigée par lui et sur laquelle la gare expéditrice appose simplement un timbre spécial. Dans les cas de retard, voici ce qui a lieu d'après le rapport de M. Dubocq :

A l'égard des expéditions en petite vitesse :

« Dans les États du Zollverein, l'indemnité à laquelle le destinataire
« a droit, lorsqu'il établit que le retard lui a causé préjudice, s'élève,
« suivant M. Dubocq, d'après les règlements des chemins de fer, si la
« marchandise arrive dans les 2 jours qui suivent l'expiration du dé-
« lai de livraison, à la moitié du prix de transport, et pour un retard
« de plus de 2 jours, à la totalité de ce prix.

« En Autriche, le chemin de fer perd, pour un retard de 1 à 3 jours,
« 1/4; de 3 à 8 jours, 1/3; au delà de 8 jours, 1/2 du montant du port.

« Le nouveau code de commerce (art. 427) a admis ces stipulations,
« mais sans leur reconnaître la portée absolue que les Compagnies leur
« avaient donnée jusqu'à présent, et l'article 398 porte qu'en cas de
« stipulation d'indemnité, pour retards dans les délais de livraison, l'en-
« trepreneur de transports peut être tenu à une indemnité supérieure
« au montant stipulé, jusqu'à concurrence du dommage qui est résulté
« du retard. »

Relativement aux transports exécutés en grande vitesse :

« Dans les associations du nord de l'Allemagne, dans le grand-duché
« de Bade, le Wurtemberg et la Bavière, quand les délais de livraison
« sont dépassés, le chemin de fer perd :

« Dans les États du Zollverein, pour un retard de 24 heures, la
« moitié; et pour un retard supérieur, la totalité du port.

« En Autriche, l'indemnité à la charge de la Compagnie est du quart
« du port pour un retard de 12 à 24 heures; pour un retard de plus
« de trois jours, la Compagnie renonce, au maximum, à moitié du port. »

La Commission, Monsieur le Ministre, propose de prendre des mesures qui ne seraient que l'imitation fort mitigée des règles établies en
Allemagne, et que le retour, sous une forme très-modérée, à ce régime
équitable de responsabilité, qui fut pendant si longtemps l'usage des
Messageries et du Roulage. En face d'un monopole de fait, à peu près
complet, mis par l'État aux mains des Compagnies, la Commission
aurait indiqué des dispositions plus rigoureuses, si elle eût écouté
ce grand public commerçant, qui forme la majeure partie de la clientèle des Compagnies.

En outre, elle croit devoir recommander à l'Administration d'exercer sa surveillance, de manière à faire entrer le récépissé et la lettre
de voiture, convenablement formulés, dans les habitudes des Compagnies.

En ce qui concerne la formule du récépissé et de la lettre de voiture, elle a même pensé qu'en égard à la situation des expéditeurs, en général, vis-à-vis des Compagnies, et en considération de ce fait, que le négociant n'est plus libre, comme autrefois, d'aller chercher un entrepreneur de transport concurrent, il était indispensable de réserver à l'Administration le droit de fixer elle-même la contexture de cette pièce et le détail de ce qu'il convient d'y insérer, sous la réserve, qui est toujours sous-entendue, d'une pleine conformité avec l'esprit et la lettre du cahier des charges.

Elle pense qu'il est indispensable d'insérer, dans le récépissé ou la lettre de voiture, la mention formelle du délai dans lequel le transport doit s'effectuer.

Il faut que l'expéditeur ait en mains un titre positif et clair, spécifiant le contrat formé entre les deux parties. Un pareil titre écarterait ou du moins rendrait très-rares des contestations qui sont aussi dommageables pour le commerce que nuisibles à la considération même des Compagnies, considération dont l'État doit se montrer jaloux puisque, entre certaines limites et dans l'opinion du public, il partage leur responsabilité.

Quant à la clause de la retenue, clause dont les Compagnies refusent l'insertion dans les récépissés et les lettres de voiture, et dont la Cour de Cassation, en présence de la législation qui règle aujourd'hui les rapports des chemins de fer avec le public, a reconnu qu'on ne pouvait leur faire une obligation, la Commission pense qu'il est nécessaire qu'elle soit à l'avenir au nombre des énonciations du récépissé. Il conviendrait donc que la question fût déférée au législateur, qui a seul le droit de statuer, à moins que l'Administration n'obtînt directement l'adhésion amiable des Compagnies à cette disposition. Beaucoup de tribunaux en avaient reconnu la légitimité, par des raisons fondées à la fois sur la tradition, l'équité et la situation privilégiée qui est faite aux Compagnies. Dès lors, en cas de retard, le destinataire aurait le droit qu'il possédait et qu'il exerçait à l'égard du Roulage, de retenir, sur le prix du transport, de sa propre autorité et sans avoir à subir les embarras d'un procès, la somme proportionnelle fixée par la loi ou les conventions.

La Commission ne conteste pas les avantages propres au système de liberté qui existe en Angleterre et qui consiste à s'en remettre, dans une large mesure, à l'appréciation que font les Compagnies de leur propre intérêt. Mais la liberté en Angleterre s'applique aussi à la multiplicité des concessions et à la rivalité illimitée des entreprises. L'Admi-

nistration française n'est point entrée dans cette voie, et elle a eu, jusqu'ici, d'excellentes raisons pour ne pas la choisir. Ce n'est pas qu'elle
ait sacrifié expressément le principe de la liberté de l'industrie ou
qu'elle ait abdiqué les droits de souveraineté en vertu desquels il appartient à l'État d'autoriser l'établissement de toutes les voies de communication qu'il juge nécessaires à l'intérêt public. Ces droits inaliéna-
bles sont même formellement réservés par un article spécial des cahiers
des charges. Cependant, l'Administration a admis en fait l'existence
de ce qu'on appelle les Réseaux distincts des Compagnies. De là suit
nécessairement, quant à présent, la nécessité pour la France d'une
réglementation plus détaillée et plus stricte que le régime dont l'Angleterre offre l'exemple. Au reste la Commission ne laisse pas que de
compter beaucoup sur l'intelligente appréciation que les Compagnies
françaises de chemins de fer feront de leurs véritables intérêts. On
n'en saurait douter, les chemins de fer français seront de plus en plus
exploités dans un esprit vraiment commercial, et les Compagnies com-
prendront de mieux en mieux que, pour augmenter les recettes, le
plus sûr procédé est de donner pleine satisfaction au public et particulièrement de lui fournir, dans beaucoup de cas au moins, cette
rapidité qui répond aux mœurs et à l'esprit de l'époque : par là elles
rendront à peu près superflues les dispositions applicables en cas de retard. Les délais, tels que la Commission propose de les fixer, par rapport à la petite vitesse, sont encore tellement larges, qu'ils doivent être
considérés comme constituant une protection en faveur des Compagnies
contre la fréquence des actions en dommages-intérêts, beaucoup plus
que comme donnant la mesure de la célérité avec laquelle les transports doivent être effectués. Quand les Compagnies excéderont ces délais,
il est de droit strict qu'elles soient soumises à une réparation.

Dans la pensée de la Commission, la réparation devant être proportionnée au retard, elle a cru qu'il y avait lieu, pour le cas où ce
retard serait peu considérable et ne dépasserait pas un jour par
exemple, d'abaisser beaucoup la proportion de la retenue. Ainsi la
Commission a substitué celle du dixième au sixième qu'avait indiqué
M. le Président du tribunal de commerce de la Seine pour le minimum. Mais il est bien entendu que la stipulation de cette retenue,
applicable dans tous les cas, ainsi que c'était l'usage avec le Roulage,
n'empêcherait pas, dans le cas d'un préjudice plus marqué, une action
concurrente ou ultérieure en dommages-intérêts.

La Commission pense que l'exemple qui lui a été cité par les représentants du tribunal de Commerce de la Seine, des mesures adoptées par l'octroi de Paris, présente une amélioration facile à mettre en pratique et que, à ce titre, cette proposition mérite d'être recommandée.

Par les dispositions qui précèdent, il serait très-simplement pourvu au cas de ces retards qui ne sont pas caractérisés par un grand dommage; mais en dehors de ces cas spéciaux le public peut avoir des réclamations diverses à élever contre les Compagnies de chemins de fer; tels sont les cas d'avaries, les cas de perte d'un ou de plusieurs colis; tels encore les retards qui ont occasionné un dommage supérieur à ce qui peut être représenté par une retenue d'un tiers sur le prix du transport. Dans ces différents cas, l'obligation pour l'expéditeur et le destinataire d'intenter un procès à la Compagnie du chemin de fer, et souvent de soutenir ce procès à distance, place le public dans une situation très-désavantageuse vis-à-vis des chemins de fer. Lorsque le préjudice est considérable, le réclamant est fortement intéressé à obtenir réparation, et il ne craint ni les ennuis, ni les frais d'une instance judiciaire; mais si, pour un motif quelconque, il recule devant la perspective de ces embarras et de ces dépenses, il n'a d'autre alternative que de supporter le dommage qu'on lui a causé.

Parfois, cependant, ainsi que le commerce de Reims en a donné l'exemple, une association se formera, entre les négociants d'une ville, en vue de suivre toutes les contestations des particuliers avec les Compagnies de chemins de fer, et alors la partie sera plus égale.

Mais se formera-t-il beaucoup d'associations semblables? on peut en douter. Il y a donc lieu de se féliciter de ce que plusieurs des Compagnies, pour simplifier et faciliter le redressement des griefs du public, soient spontanément entrées dans la voie des arrangements amiables, et de ce que, par une délégation de leurs pouvoirs aux agents locaux, elles terminent équitablement et rapidement un certain nombre d'affaires contentieuses, désormais décentralisées.

En signalant ici avec éloge ce système de délégation, la Commission regarde comme fort désirable que l'Administration en recommande l'adoption aux autres Compagnies.

Sous le bénéfice des observations qui précèdent, la Commission a donc été d'avis:

Qu'il y a lieu, pour l'Administration, de tenir la main à la stricte observation du paragraphe dernier de l'article 49 du cahier des charges, relatif à la délivrance du récépissé et particulièrement à la mention, sur ce récépissé, du délai dans lequel doit s'effectuer le transport;

Que le récépissé délivré devrait toujours mentionner une retenue pour le cas de retard;

Que la retenue encourue devrait varier, suivant la durée du retard, du dixième au tiers, indépendamment des dommages-intérêts, dans le cas où le préjudice serait plus considérable;

Qu'il serait utile de prescrire aux Compagnies l'essai de bulletins du genre de ceux qu'emploie l'administration de l'octroi de Paris;

Que l'Administration ait la faculté de fixer la forme des récépissés et des lettres de voiture;

Qu'il conviendrait de généraliser la mesure adoptée par quelques-unes des Compagnies, de déléguer aux chefs de gare le pouvoir de transiger directement avec les particuliers expéditeurs ou destinataires en cas de contestation jusqu'à concurrence d'une somme un peu élevée.

DE LA RESPONSABILITÉ DES COMPAGNIES EN CAS DE TRANSPORTS COMMUNS.

Parmi les réclamations du commerce touchant le transport des marchandises en chemin de fer, il en est une qui s'est produite avec une vivacité particulière. Il s'agit du cas où des marchandises ont traversé le réseau de plusieurs Compagnies. Lorsque le commerce a lieu de se plaindre soit d'un retard, soit d'une avarie, la procédure, alors, traîne en longueur, et donne lieu à des frais considérables, parce que les Compagnies se renvoient le grief de l'une à l'autre.

M. *Denière,* qui, grâce aux fonctions dont il est revêtu, est en position de se faire une opinion parfaitement fondée sur la pratique des Compagnies, reconnaît de grands inconvénients, pour le commerce, dans la méthode suivant laquelle la procédure se suit aujourd'hui, conformément à la loi. Par la nécessité où se trouve le réclamant d'attendre la mise en cause, par la Compagnie qu'il actionne, de toutes celles qui ont, avec elle, concouru au transport, il est exposé à des délais infinis, avant d'obtenir réparation. S'il vient à succomber dans l'instance, il lui faut payer des frais énormes résultant de la multiplicité des actes et des complications de la procédure. Suivant M. Denière, il conviendrait d'autoriser l'expéditeur ou le destinataire à ne mettre en cause qu'une seule Compagnie, sauf à réserver à celle qui aurait été ainsi actionnée le droit de régler avec les autres les questions de leur responsabilité respective, une fois la contestation vidée avec le réclamant.

L'honorable président du tribunal de commerce de la Seine a fait remarquer encore qu'il conviendrait de simplifier les délais de distance pour les assignations, parce que les dispositions actuelles [1] prises à la lettre conduisent à des délais véritablement hors de toute proportion avec les exigences des affaires telles qu'elles se comportent aujourd'hui.

Sur cette matière on trouverait, tout porte à le penser, d'utiles enseignements dans l'organisation, en France, d'une institution remarquable qui s'est constituée en Angleterre entre toutes les Compagnies, et qu'on nomme le *Clearing house* des chemins de fer.

Interrogées sur le sujet qui nous occupe en ce moment, les Compagnies ont répondu qu'en ce qui touche le transport des marchandises effectué sur les lignes de réseaux différents, le recours en cas d'avaries ou de retards pouvait, déjà aujourd'hui, en vertu d'arrangements pris entre les diverses administrations de chemins de fer, s'exercer, au gré des réclamants, soit contre la Compagnie qui a reçu le colis, soit contre celle qui l'a délivré : qu'en vertu des mêmes arrangements la responsabilité individuelle de chaque Compagnie était fixée en proportion de la part qu'elle avait prise au dommage causé, et s'exerçait en raison des constatations et réserves faites au moment des transmissions successives de Compagnie à Compagnie. Elles ont ajouté que la question était en ce moment soumise à une nouvelle étude au sein du syndicat des Compagnies, dans le but de simplifier, en ce qui peut dépendre d'elles, la procédure.

La Commission n'a pu qu'approuver les Compagnies d'entrer d'elles-mêmes dans la pensée exprimée par les représentants les plus autorisés du commerce. Mais elle estime qu'il conviendrait, aussitôt que l'expérience aurait été jugée suffisante, sinon immédiatement, de donner la sanction définitive, qui résulte de l'intervention du législateur, aux arrangements qui paraissent consentis par les Compagnies. C'est dans cet esprit qu'elle émet l'avis :

Que, dans le but d'atténuer les inconvénients nombreux qui sont inhérents à toute instance judiciaire où plusieurs Compagnies sont partie, il y aurait lieu de simplifier les délais de distance pour les assignations;

Que, dans le cas d'un transport commun à plusieurs Compagnies, il est nécessaire que l'expéditeur ou le destinataire n'ait à mettre en cause qu'une seule Compagnie, soit celle qui aurait reçu le colis, soit celle qui l'aurait livré ou dû livrer : sauf aux Compagnies ensuite à se tenir réciproquement compte des dommages qui auraient été de leur fait et à opérer, entre elles, le départ de la responsabilité encourue vis-à-vis du réclamant.

[1] Code de procédure civile, articles 68, 69, 70, 72 et 1033.

CHAPITRE III.
QUESTIONS RELATIVES AUX TARIFS.

DU RELÈVEMENT DES TARIFS DES MARCHANDISES [1].

Cette question est une de celles sur lesquelles se sont produites, dans l'enquête, les opinions les plus contradictoires.

Les Chambres de commerce de Montpellier et de Mulhouse se sont montrées opposées à la modification des conditions dans lesquelles se fait au public la communication de ces mesures: le délai actuellement fixé pour le relèvement serait, suivant elles, à peine suffisant. Elles voudraient que des modifications de cette nature, qui intéressent le commerce à un si haut degré, fussent portées à sa connaissance d'une manière plus efficace, de façon à ne pas échapper à l'attention des intéressés. Suivant l'une d'elles, il faudrait que les Compagnies fussent astreintes à communiquer les changements projetés aux chambres de commerce dans la circonscription desquelles les tarifs modifiés doivent être appliqués. L'autre a réclamé l'insertion, répétée à deux reprises, des modifications proposées dans les journaux de chaque préfecture et sous-préfecture des départements traversés.

M. *Vulfran Mollet* est convaincu que les Compagnies, quand elles abaissent leurs tarifs, n'ont point pour mobile l'amélioration des conditions de transport, et qu'elles cherchent plutôt à détruire la concurrence qui leur est faite, soit par la batellerie ou le cabotage, soit par les entreprises de diligences ou de messageries: il a donc demandé que, loin de réduire le délai actuel d'une année pour le relèvement des tarifs, l'Administration au contraire le portât à cinq ans.

M. *Amédée Burat* est opposé à toute réduction des délais en vigueur, par ce motif que, déjà aujourd'hui, l'étendue de ces délais ne permet que trop aux Compagnies d'imprimer des oscillations fréquentes aux tarifs. En sa qualité de représentant d'un grand bassin houiller, il

---

[1] *Cahier des charges*, article 48. « Dans le cas où la Compagnie jugerait convenable, soit pour « le parcours total, soit pour les parcours partiels de la voie de fer, d'abaisser, avec ou sans condi- « tions, au-dessous des limites déterminées par le tarif les taxes qu'elle est autorisée à percevoir, les « taxes abaissées ne pourront être relevées qu'après un délai de trois mois au moins pour les voya- « geurs et de un an pour les marchandises. »

signale la perturbation que les modifications de tarifs introduisent dans les rapports des sociétés houillères avec les établissements métallurgiques. La diminution des délais rendrait, suivant lui, plus facile la destruction de toute concurrence aux voies de fer, et c'est là un danger que l'Administration doit conjurer. Déjà dans le Midi de la France, la plupart des petites entreprises de transports par eau ont disparu, et si de grands établissements tels que le Creusot, Blanzy et Commentry n'avaient trouvé, dans l'étendue de leurs ressources, les moyens d'avoir, pour leur propre compte, un matériel spécial destiné au transport par eau de leurs produits, ils se seraient trouvés entièrement à la discrétion des Compagnies de chemins de fer.

M. *Berthier* s'est associé à cette manière de voir. Le délai d'une année lui parait modéré et se prêter suffisamment à tous les essais que les Compagnies voudraient tenter.

Les Compagnies ont demandé la modification du régime actuel. Suivant elles, il n'y a pas de motifs pour établir des délais de relèvement différents, l'un pour le service des voyageurs, l'autre pour celui des marchandises. Il conviendrait aujourd'hui de fixer d'une manière uniforme ce délai à trois mois, ainsi que le stipulaient, à l'origine en France, les cahiers des charges, et suivant l'usage en vigueur sur certains chemins de fer étrangers riverains du Rhin. Les Compagnies affirment que, si elles sollicitent cette modification, ce n'est pas qu'elles aient pour l'avenir la pensée de se livrer à des jeux de tarifs. Leur objet, disent-elles, n'est pas d'être mieux armées pour la lutte contre les voies concurrentes, mais il leur serait utile d'avoir plus de latitude pour satisfaire les besoins du commerce. Elles font remarquer qu'on a depuis longtemps reconnu l'utilité d'avoir, pour certaines marchandises, un tarif qui varie avec la saison, et par exemple un tarif d'été et un tarif d'hiver, ce qui est impossible avec les prescriptions actuelles.

La Commission a pensé que, dans ce cas, la liberté d'action accordée aux Compagnies profiterait au public lui-même. Les restrictions, quelle que soit la pensée qui les a dictées, ne sont que trop sujettes à empêcher le bien tout autant que le mal, et tournent trop souvent au détriment du public qu'on s'était pourtant proposé de favoriser. Si le législateur et l'Administration ont établi vis-à-vis des Compagnies un système restrictif, s'ils ont admis à leur égard l'intervention de l'autorité dans des cas où cette intervention serait impossible à motiver à l'égard des simples particuliers, c'est uniquement à cause du monopole dont le Gouvernement avait investi ces grandes entreprises.

La réglementation, quelquefois même rigoureuse, est le correctif obligé du monopole. Cependant il faut en user, comme de toute chose, avec discernement et mesure, et ne pas l'appliquer également à tous les cas.

Il est certainement possible que, si l'on accorde aux Compagnies plus de facilité pour modifier leurs tarifs, elles s'en servent pour l'accomplissement de desseins peu conformes à l'intérêt public, et, par exemple, pour détruire des entreprises de batellerie. Le fait s'est vu et peut se revoir. Mais aussi, il est indubitable que le délai d'un an est un obstacle à des variations qui seraient utiles, et qu'il décourage les Compagnies d'essais qui tourneraient au bien du commerce. Diminuer, même dans une très-forte proportion, le délai d'un an, ce n'est pas dépouiller l'Administration de son droit de contrôle. Elle conserve ce droit et l'exercera quand il lui sera démontré que c'est nécessaire. A ce point de vue, la longueur du délai actuellement prescrit pour le relèvement du tarif peut être envisagée comme une exagération superflue. La Commission, convaincue qu'il est à désirer que les Compagnies se livrent librement à des tentatives étendues et variées dans l'abaissement de leurs tarifs, et persuadée qu'il en pourrait sortir des améliorations marquées dans l'exploitation des chemins de fer, a admis que cette considération devait primer toutes les autres.

Elle n'a pas pensé qu'il fût possible d'indiquer dès à présent, d'une manière précise, la proportion de la réduction que devraient subir les délais en vigueur; elle estime pourtant que la réduction pourrait être très-marquée.

Elle a donc émis l'avis :

Qu'il serait utile, en principe, de réduire les délais fixés par les cahiers des charges pour le relèvement des tarifs des marchandises.

DE L'HOMOLOGATION DES TARIFS [1].

Dans le cours de ses travaux, la Commission a été amenée à examiner la question de l'homologation des tarifs.

[1] *Cahier des charges*, art. 48, § 2 et 3. « Toute modification de tarif proposée par la Compagnie « sera annoncée un mois d'avance par des affiches.

« La perception des tarifs modifiés ne pourra avoir lieu qu'avec l'homologation de l'Administration « supérieure, conformément aux dispositions de l'ordonnance du 15 novembre 1846. »

Ordonnance du 15 novembre 1846 :

« ART. 44. Aucune taxe, de quelque nature qu'elle soit, ne pourra être perçue par la Compagnie « qu'en vertu d'une homologation du ministre des travaux publics.

« ART. 45. Pour l'exécution du § 1er de l'article qui précède, la Compagnie devra dresser un « tableau des prix qu'elle a l'intention de percevoir, dans la limite du maximum autorisé par le

Sous l'empire des cahiers de charges actuels et des prescriptions réglementaires de l'ordonnance du 15 novembre 1846, la mise en perception des taxes a besoin d'être préalablement légalisée par une homologation ministérielle, qui, aujourd'hui, n'est donnée qu'après l'examen des propositions de la Compagnie par le service du contrôle et par l'Administration centrale. La publicité, au moyen d'affiches, est au nombre des formalités de l'instruction. L'absence de ces formalités expose les Compagnies, non-seulement à l'action individuelle en dommages et intérêts pour préjudice causé, mais aussi à l'action publique et à l'application des peines correctionnelles prononcées par le Code pénal pour délits et contraventions à l'ordre public.

Déjà avant l'enquête, les Compagnies avaient représenté que les lenteurs de l'instruction administrative de ces sortes d'affaires leur causaient un grand préjudice, aussi bien qu'au public. Elles avaient signalé en même temps ce qu'il y a d'excessif à traiter l'infraction aux règlements, en pareil cas, comme un délit entraînant des peines correctionnelles. Elles ont fait remarquer à la Commission que si, à l'origine des chemins de fer, alors qu'on se trouvait en face de l'inconnu, les entraves multipliées dont on entourait ces entreprises naissantes pouvaient se justifier aux yeux des hommes prudents, le temps paraissait venu de faire participer les Compagnies à cette liberté d'action que le Gouvernement venait d'introduire, avec tant de fermeté et de succès, dans le régime du commerce international. Elles ont demandé que l'Administration renonçât complétement à son droit d'homologation préalable, ou tout au moins qu'elle admît que son silence après un certain délai fût considéré comme équivalant à une homologation provisoire.

Dans le sein de la Commission, personne n'a défendu, en principe, le maintien d'une réglementation aussi minutieuse et aussi rigoureuse que celle qui existe aujourd'hui. Quelques membres, tout en étant

« cahier des charges, pour le transport des voyageurs, des bestiaux, marchandises et objets divers,
« et en transmettre en même temps des expéditions au ministre des travaux publics, aux préfets des
« départements traversés par le chemin de fer et aux commissaires royaux.

« Art. 49. Lorsque la Compagnie voudra apporter quelques changements aux prix autorisés,
« elle en donnera avis au ministre des travaux publics, aux préfets des départements traversés et
« aux commissaires royaux.

« Le public sera en même temps informé par des affiches des changements soumis à l'approbation
« du ministre.

« A l'expiration du mois à partir de l'affiche, lesdites taxes pourront être perçues, si, dans cet
« intervalle, le ministre des travaux publics les a homologuées.

« Si des modifications à quelques-unes des prix affichés étaient prescrites par le ministre, les prix
« modifiés devront être affichés de nouveau, et ne pourront être mis en perception qu'un mois après
« la date de ces affiches. »

d'avis qu'il convenait de simplifier la procédure administrative relativement à l'homologation des tarifs, ont insisté sur la situation exceptionnelle que leur monopole faisait aux Compagnies de chemins de fer. Ils ont demandé que le Ministre n'abdiquât point la tutelle dont il est investi, et qui est l'accompagnement et le correctif du monopole. La majorité de la Commission n'a pas contesté que, dans la situation toute spéciale que leur crée le privilége qui leur est concédé, les Compagnies ne sauraient, vis-à-vis du Gouvernement, exciper du droit commun; mais elle pense que l'intérêt public serait encore suffisamment garanti par une clause portant qu'un mois après la notification par la Compagnie à l'Administration du tarif proposé, la mise en perception pourrait s'effectuer de plein droit, si l'Administration, à cette époque, n'avait pas notifié son opposition.

Le système de l'homologation actuelle entraîne des lenteurs préjudiciables à tous les intérêts, aussi bien à ceux du public qu'à ceux des Compagnies. Le mécanisme nouveau que recommande la Commission aura pour effet, tout en conservant intact le droit de contrôle du Gouvernement, de placer cependant les Compagnies sur un terrain plus favorable au développement de leur industrie et à l'extension des services qu'elle a déjà rendus. La Commission est donc d'avis, Monsieur le Ministre :

Qu'à l'avenir l'homologation des tarifs ne soit plus subordonnée à une instruction préalable de l'Administration : que les Compagnies, en conséquence, ne soient plus tenues qu'à l'envoi d'un exemplaire de l'affiche à l'Administration centrale et à l'ingénieur de l'État, chargé du contrôle;

Que l'instruction administrative ne s'effectue que dans le cas où, soit les tarifs nouveaux, soit les modifications de tarifs anciens, auraient soulevé des réclamations que l'Administration supposerait dignes d'être prises en considération;

Que la perception des taxes ait lieu de plein droit à l'expiration du délai légal d'un mois prescrit pour la publication et l'affichage, sauf le cas qui vient d'être prévu;

Qu'il soit entendu que le Ministre, en vertu du droit qui lui appartient, peut, à toute époque, suspendre l'application des tarifs.

Déjà le décret du 26 avril 1862 [1], qui permet aux Compagnies de percevoir immédiatement les tarifs de Transit et les tarifs dits d'Exportation, avait donné à la liberté d'action des Compagnies une extension

[1] Voir aux *Annexes*.

utile. La Commission croit que l'extension nouvelle qu'elle a l'honneur de proposer à Votre Excellence devra tourner à l'avantage du public.

DU SYSTÈME DES COUPURES DANS LA TARIFICATION DES COLIS [1].

Grande vitesse.

Au sujet du système des coupures, la Commission avait à examiner séparément le service de la Grande Vitesse et celui de la Petite.

Relativement aux marchandises expédiées par la grande vitesse, en y comprenant les excédants de bagages, la Commission s'est demandé s'il n'y aurait pas lieu d'établir les coupures par simple kilogramme, à partir de 5, chiffre qui resterait le point de départ de l'échelle graduée.

La Chambre de Commerce de Mulhouse, sans appuyer son opinion de considérations spéciales, s'est bornée à dire que le minimum actuel de taxation lui semblait devoir être abaissé.

MM. *Denière* et *Berthier* se sont prononcés en faveur d'une modification des cahiers des charges, qui substituerait au mode actuel de taxation un système de coupures établies suivant une échelle plus graduée.

Les Compagnies ont repoussé toute modification quelle qu'elle fût, parce que, ont-elles dit, le système actuel nécessite déjà des barêmes

[1] *Cahier des charges*, article 42, § 6 et suivants. Le poids de la tonne est de 1,000 kilogrammes.

Les fractions de poids ne seront comptées, tant pour la grande que pour la petite vitesse, que par centième de tonne ou par 10 kilogrammes.

Ainsi tout poids compris entre 0 et 10 kilogrammes payera comme 10 kilogrammes; entre 10 et 20 kilogrammes, etc.

Toutefois, pour les excédants de bagages et marchandises à grande-vitesse, les coupures seront établies: 1° de 0 à 5 kilogrammes; 2° au-dessus de 5 jusqu'à 10 kilogrammes; 3° au-dessus de 10 kilogrammes par fraction indivisible de 10 kilogrammes.

Article 47. « Les prix de transport déterminés au tarif ne sont point applicables :

« 1° Aux denrées et objets qui ne sont pas nommément énoncés dans le tarif, et qui ne pèseraient « pas deux cents kilogrammes sous le volume d'un mètre cube ;

« 2° Aux matières inflammables ou explosibles, aux animaux et objets dangereux, pour lesquels « des règlements de police prescriraient des précautions spéciales;

« 3° Aux animaux dont la valeur déclarée excéderait 5,000 francs;

« 4° A l'or et à l'argent, soit en lingots, soit monnayés ou travaillés, au plaqué d'or ou d'argent, « au mercure et au platine, ainsi qu'aux bijoux, dentelles, pierres précieuses, objets d'art et autres « valeurs :

« 5° Et, en général, à tous paquets, colis ou excédants de bagages, pesant isolément 40 kilo-« grammes et au-dessous. »

Dans les cinq cas ci-dessus spécifiés, les prix de transports seront arrêtés annuellement par l'Administration, tant pour la grande que pour la petite vitesse, sur la proposition de la Compagnie.

En ce qui concerne les paquets ou colis mentionnés au § 5 ci-dessus, les prix de transport devront être calculés de telle manière que en aucun cas un de ces paquets ou colis ne puisse payer un prix plus élevé qu'un article de même nature pesant plus de 40 kilogrammes.

multipliés et un personnel considérable; parce que le fractionnement plus grand des coupures augmenterait la complication de leurs tarifs déjà si grande, et enfin parce que, de là, résulteraient non-seulement des difficultés pour le service, mais encore un véritable péril pour les revenus des Compagnies.

La Commission a pris en considération les observations qui lui ont été présentées sur ce point par les Compagnies. Elle a pensé qu'il n'y avait pas lieu, quant à présent, de modifier les dispositions du cahier des charges concernant le système des coupures, pour les excédants de bagages et les expéditions en grande vitesse. On a lieu de s'attendre à un développement très-notable des transports par grande vitesse, du moment que ce service offrira au public, sous le rapport de la célérité et de l'exactitude, tous les avantages qu'il comporte. L'attention des Compagnies est éveillée sur ce point maintenant, et il est permis de penser qu'elles sont sur la voie de ce qu'elles ont à faire dans leur propre intérêt aussi bien que dans celui du public. Dans cet état des choses, faut-il leur imposer la gêne d'un règlement, applicable à tous les cas, en vertu duquel les coupures se feraient constamment par simple kilogramme? Il est permis d'en douter. En vertu des droits dont elle est investie, l'Administration possède déjà un moyen indirect d'obtenir des Compagnies les modifications qu'elle aurait jugées nécessaires en cette matière.

Petite vitesse. En ce qui touche les colis transportés en petite vitesse, la Commission a successivement examiné la question de savoir s'il ne serait pas possible d'abaisser à 20 kilogrammes et même à 10 le minimum actuel de 40 kilogrammes, expressément indiqué dans les cahiers des charges; et ensuite si, à partir de ce chiffre, il ne conviendrait pas d'établir les coupures de 5 en 5 kilogrammes, au lieu de continuer comme aujourd'hui à procéder de 10 en 10.

En dehors des représentants des Compagnies, aucune des personnes entendues dans l'enquête n'a présenté d'observations sur ce chef.

Les Représentants des Compagnies ont réclamé le maintien du poids de 40 kilogrammes comme point de départ de la taxation; la Compagnie de la Méditerranée a demandé même que ce minimum fût porté de 40 à 50 kilogrammes, et toutes ont été d'accord pour réclamer le maintien des coupures par 10 kilogrammes. L'abaissement du minimum, suivant elles, diminuerait les produits de l'exploitation, sans utilité réelle pour les expéditeurs, et affecterait les intérêts des Compa-

м

gnies dans une proportion sensible, parce que les transports en petite
vitesse sont aujourd'hui la principale source de leurs profits. Elles ont
aussi allégué les complications de service qui seraient inséparables
d'un plus grand fractionnement des coupures, les chances d'erreurs
qui pourraient en résulter, et les contestations qui en seraient la conséquence.

La Commission a pensé qu'il était utile de modifier l'état actuel
des choses. Il y a tout lieu de croire, en effet, que l'abaissement du
minimum de poids ne déterminera point, pour les Compagnies, la
diminution de recettes qu'elles redoutent. On doit supposer, au contraire, qu'un tarif qui se prêterait mieux au transport à bon marché
des petits colis aurait pour effet prochain de développer les expéditions et par conséquent, selon toute apparence, d'amener une augmentation des recettes en quelque sorte proportionnelle à la libéralité que
montreraient les Compagnies. C'est une loi constante qui ne compte
guère d'exceptions, surtout quand il s'agit d'entreprises auxquelles tout
aboutit forcément, que le public récompense largement les concessions
intelligentes qu'on fait à ses intérêts et à ses besoins.

Il y a toute une catégorie d'expéditions que les chemins de fer
semblent appelés à recueillir et dont leur exploitation bénéficierait,
peut-être dans une forte proportion, le jour où le public trouverait
dans le transport par voie ferrée, pour cette nature spéciale de colis,
les facilités qui lui font défaut aujourd'hui. Ce sont les envois, peu considérables à chaque fois, mais fréquemment répétés, qu'on pourrait
appeler les envois de famille, auxquels donnerait lieu l'échange des
produits du sol, produits si variés dans un pays comme la France, qui
s'étend sous des climats si divers. La masse de ces expéditions individuelles constituerait probablement, dans un temps assez court, un
tonnage considérable, si elles étaient encouragées. Il y a lieu de croire
que les Compagnies se montreraient bien inspirées, dans leur propre
intérêt, si elles s'efforçaient de provoquer ces petits envois partiels des
arrondissements vers le chef-lieu de département, de la campagne vers
la ville, et des points extrêmes vers Paris, et si elles offraient à l'expéditeur isolé, sous le rapport de la célérité, de l'exactitude et du bon
marché du transport, des avantages qui n'ont jusqu'ici été accordés
qu'à un petit nombre de négociants faisant le commerce des denrées
et opérant par wagons complets, en vertu de tarifs spéciaux. La Commission s'est donc déterminée à exprimer une opinion qui recom-
mandât cette voie aux Compagnies.

Par ces motifs, elle est d'avis :

D'abaisser le minimum du poids des colis de petite vitesse;

D'établir, en ce qui concerne les colis pesant moins de 40 kilogrammes transportés en petite vitesse, des coupures semblables à celles qui existent actuellement dans la tarification de ceux transportés par la grande vitesse.

DU RÉTABLISSEMENT DES TRAITÉS PARTICULIERS.

La Chambre de Commerce de Mulhouse accueillerait favorablement le rétablissement des traités particuliers. En Angleterre et en Allemagne, a-t-elle dit, où ce mode d'exploitation est très-développé, il paraît goûté par les expéditeurs et profite aux Compagnies. Les avantages accordés aux maisons qui remettent au chemin de fer un fort tonnage de marchandises, profitent, par la voie des intermédiaires à remises, aux détaillants d'abord, au public ensuite.

La Chambre de Commerce de Montpellier repousse ces traités comme préjudiciables à l'intérêt du plus grand nombre, et comme pouvant constituer, par l'inégalité de traitement entre les expéditeurs, des avantages, qu'elle taxe de déloyaux, en faveur de ce qui serait, suivant elle, une aristocratie nouvelle, celle des gros expéditeurs. A ce propos, elle a signalé une disposition insérée jadis d'ordinaire dans ces traités et que, depuis, les Compagnies s'appliqueraient à introduire dans les tarifs dits spéciaux; c'est celle qui exonère la Compagnie de toute responsabilité dans les cas d'avaries. La Chambre de commerce soutient que cette clause est contraire à la loi, en ce que le Code de commerce [1] ayant entendu rendre le voiturier garant, hors le cas de force majeure, de la perte ou de la détérioration des objets qui lui ont été confiés, les Compagnies, à l'exemple de tous autres entrepreneurs de diligences et de voitures publiques, ne sauraient se soustraire à la garantie qui leur incombe.

M. *Vulfran Mollet* a déposé que la suppression des traités particuliers avait produit une satisfaction générale dans les grands centres manufacturiers; suivant lui, accorder une réduction de prix à un seul individu parce qu'il expédiera beaucoup, c'est du même coup rui-

---

[1] Code de commerce, art. 103 et 107.

M.

ner tous ceux que leur position oblige à opérer plus modestement, et qui ont cependant les mêmes droits.

M. *Pagézy* s'est montré l'adversaire déclaré de ces traités, auxquels il assimile dans sa réprobation les tarifs spéciaux. Les traités particuliers, a-t-il dit, dont la majorité des commerçants a très-certainement accueilli la suppression avec reconnaissance, n'avaient d'autre effet que de constituer des priviléges essentiellement dommageables pour les petits industriels et d'anéantir la concurrence à tous les degrés. La batellerie, jadis l'objet de bien des attaques et de bien des plaintes, n'a jamais eu cependant, au profit d'un petit nombre, des faveurs comparables à celles que les traités particuliers avec les chemins de fer assuraient, et que certains tarifs spéciaux assurent encore aux gros expéditeurs, au détriment de leurs concurrents, moins bons clients pour les Compagnies.

M. Pagézy reconnaît qu'à certaines époques on a pu voir des entreprises de transport par eau assujettir la marchandise du commerce en général à des prix plus élevés que ceux qu'avaient à supporter certaines personnes; mais il fait remarquer que ces entreprises étaient montées alors par des négociants, et que ceux-ci, n'effectuant qu'exceptionnellement le transport de la marchandise d'autrui, pouvaient se croire fondés à faire une loi plus dure au public, qui n'avait pas comme eux à supporter les chances d'une exploitation hasardeuse.

MM. *Denière et Berthier* se sont placés au point de vue opposé. Suivant eux, les facilités, de quelque nature qu'elles soient, qui sont faites par les Compagnies à une catégorie, d'abord restreinte, d'expéditeurs, finissent toujours par se généraliser. C'est donc à tort que le Gouvernement empêcherait les Compagnies d'entrer dans cette voie. Sans doute, pendant la période de l'expérience, des intérêts respectables peuvent souffrir; mais ne vaut-il pas mieux une souffrance passagère que l'absence ou l'attente indéfiniment différée d'améliorations qui ne sauraient se réaliser d'un seul coup et sans des tentatives préalables?

La plupart des Compagnies ont demandé le rétablissement des traités particuliers. A l'exemple des honorables représentants du tribunal de commerce de la Seine, elles ont dit que ces traités n'étaient, en réalité, qu'une tarification d'essai qui permettait, sans compromettre les résultats acquis, de devancer et de préparer au besoin la création, sur les mêmes bases, de tarifs spéciaux applicables à tous;

que la prohibition de cette pratique, en rendant impossibles ces sortes d'expériences, avait donc été à l'encontre des intérêts bien entendus du commerce. Elles ont cité à titre d'exemple, entre autres, l'industrie des forges, qui, depuis le traité de commerce, est obligée de soutenir la concurrence des produits étrangers, et qui souffre grandement de la suppression des traités particuliers, parce qu'on a ainsi fait disparaître les prix exceptionnellement bas, qui avaient été consentis, en sa faveur, pour la houille, le coke et le minerai. Un des représentants des Compagnies a mentionné un cas particulier, afin de bien montrer à la Commission la situation délicate dans laquelle les chemins de fer se trouvent placés aujourd'hui, situation qui les oblige à donner ou à retenir tout, sans mesure. Sur le chemin de Rhône-et-Loire, a-t-il dit, le tonnage total des charbons est d'environ 1,250,000 tonnes, dont 65,000 seulement sont consommées par la métallurgie. En ce moment où une partie de cette industrie éprouve des souffrances réelles, la Compagnie de la Méditerranée, si elle avait eu encore le droit de faire des traités particuliers, n'aurait pas demandé mieux que de contribuer pour sa part à les alléger, en accordant aux maîtres de forges une diminution de tarif; mais elle a dû s'en abstenir, dès l'instant que, pour améliorer la condition des consommateurs de ces 65,000 tonnes, il lui aurait fallu, du même coup et sans les mêmes raisons, faire profiter du même abaissement la totalité de ses transports de houille.

La Commission ne s'est pas dissimulé les avantages des traités particuliers, considérés comme des essais destinés à préparer des tarifs réduits, appliquant à tous ce qui aurait été un moment le privilége d'un petit nombre. Sans méconnaître, par conséquent, les améliorations dont ces sortes de conventions étaient pour ainsi dire les préliminaires, elle n'a pas pensé qu'il y eût lieu, quant à présent, de revenir sur les faits accomplis. L'usage des traités particuliers a été retiré aux Compagnies, après une étude spéciale et complète de la question au sein du Comité Consultatif des chemins de fer, à une époque encore très-peu éloignée. Les faits qui, alors, firent prononcer cette interdiction n'ont pas été dépouillés de leur autorité. La Commission ne croit donc pas qu'il y ait lieu de sa part de recommander aujourd'hui le rétablissement des traités particuliers.

Il se peut que plus tard, grâce à la multiplication des rapports internationaux, l'exemple de ce qui se passe chez nos voisins influe sur les esprits; il se peut qu'on cesse d'invoquer, dans une question où il n'est peut-être pas bien à sa place, le principe de l'égalité au nom duquel a été prononcée la condamnation des traités particuliers. Alors l'expérience pourra être reprise, sans que le Gouvernement assume une trop grande responsabilité et heurte le sentiment public.

Dès à présent, la Commission croit cependant que certains avantages exceptionnels pourraient être faits à cette catégorie d'expéditeurs spéciaux qui présenteraient au chemin de fer des produits chargés sur des véhicules à eux appartenant. Cet usage, si répandu en Angleterre, où il a donné d'excellents résultats, pourrait être introduit chez nous avec succès, et il y a lieu de l'encourager. C'est un sujet qui sera traité plus au long ultérieurement dans ce rapport.

La Commission a donc été d'avis :

Que, sans rétablir les traités particuliers, il serait bon d'encourager les traités ayant pour objet la fourniture, par les expéditeurs de certains produits, des wagons sur lesquels ces produits seraient chargés, et stipulant un tarif réduit.

CHAPITRE IV.

QUESTIONS DIVERSES.

DU CAMIONNAGE ET DU FACTAGE. — DU MAGASINAGE [1].

Selon MM. *Villeminot-Huard* et *Pagézy*, les services de camionnage et de factage, tels qu'ils s'effectuent aujourd'hui sur les lignes que ces honorables déposants ont sous les yeux, répondent à tous les besoins

[1] *Cahier des charges :*

Art. 51. « Les frais accessoires non mentionnés dans les tarifs, tels que ceux d'enregistrement « de chargement, de déchargement et de *magasinage* dans les gares et magasins du chemin de fer, « seront fixés annuellement par l'Administration, sur la proposition de la Compagnie. »

Art. 52. « La Compagnie sera tenue de faire, soit par elle-même, soit par un intermédiaire, « dont elle répondra, le *factage* et le *camionnage*, pour la remise au domicile des destinataires de « toutes les marchandises qui lui sont confiées.

« Le factage et le camionnage ne seront point obligatoires en dehors du rayon de l'octroi, non « plus que pour les gares qui desserviraient soit une population agglomérée de moins de cinq mille « habitants, soit un centre de population de cinq mille habitants situé à plus de cinq kilomètres de « la gare du chemin de fer.

« Les tarifs à percevoir seront fixés par l'Administration, sur la proposition de la Compagnie. Ils « seront applicables à tout le monde sans distinction.

« Toutefois, les expéditeurs et destinataires resteront libres de faire eux-mêmes et à leurs frais le « factage et le camionnage des marchandises. »

du commerce. Les mêmes déposants ont déclaré qu'à leur connaissance le service du Camionnage ne s'imposait, ni aux expéditeurs, ni aux destinataires. Ils en ont donné pour preuve le départ qui s'est de lui-même établi, dans la pratique, entre les Compagnies et le public expéditeur ou destinataire, et en vertu duquel les compagnies exécutent en général tout le Camionnage des matières propres à l'industrie manufacturière, tandis que ce sont les particuliers eux-mêmes qui camionnent tout ce qui est destiné spécialement à l'agriculture. Il faudrait se garder, ont-ils dit, de supprimer la faculté laissée au public de camionner lui-même; c'est cette faculté qui a servi de base au partage qui vient d'être indiqué. Le principe de liberté inscrit dans l'article 52 des cahiers des charges est une de ces garanties d'ordre public qui doivent être soigneusement maintenues.

Le prix actuel de ces services, au dire de MM. *Villeminot-Huard* et *Pagézy*, n'est pas trop élevé; néanmoins, ont-ils ajouté, l'usage assez général d'après lequel les Compagnies les confient à des entrepreneurs privilégiés, arbitrairement choisis par elles, semblerait pouvoir être utilement remplacé par une mise en adjudication; de cette façon on pourrait, dans certains cas, par le seul effet de la concurrence, arriver à une diminution dans les prix, et à des facilités plus grandes pour le public.

M. *Valfran Mollet* pense qu'il n'y a pas lieu de modifier les dispositions du cahier des charges relatives au Camionnage; c'est, a-t-il dit notamment en ce qui concerne la ville d'Amiens, un service qui se fait bien, et dont l'organisation n'a pas, jusqu'ici, soulevé de plaintes.

MM. *Denière et Berthier* croient que ce service est très-utilement placé entre les mains des Compagnies, à la condition cependant que celles-ci l'entourent d'une grande surveillance et tiennent la main à ce que rien n'y manque, au point de vue de la régularité et à celui de la fidélité. Dans la pratique, les intermédiaires qui en sont chargés suscitent au commerce des difficultés dont le tribunal de Commerce de la Seine a eu à constater de trop fréquents exemples. Le plus souvent les entrepreneurs du Camionnage sont les agents des Compagnies de chemins de fer, ses agents commissionnés et nantis d'une délégation positive. Dans certains cas, cependant, ils travaillent pour leur compte absolument séparé, sans aucun lien de solidarité avec la Compagnie du chemin de fer; tout au moins c'est sous cette physionomie qu'ils se présentent quelquefois devant le tribunal. En fait donc il est souvent impossible au commerce de s'assurer exactement, au préalable, du caractère plus ou moins officiel de l'agent qu'il emploie. Dans une contestation récente, une Compagnie est venue au tribunal de Commerce renier un commissionnaire qui, par ses affiches et le costume de ses employés, donnait à croire qu'il était le mandataire de cette Compagnie.

L'opinion de MM. Denière et Berthier peut se résumer ainsi :

Maintenir la réglementation actuelle, telle qu'elle résulte de l'article 52 du cahier des charges, c'est-à-dire, d'une part, la faculté pour les Compagnies d'opérer par elles-mêmes le Camionnage et le Factage, ou de déléguer leurs pouvoirs à un intermédiaire dont elles répondent; et, d'autre part, le droit pour les expéditeurs et les destinataires d'exécuter concurremment ces opérations eux-mêmes, pour leur propre compte. Nécessité pour l'Administration de veiller à la bonne exécution du service, particulièrement dans le cas où il se fait par délégation.

La Chambre de commerce de Montpellier a signalé une habitude qui existerait chez certaines Compagnies, et qu'elle trouve illégale d'abord, et dommageable ensuite pour le public : il serait perçu un droit de Factage et d'enregistrement sur les marchandises, colis et finances, arrivant dans les gares communes, et ne faisant cependant qu'y transiter. La Chambre demande que l'Administration fasse cesser cet abus.

La Chambre de commerce de Mulhouse pense que les tarifs habituels du Camionnage et du Factage ne sont pas, du moins directement, assez rémunérateurs pour les Compagnies; mais comme en fait elles obligent les intermédiaires, chargés par délégation de ces services, à leur faire des avantages pour les marchandises dont le transport peut s'effectuer en concurrence, soit par la navigation, soit par le roulage, les pertes éprouvées d'un côté sont compensées de l'autre. Elle estime aussi que si, au lieu d'instituer pour le Camionnage un intermédiaire privilégié, les Compagnies de chemins de fer laissaient à la libre concurrence le soin de faire ce service, il en résulterait des améliorations notables, tant sous le rapport de la célérité que sous celui de l'économie.

Quant aux Compagnies, elles ont représenté que les tarifs actuellement en vigueur pour le Camionnage et le Factage n'étaient pas toujours rémunérateurs; que souvent, dans le cas où le service était fait par des intermédiaires commissionnés, elles étaient obligées de subventionner l'entreprise pour que les frais fussent couverts. Relativement à l'organisation même du service, elles ont dit, en invoquant le témoignage du public, que ce service était bien fait, et, en général, ne soulevait pas de plaintes; qu'à Paris et dans les gares importantes le Camionnage et le Factage fonctionnaient régulièrement dans les deux sens, c'est-à-dire du domicile à la gare et de la gare à domicile. La Compagnie *d'Orléans* et celle *du Nord,* qui perçoivent des taxes accessoires, ont expliqué que ces frais supplémentaires n'étaient applicables qu'aux marchandises détournées de leur itinéraire pour être présentées aux entrepôts et y accomplir certaines formalités, et qu'aux houilles qu'il faut déposer en sacs chez les destinataires.

Toutes, à l'exception de celle *du Nord,* qui s'est déclarée satisfaite du régime actuel, ont demandé qu'on modifiât le système des articles 51 et 52 du cahier des charges, autant dans l'intérêt du public que dans le leur, de manière à déterminer le dégagement des gares.

L'article 52, qui fait de la remise à domicile des colis une obligation formelle pour les Compagnies dans les villes d'au moins cinq mille habitants, réserve en même temps aux destinataires le droit de faire eux-mêmes le Camionnage et le Factage: les Compagnies ont demandé qu'à l'avenir l'expéditeur fût tenu de déclarer si la marchandise devait être livrée à domicile ou en gare; que, lorsque l'indication aurait été donnée de livrer en gare, si la marchandise n'était pas enlevée dans les quinze jours de l'arrivée, le chemin de fer fût autorisé, au refus du destinataire de la recevoir, à la déposer d'office dans un entrepôt public, aux risques et périls de qui de droit, et que cette faculté fût applicable aussi aux marchandises adressées à domicile et refusées. De plus, et toujours dans le but de parer à l'encombrement des gares à marchandises, encombrement provenant du défaut d'enlèvement des colis par le destinataire, elles voudraient être autorisées à laisser leurs propres camionneurs fonctionner seuls et exceptionnellement, en dehors des heures réglementaires d'ouverture et de fermeture des gares; enfin elles réclament que le tarif de Magasinage, payé par les destinataires qui laissent leurs marchandises en gare, tarif qui est simplement proportionnel à la durée, soit remplacé par une échelle progressive. Suivant elles, il faudrait que ce tarif, qui est fixé à 20 centimes par tonne et par jour, pour la première quinzaine, et à 50 centimes pour chaque jour en plus, fût porté à 50 centimes par jour pour les huit premiers jours, et à 1 franc pour chaque jour en sus.

La Commission, M. le Ministre, estime qu'il résulte de l'enquête, que le service de livraison des colis à domicile s'accomplit régulièrement. Les faits isolés d'irrégularité qui se produisent, doivent, pour la plupart, être mis au compte des Intermédiaires, et spécialement de ceux qui opèrent en dehors des Compagnies de chemins de fer, sans solidarité avec elles.

Les tarifs du Camionnage et du Factage sont-ils rémunérateurs? Les Compagnies soutiennent le contraire, et nous n'avons pas de raisons pour les contredire sur ce point. On peut faire remarquer seulement que, dans la pensée du législateur, les Compagnies ont dû demander aux tarifs du Camionnage et du Factage, non pas un bénéfice, mais le simple recouvrement de leurs déboursés. Par un redoublement de surveillance, et en faisant la part plus large au principe de la concurrence, on peut penser que les Compagnies arriveraient à diminuer les frais de ces deux services.

Mais, à l'occasion du Camionnage, ce qui a le plus attiré l'attention de la Commission, c'est la grande utilité qu'il y aurait à mettre fin à l'encombrement des gares de marchandises. Cet encombrement, qui est devenu un fait à peu près permanent, constitue un des plus grands obstacles à la bonne exploitation des chemins de fer. On peut le considérer comme une des causes principales de la lenteur du service des expéditions et de la longueur des délais de livraison.

L'origine de cet encombrement est évidente : le commerce a, par abus, contracté l'habitude de regarder les gares des chemins de fer comme des magasins publics. On y laisse les marchandises indéfiniment, jusqu'à ce qu'on en ait disposé. On est encouragé à cette pratique par la modicité du tarif applicable au stationnement des marchandises en gare.

La Commission, considérant qu'il est d'intérêt public de déterminer l'évacuation des gares à marchandises, a été d'avis d'accéder à la demande des Compagnies pour que l'accès des gares fût laissé à leurs propres camionneurs, en dehors des heures fixées par le règlement applicable au public. Mais cette mesure, si elle était isolée, serait fort insuffisante. Il fallait attaquer l'abus dans sa racine, c'est-à-dire modifier le tarif du Magasinage en le rendant progressif, et en le portant rapidement à un chiffre tel que le Commerce eût intérêt à enlever les marchandises, au lieu de les laisser à la gare.

En outre, la Commission pense qu'il convient d'armer les Compagnies du droit d'évacuer d'office, après un certain délai, les marchandises adressées à domicile et que les destinataires laissent en gare, ainsi que les marchandises refusées. Elle a cru qu'il convenait de fixer à quarante-huit heures le délai après lequel les marchandises adressées à domicile pourraient être évacuées par les Compagnies.

Mais il ne faudrait pas se méprendre sur l'intention qui a inspiré ces propositions de la Commission et sur l'objet qu'elle poursuit. La Commission, en fournissant ainsi aux Compagnies des moyens efficaces pour faire cesser l'encombrement des gares, n'a eu qu'une pensée, celle d'écarter un des obstacles, le plus grand de tous peut-être, à l'accélération du service de la petite vitesse. Une transformation de ce service, sous le rapport de la célérité, est indispensable, au moins pour certaines catégories de marchandises. C'est pour préparer cette transformation, qui rapprocherait la petite vitesse des chemins français de celle des chemins anglais, que les Compagnies seraient munies de grands moyens pour dégager les gares de marchandises.

Tel est l'esprit dans lequel la Commission propose à Votre Excellence :

D'autoriser les Compagnies à laisser libres, à toute heure, à leurs propres camionneurs, l'entrée et la sortie de leurs gares, sans qu'elles soient astreintes à faire profiter les autres voituriers de la même facilité, mais en maintenant, à l'égard de ces derniers, les dispositions réglementaires de l'article 52 du cahier des charges ;

Relativement au Magasinage, d'établir un tarif progressif, qui serait, par exemple, une fois écoulé le délai réglementaire actuel de quarante-huit heures, de 20 centimes par tonne pour les premières vingt-quatre heures, de 50 centimes pour la seconde période de même durée, et de 1 franc pour la troisième et les suivantes ;

D'autoriser les Compagnies, dans toutes les localités où le Factage et le Camionnage sont obligatoires pour elles, et après le délai de quarante-huit heures, à camionner d'office à domicile toutes les marchandises portant l'adresse d'un destinataire, sans la réserve expresse de livrer en gare, et de déposer dans un magasin public celles qui auraient été refusées.

DU GROUPAGE [1].

M. *Roulleaux-Dugage* a fait la critique des opérations de Groupage auxquelles se livrent certains intermédiaires de transports, opé-

[1] . *Cahier des charges :*

« Art. 47, § 2 et 3. Toutefois, les prix de transport déterminés au tarif sont applicables à tous

rations aussi préjudiciables aux intérêts des Compagnies qu'à ceux du public. Selon cet honorable député, le Groupage des marchandises est fait avec des apparences telles que le public, abusé, est souvent fondé à considérer comme les agents de Compagnies de chemins de fer les personnes parfaitement indépendantes qui exercent cette industrie. Un pareil état de choses appelle une prompte et radicale réforme. L'application par les intermédiaires, tels qu'il en existe un certain nombre, du principe posé dans l'art. 47 du cahier des charges, est doublement dommageable pour le public. En premier lieu, l'intervention de ces intermédiaires cause une perte de temps, parce que, avant d'expédier, ils attendent d'avoir fait la collecte d'une certaine quantité de colis; ensuite, sous la dénomination plus ou moins imaginaire de frais d'enregistrement et de débours, suivis d'un *et cætera*, certains Groupeurs grèvent le transport, à leur profit, d'une surtaxe qui varie entre 30 et 50 p. o/o du tarif homologué.

M. *Villeminot-Huard*, au contraire, s'est prononcé en faveur du Groupage. Cette industrie rend des services au commerce de Reims et des localités voisines.

Les Compagnies ne sont pas favorables aux Groupeurs; elles se plaignent de ce qu'ils leur occasionnent une diminution de recettes et leur font supporter une responsabilité fâcheuse, contrairement à l'équité, parce que le public impute aux Compagnies elles-mêmes les manquements de toute sorte qui sont du fait des Groupeurs.

Il résulte cependant des déclarations des Compagnies que le Groupage n'est plus effectué que par les anciens entrepreneurs de Messageries ou de Roulage et qu'il est loin d'être en croissance. C'est ainsi que la Compagnie de l'Est a fait connaître à la Commission que, sur l'ensemble de son réseau, il ne reste plus que six entreprises de ce genre.

La Commission n'a pas cru qu'il convînt de modifier les règles établies par le cahier des charges, à l'égard du Groupage. Ce n'est ni dans la suppression des paragraphes 2 et 3 de l'article 47, ni dans l'intro-

---

« paquets ou colis, quoique emballés à part, s'ils font partie d'envois pesant ensemble plus de qua-
« rante kilogrammes d'objets envoyés par une même personne à une même personne. Il en sera de
« même pour les excédants de bagages qui pèseraient ensemble ou isolément plus de quarante kilo-
« grammes.

« Le bénéfice de la disposition énoncée dans le paragraphe précédent, en ce qui concerne les pa-
« quets et colis, ne peut être invoqué par les Entrepreneurs de Messagerie et de Roulage et autres
« Intermédiaires de transport, à moins que les articles par eux envoyés ne soient réunis en un seul
« colis. »

duction dans les cahiers des charges d'une clause prohibitive que les Compagnies doivent chercher les moyens d'empêcher le développement de l'industrie des Intermédiaires. En supposant qu'on doive désirer la disparition de cette industrie, c'est à elles-mêmes, c'est à des facilités nouvelles et plus grandes offertes au public qu'elles doivent demander ce résultat. Qu'elles fassent mieux que les Groupeurs, qu'elles fassent plus vite et moins cher, ainsi qu'elles le peuvent : alors on n'entendra plus, comme aujourd'hui, ce concert de plaintes qui, associant sans raison la responsabilité des Compagnies à celle des Intermédiaires, les confondent dans un même blâme. Le public cessera de dire, par exemple, qu'un paquet qui, par son poids, ne devait payer qu'un certain prix, s'est trouvé surtaxé par l'addition, d'une sincérité au moins problématique, de frais accessoires, débours, etc. Il n'aura plus lieu de remarquer qu'un colis pour lequel le destinataire aura payé le prix de la grande vitesse a été abusivement transporté par la petite; ce dernier fait est au nombre de ceux qui ont été signalés à la Commission, à la charge des Intermédiaires Groupeurs. La pratique en est lucrative, car l'intermédiaire bénéficie de la différence des deux tarifs, qui ne laisse pas que d'être fort grande.

Les Compagnies sont en position de lutter plus activement et plus efficacement qu'elles ne l'ont fait jusqu'à ce jour contre les abus que se sont permis les Groupeurs. Il leur eût été possible d'employer, à cet effet, entre autres moyens, les ressources de la publicité, qui est aujourd'hui à la disposition de tout le monde, et dont tout le commerce se sert avec avantage. Les Compagnies de chemins de fer, puisqu'elles ont l'entreprise d'une grande industrie, doivent se considérer comme de véritables commerçants, agir comme fait le commerce et recourir aux mêmes expédients légitimes qui sont à son usage. Des avis que les Compagnies auraient donnés au public et réitérés fréquemment, sous des formes diverses en rapport avec les différents abus pratiqués par les Groupeurs, auraient empêché les particuliers de faire la confusion, préjudiciable aux Compagnies et surtout préjudiciable au public, des Groupeurs avec les administrations de chemins de fer. Des avis de ce genre, répandus par la voie des affiches et par celle des annonces, eussent signalé au public l'économie qu'il pourrait trouver, dans beaucoup de cas, à s'adresser aux Compagnies directement : ils l'eussent éclairé sur les perceptions abusives qui se cachent fréquemment derrière la dénomination de frais accessoires ou débours. C'est par les soins ou tout au moins sous les auspices des Compagnies que se publient périodiquement les recueils ou tableaux, tels que l'*Indicateur des chemins de fer,* qui sont supposés contenir les renseignements les plus indispensables au public, en matière de chemins de fer. Ces publications pourraient porter des avertissements moins incomplets au sujet des expéditions, tant par la grande vitesse que par la petite, et spécialement au sujet du service de la Messagerie proprement dite. Sans médire des Compagnies, on peut affirmer qu'elles n'ont tiré qu'un parti bien insuffisant de ces publications que le public pourtant est empressé de consulter.

La Commission ne voudrait pas cependant qu'on la considérât comme opposée, en principe, à l'industrie du Groupage. Entre des mains intelligentes et scrupuleuses, le Groupage peut rendre au public des services, soit par l'économie qu'il lui procurerait, soit par une distribution à domicile plus prompte que celle que, dans beaucoup de cas, les Compagnies ont organisée.

Pour les administrations de chemins de fer elles-mêmes, l'intervention de ces intermédiaires, si elle avait lieu dans de certaines conditions, pourrait offrir plus d'avantages que d'inconvénients. En premier lieu elle les affranchirait de détails et de soins pour lesquels, jusqu'ici, elles ont montré peu de penchant, et, il faut le dire, peu d'aptitude. La coopération des Groupeurs établirait une division du travail qui contribuerait à diminuer les soucis des Compagnies et leur responsabilité. En second lieu, il n'est aucunement démontré que l'immixtion de cette catégorie d'intermédiaires ait pour conséquence nécessaire la diminution des recettes des Compagnies. Sans doute le Groupeur verse au chemin de fer une somme moindre que celle qui serait résultée du payement direct des expéditions isolées et individuelles; mais il pourrait y avoir une ample compensation à cette réduction des recettes par l'accroissement du trafic. Il n'est pas contestable que si le service des articles de Messagerie avait été porté par les Compagnies à une perfection que, dans l'état actuel des choses, il est loin d'avoir atteinte, sous le rapport de l'exactitude, de la célérité, et sous celui de la remise en bon état des colis, on lui aurait vu acquérir un grand développement. Or, si les Compagnies sont impuissantes par elles-mêmes à organiser parfaitement ce service, pourquoi repousseraient-elles des auxiliaires qui en feraient leur affaire et y consacreraient exclusivement leurs efforts?

Le rôle de la concurrence, dans les transports par les voies de fer, se trouve limité, en France, non-seulement par les raisons générales tenant à la nature même des choses, qui le restreignent dans tous les pays, mais encore par les motifs spéciaux qui ont déterminé l'État à constituer en fait les réseaux des grandes Compagnies. Il convient donc d'y regarder de très-près avant de se décider à circonscrire encore davantage la place faite à la concurrence dans les transports par chemin de fer, en supprimant l'industrie du Groupage. Le principe de la liberté du travail est trop respectable et a en lui-même trop de fécondité pour que l'on doive en resserrer le domaine, là même où, dans ses applications, il aurait momentanément présenté des résultats peu conformes à l'intérêt public.

D'une factorerie centrale à Paris.

La Commission a reçu d'un de ses membres la communication d'intéressants détails sur la tentative, déjà faite antérieurement par les Compagnies, en vue de réaliser en commun, dans Paris, la création d'un grand établissement central, en rapport avec toutes les gares de Paris. et avec un nombre de succursales suffisant, qui aurait été ouvert à la réception des colis de la grande vitesse à toute destination et qui eût été chargé aussi de distribuer dans Paris les articles de Messagerie de toute provenance. Il y a neuf ans, nous a-t-il dit, la Compagnie *d'Orléans*, qui, la première, avait songé à entrer dans cette voie, achetait l'immeuble des Messageries Impériales, rue Notre-Dame-des-Victoires, avec la pensée de l'approprier à ce grand service. Mais des difficultés de diverse nature empêchèrent alors ce projet d'être adopté. Il y a quelques mois cependant l'idée fut reprise avec quelques modifications. Il ne s'agissait plus cette fois que de la mise en commun de l'expédition des colis aux gares des diverses Compagnies. Ce service eût été opéré au moyen d'un Camionnage et d'un Factage communs. Dans ce système, la livraison à domicile des colis parvenus des Départements à Paris demeurait à la charge des Compagnies, qui auraient continué d'agir séparément sur ce point. Chacune des Compagnies, au lieu de rembourser à la Compagnie *d'Orléans*, ainsi qu'il en avait été question à l'origine, une part du capital par elle déboursé pour l'acquisition des immeubles de la rue Notre-Dame-des-Victoires, n'aurait eu qu'à lui payer un loyer annuel. Mais les difficultés qui semblaient écartées se sont reproduites, et jusqu'ici la résistance de deux Compagnies, celle *du Nord* et celle *de l'Ouest*, a empêché la réalisation du projet admis par toutes les autres.

La Commission, M. le Ministre, est convaincue qu'une centralisation de cette nature serait éminemment conforme à l'intérêt public; elle pense que la mesure aurait, pour les Compagnies elles-mêmes, des résultats avantageux.

En se fondant sur l'ensemble des diverses considérations qui précèdent, la Commission émet l'avis :

Qu'il n'y a pas lieu, quant à présent, de modifier les règles établies par les cahiers des charges en ce qui touche la faculté du Groupage.

Qu'il serait à désirer qu'il se formât, au centre de Paris, un vaste établissement commun à toutes les Compagnies, sorte de factorerie centrale et générale, où seraient reçues toutes les marchandises sans distinction de destination, et qui aurait, dans les divers quartiers, des succursales également communes à toutes les Compagnies.

DE LA FOURNITURE DES WAGONS PAR LES EXPÉDITEURS.

La question de la fourniture facultative des wagons par les expéditeurs se rattache naturellement à celle de l'insuffisance du matériel roulant des Compagnies de chemins de fer, insuffisance sur laquelle ont insisté plusieurs des personnes entendues dans l'enquête. L'encombrement des gares d'expédition et les retards dans l'arrivée des colis de petite vitesse auraient souvent, d'après quelques-unes des dépositions, pour cause principale le nombre insuffisant des wagons mis à la disposition des expéditeurs par les diverses Compagnies.

MM. *Coste* et *Valfran Mollet* notamment ont signalé l'insuffisance du matériel de la Compagnie *du Nord*, en ce qui touche spécialement la houille. Cette insuffisance de matériel, nuisible aux intérêts du public comme à ceux des extracteurs, est loin d'être un fait récent, ont-ils dit. Antérieure même au développement qu'ont pris l'importation et le transport de la houille, par suite de la modération des tarifs adoptés par la Compagnie *du Nord,* cette insuffisance n'a fait que s'accuser davantage chaque année, depuis 1858, et s'est caractérisée en 1861 d'une manière très-regrettable.

Citant son propre exemple, M. Coste, qui exploite une mine de houille dans le bassin belge de Charleroi, a dit qu'en 1860, sa moyenne d'extraction était de 600 tonnes par jour. Durant le premier trimestre de cette même année, la Compagnie *du Nord* avait mis à sa disposition le nombre total de 506 wagons de 10 tonnes, inférieur à ses demandes dans une proportion assez forte. Cette situation étant commune à la plupart des producteurs de charbon, et les plaintes arrivant de tous côtés à la Compagnie *du Nord*, celle-ci fit dire aux producteurs que, s'ils voulaient, en développant l'extraction en été, fournir au chemin de fer, pendant cette saison, les moyens d'utiliser tout son matériel, elle s'engagerait en revanche à leur tenir compte, pendant les mois d'hiver, des efforts qu'ils auraient ainsi faits, en leur accordant alors un supplément de wagons, proportionnel à leurs expéditions de l'été. L'accord se fit sur ces bases, mais la Compagnie *du Nord* ne tint pas sa promesse. Ayant, en conséquence de la convention, organisé son exploitation de manière à livrer au chemin de fer, dans les six mois d'été de 1861 d'Avril à Septembre, la charge de 530 wagons, c'est-à-dire une moyenne de 3 wagons par jour, M. Coste devait compter, dit-il, sur un supplément de wagons proportionnel à ce chiffre, pendant les mois d'hiver; loin de là, l'hiver suivant la Compagnie *du Nord* diminua de moitié le nombre des wagons qu'elle lui attribuait dans sa répartition, puisqu'elle ne mit à sa disposition que 248 véhicules pendant l'hiver de 1861.

M. Coste a demandé la faculté, pour tous les producteurs de houille, d'avoir à eux un matériel roulant spécial, destiné, sinon à remplacer complétement celui de la Compagnie, au moins à suppléer à son insuffisance notoire; avec un capital de 150 à 200,000 francs employé à cet objet, il pourrait, en ce qui le concerne, a-t-il dit, maintenir son exploitation journalière au chiffre de 600 tonnes, parce qu'il aurait alors la certitude de ne pas être obligé de laisser ses produits, une fois extraits, attendre, à leur grand détriment, sur le carreau de la mine, les véhicules disponibles de la Compagnie pour en opérer l'écoulement. Mais jusqu'ici, la Compagnie *du Nord* s'est refusée à admettre sur ses rails des wagons appartenant aux producteurs de houille, parce qu'elle entend se réserver tous ces transports.

Selon les dépositions de MM. *Chagot* et *Amédée Burat*, les faits exposés par M. Coste, pour le Nord, se seraient reproduits dans le centre de la France, où les mines de Rive-de-Gier et de Saint-Étienne ont souffert aussi de la pénurie des wagons destinés au transport de la houille. Parmi les producteurs de charbon, quelques-uns avaient pu trouver, dans la navigation, le moyen de parer à l'insuffisance du chemin de fer, et c'est ainsi que le canal de Givors avait épargné récemment à la société du bassin de Rive-de-Gier une crise pénible, et lui avait permis même de faire une belle campagne; mais il n'y a pas des canaux partout.

M. *Pagézy* est d'opinion que la faculté, donnée aux expéditeurs, d'avoir des wagons qu'ils feraient circuler sur les voies ferrées, pourrait à certains moments être d'une grande utilité. Il a rappelé que l'ancien cahier des charges du chemin de Montpellier à Cette avait stipulé pour les expéditeurs le droit de mettre en circulation des véhicules à eux appartenant, moyennant un simple péage soldé à la Compagnie. Cette clause, insérée dans un cahier de charges isolé, à l'origine des concessions de chemins de fer, lui semblerait devoir être reprise et généralisée aujourd'hui. On comprend, a-t-il dit, que le système consacré par cette clause n'ait pas trouvé d'application tant que la production industrielle est restée stationnaire, ou que la Compagnie a pu suffire d'elle-même au développement normal du trafic. Mais il n'en est plus ainsi, du moment que ces conditions sont modifiées; les nécessités du commerce détermineraient chez nous, de même qu'elles l'ont fait en Angleterre, les grands industriels à se procurer un matériel qui leur fût propre, si la loi leur conférait la faculté d'en faire usage.

Selon le témoignage de M. *Moussette*, l'usage établi en Angleterre de laisser les expéditeurs fournir eux-mêmes les wagons destinés au transport de leurs propres produits, ne présente, au dire de tous les gens compétents qu'il a interrogés à cet égard sur les lieux, aucun inconvénient. C'est à tort qu'on a prétendu que cet usage donnait un service irrégulier par la difficulté que présenterait la réexpédition aux propriétaires de leur matériel, dans des délais déterminés.

D'après les renseignements recueillis par ce fonctionnaire, le retour des wagons privés s'effectue toujours à vide, sur les chemins de fer anglais; le prix de la traction, tel qu'il est d'ordinaire fixé à forfait, aller et retour compris, est d'environ 9 pences pour un trajet de 156 milles, ou 251 kilomètres et au-dessous, ce qui revient à 0^r004 par kilomètre, lorsqu'on parcourt la distance entière de la zone de location. Le trajet s'accomplit, aller et retour, en une semaine; habituellement les expéditeurs passent, avec des entrepreneurs spéciaux, des traités pour la fourniture et l'entretien annuel des wagons.

Les Compagnies ont dit que l'usage de wagons appartenant aux particuliers expéditeurs ne leur paraissait pas praticable en France, soit parce qu'il obligerait les chefs d'industries à des mises de fonds trop souvent hors de proportion avec leurs ressources, soit parce que l'adjonction d'un matériel nouveau à celui des Compagnies créerait des difficultés innombrables à l'exploitation, sans être d'un grand secours dans le cas d'un mouvement exceptionnel.

La Compagnie *de Paris à la Méditerranée* a fait observer qu'en Angleterre les actes du Parlement, qui concèdent les chemins de fer, n'obligent pas les Compagnies à fournir du matériel aux expéditeurs. Suivant cette Compagnie, on ne saurait accorder aux expéditeurs la *faculté* de se servir de leur propre matériel, ou d'emprunter à leur gré celui de la Compagnie, et maintenir en même temps pour cette dernière l'*obligation* de transporter, par elle-même et dans les délais déterminés, toutes les marchandises qui lui sont apportées.

La Compagnie *du Nord* et celle *des Ardennes*-admettraient la mesure, pourvu que le droit accordé ainsi aux expéditeurs, d'avoir des wagons leur appartenant en propre, fût restreint à certaines marchandises spéciales, telles que la houille, le coke et les minerais, et qu'il s'agît de transports importants et d'un service régulier qui pût être réglé d'avance d'un commun accord.

Les Compagnies en général, sans méconnaître les insuffisances de matériel que des circonstances récentes ont rendues notoires pour quelques-unes, ont insisté sur les efforts qu'elles n'ont cessé de faire pour augmenter le nombre de leurs véhicules en service. On trouvera aux *Annexes*, dans les relevés qu'elles ont communiqués à la Commission, des documents qui montrent, pour chacune d'elles, la progression qu'ont suivie le nombre des wagons à marchandises, leur contenance moyenne et leur tonnage kilométrique. Il résulte de ces tableaux que, depuis dix ans, le nombre des wagons a augmenté chez certaines Compagnies du tiers, comme pour celle *d'Orléans*, ou même de moitié, comme pour celle *de Lyon*, que la contenance a été à peu près uniformément portée de 5 à 10 tonnes, et que le tonnage kilométrique, chez presque toutes, a suivi une progression constante.

La Commission, M. le Ministre, ne pouvait cependant rester indifférente aux faits qui lui ont été signalés. Elle était assurée en cela de répondre à votre propre pensée. De longue date, votre attention s'était portée sur cette question de l'insuffisance, constatée à diverses reprises, du matériel à marchandises des Compagnies.

Par une conséquence forcée du monopole dont elles jouissent, les Compagnies doivent être pourvues d'un matériel suffisant pour subvenir à la totalité du service, à l'époque de l'année où il est le plus chargé. Elles doivent prendre sur leur revenu annuel, ou dans leurs ressources de toute nature, la somme qu'il faut pour que la quantité de leurs wagons soit bien en rapport avec cette obligation étroite. La considération du dividende à distribuer aux actionnaires ne saurait en rien les affranchir de ce devoir; mais si les grands expéditeurs de marchandises spéciales, telles que le combustible minéral et le minerai de fer, ou les grands consommateurs des mêmes articles offrent de partager la tâche avec les Compagnies et d'affranchir celles-ci, dans une certaine mesure, de la nécessité d'engager un énorme capital dans l'acquisition du matériel de transport, l'intérêt public obtient tout aussi bien la satisfaction à laquelle il a droit, et on s'expliquerait difficilement que les Compagnies continuassent de résister à un arrangement de ce genre qui doit leur profiter à elles-mêmes.

L'habitude qu'ont, en Angleterre, certains expéditeurs de posséder un matériel spécial pour leurs propres transports, a rendu à plusieurs grandes industries des services qu'il est bon de recommander à l'attention du commerce français, et dont celui-ci d'ailleurs commence à sentir l'intérêt, ainsi qu'il résulte de quelques-unes des dépositions recueillies dans l'enquête.

Cette introduction, dans le service des Compagnies, de véhicules appartenant aux expéditeurs ou au commerce, ne laisse pas que de présenter des difficultés et d'exiger des soins particuliers. L'Angleterre est jusqu'ici le seul pays où l'essai en ait été tenté. Il n'a eu lieu même que sur certaines lignes, et, dès l'origine, on a dû le subordonner à des conditions toutes spéciales, dont les principales étaient que les wagons étrangers à la Compagnie ne seraient employés qu'au transport de la houille expédiée par grandes masses, que leurs parcours seraient strictement définis, que toutes les opérations de chargement et de déchargement incomberaient aux propriétaires des véhicules. En effet, jusqu'ici, cette catégorie de matériel n'a jamais servi qu'au transport du combustible minéral. Mais même avec ces restrictions, l'emploi d'un matériel appartenant au Commerce et venant s'ajouter à celui des Compagnies de chemin de fer a été fort utile et au public et aux Compagnies. On ne voit pas de raison pour ne pas recourir au même expédient en France, sous des réserves analogues. L'expérience révélerait jusqu'à quel point les restrictions qui auraient été établies à l'origine pourraient être écartées ou modifiées, ou au contraire devraient être maintenues rigoureusement.

En un mot, M. le Ministre, la Commission a pensé que le principe offrait des avantages, et il lui a paru que l'assistance de l'Administration ne serait pas superflue pour décider les Compagnies à se prêter à des expériences de ce genre.

C'est ainsi qu'elle émet l'avis :

Qu'il serait utile de favoriser, dans certains cas spéciaux, la fourniture des wagons par les expéditeurs.

DU TARIF DES CÉRÉALES ET DES FARINEUX DANS LES TEMPS DE CHERTÉ.

La clause du cahier des charges relative au transport des grains, des farines et des légumes farineux [1], que le législateur avait pu se féliciter d'avoir introduite dans les premiers contrats, a, depuis lors, perdu de son importance. Dans les années de disette, les Compagnies françaises ont montré que les conditions stipulées par la loi, pour la modération des tarifs en pareil cas, n'étaient nullement considérées par elles comme la limite de leurs abaissements de tarifs. En fait, toutes les fois que des circonstances de cette nature se sont produites, les Compagnies de chemins de fer se sont empressées de donner la plus grande satisfaction possible à l'intérêt public. Elles ont spontanément abaissé leur tarif au-dessous du chiffre de sept centimes par tonne et par kilomètre, prescrit pour le cas de la cherté des grains, par le cahier des charges.

Les représentants des Compagnies, quand ils ont été entendus devant la Commission, ont fait remarquer que cette stipulation n'était, pour se servir des termes employés par le représentant de la Compagnie *de l'Est*, que la constatation du concours que les chemins de fer prêtent au Gouvernement dans les temps de disette ou de cherté des grains, concours que, dans d'autres temps, il n'avait pas été aussi facile d'obtenir de la part des entrepreneurs de transport sur les voies navigables. Ils ont ajouté que le maintien, dans le cahier des charges, de la stipulation d'un tarif exceptionnel pour les céréales et les farineux, dans les temps de cherté, n'avait plus d'utilité réelle, en présence des prix beaucoup plus bas consentis régulièrement par les Compagnies en pareil cas.

La Commission, M. le Ministre, tout en reconnaissant que cette clause du cahier des charges avait été interprétée jusqu'ici, par les Compagnies, de la manière la plus favorable à l'intérêt public, n'a pas

---

[1] *Cahier des charges :*

Article 42. « Dans le cas où le prix de l'hectolitre de blé s'élèverait sur le marché régulateur « de..... à..... le Gouvernement pourra exiger de la Compagnie que le tarif du transport des « blés, grains, riz, maïs, farines et légumes farineux, péage compris, ne puisse s'élever au maximum « qu'à o fr. 07 cent. par tonne et par kilomètre. »

pensé que le Gouvernement dût se dépouiller de cette garantie, elle propose seulement à Votre Excellence d'en modifier les termes, afin de les adapter au nouveau régime économique inauguré par la lettre de l'Empereur du 15 janvier 1860, et par le Traité de Commerce avec l'Angleterre. L'abolition de l'échelle mobile et la suppression des zones pour l'importation des céréales ont mis fin à l'influence de ce que, sous le régime protectionniste, on appelait les marchés régulateurs. Il était donc convenable de faire disparaître de l'article 42 des cahiers des charges des chemins de fer la mention de ces marchés et celle des prix variables selon ces zones. La formule qui a paru la meilleure à la Commission est celle qui consisterait à substituer le marché de Paris, pour tous les chemins de fer sans distinction, aux différents marchés qui avaient figuré jusqu'ici dans les cahiers des charges des diverses Compagnies. Elle a cru, en même temps, qu'il convenait de fixer au prix modéré de 20 francs par hectolitre le taux à partir duquel le tarif réduit serait applicable.

En conséquence, M. le Ministre, la Commission propose :

Que la clause relative au transport des céréales continue d'être insérée dans les cahiers des charges, en remplaçant, dans tous les cas, la mention d'un marché régulateur spécial par celle du marché de Paris, et en fixant uniformément à 20 francs, pour l'hectolitre de blé, le prix au delà duquel s'effectuera l'abaissement du tarif.

IIIᵉ PARTIE.

CONSTRUCTION. — EXPLOITATION.

DISTINCTION ENTRE LES DIVERSES LIGNES A CONSTRUIRE.

La construction et l'exploitation des lignes nouvelles ont fixé l'attention de la Commission. Déjà l'exécution des lignes actuellement livrées à la circulation, ou près de l'être, a imposé aux Compagnies des dépenses extrêmement considérables, et l'État lui-même a dû s'associer à ces charges pour de fortes sommes. La raison d'économie aurait donc suffi pour porter la Commission à examiner s'il ne conviendrait pas de procéder, dans l'avenir, d'une manière moins dispendieuse, à l'établissement des lignes ferrées. Une grande partie des chemins de fer qui restent à construire paraissant ne devoir rendre que des produits médiocres, il convenait de rechercher ce qu'il serait possible de faire pour qu'il n'y eût pas trop de disproportion entre les frais de premier établissement et le revenu à espérer. L'adoption de pentes douces, par exemple, se motive sans peine pour des lignes d'une très-grande circulation sur lesquelles doivent se mouvoir des convois de marchandises multipliés et pesamment chargés, et des trains de voyageurs réclamant une grande vitesse. On se résigne alors facilement à un surcroît de dépenses, en vue d'un service plus commode et d'une grande satisfaction réclamée par l'intérêt public; l'accroissement qui résulte, en pareil cas, pour le revenu net, de ces dispositions mêmes compense le supplément de capital à débourser. Mais avec des lignes dont le revenu probable s'annonce comme fort restreint et sur lesquelles l'encombrement n'est pas à redouter, il n'en est plus de même. L'adoption à tout prix de rampes très-modérées serait un mauvais emploi de capitaux qui pourraient trouver ailleurs une destination beaucoup plus productive. Enfin l'art même de la construction, ou plutôt de l'exploitation des chemins de fer s'est perfectionné. On peut aujourd'hui aborder sans crainte des rampes qui eussent paru impossibles il y a vingt ans, et périlleuses à une époque plus rapprochée de nous. Ces observations, relatives aux pentes, s'appliquent de même aux courbes et aux autres parties de la construction.

La Commission, dans les études auxquelles elle s'est livrée, a reconnu qu'il y avait lieu d'établir, entre les lignes qui restent à construire, une distinction précise de laquelle devait suivre une différence dans les règles à prescrire. Elle a classé dans une première catégorie les chemins de fer qui, présentant nettement le caractère d'embranchements rattachés aux voies existantes par l'unité de service, étaient naturellement destinés à entrer dans les réseaux des Compagnies existantes. Elle a pensé qu'il convenait de former une seconde catégorie des chemins d'intérêt purement local. Elle a considéré les lignes de cette seconde catégorie comme des affluents des grandes lignes, auxquels il n'était pas nécessaire que s'étendît le service des grands réseaux, sans transbordement. La nature des choses lui a fait penser que ces chemins ne devraient pas avoir nécessairement le même système d'exploitation ni même de construction que les réseaux des grandes Compagnies, qu'il serait même mieux qu'ils en fussent détachés et qu'ils devraient avoir le caractère de chemins à transbordement. Elle croit, en conséquence, qu'ils devraient être construits d'une manière spéciale avec un degré particulier d'économie, et être administrés plus simplement. Elle pense aussi qu'ils pourraient former utilement le lot de Compagnies locales.

Les explications qui ont été données à la Commission et les renseignements qu'elle a recueillis sur ce qui se passe dans ceux des pays étrangers où les chemins de fer ont reçu le plus de développement, l'ont confirmée dans l'opinion que ces deux catégories de chemins de fer devaient être l'objet de règles distinctes à plusieurs égards.

CHAPITRE Ier.

CONDITIONS RELATIVES AUX LIGNES QUI RENTRERONT NATURELLEMENT DANS LES RÉSEAUX DES GRANDES COMPAGNIES.

DE L'ACQUISITION DES TERRAINS AU POINT DE VUE DU NOMBRE DES VOIES A ÉTABLIR.

L'obligation non-seulement d'acheter les terrains, mais aussi d'exécuter les ouvrages d'art immédiatement pour deux voies, a jusqu'ici aggravé fortement la dépense de la construction des chemins de fer. Pour l'avenir, alors qu'on se trouvera presque toujours en face de lignes moins importantes, faut-il maintenir absolument ces clauses des cahiers des charges actuels?

Les représentants des Compagnies ont exposé qu'il ne manquait pas de lignes à l'égard desquelles on pouvait prédire, avec une sorte de certitude, que jamais il n'y aurait lieu de leur donner la double voie. Autoriser la construction des ouvrages d'art pour une seule voie, comme le chemin de fer lui-même, ne serait pas, du reste, une innovation, puisque déjà la concession du Grand-Central avait été faite dans ce système. Pour le service des voyageurs l'exploitation d'un chemin à voie unique, avec quelques gares d'évitement, peut se faire, même sur un long parcours, dans des conditions de vitesse satisfaisante. Quant au service des marchandises, l'expérience démontre qu'il est possible, avec une simple voie, de suffire, par la multiplication du nombre des trains, à un mouvement très-considérable, et bien plus grand qu'on ne le supposait lorsqu'on inscrivait, dans les cahiers des charges, que le Gouvernement pourrait exiger le doublement de la voie dès que le produit net aurait atteint 18,000 francs par kilomètre. Voici en effet deux exemples significatifs : Sur une ligne autrichienne à simple voie, celle de Vienne à Trieste, de 350 kilomètres, la recette kilométrique a atteint 57,000 francs. Sur le chemin de fer français *du Midi*, avec une seule voie, on a pu arriver à un service de quinze trains journaliers sur un parcours de 457 kilomètres, ce qui a procuré une recette supérieure à 50,000 francs par kilomètre. Il en a été de même pour la Compagnie *de l'Est*, à qui l'exploitation du chemin à simple voie d'Épernay à Reims a donné un produit kilométrique de 40,000 francs en 1858 et de 48,000 francs en 1859.

Les Compagnies cependant ne verraient pas d'inconvénient, dans un grand nombre de cas, à l'achat des terrains pour deux voies, dès l'origine de l'établissement d'une ligne, pour peu qu'il y eût lieu de penser qu'un jour viendrait où le développement du trafic pourrait nécessiter l'établissement d'une seconde voie, à moins qu'il ne s'agit de contrées où les difficultés de la construction fussent extrêmes et où par conséquent il est probable qu'on devrait toujours s'en tenir à une simple voie.

Pareillement, si les terrains étaient à un prix excessivement élevé, ce serait un motif pour s'abstenir de les acquérir en vue d'une double voie, lorsque d'ailleurs une grande extension de la circulation serait très-peu probable.

Une double considération détermine, du reste, les Compagnies à se montrer accommodantes au sujet de l'acquisition des terrains pour deux voies, lors même qu'il y aurait peu de probabilité pour la nécessité d'une seconde voie dans l'avenir. Premièrement, c'est qu'une fois le chemin établi à une seule voie, si les terrains n'ont été acquis que pour une seule, les frais d'acquisition ultérieure pourraient être tellement excessifs que ce fût une grande difficulté à surmonter dans le cas où, plus tard, on se proposerait d'établir une deuxième voie : secondement l'acquisition des terrains pour deux voies, à l'origine, n'ajoute, d'ordinaire, à la dépense qu'une somme très-peu considérable.

Lorsqu'on examine superficiellement le sujet, on serait porté à penser que, pour deux voies, le terrain nécessaire est le double de ce qu'exige une voie unique; mais pour peu qu'on l'étudie avec attention, on reconnaît qu'une fois délimité le terrain nécessaire à l'établissement d'un chemin de fer à une voie, y compris les fossés, les clôtures, et eu égard à l'élargissement que réclament les déblais et les remblais, le supplément nécessaire pour une voie double est extrêmement borné.

La Commission a pensé, Monsieur le Ministre, que l'opinion des Compagnies au sujet de l'étendue des terrains à acquérir par rapport au nombre des voies était sage et conforme aux indications d'une pratique intelligente. S'il ne faut pas faire de l'acquisition des terrains pour deux voies une règle absolue et uniforme, il n'en est pas moins vrai que, dans le plus grand nombre des cas, l'inconvénient de subir dès à présent le supplément de dépenses répondant au terrain de la seconde voie, alors même que la nécessité de celle-ci serait peu probable, est incomparablement moindre que le danger éventuel auquel on s'expose en se restreignant au terrain d'une seule voie. Il convient donc que, dans la plupart des cas, il soit procédé à l'acquisition pour les deux voies. Dans certains cas, cependant, on devra éviter d'en faire pour les Compagnies une prescription impérative. L'un de ces cas serait celui où, le trafic se présentant comme très-borné à l'origine, rien ne porte à penser qu'il pourra quelque jour devenir grand. Un autre cas plus caractérisé est celui où, même le trafic pouvant être notable, les dépenses de construction seraient tellement élevées par la multiplicité et la difficulté des ouvrages d'art, ponts, viaducs et souterrains, ou par l'obligation de creuser des tranchées profondes dans des roches dures, qu'on doive considérer comme définitivement abandonnée pour l'avenir l'idée d'une seconde voie.

La ligne d'Alais à Brioude, où 32 kilomètres de souterrains, et diverses autres difficultés d'établissement, porteront la dépense à plus de 600,000 francs par kilomètre, et celle de Nice à Gênes, qui ne paraît pas devoir coûter moins de 1 million par kilomètre, sont les types de ces chemins, essentiellement dispendieux, qu'on peut considérer comme assujettis pour toujours au service d'une voie unique.

En conséquence, Monsieur le Ministre, la Commission est d'avis :

Qu'il convient de continuer à prescrire l'acquisition des terrains pour deux voies, sauf le cas où rien absolument ne porte à prévoir un grand développement du trafic, et sauf celui où la dépense qu'entraînerait l'acquisition supplémentaire serait, par exception, considérable.

DES VOIES D'ÉVITEMENT OU DE GARAGE.

Même dans l'hypothèse d'un chemin à simple voie, l'acquisition immédiate d'une certaine étendue de terrain est nécessaire pour établir une seconde voie sur une partie de la ligne. Presque toujours, en effet, sur une ligne d'une assez grande étendue, l'intérêt de la sécurité et de la régularité du service commandera la construction de voies de garage assez multipliées. En prévision de cette nécessité, certaines Compagnies avaient eu dans leurs cahiers des charges, pour l'exécution de quelques-unes de leurs lignes, l'obligation d'établir des gares d'évitement d'un développement égal au quart de la longueur totale desdites lignes. La Compagnie *d'Orléans* a représenté à la Commission que cette règle, trop absolue en tout état de cause, conduirait à des résultats déplorables, si on l'appliquait séparément à toutes les sections d'une ligne à simple voie, successivement livrées à l'exploitation.

P.

L'étendue totale de la ligne de Paris à Agen est de 650 kilomètres. La double voie est posée dès à présent sur 263 kilomètres, entre Paris et Châteauroux. Les portions de Châteauroux à Limoges et de Périgueux à Agen, qui ont respectivement 137 et 150 kilomètres, restent à une voie; mais on se propose de poser immédiatement la deuxième voie entre Limoges et Périgueux, sur 100 kilomètres. Il y aura en conséquence un tronçon à deux voies, de 100 kilomètres, interposé entre deux sections à simple voie d'une grande étendue. Cet arrangement ne peut que conduire à de bons résultats. Le parcours du tronçon à deux voies représentant une durée moyenne de trois heures, laisse une marge suffisante pour bien combiner tous les croisements. Les stations principales de Limoges et de Périgueux sont pourvues d'un personnel assez nombreux et assez expérimenté pour que le passage d'un mode d'exploitation à l'autre se fasse avec toute la précision nécessaire et avec toutes les garanties de sécurité qu'on peut désirer.

Mais l'avantage que présente la disposition adoptée pour cette ligne de Paris à Agen disparaît absolument si à un long tronçon à deux voies on en substitue plusieurs d'une faible étendue, ou si les tronçons à deux voies sont placés entre des stations sans importance. Pour se conformer à l'article 9 du cahier des charges du Grand-Central, la Compagnie *d'Orléans* a dû construire, dans les intervalles compris entre Périgueux et Brives, et entre Brives et Figeac, deux petites sections à deux voies, de moins de 20 kilomètres chacune, qui se trouvent placées entre des stations subalternes. Il est probable qu'elles ne rendront jamais aucun service.

Il serait donc à désirer, a dit la Compagnie *d'Orléans,* que, dans tous les cas, l'Administration restât chargée du soin de déterminer ultérieurement, en dehors de toute stipulation générale du cahier des charges, et suivant les cas, l'étendue et l'emplacement des tronçons à deux voies qu'il conviendrait d'établir, par exception, sur le parcours des lignes à simple voie.

La Commission reconnaît que l'établissement d'un chemin à une seule voie exige, à peu près dans tous les cas, le doublement de la voie sur certaines étendues de parcours, afin d'avoir des garages et des lignes d'évitement sur lesquels les convois de marchandises en petite vitesse puissent se détourner, afin de céder le passage aux trains rapides. Ainsi que l'ont fait remarquer les représentants des Compagnies, certains cahiers des charges renferment à cet égard une formule qui porte l'empreinte d'un esprit mathématique plutôt que celle de l'esprit pratique qui convient au législateur. La Commission a pensé qu'à l'avenir cette formule ne devrait pas être reproduite.

L'Administration des travaux publics n'avait point attendu jusqu'à ce jour pour modifier un état de choses que la pratique avait condamné. Les cahiers des charges dressés par elle depuis 1859 ont supprimé sur ce point ce qu'il y avait d'excessif dans la réglementation antérieure; ils laissent aux Compagnies toute latitude pour la proposition et non moins de liberté au Gouvernement pour la fixation des points de croisement des trains et des lignes d'évitement [1].

La Commission, M. le Ministre, a donc été d'avis :

Qu'en ce qui concerne les chemins nouveaux construits à une seule voie, il n'y aura lieu en général d'établir de voies de garage que par sections continues de 50 à 60 kilomètres, comprises autant que possible entre des stations importantes.

DE LA CONSTRUCTION DES OUVRAGES D'ART POUR DEUX VOIES.

Les représentants des Compagnies ont demandé que, pour les lignes nouvelles, l'Administration n'imposât aux concessionnaires l'obligation d'établir, dès le principe, les ouvrages d'art pour deux voies qu'autant que l'importance présumée du trafic en ferait reconnaître la nécessité pour une époque prochaine. Ils ont appelé l'attention de la Commission sur l'utilité qu'il y aurait, relativement à la construction des souterrains, à se préoccuper plus de la largeur que de la hauteur : ils ont sollicité l'autorisation d'exécuter désormais ces ouvrages en partant de la règle que la hauteur libre à l'aplomb de chaque rail ne fût pas de plus de 4ᵐ,80.

La Commission a considéré ces réclamations comme fondées.

La Commission pense qu'en raison de la dépense qu'entraîne la construction de la plupart des ouvrages d'art, ponts, viaducs et souterrains, il conviendrait que l'Administration n'en prescrivît l'exécution pour deux voies que dans les cas d'une nécessité bien reconnue.

Elle verrait même de l'utilité à décharger, dans certains cas, les Com-

---

[1] *Cahier des charges.* — Article 6, § 1ᵉʳ. Les terrains seront acquis et les ouvrages d'art exécutés immédiatement pour deux voies : les terrassements pourront être posés pour une voie seulement, sauf l'établissement d'un certain nombre de gares d'évitement.

Article 9. Le *nombre*, l'*étendue* et l'emplacement des gares d'évitement seront déterminés par l'Administration, la Compagnie entendue.

Le nombre des voies sera augmenté s'il y a lieu, dans les gares et aux abords de ces gares, conformément aux décisions qui seront prises par l'Administration, la Compagnie entendue.

pagnies de l'obligation de construire tout ou partie de ces ouvrages pour deux voies, alors même que la ligne serait à double voie sur le restant du parcours; cette exception serait subordonnée aux difficultés de l'exécution et au montant de la dépense.

A l'égard des souterrains à établir sur les lignes à simple voie, elle a adopté l'opinion que lui soumettaient les représentants des Compagnies.

La Commission est ainsi d'avis :

Que pour les lignes nouvelles, il conviendrait de ne prescrire l'exécution des ouvrages d'art que pour une seule voie, sauf le cas où il y aurait lieu de prévoir, d'une manière à peu près certaine, un grand développement du trafic dans un temps assez rapproché;

Que même dans le cas d'une ligne à deux voies dans toute son étendue, il pourrait y avoir lieu d'autoriser l'établissement à une seule voie de certains ouvrages exceptionnellement difficiles et coûteux;

Qu'en ce qui touche les souterrains sur les chemins à simple voie, la condition déterminante de leur dimension en hauteur devrait être une élévation de 4ᵐ,80 à l'aplomb de chaque rail.

DES MODIFICATIONS A APPORTER A LA LOI SUR L'EXPROPRIATION.

Les Compagnies ont toutes demandé que des modifications diverses fussent apportées à la loi du 3 mai 1841, relative à l'expropriation des terrains; le mode actuel a pour effet, suivant elles, d'élever les indemnités de terrains à des chiffres souvent exorbitants; les Compagnies ont cité, à ce propos, divers exemples, notamment dans le réseau de la Compagnie *de l'Ouest*, où quelquefois ces indemnités ont dépassé 80,000 francs par kilomètre.

Acquisition
de terrains
supplémentaires.

Les Compagnies ont signalé, ce qu'elles ont appelé une lacune de la loi de 1841, l'absence d'une disposition spéciale pour le cas où des besoins nouveaux de l'exploitation obligent, soit à élargir l'espace occupé par la voie, soit à agrandir les gares ou magasins. Elles ont critiqué le système actuel qui les astreint, pour de pareils travaux, annexes des premiers suivant elles, à l'observation des mêmes formalités que s'il s'agissait de l'établissement même du chemin. Elles ont représenté que, dans ce cas, la nécessité d'une déclaration nouvelle d'utilité publique devenait superflue, et que les formalités du titre II de la loi du 3 mai 1841 devraient seules être remplies.

Participation
des départements
et des communes

Les Compagnies ont demandé que la loi rendît la participation à l'acquisition des terrains obligatoire pour les Départements et les Communes intéressés. Elles ont recommandé le système qui consisterait à faire procéder à une estimation des terrains par les agents des contributions directes et à obliger les Communes et les Départements à livrer ensuite les terrains aux Compagnies, à forfait, moyennant une somme répondant à tout ou partie de cette estimation.

Une autre demande des Compagnies a pour objet d'exclure désormais des Jurys d'expropriation tous les propriétaires appartenant aux arrondissements traversés par le chemin de fer qu'il s'agirait d'établir.

Elles ont demandé enfin que les délais actuels de la procédure d'expropriation fussent raccourcis, de façon à ce qu'il s'écoulât beaucoup moins de temps entre les opérations préliminaires et le prononcé du jugement qui met les Compagnies en possession sauf payement.

Nous allons successivement passer en revue chacune de ces propositions des Compagnies.

Il est difficile de se refuser à reconnaître que l'application de la loi sur l'expropriation, telle qu'elle est faite par le Jury, dépasse le but que s'était proposé le législateur. Elle est en effet presque toujours empreinte d'une exagération dommageable pour les entreprises de travaux publics en général. Cette exagération, dont les preuves abondent quand il s'agit des grands travaux d'édilité exécutés dans les villes, à Paris notamment, n'est guère moins notoire alors qu'il s'agit des chemins de fer. Ce que le législateur de 1841 s'était proposé, était d'indemniser les propriétaires atteints de la totalité du préjudice causé; mais bien souvent le Jury est loin de s'en tenir là; il accorde des indemnités qui montent au double et au triple de la valeur des immeubles et même au delà. Par le chiffre excessif des sommes allouées aux propriétaires, l'expropriation est devenue l'écueil de la construction économique des voies ferrées.

Aujourd'hui que le Gouvernement va se trouver en face de l'exécution de chemins de fer qui devront être construits dans des conditions plus simples et moins dispendieuses, la recherche des moyens propres à limiter les exagérations des Jurys d'expropriation devait surtout préoccuper la Commission.

La participation à la dépense de l'acquisition des terrains de la part des Départements et des Communes intéressés serait un moyen efficace de diminuer, pour l'avenir, les charges toujours croissantes que l'expropriation des superficies nécessaires impose aux Compagnies de chemins de fer. La pensée n'est pas nouvelle; elle a déjà pris place dans la législation sur les chemins de fer. Elle avait été introduite dans la grande loi du 11 juin 1842 qui portait, *article 3 :* « Les indemnités dues « pour les terrains et bâtiments dont l'occupation sera nécessaire à l'é- « tablissement des chemins de fer et de leurs dépendances, seront « avancées par l'État, et remboursées à l'État jusqu'à concurrence des « deux tiers par les Départements et les Communes. » Le Ministre des travaux publics d'alors, voulant motiver cette disposition, exposait qu'elle serait un frein pour les Jurys locaux : « Combien de sacrifices « auraient été épargnés à l'État, disait-il, si ce système eût été adopté « plus tôt! Combien de capitaux auraient pu être dépensés en travaux « utiles, au lieu d'avoir été employés à payer à d'avides spéculateurs « quatre ou cinq fois la valeur des terrains qu'on leur demandait ! » Mais les ressources des départements et des communes ont, immédiatement après le vote de la loi du 11 juin 1842, paru tellement bornées à l'Administration et au législateur, qu'on renonça, même pour les chemins exécutés conformément à cette loi, à se prévaloir de cette disposition contre les Départements et les Communes. Si elle ne devait pas rencontrer, dans l'exécution, des obstacles insurmontables, elle serait aujourd'hui plus opportune que jamais, parce que, à très-peu d'exceptions près, tous les chemins qui se concèdent présentement ou se concéderont à l'avenir, ne sont possibles qu'à la condition du concours financier de l'État. Si donc il était possible de faire intervenir les départements et les communes de manière à mettre fin aux abus qui ont eu lieu dans l'acquisition des terrains, ce serait autant à rabattre des sacrifices du Trésor.

Comment pourrait-on créer aux Départements et aux Communes un intérêt considérable à ce que les indemnités allouées par le Jury d'expropriation fussent renfermées entre des limites raisonnables ? Deux formes ont été suggérées à la Commission, dans l'enquête et dans ses délibérations : l'une consisterait à reprendre, sauf amendement, l'article 3 de la loi du 11 juin 1842, et à obliger les Départements et les Communes à fournir une part proportionnelle, et déterminée législativement une fois pour toutes, de la dépense; suivant l'autre, on se contenterait de leur faire souscrire la garantie que les frais d'acquisition des terrains ne dépasseraient pas une certaine somme, réglée par une estimation préalable, qui se ferait de concert entre les localités intéressées et l'Administration supérieure. Dans le cas où les indemnités allouées par le Jury excéderaient l'estimation, le surplus serait à la charge des Départements et des Communes, entre lesquels il se répartirait dans des proportions qu'une loi spéciale aurait établies. Dans l'un ou l'autre de ces deux plans, le Jury n'étant plus seulement en face de la Compagnie concessionnaire, mais se trouvant aussi bien en présence du contribuable de sa propre commune et de son département, il est vraisemblable qu'il se montrerait plus modéré dans ses appréciations, et aurait moins de condescendance pour les sollicitations qui l'ont trop souvent porté à transgresser les bornes de l'équité. Sans faire un choix absolu entre ces deux combinaisons, la Commission aurait cependant eu une préférence pour la seconde, qui ménagerait davantage les ressources des Départements et des Communes, et risquerait moins de leur imposer des dépenses hors de proportion avec leurs moyens. Ce parti serait d'ailleurs plus conforme aux règles de l'égalité, en ce que, sauf de rares exceptions, les localités qui sont pourvues de chemins de fer aujourd'hui, et ce sont les plus riches, n'ont rien payé pour les obtenir.

Voici l'avis auquel elle s'est arrêtée :

Il y a lieu de prendre en considération la proposition tendant à ce que le prix des terrains soit en partie laissé à la charge des localités traversées, ou du moins à ce que celles-ci soient tenues de délivrer les terrains à la Compagnie concessionnaire, moyennant un prix d'estimation établi d'avance, sous l'approbation de l'Administration.

En ce qui touche l'exclusion, de la liste du jury, des propriétaires appartenant aux arrondissements traversés, la Commission n'a pas pensé qu'il y eût de grands effets à en attendre; en conséquence, elle ne croit pas devoir recommander cette mesure.

Quant au raccourcissement des délais de la procédure d'expropriation, la Commission, sans en repousser la proposition, n'a pas cru devoir examiner, dans le détail, un sujet qui est d'une nature toute spéciale, et dont l'étude revient de droit à l'autorité judiciaire.

En ce qui touche l'acquisition de terrains supplémentaires, tout en reconnaissant l'inconvénient qui peut résulter pour les Compagnies de l'état actuel des choses, la Commission n'a pas cru devoir admettre que, lorsqu'il s'agissait de travaux nouveaux, non prévus à l'époque du décret originaire qui a déclaré l'utilité publique d'un chemin de fer, les Compagnies pussent se passer d'une déclaration nouvelle d'utilité publique, quelles que fussent la nature et l'importance de ces travaux. La marche que suit l'Administration en pareille matière n'est pas facultative pour elle.

Sur ce point, en effet, le texte de la loi et l'interprétation qu'y a donnée la Cour de cassation ne laissent aucun doute, et il n'y a pas lieu d'en désirer le changement, puisque ce ne sont que les garanties légitimes du droit de propriété. Les prescriptions de la loi règlent, non pas seulement les expropriations auxquelles sont intéressées les Compagnies de chemins de fer, mais aussi bien celles qui se font au compte de l'État lui-même, pour tous les travaux d'utilité générale qui sont à sa charge comme complément d'une entreprise première, et par exemple dans les cas de rectification des routes impériales. L'État se soumet aux exigences d'une loi nécessaire; les Compagnies de chemins de fer sont tenues de suivre cet exemple.

La modification sollicitée par les Compagnies ne tendrait à rien moins qu'à rendre permanent et illimité sans conditions, au profit des entreprises de chemins de fer, le droit d'expropriation une fois prononcé. Une expropriation réalisable à toute époque serait comme une sorte d'épée de Damoclès, suspendue sur toutes les propriétés qui avoisinent un chemin de fer, sans la garantie qui résulte aujourd'hui de la nécessité d'une déclaration d'utilité publique préalable. Lorsqu'il s'agit d'une dérogation aussi grave aux règles du droit commun, le Gouvernement ne peut faire moins que d'apprécier, dans chaque cas, par un décret rendu dans la forme solennelle des règlements d'administration publique, l'utilité des travaux et les besoins réels au nom desquels on la sollicite.

La Commission a donc pensé, Monsieur le Ministre, que la demande des Compagnies ne devait pas être accueillie et qu'il était nécessaire qu'une déclaration d'utilité publique, spéciale à chaque cas, continuât à précéder toute acquisition de terrains reconnue nécessaire postérieurement à l'acte qui a déclaré l'utilité des travaux originaires.

Du magistrat directeur du jury.

En dehors des points sur lesquels les Compagnies ont demandé la révision de la loi du 3 mai 1841, et qui viennent d'être énumérés, une autre question a fixé l'attention de la Commission, nous voulons parler du rôle que la législation assigne au magistrat Directeur du Jury. Beaucoup de personnes compétentes ont signalé déjà ce qu'a d'étrange la situation faite à ce magistrat. La loi le qualifie de *Directeur* et cependant il n'a pas le droit d'accompagner les jurés quand ils se rendent sur les lieux pour les examiner et former leur opinion; il doit rester étranger aux délibérations ultérieures d'où sortira la décision qui fixera le montant de l'indemnité. Telle est l'interprétation que la Cour de cassation a déduite de l'énonciation faite au chapitre II de la loi, des attributions propres au magistrat directeur, et du silence des articles 37 et 38 en ce qui le concerne. Un arrêt de la Cour de cassation a déclaré nulle la décision d'un jury, par le motif que le magistrat directeur avait assisté à ses délibérations. Cependant on a peine à comprendre comment le magistrat qui déclare la décision du Jury exécutoire et en signe l'ordonnance, ne saurait entrer dans la chambre des délibérations et prendre part au vote.

La Commission a pensé, Monsieur le Ministre, qu'il convenait de faire disparaître cette anomalie. La présence du magistrat directeur parmi les jurés, au moment où ils délibèrent, ne pourrait qu'exercer une heureuse influence sur les décisions du Jury. Il est, d'ailleurs, évident que, si le magistrat Directeur assiste aux délibérations du jury, ce ne peut être qu'avec voix délibérative et en conservant la qualité de Président. La magistrature française est si profondément pénétrée du respect de la propriété qu'il n'y a pas lieu de craindre qu'au sein du Jury d'expropriation elle donne l'exemple d'en sacrifier les intérêts légitimes. D'un autre côté, il est certain que, par ses lumières et son esprit d'équité, elle contribuera au résultat que recommande l'intérêt public, de prévenir des exagérations qui ne tendent à rien moins qu'à entraver toutes les entreprises de travaux publics.

En conséquence, la Commission a émis l'avis :

Qu'il serait utile que le magistrat Directeur du Jury prît part à ses délibérations et les présidât.

DES PENTES ET DES COURBES.

Convient-il pour les chemins nouveaux non-seulement de tolérer, mais d'admettre, en principe, relativement aux pentes et aux courbes, des conditions différentes de celles qui ont été prescrites jusqu'ici par les cahiers des charges, surtout lorsqu'il s'agira de chemins construits dans des pays difficiles. S'y refuser, ce serait renoncer à desservir plusieurs parties du territoire. Déjà, dans plusieurs circonstances, des chemins de fer étrangers ont été établis d'après des règles qui offrent beaucoup plus de latitude pour les pentes. Tels le chemin de Vienne à Trieste, et celui de Gênes à Alexandrie, qui offrent des pentes, l'un de 25, l'autre, de 35 millimètres par mètre. Cette dernière rampe s'étend sur une longueur de 10 kilomètres. L'expérience a montré que ces rampes étaient compatibles non-seulement avec la sécurité des voyageurs, mais même avec un bon service pour les marchandises. On a de même, sur les chemins de ce genre, admis des courbes d'un rayon de plus en plus décroissant. Mais les facilités résultant de l'accroissement d'inclinaison des pentes doivent être considérées comme celles qui présentent le plus grand intérêt.

Les représentants des Compagnies ont donc signalé la nécessité d'élever, dans une forte proportion, le maximum réglementaire d'inclinaison sur les lignes à faible trafic, dont, par conséquent, le rendement kilométrique doit être peu important, et où il importe, par cela même, d'accorder toute facilité pour diminuer le montant des frais de premier établissement. Sur les alignements droits, on aurait, autant que possible, la précaution de couper les rampes par des paliers horizontaux. La longueur des déclivités sans paliers pourrait, à la rigueur, n'avoir d'autre limite que celle de l'espace qu'une locomotive peut franchir sans prendre de l'eau. L'exemple du chemin de Saint-Étienne, qui a des pentes de 15 millimètres par mètre, sans paliers intermédiaires, sur des longueurs supérieures à 20 kilomètres, mais où, pour ce motif, on ne peut opérer la traction avec une seule machine, signale une exagération et un danger à éviter.

Dans les souterrains et aux stations, la limite des pentes devrait être notablement moins élevée que sur les autres parties du chemin. S'il est exact qu'en Suisse on trouve un souterrain, d'une petite longueur il est vrai, qui offre une pente continue de 27 millimètres, et qu'en Italie on ait récemment fait un percement avec une pente de 25 millimètres, la prudence n'en conseille pas moins de donner aux souterrains des inclinaisons plus modérées.

Dans les stations, les pentes créent, même lorsqu'elles sont modérées, les Compagnies le reconnaissent, des difficultés à l'exploitation. Rien ne doit donc être négligé pour parvenir à avoir des stations où les rails présentent la ligne horizontale. Sur le chemin de Saint-Étienne, où certaines stations se trouvent placées sur des rampes de 14 millimètres, les manœuvres ne peuvent s'exécuter qu'à la condition d'employer exclusivement des wagons à freins, et il y faut un redoublement de surveillance qu'on n'est pas toujours assuré d'obtenir. Les Compagnies dont les lignes sont d'une construction plus récente n'ont rien négligé pour se soustraire à de pareils inconvénients. La Compagnie d'*Orléans* n'a reculé devant aucun sacrifice à cet effet. Elle a, jusqu'ici, systématiquement repoussé tout projet de station qui offrait une pente quelconque. Il est vrai qu'elle fait en ce moment, sur la ligne de Limoges, l'essai d'une station établie sur une pente de 10 millimètres ; mais elle doute que l'expérience donne des résultats satisfaisants. La Compagnie *du Midi* a exposé à la Commission qu'elle avait été récemment obligée de renoncer à une pente de 3 à 4 millimètres dans une station de la ligne de Bayonne à Dax, parce que le vent, à certains jours, suffisait, même sur une inclinaison aussi modérée, pour mettre les wagons en mouvement et susciter ainsi un danger pour la sécurité de l'exploitation.

Relativement aux courbes, les représentants des Compagnies ont déclaré que le minimum de rayon ne devrait avoir, suivant eux, d'autres limites que celles qu'indiquera l'expérience. Ils pensent que le rayon de 3oo mètres inséré dans les derniers cahiers de charges peut être considéré, quant à présent, comme le minimum normal, et qu'on ne devrait en employer de moindre que dans de rares exceptions. Sans doute dans les pays étrangers on peut citer quelques lignes qui ont des courbes d'un rayon inférieur même à 2oo mètres; mais on ne rencontre guère de telles courbes que sur des chemins destinés à un service spécial, tel que l'exploitation d'une mine.

La seule modification essentielle au cahier des charges [1] que les Compagnies aient demandée en ce qui concerne les courbes est celle qui aurait pour objet de réduire de 100 mètres à 4o la distance à observer entre deux courbes établies en sens inverse.

Au sujet des pentes et des courbes qui doivent être admises désormais, la Commission, M. le Ministre, a formé son opinion d'après la puissance que les locomotives possèdent aujourd'hui. Cette puissance est bien supérieure à celle qu'on pouvait leur donner il y a dix ans. A cet égard, le progrès a été continu, ainsi que le constatait récemment, dans son rapport [2], M. Eugène Flachat, membre de la section française du Jury International à l'Exposition de 1862, quand il disait :

« Les faits révèlent un progrès continuel très-manifeste dans la mise « en relation des machines avec les nécessités du trafic de chaque « ligne de fer. Ce progrès ne se dessine pas par le choix d'un type unique « approprié aux conditions quelles qu'elles soient du trafic. Loin de là, « les dispositions diverses se succèdent dans chacune des trois classes « de locomotion : le champ s'agrandit. Mais c'est surtout depuis la der-« nière exposition que l'initiative se montre plus hardie et plus sûre. »

En agrandissant la surface de chauffe, et en combinant d'une

[1] *Cahier des charges,* art. 8, § 3.

« Une partie horizontale de 1oo mètres au moins devra être ménagée entre deux fortes décli-« vités consécutives, lorsque ces déclivités se succéderont en sens contraire et de manière à verser « leurs eaux aux mêmes points. »

[2] Rapport de M. Eugène Flachat, classe V, section III, page 3o3 du tome II, Rapport Général.

manière plus heureuse les organes des locomotives, on les a investies d'un très-grand pouvoir. Il y a trente ans, quelques-uns des ingénieurs les plus habiles pensaient qu'il ne convenait pas d'excéder dans les rampes la limite de 3 millimètres, et dans les courbes celle de 500 et même de 1,000 mètres. Aujourd'hui on a pu aller jusqu'au décuple pour les rampes, et abaisser des deux tiers le minimum de rayon des courbes.

Relativement aux pentes, la Commission a pensé qu'il ne convenait pas d'imposer uniformément des règles fixes. Il a déjà été possible en France, avec le matériel dont les Compagnies disposent, d'exploiter régulièrement des chemins construits avec des rampes de 15 à 16 millimètres par mètre, et des courbes inférieures à 300 mètres. La rampe de Saint-Germain-en-Laye atteint même 34 millimètres. De même, en Italie et en Allemagne, on a obtenu une exploitation satisfaisante avec des pentes où l'inclinaison va jusqu'à 35 millimètres; une application analogue s'appliquerait aux courbes. On pourrait citer des cas où le rayon a été abaissé jusqu'à 160 mètres sur la ligne, et jusqu'à 100 mètres aux stations.

Rien aujourd'hui n'empêcherait donc les Compagnies, en s'aidant des progrès que réalise chaque jour l'industrie, d'opérer un service à peu près normal sur des pentes fort supérieures à celles qu'on prescrivait comme des maxima à l'origine, et avec des courbes dont le rayon s'abaisserait même au-dessous de 300 mètres.

Le succès du chemin récent de Lyon à la Croix-Rousse montre jusqu'où les rampes pourraient être portées en employant des moyens de traction autres que les locomotives, c'est-à-dire des machines fixes munies de câbles.

Mais ce sont, avant tout, les circonstances spéciales à chaque cas qui, suivant la Commission, devront prévaloir dans la fixation du maximum de déclivité et du minimum de rayon des courbes. L'exploitation sur des lignes d'un profil accidenté devant toujours imposer une plus forte dépense, on ne saurait douter que d'elles-mêmes les Compagnies, ainsi qu'elles en ont donné souvent la preuve, ne fassent tous leurs efforts, à chaque étude de ligne nouvelle, pour ramener le profil de la voie projetée aux conditions de rampes et de courbes les plus modérées, autant que ces conditions seront compatibles avec une mise de fonds qui soit en rapport avec le revenu probable.

En conséquence, M. le Ministre, la Commission a été d'avis :

Que les progrès de l'industrie pouvant déterminer chaque jour, pour ainsi dire, des facilités nouvelles à l'égard des pentes et des courbes, il n'y avait plus lieu de poser, en cette matière, des règles limitatives absolues.

DES STATIONS ET DES CLÔTURES LE LONG DE LA VOIE.

Les Compagnies ont déclaré, sur ce sujet, que si l'Administration voulait consentir à se départir des prescriptions qu'elle a imposées à peu près dans tous les cas, en ce qui concerne les bâtiments des stations et les clôtures le long de la voie, il serait possible de réaliser d'importantes économies dans l'établissement des lignes nouvelles. Sans aller aussi loin, en fait de simplification, qu'on l'a fait dans certains pays non-seulement d'Amérique, mais même d'Europe, où les stations, sur quelques chemins, n'existent qu'à l'état de simples abris et où les clôtures ne sont établies qu'aux abords des villes et des passages à niveau, la Commission regarde comme évident que les dimensions et la consistance des bâtiments d'une station doivent être en proportion de la circulation à laquelle la station donne lieu. Conséquemment, il conviendrait que les Compagnies de chemins de fer fussent exonérées de l'obligation, aujourd'hui générale, d'établir des quais, trottoirs, marquises, salles d'attente diverses, dans toutes les stations d'une ligne. Pour qu'on fût fondé à exiger d'elles cet ensemble de mesures de bien-être et de commodité, il faudrait que le mouvement des voyageurs les justifiât suffisamment. Il en devrait être de même pour les clôtures, qui, dans certains cas, pourraient cesser d'être obligatoires ou dont tout au moins le mode devrait être simplifié.

Sans doute il serait plus agréable et plus commode pour le public de rencontrer partout, même dans les stations qui ne sont fréquentées que par un petit nombre de voyageurs, la plupart des conditions de bien-être qu'on trouve dans les stations des grandes villes; mais du moment que les chemins de fer sont placés entre les mains de l'industrie privée et que les Compagnies concessionnaires sont fondées à en attendre un revenu qui soit en proportion de la dépense, le public doit se résigner à n'être entouré des conditions du bien-être que dans celles des stations dont la fréquentation habituelle justifiera la dépense d'une gare complète dans ses aménagements et ses distributions. Dans tous les pays du monde où il y a des chemins de fer, les stations des villages sont, en comparaison de celles des villes importantes, d'une grande simplicité. Les voyageurs qui reviennent d'Amérique ne nous démentiront pas quand nous rappellerons que dans beaucoup de localités; aux États-Unis, un hangar unique compose toute la station. En

France, à l'époque, encore peu éloignée, où toutes les communications se faisaient par les diligences, l'attente de la voiture, ailleurs que dans un très-petit nombre de grandes villes, avait lieu dans des locaux de la simplicité la plus extrême et tout à fait exigus.

Par tous ces motifs, la Commission a pensé qu'un type uniforme des bâtiments pour toutes les stations était impossible à justifier et que dans chaque cas, non-seulement l'importance de la station, mais les éléments du bien-être à y réunir doivent être en rapport avec le revenu probable.

En conséquence elle vous propose, Monsieur le Ministre :

D'autoriser les Compagnies, dans la construction des chemins nouveaux, à établir les stations dans les conditions d'une extrême simplicité, et dans certains cas même à n'y élever que de simples hangars;

En ce qui touche les clôtures, de supprimer la prescription législative générale qui lie sous ce rapport le Gouvernement aussi bien que les Compagnies, et de laisser à l'Administration le soin de prononcer non-seulement sur le mode de clôture, mais sur la nécessité même d'une clôture quelconque.

DE L'EMPLOI D'UN MATÉRIEL SPÉCIAL POUR L'EXPLOITATION.

Depuis un grand nombre d'années, M. Arnoux, inventeur d'un nouveau matériel roulant désigné sous le nom de *système articulé*, s'est livré, avec un rare dévouement et avec une persévérance digne des plus grands éloges, à des études et à des expériences multipliées dont le but était d'apporter, par ce moyen, des améliorations au service de la traction, et pour mieux dire, de grandes facilités à la construction des chemins de fer à bon marché [1].

Votre Excellence avait déjà chargé une Commission spéciale de suivre les expériences, afin de constater le mérite des modifications successivement proposées par M. Arnoux pour la construction du matériel roulant. La Commission actuelle d'enquête a cru de son devoir d'entendre cet ingénieux et infatigable inventeur.

Dans les explications qu'il a présentées à la Commission, M. Arnoux s'est proposé de mettre en évidence les inconvénients inhérents, suivant lui, au système qui prévaut généralement dans la construction du matériel roulant des chemins de fer, système qui est celui des essieux

[1] Voir aux *Annexes* la note de M. Arnoux.

parallèles. Dans leurs données actuelles, a-t-il dit, les véhicules destinés au transport des voyageurs et des marchandises sont à peu près copiés sur ceux qui servaient, à l'origine, dans les exploitations de mines. Ils sont, comme ces derniers, munis d'essieux rapprochés, et de roues fixées sur ces essieux; ils se dirigent d'eux-mêmes sur la voie, soit qu'ils soient poussés, soit qu'ils fassent partie d'un convoi, les bouts de chaîne qui les réunissent ne servant qu'à opérer la traction et nullement à les guider dans les tournants. Ce sont là des dispositions fort convenables pour le cas où l'on n'aurait qu'à avancer en ligne droite, mais mauvaises sur des courbes et sujettes à devenir alors la source de difficultés et de dangers.

M. Arnoux a ajouté que, jusqu'ici, aucun des procédés au moyen desquels on a cherché à remédier à la résistance des locomotives dans les courbes dont le rayon descendrait à 300 mètres, n'a présenté des résultats vraiment satisfaisants; tous occasionnent des dérangements qui ne feraient vraisemblablement qu'augmenter si l'on diminuait encore ce rayon ou si l'on augmentait la vitesse. M. Arnoux a terminé en indiquant les derniers perfectionnements apportés par lui au système articulé. Et il a résumé en ces termes les avantages propres à son système d'économie dans les frais d'établissement : « moindre résistance sur les rails, vitesse et sécurité égales à ce que peut donner le matériel à essieux parallèles. »

Les représentants des Compagnies ont été appelés à s'expliquer devant la Commission sur le mérite du système articulé et sur l'utilité dont il pourrait être, principalement pour les lignes à construire. Le directeur de la Compagnie *d'Orléans*, entre les mains de laquelle se trouve aujourd'hui le chemin de Sceaux, type du système articulé, a déclaré que les deux éléments constitutifs de ce système, la convergence des essieux et l'emploi d'une roue folle, non-seulement constituaient une complication préjudiciable au service, mais encore exigeaient des soins journaliers autrement minutieux que ceux qui sont nécessaires avec le matériel ordinaire. Suivant lui, ces inconvénients, déjà sensibles pour les wagons, le sont plus encore pour les locomotives; et s'ils sont médiocrement prononcés sur de faibles parcours, ils deviendraient graves dans le cas de trajets qui atteindraient 3 ou 400 kilomètres.

Les représentants des autres Compagnies ont déposé dans le même sens que le directeur de la Compagnie *d'Orléans*. Ils ne pensent pas que l'application du matériel articulé aux lignes nouvelles procurât l'économie dont le Gouvernement reconnaît la nécessité, et dont la Commission d'enquête a, entre autres objets, reçu la mission de rechercher les moyens.

Devant ce témoignage unanime et réitéré des Compagnies, dont l'intérêt si évident est de rechercher tout ce qui peut les exonérer d'une partie de la lourde dépense qui leur incombe, la seule attitude que pût avoir la Commission était celle d'une extrême réserve qui n'exclut pas l'expression de l'intérêt qui s'attache aux efforts persévérants de M. Arnoux et aux sacrifices qu'il s'est imposés. Il lui paraîtrait désirable que quelqu'une des grandes Compagnies fît un essai complet du système articulé sur une de ses lignes; mais elle n'a pas cru qu'elle pût recommander à l'Administration d'en faire l'objet d'une obligation.

Pendant que M. Arnoux se livrait à ses essais multipliés avec tant de constance, les ingénieurs et les constructeurs qui ont adopté les errements du système à essieux parallèles n'étaient pas inactifs : d'admirables perfectionnements étaient apportés à la locomotive originaire de Stephenson, de manière à augmenter la fécondité des chemins de fer et à en diminuer les frais d'établissement.

L'exposition universelle de Londres a révélé des perfectionnements nouveaux et considérables.

Pour les machines à voyageurs, on avait d'abord les locomotives à une paire de roues motrices, construites soit avec l'essieu moteur placé entre deux essieux de support, soit, suivant le système Crampton, avec l'essieu moteur placé à l'extrémité d'arrière. Bientôt la puissance des machines à un seul essieu moteur s'est trouvée insuffisante : on en est venu alors à des locomotives à deux essieux moteurs, soit accouplés, soit libres. La Compagnie *du Nord* a construit des machines express à deux essieux moteurs indépendants (à quatre cylindres, par conséquent), dans l'intention d'obtenir de grandes vitesses avec les trains les plus chargés. « Cette tentative, dit, dans son rapport « sur les locomotives de l'Exposition, M. Eugène Flachat, est le point « capital de la transformation qui s'opère en ce moment en France « dans les machines rapides. Elle peut avoir l'influence la plus favo- « rable sur la brièveté des trajets à grande distance et sur l'économie « des transports. » Ce type de machines, à deux essieux moteurs indépendants l'un de l'autre, et à quatre cylindres, du chemin du Nord, a 21 tonnes 4/10 de poids adhérent et 160 à 164 mètres de surface de chauffe.

Pour le service des marchandises, on remarque des progrès analogues. « Depuis l'établissement des chemins de fer en France, dit « encore M. Flachat, la puissance des machines destinées au transport « des marchandises s'est augmentée dans le rapport de 1 à 3, pour « la surface de chauffe, et dans celui de 1 à 2 1/2 pour le poids servant l'adhérence. » M. Flachat expose ensuite qu'on a eu d'abord un premier type, universellement adopté, mais insuffisant en puissance, celui de la machine à trois essieux moteurs avec une surface de chauffe ne dépassant pas 135 mètres carrés. Un second type est celui des machines à quatre essieux moteurs, isolées ou non de leur tender. Dans les machines de ce genre et du système Engerth que construisent MM. Cail et compagnie pour les Compagnies *d'Orléans* et *du Midi* le poids servant à l'adhérence est de 43 à 44 tonnes et la surface de chauffe de 209 mètres carrés. Enfin, la Compagnie *du Nord* a présenté à l'Exposition un troisième type : il a six essieux couplés en deux groupes de trois essieux ; la surface de chauffe y est de 213 mètres carrés.

Si la science de nos ingénieurs et l'industrie de nos constructeurs étaient restées stationnaires, si elles n'eussent pas produit ces machines qui passent, sans difficulté, sur des courbes de 300 mètres, et surtout qui gravissent les rampes les plus escarpées, l'emploi d'un matériel spécial, comme celui de M. Arnoux, destiné à circuler sur des lignes à profil accidenté, aurait été remarqué davantage. Mais, dans l'état actuel des choses, il est naturel qu'il ait moins de faveur et qu'il excite moins le zèle des Compagnies.

La Commission, néanmoins, Monsieur le Ministre, n'a pas cru qu'il y eût lieu de repousser, pour l'avenir, l'application du système articulé, soit sur les lignes d'embranchement d'un faible parcours, soit sur les grandes sections. Il serait même intéressant que des expériences décisives et sur une assez grande échelle fussent accomplies. Elle a pensé que ces expériences, si on les entreprenait, devraient porter notamment sur le point de savoir si les wagons articulés pourraient se prêter à un service commun avec le matériel ordinaire, et si leur usage serait d'une application facile au transport en grand des marchandises.

Elle est d'avis :

Qu'il y a lieu d'autoriser le système articulé et pareillement les systèmes nouveaux qui viendraient à se produire, lorsqu'il se présentera des capitalistes disposés à en faire usage.

B.

CHAPITRE II.

CONDITIONS DE CONSTRUCTION ET D'EXPLOITATION

SPÉCIALES AUX LIGNES QUI, PAR LA NATURE DES BESOINS

QU'ELLES AURONT À DESSERVIR,

POURRONT RESTER EN DEHORS DES COMPAGNIES EXISTANTES, ET DEVRONT

PRÉSENTER LE CARACTÈRE PARTICULIER DE CHEMINS

À TRANSBORDEMENT.

M. *Eugène Flachat* a présenté à la Commission d'intéressantes considérations au sujet de l'établissement des Chemins de fer Économiques. Dans son opinion, le but du Gouvernement devrait être de faire pénétrer les chemins de fer d'embranchement dans toutes les parties du territoire, à titre d'entreprises privées, distinctes des grandes Compagnies.

Pour arriver à ce résultat il conviendrait, suivant lui :

« 1° De laisser aux préfets la faculté d'autoriser les particuliers à « entreprendre l'étude des petits chemins de fer locaux;

« 2° D'appeler sous toutes les formes les encouragements du Gou-« vernement sur ces entreprises;

« 3° De simplifier, en faveur de ces entreprises privées, dans toute « la limite du possible, les conditions habituelles des cahiers des « charges, en ce qui touche la construction et l'exploitation, notam-« ment de laisser une grande latitude aux intéressés pour tout ce qui « concerne les questions de tarif.

« Ces mesures, loin de nuire au réseau actuel en exploitation ou en « construction, devraient avoir pour but de contribuer à son activité.

« Au premier coup d'œil, a dit M. Eugène Flachat, l'esprit d'entre-« prise est bien éloigné de se porter vers cette nature d'affaires; cela « est aussi patent que regrettable. Aussi n'est-ce ni des capitalistes, ni « des possesseurs actuels des titres de chemins de fer qu'il y a lieu de « provoquer ou d'attendre une initiative efficace.

« Il faut y provoquer les épargnes locales, et cela semble facile à la
« condition que l'on saura que ces épargnes ne peuvent être placées
« plus fructueusement pour les intéressés directs et pour l'industrie
« générale.

« Or, cela semble incontestable si l'on se détermine à prendre pour
« base de pareilles entreprises la liberté d'adapter les types des che-
« mins d'embranchement au revenu qu'ils pourraient trouver dans le
« trafic, et d'appliquer à ce trafic un tarif proportionné aux dépenses
« d'établissement et au service rendu.

« Mettre en rapport le mieux possible, dit encore M. Eugène Flachat,
« le tarif avec le trafic, avec les dépenses d'établissement et d'exploita-
« tion; encourager surtout les entreprises formées, dirigées et surveil-
« lées sur place par les intéressés directs, habitant les lieux desservis
« par les embranchements, telle paraît être désormais la direction la
« plus féconde à suivre; il faudra assurément du temps, de la persé-
« vérance et de grands efforts pour attirer dans cette voie les popula-
« tions qui n'ont aucune idée qu'un chemin de fer, à faible trafic,
« puisse être une opération productive.

Il a ajouté : « qu'aucune objection ne se présente, au point de vue
« technique, contre la variété du type. La traction ne change pas,
« quelle que soit la largeur de la voie. Le transbordement seul devient
« nécessaire. Sur ce point, un fait suffit à la discussion. Dans beaucoup de
« cas, en dehors des intérêts purement commerciaux, l'égalité de lar-
« geur de la voie est indispensable, et l'Administration a bien mérité
« du pays en l'exigeant. Au point de vue commercial, l'intérêt n'est pas
« aussi général; il a une limite. Cette limite est déjà bien distincte au-
« jourd'hui, car le transbordement est devenu le cas le plus général.
« Les Compagnies ayant un avantage évident à conserver la libre dis-
« position de leur matériel, les marchandises qui peuvent être trans-
« bordées économiquement passent généralement du wagon d'une
« Compagnie dans celui d'une autre Compagnie, pour peu que la dis-
« tance restant à parcourir soit considérable. Toujours est-il qu'à moins
« qu'il ne s'agisse de houille, de coke et de minerais, il n'est pas ad-
« missible que le matériel des petits chemins d'embranchement puisse
« parcourir de grandes distances et s'égarer sur les lignes principales
« sans risque, pour les Compagnies exploitant les petits chemins, de
« rester complétement dépourvues de moyens de transport.

« La question de l'inégalité de largeur des voies est digne d'un exa-
« men approfondi.

« L'étude des faits et des intérêts la tranchera, nous n'en doutons
« pas, dit encore M. Eugène Flachat, en faveur de la liberté du choix
« des types, l'Administration restant, dans tous les cas, juge suprême.
« La largeur de la voie a la plus grande influence sur le coût de l'é-
« tablissement des chemins de fer et du matériel, sur les dépenses de
« garc, en un mot, sur le capital engagé.

« La liberté de recourir à une voie plus étroite que la voie actuelle
« permettra dans beaucoup de cas l'établissement des lignes qui, sans
« cela, seraient impossibles comme entreprises privées. »

Nous avons cru devoir rapporter ici les passages qui précèdent et
qui sont extraits d'une note adressée à la Commission par M. Eugène
Flachat à l'appui de sa déposition orale. Son idée principale est de
confier à des compagnies locales l'exécution des petites lignes d'embranchements à faible trafic et de leur faciliter la tâche par la suppression de la plupart des restrictions techniques imposées aux grandes
Compagnies.

Chemins économiques
de l'Écosse.

Il résulte du rapport de M. *Lan* qu'en Angleterre le nombre
des petits chemins d'intérêt local, construits à simple voie et dans
des conditions très-économiques, est assez restreint : c'est en Écosse
et en Irlande que ces lignes se rencontrent le plus fréquemment.
M. Lan expose que les chemins sont établis et exploités par des
compagnies indépendantes ; que l'acquisition des terrains s'opère
le plus souvent à l'amiable ; que les pentes varient entre 10 et
15 millimètres, les courbes entre 80 à 100 mètres aux stations et 260
à 540 mètres sur la ligne ; et que la vitesse des trains en marche
atteint 25 à 30 kilomètres à l'heure. Suivant M. Lan, on est parvenu
ainsi à réduire à la fois le volume des terrassements, le nombre et
l'importance des ouvrages d'art, et à supprimer les tunnels. La presque
totalité des ouvrages d'art sont faits pour une seule voie, quand bien
même, à l'origine, les terrains auraient été acquis en vue de l'établissement futur d'une double voie. Les bâtiments des stations sont construits avec la plus extrême simplicité : en bois, quand il s'agit des
stations intermédiaires ; en pierre, pour celles des points extrêmes seulement : d'ordinaire elles consistent en un rez-de-chaussée de petite
dimension, sans marquises et le plus souvent sans trottoirs.

Les voies de garage établies aux stations ont une longueur qui varie
entre 150 et 400 mètres : quant aux clôtures, elles sont le plus sou-

vent en lattes et sans haies vives : dans quelques cas la terre provenant des fossés sert à faire un petit relief qui constitue toute la clôture. La voie proprement dite est aussi établie dans les conditions de la plus stricte économie : Les rails sont à simple champignon, du poids de 31 à 34 kilogrammes par mètre, et les coussinets, toujours en fonte, ne dépassent pas le poids de 10 à 11 kilogrammes.

Le prix d'une ligne établie dans ces conditions varie entre 70 et 125 mille francs par kilomètre, matériel d'exploitation non compris.

Relativement à l'exploitation, les tarifs sont assez élevés, par rapport à ceux des grandes lignes, afin de compenser, autant que possible, l'infériorité du trafic. Le produit kilométrique ne dépasse pas en moyenne 15,000 francs par kilomètre. Mais aussi les frais généraux sont très-modiques; en sorte que, presque toujours, le produit net suffit à assurer aux actionnaires du chemin de 3 à 6 p. o/o du capital de premier établissement.

En résumé, d'après M. Lan, les caractères saillants de ces Chemins Économiques, à petit parcours, sont : l'organisation essentiellement locale des Compagnies, qui permet un amoindrissement notable des frais d'expropriation et de construction; l'absence de toute préoccupation de la part des ingénieurs, quant à la beauté des ouvrages; la liberté laissée aux Compagnies au sujet de l'établissement des bâtiments de toute nature; l'indépendance à peu près complète accordée à l'exploitant, en matière de tarifs.

M. *Bergeron* a étudié en Écosse un certain nombre de chemins de ce genre; il rapporte qu'ils sont construits et exploités dans les conditions d'une extrême économie.

Suivant M. Bergeron, ces conditions économiques tiennent, pour la construction :

1° A ce que l'entreprise est uniquement aux mains de petites Compagnies particulières locales, circonstance qui, en outre, permet de réaliser plus facilement le capital nécessaire à l'entreprise, puisque c'est aux intéressés qu'on s'adresse directement;

2° A ce qu'une Compagnie de cette nature peut construire à meilleur marché; d'abord, parce que les terrains, appartenant aux actionnaires du chemin futur, sont cédés par eux à un prix toujours raisonnable; ensuite parce qu'une direction locale permet, même après les études primitives et la rédaction des projets supposés définitifs, toute modification qui peut procurer quelque économie;

3° A ce qu'une Compagnie indépendante n'est point astreinte à un type uniforme de construction, comme le serait une grande Compagnie dont les lignes doivent, à peu près forcément, reproduire les conditions techniques originaires, sous peine de gêner l'exploitation du reste du réseau.

La plupart des lignes écossaises ne sont construites qu'à une seule voie, avec un très-petit nombre de voies de garage, des courbes variant entre 300 et 400 mètres, des rampes de 15 à 19 millimètres et des stations espacées de 4 kilomètres environ. Les frais de premier établissement ne dépassent pas 100,000 francs par kilomètre.

Relativement à l'exploitation de ces lignes locales, M. Bergeron en attribue l'économie :

1° Au petit nombre du personnel, notamment dans les stations, où le plus souvent il n'existe qu'un seul agent, chargé de fonctions multiples et qui, fréquemment encore, exerce une profession en dehors de ses fonctions au chemin de fer;

2° A la simplification du service des gares, où le chargement et le déchargement s'opèrent directement par les expéditeurs et les destinataires;

3° Enfin, à l'art avec lequel on sait suffire au service avec une quantité très-restreinte de matériel roulant.

M. Bergeron rapporte que, dans ces conditions toutes spéciales, quoique le produit brut soit, d'ordinaire, peu élevé (environ de 10,000 francs par kilomètre), les dépenses annuelles n'étant que de 4 à 5,000 francs, il en résulte un revenu net de 5,000 francs qui permet de donner encore 5 p. o/o de dividende aux actionnaires.

M. Bergeron conclut qu'en prenant pour modèles certains chemins d'Écosse, on pourrait construire en France, dans des conditions très-économiques, toutes les petites lignes secondaires d'intérêt local; mais ce serait à deux conditions :

1° Qu'il se formât dans les départements des Compagnies locales pour l'exécution de ces voies ferrées secondaires;

2° Que le Gouvernement accordât à ces Compagnies, en ce qui touche la construction, les plus grandes facilités; et que relativement à l'exploitation, il leur concédât des maxima de tarifs plus élevés que ceux des cahiers des charges des grandes Compagnies.

· M. *Coume, ingénieur en chef du département du Bas-Rhin*, dans une note adressée à Votre Excellence, en juillet 1862, note qu'accompagnaient des documents pleins d'intérêt [1], a donné les renseignements les plus complets sur la récente création des chemins de fer vicinaux qu'il a l'honneur d'avoir réalisée sous les ordres du préfet du Bas-Rhin, M. *Migneret*.

Ainsi que l'explique très-bien M. Coume, les efforts du département et des communes ont eu pour but de faire, avec la loi du 21 mai 1836, ce que le Gouvernement avait commencé, il y a vingt ans, avec la loi de 1842 sur les chemins de fer. Dans le principe, il ne s'agissait, pour les compagnies locales qui s'étaient formées, que d'offrir à la grande Compagnie de l'Est un simple concours en nature, en lui délivrant tout exécutés les terrassements et les ouvrages d'art. On y a ajouté ensuite des subventions pécuniaires du département représentant le coût des stations et maisons de garde, enfin l'État est intervenu par un subside. C'est dans ces conditions que la Compagnie de l'Est devra prendre livraison de ces lignes. Quant à leur exploitation, elle devra s'effectuer comme celle des autres lignes de son réseau, ainsi qu'il résulte de la convention passée récemment entre l'État et la Compagnie de l'Est.

Ces chemins de fer, dès l'origine même, ont été considérés comme de véritables chemins vicinaux sur lesquels on se bornerait à poser des rails; de là, naturellement, des facilités plus grandes pour leur exécution et une économie marquée dans le prix de revient.

Les travaux sont exécutés au moyen des prestations dues aux chemins vicinaux, lesquelles entrent pour 36 à 40 p. o/o dans la somme mise par le département à la charge des communes. Le maximum des pentes est de 1 centième; le minimum des rayons des courbes de 350 mètres. Le coût de la ligne vicinale proprement dite, c'est-à-dire sans les rails et leurs accessoires, sera, pour l'un des chemins de fer en construction, de 20,000 francs par kilomètre, et pour l'autre de 38,000 francs, en comprenant la dépense à la charge des communes et du département, et la part de l'État représentée par sa subvention. Avec la voie de fer, les frais de premier établissement s'élèvent de 70,000 à 88,000 francs par kilomètre, le matériel roulant restant en dehors.

[1] Voir, aux *Annexes*, le tableau présentant le Résumé des dépenses, totales et par kilomètre, pour la construction de la Voie Vicinale, et pour sa transformation en Voie Ferrée.

M. Coume, se plaçant ensuite au point de vue de la Construction et de l'Exploitation des lignes secondaires qui restent à établir en France, formule ainsi les conditions qui seraient, suivant lui, indispensables pour arriver, à cet égard, à des résultats réellement économiques.

La première de ces conditions serait l'exécution du chemin par les localités intéressées, à leurs frais et sans l'aide de capitaux étrangers, autres que les subventions que l'État jugerait à propos d'accorder et qui, nécessairement, seraient très-bornées.

Ensuite viendrait, pour l'Administration, l'obligation de laisser la plus grande latitude pour la construction et l'exploitation.

Enfin, la nécessité d'apporter des modifications à la loi actuelle sur l'expropriation.

Sur le premier point, M. Coume cite avec raison, comme exemple de ce qu'on est fondé à attendre, les résultats excellents obtenus dans les départements du Haut-Rhin et du Bas-Rhin par l'association des intéressés locaux.

Sur le second, il passe en revue toutes les conditions qui doivent présider à l'exécution d'un chemin établi économiquement. Relativement aux terrains, ils ne devraient, en général, être acquis que pour une seule voie. Relativement aux voies de garage, il est inutile, suivant M. Coume, d'en établir qui soient d'une certaine étendue et même à toutes les stations : il doit suffire d'en placer à celles des stations où le croisement des trains doit s'opérer forcément. Les bâtiments des stations ne devraient être, pendant un délai de dix ans, que des constructions provisoires, essentiellement simples, sauf à l'Administration à exiger des Compagnies, ce délai écoulé, les améliorations que le développement de la circulation sur le chemin aurait rendues nécessaires. Enfin, et c'est là, suivant M. Coume, un des points les plus importants, il conviendrait, sur ces chemins locaux, d'avoir des rails moins pesants et des locomotives moins lourdes; de se rapprocher, par exemple, des conditions adoptées à l'origine sur les lignes de Mulhouse à Thann et de Strasbourg à Bâle. Avec des rails moins lourds et des machines moins fortes, on aurait moins de voitures attelées dans chaque train, sauf à augmenter le nombre des trains si l'activité de la circulation le demandait. Ce qui donne tant d'intérêt à ce côté de la question, suivant M. Coume, c'est que toutes les économies, pour l'ensemble de la Construction, sont solidaires des économies adoptées dans le mode d'établissement de la voie ferrée proprement dite.

Enfin, relativement aux modifications à apporter à la loi actuelle sur l'expropriation, en matière d'exécution de chemins de fer, M. Coume indique :

La substitution du jury spécial institué par la loi du 21 mai 1836 [1] à celui de la loi du 3 mai 1841 [2], en d'autres termes la réduction du nombre des jurés; il souhaiterait même, si c'était possible, l'adjonction de quelques membres du Conseil municipal et du Conseil général; il conseille aussi l'établissement d'une clause nouvelle mettant à la charge des localités intéressées tout ou partie du prix du terrain.

La Commission a remarqué aussi d'utiles éléments d'instruction dans le rapport fait au Conseil général du Bas-Rhin par M. le préfet, pendant la session de 1861, sur cette question toute nouvelle de l'introduction des voies ferrées dans les communications vicinales. La vicinalité, suivant ce magistrat, doit, dans l'avenir, s'approprier les voies ferrées, et le rôle de l'administration locale est d'y pousser les populations. « Il faut, dit-il, que les chemins de fer vicinaux se juxtaposent « à côté des autres voies de communication, comme les routes dépar- « tementales à côté des routes impériales. »

M. *le préfet Migneret* rappelle qu'en mars et en août 1859 et en février 1860 le Conseil général a classé comme chemins vicinaux de grande communication, destinés à recevoir des rails, les lignes de :

1° Villé à Schlestadt, 14 kilomètres 800 mètres;

2° Haguenau à Niederbronn, 19 kilomètres 600 mètres;

3° Strasbourg à Vasselonne, Molsheim et Barr, 49 kilomètres 100 mètres;

4° Hochfelden à Bouxwiller, 12 kilomètres 700 mètres;

[1] Loi du 21 mai 1836, art. 16.

« Lorsque pour l'exécution du présent article, il y aura lieu de recourir à l'expropriation, le jury « spécial, chargé de régler les indemnités, ne sera composé *que de quatre jurés*. Le tribunal d'arron- « dissement, en prononçant l'expropriation, désignera, pour présider et diriger le jury, l'un de ses « membres ou le juge de paix du canton. Ce magistrat aura *voix délibérative en cas de partage*. »

[2] Loi du 3 mai 1841, ch. II, art. 30.

« Toutes les fois qu'il y a lieu de recourir à un jury spécial, la première chambre de la Cour « royale, dans les départements qui sont le siège d'une Cour royale, et, dans les autres départements, « la première chambre du tribunal du chef-lieu judiciaire, choisit en la Chambre du conseil, sur la « liste dressée en vertu de l'article précédent pour l'arrondissement dans lequel ont lieu les expro- « priations, *seize personnes* qui formeront le jury spécial chargé de fixer définitivement le montant « de l'indemnité, et en outre quatre jurés supplémentaires. »

5° Molsheim à Mutzig;

6° L'embranchement partant de la ligne de Niederbronn et aboutissant à l'usine de Reichshoffen.

Cinq autres lignes ont été ajournées : l'ensemble du réseau projeté comprend 200 kilomètres; 69 sont en cours d'exécution.

Le délai d'achèvement pour les chemins ci-dessus classés a été fixé à six années, dans les traités passés entre l'Administration préfectorale et les diverses Compagnies locales. L'exploitation aura lieu, soit par les Compagnies locales qui doivent transformer en voies ferrées ces chemins vicinaux, soit par la Compagnie de l'Est.

La loi du 1ᵉʳ août 1860 a autorisé le Ministre des travaux publics à allouer une subvention de 600,000 francs pour le chemin de Strasbourg à Barr, et une autre de 240,000 francs pour celui d'Haguenau à Niederbronn.

Dans son Rapport, le premier magistrat du département du Bas-Rhin insiste sur les avantages qu'a procurés l'emploi des agents-voyers départementaux, tant pour les études premières des diverses lignes que pour l'exécution des travaux. Il fait remarquer les économies sérieuses qui en résulteront; il signale aussi la simplification résultant de ce que les enquêtes ont été faites conformément au système de la loi des chemins vicinaux, substituées à celles qui sont exigées pour les grands travaux d'utilité publique.

Son Rapport se termine en ces termes :

« Les communications vicinales, aidant puissamment au développe-
« ment de l'industrie, qui est presque toujours obligée d'y recourir pour
« se mettre en contact immédiat avec les grandes voies, réclament sur
« beaucoup de points une amélioration indispensable : c'est dans l'in-
« troduction des rails et des appareils à vapeur qu'on doit la trouver
« désormais. Rien ne s'oppose, dans la législation, à ce que les travaux
« de la vicinalité soient conçus et exécutés dans ce but, et ne prépa-
« rent des voies de communication aptes à cette utile transformation.
« En fait, le personnel et l'organisation, tant technique que financière,
« des chemins vicinaux, se prêtent facilement à cette nouvelle direc-
« tion, pourvu que l'on se renferme exactement dans les limites que
« la force des choses trace aux deux systèmes, qui peuvent se souder et
« se succéder, mais non se superposer et se confondre. »

Ainsi, toutes les personnes dont nous venons de reproduire les dires, tous les renseignements auxquels nous avons puisé, s'accordent sur la nécessité : 1° de confier aux capitaux du pays même l'exécution des chemins de localité; 2° de simplifier la construction dans toute l'étendue du possible; 3° d'accorder une grande liberté pour l'exploitation.

La Commission pense que là, en effet, se trouve la solution tout entière du problème. Par là seulement on pourra nécessairement faire jouir du bienfait des chemins de fer tous les centres de population, ceux même qui, aujourd'hui, ont contre eux soit la distance qui les sépare des grandes villes, soit les difficultés d'un sol montagneux. Mais si l'on veut que les voies ferrées se généralisent à ce point, il est difficile de ne pas admettre, par rapport aux chemins de fer vicinaux, que ceux-là uniquement qui consentiront à supporter la majeure partie de la dépense pourront avoir le bénéfice de ces voies de communications perfectionnées, sans cependant que l'État puisse s'interdire d'accorder des subventions.

Aujourd'hui beaucoup de départements et de communes s'imposent extraordinairement pour exécuter des travaux de voirie urbaine ou pour améliorer l'ensemble de leurs communications rurales; ils voteront des centimes additionnels spéciaux pour l'exécution de voies de fer locales, le jour où le besoin de faire participer toutes les populations aux avantages des communications rapides sera généralement senti.

Suivant quel système convient-il de construire cette sorte de réseau vicinal?

De même que la Commission croit à la nécessité d'un type unique, tant qu'il s'agira d'exécuter des lignes qui devront forcément rentrer dans le réseau des grandes Compagnies, de même elle pense que l'uniformité est hors de propos dès qu'il s'agit de desservir, dans les conditions les plus économiques, des parties du territoire isolées les unes des autres et pour lesquelles, avant l'exemple donné à l'étranger par certaines contrées telles que l'Écosse, et, en France par le département du Bas-Rhin, on n'aurait jamais songé à une communication par voie ferrée.

Mais sur ce terrain même, la question d'uniformité du type reparaît sous une forme spéciale.

Que le type dans un département du nord soit différent de celui d'un département du midi, c'est ce qui n'importe guère, car aucun intérêt ne peut être compromis par ce manque d'uniformité. Le réseau vicinal, même alors qu'il sera terminé, ne sera pas continu; il se composera de groupes partiels, séparés les uns des autres par les

lignes du grand réseau. Mais il est utile que les diverses lignes destinées à former chaque groupe soient créées sur un type unique.
Négliger de tenir la main à l'observation de cette règle serait léguer des
difficultés à l'avenir.

Dans ces circonstances, la Commission a pensé d'abord qu'il serait
désirable que les lignes qui devraient ultérieurement se raccorder
et se servir de prolongement les unes aux autres, fussent établies
d'après un type autant que possible uniforme. Cette condition particulière permettrait aux voitures et wagons d'une ligne locale de
circuler sur les lignes locales attenantes. Hors de là, il serait nécessaire que, dans chaque cas, l'on pût prendre des dispositions techniques tout à fait spéciales, et le législateur aurait surtout à se préoccuper de donner la liberté la plus grande aux capitaux des localités
qui se présenteraient pour soumissionner l'entreprise.

Le système de l'application des règles de la vicinalité aux voies
ferrées est en harmonie avec nos institutions et nos mœurs. Il offre
ainsi, pour la France, de grands avantages; c'est par là vraisemblablement qu'on verra s'accomplir sur notre territoire ce que l'Écosse a
obtenu par un procédé conforme à son génie. C'est donc de ce côté
qu'il convient de se tourner, et la Commission n'a pas douté que
la loi de 1836 ne pût être très-utilement mise en œuvre pour l'exécution de ces lignes de fer toutes spéciales. Ainsi que l'a très-bien indiqué
M. Coume, l'application de cette loi aux chemins de fer locaux sim-
plifiera toutes les opérations préliminaires, notamment des enquêtes
qui jusqu'ici, pour les chemins de fer, comme pour tous les autres
grands travaux d'utilité publique, nécessitent de longs délais. L'article 16 de cette loi, qui institue un jury spécial, fournira le moyen
de parer, dans de certaines limites, aux inconvénients résultant de
la loi actuelle sur l'expropriation, pour le règlement des indemnités
de terrains.

En conséquence, Monsieur le Ministre, la Commission a été d'avis:

*Que la plus grande latitude devrait être laissée, tant à l'Administration pour
autoriser, qu'au concessionnaire pour construire et exploiter les chemins de fer
d'intérêt local;*

*Que les lignes de ce réseau devant être, dans la plupart des cas, des che-
mins à transbordement, elles pourront et devront même différer essentiellement, tant sous le rapport de la construction que sous celui de l'exploitation,
des chemins compris dans les réseaux jusqu'ici établis;*

Que dès lors les prescriptions du cahier des charges ordinaire devraient être simplifiées, en ce qui concerne ces lignes, de manière : 1° à permettre de faire varier, selon les cas, la largeur de la voie, le poids des rails, le système du matériel roulant, les rampes et les courbes; 2° à supprimer l'obligation des clôtures en tant que règle absolue, et à autoriser pour les bâtiments des stations les formes les plus simples;

Que, toutefois, il serait désirable que, dans chaque groupe, les chemins locaux fussent construits avec la même largeur de voie, de manière à pouvoir être desservis par le même matériel roulant, mais que cette uniformité spéciale ne doit pas être érigée en règle absolue;

Qu'à l'égard de l'exploitation de ces lignes la réglementation administrative pourrait se borner aux mesures de police indispensables à la sécurité publique;

Que le bénéfice de la loi du 21 mai 1836, relative aux chemins vicinaux, pourrait être étendu aux chemins de fer d'intérêt local, notamment dans celles de ses dispositions qui concernent principalement les enquêtes et l'acquisition des terrains.

En terminant, Monsieur le Ministre, nous croyons pouvoir faire remarquer à Votre Excellence, ce qui, au surplus, ressort assez explicitement de l'exposé qui précède, que la Commission, tout en s'inspirant d'une pensée d'amélioration pour l'exploitation des chemins de fer, n'a point cherché à obtenir les perfectionnements, dont le public ressent le besoin, au prix de sacrifices imposés aux Compagnies. L'étude qu'elle a faite, avec vous, du sujet important confié à son examen, l'a convaincue que l'intérêt des Compagnies et celui du public étaient solidaires, que les mesures propres à donner au Commerce la satisfaction qu'il attend, étaient de nature à développer les recettes de l'exploitation des chemins de fer et non à y porter atteinte, parce que toute grande amélioration du service se traduit presque aussitôt par une extension considérable de la circulation, soit en voyageurs, soit en marchandises. Les mesures que la Commission a l'honneur de vous proposer ont principalement pour objet de donner l'éveil aux Compagnies sur ce qu'elles auraient à faire plutôt que de leur prescrire en détail les progrès qu'elles ont encore à accomplir. A cet égard, il était impossible de ne pas s'en remettre, pour une grande part, à l'initiative même des Compagnies, de plus en plus éclairées sur leurs propres intérêts.

La Commission a cherché aussi à agrandir la sphère dans laquelle les Compagnies pourront librement se mouvoir, en restreignant sur plusieurs points la réglementation administrative. Enfin, en même temps qu'elle s'est proposé de protéger le public contre quelques-uns des usages des Compagnies, elle s'est préoccupée aussi de la nécessité de soustraire ces dernières à quelques habitudes abusives que le public avait contractées envers elles et dont l'exemple le plus frappant se rencontre dans l'habitude qui s'était établie de laisser indéfiniment stationner les marchandises dans les gares, au grand désavantage de l'exploitation.

La Commission croit ainsi avoir fait la part de tous les intérêts légitimes, conformément à la haute pensée d'équité et de progrès qui caractérise le Gouvernement de l'Empereur.

Veuillez agréer,

Monsieur le Ministre,

L'hommage de notre respect.

Le Sénateur,
Vice-Président de la Commission d'Enquête,

Michel **CHEVALIER.**

L'Auditeur au Conseil d'État,
Rapporteur,
Adolphe **MOREAU.**

Paris, le 1er mai 1863.

ENQUÊTE

SUR LA CONSTRUCTION ET L'EXPLOITATION

DES CHEMINS DE FER.

QUESTIONNAIRE

RELATIF

AUX CONDITIONS D'EXPLOITATION ET DE CONSTRUCTION

DES CHEMINS DE FER.

SECTION Ire.

SERVICE DES VOYAGEURS.

§ 1er. — TRAINS DE VOYAGEURS.

QUESTION 1re.

*Quelles sont les diverses catégories de trains? Quelles sont leurs dénominations?
A quelle vitesse correspond chacune de ces dénominations?*

ORLÉANS.

Quatre catégories de trains : .

1° Express : vitesse, 55 à 60 kilomètres à l'heure.

2° Omnibus : vitesse, 45 à 50 *idem.*

3° Mixtes (voyageurs portant des marchandises) : 35 à 40 *idem.*

Mixtes (marchandises portant des voyageurs) : 25 à 30 *idem.*

4° Directs (pendant l'été seulement), entre Paris et Bordeaux, 1re et 2e classes :
50 kilomètres à l'heure.

LYON-MÉDITERRANÉE.

Trois catégories de trains :

1° Express : vitesse, 58 à 60 kilomètres.

2° Omnibus : vitesse, 35 à 45 kilomètres.

3° Mixtes : vitesse, 35 à 45 kilomètres.

NORD.

Quatre catégories de trains :.

1° Express : vitesse, de 60 à 73 kilomètres.

2° Directs : vitesse, de 46 à 47 kilomètres.

3° Omnibus : vitesse, de 40 à 50 kilomètres.

4° Mixtes : vitesse, de 30 à 36 kilomètres.

EST.

Sept catégories de trains :

1° Express : vitesse, 66 à 70 kilomètres.

2° Poste : vitesse, 54 à 62 kilomètres.

3° Directs : vitesse, 46 à 60 kilomètres.

4° Semi-directs : vitesse, 46 à 60 kilomètres.

5° Omnibus : vitesse, 46 à 50 kilomètres.

6° Mixtes : vitesse, 35 kilomètres.

7° Marchandises, transportant des voyageurs : vitesse, 22 à 26 kilomètres.

1.

Ouest.

Quatre catégories de trains :

1° Express : vitesse, 60 à 68 kilomètres à l'heure.
2° Directs : vitesse, 50 kilomètres (environ).
3° Omnibus : vitesse, 45 à 48 kilomètres.
4° Mixtes : vitesse, 35 à 40 kilomètres.

Ardennes.

Deux catégories de trains :

1° Omnibus : vitesse, 30 kilomètres à l'heure.
2° Mixtes : vitesse, 26 *idem*.

Midi.

Trois catégories de trains :

1° Express : vitesse, 55 à 60 kilomètres à l'heure.
2° Omnibus : vitesse, 40 à 50 *idem*.
3° Mixtes : vitesse, 35 à 45 *idem*.

§ 2. — VITESSE DES TRAINS EXPRESS.

QUESTION 2e.

Quelles sont les lignes de son réseau sur lesquelles la Compagnie fait circuler des trains express, et combien par jour?

Orléans.

Paris à Bordeaux (aller et retour), 4 trains express par jour.
Paris à Nantes (aller et retour), 4 *idem*.
Paris à Périgueux (aller et retour), 2 *idem*.

Lyon-Méditerranée.

Paris à Lyon, par la Bourgogne, 2 express de jour et un express de nuit.
Paris à Genève (l'été), 1 express de nuit.
Lyon à Marseille, 2 express, l'un de jour, l'autre de nuit.
Paris à Saint-Germain-des-Fossés, 1 express de nuit en toute saison; l'été, 1 express de jour.
Tarascon à Montpellier, 1 express par jour.

Nord.

Paris à Calais, 2 express dans chaque sens.
Paris à Charleroi, 2 *idem*.
Paris à Boulogne (été), 1 train express à heures variables, dit *train de marée*, et 2 trains directs dans chaque sens.

Est.

Paris à Strasbourg, 1 train express de jour et 1 de nuit dans chaque sens.
Paris à Mulhouse, 1 express de nuit en tout temps dans chaque sens, et 1 de jour l'été seulement.
Wissembourg à Bâle, 1 express de jour dans chaque sens.

Ouest.

(Du 1er juillet au 15 octobre.)
Paris à Rouen, 8 trains express.
Rouen au Havre, 2 *idem*.

Rouen à Dieppe, 6 trains express.
Paris à Caen, 4 *idem*.
Paris au Mans, 2 *idem*.

Ardennes.   Pas de trains express.

Midi.   Bordeaux à Cette, 1 train express de jour dans chaque sens.
Bordeaux à Bayonne et embranchements, 1 train express de jour dans chaque sens, l'été seulement.

QUESTION 3ᵉ.

Entre quelles limites varie aujourd'hui la vitesse de pleine marche des trains express sur les lignes du réseau ?

Orléans.   Minimum, 55 kilomètres; maximum, 61 kilomètres à l'heure.

Lyon-Méditerranée.   Entre 50 et 80 kilomètres à l'heure.

Nord.   De Paris à Calais et de Paris à Jeumont, 71 à 73 kilomètres à l'heure.
De Paris à Boulogne, de 60 à 62 *idem*.

Est.   De Paris à Strasbourg, de 66 à 70 kilomètres à l'heure pour les trains de jour, et de 54 à 62 kilomètres pour les trains de nuit.
De Paris à Mulhouse, entre 44 et 62 kilomètres à l'heure.
De Wissembourg à Bâle, entre 55 et 60 *idem*.

Ouest.   Entre 60 et 68 kilomètres à l'heure.

Ardennes.   Pas de trains express.

Midi.   Entre 55 et 60 kilomètres à l'heure, et exceptionnellement, en cas de retard, entre 70 et 75 kilomètres à l'heure.

QUESTION 4ᵉ.

Même question pour la vitesse effective de ces trains ? autrement dit la vitesse moyenne du parcours, en tenant compte des diverses pertes de temps inhérentes au service de l'exploitation.

Orléans.   La vitesse *effective* des trains express varie entre 40 et 50 kilomètres à l'heure.

Lyon-Méditerranée.   Paris à Lyon, par la Bourgogne, entre 47 et 48 kilomètres à l'heure.
Lyon à Marseille, de 40 à 46 *idem*.
Paris à Saint-Germain-des-Fossés, de 43 à 46 *idem*.
Tarascon à Montpellier, 40 *idem*.

Nord.   Paris à Calais, 57 kilomètres à l'heure.
Paris à Jeumont, 57 *idem*.

Paris à Boulogne (trains de marée), 55 *idem*.
Paris à Boulogne (trains directs), de 46 à 47 *idem*.

E﹒T﹒   Paris à Strasbourg, de 47 à 49 kilomètres à l'heure pour les express du jour, et de 43 à 44 pour les express de nuit.
Paris à Mulhouse, de 39 à 41 kilomètres à l'heure.
Wissembourg à Bâle, 38 à 42 *idem*.

OUEST.   Paris à Rouen, 59 kilomètres à l'heure.
Paris au Mans, 45 *idem*.

ARDENNES.   Pas de trains express.

MIDI.   Bordeaux à Cette, 40 kilomètres à l'heure.

QUESTION 5ᵉ.

Détailler, pour chaque ligne, ces diverses pertes de temps et les préciser en chiffres.

La marche d'un train s'établit en tenant compte du temps nécessaire aux besoins ci-après indiqués :

1° Temps employé à parcourir le trajet avec la vitesse de pleine marche ;

2° Temps employé pour imprimer au train la vitesse de pleine marche au départ de chaque station, et pour éteindre la vitesse à chaque arrêt ;

3° Temps employé pour la remonte des rampes exceptionnelles (quelques compagnies n'en ont pas fait un article à part) ;

4° Temps employé pour ralentissement aux bifurcations et aux aiguilles prises en pointe ;

5° Durée des arrêts effectifs aux stations, comprenant le service de la machine et la visite du train, le service des voyageurs et de leurs bagages, et dans quelques stations, le temps employé aux repas.

Les réponses à l'article 3 ci-dessus ont donné les vitesses de pleine marche.

La perte et la reprise de vitesse emploient 1 minute à 1 minute 1/2 à chaque départ et à chaque arrivée.

Pour remonter les rampes exceptionnelles, on accorde une demi-minute à une minute de plus par kilomètre à parcourir.

Aux bifurcations et aux aiguilles prises en pointe, le ralentissement emploie 1 à 2 minutes.

Enfin les arrêts aux stations absorbent un temps variable de 1 à 30 minutes.

Il y a également quelques minutes employées au contrôle des billets à l'arrivée.

Voici pour chaque ligne et pour un train défini les chiffres relatifs à ces pertes de temps.

Express-poste de Paris à Bordeaux, service d'hiver 1861-1862 (581 kilomètres).

Durée totale du trajet, 11 heures 35 minutes.

Vitesse effective, 50^k,154 à l'heure.

Durée de la pleine marche, 9 heures 30 minutes.

Vitesse de la pleine marche, 61^k,170 à l'heure.

Perte et reprise de vitesse à 17 stations, y compris Paris et Bordeaux. . . . . 0^h 32^m

Perte de vitesse à Étampes (rampe exceptionnelle). 0 05

Ralentissement à 4 bifurcations et contrôle des billets. 0 11

Arrêts à 15 stations. 1 17

TOTAL. 2 05

Express-poste de Paris à Marseille.

1re section. — De Paris à Lyon (511 kilomètres).

Durée totale du trajet, 10 heures 43 minutes.

Vitesse effective, 47^k,750 à l'heure.

Durée de la pleine marche, 8 heures 40 minutes.

Vitesse de la pleine marche, 58^k,900 à l'heure.

Perte et reprise de vitesse à 17 stations. . . . . 0^h 51^m

Ralentissement aux bifurcations et contrôle. 0 10

Arrêts à 16 stations. 0 62

TOTAL. 2 03

Arrêt de 45 minutes à Lyon.

2e section. — De Lyon à Marseille (351 kilomètres).

Durée totale du trajet, 7 heures 46 minutes

Vitesse effective, 45^k,333 à l'heure.

Durée de la pleine marche, 5 heures 47 minutes.

Vitesse de la pleine marche, 60^k,800 à l'heure.

Perte et reprise de vitesse à 14 stations. . . . . 0^h 42^m

Ralentissement aux bifurcations et contrôle. 0 18

Arrêts à 13 stations (dont 25 minutes à Avignon). 0 59

TOTAL. 1 59

Train express de Paris à Calais (354 kilomètres).

Durée totale du trajet, 6 heures 10 minutes.

Vitesse effective, 57^k,500 à l'heure.

Durée de la pleine marche, 4 heures 52 minutes.

Vitesse de la pleine marche, 73 kilomètres à l'heure.

Perte et reprise de vitesse à 7 stations...................... 0ʰ 21ᵐ

Ralentissement à 16 bifurcations, ponts tournants et contrôle.. 0 25

Arrêts à 6 stations.. 0 32

TOTAL........ 1 18

Est. *Train express* de Paris à Strasbourg (502 kilomètres).

Durée totale du trajet, 11 heures 40 minutes.

Vitesse effective, 43 kilomètres à l'heure.

Durée de la pleine marche, 8 heures 48 minutes.

Vitesse de la pleine marche, 57 kilomètres à l'heure.

Perte et reprise de vitesse à 28 stations (y compris Paris et Strasbourg... 0ʰ 59ᵐ

Ralentissement à 7 bifurcations et contrôle................. 0 17

Arrêts à 19 stations (dont 20 minutes à Château-Thierry)..... 1 36

TOTAL........ 2 52

Ouest. *Train-poste direct* de Paris au Havre (228 kilomètres).

Durée totale du trajet, 6 heures 5 minutes.

Vitesse effective, 37ᵏ,500 à l'heure.

Durée de la pleine marche, 4 heures 33 minutes.

Vitesse de la pleine marche, 50ᵏ,100 à l'heure.

Perte et reprise de vitesse à 15 stations.................. 0ʰ 30ᵐ

Ralentissement à 3 bifurcations et contrôle................ 0 07

Arrêts à 14 stations (dont 20 minutes à Rouen)............. 0 55

TOTAL........ 1 32

Train express de Paris à Dieppe (200 kilomètres).

Durée totale du trajet, 3 heures 55 minutes.

Vitesse effective, 51 kilomètres à l'heure.

Durée de la pleine marche, 2 heures 59 minutes.

Vitesse de la pleine marche, 67 kilomètres à l'heure.

Perte et reprise de vitesse à 2 stations.................. 0ʰ 09ᵐ

Ralentissement à 3 bifurcations....................... 0 08

Contrôle... 0 12

Arrêts à 2 stations (dont 23 minutes à Rouen)............. 0 27

TOTAL...... 0 56

Midi.

Train express de Bordeaux à Cette. — Simple voie (476 kilomètres).
Durée totale du trajet, 11 heures 50 minutes.
Vitesse effective, 40^k,225 à l'heure.

Durée de la pleine marche, 8 heures 25 minutes.
Vitesse de la pleine marche, 56^k,550 à l'heure.

Perte et reprise de vitesse à 27 stations..................	1^h 18^m
Ralentissement sur 7 passages en courbe et contrôle........	0 14
Arrêts à 27 stations....................................	1 53
Total.......	3 25

QUESTION 6ᵉ.

Ne pourrait-on pas augmenter la vitesse effective, *soit en augmentant la vitesse de pleine marche, soit en supprimant ou abrégeant une partie des pertes de temps dues à l'exploitation?*

Orléans. Il ne paraît pas possible d'augmenter la vitesse *effective* des trains express.

Nord. Impossible d'augmenter la vitesse *effective* des trains express.

Est. Impossible.

Ouest. La vitesse *effective* des trains express ne peut être accélérée.

Ardennes. Une augmentation de la vitesse *effective* des trains express ne pourrait s'obtenir que difficilement avec les locomotives dont on dispose, et pourrait nuire à la régularité du service.

Midi. Pas de trains express.

On a essayé plusieurs fois d'augmenter la vitesse *effective* des trains express et on a dû y renoncer.

QUESTION 7ᵉ.

Dans quelles proportions ont lieu les retards des trains? Quelles en sont les principales causes?

Orléans. En décembre 1861, les proportions des retards ont été les suivantes :

Retards de 5 à 10 minutes....................	92 sur 1,000
Retards de 11 à 15 minutes...................	36
Retards de 16 minutes et au-dessus...........	28
Trains arrivés à l'heure ou ayant moins de 5 minutes de retard.................................	844
Total.............	1,000

La cause principale des retards est le service des bagages aux stations.

LYON-MÉDITERRANÉE.

Pendant l'exercice 1860, 4,856 ont parcouru 1,900,668 kilomètres. Le parcours moyen d'un train a été de 391 kilomètres.

Retards de 15 à 30 m.   310 trains soit 6,38 p. o/o du nombre des trains.
Retards de 31 m. à 1 h.   127   2,61
Au-dessus d'une heure.   43   0,88

TOTAL........ 480   9,87

La cause principale des retards est due au service des bagages, à l'affluence des voyageurs, et quelquefois aux dérangements de machines et aux avaries du matériel.

NORD.

Les retards ont lieu principalement à la fin de l'été et au commencement de l'automne; les principales causes sont l'affluence des voyageurs et la chute des feuilles.

EST.

En hiver :

Retards de 16 à 40 minutes.......   9 53 p. o/o.
Retards de 40 à 60 minutes.......   2 83 p. o/o.
Retards de plus d'une heure.......   3 60 p. o/o.

Total............. 15 96 p. o/o.

En été :

Retards de 16 à 40 minutes.......   2 81 p. o/o.
Retards au-dessus de 40 minutes....   0 89 p. o/o.
Retards au-dessus d'une heure......   0 59 p. o/o.

Total............. 4 29 p. o/o.

Les retards sont principalement dus à l'affluence des voyageurs et des bagages, à l'état de l'atmosphère ou quelquefois à des avaries de machines.

OUEST.

Le nombre de trains de voyageurs en retard de plus de 10 minutes varie de 1 à 4 p. o/o.
Ces retards sont attribués aux mêmes causes que sur les réseaux précédents.

ARDENNES.

Pas de trains express.

MIDI.

La proportion moyenne des retards au-dessus de 10 minutes a été, en 1861, de 5.20 p. o/o. Elle varie, suivant les saisons; elle a été: de décembre à avril inclusivement de 8.60 p. o/o; de mai à novembre inclusivement de 3.40 p. o/o.

QUESTION 8e.

Quel est le nombre et la durée des temps d'arrêt dus au service de la poste ?
Ce service donne-t-il lieu à de fréquents retards ?

ORLÉANS.

Les temps d'arrêt, pour le service de la poste, se confondent avec ceux qui sont nécessaires à l'exploitation, sauf les arrêts de Luxé et de Montmoreau, sur la ligne de *Bordeaux*.

Le service de la poste se fait avec une très-grande régularité et n'occasionne que très-rarement des retards.

LYON-MÉDITERRANÉE.

Le service de la poste exige le nombre d'arrêts ci-dessous :
Lyon, par la Bourgogne, 16.
Lyon à Marseille, 13.
Paris à Saint-Germain-des-Fossés, 14.
Tarascon à Montpellier, 2.
Il ne donne que très-rarement lieu à des retards notables.

NORD.

Le service de la poste n'a donné lieu, jusqu'ici, qu'à un très-petit nombre de retards au départ.

EST.

La poste n'exige d'autres arrêts que ceux qui sont nécessaires au chemin de fer et elle ne donne lieu à des retards que dans les derniers jours de l'année.

OUEST.

Le nombre et la durée des arrêts nécessaires à la poste sont généralement en rapport avec le temps dont on a besoin pour le service des trains, sauf à Rouen, où l'Administration a demandé vingt minutes d'arrêt au train descendant et trente minutes au train montant, alors que quinze minutes suffiraient au chemin de fer.

Le service des postes n'occasionne des retards importants qu'à la fin et au commencement de chaque année.

ARDENNES.

Pas de trains express.

MIDI.

Les arrêts, par la poste, sont nombreux, mais ils n'occasionnent pas de retards.

QUESTION 9e.

Quelle est la vitesse de pleine marche *et la vitesse* effective *des trains impériaux sur chaque ligne ?*

ORLÉANS.

Vitesse de *pleine marche* des trains impériaux, 65 kilomètres ; vitesse *effective*, 53 à 58 kilomètres.

LYON-MÉDITERRANÉE.

Vitesse de *pleine marche*, comme celle des trains express ; vitesse *effective*, de 54 à 55 kilomètres.

2.

Nord. La vitesse des trains impériaux est celle des trains express.

Est. Ligne de *Strasbourg* : *pleine marche*, 66 à 68 kilomètres ; vitesse *effective*, 53 à 57 kilomètres.

Ligne de *Mulhouse* : *pleine marche*, 56 à 60 kilomètres ; vitesse *effective*, 41 à 50 kilomètres.

Ouest. *Pleine marche*, 60 kilomètres ; vitesse *effective*, environ 55 kilomètres à l'heure.

Ardennes. Un seul train impérial a parcouru la section de Laon à Reims, sur une longueur de 52 kilomètres sans arrêt, avec une vitesse de 80 kilomètres à l'heure.

Midi. La vitesse de *pleine marche* est de 60 kilomètres ; vitesse *effective*, 50 à 55 kilomètres.

Question 10ᵉ.

Les conditions diverses de pente et de courbe qu'on rencontre sur les lignes du réseau sont-elles la seule cause des différences de vitesse ?

De combien de voitures sont composés les trains express ?

Orléans. Ce ne sont pas les conditions de pente et de courbe du réseau d'Orléans qui entraînent les différences de vitesse dans les trains express, mais les convenances et les besoins du public, ainsi que les conditions locales, ou la longueur du trajet à effectuer.

Les trains express sont composés de 8 à 12 voitures, suivant le profil des sections.

Lyon-Méditerranée. Indépendamment du ralentissement sur les rampes et dans les courbes de faible rayon, la vitesse des trains express est réduite au passage des bifurcations et à la traversée des grandes gares.

Les trains express se composent, en général, de 7 à 9 voitures ; fréquemment on va jusqu'à 10 ou 11 et même à 14 en été ; mais, alors, on ne peut plus compter sur la régularité de marche.

Nord. Les conditions de courbe et de rampe sont très-bonnes pour la vitesse des trains express sur le réseau du Nord.

Les trains express sont généralement composés de 8 à 10 voitures ; au delà de 10 les mécaniciens ne peuvent plus marcher régulièrement.

Est. Les conditions de pente et de courbe sont les causes déterminantes de la vitesse de marche donnée aux trains express.

Les trains express de jour sont composés, en moyenne, de 8 à 9 voitures, quelquefois de 11 à 12 ; les express de nuit, en moyenne, de 9 à 10, et au maximum de 14.

Ouest.

Les conditions de pente et de courbe sont la principale cause des différences de vitesse.

La moyenne effective des trains express est d'environ 9 véhicules.

Ardennes.

Pas de trains express.

Midi.

Les différences de vitesse proviennent des sujétions de la voie unique et non du profil de la ligne.

La composition normale des trains express est de 12 véhicules entre Bordeaux et Toulouse, et de 10 sur la section de Toulouse à Cette.

QUESTION 11ᵉ.

Quel est le genre de machines employé pour la traction des trains express ?

Orléans.

Machines à roues indépendantes de 1ᵐ,86 à 2 mètres de diamètre et à cylindres extérieurs.

Lyon-Méditerranée.

Sur la ligne de Paris à Lyon, machines Crampton, sauf entre Tonnerre et Dijon, où, à cause de rampes de 0ᵐ,008, l'on se sert de machines à 4 roues couplées de 1ᵐ,80 de diamètre.

Sur la ligne de Lyon à la Méditerranée, machines à roues libres, système Stephenson.

Nord.

Machines Crampton.

Est.

Machines Crampton à roues motrices de 2ᵐ,30 de diamètre, entre Paris et Strasbourg.

Machines du système Stephenson à roues motrices de 2 mètres de diamètre, entre Paris et Mulhouse.

Ouest.

Machines à 4 roues accouplées; entre Paris et Rouen seulement, machines à roues indépendantes.

Ardennes.

Pas de trains express.

Midi.

Machines à trois essieux non couplés et à tenders indépendants.
Diamètre des 2 roues motrices, 2ᵐ,10;
Diamètre des 4 roues indépendantes, 1ᵐ,20;
Surface de chauffe, 95ᵐ·ᶜ,800;
Cylindre, diamètre, 0ᵐ,42;
Cylindre, course du piston, 0ᵐ,56;
Poids de la machine chargée, 29,500 kilogrammes.

QUESTION 12ᵉ.

Quel parcours peuvent faire ces machines avant de renouveler leur eau ?

Orléans.

40 à 70 kilomètres, suivant le profil de la ligne.

LYON-MÉDITERRANÉE.	80 à 100 kilomètres, en beau temps, avec une charge moyenne, soit 8 ou 9 voitures.
NORD.	80 à 90 kilomètres.
EST.	Environ 70 à 75 kilomètres, suivant la charge et la saison.
OUEST.	50 à 80 kilomètres, suivant la charge.
ARDENNES.	Pas de trains express.
MIDI.	40 à 50 kilomètres.

QUESTION 13e.

Existe-t-il, sur d'autres chemins, des machines organisées pour une plus grande vitesse?

ORLÉANS.	Les machines Crampton, employées sur d'autres lignes, manquent d'adhérence et présenteraient, par suite, un désavantage pour les lignes du réseau d'Orléans, qui sont très-accidentées.
LYON-MÉDITERRANÉE.	On n'en connaît pas.
NORD.	Les éléments de cette appréciation comparative font défaut à la compagnie.
EST.	Il n'en existe ni en France, ni en Allemagne.
OUEST.	Sur les chemins moins accidentés que ceux de l'Ouest, on emploie des machines à roues indépendantes, et dont les roues motrices sont à grand diamètre, ce qui améliore encore les conditions de marche à grande vitesse.
ARDENNES.	Pas de trains express.
MIDI.	La forme des machines n'a jamais été gênante pour la vitesse à donner aux trains express.

QUESTION 14e.

Quel est le prix de revient kilométrique d'un train express?

ORLÉANS.	Le prix de revient des trains express ne saurait être isolé dans les résultats généraux de l'exploitation.
LYON-MÉDITERRANÉE.	Il est impossible de répondre à cette question; les éléments manquent.
NORD.	*Idem.*
EST.	On peut estimer à 2 fr. 20 cent. environ le prix de revient kilométrique d'un train express.
OUEST.	Les comptes des dépenses relatives aux trains express n'étant pas tenus d'une manière distincte, on ne peut répondre à la question.

ARDENNES.

Pas de trains express.

MIDI.

On ne peut établir ce prix avec certitude.

QUESTION 15ᵉ.

Quel est le produit moyen correspondant?

ORLÉANS.

Le produit moyen des trains express ne peut être fixé.

LYON-MÉDITERRANÉE.

Les éléments statistiques de cette évaluation manquent complétement; toutefois, le produit des trains express paraît devoir être inférieur à celui des trains omnibus effectuant les mêmes parcours.

NORD.

On ne peut répondre à la question.

EST.

Extrêmement variable. Sur la ligne de Mulhouse, il ne dépasse pas la moyenne des autres trains, soit 2 fr. 91 cent.

Sur la ligne de Paris à Strasbourg, le produit des trains express donne de 5 fr. 50 cent. à 7 fr. 50 cent.

OUEST.

Les recettes des trains express ne sont pas comptées séparément.

ARDENNES.

Pas de trains express.

MIDI.

La recette des trains express varie de 4 fr. 50 cent. à 6 fr. 50 cent. par kilomètre.

QUESTION 16ᵉ.

Un train express spécial dont on augmenterait la vitesse effective en supprimant une partie des temps d'arrêt actuels aurait-il sa raison d'être?

ORLÉANS.

On ne peut pas augmenter la vitesse effective des trains express en supprimant quelques-uns des arrêts, qui ont tous une utilité incontestable.

LYON-MÉDITERRANÉE.

Il y aurait certainement convenance pour le public et pour la Compagnie à accélérer la marche d'un train express de Paris à Marseille, pourvu que l'Administration des postes modifie son service en conséquence.

NORD.

La Compagnie cherche, autant que possible, à réduire le nombre des arrêts pour les trains express de Paris à Calais.

EST.

La Compagnie ne le pense pas.

OUEST.

Il n'y a pas possibilité d'augmenter la vitesse.

ARDENNES.

Pas de trains express.

MIDI.

L'organisation actuelle des trains-express est très-suffisante.

Question 17e.

En augmentant le prix des places dans ce train, et en lui donnant, d'ailleurs, une organisation exceptionnellement confortable, pourrait-on espérer de le rendre rémunérateur pour la Compagnie?

Orléans. — Le public trouve le prix des places suffisamment élevé et accueillerait mal une augmentation, quelque justifiée qu'elle fût.

Lyon-Méditerranée. — La Compagnie ne pense pas qu'il y ait opportunité à augmenter le prix des places, même en augmentant la vitesse et le confort.

Nord. — La Compagnie ne fournit pas de réponse à ce sujet.

Est. — Au point de vue de la vitesse et du confort, toute amélioration serait inutile.

Ouest. — La Compagnie ne le croit pas, en ce qui concerne le réseau qu'elle exploite.

Ardennes. — Pas de trains express.

Midi. — Une augmentation de prix, même motivée par une augmentation de vitesse ou une organisation plus confortable, éloignerait les voyageurs au lieu de les attirer.

Question 18e.

Si la Compagnie a établi des trains express sur des lignes à une seule voie, faire connaître la vitesse de ces trains.

Orléans. — Sur la ligne à simple voie, de Châteauroux à Périgueux et à Coutras, il y a des trains express dont la vitesse effective est de 40 kilomètres à l'heure.

Lyon-Méditerranée. — Les trains express de la ligne du *Bourbonnais* circulent entre Moret et Nevers, pendant 188 kilomètres sur une seule voie, avec une vitesse effective de 40 kilomètres à l'heure seulement.

Nord. — La Compagnie n'exploite pas, quant à présent, de ligne à simple voie.

Est. — La vitesse des express circulant sur les sections à simple voie varie entre 54 et 62 kilomètres.

Ouest. — Aucune des lignes à voie unique n'a de trains express.

Ardennes. — Pas de trains express.

Midi. — Tous les trains express du réseau circulent sur la voie unique.

§ 3. — VITESSE DES TRAINS OMNIBUS.

QUESTION 19ᵉ.

Entre quelles limites varie aujourd'hui la vitesse en pleine marche des trains omnibus sur les lignes du réseau ?

ORLÉANS.
La vitesse, en *pleine marche*, des trains omnibus, varie de 40 à 50 kilomètres.

LYON-MÉDITERRANÉE.
La vitesse, de *pleine marche*, des trains, varie entre 40 et 60 kilomètres; elle descend parfois jusqu'à 25 sur les rampes de 0,015^m.

NORD.
La vitesse, en *pleine marche*, des trains omnibus, varie entre 40 et 50 kilomètres et s'élève exceptionnellement à 52 et 54 kilomètres pour quelques trains peu chargés.

EST.
De 46 à 50 kilomètres.

OUEST.
Entre 45 et 48 kilomètres à l'heure.

ARDENNES.
Entre 35 et 46 kilomètres.

MIDI.
La vitesse, de *pleine marche*, des trains omnibus, va de 40 à 50 kilomètres à l'heure.

QUESTION 20ᵉ.

Même question pour la vitesse effective de ces trains, autrement dit la vitesse moyenne du parcours, en tenant compte des diverses pertes de temps inhérentes au service de l'exploitation.

ORLÉANS.
La vitesse *effective* des trains omnibus varie de 27 à 33 kilomètres.

LYON-MÉDITERRANÉE.
Sur les lignes principales :
Entre Paris et Lyon, 30 à 34 kilomètres.
Entre Lyon et Marseille, 27 à 30 kilomètres.
Entre Paris et Lyon (Bourbonnais), 30 à 34 kilomètres.

Sur les embranchements :
De Dijon à Belfort, 28 à 37 kilomètres.
De Tarascon à Cette, 24 à 32 kilomètres.
De Marseille à Toulon, 30 à 39 kilomètres.

NORD.
La vitesse *effective* des trains omnibus varie entre 30 et 40 kilomètres.

EST.
Paris à Strasbourg, de 31 à 34 kilomètres.

Paris à Mulhouse, de 30 à 33 kilomètres.
Pour les trains de banlieue, la vitesse *effective* descend à 26 kilomètres.

OUEST.

Sur les grandes lignes, de 32 à 35 kilomètres.
Paris à Saint-Germain, 26 kilomètres à l'heure.
Versailles (rive droite), 29 *idem*.
Versailles (rive gauche), 31 *idem*.
Auteuil, 24 *idem*.

ARDENNES.

La vitesse *moyenne* du parcours est de 28 à 35 kilomètres.

MIDI.

Sur la ligne de Bordeaux à Cette, la vitesse *effective* est de 26 kilomètres.
Sur la ligne de Bordeaux à Bayonne, elle est de 27 kilomètres.

QUESTION 21ᵉ.

Détailler ces diverses pertes de temps et les préciser en chiffres.

Les causes auxquelles on doit attribuer les pertes de temps sont les mêmes que celles qui ont été indiquées ci-dessus (question 5).

Voici les exemples donnés par les Compagnies :

ORLÉANS.

Train omnibus de Paris à Orléans (121 kilomètres).
Durée totale du trajet, 4 heures 19 minutes.
Vitesse effective, $28^k,260$ à l'heure.
Durée de la pleine marche, 2 heures 46 minutes.
Vitesse de la pleine marche, $43^k,740$ à l'heure.

Perte et reprise de vitesse. . . . . $0^h 46^m$
Ralentissement aux bifurcations, rampes, etc. 0 13
Arrêts à 22 stations et contrôle. 0 36

TOTAL. 1 35

LYON-MÉDITERRANÉE.

Train omnibus de Paris à Lyon (512 kilomètres).
Durée totale du trajet, 16 heures 40 minutes.
Vitesse effective, $30^k,720$ à l'heure.
Durée de la pleine marche, 11 heures 7 minutes.
Vitesse de la pleine marche, 46 kilomètres à l'heure.
Perte et reprise de vitesse. . . . . $2^h 24^m$
Ralentissement aux bifurcations et contrôle. 0 12
Arrêts à 72 stations. 2 57

TOTAL. 5 33

Train omnibus de Lyon à Marseille (352 kilomètres).
Durée totale du trajet, 12 heures.
Vitesse effective, 29^k,330 à l'heure.
Durée de la pleine marche, 7 heures 13 minutes.
Vitesse de la pleine marche, 48^k,760 à l'heure.
Perte et reprise de vitesse........................... 1^h 48^m
Ralentissement aux bifurcations et contrôle.............. 0 22
Arrêt à 53 stations................................... 2 37

Total........ 4 47

Nord.

Train omnibus de Paris à Boulogne (254 kilomètres).
Durée du trajet, 7 heures 5 minutes.
Vitesse effective, 35^k,500 à l'heure.
Durée de la pleine marche, 5 heures 16 minutes.
Vitesse de la pleine marche, 48 kilomètres à l'heure.
Perte et reprise de vitesse......................... 0^h 46^m
Ralentissement aux bifurcations........................ 0 12
Arrêts à 22 stations.................................. 0 51

Total........ 1 49

Est.

Train omnibus de Paris à Strasbourg :

La distance est de 502 kilomètres, et la durée totale du trajet de 16 heures.

Ralentissement de 2 minutes au départ et à l'arrivée de chacune des 65 stations, soit................................... 2^h 10^m
Ralentissement à 7 bifurcations........................ 0 17
Arrêts dans les stations pour le service (dont 32 minutes pour éviter un train express et déjeuner, plus 20 minutes pour dîner)... 2 58

Total........ 5^h 25^m

Ouest.

Pour les *trains omnibus*, les pertes de temps sont :

Les arrêts aux gares variant de 1 à 10 minutes;

Les arrêts aux gares où sont établis des buffets, arrêts qui varient de 10 à 30 minutes;

Les ralentissements aux aiguilles, pour lesquels on compte une minute;

Les ralentissements avant l'arrêt complet et la reprise après chaque arrêt, ce que l'on compte pour 2 minutes.

Ainsi, pour un train de Paris au Havre (distance, 228 kilomètres), la durée totale du trajet est de 7 heures 40 minutes; la vitesse effective est de 29 kilomètres 730, et la vitesse de pleine marche de 45 à 48 kilomètres à l'heure.

Ardennes.

Il n'y a de pertes de temps que pour le service des gares, auquel on accorde de 1 à 5 minutes, suivant l'importance des gares.

3.

Mise.   Le *train omnibus* de Bordeaux à Cette effectue le trajet de 476 kilomètres
en 18ʰ,15, et les pertes de temps se résument ainsi :

Arrêt à 63 stations 3ʰ 44ᵐ

Perte de 3 minutes à chaque arrêt pour ralentissement au départ
et à l'arrivée 3 09

Ralentissement au départ de Bordeaux et à l'arrivée à Cette 0 03

Ralentissement de 2 minutes sur 7 passages en courbe 0 14

TOTAL 7ʰ 10ᵐ

Il résulte de ces chiffres que la vitesse effective n'est que de 26 kilomètres
à l'heure, tandis que la vitesse de pleine marche s'élève à 43 kilomètres.

QUESTION 22ᵉ.

*Ne pourrait-on pas augmenter la vitesse effective, soit en augmentant la vitesse
de pleine marche, soit en supprimant ou abrégeant une partie des pertes de temps
dues à l'exploitation?*

Orléans.   Pour les voyageurs de 2ᵉ et de 3ᵉ classe, il serait inutile de sacrifier la fréquence des arrêts à une accélération de marche.

Lyon-Méditerranée.   L'accélération de vitesse des trains omnibus paraît impossible, et la suppression d'une partie des temps d'arrêt présenterait pour les voyageurs de
2ᵉ et de 3ᵉ classe des inconvénients plus sérieux que les avantages insignifiants
qu'on obtiendrait par cette suppression.

Nord.   Avec les locomotives en usage pour les trains omnibus, il est difficile d'augmenter la vitesse; mais sur quelques sections, on abrége la durée de certains
trains en supprimant des arrêts.

Est.   Il paraît difficile d'augmenter la vitesse des trains omnibus et l'on ne pourrait, sans inconvénient, diminuer la plupart des stationnements.

Ouest.   Il serait impossible d'augmenter la vitesse effective des trains omnibus, ou
de diminuer les arrêts qui sont déjà aussi réduits que possible.

Ardennes.   Il paraît impossible de réduire la durée des arrêts; le temps accordé pour
le service est à peine suffisant.

Midi.   Les sujétions de la voie unique s'opposent à une accélération de vitesse
des trains omnibus; dans le service actuel, l'omnibus de Bordeaux à Cette
croise 27 trains.

QUESTION 23ᵉ.

Quel est le genre de machines employé pour la traction des trains omnibus?

Orléans.   Machines à roues indépendantes et machines à 4 roues couplées, dites
machines mixtes. La Compagnie préfère ce dernier type.

Lyon-Méditerranée. En général, machines à 4 roues couplées; machines à roues libres. Pour les trains locaux, sur les sections à déclivités inférieures à 0^m,004, et quelquefois, en hiver, sur les sections à forte pente et à grande circulation, machines à 6 roues couplées.

Nord. Autant que possible, les locomotives à roues couplées.

Est. Machines du système Stephenson à roues libres du diamètre de 1^m,60 à 1^m,80, et machines mixtes à 4 roues accouplées de 1^m,60 à 1^m,80, sur les embranchements à forte rampe, comme dans la banlieue de Paris.

Ouest. Généralement des machines à 4 roues accouplées, et, entre Paris et Rouen, des machines à roues indépendantes.

Ardennes. Machines mixtes portées sur trois essieux, dont les deux d'arrière sont couplés, d'un diamètre de 1^m,68.

Midi. Machines à voyageurs décrites ci-dessus (article 11), et machines à deux essieux couplés, dites *machines mixtes*, offrant les dimensions suivantes :
Diamètre extérieur des roues motrices et accouplées, 1^m,75;
Diamètre extérieur des roues indépendantes, 1^m,10;
Course des pistons, 0^m,56;
Diamètre des cylindres, 0^m,42;
Surface de chauffe, 115 mètres carrés;
Poids de la machine chargée, 31,500 kilogrammes.

Question 24e.

Quelle est la vitesse effective des trains omnibus qui circulent sur les lignes à une voie du réseau de la Compagnie?

Orléans. La vitesse effective du train omnibus sur les lignes à voie unique varie entre 27 et 30 kilomètres.

Lyon-Méditerranée. La vitesse effective des trains omnibus est réglée sur les sections à simple voie d'après les mêmes bases que sur celles à double voie, sauf quelques stationnements supplémentaires pour les croisements.

Nord. Pas de lignes à simple voie.

Est. Cette vitesse varie entre 29 et 35 kilomètres.

Ouest. La marche des trains omnibus est calculée sur les lignes à simple voie comme sur celles à double voie.

Ardennes. Comme sur les sections à deux voies.

Midi. Tous les trains circulent sur la voie unique.

Question 25ᵉ.

Sur les lignes secondaires du réseau de la Compagnie, quelle limite inférieure paraîtrait-il convenable d'assigner à la vitesse effective des trains omnibus ?

Orléans.
: On sera probablement amené à l'abaisser à 25 kilomètres.

Lyon-Méditerranée.
: Les bases manquent absolument pour répondre à cette question.

Nord.
: Il ne peut y avoir de règle à cet égard.

Est.
: Il paraît difficile de répondre à cette question : la vitesse à fixer dépendant d'une multitude de circonstances que l'on ne peut prévoir complétement.

Ouest.
: La vitesse effective sur les lignes secondaires paraît devoir être fixée entre 25 et 30 kilomètres.

Ardennes.
: Il n'existe pas de raisons pour s'écarter des limites de vitesse ordinaire.

Midi.
: La vitesse effective à déterminer pour les trains omnibus sur les lignes secondaires devra varier avec la distribution et l'inclinaison des rampes.

§ 4. — VITESSE DES TRAINS MIXTES.

Question 26ᵉ.

La Compagnie a-t-elle organisé des trains mixtes sur certaines sections de son réseau ? Quelle est la vitesse de ces trains mixtes ? Quel est le genre de machines employées à leur traction ?

Orléans.
: La Compagnie fait un grand emploi des trains mixtes; ils sont divisés en deux catégories : trains de voyageurs, auxquels on ajoute des wagons à marchandises; trains de marchandises, auxquels on ajoute des voitures à voyageurs.

Les premiers ont une vitesse de pleine marche, variant entre 35 et 50 kilomètres, et habituellement de 40 kilomètres à l'heure. Les seconds ont une vitesse de pleine marche de 30 kilomètres.

Les machines employées à leur traction sont à 4 roues accouplées, et, sur les sections à forte rampe, il convient d'accoupler les 6 roues.

Lyon-Méditerranée.
: Il n'y a pas de trains mixtes proprement dits, mais seulement des trains omnibus de voyageurs, auxquels on ajoute des wagons à marchandises; leur vitesse est la même que celle des trains de voyageurs ordinaires, et ils sont remorqués par des machines à 4 roues couplées.

Nord. Peu de trains mixtes ; ils sont remorqués par des machines à trois essieux couplés ; leur vitesse de pleine marche varie de 3o à 36 kilomètres, et leur vitesse effective de 25 à 3o kilomètres à l'heure.

Est. Trains mixtes nombreux ; remorqués par des locomotives à 4 roues accouplées, avec une vitesse de 35 kilomètres à l'heure en pleine marche.

Ouest. Il y a des trains mixtes sur un grand nombre de sections ; leur vitesse en pleine marche est de 35 à 4o kilomètres à l'heure, et leur vitesse effective d'environ 28 kilomètres. Ce sont généralement des machines à 4 roues accouplées qu'on emploie à leur traction.

Ardennes. Sur tout le réseau il circule des trains mixtes, avec une vitesse moyenne de 25 à 3o kilomètres à l'heure et une vitesse de pleine marche de 35 à 4o kilomètres.

Les machines qui les remorquent sont celles des trains omnibus.

Midi. Tous les trains omnibus des lignes secondaires et une partie de ceux de la ligne de Bordeaux à Cette fonctionnent comme trains mixtes, en complétant leur charge avec des wagons à marchandises.

Question 27e.

Quelles sont les causes de retard de ces trains ?

Orléans. Les trains mixtes présentent, dans leur ensemble, moins de retards à l'arrivée que les trains express et omnibus. Ainsi sur 1,000 trains, on a :

Trains arrivés à l'heure	937
Retards de 5 à 10 minutes	43
—— de 10 à 15 minutes	14
—— au-dessus de 16 minutes	6
Total	1,000

Cette régularité plus grande tient à ce que la vitesse réglée par les ordres de service étant moindre, on peut plus facilement, en cas de retard, regagner le temps perdu en accélérant la marche.

Lyon-Méditerranée. Indépendamment des causes de retards communes aux trains de toutes les catégories, les trains mixtes sont, en outre, exposés à ceux qui résultent de la manutention des wagons à marchandises aux gares intermédiaires.

Nord. Les mêmes causes qu'aux autres trains.

Est. Principalement l'attente des trains correspondants et les manœuvres en route.

Ouest. Les mêmes que pour les trains omnibus, en y ajoutant les retards dus quelquefois aux manœuvres de gare.

ARDENNES.

Les trains mixtes ne prenant des marchandises que dans un très-petit nombre de gares, les temps d'arrêt sont réglés de manière à éviter les retards.

MIDI.

Les retards des trains mixtes sont dus uniquement aux mêmes causes que ceux des autres trains.

§ V. — SERVICE DES TRAINS DE CORRESPONDANCE.

QUESTION 28ᵉ.

Quelle est l'organisation des correspondances aux points de croisement?
Quels sont les moyens de l'améliorer?

ORLÉANS.

Les relations transversales sont effectuées avec des vitesses effectives variables : pour les voyageurs de 1ʳᵉ classe, entre 28 et 42 kilomètres, et pour les voyageurs de 2ᵉ et de 3ᵉ classe, entre 22 et 32 kilomètres.

Pour obtenir ces vitesses moyennes, on a compté le temps qui s'écoule entre le départ de la station extrême située sur une section, et l'arrivée à la station extrême située sur la section, mise, par une bifurcation, en correspondance avec la première. Dans le temps ainsi déterminé sont comprises la durée de la marche et la durée de l'arrêt au point de bifurcation, pour attendre le train de correspondance.

Ces résultats paraissent satisfaisants.

LYON-MÉDITERRANÉE.

Les trains de correspondance sont généralement réglés d'après les convenances des relations locales, en cherchant à multiplier, autant que possible, les moyens de communication entre les diverses lignes.

Les solutions ne peuvent être assujetties à des règles générales.

NORD.

Plus le nombre des embranchements augmente, plus il est difficile d'organiser de bonnes correspondances. Ne pouvant donner satisfaction à toutes les relations, il faut sacrifier celles qui sont insignifiantes pour ne pas rendre défectueuses celles qui ont une importance réelle.

EST.

L'organisation des correspondances aux points de croisement est très-compliquée, et on les combine suivant les besoins locaux et les exigences du service des postes.

On ne pourrait améliorer le service des correspondances qu'en multipliant les trains sur les embranchements, mais la plupart de ces trains ne sont pas assez productifs pour en augmenter le nombre.

En général le temps accordé pour l'attente des trains en correspondance varie entre 10 et 15 minutes.

OUEST.

L'organisation du service aux points de croisement varie pour chaque embranchement. En principe, on cherche à ne pas forcer les voyageurs à un stationnement de plus de 30 à 40 minutes aux bifurcations.

La Compagnie s'occupe d'améliorer le service des correspondances; mais la bonne solution du problème est difficile à trouver.

Ardennes. Les trains du réseau des Ardennes, correspondant à Reims avec la ligne de l'Est, et à Laon avec la ligne du Nord, la correspondance ne peut avoir lieu que d'une manière très-imparfaite.

Il faut généralement compter sur un arrêt de 10 à 15 minutes aux points de correspondance pour le transbordement des bagages et articles de messagerie.

Midi. La marche des trains est, en général, disposée de manière à amener un croisement de deux trains de la ligne principale sur la station d'embranchement, et à y conduire en même temps deux trains de l'embranchement se dirigeant dans les deux sens, ainsi que cela a lieu à Narbonne pour l'embranchement de Perpignan, à Morcens pour l'embranchement de Tarbes, à Toulouse pour l'embranchement de Foix.

Mais cette condition deviendra de plus en plus difficile à satisfaire, à mesure que de nouveaux embranchements viendront se souder aux lignes principales.

§ 6. — SÉCURITÉ.

Question 29ᵉ.

Quelles nouvelles mesures pourrait-on prendre pour mieux prévenir les collisions de trains soit en pleine voie, soit aux stations?

Orléans. Les prescriptions réglementaires paraissent suffisantes pour garantir la sécurité.

On étudie, d'ailleurs, les améliorations que peut indiquer la pratique, afin de les introduire dans l'exploitation lorsque l'efficacité en a été reconnue.

Lyon-Méditerranée. Les mesures adoptées sur les lignes à double et à simple voie paraissent donner toutes les garanties de sécurité qu'il est possible d'obtenir.

Nord. On ne connaît pas de nouvelles mesures pouvant prévenir les collisions mieux que celles qui sont en vigueur.

Est. La Compagnie ne connaît pas d'autres mesures que celles qui sont appliquées sur le réseau de l'Est.

Ouest. Toutes les mesures que l'on croit de nature à assurer complétement la sécurité étant comprises dans les règlements, on n'en voit pas de nouvelles à appliquer.

Ardennes. Avec la limitation du nombre des trains circulant sur les lignes des Ardennes, les mesures adoptées jusqu'à présent suffisent, si elles sont bien exécutées.

Midi.

On ne peut indiquer aucune disposition nouvelle qui ne soit déjà appliquée.

Question 30°.

Quelles seraient les mesures spéciales à prendre dans ce but aux bifurcations?

Orléans.

Les consignes destinées à protéger les bifurcations sont très-simples et d'une exécution très-facile. Si elles sont observées exactement, toute collision est impossible.

Lyon-Méditerranée.

Les mesures prises, pour assurer le passage des trains aux bifurcations, paraissent suffire à garantir la sécurité.

Voir la consigne des embranchements de Tarascon.

Nord.

La Compagnie a récemment appliqué des dispositions spéciales aux bifurcations.

L'ordre de service qui les met en vigueur peut se résumer ainsi :

Le disque signal rouge qui ferme chaque voie a été rapproché de l'aiguilleur. On l'a remplacé à grande distance par un signal fixe de couleur verte, qui est destiné à rappeler aux mécaniciens qu'ils sont près d'une bifurcation et qu'ils ont à prendre leurs mesures pour exécuter les prescriptions du règlement. On s'est préoccupé ensuite, en contrôlant la marche des mécaniciens, de vérifier si le ralentissement ordonné était réalisé sérieusement.

Est.

Les mesures spéciales, prises par la Compagnie, pour prévenir les collisions aux bifurcations, sont les suivantes :

Les aiguilles de bifurcation sont indiquées aux mécaniciens par des ailettes mobiles le jour et par des signaux à réflecteurs la nuit ; elles sont défendues par un disque à 600 mètres et par un second disque à 100 mètres.

L'arrêt absolu est prescrit devant le disque à 100 mètres.

Lorsque plusieurs trains se présentent à la fois à une bifurcation, les aiguilleurs ne doivent ouvrir la voie que successivement, de manière à n'avoir jamais qu'un train à la fois dans l'espace compris entre les disques extrêmes.

Ouest.

Il n'est survenu aucun accident depuis que le système de signaux adoptés pour les bifurcations fonctionne sur le réseau de l'Ouest, et il y aurait un grave inconvénient à modifier ce système auquel tout le personnel de la Compagnie est depuis longtemps habitué.

Ardennes.

Avec les appareils pour la transmission des signaux dont on dispose, et les perfectionnements qui peuvent y être apportés, la Compagnie ne voit qu'une amélioration consistant à limiter le travail des agents.

Midi. Chacune des bifurcations est régie par un ordre de service spécial fixant, dans tous ses détails, le service des agents préposés aux disques et aux aiguilles.

Question 31e.

Le ralentissement, prescrit par l'article 37 de l'ordonnance du 15 novembre 1846, ne devrait-il pas être remplacé par l'arrêt?

Orléans. L'arrêt des trains, en principe, aux abords de chaque bifurcation serait inutile et pourrait devenir une cause de dangers.

Lyon-Méditerranée. Cette mesure présenterait un très-grave inconvénient et, en général, elle paraît sans utilité au point de vue de la sécurité.

Nord. L'arrêt absolu, qui n'est pratiqué que très-exceptionnellement sur certains points, serait mauvais, au point de vue de la sécurité, et il faut bien se garder de le prescrire d'une manière générale.

Est. La Compagnie ne le pense pas.

Ouest. Cette mesure ne paraît pas indispensable.

Ardennes. Le ralentissement paraît suffisant; toutefois, l'arrêt complet est prescrit aux points d'embranchement pour les trains qui arrivent sur une bifurcation.

Midi. Après avoir ralenti devant un premier disque, à 100 mètres avant l'aiguille d'embranchement, le mécanicien s'arrête devant un second, placé à 100 mètres de l'aiguille, et ne se remet en marche que sur un signal de l'aiguilleur.

Question 32e.

Les chefs de station sont-ils toujours suffisamment assurés que les mâts de signaux, qui les protègent, sont bien à l'arrêt?

Orléans. Les mâts de signaux ne sont jamais assez éloignés pour qu'ils ne soient pas visibles des stations, à moins que des obstacles matériels n'interceptent le rayon visuel. Dans ce dernier cas, le mât fait répéter automatiquement sa position, par un autre mât, dit *mât de rappel*, visible de la station; la nuit le personnel de la gare s'assure que le feu n'est pas *éteint*.

Lyon-Méditerranée. Sur tous les points où les disques ne se trouvent pas en vue des agents chargés de les manœuvrer, on a installé des sonneries électriques; cette disposition réussit très-bien et paraît résoudre la question quant aux signaux de jour.

Nord. Aucun appareil de signaux n'est parfait; la Compagnie applique le système des sonneries trembleuses, qui paraît donner de bons résultats.

Est. Les chefs de station sont suffisamment couverts par des disques convenablement établis; partout où le disque n'est pas en vue, on a posé une sonnerie électrique.

Ouest. Il est recommandé aux chefs de gare d'exercer une surveillance constante sur les signaux, particulièrement sur les signaux fixes. Pour les signaux hors

4.

de la vue, il faut que les chefs de gare se déplacent ou envoient un agent pour s'assurer que les signaux sont bien à l'arrêt.

ARDENNES.

Dans toutes les gares où les disques ne sont pas visibles du bâtiment de la gare, on a établi des sonneries électriques indiquant la position des mâts.

MIDI.

Quand les disques ne sont pas visibles des stations, on établit des disques répétiteurs ou des sonneries électriques.

QUESTION 33ᵉ.

Quelles seraient les mesures à prendre pour leur donner cette certitude ?

ORLÉANS.

On ne connaît pas de moyen plus efficace de s'assurer que les mâts de signaux sont à l'arrêt que les mâts de rappel employés sur le réseau.

LYON-MÉDITERRANÉE.

On expérimente en ce moment un appareil destiné à mettre en mouvement une sonnerie, lorsqu'une lanterne de disque vient à s'éteindre; mais les résultats de cette expérience ne sont pas encore concluants.

NORD.

On n'en connaît pas sur lesquelles on puisse compter avec certitude.

EST.

La Compagnie se tient au courant de l'essai poursuivi sur le réseau de Lyon-Méditerranée.

OUEST.

La Compagnie ne connaît pas de mesures qui donnent à ce sujet une certitude complète; on va faire l'essai d'un système de communication électrique, indiquant le fonctionnement du signal.

ARDENNES.

Avec les moyens actuellement employés on obtiendra cette certitude, si l'on parvient à compléter les sonneries électriques de manière à leur faire constater l'extinction des feux.

MIDI.

La Compagnie n'en connaît pas d'autres que les disques répétiteurs ou les sonneries électriques.

QUESTION 34ᵉ.

Quelles dispositions pourrait-on adopter pour mieux assurer la communication entre le mécanicien et les conducteurs gardes-freins, notamment dans les trains omnibus mixtes ?

ORLÉANS.

La disposition adoptée, et qui consiste, d'une part, à mettre le mécanicien en communication avec les gardes-freins au moyen du sifflet de la locomotive et du cordeau aboutissant à la cloche du tender, et, d'un autre côté, à faire communiquer les conducteurs entre eux à l'aide de signaux à main, présente, malgré sa simplicité, l'inconvénient d'exiger des agents une attention soutenue qui fait quelquefois défaut.

La Compagnie suit les expériences qui ont lieu sur les chemins du Nord et de l'Est, concernant les modes de communication électrique des sieurs Prudhomme et Achard.

Lyon-Méditerranée. — Le système de communication entre le mécanicien et le conducteur de tête, au moyen d'une corde allant de la guérite du frein à la cloche du tender, fonctionne bien, mais il paraît difficile de prolonger la corde d'une extrémité à l'autre du train.

On suit les expériences poursuivies sur les lignes du Nord et de l'Est.

Nord. — Le problème n'étant pas résolu pour les trains de voyageurs, l'est encore moins pour les trains mixtes.

On expérimente en grand un système de communication du sieur Prud'homme, qui paraît devoir donner des résultats satisfaisants; mais on ne peut encore se prononcer.

Est. — L'emploi d'une corde manœuvrée pour le garde-frein d'arrière, suffisant pour 6 à 7 voitures, ne l'est plus dès que le nombre des voitures atteint 12 ou 14.

On expérimente en grand un système inventé par le sieur Achard.

Ouest. — Cette question est encore à l'étude ; aucun système n'ayant, jusqu'ici, été reconnu pratique.

Ardennes. — La communication des gardes-freins avec le mécanicien, au moyen d'une corde, régnant sur toute la longueur du train, donne de bons résultats sur le réseau des Ardennes.

La Compagnie se tient, néanmoins, au courant des expériences des Compagnies du Nord et de l'Est.

Midi. — Le mécanicien et le conducteur chef communiquent à l'aide d'une corde et d'une cloche; les divers agents du train communiquent entre eux au moyen des marchepieds. Cette circulation n'a jamais occasionné d'accidents sérieux.

QUESTION 35e.

La Compagnie s'est-elle préoccupée des mesures à prendre pour mettre les voyageurs en communication directe avec les agents d'un train en marche?

Orléans. — La Compagnie pense qu'avec le matériel actuel des chemins de fer, il n'y aurait que des inconvénients à mettre les voyageurs en communication avec les agents du train.

Lyon-Méditerranée. — Les voyageurs abuseraient certainement du moyen qu'on mettrait à leur disposition, et les arrêts en pleine voie étant une des principales causes d'accidents, il serait excessivement imprudent de laisser aux voyageurs la faculté de provoquer des arrêts de cette nature.

Nord. — Il n'y a aucun moyen satisfaisant de faire communiquer les voyageurs avec les agents des trains.

Est. — La Compagnie redoute l'usage que les voyageurs pourraient faire, sans nécessité, d'un pareil moyen de communication. Le signal de détresse ne devant commander qu'une chose, l'arrêt du train, il est à craindre qu'avec les habitudes de légèreté du public, une telle faculté ne donne lieu à des abus et même à des accidents très-sérieux.

OUEST.

La Compagnie ne s'en est pas préoccupée, parce qu'elle y verrait des inconvénients.

ARDENNES.

Il ne pourrait y avoir que de grands inconvénients à établir un moyen de communication entre les voyageurs et les agents des trains en marche; il en résulterait des ralentissements et des arrêts qui pourraient produire des accidents.

MIDI.

Cette communication a lieu au moyen de la circulation des agents sur les marchepieds des voitures. La crainte d'être surpris par un agent peut prévenir des attentats.

QUESTION 36e.

Des divers moyens proposés à cet effet, ou déjà expérimentés par elle, quel est celui que la Compagnie serait porté à considérer comme le plus efficace?

ORLÉANS.

Le matériel américain permet seul une communication constante entre les voyageurs et les agents du train; mais cet avantage est contrebalancé par de si nombreux inconvénients que ce matériel tend à disparaître des chemins de fer de Suisse et d'Allemagne, où il avait été installé à l'origine.

LYON-MÉDITERRANÉE.

La question paraissant devoir être résolue négativement en principe, il est inutile de discuter le mérite comparatif des divers appareils proposés pour établir le mode de communication dont il s'agit.

NORD.

On ne connaît aucun moyen satisfaisant; il est douteux, en outre, que la faculté de faire communiquer les voyageurs avec les conducteurs puisse, sans inconvénient, être accordée à tous les compartiments des voitures.

EST.

La Compagnie n'en connaît pas.

OUEST.

Différents systèmes sont à l'étude; on attend le résultat des expériences.

ARDENNES.

La Compagnie n'a expérimenté aucun des moyens proposés dans ce but.

MIDI.

On ne connaît aucune solution satisfaisante pour établir une semblable communication d'une manière facile, sûre, et dégagée d'inconvénients ou d'abus.

§ 7. — BIEN-ÊTRE.

QUESTION 37e.

Existe-t-il un moyen satisfaisant de rendre les locomotives fumivores?

ORLÉANS.

L'appareil de M. Tenbrinck, expérimenté sur le réseau de l'Est, semble promettre la solution du problème.

LYON-MÉDITERRANÉE.

Le seul moyen qui ait donné des résultats assez satisfaisants est l'appareil de M. Tenbrinck; on applique cet appareil à un certain nombre de machines du réseau de Paris à Lyon et à la Méditerranée.

Il n'existe aucun moyen satisfaisant pour rendre les locomotives fumivores.

NORD.

L'appareil de M. Tenbrinck a donné des résultats satisfaisants, et, pendant l'année 1861, 5 machines, dont 2 à voyageurs, 2 mixtes et 1 à marchandises, ont fait, avec économie et sans fumée, un service régulier en consumant des houilles du bassin de Sarrebourg.

EST.

Les essais se poursuivent, et la Compagnie espère conserver les avantages du système en apportant à l'appareil une simplification qui le rendrait moins coûteux et d'une application plus facile.

On ne connaît aucun moyen de rendre les locomotives fumivores; mais on étudie avec soin les moyens proposés pour atténuer les inconvénients de la fumée de la houille.

OUEST.

Même réponse que la Compagnie de l'Est.

ARDENNES.

Malgré des essais et des tentatives nombreuses, aucun appareil ne paraît avoir résolu le problème d'une manière complète.

MIDI.

QUESTION 38e.

Dans quel délai ce moyen pourrait-il être généralement appliqué?

Pour que toutes les machines à voyageurs et mixtes aient pu recevoir l'appareil Tenbrinck, il faudrait, au moins, un délai de 6 à 7 ans.

ORLÉANS.

Il faudrait compter sur 6 années, au moins, pour adapter l'appareil Tenbrinck à toutes les locomotives à voyageurs du réseau.

LYON-MÉDITERRANÉE.

L'administration supérieure se départirait de sa prudence ordinaire si elle rendait obligatoires certaines dispositions d'appareils, qui n'auraient pas encore reçu la sanction d'une expérience prolongée.

NORD.

Dans l'hypothèse où l'on regarderait la question comme entièrement résolue, ce qui n'existe pas encore, il faudrait, au moins, 6 ans pour rendre fumivores les foyers des 600 locomotives de la Compagnie de l'Est.

EST.

La Compagnie ne peut répondre à cette question.

OUEST.

La Compagnie ne répond pas à la question.

ARDENNES.

On s'attache à tirer parti du foyer ordinaire, sans y ajouter aucune disposition nouvelle.

MIDI.

QUESTION 39e.

Pour quels motifs les glaces des voitures de deuxième et de troisième classe sont-elles généralement dépourvues de rideaux?

Y a-t-il lieu de prescrire d'une manière générale que ces deux catégories de voitures soient munies de rideaux?

La Compagnie a l'intention de garnir de rideaux les quatre ouvertures

ORLÉANS.

d'angle des nouvelles voitures de 2ᵉ classe, à six ouvertures par compartiment.

Toute prescription administrative relative aux rideaux à poser aux glaces des voitures de 2ᵉ et de 3ᵉ classe serait en opposition formelle avec l'esprit du cahier des charges qui, en rangeant les voyageurs en trois classes, payant des tarifs différents, admet évidemment des conditions différentes dans l'établissement des voitures affectées à ces trois classes.

LYON-MÉDITERRANÉE.
Les rideaux posés dans les voitures de 3ᵉ classe ont toujours été enlevés, ou déchirés au bout de peu de temps ; mais il peut être convenable de munir de rideaux les voitures de 2ᵉ classe. La Compagnie applique déjà cette mesure à un certain nombre de voitures.

NORD.
Les voitures de 2ᵉ classe sont munies de rideaux : les 3ᵉ classes n'ayant de jour que par la portière, il serait difficile d'y mettre des rideaux.

EST.
Quoique certaines compagnies aient placé des rideaux dans les voitures de 2ᵉ classe, les dispositions du cahier des charges, en fixant trois prix distincts pour les trois classes de voyageurs, ont forcément créé trois inégalités. Si toutes les voitures offraient les mêmes conditions de confort, de siége, de chauffage, de mode d'appui, de rideaux, il n'y aurait plus, en fait, qu'une seule classe.

OUEST.
Les courroies en cuir qui servent à ouvrir et à fermer les glaces des voitures de 2ᵉ et de 3ᵉ classe étant constamment enlevées par les voyageurs, il est probable qu'il en serait de même *a fortiori* pour les rideaux.

La différence de prix entre les trois classes de voyageurs paraît d'ailleurs justifier complétement une différence correspondante dans les dispositions des voitures.

ARDENNES.
Les voitures de 2ᵉ classe ont des rideaux.

Les glaces et les persiennes qui garnissent les voitures de 3ᵉ classe paraissent donner tout le confort que peut attendre le voyageur de cette catégorie, à raison du prix qu'il paye.

MIDI.
Les voitures de 2ᵉ classe ont des rideaux.

Le caractère du public qui fréquente les voitures de 3ᵉ classe rendrait très-difficile d'y entretenir des rideaux en bon état.

QUESTION 40ᵉ.

Comment pourrait-on réaliser le chauffage des voitures de deuxième et de troisième classe ?

ORLÉANS.
Il serait impraticable d'étendre aux voitures de 2ᵉ et de 3ᵉ classe le système de chauffage au moyen de chaufferettes employé dans les premières classes.

Le nouveau système expérimenté sur la ligne de Lyon pour chauffer les voitures avec la vapeur perdue de la machine ne paraît avoir aucune chance de réussite.

Lyon-Méditerranée. Il serait rigoureusement possible de chauffer les voitures de 2ᵉ et de 3ᵉ classe avec des chaufferettes d'eau chaude, comme les premières; mais en pratique, ce procédé paraît inadmissible, d'une part, à raison du *surcroît très-considérable de dépenses*, et, d'un autre côté, à cause des énormes *pertes de temps* qu'il entraînerait.

La Compagnie a expérimenté un nouveau système destiné à chauffer les voitures avec un courant de vapeur prise dans le tuyau d'échappement de la machine. Au point de vue du chauffage, ce système paraît fonctionner convenablement, malgré certaines objections relatives à la rupture ou au dérangement des rotules de communication; mais il présente dans son principe même un vice capital et irrémédiable, c'est qu'en détournant une partie de la vapeur avant qu'elle ait produit son effet utile comme tirage, il réduit la production de la machine tout en augmentant la consommation du combustible. Ce résultat est la condamnation absolue dudit système et de tous ceux qui seraient fondés sur le même principe.

Nord. Le chauffage des voitures de 1ʳᵉ classe à l'aide de chaufferettes mobiles est déjà fort compliqué, et il deviendrait impraticable si on voulait l'étendre aux autres classes de voitures.

La Compagnie repousse d'une manière absolue le système essayé sur la ligne de Lyon.

Est. Le renouvellement des appareils de chauffage à l'eau chaude dans les voitures de 1ʳᵉ classe est une cause constante de retards; l'application des chaufferettes aux voitures de 2ᵉ et de 3ᵉ exigerait un matériel certainement quatre ou cinq fois plus considérable, et la manœuvre journalière deviendrait alors une difficulté sérieuse pour la régularité de l'exploitation.

La Compagnie condamne d'ailleurs, à l'avance, tout système fondé sur le chauffage au moyen de la vapeur de la chaudière.

Ouest. Le seul moyen pratique est, jusqu'à présent, celui des chaufferettes, appliqué aux voitures de 1ʳᵉ classe.

Ardennes. Même réponse que la Compagnie de l'Est.

Midi. Il serait difficile d'étendre aux voitures de 2ᵉ et de 3ᵉ classe le système de chaufferettes employé pour les voitures de 1ʳᵉ classe. Le renouvellement de ce matériel pendant les arrêts de trains exigerait un personnel nombreux et ferait perdre beaucoup de temps.

QUESTION 41ᵉ.

Quelles seraient les dispositions à prendre pour améliorer les banquettes et les dossiers des voitures de troisième classe?

Orléans. La seule disposition qu'il paraîtrait utile de prendre consiste à relever les bords de la banquette en forme de cuvette, et à élever le dossier jusqu'à hauteur de tête d'un homme assis.

Lyon-Méditerranée. — Dans les voitures de troisième classe récemment construites, on a donné plus de pente aux dossiers, et on a légèrement incliné les banquettes sur les dossiers. Ces dispositions paraissent bonnes à appliquer aux anciennes voitures au fur et à mesure de leur entrée en réparations.

Nord. — On a incliné vers l'arrière les banquettes de troisième classe, et on pourrait élever davantage les dossiers.

Est. — Pour le nouveau matériel il n'y a qu'à choisir le profil le plus satisfaisant pour l'inclinaison de la banquette et la pente du dossier.

Ouest. — On ne voit d'autre moyen que d'imiter les dispositions des voitures de deuxième classe.

Ardennes. — Les seules améliorations à apporter sont celles qu'on a adoptées sur le réseau des Ardennes, et qui consistent à donner aux banquettes une forme brisée, ce qui rend le dossier droit moins gênant.

Midi. — Dans les voitures nouvelles on exhausse les dossiers et l'on incline les banquettes sur les dossiers.

QUESTION 42ᵉ.

Convient-il de séparer par des cloisons les divers compartiments des voitures de troisième classe?

Orléans. — Les compartiments de troisième classe ne sauraient être divisés par des cloisons isolantes sans inconvénients. La communication des divers compartiments est la meilleure garantie contre les propos grossiers ou les attentats.

Dans aucun cas les cloisons ne doivent dépasser la hauteur de la tête d'un homme assis.

Lyon-Méditerranée. — Dans l'intérêt de la ventilation et des convenances, il importe de maintenir la communication entre les divers compartiments des voitures de troisième classe. Seulement, on pourrait élever davantage les séparations formant dossier.

Nord. — Il paraît convenable de ne pas faire de séparation complète allant jusqu'au plafond des wagons.

Est. — La disposition actuelle présente de véritables avantages pour l'aérage et la surveillance des compartiments. Cependant la Compagnie ne verrait pas d'inconvénients à élever davantage la hauteur des séparations d'un certain nombre de voitures de troisième classe.

Ouest. — La division des voitures de troisième classe en compartiments rendrait la surveillance des voyageurs les uns sur les autres plus difficile.

ARDENNES.

On ne fait aucune objection à un surhaussement des cloisons séparatives des voitures de troisième classe, mais on croit que, pour les bonnes mœurs comme pour la salubrité, il faut bien se garder de fermer complétement les compartiments de ces voitures.

MIDI.

Le cloisonnement des voitures de troisième classe rendrait leur nettoyage plus difficile et empêcherait la surveillance que les voyageurs exercent entre eux.

QUESTION 43e.

Comment se fait aujourd'hui le service des compartiments de fumeurs?

ORLÉANS.

Il n'existe pas de compartiments spécialement affectés aux fumeurs. Chaque voyageur peut fumer dans le compartiment où il se trouve, à la seule condition d'y être autorisé par ses compagnons de route. En cas de résistance d'un fumeur aux observations des autres voyageurs, les agents de la Compagnie doivent verbaliser.

LYON-MÉDITERRANÉE.

On ne réserve pas de compartiments spéciaux pour les fumeurs; cette mesure n'empêcherait pas de fumer dans les autres voitures.

NORD.

La Compagnie ne réserve pas de compartiments pour les fumeurs. Dès qu'il y a des observations de la part d'un voyageur, les agents du train interviennent et dressent au besoin procès-verbal contre les récalcitrants.

EST.

On n'a, jusqu'à ce jour, rien fait pour les compartiments de fumeurs.

OUEST.

Un compartiment est réservé, dans tous les trains des lignes de banlieue seulement, aux fumeurs de première et de deuxième classe.

ARDENNES.

Même réponse que la Compagnie de l'Est.

MIDI.

Il y a des compartiments réservés pour les fumeurs dans les voitures de première et de deuxième classe.

QUESTION 44e.

N'y aurait-il pas lieu de rendre ce service obligatoire dans tous les trains et pour toutes les classes de voitures?

ORLÉANS.

On ne pense pas qu'il y ait lieu de réglementer cette partie du service par des dispositions nouvelles. Sur les sections où il suffit à la circulation d'atteler deux voitures à chaque train, une voiture mixte et une voiture de troisième classe, il ne serait pas possible de réserver des compartiments spéciaux pour les fumeurs.

LYON-MÉDITERRANÉE.

La spécialisation des compartiments, gênante sur les grandes lignes, présenterait de très-grandes difficultés sur les lignes secondaires. Si aux compartiments déjà réglementairement réservés: 1° pour la poste; 2° pour les prisonniers; 3° pour les dames seules, on ajoutait des compartiments spéciaux pour les fumeurs, les trains finiraient par être régulièrement surchargés de voitures circulant aux trois quarts vides.

NORD.

La Compagnie demande instamment que l'Administration ne prescrive pas d'avoir des compartiments spéciaux pour les fumeurs, ce serait une complication de service qu'il est essentiel d'éviter.

EST.

La Compagnie demande avec instance qu'il ne soit formulé à cet égard aucune prescription obligatoire Elle est disposée à placer dans tous les trains, et pour toutes les classes, des compartiments de fumeurs, à la condition expresse que la non-exécution de cette mesure ne sera pas considérée comme une contravention.

OUEST.

On ne le pense pas, parce que cette mesure entraînerait une augmentation sensible du nombre des voitures entrant dans la composition de chaque train.

ARDENNES.

Même réponse que la Compagnie de l'Est.

MIDI.

L'on verrait avec peine l'Administration intervenir pour rendre de semblables dispositions obligatoires.

§ 8. — WATER-CLOSETS DANS LES TRAINS.

QUESTION 45°.

Faire connaître si la Compagnie a établi des water-closets dans ses trains, et, si elle l'a fait, donner quelques détails sur la manière dont ils sont installés.

ORLÉANS.

La Compagnie fait établir des water-closets dans les fourgons à bagages qui doivent être attelés aux trains express de Paris à Bordeaux pendant le service d'été. Ces water-closets se composeront d'un double compartiment, dont l'un servira de cabinet d'attente et pourra recevoir deux personnes.

Il y a depuis longtemps des coupés-lits avec water-closet.

LYON-MÉDITERRANÉE.

On a fait établir, à titre d'essai, dans un wagon à bagages, un compartiment précédé d'une petite antichambre, pouvant contenir deux personnes.

En outre, dans tous les coupés-lits, on a ménagé un siége au-dessous du coussin de la place qui n'est pas occupée par le lit.

NORD.

La Compagnie n'a pas l'intention d'établir de water-closets dans ses voitures.

EST.

La Compagnie fait construire un water-closet dans le fourgon à bagages des trains express et poste. Ce système existe sur plusieurs chemins de fer allemands, et il ne paraît pas possible de rechercher une autre combinaison.

Dans les coupés-lits il existe, au-dessous du siége, un vase en gutta-percha; on a le projet d'en placer un semblable dans les compartiments réservés aux dames.

Ouest. On n'en a pas établi, sauf dans quelques voitures de luxe.

Ardennes. Il n'y a pas encore de water-closets dans les voitures des Ardennes.

Midi. Il y a des water-closets dans tous les coupés.

QUESTION 46e.

Si la Compagnie n'en a pas établi, quelle objection aurait-elle à faire contre leur établissement?

Nord. La Compagnie n'établira de water-closets dans les trains que lorsqu'on aura découvert un système satisfaisant.

Ouest. On craint que le water-closet proposé dans le fourgon à bagages ne donne pas complète satisfaction au public.

Ardennes. Les parcours des trains sur ce réseau ne sont pas assez longs pour qu'il y ait lieu de s'occuper de cette question.

Midi. On se propose d'expérimenter l'usage des water-closets dans les fourgons à bagages.

§ 9. — POLICE DES GARES.
ADMISSION DES VOITURES PUBLIQUES DANS LES COURS.

QUESTION 47e.

Convient-il d'admettre que, moyennant l'observation des prescriptions de police nécessaires au bon ordre, toutes les voitures publiques auront le droit d'entrer dans les cours des gares et d'y stationner?

Orléans. Les voitures particulières et les fiacres munis de tarifs, approuvés par l'autorité compétente, doivent être admis dans les cours des gares et stations ainsi que les entreprises de correspondance faisant un même service, sauf à exclure celles qui font le service le moins complet, au profit de celles qui font le service le plus complet.

Les voitures dites *à volonté* et n'ayant, par conséquent, ni tarif, ni service régulier, paraissent devoir être exclues.

Lyon-Méditerranée. La Compagnie demande le maintien du régime actuel de réglementation, consistant à ne permettre, en général, l'entrée des cours des gares ou stations qu'aux voitures publiques dont les entrepreneurs prennent l'engagement d'exécuter des services complets et réguliers.

Nord.
La Compagnie pense qu'il y a lieu de n'admettre que les voitures de correspondance régulière.

Est.
L'admission uniforme de toutes les voitures publiques dans les gares ne peut être adoptée que dans les grandes villes où ces voitures sont l'objet d'une surveillance très-rigoureuse.

Ouest.
L'admission de plusieurs voitures à l'arrivée des trains aurait pour conséquence de créer des concurrences nuisibles à la Compagnie et au public.

Ardennes.
Lorsque, dans l'intérêt du public, les Compagnies ont passé des traités de correspondance, il convient de n'admettre dans les gares que les voitures affectées à ces correspondances.

Midi.
Si l'entrée des cours des gares était permise à toutes les voitures publiques, on ne trouverait plus d'entrepreneurs pour assurer le service des omnibus et des correspondances.

QUESTION 48ᵉ.

Y a-t-il lieu, au contraire, de décider que l'entrée des cours ne sera permise aux voitures publiques que sur une autorisation spéciale et qu'elle pourra être refusée aux entrepreneurs de ces voitures qui ne prendraient pas les engagements à imposer par l'administration, au point de vue de la régularité du service?

Orléans.
La Compagnie demande que les voitures publiques ne soient admises dans les cours des gares et stations que sur une autorisation du préfet donnée, la Compagnie entendue, et que cette autorisation soit refusée à toutes les entreprises qui voudraient faire concurrence, par des services incomplets, à celles qui font des services plus complets.

Lyon-Méditerranée.
Le régime de la libre concurrence devant complétement supprimer les sacrifices onéreux que la Compagnie s'impose pour assurer le service des correspondances, la Compagnie s'empresserait d'en réclamer l'application, si elle le considérait comme praticable; mais une longue expérience a fait reconnaître la nécessité de la réglementation.

Nord.
Il y a lieu de maintenir le régime actuel qui permet à l'administration de ne pas être désarmée pour la police des gares, et de protéger les voitures qui correspondent avec tous les trains.

Est.
Le régime indiqué par cet article est celui qui est en vigueur dans presque toutes les gares du réseau de l'Est; il répond à tous les besoins des voyageurs; il importe de le maintenir.

OUEST. — C'est, effectivement, le meilleur mode à suivre, pourvu que l'administration ne statue qu'après avoir entendu la Compagnie, ainsi, d'ailleurs, que cela s'est pratiqué jusqu'à présent.

ARDENNES. — Il importe que l'entrée des cours des gares ne soit pas permise à toutes les voitures publiques, sans l'avis des Compagnies et sans autorisation spéciale.

MIDI. — Dans toutes les gares où il existe des services d'omnibus ou de correspondance, faits par des entrepreneurs de la Compagnie, il y a lieu de leur accorder exclusivement l'entrée de la cour, en échange des obligations qu'ils ont contractées. Les autres voitures publiques doivent se tenir en dehors.

SECTION II.

SERVICE DES MARCHANDISES.

Question 49ᵉ.

Les délais fixés par l'arrêté du 15 avril 1859 sont-ils considérés par les Compagnies de chemins de fer comme une limite extrême? N'en font-elles pas au contraire la règle ordinaire?

ORLÉANS.

Les délais de l'arrêté sont considérés comme une limite extrême qui ne doit être atteinte que le plus rarement possible.

LYON-MÉDITERRANÉE.

Idem, excepté pour les transports à petite distance ou empruntant plusieurs lignes ou embranchements. Pour le cas d'encombrement, ces délais devraient être allongés.

NORD.

Les délais sont trop courts, surtout pour les petites distances. Conditions spéciales à la ligne du Nord, dont la plus grande longueur est de 400 kilomètres et la distance moyenne parcourue par une tonne, de 130 kilomètres.

EST.

Comme Orléans.

OUEST.

Limite; mais il est impossible de la réduire.

ARDENNES.

Limite extrême.

MIDI.

Idem; mais les délais sont trop courts pour les petites distances et les embranchements.

Question 50ᵉ.

Comparaison de ces délais avec ceux du roulage ordinaire et du roulage accéléré.
L'arrêté ministériel du 15 avril 1859 fixe, ainsi qu'il suit, les délais pour les *Chemins de fer*.

Un jour pour l'expédition.   } Non compris
24 heures par fraction indivisible de 125 kilomètres.   } le jour
(Ne sont pas comptés les excédants de distance jusques et } de la remise
y compris 25 kilomètres.)   } et celui
                                           } de la livraison.

Roulage accéléré. — 1 jour par distance de 60 à 80 kilomètres.

(Plus 2 jours pour les opérations au départ et à l'arrivée.)

Roulage ordinaire. — 1 jour par distance de 30 à 32 kilomètres.

(Plus 2 jours pour les opérations au départ et à l'arrivée.)

D'où, diminution *de moitié* sur les délais de départ et d'arrivée.

Augmentation de vitesse *du double* sur le roulage accéléré.

Idem du quadruple sur le roulage ordinaire.

Non compris le jour de la remise et celui de la livraison.

Lyon-Méditerranée.

Roulage accéléré. — 1 jour par distance de 50 à 60 kilomètres.

Roulage ordinaire. — 1 jour par distance de 32 à 36 kilomètres.

(Remarquer que la navigation, dont les transports ont beaucoup plus d'analogie avec le trafic des chemins de fer, ne connaît que le *délai moral.*)

Idem.

Nord.

Roulage accéléré. — 4 jours de Lille à Paris.
Roulage ordinaire. — 8 jours *idem.*
Chemin de fer. — 3 jours *idem.*

Idem.

Est.

Les délais actuels correspondent à ceux de l'ancien roulage accéléré ; ils représentent la moitié ou le tiers des délais de l'ancien roulage ordinaire.

(Même observation que Lyon relativement aux transports de la navigation.)

Ouest.

Roulage accéléré. — 1 jour par distance de 60 à 70 kilomètres.

Roulage ordinaire. — 1 jour par distance de 25 à 30 kilomètres.

Non compris le jour de la remise et celui de la livraison.

Ardennes.

Roulage accéléré. — 1 jour par distance de 80 kilomètres.
Roulage ordinaire. — 1 jour par distance de 40 kilomètres.

Idem.

Midi.

Roulage accéléré. — 8 jours de Bordeaux à Cette.
Roulage ordinaire. — 15 jours *idem.*
Batellerie. — 12 à 20 jours *idem.*
Chemin de fer. — 3 à 4 jours *idem.*

Idem.

QUESTION 51e.

Les cas dans lesquels ces délais réglementaires sont dépassés sont-ils fréquents ?

Orléans.

Délais rarement dépassés pour les grandes distances. Insuffisants pour les petites et pour les directions transversales.

LYON-MÉDITERRANÉE. Retards rares dans les circonstances ordinaires. Plus fréquents en cas d'encombrement, et surtout pour les petites distances et les lignes d'embranchement. En 1860, sur 3,111,234 expéditions, 5,365 ont donné lieu à retenues, soit 1 72 p. o/o.

NORD. Fréquemment.

EST. Peu fréquents, malgré les plaintes que le public ou le commerce ont fait entendre.

En 1859, 3,924,026 enregistrements. 11,797 réclamations 3 p. o/o.
En 1860, 4,336,629 *idem*. 9,592 *idem* 2 p. o/o.
En 1861, 1 p. o/o.

La grande difficulté consiste dans les transmissions. Chaque ligne nouvelle qui donne un raccourci diminue le délai et augmente la difficulté de transmission.

OUEST. Peu fréquents, excepté en cas d'encombrement.

ARDENNES. *Idem* (erreur, accident ou encombrement).

MIDI. Délais fréquemment dépassés pour les distances inférieures à 150 kilomètres, et dans les trajets qui comprennent des embranchements.

QUESTION 52e.

Quel est dans ce cas le dommage supporté par les Compagnies de chemins de fer?
Est-il arrivé fréquemment que les tribunaux aient alloué aux expéditeurs ou aux destinataires des dommages-intérêts par delà une retenue sur les frais de transport?

ORLÉANS. L'indemnité varie, suivant le cas, dans des limites très-étendues. Elle est, en général, réglée à l'amiable; en cas de désaccord, elle est réglée par les tribunaux de commerce.

LYON-MÉDITERRANÉE. Même réponse.
En cas de tort réel causé au propriétaire de la marchandise, l'indemnité est souvent supérieure au tiers du prix de transport.

NORD. Les tribunaux ont fréquemment alloué au commerce des dommages-intérêts qui dépassaient la totalité des frais de transport. En dehors des cas où les tribunaux interviennent, ce sont les commissionnaires de roulage et autres intermédiaires de transport, bien plutôt que les commerçants eux-mêmes, qui exigent les retenues.

EST. L'indemnité est souvent du dixième; dans des cas relativement assez rares, elle a dépassé la totalité du prix de transport.

OUEST. L'indemnité est le plus souvent du dixième ou du tiers, suivant l'importance des retards.

En cas de dommage justifié, tout se règle par des transactions.

On recourt rarement aux tribunaux.

Les retenues et dommages-intérêts sont fixés arbitrairement par les tribunaux.

Le dommage supporté est très-variable. Les tribunaux condamnent souvent la Compagnie à payer des indemnités supérieures au prix total du transport et même à la valeur de la marchandise.

QUESTION 53ᵉ.

Conviendrait-il que les Compagnies de chemins de fer fussent astreintes à souscrire des lettres de voitures stipulant qu'en cas de retard le prix du transport serait réduit d'un tiers, conformément à ce qui est pratiqué pour le roulage?

Non.

Un arrêt récent de la Cour de cassation a reconnu que, dans l'état actuel de la législation, les Compagnies ne sont pas soumises à cette obligation.

Ce qui est pratiqué pour le roulage est impraticable pour les chemins de fer.

Le roulage est une industrie libre, pouvant à son gré accepter ou refuser les transports, baisser ou hausser les prix, diminuer ou allonger les délais. Les chemins de fer sont des industries soumises à une réglementation publique, auxquelles incombe avant tout l'obligation de transporter, et qui ne peuvent se mouvoir que dans les limites rigoureuses de leur acte de concession. N'ayant pas les mêmes libertés que le roulage, il est juste qu'elles n'aient pas les mêmes obligations.

Même pour les transports effectués en dehors des chemins de fer, la retenue du tiers ne s'applique qu'aux marchandises dites *de roulage* (1ʳᵉ et 2ᵉ classes de tarifs de chemins de fer) et non pas aux marchandises pondéreuses et encombrantes. *La voie d'eau* qu'empruntent généralement ces dernières marchandises ne garantit qu'un *délai moral*.

Appliquée aux chemins de fer, la clause du tiers serait un obstacle à l'abaissement des tarifs.

Il est préférable de s'en tenir à la doctrine de la réparation du *dommage causé*.

Non.

Pas d'assimilation possible, sous ce rapport, entre le roulage et les chemins de fer.

L'arrêt de la Cour de cassation du 27 janvier 1862 l'a positivement reconnu en déclarant : « . . . . Que les Compagnies de chemins de fer ne peuvent, sous le prétexte d'un usage généralement pratiqué sous le régime de la libre concurrence, être obligées d'accepter ou de subir un forfait d'indemnité réglé à l'avance. »

6.

Mèmes motifs et même Conclusion que la Compagnie d'Orléans.

NORD.

Idem.

La retenue du dixième pourrait, tout au plus, être admise. Elle figure dans le traité depuis longtemps en vigueur entre le ministre de la guerre et les Compagnies pour les transports militaires; c'est celle qui a été proposée, mais sans résultat, à l'administration supérieure en 1860.

Pour le roulage, la lettre de voiture est un véritable contrat, dans lequel l'expéditeur et le transporteur débattent librement les prix, délais et conditions. Rien de semblable n'a lieu pour les chemins de fer qui, en présence des dispositions légales et réglementaires auxquelles ils sont assujettis, ne peuvent offrir au commerce que des prix, délais et conditions déterminés à l'avance, et sous le contrôle incessant de l'administration supérieure.

EST.

Non, d'une manière absolue.

La retenue du tiers, admise dans le roulage, était inconnue dans la navigation, et, puisque les compagnies transportent aussi bien des marchandises de navigation que des marchandises de roulage, il y aurait lieu, si l'on invoque les usages anciens, de tenir compte de la distinction qu'ils établissaient. Il faudrait alors, en stipulant la pénalité du tiers pour les marchandises de roulage, accorder aux Compagnies le droit de discuter les prix et délais, et, pour les marchandises de navigation, concéder le délai moral.

OUEST.

Non.

La retenue du tiers serait trop forte; elle s'appliquerait à des sommes plus considérables que celles auxquelles donnaient lieu les expéditions par roulage.

ARDENNES.

Non.

La retenue obligatoire du tiers, pour le seul fait d'un retard, même sans dommage causé, ne saurait être admise par les Compagnies, si le public conserve en même temps la faculté de réclamer des dommages-intérêts dans le cas où il aurait *éprouvé* un préjudice.

MIDI.

Non.

Mèmes motifs et même conclusion que les autres Compagnies, notamment que le Nord et l'Est.

QUESTION 54e.

Quels seraient les moyens d'activer le service de la petite vitesse pour les petites distances spécialement?

ORLÉANS.

On pourrait évidemment activer le service de la petite vitesse en augmentant le personnel, le matériel et l'étendue des gares, en diminuant la charge des trains de marchandises et en augmentant leur nombre et leur vitesse;

mais de pareils changements entraîneraient une augmentation considérable dans les frais de transport et par suite dans les tarifs.

Un tel résultat serait contraire aux intérêts du commerce qui, pour les expéditions à petite vitesse, se préoccupe bien plutôt du bon marché que du plus ou moins de célérité du transport.

Pour les transports à petites distances spécialement, les chemins de fer sont de mauvais instruments; il faut laisser aux messagers l'exécution de ce service, et c'est ce qui a lieu, par exemple, entre Paris et Corbeil et entre Libourne et Bordeaux.

Lyon-Méditerranée. Il ne paraît pas possible d'activer cette catégorie de transports. Le seul moyen consisterait peut-être à créer un service intermédiaire, pour les prix et les délais, entre la grande et la petite vitesse.

Nord. Rien à faire.

Pour les petits parcours, les chemins de fer ont une infériorité naturelle à laquelle on ne peut remédier.

Les lenteurs et les frais d'un double transbordement et d'un double camionnage annihilent tous les avantages de la célérité du transport par rails.

Jamais la farine expédiée de Pontoise à Paris n'a emprunté la voie de fer.

Est. On ne peut activer le service de la petite vitesse qu'en augmentant les prix de transport. En Angleterre, le public reçoit plus vite ses marchandises, mais il paye infiniment plus cher.

Ouest. Aucun moyen, si ce n'est le relèvement des tarifs.

Pour activer le service de la petite vitesse, il faudrait en effet augmenter le nombre des trains. Ces trains, ainsi multipliés, n'auraient que très-rarement leur charge complète, et la perception à laquelle ils donneraient lieu, d'après les tarifs actuels, serait tout à fait insuffisante pour couvrir les frais de l'exploitation.

Pour les petites distances spécialement, il est impossible que les chemins de fer puissent faire un service aussi régulier, aussi rapide, aussi commode que celui des messagers.

En Angleterre, les stations des lignes de la banlieue de Londres sont consacrées aux voyageurs et aux articles de messagerie, à l'exclusion des marchandises de petite vitesse.

Ardennes. Laisser aux Compagnies la liberté d'expédier sans suivre l'ordre d'inscription.

Midi. Permettre aux camionneurs, au départ, de remettre en gare les marchandises à petit parcours, après les heures de fermeture, et, à l'arrivée, de les enlever et livrer avant toute autre marchandise.

Question 55e.

Y aurait-il de l'inconvénient à autoriser un tarif réduit pour l'expéditeur qui présenterait une marchandise rentrant dans une catégorie spécifiée de matières premières, en quantité suffisante pour composer le chargement complet d'un train ou la majeure partie de ce chargement ?

Orléans.

Oui.

La condition d'un minimum aussi exorbitant exclurait toute la petite et la moyenne industrie du bénéfice du tarif réduit.

Ce serait rentrer, par une mauvaise porte, dans le système des traités particuliers.

Lyon-Méditerranée.

Pas d'objection en principe, pourvu que l'établissement du tarif réduit soit facultatif et non pas obligatoire pour la Compagnie. En fait, un tarif de cette nature trouverait rarement son application.

Nord.

Pas d'inconvénient à autoriser un semblable tarif, mais aucun avantage, pour les Compagnies, à en faire l'application.

Est.

Pas d'inconvénient. Il conviendrait même de généraliser la mesure.

Vendre *moins cher en gros qu'en détail*, c'est la loi du commerce et de l'industrie. En permettre l'application aux Compagnies de chemins de fer, ce serait rendre possible, dans l'intérêt général, des abaissements de prix que les compagnies ne peuvent aujourd'hui consentir à personne, parce qu'il faudrait les accorder à tout le monde.

Ouest.

Oui, il y aurait de l'inconvénient.

Les tarifs applicables aux expéditions par wagon complet sont déjà aussi réduits que possible.

Ardennes.

Il y aurait avantage. Rien de plus rationnel, en effet, que de réduire les prix de transport à proportion du tonnage des expéditions.

Midi.

Même réponse. Pour des trains complétement chargés, on pourrait consentir des réductions, impossibles aujourd'hui.

Question 56e.

La suppression des traités particuliers a-t-elle eu des inconvénients pour le public ?

Orléans.

De très-graves inconvénients.

Les traités particuliers étaient une tarification d'essai qui, sans compromettre les résultats acquis, devançait et préparait au besoin l'établissement des tarifs spéciaux.

Avec le système actuel, ces sortes d'expériences sont impossibles; car on ne peut guère, à moins de tomber dans des anomalies inadmissibles, baisser les prix pour tel ou tel point, sans les baisser en même temps pour les parcours en deçà et même au delà; ce qui oblige la Compagnie à modifier toute l'économie d'un tarif spécial, avant qu'elle ait pu savoir si la nouvelle réduction consentie a une véritable raison d'être et produira ou non les résultats qu'on en attendait.

Un tarif spécial ne peut même pas toujours remplacer utilement un traité particulier; car, dans les conventions passées entre le public et les Compagnies, figuraient des clauses qui ne seraient pas admises dans un tarif, telles que l'obligation, pour l'expéditeur, de maintenir des dépôts de marchandises dans certaines stations et de ne pas dépasser un certain prix de vente. Toutes combinaisons qui tournaient au profit de l'intérêt général et que rien ne remplace aujourd'hui.

Aussi, le tarif moyen kilométrique qui, pour le réseau d'Orléans, était descendu de o fr. 13,5 à o fr. 07,55 sous le régime des traités particuliers, n'a pas continué de décroître dans les mêmes proportions depuis qu'ils sont supprimés. La diminution de 1856 à 1860 n'a été que de 2/3 de centime.

Lyon-Méditerranée. Cette suppression est sans doute regrettable; mais le rétablissement des traités particuliers n'aurait pas d'effet sensible, au moins sur le réseau de Lyon. La plupart des traités ont été couvertis en tarifs spéciaux qui assurent au commerce, surtout pour les matières premières, des réductions de prix au-dessous desquelles il ne serait guère possible de descendre.

Nord. Oui.

Est. Oui, plus pour le public que pour les Compagnies, qui, grâce à l'application d'un tarif uniforme, échappent aux obsessions des expéditeurs.

Toutefois, pour certaines industries, la prohibition des traités particuliers est regrettable. Ainsi les forges de la Haute-Marne qui, depuis le traité de commerce, ont à soutenir la concurrence contre les produits étrangers, demandent en vain la diminution des prix de transport de la houille et du coke. Ce qui serait possible avec un traité particulier est impossible avec un tarif, attendu que, sous le régime actuel, la Compagnie ne pourrait abaisser ses prix pour les forges sans les abaisser également pour d'autres industries qui n'ont pas le même intérêt à une réduction de tarif.

Ouest. L'application des traités particuliers, avantageuse dans certains cas exceptionnels, ne paraîtrait pas devoir être généralisée.

Ardennes. Oui, pour les grands producteurs et consommateurs qui ne peuvent obtenir aujourd'hui, pour les transports par voie de fer, les réductions exceptionnelles que le roulage et la navigation ne craignaient pas de leur accorder.

Midi. Oui; surtout à cause de l'instabilité des tarifs, qui peuvent être relevés au bout d'un an, tandis que les traités particuliers assuraient au commerce des prix et conditions invariables pendant un certain nombre d'années.

Beaucoup de réductions consenties par traités particuliers n'ont d'ailleurs pas reparu sous forme de tarifs spéciaux.

QUESTION 57e.

L'usage anglais d'après lequel les grands établissements manufacturiers ou autres ont des wagons à eux appartenant ou loués par des constructeurs, offrirait-il des avantages ?

ORLÉANS.

Non. Cet usage ne paraît pas praticable en France.

L'acquisition ou la location d'un matériel serait trop onéreuse pour les industries françaises ; et, sans parler des difficultés de détail, l'adjonction de ce matériel à celui du chemin de fer ne serait que d'un bien faible secours pour la Compagnie, dans le cas de trafic exceptionnel.

Il suffit que le matériel mis à la disposition du commerce soit largement en rapport avec une bonne moyenne des transports.

LYON MÉDITERRANÉE.

Praticable en Angleterre où les Compagnies de chemins de fer ne sont pas tenues de fournir le matériel aux expéditeurs, cet usage serait inapplicable en France dans l'état actuel du cahier des charges. On ne saurait, en effet, accorder aux expéditeurs *la faculté* de se servir de leur propre matériel ou d'employer celui du chemin de fer, et maintenir en même temps, pour les Compagnies, l'*obligation* de transporter, par leurs propres moyens et dans des délais déterminés, toutes les marchandises qui leur sont remises.

NORD.

Oui. Pourvu qu'il fût réservé pour certaines marchandises, comme la houille, le coke, le minerai, et dans certains cas particuliers.

EST.

Praticable en Angleterre où tout est libre ; difficilement applicable en France où tout est réglementé.

OUEST.

Non.

ARDENNES.

Non. A moins qu'il ne s'agisse de transports importants, toujours semblables, dont le service régulier puisse être réglé d'avance.

MIDI.

Oui. Pourvu que cette mesure ne soit pas l'objet d'une réglementation administrative.

QUESTION 58e.

Le tarif du camionnage est-il seulement le remboursement des déboursés des Compagnies, ou bien est-il pour elles l'occasion d'un bénéfice?

ORLÉANS.

Que le camionnage soit fait par la Compagnie elle-même, comme à Paris, ou par des intermédiaires dont elle répond, comme en province, les tarifs de ce service sont peu rémunérateurs.

Lyon-Méditerranée.   Les recettes ne couvrent pas les dépenses.

Nord.   Rarement bénéfice, et souvent nécessité de subvention.

Est.   Service onéreux.

Ouest.   Pas de bénéfice.

Ardennes.   *Idem.*

Midi.   Comme le Nord.

Question 59e.

Le camionnage est-il organisé commodément pour la remise à domicile ? Les Compagnies ont-elles organisé en général un service pour aller prendre les colis au domicile de l'expéditeur ?

N'est-il pas perçu des taxes accessoires ?

Orléans.   Oui, en général.

A Paris, toutefois, le conditionnement des colis livrés donne lieu à des plaintes nombreuses qui retombent sur la Compagnie, bien qu'elles soient dues uniquement aux exigences minutieuses du service de l'octroi.

Les tarifs de factage et de camionnage sont réciproques, c'est-à-dire applicables du domicile à la gare et de la gare à domicile.

La Compagnie perçoit des taxes accessoires pour les marchandises détournées de leur itinéraire pour être présentées aux entrepôts où il y a des formalités à remplir, et aussi pour les houilles ensachées qu'il faut déposer, en vidant les sacs, dans les magasins du destinataire.

Lyon-Méditerranée.   Oui, très-largement et très-commodément.

Les services fonctionnent partout dans les deux sens.

Pas de taxes accessoires.

Nord.   Il s'agit probablement du tarif du camionnage des houilles à Paris.

Le public, qui est libre d'user ou non de ce tarif, ne le trouve sans doute pas trop onéreux, puisque la Compagnie transporte tous les hivers, à perte il est vrai, environ 300,000 kilogrammes de houilles tous les jours.

Est.   Oui; livraison immédiate à domicile. Dans les grandes gares, à Paris notamment, le service est organisé pour la prise à domicile.

Pas de taxes accessoires.

Ouest.   Oui, pour la première question.

Pas de taxes accessoires, à l'enlèvement.

Ardennes.   Oui, pour les deux questions.

Pas de taxes accessoires.

Midi.   Même réponse.

QUESTION 60ᵉ.

Y a-t-il lieu de modifier les dispositions du cahier des charges relatives au camion-nage, au point de vue d'une plus grande liberté pour ce service?

OLRÉANS.

Oui, en présence de l'interprétation donnée par l'autorité judiciaire à l'article 52 du cahier des charges et de laquelle il résulterait que la faculté, pour le destinataire, de faire lui-même le factage et le camionnage, s'applique aussi bien aux marchandises adressées *à domicile* qu'aux marchandises adressées *en gare*.

Il conviendrait de modifier de la manière suivante le texte dudit article :

« Toutefois, les expéditeurs resteront libres de faire eux-mêmes et à leurs « frais le factage et le camionnage des marchandises; *il en sera de même pour* « *les destinataires* à l'égard des marchandises qui ne leur seront pas adressées « à domicile. »

De plus, il importerait d'autoriser les Compagnies à camionner d'office dans un entrepôt public, aux risques et périls de qui de droit, les marchandises adressées à domicile et refusées, et celles qui, adressées en gare, ne seraient pas réclamées dans un délai de quinze jours.

Ce serait, avec l'élévation des frais de magasinage, le seul moyen de prévenir les encombrements des gares, l'immobilisation du matériel et tous les inconvénients qui en résultent.

LYON-MÉDITERRANÉE.

Oui, mêmes motifs.

Voici la rédaction proposée par la Compagnie pour le dernier paragraphe de l'article 52 du cahier des charges :

« Toutefois, les expéditeurs resteront libres de faire eux-mêmes, et à leurs « frais, le factage et le camionnage des marchandises; il en sera de même des « destinataires, sauf le cas où les déclarations des expéditeurs mentionneraient « que les marchandises doivent être livrées à domicile aux points d'arrivée. »

NORD.

Rien à modifier.

EST.

Oui

Supprimer le 3ᵉ paragraphe de l'article 52 du cahier des charges, c'est-à-dire dispenser les Compagnies de l'autorisation ministérielle et ne pas exiger l'égalité de prix pour tout le monde.

Permettre aux camionneurs de la Compagnie de fonctionner en dehors des heures d'ouverture et de fermeture des gares.

Donner aux Compagnies le droit, soit de supprimer, pour une période déterminée, la faculté d'adresser des marchandises en gare, soit de conduire dans des entrepôts publics les marchandises qui, adressées en gare, ne seraient pas rapidement enlevées.

Les gares ne doivent pas être des entrepôts où le commerce puisse, à sa guise, faire toute espèce d'opération ou de transaction.

Ouest.

Comme Orléans et Lyon.

Ajouter à la fin du dernier paragraphe de l'article 52 du cahier des charges, les mots : « ... Lorsqu'elles seront adressées *en gare*. »

Ardennes.

Se réfère à la réponse de l'Est.

Midi.

Oui.

Faculté, pour les services de camionnage, de fonctionner en dehors des heures d'ouverture et de fermeture des gares ;

Faculté d'appliquer les prix sans autorisation préalable et sauf communication en temps utile à l'Administration supérieure ;

Faculté de se mouvoir librement dans les limites des prix du tarif considérés comme maxima ;

Modification du dernier paragraphe de l'article 52 du cahier des charges dans le sens indiqué par les autres Compagnies.

QUESTION 61e.

Y a-t-il des contestations entre les agents des Compagnies et les expéditeurs au sujet de la dimension ou de la forme des colis?

Orléans.

Très-rarement ; — quelquefois au sujet du cubage des marchandises encombrantes.

A cette occasion, nous ferons remarquer qu'il n'y a aucune bonne raison pour soustraire les *bagages* qui, sous le volume d'un mètre cube, ne pèsent pas 200 kilogrammes, à la majoration de poids applicable aux marchandises de même nature, remises en grande ou en petite vitesse.

Lyon-Méditerranée.

Non.

Tout est prévu et réglé : limites de longueur, de hauteur et de poids.

Nord.

Non.

Est.

Rarement. — Il serait bon toutefois de déterminer les dimensions des objets présentés comme bagages et des colis à la main conservés par les voyageurs.

Ouest.

Très-rarement.

C'est surtout le *conditionnement* des colis qui donne lieu à des contestations.

Il y aurait intérêt à préciser ce que l'on doit entendre par *bagages*.

Ardennes.

Très-rarement.

Midi.

Fréquemment, en ce qui touche le *conditionnement* des colis.

7.

Question 62°.

*A quelles contestations peut donner lieu la responsabilité des Compagnies pour la
conservation des colis pendant le trajet ou en gare?*

ORLÉANS.

La Compagnie est responsable des avaries reconnues à l'arrivée et qui n'ont
pas fait, de sa part, l'objet de réserves au départ.

Les contestations sont généralement vidées à l'amiable, les chefs de gares
et de stations étant autorisés à transiger.

LYON-MÉDITERRANÉE.

Contestations relatives aux points suivants :
Application des tarifs. — Retards. — Avaries. — Pertes ou manquants.

NORD.

Pas de réponse.

EST.

Contestations relatives à des faits imputables à la Compagnie :
Colis perdus.
Manquants partiels.
Avaries.
Retards.
Échange de colis.
Fausses applications de taxes.
Contestations relatives à des faits non imputables à la Compagnie :
Amendes de douane pour fausses déclarations des expéditeurs.
Colis restés en souffrance (destinataires inconnus).
Refus d'acceptation par le destinataire en désaccord avec l'expéditeur.
Retard apporté par le destinataire au remboursement des sommes qui
suivent la marchandise.

OUEST.

Contestations relatives au conditionnement des colis, aux déchets de route
et avaries occultes.

ARDENNES.

C'est le droit commun qui régit.

MIDI.

Contestations relatives au conditionnement des colis, avaries et déchets de
route, pertes et fausses destinations.

Question 63°.

*Comment cette responsabilité s'établit-elle dans le cas où le trajet a lieu sur le réseau
de plusieurs Compagnies?*

ORLÉANS.

L'expéditeur n'a affaire qu'à une seule Compagnie, celle à laquelle il remet
sa marchandise, et le destinataire à une seule Compagnie, celle de qui il
reçoit sa marchandise.

A cet effet, les Compagnies se sont donné respectivement pouvoir de transiger l'une pour l'autre et sans avertissement préalable jusqu'à concurrence

de 3oo francs. Au-dessus de 3oo francs elles transigent encore l'une pour l'autre, mais en en référant, au préalable, à la Compagnie réellement responsable.

Quant au débat intérieur des diverses Compagnies qui ont concouru à un même transport, il ne regarde pas le public. Par suite de la reconnaissance contradictoire de la marchandise aux points de jonction et des réserves prises ou données, il est facile, en cas d'avarie, de retrouver la Compagnie qui doit être responsable.

Lyon-Méditerranée. L'expéditeur et le destinataire s'adressent à la Compagnie avec laquelle ils sont immédiatement en rapport; celle-ci met, au besoin, en cause la Compagnie cédante ou cessionnaire; la seconde Compagnie agit de même, s'il y a lieu, vis-à-vis de son cédant, et ainsi de suite.

Nord. Le public s'adresse soit à l'une, soit à l'autre; et celle qui est saisie traite au nom des deux administrations.

Est. Une reconnaissance contradictoire de la marchandise doit être faite, aux divers points de transmission, dans les 48 heures de la remise pour les gares de ceinture et dans les 24 heures pour les autres gares de transmission.

En cas d'avarie dont l'existence ne peut être vérifiée au passage, les Compagnies se partagent la responsabilité et la perte qui en résulte.

La responsabilité des retards s'établit par les dates mêmes des différentes remises ou livraisons de Compagnie à Compagnie.

La Compagnie qui accepte une lettre de voiture avec des délais moindres que ceux de l'arrêté ministériel est seule responsable, en cas de retard, pourvu que le transport sur les autres lignes ait eu lieu dans les délais légaux.

Même responsabilité pour la Compagnie qui accepte une lettre de voiture périmée.

Ouest. Par suite de conventions entre elles :

1° Au prorata des kilomètres parcourus par chacune des Compagnies, pour les déchets et les avaries occultes ;

2° A la charge de la Compagnie expéditrice, en cas de non-emballage ou d'emballage défectueux, ou d'avaries ayant été établies, à la transmission, par des réserves ;

3° A la charge de la Compagnie destinataire, quand elle n'a fait aucune réserve ;

4° Par parties égales, pour les coups de crochets.

Ardennes. La responsabilité est réglée entre les Compagnies par des conventions particulières.

Midi. Proportionnellement à la faute commise et à raison des constatations et réserves faites au moment des transmissions successives de Compagnie à Compagnie.

QUESTION 64e.

ORLÉANS.

Les services de réexpédition sont-ils bien organisés pour les localités qu'on ne peut atteindre que par un certain parcours sur les routes ordinaires?

Les conditions de ces réexpéditions sont-elles satisfaisantes?

LYON-MÉDITERRANÉE.

Oui.

La Compagnie a 276 services de réexpédition, dont 170 de grande vitesse et 106 de petite vitesse, qui fonctionnent généralement à la satisfaction du public.

Remarquez, à ce sujet, qu'il y aurait lieu de modifier l'article 53 du cahier des charges en dispensant les Compagnies de la formalité de l'*autorisation préalable*, et en les assujettissant seulement à la *communication préalable de leurs traités*.

NORD.

Très-bien et très-complétement organisés.

Aucune réclamation.

EST.

Ces services sont en général satisfaisants.

Ils existent sur plus de 400 points.

La communication de chaque traité à l'Administration supérieure entraîne des formalités inutiles. Une communication semestrielle du tableau général des divers prix de réexpédition en vigueur paraîtrait suffisante.

OUEST.

Oui.

ARDENNES.

Il existe des services de réexpédition pour toutes les localités un peu importantes avoisinant le réseau.

MIDI.

Oui.

Ils fonctionneraient mieux aux conditions suivantes :

Pas d'assujettissement aux heures réglementaires des gares.

Prix maxima, avec liberté, pour l'entrepreneur. de se mouvoir dans les limites de son tarif.

Faculté d'appliquer un prix dans le délai de huit jours après la communication à l'Administration supérieure et sans attendre l'autorisation préalable.

QUESTION 65e.

Y aurait-il convenance et utilité à modifier les délais portés en l'article 8 de l'arrêté du 15 avril 1859, pour la transmission des marchandises d'une ligne à une autre?

ORLÉANS.

Ces délais sont à peine suffisants.

LYON-MÉDITERRANÉE.

Rien à changer.

Nord.

Rien à changer, plutôt les allonger que les raccourcir.

Est.

Même réponse.

Il y aurait quelque chose à faire pour le passage des lignes principales sur les lignes secondaires d'un même réseau et réciproquement : accorder, par exemple, un jour de plus par point d'embranchement.

Ouest.

Rien à changer. — Délais déjà insuffisants.

Ardennes.

Comme le Nord.

Midi.

Délais trop courts pour les distances inférieures à 150 kilomètres et pour les transmissions des lignes principales sur les embranchements, et *vice versa*.

QUESTION 66e.

N'y a-t-il pas lieu de supprimer la prescription d'expédier les marchandises suivant l'ordre d'inscription, et cette mesure ne fournirait-elle pas le moyen de réduire les délais fixés pour le transport?

Orléans.

Oui.

Cette prescription résultant du troisième paragraphe de l'article 49 du cahier des charges est virtuellement annulée par l'article 50 qui fixe les délais de transport : elle est de plus en contradiction avec le § 8 de l'article 49 d'après lequel il peut être établi un tarif réduit pour tout expéditeur qui accepterait des délais plus longs que les délais réglementaires de la petite vitesse.

Lyon-Méditerranée.

Oui.

Cette prescription est impraticable et contradictoire avec d'autres dispositions du cahier des charges et des tarifs homologués.

Nord.

Oui.

Cette prescription est sans objet depuis que les délais sont fixés.

Est.

Non.

L'ordre d'inscription est une mesure simple qu'il serait difficile de remplacer.

Ouest.

Non.

Ardennes.

Oui.

Cette mesure permettrait d'expédier plus promptement pour les petites distances.

Midi.

Non.

. Il vaudrait mieux supprimer le registre d'entrée.

Question 67°.

Ne pourrait-on réduire le bénéfice de l'ordre d'inscription aux marchandises similaires?

Orléans.

Non.

Ce serait une complication des plus fâcheuses pour le service des Compagnies, sans aucun profit pour le public.

Lyon-Méditerranée.

Idem.

Nord.

Idem.

Est.

Idem.

Ouest.

Idem.

Ardennes.

Oui, sans doute, mais l'amélioration résultant de la suppression de l'ordre d'inscription ne serait pas complète et ne pourrait pas profiter aux petites distances.

Midi.

Mêmes réponses que toutes les Compagnies autres que les Ardennes.

Question 68°.

N'y a-t-il pas lieu d'autoriser un service intermédiaire entre la grande vitesse et la petite, et à des prix spéciaux?

Orléans.

Ce service est prévu par le paragraphe 9 de l'article 50 du cahier des charges. Les essais tentés jusqu'à ce jour n'ont que très-imparfaitement réussi.

Lyon-Méditerranée.

Un service de cette nature intéresse peu le public et ne paraît pas avoir de grandes chances de développement.

Nord.

Cela existe dans le cahier des charges.

Est.

Oui.

Ce service existe déjà sur le réseau de l'Est, et il est très-recherché par le commerce.

Utilement applicable aux grandes distances, il est dangereux pour les petites, parce qu'il permet aux expéditeurs de ne plus prendre la grande vitesse.

Ouest.

Ce service, qui existe déjà pour les denrées, n'aurait d'intérêt que pour les grandes distances.

Ardennes.

Oui, mais sans obligation pour les Compagnies de le généraliser. Il faudrait, de plus, qu'il fût exempt de l'impôt.

Midi. Non.

Le commerce se préoccupe bien plus des réductions de prix que des diminutions de délais.

QUESTION 69e.

L'article 14 du même arrêté porte que la Compagnie du chemin de fer est tenue de délivrer à l'expéditeur un récépissé qui énonce la nature et le poids des colis, le prix du transport et le délai dans lequel ce transport devra être effectué.

Cet article est-il observé?

Quel moyen y aurait-il d'en obtenir l'observation stricte?

N'y a-t-il rien à ajouter aux énonciations du récépissé?

Orléans. Non, Le récépissé réglementaire est trop compliqué pour être admis dans la pratique.

Il y aurait lieu de supprimer de ses énonciations la mention du prix et du délai de transport. Ces deux renseignements, qui sont les plus longs à établir, sont faciles à retrouver, puisqu'il résultent des tarifs homologués auxquels on peut toujours se reporter.

Lyon-Méditerranée. Oui, exactement.

La mention du prix de transport est inutile. Il suffirait d'indiquer la nature et le poids des colis et la date de la remise.

Nord. Oui. Mais les expéditeurs préfèrent inscrire leurs envois sur des livres émargés par les agents de la Compagnie, ou sur des bordereaux en double dont un reste à la gare.

Quant aux énonciations réglementaires, elles sont des plus complètes; il n'y a rien à y ajouter.

Est. Oui. Mais pour les marchandises encombrantes, dont le poids ne peut être immédiatement constaté, le récépissé devrait contenir une observation générale ainsi conçue : « Le poids des marchandises ci-dessus désignées ne pourra « être établi qu'après le pesage sur wagon. »

Ouest. Le plus souvent, les expéditeurs ne veulent pas de récépissé. Rien à ajouter aux énonciations.

Ardennes. Oui. Rien à ajouter aux énonciations.

Midi. Les récépissés sont fournis aux expéditeurs toutes les fois qu'ils les réclament.

Les énonciations réglementaires sont trop compliquées.

8

Question 70e.

Est-il avantageux à la bonne exploitation des chemins de fer de maintenir la clause du cahier des charges en vertu de laquelle les taxes que les Compagnies sont autorisées à percevoir, une fois qu'elles auraient été abaissées, ne peuvent être relevées, en ce qui concerne les marchandises, qu'après un délai d'un an? Y aurait-il lieu de réduire ce délai, et dans quelle proportion?

Orléans.

Il n'y a pas de motif pour fixer un délai différent pour le relèvement des tarifs de voyageurs et des tarifs de marchandises; il conviendrait de fixer, d'une manière uniforme, ce délai à trois mois.

Il faudrait surtout, dans les cas excessivement rares où les Compagnies usent de leur droit de relèvement, que l'Administration n'opposât pas à l'exercice de ce droit incontestable le refus d'homologuer les tarifs relevés.

Lyon-Méditerranée.

La clause du cahier des charges peut rendre impossibles des combinaisons utiles, qui n'auraient de raison d'être que pendant une certaine saison.

Le délai maximum de trois mois, fixé par les anciens cahiers des charges, devrait être rétabli.

Nord.

Un délai de trois mois serait suffisant; il permettrait d'avoir des tarifs d'hiver et des tarifs d'été pour certaines marchandises.

Est.

Idem. Cela existe sur les chemins anglais et sur les chemins riverains du Rhin.

Ouest.

Une réduction du délai actuel ne serait pas moins favorable au commerce qu'aux Compagnies.

Ardennes.

Un délai de trois mois suffirait.

Midi.

Idem.

Question 71e.

N'y a-t-il pas lieu de modifier l'article du cahier des charges en vertu daquel le prix du transport pour les céréales et les farines, les légumes farineux, est subordonné à la valeur du blé sur tel ou tel marché régulateur? Y aurait-il de l'inconvénient à établir, pour le transport de ces denrées, un tarif fixe et réduit sous la condition que l'expéditeur en présenterait une quantité supérieure à un minimum déterminé, et pouvant composer la majeure partie du chargement d'un train ou un train complet?

Orléans.

Le tarif exceptionnel n'a pas grande utilité en présence des prix beaucoup plus bas, consentis par les Compagnies pour les transports de céréales; mais, puisque ce tarif existe, il n'y a pas lieu de le supprimer.

Quant à la condition d'un minimum, elle serait funeste au petit et au moyen commerce des grains.

Lyon-Méditerranée. Rien à changer aux dispositions existantes.

Nord. Il faut supporter le tarif exceptionnel, mais bien se garder de le généraliser.
Les Compagnies n'ont pas d'intérêt à ce qu'on leur offre des chargements complets de grains.

Est. Rien à modifier. C'est une constatation officielle du concours que les Compagnies prêtent au Gouvernement dans les temps de disette ou de cherté de vivres, concours qu'il n'a pas toujours été possible d'obtenir des voies navigables.
Quant à la condition d'un minimum, elle n'aurait que de bons effets.

Ouest. Rien à modifier.

Ardennes. L'établissement d'un tarif fixe et réduit aurait des inconvénients, car il entraînerait, pour les Compagnies, l'obligation de faire les mêmes sacrifices pour l'exportation que pour l'importation des grains.

Midi. Les céréales sont toujours transportées à des prix très-bas. Un tarif réduit, moyennant des conditions de tonnage déterminées, serait favorable au commerce et aux Compagnies.

QUESTION 72e.

Pour le transport par petite vitesse, le tarif d'après lequel sont taxés les colis est gradué de 10 en 10 kilogrammes; conviendrait-il d'avoir des degrés plus rapprochés, de 5 en 5 kilogrammes par exemple, à partir du poids de 10 kilogrammes maintenu comme minimum?

Orléans. Non. La taxation de 5 en 5 kilogrammes, insignifiante pour le public, augmenterait les difficultés des opérations de pesage, qui demandent à être faites rapidement, et donnerait lieu à des contestations.
Maintenir également le poids de 40 kilogrammes comme minimum.

Lyon-Méditerranée. Même réponse.
Élever le poids minimum de 40 à 50 kilogrammes.

Nord. Non.

Est. Non. La taxation par 10 kilogrammes est très-facile; y substituer la taxation par 5 kilogrammes, ce serait compliquer les barèmes et les opérations de calcul, augmenter les chances d'erreur et par suite les contestations.
Le minimum ne saurait, dans aucun cas, être abaissé de 40 à 10 kilogrammes.

Ouest. Non. Il n'y aurait aucun avantage pour le public.

Ardennes. Comme l'Est.

Midi.

Ce serait diminuer sensiblement les recettes, sans profit réellement appréciable pour le public.

Question 73ᵉ.

Les trains portant exclusivement des marchandises pourraient-ils être autorisés à brûler de la houille non carbonisée?

Orléans.

Oui. La consommation de la houille crue dans les foyers des machines à marchandises ne présente aucun inconvénient.

Lyon-Méditerranée.

Même réponse.

Nord.

Oui. Tous les trains de marchandises, sans exception, sont remorqués par des locomotives qui brûlent uniquement de la houille non carbonisée. Si l'on imposait à la Compagnie de brûler du coke, elle ne pourrait probablement pas en trouver en quantité suffisante.

Combustible consommé en 1861 : 128,887 tonnes.

Est.

Oui. La substitution du coke à la houille crue dans le service des chemins de fer, dont la consommation est énorme, aurait pour résultat de faire hausser le prix du coke de manière à nuire aux industries qui ne peuvent employer que ce combustible.

Ouest.

Aucune prescription n'interdit formellement l'emploi de la houille non carbonisée.

Ardennes.

Comme l'Est.

Midi.

Il n'y a à cela aucun inconvénient, et le cahier des charges ne s'y oppose pas.

Question 74ᵉ.

Quel est le nombre de wagons possédés par la Compagnie? quelle en est la contenance moyenne, quel est le tonnage kilométrique correspondant à un wagon?

Orléans.

Nombre de wagons (au 31 décembre 1861), 8,212.

Contenance moyenne, 6 tonnes 50.

Tonnage kilométrique correspondant à 1 wagon, 60,000 tonnes transportées à 1 kilomètre par an.

Lyon-Méditerranée.

Nombre de wagons (1er janvier 1862), 23,030.

(Il y en aura 28,756 fin décembre 1862).

Charge moyenne (pendant l'année 1860), 3 tonnes 502.

Tonnage kilométrique correspondant à 1 wagon (pendant l'année 1860), 52,882 tonnes.

Nord.

Nombre de wagons (en 1861) approximativement, 9,902.

Contenance moyenne en kilogrammes, 8,900.

Tonnage kilométrique correspondant à 1 wagon (pendant l'année 1860), 54,700 tonnes.

Nombre de wagons (au 15 décembre 1861), 11,185.
Contenance moyenne, 6 tonnes 625.
Tonnage kilométrique correspondant à 1 wagon (en 1861), 57,654 tonnes.

Nombre de wagons (au 31 décembre 1860), 6,281.
Contenance moyenne, 8 tonnes 67.
Tonnage kilométrique correspondant à 1 wagon, 61,177 tonnes.

La Compagnie des Ardennes a maintenant sur rails, savoir :
  50 machines mixtes;
  25 machines à marchandises;
  156 voitures à voyageurs;
  48 fourgons à bagages, trucks ou wagons-écuries;
  516 wagons à marchandises;
  713 wagons à houille ou à coke;
  203 wagons pour l'entretien des voies.

Nombre de wagons (1ᵉʳ janvier 1862), 5,270.
Contenance moyenne, 10 tonnes.
Tonnage kilométrique (en 1861), 66,000 tonnes.

QUESTION 75ᵉ.

Quelle progression ont suivie, depuis l'origine de la Compagnie, ce nombre de wagons,
cette contenance moyenne et ce tonnage kilométrique?

En 1844, 500 wagons environ.
En 1861, 8,212 *idem*.
Contenance originaire, 5 tonnes.
Contenance actuelle, de 5 à 10 tonnes.
Tonnage kilométrique, de 48,000 à 60,000 tonnes, transportées à 1 kilomètre par année.

ANNÉES.	NOMBRE DE WAGONS.	TONNAGE KILOMÉTRIQUE.
1856..........................	9,334 wagons.	57,463 tonnes.
1857..........................	10,832	52,978
1858..........................	11,672	58,885
1859..........................	18,098	50,677
1860..........................	19,056	52,882

Contenance originaire, 5 et 6 tonnes.
Contenance actuelle, 8 à 10 tonnes.

Nord.

ANNÉES.	NOMBRE DE WAGONS.		CONTENANCE MOYENNE.
1846............................	422 de 6 tonnes..... 1 de 10 idem.......	423	6t 000
1857............................	2,728 de 6 tonnes..... 627 de 10 idem.......	3,355	6 750
1860............................	2,550 de 6 tonnes..... 6,596 de 10 idem...... 83 de 15 idem...... 150 wagons spéciaux pesant 12 tonnes vides.	9,379	8 800
1861 (environ)................	2,549 de 6 tonnes..... 7,120 de 10 idem...... 83 de 15 idem....... 150 wagons spéciaux pesant 12 tonnes vides.	9,902	8 900

Est.

ANNÉES.	WAGONS		TOTAL.
	à 5 tonnes.	à 10 tonnes.	
1850...........................	576	"	576
1852...........................	1,371	"	1,371
1854...........................	2,139	1,564	3,643
1861...........................	2,544	8,170	10,723
Au 15 décembre 1861...........	2,493	8,609	11,185

Ouest.

En 1855, 2,881 wagons, d'une contenance moyenne de...... 6t 64

En 1858, 4,548 *idem*. 8 15

En 1860, 6,281 *idem*............................... 8 67

Ardennes.

En plus, depuis l'origine de la Compagnie :

29 machines;

587 wagons à houille;

3 wagons pour l'entretien des voies;

178 wagons à marchandises (disposés pour porter 10 tonnes, en moyenne portant 5 tonnes);

21 fourgons à freins;

57 voitures à voyageurs.

Midi.

En 1858, 3,020 wagons.

En 1862, 5,270 *idem*.

QUESTION 76ᵉ.

Quels sont les délais en usage ?
Les trains express portent-ils des marchandises ?
Ce service n'est-il pas réservé aux trains omnibus ?

ORLÉANS.

Les délais en usage sont ceux de l'arrêté ministériel du 15 avril 1859.

Les trains express ne portent des marchandises que très-exceptionnellement.

Les trains omnibus et les trains mixtes portent les calèches, les chevaux et les marchandises expédiés à grande vitesse.

Il existe journellement, au départ de Tours, un train spécial de grande vitesse pour les denrées destinées aux marchés de Paris.

LYON-MÉDITERRANÉE.

Délais de l'arrêté.

En général, pas de marchandises aux trains express.

On fait usage accidentellement des trains express, pendant le service d'été, pour le transport d'une partie des articles de messagerie de parcours entier.

Aux époques d'expéditions de fruits et de légumes il existe, entre Marseille et Paris, un train spécial de messagerie.

NORD.

Les trains express ne prennent pas de marchandises à grande vitesse ; celles-ci sont expédiées par les trains omnibus.

EST.

Le service se fait dans les délais et conditions de l'arrêté ministériel du 15 avril 1859, avec les quatre exceptions suivantes :

1° Transport de la messagerie par un train de Paris sur Strasbourg ;

2° Transport de la messagerie pour l'Allemagne par le train-poste de Paris sur Forbach et Kehl ;

Transport de la marée par ce même train en hiver ;

3° Transport, au retour de Paris, par le train-poste de nuit, des marchandises à destination des halles et marchés, et notamment du gibier provenant de l'Allemagne ;

4° Transport de la messagerie par le train-poste de Paris sur Mulhouse, trop peu chargé en voyageurs.

OUEST.

Les délais de l'arrêté.

Les trains express prennent de la petite messagerie, mais c'est l'exception, et tout le service en général est fait par les trains omnibus.

ARDENNES.

Les délais en usage sont ceux des trains omnibus.

MIDI.

Le service est fait dans les délais et conditions de l'arrêté.

On ne remet aux trains express que les finances, les échantillons et les articles susceptibles d'une prompte détérioration (gibier, poisson, beurre, volailles, huîtres et coquillages).

Question 77ᵉ.

Quels étaient les délais avec les malles-postes et avec les diligences?

Comparaison des prix des chemins de fer avec ceux des malles-postes et des diligences.

ORLÉANS.

Pas de délai fixe avec les malles-postes (transports exceptionnels et par tolérance de l'Administration, qui autorisait les courriers à porter avec eux 150 kilogrammes de marchandise au départ de Paris et 300 au retour).

Délai moral avec les diligences.

Tarif ordinaire des messageries, 1 fr. 20 cent. par tonne et par kilomètre.

Tarif commercial (réservé aux maisons importantes du commerce), 80 centimes par tonne et par kilomètre.

Tarif des chemins de fer (impôt compris), 40 centimes *idem*.

LYON-MÉDITERRANÉE.

Les délais s'établissaient, d'après la vitesse :

14 à 16 kilomètres à l'heure, avec les malles-postes;

10 à 12 kilomètres à l'heure, avec les diligences (sur les routes les mieux servies), plus le temps nécessaire pour la remise et la livraison.

Tarif des malles-postes (qui d'ailleurs ne transportaient que des colis d'une dimension et d'un poids très-réduits), 1 franc par tonne et par kilomètre.

Tarif des messageries (pour les petits colis), de 0ᶠ75 à 1 fr. 25 cent. *idem*.

Tarif commercial, de 50 à 75 centimes *idem*.

Tarif des chemins de fer :

Marchandises en général, 40 centimes par tonne et par kilomètre.

Denrées, 28 centimes *idem*.

Légumes en provenance du Midi, 18 centimes *idem*.

NORD.

Avec les diligences de Lille à Paris :

Délai, 24 heures.

Prix, 140 et 160 francs par tonne.

Avec les chemins de fer de Lille à Paris :

Délai, 4 heures 1/2 trains express, 7 heures trains omnibus.

Prix, 100 francs par tonne.

EST.

Délais.

Avec les malles-postes, 16 kilomètres à l'heure.

Avec les grandes diligences, 12 kilomètres à l'heure.

Prix.

Avec les malles-postes... 1ᶠ 50ᶜ,

Avec les diligences (en moyenne)
- 1 00 , coupé,
- 0 85 , intérieur
- 0 85 , rotonde et banquette (été)
- 0 75 , rotonde et banquette (hiver)

par poste de 8 kilom.

Comparaison entre les prix des malles-postes et ceux des chemins de fer par tête et par kilomètre :

	MALLES-POSTES.	CHEMINS DE FER.	EN MOINS par chemins de fer.
1ʳᵉ classe............	0ᶠ 18ᶜ 75	0ᶠ 11ᶜ 20	0ᶠ 07ᶜ 55
2ᵉ classe............	0 18 75	0 08 40	0 10 35
3ᵉ classe............	0 18 75	0 06 16	0 12 59

Comparaison entre les prix des diligences et ceux des chemins de fer, par tête et par kilomètre :

	DILIGENCES.	CHEMINS DE FER.	EN MOINS par chemins de fer.
1ʳᵉ classe............	0ᶠ 12ᶜ 50	0ᶠ 11ᶜ 20	0ᶠ 01ᶜ 30
2ᵉ classe............	0 10 62	0 08 40	0 02 22
3ᵉ classe............	0 10 62 (été)	0 06 16	0 04 46
4ᵉ classe............	0 09 375 (hiver)	0 06 16	0 03 215

OUEST.

Avec les malles-postes, 14 à 15 kilomètres à l'heure.
Avec les diligences, 10 à 12 kilomètres à l'heure.
Prix moyens, de 0ᶠ 80ᶜ à 1ᶠ par tonne et par kilomètre.

ARDENNES.

Pas de marchandises avec les malles-postes.
Avec les diligences { 10 kilomètres à l'heure.
0ᶠ 40ᶜ en moyenne, par tonne et par kilomètre.

MIDI.

Avec les malles-postes, 12 à 16 kilomètres par heure.
Avec les diligences, 10 à 12 kilomètres par heure.
Avec les diligences, de 0ᶠ 90ᶜ à 1ᶠ 25ᶜ }
Avec les chemins de fer...... 0ᶠ 40ᶜ } par tonne et par kilomètr

QUESTION 78ᵉ.

Pour les excédants de bagages et les transports par grande vitesse, les coupures sont établies de 10 en 10 kilogrammes. Conviendrait-il de les établir par kilogramme à partir de 5 qui resterait le poids minimum?

ORLÉANS.

Non. La taxation par kilogramme compliquerait le tarif de grande vitesse, et, en exigeant des pesées minutieuses, retarderait le service.

LYON-MÉDITERRANÉE. *Idem.*

NORD. *Idem.*

EST. *Idem.*

9

OUEST. Non. La taxation par kilogramme compliquerait les tarifs de grande vitesse, et, en exigeant des pesées minutieuses, retarderait le service.

ARDENNES. *Idem.*

MIDI. *Idem.*

QUESTION 79ᵉ.

*· La faculté du groupement par des expéditeurs intermédiaires est-elle en usage?
L'intérêt du public et celui des Compagnies serait-il de le développer?*

ORLÉANS. L'usage de cette faculté diminue de jour en jour.

L'intérêt du public et celui des Compagnies seraient de le supprimer.

Le meilleur moyen serait de créer, au centre de Paris, un bureau commun qui accepterait des colis pour tous les chemins de fer.

LYON-MÉDITERRANÉE. Cet usage se pratique dans les limites de l'article 47 du cahier des charges.

Il entraîne des opérations supplémentaires, des pertes de temps et des frais inutiles, qui, sous la dénomination de débours, augmentent généralement de 30 à 50 p. o/o le prix du transport.

NORD. Cet usage diminue chaque année.

Comme pour tous les parasites, il y aurait intérêt pour le public à le voir disparaître.

EST. Il ne reste, sur le réseau de l'Est, que six entreprises de groupage : trois régulières, trois irrégulières. Le tonnage remis par cette industrie parasite a diminué de plus de 40 p. o/o depuis trois ans.

OUEST. Le groupement est, pour les Compagnies, une source de fraudes dans les déclarations, et souvent, pour le public, une cause d'augmentation dans le prix du transport.

ARDENNES. Les frais de commission absorbent, pour le public, le bénéfice qu'il peut faire sur le tarif du chemin de fer; aussi le groupement diminue chaque jour.

MIDI. Encore en usage sur les lignes du Midi.

Il y a intérêt, pour le public et pour les Compagnies, à le restreindre autant que possible.

QUESTION 80ᵉ.

*Quelles mesures y aurait-il à prendre pour prévenir les soustractions commises au
préjudice des Compagnies et du public dans les gares ou pendant le trajet?*

ORLÉANS. Les causes qui facilitent le plus les soustractions sont le mauvais emballage et l'ouverture des colis, à leur passage à l'octroi et à la douane.

Les soustractions sont d'ailleurs assez rares relativement au nombre des expéditions.

Lyon-Méditerranée. Rien à faire en dehors de la surveillance ordinaire.

Nord. *Idem.*

Est. Obliger les expéditeurs à prendre plus de précautions dans le conditionnement de leurs envois.

Ouest. La mesure la plus efficace serait d'obliger les expéditeurs à emballer, clore et protéger suffisamment les objets qu'ils font transporter.

Dans les gares principales de l'Ouest, les articles de messagerie sont renfermés dans des paniers qui ne sont ouverts qu'à destination.

Les marchandises de petite vitesse, composées de petits colis, sont expédiées dans des wagons plombés toutes les fois que les wagons sont complets, et les transports ne sont confiés qu'à des agents d'une probité éprouvée.

Ardennes. Impossible de prévenir complétement les soustractions, qui, du reste, ne sont pas nombreuses.

Midi. Comme Lyon et le Nord.

SECTION III.

CONSTRUCTION DES CHEMINS DE FER.

Question 81ᵉ.

*Jusqu'à présent, les Compagnies concessionnaires des chemins de fer ont été géné-
ralement autorisées à n'exécuter les terrassements que pour une seule voie; mais on
leur a imposé l'obligation d'acheter les terrains et de construire les ouvrages d'art
pour deux voies. Convient-il de continuer à suivre cette règle, ou serait-il plus à
propos de n'acquérir d'abord les terrains et de ne construire les ouvrages d'art que
pour une seule voie? La dépense totale de construction du chemin de fer, après
la pose de la seconde voie, serait ainsi augmentée, mais d'un autre côté, on écono-
miserait, au moment de la première construction, une somme importante dont les
intérêts cumulés compenseraient, au moins en partie, cette augmentation. Ne peut-on
pas admettre que l'on obtiendrait souvent, par ce moyen, une économie sur la dépense définitive?*

Orléans.

Il est impossible d'établir à ce sujet une règle générale. La convenance ou
la nécessité d'une seconde voie ne saurait être déterminée d'une manière
rationnelle par le chiffre de la recette brute kilométrique. C'est en raison du
nombre des trains que la voie simple est ou n'est pas suffisante.

Dans beaucoup de cas, une seule voie suffira pendant un temps illimité;
en conséquence, il y aura avantage à réaliser immédiatement l'économie des
terrains et des ouvrages d'art de la seconde voie.

Lyon-Méditerranée.

Les chemins de fer qui restent à construire étant destinés, en général, à
n'avoir qu'un faible trafic, il convient de n'exécuter les ouvrages d'art et même,
dans la plupart des cas, de n'acheter les terrains que pour une seule voie.

L'économie qui en résultera dans les dépenses d'établissement pourra s'é-
lever de 30 à 40,000 francs jusqu'à 100,000 francs par kilomètre pour les
parties exceptionnellement difficiles.

Nord.

Sur la plupart des lignes restant à construire, l'utilité de la deuxième voie
parait devoir être assez éloignée pour qu'il convienne de n'établir que pour
une voie les ouvrages d'art aussi bien que les terrassements.

Est.

On croit qu'en général les nouveaux chemins de fer ne devront être exécutés qu'à une seule voie et qu'il y aura lieu d'accorder l'autorisation de

n'exécuter les ouvrages, les terrassements, et même de n'acheter les terrains que pour une seule voie.

Ouest.

Lorsqu'un chemin projeté à une voie a quelque chance d'exiger plus tard une seconde voie, il y a lieu, sans hésiter, d'acheter les terrains et d'exécuter les travaux d'art pour deux voies.

Mais lorsqu'il y a, au contraire, presque certitude que le chemin projeté à une voie n'en exigera jamais une seconde, il convient de n'en établir toutes les parties que pour une voie unique.

Il en est de même pour les terrassements.

Ardennes.

L'autorisation de n'exécuter les terrassements que pour une seule voie, avec l'obligation d'acheter les terrains et de construire les ouvrages d'art pour deux voies, n'apporterait aux Compagnies qu'une faible économie.

Midi.

Il est certain qu'il y a une véritable perte du capital social à édifier des ouvrages d'art à deux voies sur une foule de lignes dont le trafic n'exigera la pose de la seconde voie que dans un avenir assez éloigné.

Cette dépense pourrait être utilement épargnée, mais il est difficile de préciser le chiffre de l'économie immédiate.

Question 82ᵉ.

Dans le cas où il serait reconnu qu'il est à propos de ne construire les ouvrages d'art que pour une seule voie, devrait-on cependant acquérir les terrains pour deux voies, en égard à ce qu'il n'en résulterait généralement qu'une faible augmentation de dépense?

Orléans.

L'acquisition des terrains pour deux voies ne donne pas lieu généralement à une grande augmentation de dépenses.

Cependant, dans certains cas particuliers, notamment aux abords des villes, il peut y avoir un intérêt véritable à ne prendre que la largeur strictement nécessaire pour une voie.

Lyon-Méditerranée.

L'acquisition des terrains nécessaires à la pose de la seconde voie n'augmentant la largeur à occuper que de 4 mètres environ, soit une superficie de 40 ares par kilomètre, la dépense de ce chef est donc en général peu considérable; pourtant il convient de l'éviter lorsqu'elle est évidemment inutile.

Nord.

Les frais d'acquisition du supplément d'emprise des terrains nécessaires à l'établissement de la seconde voie ont si peu d'importance qu'il convient de n'en faire l'économie que pour les lignes où il n'y a aucun développement de trafic à prévoir.

Est.

Dans la plupart des cas, il serait superflu d'acheter les terrains pour la seconde voie sur toute l'étendue du parcours. On admettrait cependant deux exceptions : 1° lorsqu'on doit opérer une trouée à travers des propriétés bâties et donner à des rues latérales au chemin de fer des plans d'alignement nouveaux; 2° lorsque le tracé coupe des propriétés d'une grande valeur où le dommage résulte principalement du fait de la traversée, plutôt que de celui de la surface enlevée.

Il conviendrait également d'acheter immédiatement les terrains pour deux voies, toutes les fois que l'on se trouverait dans l'obligation de construire des deux côtés du chemin de fer des ouvrages importants, tels que déviations de rivières, perrés de défense, chemins empierrés, etc.

Ouest. — L'acquisition des terrains pour deux voies n'entraînant qu'une très-faible augmentation de dépense, il convient de la faire toutes les fois qu'il n'y a pas certitude complète qu'une voie unique suffira.

Ardennes. — En classant les chemins de fer en deux catégories, à raison de leur longueur et de leur trafic probable pendant les vingt premières années de l'exploitation, on établirait les lignes de la première catégorie suivant les règles admises jusqu'à ce jour.

Ceux de la seconde catégorie seraient projetés et exécutés pour une seule voie. On y comprendrait les embranchements de 50 kilomètres au plus, et les sections dont le trafic ne peut être estimé à plus de 30,000 francs par kilomètre.

Midi. — Quoique l'économie à réaliser pour l'acquisition des terrains soit moindre que pour l'établissement des ouvrages d'art, il n'y a pas lieu de la négliger. L'acquisition des emprises supplémentaires en cas d'élargissement futur sera, d'ailleurs, dégagée des indemnités accessoires de dépréciation qui chargent de 35 p. o/o environ le prix rée'

QUESTION 83ᵉ.

Les nouveaux chemins de fer à construire ne devant avoir pour la plupart qu'une importance secondaire, doit-on les considérer comme devant, sauf un petit nombre d'exceptions, être toujours, ou du moins pendant très-longtemps, exploités sur une seule voie et, par suite, n'y faire l'acquisition des terrains et la construction des ouvrages d'art que pour une voie ?

Orléans. — Parmi les chemins de fer dont la construction n'est pas encore commencée, un grand nombre pourra être exploité sur une seule voie pendant un temps illimité. Les chemins des pays de montagne seront, pour la plupart, dans ce cas, et le développement du trafic y sera souvent paralysé par les frais extraordinaires d'exploitation, conséquence nécessaire des fortes pentes.

Lyon-Méditerranée. — La Compagnie a déjà répondu affirmativement à cette question en s'occupant des précédentes.

Nord.

Pas de réponse.

Est.

On a déjà répondu à cette question en traitant les deux précédentes.

Les lignes du deuxième réseau qui restent encore à construire et celles qui composeront le troisième paraissent devoir être établies avec la plus stricte économie et, par conséquent, à une seule voie.

Ouest.

Pour une grande partie des lignes nouvelles, il est probable qu'une seule voie suffira, pendant de longues années, à tous les besoins de l'exploitation.

Ardennes.

Même réponse.

Midi.

Dans le nouveau réseau, l'embranchement d'Agde à Lodève, sur une longueur de 56 kilomètres, a été concédé sous la faculté de n'acquérir les terrains et de n'exécuter les ouvrages d'art que pour une seule voie.

QUESTION 84ᵉ.

Sur les chemins de fer à une seule voie, convient-il d'établir des voies de garage ailleurs que dans les stations ? Quelle doit être, en général, la longueur des voies de garage, par rapport à la longueur totale du chemin ?

Orléans.

En général, il est inutile et souvent dangereux d'établir des voies de garage en dehors des stations.

La proportion des voies de garage avec la longueur totale du chemin dépend absolument du trafic et de la composition des trains, laquelle dépend à son tour des circonstances locales.

La longueur et la distribution des voies de garage doivent donc être déterminées en raison des conditions spéciales de chacune des sections à construire.

Lyon-Méditerranée.

Les voies de garage sur les chemins de fer à voie unique doivent être exclusivement établies dans les stations, à moins de raisons particulières.

Leur longueur doit être déterminée par la condition de contenir les trains les plus longs que comporte la ligne, mais elle n'a aucun rapport nécessaire avec la longueur de cette ligne.

Nord.

Sur les chemins à simple voie, les garages pour croisement ne doivent être placés que dans les stations, et même dans les stations importantes. Au lieu de les répartir sur toute l'étendue de la ligne, il convient de les grouper de façon à former une section à double voie. Leur longueur, par rapport à celle de la ligne, ne peut être fixée d'une manière générale.

Est.

Dans les conditions ordinaires de l'exploitation, il n'y a pas lieu de construire des garages en dehors des stations qui sont toujours plus rapprochées que ne l'exige le garage des trains. Des voies de garage en dehors des stations sont même une cause de danger.

La longueur des voies de garage, par rapport à la longueur totale du chemin, dépend uniquement de l'étendue de la ligne et de l'importance du trafic. En somme, on pense que la longueur des garages à prévoir sur les lignes à construire doit être très-faible par rapport au parcours de ces lignes.

Ouest.

Les voies de garage ne sont généralement utiles qu'aux stations; cependant, sur une ligne à simple voie d'une très-grande longueur, il pourrait convenir de faire, à peu près au milieu du parcours, une section tout entière à double voie.

Ardennes.

On a adopté pour règle de n'établir des voies de garage que dans les stations où, indépendamment de la deuxième voie qui règne environ sur 600 mètres, il y a des voies de garage suffisantes pour garer au moins un train, soit 300 mètres.

Il parait sage et prudent de ne pas s'écarter de cette règle.

Midi.

L'établissement d'une voie de garage en pleine voie, en dehors des stations, ne peut se concevoir que dans le but de créer sur ce point un croisement de trains. Et, dans ce cas, l'installation du personnel et du matériel nécessaire à l'établissement d'une semblable voie de garage se résoudrait dans l'établissement d'une station.

Les stations sont toujours suffisamment rapprochées pour rendre inutiles de pareilles intercalations. Elles ne sembleraient nécessaires que lorsque l'intervalle entre deux stations dépasserait 20 kilomètres sur une ligne desservie par plus de 6 trains de voyageurs par jour.

QUESTION 85ᵉ.

Le mode actuellement suivi pour les expropriations a-t-il eu souvent pour effet d'élever considérablement la dépense des indemnités de terrains sur les chemins de fer?

Orléans.

Le mode actuellement suivi pour les expropriations a eu souvent pour effet d'élever considérablement la dépense des indemnités de terrains. Dans plusieurs arrondissements, les terrains ont été payés trois ou quatre fois leur valeur, par suite des décisions du jury.

Lyon-Méditerranée.

La fixation des indemnités des terrains par les jurys d'expropriation a produit des exemples frappants d'exagération.

Nord.

Le mode actuel a souvent pour effet d'augmenter considérablement les indemnités de terrains.

Est.

Le prix des terrains expropriés par les chemins de fer a été constamment en s'élevant depuis huit à dix ans, sans que ce fait grave puisse s'expliquer par des lacunes importantes dans la loi du 3 mai 1841, dont le mécanisme est simple et n'entraine pas des formalités coûteuses.

Ouest.

Il y a des lignes où l'on a payé les terrains à des prix bien supérieurs à leur valeur réelle.

Ardennes.

L'élévation de dépenses des indemnités de terrains ne peut aller qu'en augmentant, par suite du mode actuellement suivi pour les expropriations.

Midi.

Le fait est trop notoire pour qu'il soit nécessaire de citer des exemples.

Question 86°.

Quel moyen y aurait-il lieu d'employer pour remédier à cet inconvénient? Conviendrait-il d'introduire, dans la loi sur l'expropriation pour cause d'utilité publique, quelque disposition nouvelle? ou devrait-on faire intervenir les départements et les communes dans le payement des indemnités de terrains?

Orléans.

Si l'on se décidait à modifier la loi du 3 mai 1841, on devrait principalement chercher à introduire des garanties d'impartialité plus complètes dans la composition du jury. Il serait à désirer que la liste générale fût faite avec plus de soin, que les jurés fussent pris dans les arrondissements non traversés par le chemin de fer, et peut-être que leur nombre fût moins grand pour que chacun sentît plus directement sa part de responsabilité.

La présence du magistrat directeur dans la salle des délibérations serait très-utile; son influence très-marquée au moment de la visite des lieux se conserverait sans doute au moment du délibéré.

Ce serait un immense progrès que les délais de la procédure ne fussent pas augmentés inutilement.

Quant à l'intervention des départements ou des communes dans le payement des indemnités, on a depuis longtemps proposé d'imposer aux départements traversés, soit par leurs seules ressources, soit avec le concours des communes, l'entreprise à forfait des acquisitions de terrains, sur une estimation officielle entourée de toutes les garanties désirables. Cette mesure pourrait conduire à de bons résultats.

Lyon-Méditerranée.

La présence du magistrat directeur dans la salle des délibérations du jury paraît une mesure propre à prévenir, ou du moins à atténuer certains écarts d'appréciation.

L'intervention des départements et des communes dans le payement des indemnités serait, sans doute, le moyen le plus efficace pour ramener le jury à des appréciations plus équitables. On pourrait également charger les administrations départementales et communales de fournir le terrain moyennant un prix à forfait réglé d'avance, d'après une estimation faite avec soin.

Nord.

Une modification désirable serait de donner au magistrat directeur la présidence des délibérations du jury.

On devrait également fixer un délai aux expropriés pour formuler leurs demandes.

Enfin l'intervention des localités dans le payement des indemnités serait fort utile. Après estimation faite par l'Administration, les départements et les communes seraient tenus de déclarer prendre à leur charge les éventualités d'augmentation.

Est.

Indépendamment de la substitution de l'État aux Compagnies pour l'expropriation, le seul remède à l'état de choses actuel, c'est la déclaration formelle qu'aucune ligne nouvelle ne sera entreprise que si les terrains sont fournis préalablement par les départements et les communes. Ce système était d'ailleurs inscrit dans la loi du 11 juin 1842, et il a été mis en pratique pendant quelques mois.

Comme conséquence de la livraison des terrains par les départements et les communes, on laisserait à leur charge les rectifications, les déviations, les chemins latéraux, les chemins d'accès. La Compagnie n'exécuterait que les passages en dessus et en dessous de la voie.

Ouest.

Tout en reconnaissant le mal, on ne saurait indiquer le remède à y porter.

Ardennes.

On remédierait en partie aux inconvénients signalés en faisant intervenir, dans les délibérations du jury, le magistrat directeur avec voix prépondérante.

Il faudrait aussi abréger l'instruction des dossiers parcellaires et faire intervenir les départements et les communes dans le payement des indemnités.

Enfin l'État, les départements ou les communes devraient céder gratuitement tous les terrains qui leur appartiennent, sauf les bâtiments dont la reconstruction serait indispensable. Cette obligation, qui ne saurait constituer une grande charge, aurait surtout un grand effet moral.

Midi.

Il serait utile d'introduire dans la loi du 3 mai 1841 les modifications suivantes :

1° Donner au magistrat directeur la présidence des délibérations du jury;

2° Simplifier les formes du décret de prise de possession d'urgence et celles de la consignation;

3° Mettre les indemnités de terrains à la charge des localités, principe inscrit dans la loi du 11 juin 1842.

QUESTION 87ᵉ.

Quel maximum doit-on admettre, sur les nouveaux chemins de fer à établir, pour l'inclinaison des pentes et rampes?

Orléans.

Comme règle usuelle il semble que la limite de 15 à 16 millimètres ne doive pas être dépassée. Avec des inclinaisons de 0ᵐ,016 le service présente déjà d'assez grandes difficultés.

Lyon-Méditerrané. Dans le cas d'un embranchement à faible trafic, les déclivités ne doivent pas dépasser 0ᵐ,012 et 0,ᵐ015 si l'on veut que les frais d'exploitation se maintiennent dans des limites praticables.

Nord. Il n'y a pas de maximum à déterminer, ou du moins en le fixant l'Administration doit se réserver la faculté, en toute circonstance, de le dépasser.

Est. Il est impossible de répondre à une question posée d'une manière aussi générale.

Si le trafic probable des lignes à établir est important, il y a lieu d'abaisser le maximum des pentes et rampes.

Si le trafic probable est faible et si le profil de la ligne à construire est accidenté, aucune solution n'est possible sans une perte considérable de capital.

Ouest. Les inclinaisons doivent dépendre de l'importance de la circulation future du chemin de fer.

Si la circulation doit être très-active, il y a lieu d'éviter les pentes supérieures à 0ᵐ,005 par mètre.

Si au contraire la circulation doit être médiocre, on peut aller jusqu'à 0ᵐ,010, et enfin si elle doit être très-faible, on peut élever le maximum jusqu'à 15 ou 16 millimètres par mètre et exceptionnellement à 0ᵐ,020, 0ᵐ,025 et même 0ᵐ,030 par mètre.

Ardennes. Il convient de maintenir les limites actuellement fixées par les nouveaux cahiers des charges, dût-on ajourner l'exécution de quelques chemins.

Midi. La distribution des pentes et rampes parait plus importante que leur maximum d'inclinaison.

Question 88ᵉ.

Le maximum d'inclinaison une fois déterminé, quelle est la plus grande longueur sur laquelle on puisse l'établir, sans l'interrompre par des paliers ou par des pentes ou rampes d'une inclinaison moindre ?

Orléans. La Compagnie se propose de donner aux rampes de 0ᵐ,030 du Lioran 8,400 mètres de longueur du côté de Murat et 14,300 mètres du côté de Vic. Celle-ci sera divisée en deux parties par un palier de 600 mètres.

Lyon-Méditerrané. La limite théorique de la longueur des rampes à grande inclinaison se trouve fixée par la condition que les machines puissent la parcourir sans avoir à s'arrêter pour renouveler leur approvisionnement d'eau et de combustible. Mais dans la pratique on doit se tenir bien au-dessous de cette limite et diviser, autant que possible, les fortes rampes par des paliers, ou des parties moins inclinées.

10.

NORD.

En général, l'exploitation ordinaire peut aller jusque sur des pentes de $0^m,015$. Avec des inclinaisons plus fortes, le service devient difficile, onéreux et exposé à plus de chances de retard.

EST.

On ne peut répondre à cette question d'une manière générale. Cependant, dans les rampes exposées aux brouillards, il paraît très-utile de se ménager un repos de quelques cents mètres tous les 6 à 8 kilomètres.

OUEST.

Quand les rampes sont très-longues, il est bon de les couper par des paliers sur tous les points où le train peut avoir à s'arrêter, soit pour une prise d'eau, soit pour le service d'une station.

ARDENNES.

Il convient de fractionner les fortes rampes par tronçons de 10 kilomètres au plus, séparés par des paliers de trois à quatre cents mètres au moins.

MIDI.

Il serait utile : 1° d'intercaler un palier de 200 mètres tous les 5 kilomètres, à partir de l'inclinaison de $0^m,015$;

2° De faire croître la longueur de ces paliers avec l'inclinaison.

QUESTION 89°.

Quelle limite doit-on admettre pour l'inclinaison des pentes et rampes dans les souterrains ?

ORLÉANS.

La pente devant être réduite dans les tunnels, parce que la traction y est plus pénible à raison de l'humidité qui fait glisser les roues motrices et de l'air qui se renouvelle moins facilement, on peut adopter une différence de 2 à 3 millimètres.

LYON-MÉDITERRANÉE.

Il n'y a pas lieu de poser de principe à cet égard; toutefois on peut, dans certains cas, exclure les rampes trop fortes dans les souterrains.

NORD.

Sans avoir d'expérience personnelle à ce sujet, la Compagnie pense que l'on ne doit admettre dans les souterrains que des pentes inférieures à la limite adoptée pour les lignes dont ils font partie.

EST.

Cette limite doit uniquement dépendre de la nature des terrains traversés, de la sécheresse relative de la voie, de l'orientation du tunnel et de son aérage plus ou moins facile.

OUEST.

Il est difficile de fixer un chiffre de pente maximum absolu; c'est une question à résoudre spécialement pour chaque cas particulier.

ARDENNES.

Dans les conditions les plus favorables il paraît prudent de ne pas dépasser $0^m,005$.

MIDI.

Ce chiffre doit varier selon l'état de sécheresse probable du souterrain.

QUESTION 90°.

Quelle limite doit-on admettre pour l'inclinaison des pentes et rampes dans les stations ?

ORLÉANS.

Toute pente supérieure à 1 millimètre est gênante pour les manœuvres à bras; au-dessus de 1 millimètre 1/2 on est exposé au démarrage spontané des wagons, sous l'influence d'un vent violent. Il faut donc, à moins de circonstances exceptionnelles, que les stations soient sensiblement horizontales.

LYON-MÉDITERRANÉE.

Autant que possible il ne faut pas dépasser $0^m,003$ d'inclinaison pour les voies des stations.

NORD.

Il importe que les stations soient rigoureusement en palier; pourtant on peut leur donner une inclinaison de $0^m,001$ et même de $0^m,002$, au plus.

EST.

Sur le réseau de l'Est, les stations sont généralement établies en palier, ou sur des rampes de $0^m,002$. C'est une facilité incontestable pour l'exploitation, mais qui peut entraîner de grandes dépenses.

OUEST.

Une station doit, autant que possible, être sur un palier, la moindre pente étant gênante, dangereuse même et rendant plus difficile l'usage des plaques tournantes.

ARDENNES.

La Compagnie regarde comme une bonne règle de placer les gares sur des paliers.

MIDI.

Les stations devraient toujours être établies en palier, dût-on forcer les inclinaisons avant et après.

QUESTION 91°.

Quel est, eu égard aux conditions actuelles d'établissement du matériel roulant et aux perfectionnements les plus récents apportés à la disposition de ce matériel, le minimum que l'on peut admettre pour le rayon des courbes, sur les chemins de fer ?

ORLÉANS.

Le rayon minimum de 300 mètres paraît convenable comme limite ordinaire, et à titre d'exception on peut descendre à 180 et même 160 mètres.

LYON-MÉDITERRANÉE.

Le rayon de 180 à 200 mètres doit être considéré comme une limite extrême et qu'il ne faut admettre qu'exceptionnellement dans des passages très-difficiles.

NORD.

Des courbes d'un rayon inférieur à 300 mètres présentent des inconvénients si elles sont fréquentes; c'est une limite à maintenir, sauf à admettre 200 mètres dans de rares exceptions et par application du dernier paragraphe de l'article 8 du cahier des charges.

Est.

On peut admettre le rayon de 200 à 250 mètres pour les embranchements.

Ouest.

Il serait à désirer que l'on ne descendît pas au-dessous de 300 mètres; on pourrait, pour des lignes peu importantes, aller cependant jusqu'à 200 mètres.

Ardennes.

Le matériel roulant actuel peut circuler sur des courbes de 200 mètres de rayon, mais seulement dans les gares; en pleine voie il convient de ne pas descendre au-dessous de 250 mètres.

Midi.

Dans les gares, les trains manœuvrent journellement, sans danger et sans effort, dans des courbes de 250 mètres de rayon, mais avec une vitesse modérée.

QUESTION 92°.

A quelle limite de vitesse correspond ce minimum de rayon?

Orléans.

Dans les courbes de 300 mètres de rayon, la vitesse ne devrait pas dépasser 30 kilomètres.

Lyon-Méditerranée.

On ne pourrait, sans imprudence, dépasser des vitesses de 20 à 25 kilomètres à l'heure dans des courbes de 200 mètres de rayon.

Nord.

Pas de réponse à cette question.

Est.

Il ne serait pas prudent de faire circuler les trains à plus de 25 à 30 kilomètres à l'heure sur des courbes de 200 à 250 mètres de rayon.

Ouest.

Avec des courbes de 200 mètres il ne faudrait pas dépasser 26 à 30 kilomètres à l'heure.

Ardennes.

Les courbes d'un rayon minimum de 250 mètres ne peuvent pas comporter une vitesse supérieure à 25 kilomètres à l'heure.

Midi.

Les vitesses maxima pourraient, approximativement, être fixées comme il suit :

Sur des courbes de 300 mètres, 30 kilomètres à l'heure.
Sur des courbes de 250 mètres, 25 *idem*.
Sur des courbes de 200 mètres, 20 *idem*.

QUESTION 93°.

Y aurait-il de l'inconvénient à faire usage, dans le service ordinaire, des trains d'un matériel articulé?
Répondre séparément pour les locomotives et pour les wagons.

Orléans.

Le matériel articulé, étant plus compliqué que le matériel ordinaire, nécessite une surveillance minutieuse et de fréquentes réparations. Son emploi rend les manœuvres de gare très-difficiles.

Quant aux locomotives, l'impossibilité de faire servir à l'adhérence tout le poids de la machine présenterait un grave inconvénient pour l'exploitation d'un chemin de fer en pays de montagne.

Lyon-Méditerranée. — La Compagnie n'a pas fait d'essais de matériel articulé, mais elle est disposée à croire fondées les objections que soulève le système.

Nord. — Il n'y a aucune utilité à employer, pour le service ordinaire, le matériel articulé, à raison de sa complication.

Est. — Un matériel spécial de wagons, articulé pour le parcours des petites courbes et pouvant s'atteler aux wagons ordinaires, circulerait sans inconvénient sur les lignes actuelles; l'expérience en a été faite.

Quant aux locomotives, la question n'est pas aussi avancée.

Ouest. — Le matériel articulé ne satisfaisant pas aux conditions de simplicité nécessaires à l'exploitation, il ne paraît admissible que dans des cas exceptionnels et fort rares.

Ardennes. — Même réponse que l'Est.

Midi. — La Compagnie s'en réfère aux réponses verbales adressées à la Commission d'enquête.

QUESTION 94e.

Paraît-il possible d'arriver à construire un matériel de locomotives et de wagons qui puisse, dans le service habituel des chemins de fer, circuler sur des courbes de 100 mètres de rayon?

Jusqu'à quelle limite de vitesse cette circulation serait-elle possible sans danger?

Orléans. — Cela est possible, puisque, dès à présent, le matériel employé sur la ligne d'Orsay remplit cette condition; mais il est difficile d'admettre que le système articulé puisse être introduit dans le service ordinaire des lignes principales.

Lyon-Méditerranée. — Malgré bien des recherches et bien des essais, le matériel roulant n'ayant pas encore pu être approprié à l'exploitation économique des chemins de fer où les courbes de 200 mètres de rayon seraient fréquentes, à plus forte raison il est impossible de se prononcer sur la solution du problème pour des courbes de 100 mètres.

Nord. — Il n'est pas impossible que le matériel de locomotives et de wagons arrive à circuler dans des courbes de 200 mètres et même de 100 mètres, mais ces courbes présenteraient toujours de sérieux inconvénients, et la vitesse ne devrait pas y dépasser 10 kilomètres à l'heure.

Est. — On peut, à la rigueur, construire un matériel de locomotives et de wagons destiné à circuler sur des courbes de 100 mètres de rayon, mais la vitesse ne devrait pas dépasser 20 à 25 kilomètres à l'heure.

Ouest.

Avec des courbes de 100 mètres, il faudrait un matériel nouveau et, en tous cas, une vitesse très-réduite.

Ardennes.

Même réponse que l'Est.

Midi.

La Compagnie s'en réfère aux explications verbales fournies à la Commission d'enquête.

Question 95e.

Indiquer approximativement l'économie qu'il serait possible de réaliser dans la construction des chemins de fer, si le minimum de rayon des courbes, qui jusqu'à présent, en France, a été généralement de 300 mètres, pouvait, sans danger pour la circulation, être abaissé à 200 ou à 100 mètres.

Orléans.

L'économie que l'adoption des rayons de 200 et même de 100 mètres permettrait de réaliser pour la construction serait peu considérable, parce que les occasions d'en faire l'application seraient assez rares.

Lyon-Méditerranée.

Il est impossible de répondre d'une manière générale à cette question; l'économie résultant de la réduction du rayon minimum dépend essentiellement des circonstances locales et peut, en conséquence, varier dans des limites très-étendues.

Nord.

Il est impossible d'estimer l'économie dont il s'agit, qui dépend essentiellement des conditions topographiques et devient, dès lors, très-variable.

Est.

On ne peut répondre à cette question d'une manière générale.

Ouest.

Cette économie dépendant du terrain sur lequel le chemin de fer doit être construit, il n'est pas possible de répondre à la question par un chiffre.

Ardennes.

Même réponse que l'Est.

Midi.

Il est impossible de préciser cette économie.

Question 96e.

Quel minimum peut-on admettre pour le rayon des courbes situées dans les stations ou à leurs abords?

Orléans.

On peut admettre dans les stations ou à leurs abords des minima de 180 et au besoin de 160 mètres.

Lyon-Méditerranée.

Pour les stations peu importantes, ce minimum doit être le même que pour l'ensemble de la ligne; mais lorsqu'on doit établir des voies de service des deux côtés de la voie principale, le rayon de cette dernière ne doit pas descendre au-dessous de 500 mètres.

Nord.

Pas de réponse.

Est.

Ce minimum dépend de l'importance des stations.

Ouest.

Il ne faudrait jamais descendre au-dessous d'un rayon de 200 mètres.

Ardennes. Même réponse que l'Est.

Midi. On ne voit pas de différence entre les stations et la pleine voie, quant aux voies principales.

Pour les voies de garage, le rayon des courbes peut descendre jusqu'à 180 mètres.

Question 97ᵉ.

Y a-t-il des cas où les dimensions en largeur et hauteur, jusqu'à présent fixées par les cahiers des charges pour les souterrains, soit à une voie, soit à deux voies, pourraient être réduites sans inconvénient ?

Orléans. Les dimensions admises pour les tunnels à deux voies ne paraissent pas susceptibles de changements notables.

Quant aux tunnels à une voie, la hauteur sous clef devrait être réduite de 6 mètres à 5ᵐ,20.

Lyon-Méditerranée. La hauteur de 6 mètres sous clef au-dessus des rails, prescrite par le cahier des charges pour les tunnels à deux voies, devrait être réduite à 5 mètres ou 5ᵐ,20 pour les tunnels à simple voie.

Nord. On devrait fixer à 5 mètres la hauteur des souterrains à une voie, en conservant l'obligation d'une hauteur libre de 4ᵐ,80 à l'aplomb de chaque rail.

Est. La Compagnie ne le pense pas pour les tunnels à deux voies ; il aurait même été préférable d'augmenter les dimensions des grands souterrains. Mais s'il s'agit d'un tunnel à une seule voie, on peut diminuer la hauteur de voûte.

Ouest. On peut, dans certains cas particuliers, faire des souterrains à une seule voie ; mais avec deux voies, il ne serait pas sage de réduire la largeur adoptée par les derniers cahiers des charges.

Ardennes. Dans les souterrains d'une longueur inférieure à 500 mètres, il n'y aurait aucun inconvénient à revenir aux dimensions fixées par les premiers cahiers des charges, ce qui produirait une économie assez considérable.

Midi. La hauteur de 6 mètres au-dessus des rails, fixée pour les souterrains à simple voie, pourrait, sans inconvénient, être réduite à 5ᵐ,20.

Question 98ᵉ.

Les voies doivent-elles être construites de la même manière sur toutes les lignes de chemins de fer ? Sera-t-il possible, dans l'établissement des lignes d'importance secondaire, de réaliser des économies sur cette partie de la construction ?

Orléans. Toute économie radicale sur le prix des voies est impossible avec le régime actuel et l'emploi d'un matériel lourd qui exige les rails à grande section.

Tout est possible, au contraire, avec l'indépendance des lignes secondaires et le transbordement.

Lyon-Méditerranée. L'exploitation des lignes qui restent à construire devant exiger, même pour un faible trafic, des machines aussi lourdes que celle qui sont actuellement en service, il ne serait pas possible de réaliser des économies dans la construction des voies.

Mais on pourrait notablement réduire les dépenses d'établissement des clôtures, en remplaçant les treillis par des fils de fer tendus entre des poteaux largement espacés.

Nord. Les lignes accessoires devant recevoir les wagons qui circulent sur les lignes principales, et présentant généralement des pentes plus fortes qui exigent l'emploi de machines puissantes, il y a impossibilité d'y réduire la résistance de la voie.

Est. Si l'on veut assurer aux lignes de deuxième et de troisième ordre les mêmes conditions d'exploitation qu'aux lignes principales, il n'y a aucune économie à réaliser dans la construction de la voie; mais en adoptant un régime différent, on peut arriver à des économies importantes dans la construction de la voie ou de ses accessoires.

Ouest. Il n'y a pas lieu de modifier la voie actuelle sur les lignes nouvelles.

Ardennes. Si le matériel actuel doit circuler sur les lignes nouvelles, les voies doivent être établies comme celles des lignes principales. Cependant, on pourrait réduire le poids des rails de 4 à 5 kilogrammes, en limitant la vitesse des trains de 25 à 30 kilomètres.

C'est par la suppression des clôtures et en remplaçant les barrières des passages à niveau par des chaines qu'on obtiendrait de notables économies.

Midi. Le poids des rails ne pourrait être réduit sur les embranchements sans diminuer en même temps le poids des machines, ce qui serait difficile avec de fortes pentes.

Question 99ᵉ.

Quelles simplifications pourrait-on admettre dans la construction des bâtiments des stations, pour en diminuer la dépense? Conviendrait-il, sur les nouveaux chemins de fer, de ne construire que des bâtiments provisoires?

Orléans. L'obligation de laisser 120 mètres de distance entre les passages à niveau et l'extrémité la plus rapprochée des quais de voyageurs paraît inutile sur les lignes peu fréquentées.

On pourrait supprimer les abris isolés, les lieux d'aisance, les marquises, et réduire, dans beaucoup de cas, la surface des salles d'attente, ou même les supprimer absolument.

Enfin, la principale économie consisterait à ne faire que les stations réellement utiles.

Lyon-Méditerranée. Il conviendrait, en effet, de se borner, au moins pour les premières années d'exploitation, à des bâtiments provisoires.

De plus, il y aurait lieu de supprimer les doubles trottoirs, les marquises, les abris; n'établir qu'un seul water-closet et supprimer les salles d'attente en disposant convenablement les vestibules.

Nord. Il est certain que les dépenses pourraient être souvent diminuées et que sur les nouveaux chemins de fer des baraques provisoires suffiraient dans beaucoup de cas.

Est. La Compagnie ne pense pas qu'il convienne de ne construire que des bâtiments provisoires. Il vaut mieux établir de suite des bâtiments définitifs. Ce qui conduirait à des économies sérieuses, ce serait de supprimer les salles d'attente, les doubles trottoirs, les marquises, les abris; de réduire le nombre des stations en correspondance, ainsi que le nombre des correspondances pour les marchandises; enfin, d'adopter l'usage des *haltes,* ou *arrêts* de quelques trains par jour devant une maison de garde, où les voyageurs trouveraient un abri et des billets pour deux ou trois stations au delà.

Ouest. On pourrait, sans inconvénient, simplifier la construction des bâtiments de station, en supprimant les abris et les cabinets d'aisance des deux côtés de la voie, ainsi que les salles distinctes pour les différentes classes de voyageurs.

Ardennes. Les constructions provisoires n'étant le plus souvent qu'une aggravation de charges, il convient d'établir des bâtiments définitifs. Mais on peut réaliser de grandes économies en réduisant les stations à une seule salle pour les voyageurs, un seul trottoir sablé et non bitumé. En outre, pas d'abri sur le côté opposé au bâtiment, des cabinets d'aisance d'un seul côté et à l'intérieur du chemin de fer; la construction et l'entretien des chemins d'accès à la charge des communes ou des départements.

Midi. Les économies à réaliser sont les suivantes :

1° Supprimer, dans les stations, les marquises, les abris en face et les doubles lieux d'aisance;

2° Réduire les stations inférieures à de simples maisons de garde;

3° Simplifier les clôtures et les barrières, en autorisant les fils de fer pour les clôtures et les chaines pour les barrières;

4° Faire les achats de terrain et les ouvrages d'art pour une seule voie, et n'exiger la pose de la seconde voie que lorsque la fréquentation diurne aura atteint le chiffre de quatorze trains;

5° Laisser toute latitude dans la construction et les aménagements des quais et halles à marchandises.

Question 100ᵉ.

N'y aurait-il pas lieu de recourir à des moyens de traction spéciaux et exceptionnels, pour franchir le faîte des hautes montagnes ?

Orléans.

Les moyens de traction spéciaux sont la conséquence forcée de rampes exceptionnelles; à l'aide de locomotives convenablement appropriées, il est possible de franchir des rampes de 3o millimètres.

Lyon-Méditerranée.

Jusqu'à présent les recherches n'ont abouti qu'à des systèmes inapplicables. La question reste donc à l'état d'étude.

Nord.

Il ne paraît pas qu'il soit nécessaire de recourir à des moyens de traction exceptionnels pour franchir le faîte des hautes montagnes. Les locomotives actuelles circulent sur des rampes de o^m,o37, et en augmentant leur puissance on arrivera, sans aucun doute, à les faire circuler sur des rampes qui s'éleveront jusqu'à 5o millimètres par mètre.

Est.

Il est difficile de répondre d'une manière générale à cette question, qui demande à être étudiée pour chaque cas particulier.

Ouest.

La Compagnie ne peut indiquer une solution pour ce problème. Toutefois, il résulte de l'expérience prolongée faite sur la rampe de Saint-Germain, que le moyen le plus économique est, jusqu'à présent, pour des rampes atteignant 35 millimètres par mètre, l'emploi des locomotives ordinaires.

Ardennes.

La Compagnie, n'ayant jamais eu à étudier cette question, ne peut émettre aucune opinion à cet égard.

Midi.

Les machines actuelles à quatre essieux couplés peuvent desservir des rampes de 3o à 35 millimètres.

§ XIII. CONDITIONS ÉCONOMIQUES D'EXPLOITATION.

Question 101ᵉ.

L'exploitation des chemins de fer comprend quatre services principaux : 1° l'administration centrale; 2° l'exploitation proprement dite; 3° le matériel et la traction; 4° l'entretien de la voie. De quelle réduction ces différents services pourraient-ils être l'objet dans une exploitation économique ?

Question 102ᵉ.

Y a-t-il dans les règlements édictés par l'Administration supérieure ou approuvés par elle sur la proposition des Compagnies, des articles dont l'atténuation ou la suppression conduirait à une exploitation économique, sans nuire à la sécurité et sans apporter d'entraves au trafic ?

QUESTION 103ᵉ.

Y aurait-il lieu d'apporter aux cahiers des charges nouveaux des modifications de nature à réaliser ces améliorations économiques ?

ORLÉANS.

La division de l'exploitation en quatre services n'a rien d'obligatoire. Si elle est justifiée pour des réseaux d'une grande étendue, elle ne le serait pas pour des petites lignes de 200 à 300 kilomètres.

Les frais d'exploitation des lignes les plus pauvres étant de 8,000 francs par kilomètre, non compris l'intérêt et l'amortissement du capital engagé, on ne peut obtenir de réduction dans les frais généraux qu'en maintenant de grands réseaux et en ne créant pas de petites entreprises isolées.

Pour diminuer les frais d'exploitation proprement dite, il faudrait supprimer le service de nuit, exonérer les Compagnies des trains mis chaque jour gratuitement à la disposition de l'administration des postes, et ne pas exiger le maintien des aiguilles prises en pointe.

Pour diminuer les frais de traction il faudrait réduire le nombre des trains de voyageurs à deux dans chaque sens, espacer les dépôts de machines de réserve à 100 kilomètres au moins et autoriser les Compagnies à brûler le combustible qu'elles ont à leur disposition.

Enfin, pour réduire les frais de surveillance et d'entretien, diminuer le nombre des passages à niveau, supprimer les clôtures et même les barrières des passages à niveau, sauf sur quelques points, restreindre le gardiennage de jour et supprimer celui de nuit.

Le cahier des charges et l'ordonnance du 15 novembre 1846 devraient être modifiés dans ce sens, non-seulement pour les lignes à construire, mais pour celles du second réseau qui sont déjà concédées.

LYON-MÉDITERRANÉE.

L'exploitation des lignes secondaires ne peut être faite économiquement qu'en laissant aux Compagnies la faculté d'apporter dans le service et dans le personnel toutes les réductions compatibles avec la sécurité publique. Le système de liberté qui règne à cet égard en Suisse, en Écosse et en Allemagne est absolument impraticable en France, sous la tutelle et la surveillance de l'Administration.

Pour rendre possibles l'exécution et l'exploitation des lignes à faible produit, il faut donc laisser aux Compagnies la plus grande latitude. Réduction du nombre des trains au minimum indispensable, emploi des trains mixtes, suppression des trains de nuit, réduction du personnel des gares, des trains et de la surveillance dans les limites les plus restreintes, telles sont les conditions nécessaires pour une exploitation réellement économique.

NORD.

Les dépenses de l'administration centrale et des trois services de l'exploitation, de la traction et de la voie sont nulles s'il s'agit de lignes économiques à construire par une Compagnie existante; mais ce résultat ne pourrait être obtenu par un concessionnaire distinct, et, d'un autre côté, la réparation des locomotives et des wagons faite dans de vastes établissements avec un outillage perfectionné est plus économique qu'elle ne pourrait l'être dans des ateliers spéciaux à de petites lignes.

Les mesures à prendre pour exploiter économiquement consisteraient à ne faire que le nombre de trains strictement nécessaire, soit deux par jour dans chaque sens, prenant à la fois des voyageurs et des marchandises; à exiger de l'administration des postes une rétribution pour la traction de ses voitures; enfin à ne pas entraver les Compagnies pour l'emploi des combustibles les moins chers.

Il faudrait également ne pas se montrer exigeant pour la construction des bâtiments de station.

Les conséquences économiques des règlements édictés par l'Administration supérieure résident moins dans le texte même de ces règlements que dans l'esprit avec lequel ils sont appliqués; un contrôle exigeant peut souvent entraîner les Compagnies à des dépenses inutiles qu'un contrôle plus large leur aurait épargnées.

Est. Ces dispositions sont absolument arbitraires et l'organisation à adopter dépend de la longueur du réseau ou de la ligne à exploiter, de l'importance du trafic, et enfin de la capacité des agents dont on dispose.

En vue d'une exploitation économique, on pourrait simplifier, réduire les formalités administratives et les écritures, et il y aurait un avantage incontestable à laisser aux Compagnies une indépendance plus grande, surtout en ce qui regarde la partie commerciale. La liberté absolue, dont jouissent les compagnies anglaises, est un régime préférable à celui qui est appliqué en France, et serait aussi fécond en avantages pour le public que pour les Compagnies elles-mêmes.

Ouest. Dans une exploitation économique, on pourrait charger un même ingénieur des deux services du matériel et de la voie, et l'administration centrale pourrait se fondre avec l'exploitation.

Il serait possible de simplifier beaucoup les règlements, si l'on voulait exploiter les chemins de fer en France comme en Angleterre, mais la sécurité pourrait en souffrir.

Ardennes. Même réponse que l'Est.

Midi. Les cahiers des charges rédigés en vue des grandes lignes finiraient par créer sur les lignes secondaires des charges considérables. Voici les prescriptions nouvelles qu'il paraîtrait utile d'édicter en vue d'une exploitation économique :

1° Laisser toute latitude dans la composition du personnel des stations;

2° Ne pas intervenir dans le choix du combustible partout où la circulation n'excédera pas 200 voyageurs par kilomètre et par jour;

3° Ne pas imposer de trains express; laisser exploiter par trains mixtes avec une vitesse effective de 22 kilomètres à l'heure;

4° Autoriser les trains à marche lente, pouvant prendre ou laisser des voyageurs aux passages à niveau;

5° Laisser toute latitude dans la composition des trains de voyageurs et de marchandises;

6° Ne pas exiger de compartiments réservés;

7° N'imposer de gardes permanents que sur les passages à niveau correspondants à des chemins vicinaux très-fréquentés;

8° Simplifier les formalités et les dépenses d'affichage pour les tarifs, les marches de trains, les règlements;

9° Réduire la dépense kilométrique mise à la charge des Compagnies pour le contrôle de l'État, ainsi que celle des agents télégraphiques placés dans les postes de la Compagnie;

10° Augmenter d'un jour les délais de la petite vitesse pour chaque passage d'une ligne secondaire sur une ligne principale.

ANNEXES.

RAPPORTS

DE MM. LAN ET MOUSSETTE

SUR QUELQUES POINTS

DE L'EXPLOITATION DES CHEMINS DE FER

EN ANGLETERRE.

RAPPORT DE M. LAN,

INGÉNIEUR DES MINES.

Le programme de la mission dont nous étions chargés était de répondre, autant que possible, pour l'Angleterre, au questionnaire de la Commission d'Enquête.

Nous avons divisé le travail en deux parties se rapportant assez naturellement aux spécialités de chacun de nous : M. Lan devant s'occuper plus particulièrement de la première et de la troisième section du questionnaire (*Service des voyageurs, Construction et exploitation des chemins de fer économiques*), et M. Moussette, de la deuxième (*Service des marchandises de grande et petite vitesse*).

Nous avons conservé cette division du travail dans la rédaction de ce rapport. Ajoutons, avant d'exposer les résultats de notre mission, que nous avons été très-utilement secondés par M. Bergeron, adjoint à nous par commission spéciale de Son Excellence M. le Ministre des Travaux Publics. M. Bergeron a beaucoup facilité nos recherches, à la fois par ses connaissances spéciales et par ses nombreuses relations dans le personnel des chemins de fer anglais.

SECTION Ire.

SERVICE DES VOYAGEURS.

On trouve sur les principaux chemins de fer anglais les diverses catégories de trains qui suivent :

SORTES DE TRAINS.	VITESSE EFFECTIVE		OBSERVATIONS.
	EN MILLES.	EN KILOMÈTRES.	
1° Post-trains (*mail-trains* ou *limited-mails*).	38 à 40.	60 à 65.	Plus rarement 42 à 44 milles (67 à 71 kilomètres).
2° Express-trains.....................	36 à 38.	58 à 61.	
3° Fast-trains........................	30 à 35.	48 à 54.	
4° Ordinary-trains....................	25 à 30.	40 à 48.	
5° Parliamentary-trains................	19 à 24 ou 25.	30 à 40.	

TRAINS-POSTE ET TRAINS EXPRESS.

§ 2.
Questions 2, 3 et 4.

Les trains-poste proprement dits (1°) n'existent que sur un petit nombre de lignes, sur les artères principales; ailleurs la direction des postes se sert des *express* (2°). Enfin, sur les lignes secondaires et pour les petites distances, le service des dépêches se fait par paquets confiés à un employé qui suit les trains de voyageurs *fast* ou *ordinary* (3° et 4°). Dans le premier cas, le traité entre la compagnie du chemin de fer et le directeur des postes fixe la durée du parcours, le nombre et la durée des stationnements, en même temps que le prix du transport. Une certaine latitude est laissée à la poste au sujet des départs et des durées des stationnements.

Lorsque la direction des postes se sert des *express*, les compagnies de chemins de fer restent maîtresses de l'organisation de leurs trains. Elles communiquent au *post-office* leurs ordres de service mensuel; celui-ci s'y conforme, en choisissant les trains qui lui conviennent le mieux. Il en est de même, à plus forte raison, quand l'employé des postes suit les trains de voyageurs *fast* ou *ordinary*. Dans ce cas, les paquets de dépêches deviennent de véritables colis de grande vitesse; sur certains embranchements on les confie même aux garde-trains des compagnies. Nous croyons inutile d'insister davantage sur ces services postaux secondaires, qui laissent, nous le répétons, à peu près toute leur liberté aux compagnies.

Nous donnerons quelques détails, au contraire, sur les *mail-trains*, qui sont en même temps, on l'a vu plus haut, *les trains de voyageurs les plus rapides*.

C'est là, disons-le tout de suite, une condition que la direction des postes ne perd jamais de vue. M. Page, le directeur du *Post-Office*, nous faisait observer qu'il redoutait autant que les compagnies les plaintes occasionnées par les retards des voyageurs. Aussi tout semble-t-il organisé pour que ces trains, tout en faisant le service spécial de la poste, n'éprouvent presque jamais de retard par son fait.

Les paquets de correspondances arrivent généralement aux stations bien avant le train qui doit les emporter. Dans le seul cas où un grand nombre de paquets semblables manqueraient à la fois dans une même station, le train attendrait deux ou trois minutes. Mais pour un ou deux qui, par exemple, ne seraient pas arrivés, le train passerait outre. En cas d'événements importants comme en présente parfois le service de l'État, la poste a bien pu retarder un départ de dix ou quinze minutes. Cela s'est vu une ou deux fois, mais c'est fort rare.

Aux stationnements mêmes, il arrive à peu près constamment que le service de la poste est terminé avant celui des voyageurs et des bagages : le maximum des retards constatés par cette cause est de deux ou trois minutes.

D'un autre côté, il y a longtemps que le dépôt et la prise des dépêches aux stations postales secondaires se pratique sans arrêt, à pleine vitesse, sur tous les chemins de fer anglais. Un système très-simple et déjà connu en France, où il a été expérimenté au chemin de Rouen et, autant qu'il nous souvienne, au chemin d'Orléans, rend cette manœuvre des plus faciles partout où les paquets de dépêches ne dépassent pas une certaine dimension.

C'est ainsi qu'on est parvenu à réduire le nombre des stations sur les grandes artères, sur les grandes distances, où il importe le plus d'aller vite. Nous citerons, à cet égard, les exemples suivants :

NOMS DES STATIONS EXTRÊMES.	DISTANCE		NOMBRE DE STATIONS.
	EN MILLES.	EN KILOMÈTRES.	
Londres à Édimbourg......................	401	645	8 ou 10.
Londres à Holyhead........	264	424	4 ou 5.
Londres à Douvres........................	88	141.	1

Voilà les mesures par lesquelles le *Post-Office* anglais facilite la rapidité du service. Voyons ce que font de leur côté les compagnies de chemins de fer.

Elles n'admettent généralement que des premières classes dans les trains-poste, et, comme l'indique le nom de ces convois, ils ne renferment qu'un nombre limité de voitures. Deux wagons à bagages (*break-van*), deux wagons de poste *(post-carriages)* et quatre, cinq ou six voitures de première classe à trois compartiments de six places chacune; jamais en tout plus de neuf ou dix voitures, et souvent six ou sept seulement.

Grâce à la distance moyenne de leurs stations, grâce aussi à des machines puissantes, dont nous dirons un mot tout à l'heure, ces trains prennent des vitesses de marche très-élevées : 45 à 50 milles ou plus sur certaines parties des lignes de *Douvres, London and North-Western, Chester à Holyhead :* soit 70 à 80 kilomètres à l'heure [1].

Les pertes de temps aux stations sont réduites au minimum : en cela, les agents des compagnies de chemins de fer imitent la ponctualité des employés de la poste. On compte de 4 à 5 minutes pour arrêt, ralentissement et reprise de vitesse, aux petites stations, et 6 ou 7 aux principales. Sur le parcours d'Édimbourg à Londres, nous n'avons vu qu'une seule station, Crewe, où l'arrêt proprement dit fût de 10 minutes.

Avec un service ainsi organisé, les retards sont peu fréquents. Revenus d'Édimbourg à Londres par un temps fort mauvais, nous n'avons eu que

---

[1] Il va sans dire qu'ici, comme dans tout ce qui va suivre, quand nous parlons de vitesse de marche, c'est de la vitesse moyenne qu'il s'agit. Sur certaines portions de lignes en pente, par exemple, on atteint quelquefois 55 et même 60 milles (88 à 96 kil.).

3 minutes de retard : partis à 6 heures 5 minutes d'Édimbourg, nous arrivions à Londres à 4 heures 40 minutes, au lieu de 4 heures 37 minutes du matin, heure réglementaire.

Observons que sur cette ligne, comme d'ailleurs sur la plupart des grandes lignes anglaises, on se réserve au départ et à l'arrivée de longs intervalles sans stations, sur lesquels on peut regagner le temps perdu dans la région centrale. C'est ainsi qu'au départ de Londres, la compagnie du *London and North-Western* fait parcourir aux malles d'Écosse et d'Irlande toute la distance de *Londres à Rugby*, c'est-à-dire 128 kilomètres d'un seul trait; de même de *Carlisle à Carstairs* (118 kilomètres) et de *Holyhead à Chester* (136k75).

Il nous reste à dire quelques mots des machines par lesquelles on réalise ces vitesses élevées et sur des parcours de 120 à 140 kilomètres sans arrêt.

Les questions de forme et de construction n'ont qu'un rapport éloigné avec les points de vue qui nous occupent ici. Disons seulement, à ce sujet, que la grande majorité des locomotives anglaises à grande vitesse sont à trois essieux indépendants, à essieux moteurs coudés et à cylindres intérieurs, l'essieu moteur étant au milieu. Le système Crampton, assez répandu sur le continent, n'est plus usité en Angleterre, mais par des raisons assez étrangères au mérite intrinsèque de ces machines.

Comme dimensions, celles dont dépend surtout la vitesse ont subi de notables accroissements, comme le montre le tableau suivant, relevé aux bureaux du matériel du *London and North-Western* à Wolverton. La plupart des chiffres que nous avons recueillis sur le *Great-Northern*, le *Great-Western*, etc., se rapprochent plus ou moins de ceux que nous rapportons :

	MESURES ANGLAISES.			MESURES FRANÇAISES.		
1° Surface de chauffe : Foyer	165 à	177 à	242p.c. ou	14^m85 à	15^m93 à	21^m78;
Tubes	1152	773	856	103 68	69 62	97 04.
Total..........	1317	950	1098	118 53	85 55	98 82.

L'augmentation de la surface porte donc surtout sur la boîte à feu.

2° Diamètre des cylindres : 16^p ou 0^m40 à 0^m45 —— 0^m425;
Courses............. 22   0 55   0 60 —— 0 575.

3° Diamètre des roues motrices : 7^p ou 2^m10 à 2^m25 —— 2^m30.

4° La pression est comprise entre 120 et 160 livres par pouce carré, soit 9 à 12 atmosphères de pression absolue.

Enfin, citons encore un dernier élément qui va toujours croissant : le poids des locomotives et sa répartition sur les essieux; il a été porté de 25 ou 26 tonneaux à 31 et 32, et même à 33 ou 34 tonneaux (poids de charge), le poids sur l'essieu moteur variant de 11 à 12, atteignant même 13 et 14 tonneaux.

Les dimensions du tender surtout ont été beaucoup accrues en vue du parcours des grandes distances sans arrêt. Dans les grandes locomotives du *London and North-Western*, les tenders peuvent recevoir 2,400 gallons d'eau (10 à 12ᵐᶜ) et 3 tonneaux de coke.

Nous mentionnerons, à ce sujet, un procédé qui semble appliqué couramment sur le chemin de Chester à Holyhead pour éviter ces grands tenders et leurs lourdes charges. La voie est, sur certains points, creusée en forme de bassin d'un demi-mille de long, qu'on remplit d'eau. Un tuyau mobile est fixé au tender par un de ses bouts : en l'abaissant de manière à le faire plonger dans le bassin, pendant que le train continue sa marche à une vitesse réduite de 15 milles, le tender se remplit d'eau sans arrêt proprement dit. Nous n'avons pas vu fonctionner ce système, mais un ingénieur distingué, M. Sturrock, ingénieur du matériel du *Great-Northern*, nous a affirmé qu'il fonctionnait régulièrement.

Pour terminer ce qui est relatif aux trains-poste *(limited-mails)*, nous dirons que nous avons fait plusieurs fois la question du coût kilométrique de ces convois sans avoir pu obtenir aucune réponse précise.

Les compagnies tiennent des comptes encore moins détaillés en Angleterre qu'en France : il n'y a donc aucun moyen d'avoir les prix de revient des diverses catégories de trains. L'opinion prédominante nous a toutefois paru contraire aux grandes vitesses des *limited-mails* au point de vue économique : une brochure récente de M. Rᵗ George Stephenson (août 1861) combat vivement la tendance des chemins anglais à exagérer la vitesse. Mais le sujet est complexe, et pour bien comprendre ce que ces tendances ont de contraire aux intérêts des compagnies de chemins de fer, il faut tenir compte nonseulement de la vitesse de ces trains exceptionnels, mais de celle des autres catégories ; nous reviendrons là-dessus après avoir parlé de ces dernières.

Terminons sur les *limited-mails* en faisant observer que pour eux, comme pour les *express* dont il va être question, les compagnies anglaises prélèvent un prix spécial plus élevé que pour les trains ordinaires. En outre elles n'admettent dans les trains-poste que des voyageurs à grandes distances : ainsi la malle d'Irlande ne prend : à *Holyhead* que pour *Strafford, Rugby* et *Londres; à Chester* que pour *Londres*, c'est-à-dire pour les distances de 135 à 179 milles (216 à 286 kilomètres).

TRAINS EXPRESS.

Sauf sur quelques lignes d'un trafic tout spécial, comme celle de *London-Brighton*, où il y a une affluence journalière considérable de voyageurs de première classe, les *express* proprement dits renferment tous des voitures de première et de deuxième classe. Sur les grandes lignes du *Great-Northern* et du *Great-Western*, par exemple, on ajoute même des voitures de troisième classe à quelques-uns des express. Tantôt on a été conduit à cela par la concurrence des lignes parallèles, ou mieux des bateaux à vapeur qui font le service de la côte, à prix réduits; — tantôt l'introduction des troisièmes classes dans les *express* tient à ce que ceux-ci deviennent omnibus aux points extrêmes des lignes ou à une certaine distance de Londres.

Le premier cas s'observe sur le *Great-Northern*, qui a à lutter contre le service de bateaux établi entre Londres, Hull, Newcastle, Berwick et Édimbourg: on y délivre des billets de troisième classe, mais pour chacune de ces stations éloignées, dans les trains *express* de nuit. On attire ainsi des passagers pauvres, des marins en général, qui trouvent avantage à revenir de Londres à Édimbourg, par exemple, en une nuit, au lieu de 22 ou 24 heures (un jour et une nuit) qu'emploient les bateaux.

Comme exemple du nombre et de la composition de ces trains *express* nous citerons le service du *Great-Northern* pendant le mois de décembre 1861.

Entre Londres et York, il y avait par jour:

3 *express* de descente;

5 ——— de remonte.

La distance, de 191 milles (306 kilomètres), était parcourue en 5 heures par deux des trains de descente et en 5 heures 1/4 par le troisième: vitesses effectives, 60 et 61 kilomètres.

L'un des trains de remonte prenait 5 heures, deux autres 5 heures 1/2 et les deux derniers 6 heures: vitesses effectives, 50 à 60 kilomètres.

Ces variations entre les deux sortes de trains tiennent à ce que, pour attirer sur le *Great-Northern* les voyageurs des embranchements, on compose sur ceux-ci des trains qui viennent s'ajouter aux *express*, les alourdissent et les retardent.

Les trains les plus rapides, en remonte ou en descente, ont 7 stations de Londres à York, avec des distances respectives de: 121, 47, 24, 27, 27, 25, 9, 25 kilomètres.

On admet sur ce *railway* que l'arrêt proprement dit, le ralentissement et la remise en marche demandent 5 minutes à chaque station, soit 35 minutes pour les 7; en outre, pour mise en marche au départ, ralentissement à l'arrivée et contrôle des billets, autres 5 minutes: total 40 minutes, à déduire des 5 heures de parcours, soit une vitesse de marche de 44 milles ou 70 à 71 kilomètres à l'heure.

Sur le *Great-Northern*, comme sur la plupart des chemins anglais, on active le service en diminuant le nombre et la durée des arrêts autant que faire se peut.

Pour certaines stations peu fréquentées, on n'arrête les trains que sur signal, quand il y a des voyageurs à prendre. Le mécanicien doit seulement ralentir à 20 ou 24 kilomètres, de façon à être maître de sa machine en face du signal de distance, à 6 ou 700 mètres de la station.

On pratique ce moyen pour toutes sortes de trains, pour *express* et *poste* surtout.

Trois des trains *express* en question allaient jusqu'à Édimbourg, et plus loin même, jusqu'à Glasgow, Aberdeen et Inverness. Mais pour ne parler que de la distance parcourue en *express*, à première, deuxième et troisième classe, voici quelle était la composition d'un train pareil entre Londres et Édimbourg, la nuit où nous parcourûmes cette distance (composition au départ de Londres):

1 fourgon à frein pour l'Écosse;
1 voiture de poste pour Édimbourg;
1 voiture de 3e classe pour Édimbourg [1];
1 voiture mixte (1re et 2e classe) pour Aberdeen;
1 *idem* pour Glasgow;
1 voiture de 1re classe pour Édimbourg;
1 voiture de 2e classe pour Édimbourg;
1 voiture mixte (1re et 2e classe) pour Newcastle;
1 *idem* pour Hull.
1 voiture mixte (1re et 2e classe) pour Leeds;
1 *idem* pour Bradford;
1 *idem* pour Lincoln;
1 fourgon à frein en queue.

Total 13 voitures, sur une bonne partie du parcours; ce nombre se réduit généralement à 8 ou 9 à partir de Newcastle.

La distance entière de Londres à Édimbourg, 399 milles 1/2 ou 640 kilomètres, était parcourue par ce train en 11 heures 20 minutes avec onze stations, ce qui, au taux d'arrêt et ralentissement indiqué plus haut, correspond à 35 milles 26 (56^{k}73) de vitesse effective et à près de 40 milles (64^k), vitesse de marche.

L'express de jour, un peu moins chargé, qui ne prend pas de troisièmes, va un peu plus vite.

Comme autres exemples de vitesse d'express, nous citerons ceux :

1° Du *Great-Western*, prenant des premières et des secondes à toutes les stations et des troisièmes de Londres pour les points situés à 180 ou 200 kilomètres, avec 5 stations de Londres à Bristol, pour une distance de 118 milles 1/2 = 190 kilomètres.

Vitesse effective, 37 à 38 milles = 60 kilomètres à l'heure.

[1] Quelquefois 2 de 3e classe.

Vitesse de marche moyenne, 44 à 45 milles = 70 kil. à l'heure, atteignant quelquefois 80 à 85.

On perd à peu près 30 minutes en tout.

2° Du *London and North-Western*, trains express composés de 13 voitures en moyenne (1ᵐ et 2ᵉ classe, ou mixtes) : réglés à 43 milles de vitesse de marche (69ᵏ) et à 37 ou 38 milles (59 à 60ᵏ) de vitesse effective.

Cette ligne, reliée au *Lancashire and Carlisle*, se prolonge, d'une part, jusqu'en Écosse, par le *Caledonian railway*, et, d'autre part, jusqu'en face de l'Irlande, par le chemin de Chester à Holyhead; elle a chaque jour, en trains de grande vitesse :

1° En descente de Londres vers l'Écosse et vers l'Irlande :

2 trains-poste (*limited-mails*) pour l'Irlande et 1 pour l'Écosse;

5 trains express, dont 2 sur distances entières de Londres en Écosse et à Holyhead et 3 sur les villes importantes du centre (Birmingham, Liverpool, Manchester, etc.);

2° En remonte :

3 trains-poste : 1 d'Écosse et 2 d'Irlande ;

6 trains express.

Le seul chemin où nous ayons vu mettre exclusivement des premières aux express est le chemin de Londres à Brighton : c'est en même temps l'une des lignes où les express marchent le plus vite. Avec des convois de 12 à 15 voitures de 1ᵐ classe, on parcourt la distance entière de Londres à Brighton (50ᵐ 1/2 = 81ᵏ25) en 1 heure 15 minutes, avec une seule station, un ralentissement à la vitesse de 15 milles en face d'une jonction et les pertes de temps ordinaires de mise en marche ou de ralentissement à l'arrivée. La perte de temps totale s'élève à 10 minutes environ.

Dans ces conditions, la vitesse de pleine marche est de 76 kilomètres au moins, et la vitesse effective, 65.

La compagnie de Brighton a, par jour :

2 express comme celui-là en descente;

3 autres qui prennent des premières et des secondes, parce qu'ils sont généralement moins chargés que les précédents : en descente aussi et marchant à peu près à la même vitesse;

4 autres en remonte (mêmes conditions de marche).

Il est bon de noter, au sujet des grandes vitesses qu'on donne aux trains express en Angleterre, que les grandes lignes y ont généralement des pentes très-réduites de $\frac{1}{100}$ à $\frac{1}{200}$ et souvent moins; les seules exceptions sont les pentes de 1/50 à 1/60, que quelques-unes présentent à la sortie de Londres, mais sur un très-faible parcours : un ou deux milles tout au plus.

Les courbes y sont également à grand rayon : sur plusieurs de ces lignes, le rayon ne descend au-dessous de 7 à 800 mètres en aucun point de leur longueur.

Les machines dont il a été question au sujet des trains-poste servent souvent aussi aux trains express. Nous n'ajouterons qu'une observation. On remarquera, parmi les distances de stations que nous avons rapportées plus haut pour les express du *Great-Northern,* une longueur de 121 kilomètres. Mais des distances de cette importance, parcourues d'un seul trait, sont rares pour les trains express : on se borne plus souvent à des longueurs de 30 à 50 ou 60 milles. On évite ainsi la nécessité des lourds tenders : la plupart des machines pour express proprement dits ont des tenders tenant de 12 à 1,500 gallons d'eau, rarement 16 ou 1,800 (6 à 9^{m3}). Nous donnerons tout à l'heure un exemple de ces machines.

Lorsque les express ont été introduits sur les chemins de fer anglais, les prix des places ont été établis de façon à faire payer aux premières 20 à 25 p. o/o de plus qu'aux premières des trains ordinaires [1] et aux secondes d'express les prix des premières ordinaires. Cette surtaxe des places d'express a persisté sur les lignes comme le *London-Brighton,* qui n'ont pas de concurrence ; mais sur le *Great-Northern,* et plus récemment sur le *South-Eastern,* par suite de l'établissement du nouveau chemin de Londres à Douvres par Chatham, plus court que le premier de 7 à 8 milles, les express continuent à prendre premières et secondes, mais sans augmentation de prix pour les stations comprises dans les limites de la concurrence.

TRAINS FAST ET ORDINARY.

§ 3.
Questions 19 à 25.

Sur bon nombre de lignes, ces deux sortes de trains sont confondues sous le nom d'*ordinary-trains* ou de *passenger-trains* avec arrêts (*stoppages*). Sur d'autres, on distingue sous les noms *ordinary* et *fast* des trains qui, avec une vitesse de marche sensiblement la même, atteignent des vitesses effectives différentes, par le fait d'un nombre différent de stations. C'est quelque chose d'analogue aux trains directs et semi-directs qu'on trouve sur plusieurs de nos lignes.

Nous avons déjà donné précédemment les vitesses effectives de ces trains : elles sont comprises entre 25 et 35 milles (40 à 50 kilomètres) à l'heure. La vitesse de marche serait à très-peu près la même pour les deux sortes de trains, c'est-à-dire de 30 à 40 milles environ, quelquefois de 38 seulement (50 à 65 kilomètres par heure).

Ces deux variétés de trains ne comportent généralement que des premières et des secondes classes, aux prix ordinaires. Sur les grandes lignes, pour ces trains, comme pour les express, on admet quelquefois des troisièmes pour les stations extrêmes (Exemple : *Great-Western*); mais les troisièmes ne payent pas de supplément.

---

[1] Sur le chemin de Brighton les premières d'express payent 17 à 18 centimes par kilomètre et voyageur; les secondes (ou premières ordinaires), de 13 à 14 centimes. Les secondes ordinaires payent o',12 par kilomètre et les troisièmes o',077; les troisièmes parlementaires, o',062.

Nous citerons, comme exemples de ces trains ordinaires, les suivants, empruntés au *Great-Northern* et au *Great-Western* :

1° De Londres à Newcastle : distance 275 mil. 1/4 (440 kil. 040 m.); durée du parcours : 10 h.; — vitesse effective : 27 mil. 1/2 (44 kil.); — nombre de stations : 9; — distance moyenne des stations : 48 à 49 kil.; — temps perdu : 60 min.; — vitesse moyenne de marche : 30 mil. (48 à 49 kil.).

Composition des trains :

DESTINATIONS.

1. Fourgon à frein.
2. Voiture de 1re classe........................ } York.
3. *Idem* de 2e classe........................ }
4. *Idem* de 1re classe........................ Newcastle.
5. Voitures mixtes .... Bradford.
6. *Idem*........................ Halifax.
7. *Idem*........................ Manchester.
8. Fourgon à frein........................ Leeds.
9. *Idem* à bagages........................ Lutton.

A cette dernière voiture s'attachent quelquefois de 3 à 5 voitures de diverses classes composant un train qu'on détache en marche à Hatfield, sur l'un des embranchements.

2° De Londres à Bristol : distance 118 mil. 1/2 (190 kil.).

Voitures de 1re et de 2e classe sur toute la ligne.

Voitures de 3e classe seulement pour les stations placées au delà de Bristol.

Durée du parcours : 3 heures 45 minutes.

Vitesse effective : 31 à 32 milles ou 50 kilomètres environ.

Nombre des stations : 5; — distance moyenne des stations : 38 kilomètres.

TEMPS EMPLOYÉ ENTRE LES DIVERSES STATIONS.

	mil.	min.		mil.	kil.	
Londres à Reading.....	36	55	Vitesse..	39	62 à 63	Vitesse moyenne de marche : 39 milles (62 à 63 kil.).
Reading à Didcott......	17	30	———.	34	———	
——— à Swindon.....	24	40	———.	36	———	
——— à Chippenham..	17	25	———.	37 à 38	———	
——— à Bath........	13	23	———.	idem.	———	
——— à Bristol......	11 1/2	25	———.	50	———	

Les machines employées aux trains fast ou ordinary sont, pour un même chemin, du même modèle que les locomotives d'express, c'est-à-dire des locomotives à essieux indépendants, essieu moteur au milieu. Les dimensions de la surface de chauffe sont toujours fort grandes, la pression et les dimensions des cylindres aussi; les roues seules sont un peu plus petites. Les tenders sont également de 12 à 1,500 gallons (5 à 7 ^{m3}).

Sur quelques chemins et pour quelques trains de ces classes qui sont plus chargés, qui, au lieu de 14 à 16 voitures, en renferment jusqu'à 20 ou 24, on se sert de locomotives à quatre roues couplées.

Voici, à ce sujet, le tableau comparé des dimensions de locomotives adoptées sur le *South-Eastern* pour express et fast-trains :

	EXPRESS.	FAST ET ORDINARY TRAINS.
1° Chaudières :		
Tubes : Nombre	110	185
Longueur	3^{m}325	3^{m}275
Diamètre extérieur	0 05	0 05
Surface de chauffe	88^{m}74	95^{m}121
Boîte à feu : Longueur	2^{m}25	1^{m}35
Largeur	1 05	1 06
Aire de la grille	1^{m}99	1^{m}29
Surface de chauffe	14 175	10 750
Surface de chauffe totale	102^{m}915	105^{m}871
2° Cylindres :		
Diamètre	0^{m}425	0^{m}375
Longueur de course	0 550	0 550
3° Roues :		
Diamètre des roues d'avant	1^{m}45	1^{m}35
——— des roues motrices	2 10	1 80
——— des roues d'arrière	1 20	1 10
Distance des centres extrêmes	4 95	4 65
4° Poids de la machine :		
En marche	32^{t}00	27^{t}00
Sur essieu d'avant	10 75	9 50
Moteur	12 00	11 00
Arrière	9 25	6 50
5° Tender :		
Contenance en eau	11^{m}50	6^{m}58
Contenance en coke	2^t	1^t 65
Diamètre des roues	1^{m}20	1^{m}10
Écartement des essieux	4 20	3 60
Poids du tender chargé	25^{t}16	19^{t}22

TRAINS PARLEMENTAIRES ET MIXTES.

§ 4.
Questions 26 et 27. Aucune des grandes lignes anglaises ne fait de trains mixtes (voyageurs et marchandises); les trains parlementaires seuls sont quelquefois suivis de 4 ou 5 wagons à chevaux et trucks à voitures particulières.

Sur les embranchements seuls on fait quelquefois des trains mixtes proprement dits, notamment sur les petits embranchements à une seule voie, de quelques milles de longueur (4 ou 5 par exemple). La vitesse effective et la vitesse de marche sont alors à très-peu près celles des trains parlementaires.

Nous citerons les exemples suivants de trains parlementaires :

1° De Londres à Newcastle : distance, 275 mil. 1/4 ou 440 kil.; — durée du parcours, 12 h. 5 min.; — vitesse effective, 36 kil.; — nombre de stations, 50; — distance moyenne, 8 à 9 kil.; — temps perdu aux stations et ralentissement, 2 h. 30 min.; — vitesse moyenne de marche, 44 à 45 kilomètres.

COMPOSITION DU TRAIN AU DÉPART DE LONDRES.

DESTINATIONS.

1° Un fourgon à bagages à frein.
2° Une voiture de 3ᵉ classe....
3° *Idem* ..... de 3ᵉ classe.... } York.
4° *Idem* ..... de 1ʳᵉ classe....
5° *Idem* ..... de 2ᵉ classe....

6° *Idem* ..... de 1ʳᵉ classe..... Newcastle..... } qui entre dans un train partant d'York pour Newcastle.

7° *Idem* ..... de 3ᵉ classe....
8° *Idem* ..... de 3ᵉ classe.... } Leeds........
9° Une mixte, 1ʳᵉ et 2ᵉ classe....
10° Une voiture de 3ᵉ classe.... Liverpool....
11° *Idem* ..... de 3ᵉ classe.... Nottingham... } pour embranchements.
12° *Idem* ..... de 3ᵉ classe.... Lincoln......
13° *Idem* ..... de 3ᵉ classe.... Hull........
14° Un fourgon à bagages et à frein, allant jusqu'à Leeds.

A ces 14 voitures étaient attachées 4 ou 5 voitures de chevaux ou trucks de voitures particulières.

On voit que la vitesse moyenne de marche est presque la même que pour les trains ordinaires : aussi se servait-on pour cela des mêmes machines.

2° De Londres à Bristol : distance, 118 mil. 1/2 ou 190 kil.; — durée du parcours, 6 h. 25 min.; — vitesse effective, 18 à 19 mil. ou 29 à 30 kil.; — nombre de stations, 27; — distance moyenne, 7 kilomètres.

DURÉE DES ARRÊTS.

2 de 3 minutes....	6 min.		21 de 1 minute...	21 min.
2 de 5 minutes....	10		Ralentissement et reprise..........	
1 de 15 minutes....	15			45
1 de 30 minutes....	30			
Total......	1 h. 1 min.			1 h. 6 min.

Total des pertes de temps : 2 h. 7 min.

Soit une vitesse moyenne de marche de 44 à 45 kilomètres.

RÉSUMÉ SUR LES QUESTIONS PRÉCÉDENTES.

On a pu voir, par ce qui précède, que le service des voyageurs sur les grands chemins de fer anglais se distingue autant par le nombre de ses trains que par leur rapidité. Complétons ce qui a été déjà dit à ce sujet par l'exemple du *London and North-Western* :

16 trains-poste ou express circulant tous les jours de Londres vers l'Écosse l'Irlande, Liverpool, etc. ou réciproquement ;

27 trains des diverses autres catégories parcourant des distances de 80 à 400 kilomètres.

Voilà, sans y comprendre 15 ou 16 trains de banlieue ou de petit parcours échelonnés le long de la ligne principale, voilà le nombre des trains de voyageurs roulant dans un sens ou dans l'autre.

Les trains de marchandises ne sont pas moins multipliés.

Écartant toujours les trains de banlieue ou de petit parcours, on en compte 33 au départ et 37 ou 38, selon les jours, à l'arrivée à Londres : les uns parcourant toute la ligne, entre Londres, Holyhead et l'Écosse; les autres faisant le service de la région centrale : Londres, Liverpool, Birmingham, Manchester et Rugby. Tous circulent ainsi sur le tronçon de 80 milles (128 kil.) qui s'étend de Londres à Rugby.

Au résumé, sur cette première section de la ligne il passe donc journellement 113 ou 114 trains (56 ou 57 dans chaque sens), non compris les 25 ou 30 (12 ou 15 sur chaque voie) de banlieue ou de petit parcours, pour voyageurs ou marchandises.

En citant l'exemple du *London and North-Western* nous ne prenons pas l'exception; cette organisation du service est aujourd'hui générale sur les grandes lignes anglaises. Du reste, il suffit de savoir quelle est l'activité de la concurrence entre les compagnies pour comprendre qu'une fois la vitesse accrue par l'une d'elles, ses voisines ont dû l'imiter et chercher même à la dépasser.

Nul doute qu'en entrant dans cette voie les compagnies anglaises obéissaient, dans une certaine mesure, au penchant si connu de nos voisins pour tout ce qui économise le temps. Cependant les moyens de sécurité n'ayant peut-être pas toujours progressé à proportion des vitesses, le public lui-même a manifesté d'abord une certaine réserve dans la fréquentation de ces trains rapides, des malles d'Écosse et d'Irlande en particulier (nous tirons ce renseignement de l'un des rapports des inspecteurs du Gouvernement).

Mais la question de sécurité a été, depuis quelques années surtout, l'objet de préoccupations constantes; nous rapporterons un peu plus loin ce qu'on a fait à cet égard en Angleterre. Disons tout de suite que l'extension donnée à l'usage du télégraphe électrique semble devoir faire disparaître une partie, sinon la totalité, des craintes provoquées par les grandes vitesses.

Par contre, cette question des grandes vitesses présente un autre côté, le côté économique, sur lequel, nous l'avons déjà dit, les opinions continuent d'être fort contradictoires.

Rappelons à cet égard que les grandes vitesses se lient, tantôt comme cause, tantôt comme effet, à la multiplicité des trains; car il ne faut point oublier que :

1° Malgré la puissance des machines, on ne parvient aux grandes vitesses des trains de voyageurs ou de marchandises qu'en éloignant convenablement les arrêts et en supprimant un certain nombre de stations. Pour desservir celles-ci, il faut donc des trains supplémentaires, c'est-à-dire que par là s'accroissent le nombre et la vitesse de tous les convois.

2° Les nécessités seules de la concurrence ont peut-être plus souvent encore contribué à accroître le nombre des trains, réagissant ainsi sur leur rapidité, la multiplicité des trains, en un mot, de l'effet, devenant la cause de la généralisation des grandes vitesses.

Cela posé, on s'explique mieux les divergences d'opinion sur l'économie de l'exploitation à grandes vitesses; on s'explique mieux comment, sur ce sujet, tous les hommes techniques, ingénieurs de la voie, du matériel et de la traction, répondent *non*, quand les administrateurs et directeurs des compagnies disent *oui*.

Les premiers résistent aux grandes vitesses, parce que :

1° Comme sur le *London-Brighton*, il a fallu rapprocher les traverses à 0^m,60 d'écartement et renouveler les rails tous les cinq ans pour conserver à la voie la solidité voulue ;

2° Comme sur le *London and North-Western*, on a dû construire une troisième voie sur une bonne partie du tronçon de Londres à Rugby, avec des rails de 46 kilogrammes le mètre courant et des postes télégraphiques très-multipliés ;

3° Enfin, et surtout, les frais de traction et de matériel croissent plus rapidement que les vitesses.

L'ingénieur en chef du matériel et de la traction du *London and Brighton railway* estimait devant nous à 30 p. o/o l'accroissement de ce chapitre des dépenses par le fait du passage de la vitesse de 30 ou 35 milles à 40 ou 42 (vitesses effectives).

Les administrateurs, tout en reconnaissant la valeur de ces objections, persistent dans l'emploi des trains rapides, parce que dans le revient définitif du train kilomètre l'excédant de frais que produisent ces diverses causes est balancé, disent-ils :

1° Par la réduction des frais généraux et même de tous les frais permanents des services de la voie et de la traction, l'ensemble de ces frais se divisant par un plus grand nombre de trains ;

2° Par la réduction même des dépenses d'exploitation (stations, mouvement de voyageurs et marchandises, etc.), dont le personnel est mieux utilisé.

Quelques-uns estiment même que ces réductions font plus que balancer les accroissements ci-dessus signalés.

Enfin, les directeurs des compagnies anglaises ne s'arrêtent pas non plus à l'objection que des trains multipliés roulent souvent à charge très-faible, et que cette condition, jointe à celle d'un parcours moyen peu considérable, finit par abaisser beaucoup le produit du train kilomètre. Ils répondent à cela que la condition d'un parcours moyen peu étendu tient à la nature même du trafic anglais; que la multiplication des trains est précisément le seul mode d'exploitation capable de ramener le produit kilométrique à un taux convenable; que s'ils faisaient attendre les voyageurs ou les marchandises pour rouler à charge pleine, ils verraient passer les uns et les autres sur une ligne concurrente. Enfin, ils ajoutent que si les trains peu chargés ne donnent qu'un faible produit, ils coûtent à proportion, et que, toute balance faite, le rapport de la dépense à la recette reste à peu près le même.

Nous avons reproduit les appréciations que nous avons eu l'occasion de recueillir.

Essayons maintenant d'en vérifier quelques-unes, en comparant les résultats d'exploitation de deux chemins : le *London and North-Western* et le *Paris-Lyon-Méditerranée* (ancien réseau), dont les conditions générales se rapprochent à beaucoup d'égards. Bien qu'une pareille comparaison ne soit pas susceptible d'une exactitude absolue, nous croyons qu'on en peut cependant déduire quelques conséquences au sujet des questions qui nous occupent.

	LONDON AND NORTH-WESTERN.	MÉDITERRANÉE. (Ancien réseau.)
Longueurs exploitées en 1860	968 mil = 1557 kil.	1,409 kil, 8
Nombres de trains kilomètres en 1860	23,478,852	14,560,340
Nombres de voyageurs.......... 12,921,698	108 de 1re classe. 329 de 2e. 563 de 3e.	9,235,002 74 144 782
	1,000	1,000
Tarifs moyens du voyageur, par kilomètre	0f 08c	0f 057c
Produits totaux des voyageurs, non compris les autres transports à grande vitesse	44,248,600f	37,706,680f
Produits accessoires de la grande vitesse	4,953,350	10,210,183
Produits des postes	3,153,000	119,221
Nombres de tonnes de marchandises petite vitesse (houilles et marchandises générales)	8,382,042t	5,542,140t
Tarifs moyens d'une tonne	0f 07 [1]	0f 0629
Produits de la petite vitesse (non compris les bestiaux)	58,646,497f	55,643,063f
Produits accessoires de la petite vitesse	3,211,000	15,394,337
Recettes totales.... Grande vitesse	52,354,950	47,894,195
Recettes totales.... Petite vitesse	61,857,497	57,021,747
	114,212,447 [2]	104,915,942 [2]

[1] Ce chiffre moyen est plutôt en dessous qu'en dessus de la réalité.

[2] et [2] Y compris des deux côtés les droits sur la grande vitesse, mais déduction faite des frais d'omnibus, correspondances, factage et camionnage.

	LONDON AND NORTH-WESTERN.	MÉDITERRANÉE. (Ancien réseau.)
Recettes par kilomètre de ligne	73,354ᶠ 10ᶜ	74,633ᶠ 69ᶜ
Recettes par train kilomètre.. { Grande vitesse	2ᶠ 23ᶜ = 46 0/0	3ᶠ 289 = 45, 65 0/0
Petite vitesse	2 60 54 0/0	3 916 54, 35 0/0
	4 83 100	7 205 100
Dépenses totales	51,834,325ᶠ	· 44,452,602ᶠ 31ᶜ
Dépenses par kilomètre exploité	33,292	31,531 00
Dépenses par train kilomètre :		
Administration et services généraux	0ᶠ 137	0ᶠ 120 (a)
Exploitation ou trafic	0 642	0 975
Matériel et traction	0 848	1 052
Entretien de la voie	0 383	0 518
Droits sur grande vitesse	0 066	0 353
Impôts, taxes locales, surveillance administrative	0 074	0 035
Indemnités	0 058	Compris dans le chiffre (a).
Totaux	2 208	3 053

Ce tableau montre que :

1° Le parcours moyen des voyageurs et des marchandises est notablement moindre en Angleterre qu'en France ;

2° Ce n'est que par un nombre de trains beaucoup plus considérable que, malgré ses tarifs plus élevés, le *London and North-Western* parvient à réaliser à peine le même produit que la Méditerranée par kilomètre de ligne. Le nombre des trains kilomètres est, en effet, sur le premier, de 60 p. o/o plus grand que sur le second, lorsque la différence des longueurs exploitées n'est que de 10 p. o/o ;

3° Il en résulte évidemment une moindre charge des trains sur le premier que sur le second ;

4° Par la réduction simultanée de la charge et du parcours moyens s'explique la faiblesse du produit brut par train kilomètre, faiblesse d'autant plus remarquable qu'outre des tarifs élevés, le chemin anglais perçoit de plus que le chemin français tout le prix du transport des postes, qui s'élève, on le voit, à un chiffre assez considérable ;

5° En même temps, la dépense par train kilomètre s'abaisse, le rapport à la recette conservant pour les deux chemins à peu près la même valeur.

Cette dernière conséquence semblerait donc conforme à l'opinion des directeurs de compagnies anglaises. Mais, avant de l'admettre, il importe de tenir compte de certaines différences entre les deux chemins mis en parallèle.

Pour le rendre comparable au prix de revient anglais, en écartant d'abord la différence de charge, il convient de retrancher du coût kilométrique de la Méditerranée :

1° o^f 30e pour excédant des droits de grande vitesse [1];

2° o 25 pour excédant de prix du combustible et des diverses matières premières nécessaires aux réparations de machines, tenders, voitures, etc. [2];

3° o 10 à o^f 15e pour excédant de frais d'entretien de la voie et des ouvrages d'art, tant parce que ceux-ci sont généralement plus luxueux chez nous que chez nos voisins qu'à cause du coût plus élevé de 1/3 au moins des matières premières métalliques.

o 65 à o 70. TOTAL.

Le coût de la Méditerranée se réduirait ainsi à 2 fr. 40 cent. ou 2 fr. 45 cent. contre 2 fr. 20 cent. sur le chemin anglais : soit une différence de o fr. 20 cent. à o fr. 25 cent. Il faudrait ensuite en déduire une somme, dont l'importance nous est absolument inconnue, pour les frais de transport de la poste, pour les transports militaires, etc. qui ne donnent pas de produits correspondant à ceux du chemin anglais ou qui n'incombent pas à celui-ci dans la même proportion.

Il y aurait également à défalquer quelque chose du prix de la Méditerranée pour coût et entretien des wagons à houille et minéraux, le chemin anglais usant des wagons des expéditeurs.

Quelles que soient ces sommes, elles réduiraient donc encore la différence entre les deux prix de revient ; qu'après cela, on tienne compte de l'influence incontestable de la charge des trains sur les frais de traction et matériel, d'entretien de la voie et de l'exploitation, et l'on conclura qu'à charge égale le prix de revient anglais est certainement plus élevé que celui de la Méditerranée, conclusion qui donnerait raison aux adversaires des grandes vitesses et des trains multipliés.

D'un autre côté, il faut bien se rappeler que le *London and North-Western* est un des chemins anglais qui sont entrés le plus largement dans cette voie.

En cas d'application plus modérée de ce système, peut-être devrait-on reconnaître une certaine valeur à l'opinion des directeurs de compagnies anglaises. On pourrait peut-être croire avec eux qu'en ne faisant qu'un nombre limité de

[1] En France, l'impôt du Trésor sur les places de voyageurs et le transport des marchandises en grande vitesse est de 12 p. o/o. En Angleterre, l'impôt sur les voyageurs n'est que de 5 p. o/o et il n'y a aucun impôt sur les marchandises.

[2] Nous ne tenons compte, dans ces estimations, d'aucune différence dans les frais de personnel : les quelques renseignements que nous avons recueillis à cet égard semblent établir que sous le rapport des appointements des divers employés, depuis les mécaniciens jusqu'aux chefs de service, bon nombre de nos chemins de fer sont au niveau de leurs similaires anglais.

trains très-rapides pour voyageurs et pour marchandises on serait d'autant moins obligé d'accroître le nombre et surtout la rapidité des autres que les premiers auraient plus de longueur à parcourir.

Dans ces conditions, la plupart des chefs d'exploitation que nous avons consultés sur le coût des trains rapides ne l'estimaient pas notablement plus élevé que celui des trains ordinaires : la majeure partie des accroissements des frais de traction et d'entretien de la voie serait, d'après eux, compensée par les économies que donne la suppression des stations ou des arrêts moins fréquents et par une certaine réduction des frais généraux.

SERVICE DES TRAINS DE CORRESPONDANCE.

§ 8.
Question 28.

On aura sans doute déjà remarqué que, même dans les trains parlementaires, on compose souvent les convois, au départ de Londres, de façon à éviter les changements de voitures aux embranchements; il en est un peu de même dans le service des trains d'embranchements destinés à remonter jusqu'à Londres.

Nous avons déjà montré aussi que certaines portions de trains partant de Londres se détachent en route, sinon en pleine marche, au moins sans arrêt : on se borne à ralentir la vitesse à 20 ou 25 kilomètres à l'heure en approchant de la jonction où doit se faire le débranchement. C'est à cette vitesse, et à 8 ou 900 mètres de la jonction, que le garde placé dans le fourgon en tête de la portion à détacher fait jouer le système d'accouplement.

Nous ferons observer toutefois que ces deux moyens d'activer le service des correspondances ne s'appliquent que sur un petit nombre d'embranchements, sur ceux particulièrement qui aboutissent à quelques centres importants.

Quant aux autres, l'ardente concurrence qui règne entre les principales artères du réseau anglais provoque, de la part des compagnies, une extrême attention au sujet des intervalles entre les trains des lignes principales et ceux des embranchements.

La multiplicité des trains, non-seulement sur les lignes principales, mais encore sur les embranchements, facilite beaucoup, il faut le dire aussi, le service des correspondances. Voici, d'ailleurs, quelques exemples à cet égard :

1° Pour les trains de correspondance allant de la ligne principale sur les embranchements et en provenance d'une ville un peu considérable, les intervalles réglementaires sont de 5 à 10 minutes sur les grands embranchements, de 30 à 45 minutes sur les plus petits, quelquefois même d'une heure à une heure 1/4. Les trains d'embranchement communiquant avec Londres, par exemple, partent le plus souvent 4 ou 5 minutes après le train de la ligne principale, lorsque même l'embranchement ne reçoit pas des trains directs de la capitale. Au contraire, ceux venant des extrémités de la ligne ont souvent une demi-heure à trois quarts d'heure ou une heure à attendre.

2° Pour les trains correspondants allant des embranchements à la ligne principale, les intervalles varient :

1° Avec la nature des trains de la ligne principale ;

2°·Avec le sens de ces mêmes trains.

Les intervalles sont plus grands pour les express que pour les trains ordinaires. Ainsi, de 15 à 20 minutes pour les express, ils ne sont souvent que de 10 à 15 pour les trains ordinaires qui remontent vers Londres ou, pour quelques sections, vers des villes importantes. Pour les trains qui descendent de Londres, c'est-à-dire pour les stations éloignées, les intervalles sont souvent de 45 à 60 minutes sur les embranchements secondaires. Pour les villes principales, des trains spéciaux à courte distance amènent les voyageurs aux stations où s'arrêtent les trains express ou directs, de manière à réduire les stationnements à une demi-heure ou 20 minutes.

Enfin, tandis que les trains d'embranchement attendent généralement les trains correspondants de la ligne principale, ceux-ci n'attendent jamais les premiers plus de 15 minutes; si même, grâce à l'emploi chaque jour plus général du télégraphe, le chef de la station de croisement sait positivement que le train d'embranchement ne peut arriver dans l'intervalle de 15 minutes, il peut expédier immédiatement le train correspondant de la ligne principale.

On a adopté cette dernière mesure en vue de diminuer les retards que le service des embranchements apportait aux trains en remonte vers Londres, principalement sur les grandes artères.

C'est particulièrement dans le service des correspondances, dans la transmission des bagages et des voyageurs d'un train à l'autre, qu'on peut juger de la ponctualité des agents et de la rapidité de leurs manœuvres. L'absence à peu près générale de tout enregistrement de bagages simplifie d'ailleurs beaucoup cette partie du service.

SÉCURITÉ.

§ 6.
Questions 29 à 36.

Les grandes vitesses et la multiplicité des trains accroissent évidemment les difficultés de l'exploitation sous le rapport de la sécurité. Beaucoup d'ingénieurs anglais, les inspecteurs du Gouvernement eux-mêmes, attribuent à ces deux causes les collisions nombreuses qui se sont produites depuis un an ou deux entre les *trains-poste* ou les *express* et les trains plus lents (de marchandises surtout). Ces causes semblent contribuer encore pour une bonne part aux ruptures de bandages, d'essieux et de roues, d'autant plus fréquentes en Angleterre que la qualité de ces pièces y est souvent très-inférieure à ce qu'elle est sur le continent. Enfin elles augmentent certainement aussi la gravité des déraillements qui en résultent.

Signaux
télégraphiques.

Parmi les moyens d'éviter les collisions, il faut citer avant tout comme particulièrement répandu en Angleterre l'emploi du télégraphe électrique.

Primitivement appliqué aux lignes à une voie, puis aux tunnels, où l'on voulait empêcher la présence simultanée de deux trains, il se répand chaque jour davantage sur les chemins à double voie. Au lieu d'un intervalle de temps entre deux trains consécutifs, comme autrefois, la télégraphie électrique a permis de mettre un intervalle d'espace.

Pour cela les sections de ligne à grand trafic ont été divisées en un certain nombre d'espaces, limités généralement par des points dangereux, tunnels, courbes, jonctions, passages à niveau, etc. Sur chacun de ces espaces on ne fait circuler qu'un train à la fois dans chaque sens, rarement deux ou plus. Comme exemples, citons les deux chemins du *London and North-Western* et du *Great-Northern*.

Sur le premier de ces chemins, la section de Londres à Rugby (de 80 milles ou 128 kilomètres) a été divisée en 42 tronçons de 2 à 4 kilomètres de long : aux extrémités de chacun d'eux sont des appareils télégraphiques par lesquels la voie est demandée, de poste en poste, dans chaque sens. Seulement, comme la circulation est considérable sur cette distance (*il y passe 140 à 150 trains par jour dans les deux sens*), la compagnie ne met pas toujours 3 ou 4 kilomètres d'intervalle entre deux trains consécutifs. Là où il n'y a pas de tunnel, on fait circuler jusqu'à 2 et même 3 trains à la fois entre deux postes, sous la condition : 1° pour le mécanicien, de ralentir de manière à être maître de sa machine; 2° pour le chef de poste télégraphique qui reçoit l'avis d'un second train avant que le premier soit passé devant lui, d'inscrire les deux trains sur une ardoise et de ne télégraphier la voie libre à la station précédente qu'après le passage des deux trains chez lui.

Le *Great-Northern* a également divisé la première section de son réseau, comprise entre Londres et Hitchin (48 kilomètres), en 18 tronçons à postes télégraphiques, écartés par conséquent de 2 à 4 kilomètres et placés aux principaux points dangereux et à toutes les stations ordinaires. Sur le reste de la ligne jusqu'à York, il n'y a d'appareils télégraphiques qu'aux stations principales, sauf sur les distances d'Essendine à Grantham et de Retford à Milford-Junction. Pour ne parler que de Hitchin à Londres, le *Great-Northern*, comme le *North-Western*, ne se borne pas toujours à faire circuler un seul train à la fois entre deux postes. Mais un premier train étant engagé sur un tronçon où il n'y a pas de tunnel, lorsqu'un second se présente au premier poste, il peut le passer, en ralentissant à la vitesse de 15 milles (24 kilomètres); il garde cette vitesse jusqu'à ce qu'il arrive en vue du signal de distance du poste suivant; il reprend sa vitesse si ce signal indique la voie libre.

Sur les lignes à moindre circulation, comme le chemin d'*Eastern-Counties*, de *South-Eastern*, etc. on ne laisse, au contraire, jamais s'engager plus d'un train à la fois entre deux postes télégraphiques.

Sur toutes les lignes où ce système de signalement des trains est en usage, son service est naturellement distinct de celui des fils télégraphiques établis

le long des voies pour la correspondance de station à station ou pour la transmission des dépêches privées.

Les appareils nécessaires à ce service particulier, destinés à être maniés par
des agents inférieurs, doivent être aussi simples que possible ; c'est pour avoir
voulu appliquer d'abord des mécanismes trop compliqués ou trop parfaits
que l'usage des signaux électriques a fait des progrès si lents et qu'il est
même repoussé encore par quelques compagnies anglaises, par le *Great-
Western* par exemple. Sur la plupart des lignes on s'est borné à disposer
2 couples d'aiguilles mues par des électro-aimants, dans les postes communiquant dans deux sens ; un seul couple dans les *postes-limites,* en relation avec
une seule station voisine. Chaque aiguille d'un même couple dessert la ligne
de rails placée du même côté qu'elle, et sert à demander ou à donner la voie
pour les trains correspondants. C'est, on le voit, le principe des appareils Tyer,
déjà connus en France (Paris à Lyon, par exemple).

Ceux-ci sont même appliqués sans modifications, et avec grand succès, sur
plusieurs chemins anglais, notamment sur le *South-Eastern.* On adjoint à
chaque poste une sonnerie et un tam-tam, ayant des sons différents, l'un pour
la voie montante et l'autre pour la voie descendante. La sonnerie ou le tam-tam
attire l'attention du chef de poste et, par le nombre des coups, indique la
nature du train, tandis que les aiguilles ne servent qu'à signaler la voie libre
ou la voie obstruée. Enfin, une fois le signal donné, le chef d'un poste ne
peut pas l'altérer, l'aiguille qui le donne étant manœuvrée par le chef du
poste voisin. Les renseignements qu'on a pu nous donner sur le fonctionnement de ces appareils Tyer leur sont on ne peut plus favorables. Les inspecteurs du Gouvernement eux-mêmes les recommandent partout où d'autres
systèmes plus compliqués sont à l'essai ou en usage. Le dernier rapport fait à
ce sujet par l'un d'eux (par M. Tyler) propose seulement de compléter chaque
couple de deux aiguilles par une troisième liée à la sonnerie et à l'aide de
laquelle deux chefs de postes voisins pourraient correspondre au besoin. De
la sorte, on aurait donc 6 aiguilles à chaque poste à double communication
et 3 aux postes à simple communication.

Sur certains chemins (sur le *Great-Northern,* par exemple) on ne se borne
pas à faire marquer aux aiguilles la liberté ou l'obstruction de la voie ; le
cadran porte encore un certain nombre de caractères qui font de ces couples
de véritables télégraphes parlants ; la troisième aiguille devient ainsi inutile,
mais il reste à savoir si ces communications entre deux chefs de postes sont
réellement utiles et si, en multipliant les occasions de correspondances, on
n'expose pas les agents à des confusions ou à des distractions entraînant les
accidents qu'on veut éviter.

Ce qui paraît plus recommandable, c'est la pratique, générale aujourd'hui,
de l'inscription par chaque chef de poste, sur un registre à colonnes, des
heures d'avis et de passage de chaque train ; la tenue de ce registre permet

le contrôle des chefs de poste les uns par les autres et les oblige à une attention plus soutenue [1].

Quant à la demande de la voie, tantôt elle est envoyée par le chef d'un poste au poste suivant, en même temps qu'il donne la voie au poste précédent; tantôt, ce qui vaut mieux, l'avis de l'approche d'un train est envoyé 10 minutes ou 1/4 d'heure avant son arrivée.

Une dernière innovation qui se rattache à ce système de signaux télégraphiques est appliquée sur le *London and North-Western*. Les fils reliant deux postes à signaux sont attachés à droite et à gauche de chaque poteau, celui de droite pour une voie, celui de gauche pour l'autre : tous les deux sont interrompus par un isolateur spécial fixé sur chaque côté du poteau et à leur hauteur. Le circuit est fermé sur chacun d'eux par un fil qui descend à portée d'un homme placé sur la voie. En cas d'accident, le garde ou le chauffeur, ou tout autre agent, peut immédiatement couper cette fermeture sur un des fils ou sur tous les deux : interrompant ainsi la communication entre les deux postes, il empêche toute expédition de trains sur les deux voies ou sur une seule à la fois, selon les besoins. Avant la remise en marche, le garde-train rétablit le circuit en tordant l'un sur l'autre les deux bouts du fil coupé; il avise ensuite par écrit le chef de la station suivante, qui fait procéder au rétablissement des fils dans leur état primitif.

Ce moyen de parer aux collisions, en cas d'obstruction subite de l'une des voies ou de toutes les deux à la fois, n'exonère pas les agents d'un train ou d'une machine en détresse des précautions ordinaires commandées en pareil cas, c'est-à-dire de l'emploi des signaux mobiles, des signaux détonants et des avis directs à donner aux stations voisines.

Signaux ordinaires.

Au reste, sur toutes les lignes qui usent des signaux électriques, les mécaniciens et les garde-trains ont l'ordre formel de ne point compter exclusivement sur le télégraphe, mais de porter toute leur attention sur les signaux ordinaires, comme si le premier n'existait pas. Et, en effet, la multiplication des signaux ordinaires, de station ou de distance, a suivi celle des postes télégraphiques. A chacun de ceux-ci placés, nous l'avons dit, sur tous les points dangereux, on a conservé généralement deux signaux, l'un au poste même et l'autre à une distance de 5 à 600 mètres de la station. Ces signaux sont manœuvrés par le chef de poste lui-même; les signaux sont donc liés aux avis télégraphiques transmis d'un poste à l'autre. On use, en outre, des signaux détonants par les temps de brouillard.

Aux bifurcations, chaque ligne d'embranchement a ses signaux de distance

[1] Sur quelques lignes, comme sur le *Middland railway*, on tient en outre aux principales stations un registre où l'on inscrit les avis télégraphiques des retards des divers trains aux stations précédentes. Ces avis sont affichés dans un endroit de la gare où tous les employés peuvent prendre à chaque instant une notion complète de l'état de la voie.

et de station; ils sont manœuvrés par l'aiguilleur lui-même, et sur plusieurs lignes on a adopté les aiguilles à verrous, qui ne peuvent jouer que quand le signal lui-même est dans la position voulue. L'aiguilleur est chargé parfois, sur les embranchements secondaires par exemple, de manœuvrer à la fois les aiguilles, les signaux ordinaires et le télégraphe. Sur des jonctions plus importantes, on met deux hommes ou un chef de poste et sou fils, celui-ci chargé des appareils électriques.

Enfin, au sujet de ces postes télégraphiques comme des signaux de distance, aiguilles, etc. mentionnons encore le mode d'installation des guérites où se tiennent les chefs de poste. Leur plancher est élevé à 1ᵐ,5o ou 2 mètres au-dessus de la voie : de là, et par des fenêtres très-larges, le garde domine parfaitement la ligne, et son attention n'est pas sujette à distraction comme quand il est sur la voie, à découvert, qu'il fasse bon ou mauvais.

Aux bifurcations et sur tous les points où le signal de distance indique au mécanicien de prendre garde (*caution-signal*), le ralentissement est fixé à 15 milles à l'heure = 24 kilomètres.

Nous n'avons vu en Angleterre aucune mesure spéciale adoptée à l'égard de ces deux points. Il ne paraît même pas qu'on ait tenté aucun essai pareil à ceux faits chez nous pour aviser, par des sonneries électriques, le chef de station qu'un signal invisible pour lui occupe bien la position voulue, ou que, pendant la nuit, la lampe d'un signal de distance est allumée ou éteinte.

Bien que n'attachant pas une grande confiance aux cordes de communication entre les garde-freins et le mécanicien, plusieurs compagnies anglaises ont adopté ce moyen, sur les indications des inspecteurs du Gouvernement, particulièrement pour les trains express ou poste contenant un petit nombre de voitures. Cette corde communique avec un sifflet placé à côté du sifflet ordinaire de la machine, mais produisant un son différent. On semble, en Angleterre, avoir peu de confiance aussi dans les moyens de communication électrique, peut-être parce que les appareils jusqu'ici proposés sont trop compliqués.

Ajoutons sur ce sujet que nulle part cependant autant qu'en Angleterre cette communication ne serait nécessaire, à cause des fréquentes ruptures d'attelages qu'on y observe.

On ne nous a signalé aucun essai relatif à ces questions. Les directeurs de compagnies nous ont même semblé unanimes pour repousser cette idée, à cause des chances d'accidents qu'entraîneraient des arrêts provoqués inconsidérément et pour des motifs plus ou moins frivoles.

Au sujet des mesures de sécurité, nous dirons quelques mots des tentatives faites, dans ces derniers temps, pour amoindrir les fâcheux effets des ruptures de bandages : elles ont porté sur le mode d'attache des bandages aux roues.

15

Plusieurs inventeurs, parmi lesquels nous citerons MM. Burke, Cabry et Owens, Beatties, Gibson, etc. se sont proposé la suppression des rivets; outre l'affaiblissement de la roue et du bandage, on reproche aux rivets de ne pas retenir les seconds sur la première en cas de rupture. Ces divers inventeurs ont alors imaginé de fixer le bandage sur la roue par une queue d'aronde ménagée sur celle-ci, la différence entre leurs systèmes consistant dans la manière dont ils réunissent les bords du bandage aux faces latérales de cette

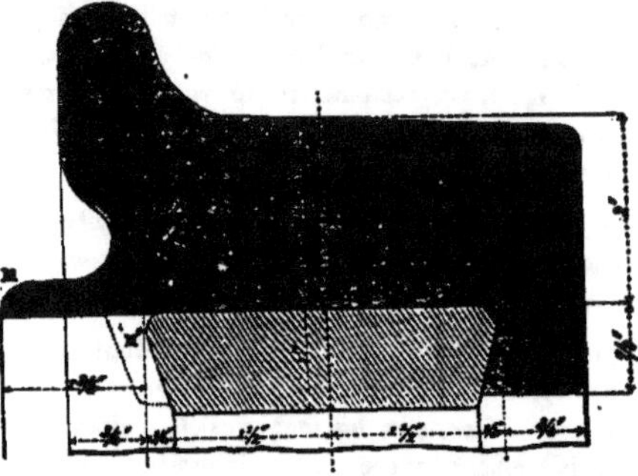

queue d'aronde : M. Burke fait laminer les bandages sous la forme représentée par la figure ci-jointe mm′ MM′. L'une des ailes M′ embrasse immédiatement l'une des faces de la queue d'aronde, lors de la pose; l'autre M est ensuite soudée sur la deuxième face par un travail de forge ordinaire. Ce procédé est appliqué depuis quelque temps déjà au *London-Brighton railway*, et on en paraît très-satisfait.

Les autres inventeurs, au lieu d'une soudure du bandage sur toute la circonférence de la roue, se servent de divers procédés de calage de l'une des ailes du bandage contre la face correspondante de la queue d'aronde, tantôt avec des coins convenablement répartis sur la circonférence, tantôt par un cercle de joint sur lequel on se borne à rabattre l'aile du bandage sans la souder. Ces modes d'assemblage, qui paraissent beaucoup moins solides et sûrs que le précédent, ont sur lui l'avantage de permettre le recalage du même bandage sur la roue après quelque temps d'usage.

Plusieurs chemins anglais, le *Great-Northern*, le *Great-Western*, entre autres, appliquent ces divers procédés sur une grande échelle. D'autres, comme le *Middland railway*, l'*Eastern-Counties*, ont préféré remplacer les bandages médiocres que livrent les usines anglaises par des bandages de bonne qualité, quelquefois même en acier fondu de Krupp, entrant ainsi dans une voie où nos compagnies ont précédé leurs voisines depuis longtemps.

Terminons ce chapitre en remarquant que la question des freins semble être un objet de préoccupations moins grandes en Angleterre qu'en France. Aucun des systèmes essayés jusqu'ici pour perfectionner cette partie du matériel n'y a reçu d'application suivie. On se sert partout des freins ordinaires, le Newhal. Sur le *London and North-Western* seulement on applique depuis quelque temps les freins continus de Newhal aux trains à grande vitesse (express et poste); on en paraît très-satisfait, et nous les voyons recommandés par plusieurs rapports des inspecteurs du Gouvernement.

BIEN-ÊTRE.

Questions 37 et 38.

Appareils fumivores.

Sur le plus grand nombre des chemins de fer anglais on use aujourd'hui plus de houille que de coke. Pour quelques-uns, comme le *South-Eastern* et le *London-Brighton*, où le coke est encore préféré à cause de la faible différence de prix que ces deux combustibles y comportent, on en trouve d'autres, comme le *Middland*, le *London and North-Western railway*, où les locomotives à voyageurs, comme celles à marchandises, brûlent presque exclusivement de la houille; la petite proportion de coke qu'on voit dans la consommation de ces dernières années vient d'anciens marchés que les compagnies épuisent pour ne plus les renouveler.

Chaque chemin de fer, pour ainsi dire, a son appareil *fumivore*; mais pour ne parler que de ceux qui, de l'avis à peu près unanime des ingénieurs anglais, ont quelque efficacité, nous nous occuperons seulement des appareils en usage sur les chemins du *Great-Northern*, de l'*Eastern-Counties*, du *Middland* et du *London and North-Western*. Le dispositif qui en fait le fond comprend généralement :

1° Une feuille de tôle, recourbée en forme de voûte (*deflecting-plate*), avançant vers l'intérieur de la boîte à feu et qu'on fait tourner sur une charnière fixée à la partie supérieure de la porte, de façon à l'incliner plus ou moins vers la charge de combustible;

2° Une plaque semblable, ou mieux une arche en briques jetée sur la face d'avant du foyer et s'avançant vers l'intérieur de la boîte, en sens inverse de la *deflecting-plate*, mais sur une direction à peu près parallèle.

A ce simple énoncé, on comprend que, la porte de chargement restant convenablement ouverte, l'air appelé par là soit dévié par la première plaque, rabattu ainsi sur la charge du foyer et plus ou moins bien mélangé avec les gaz et fumées dégagés par celui-ci, avant de pénétrer dans les tubes; l'extrémité inférieure de cette plaque est en effet abaissée, en marche normale, à peu près au niveau de la rangée inférieure des tubes. La plaque d'avant, ou l'arche en briques qui la remplace le plus souvent, joue un rôle analogue par rapport au mélange d'air et de gaz qui tend à monter directement de la charge vers les tubes; ce mélange est ramené vers l'arrière et vient passer, ainsi que l'air entré par la porte, entre les extrémités opposées des deux voûtes. Il doit résulter de là, en un mot, des remous favorables au mélange intime des fumées et gaz avec l'air non brûlé qui vient de dessous ou avec l'air froid entré par la porte. Ces remous sont très-efficaces aussi au point de vue du chauffage uniforme de cet air et de ces gaz à la température nécessaire pour la combustion complète sous la voûte de la boîte à feu ou le long des tubes.

15.

Il semble donc que, théoriquement, ce dispositif résolve le problème de la fumivorité, au moins tant que le tirage sera suffisamment énergique. En pleine marche, celui-ci est toujours assez fort; mais, pour le stationnement, on a complété l'appareil par l'addition d'un jet de vapeur (le soufflard, depuis long-temps en usage ailleurs), qui s'échappe directement dans la cheminée.

Les trois parties dont se compose cet appareil fumivore semblent d'abord simples et faciles à construire ou à réparer; il y a cependant quelques restric-tions à faire à cet égard. Mais avant de signaler les modifications ou simplifi-cations qu'a provoquées la pratique, indiquons les résultats obtenus par l'ap-pareil complet tel qu'il vient d'être décrit.

Avec les houilles peu fumeuses du *pays de Galles*, la fumivorité est à peu près parfaite; mais il en est autrement avec des houilles grasses et bitumi-neuses, comme celles de Newcastle et de Durham, ou bien encore avec les houilles sèches à longue flamme et très-fumeuses du *South-Staffordshire*, d'un grand nombre de mines d'*Écosse*, du *Derbyshire*, etc. Avec ces variétés, les appareils en question, de l'aveu même de leurs inventeurs et partisans les plus chauds (M. Markham, du Middland, entre autres), laissent toujours dé-gager plus ou moins de fumée, surtout aux stationnements. Le chemin du Middland, en particulier, n'a trouvé de résultats à peu près satisfaisants qu'a-vec les charbons durs et relativement peu fumeux (*top and bottom hard coal*) de la partie orientale du bassin du *Derbyshire*.

D'un autre côté, la simplicité du système anglais est plus apparente que réelle. L'arche en briques placée sur la face du foyer qui porte la plaque à tubes obstrue ceux-ci, ce qui constitue réellement une gêne; elle exige, en outre, des soins assez minutieux d'installation et d'entretien. Aussi plusieurs ingénieurs du matériel l'ont-ils supprimée, au risque non-seulement de brû-ler un peu moins bien la fumée, mais de laisser, avec certaines houilles, s'engager dans les tubes de nombreuses escarbilles de menus charbons. Ces tubes s'usent rapidement; il y a, de plus, danger d'incendie aux abords du chemin de fer.

D'autres, ne prenant que la plaque d'arrière et le soufflard, ont remplacé l'arche en briques par des jets de vapeur destinés à produire les remous dont il a été question plus haut. Avec des houilles convenables il n'y a pas trop de fumée, plus cependant qu'avec l'arche en briques pour un même com-bustible.

Tout en conservant l'arche d'avant, certains ingénieurs ont remplacé la plaque d'arrière en tôle, qui s'use très-vite, par une autre arche en briques, sacrifiant ainsi la simplicité de l'appareil. Quelques-uns enfin ont compliqué davantage encore, en cherchant à remédier à un inconvénient de ces systèmes qu'il nous reste à indiquer.

L'affluence de l'air par la porte du foyer en même temps que par le cen-drier comporte certaines difficultés au sujet desquelles on manque encore absolument de règles même approximatives. L'habileté du mécanicien a été jusqu'ici pour une large part dans les résultats obtenus d'appareils ainsi conçus. Pour un combustible donné, suivant que les charges sont fortes ou faibles, rares ou fréquentes, suivant que la porte est plus ou moins ouverte, la proportion de fumée varie du simple au double. Une preuve incontestable de l'influence de l'habileté de l'ouvrier se trouve d'ailleurs dans ce fait : avec certains mécaniciens, la consommation en houille n'est pas supérieure à celle du coke, tandis qu'avec d'autres elle est de 25 à 30, quelquefois 50 p. o/o plus élevée.

En présence de ces faits, quelques ingénieurs se sont bornés à disposer les portes à coulisses de façon à permettre aux mécaniciens de régler l'afflux d'air selon leur inspiration. D'autres, avec moins de raison, ont multiplié les entrées d'air sur les faces de la boîte à feu, affaiblissant souvent celle-ci et compliquant sa construction sans obtenir de résultats meilleurs, parce qu'ils demandent trop aux appareils et pas assez aux hommes.

En résumé, des divers appareils anglais, les plus simples, c'est-à-dire ceux avec portes à coulisses, feuille de tôle assez longue, rabattant l'air sur le combustible, avec ou sans arches en briques ou jets de vapeur sur la plaque à tubes, semblent les seuls un peu pratiqués; mais ils ne fonctionnent à peu près bien qu'avec des houilles de choix, médiocrement fumeuses. Ce ne sont donc pas des appareils absolument fumivores. Ils nous paraissent même inférieurs, au point de vue de la généralité de leur application, au système Tenbrink, aujourd'hui employé au chemin de l'Est français.

Et cependant, malgré l'imperfection des appareils fumivores, l'usage de la houille, pour les trains de voyageurs comme pour ceux à marchandises, se généralise rapidement en Angleterre. C'est que les progrès déjà faits par les mécaniciens ont appris à espérer qu'ils en feront de nouveaux; on croit que même avec des appareils imparfaits ils apprendront à produire peu de fumée, quand ils auront exclusivement usé de la houille pendant quelque temps, aussi bien que certains d'entre eux sont déjà arrivés à ne plus consommer plus de houille que de coke. Enfin, il faut bien le dire, on est à cet égard certainement moins exigeant en Angleterre qu'en France.

Questions 39, 40 et 41.

Il n'y a point de rideaux aux voitures de deuxième ni de troisième classe en Angleterre. Elles ne sont point chauffées et sont d'ailleurs incontestablement moins confortables que les similaires françaises, les secondes n'ayant jamais de dossier rembourré, mais tout au plus, et sur quelques chemins seulement, une petite bande de drap ou de crin à la hauteur des reins. Ajoutons que beaucoup de premières anglaises ne sont pas notablement plus confortables que nos secondes sur certaines lignes, et qu'elles sont rarement chauffées, une peau de mouton sous les pieds paraît suffire au voyageur anglais.

Question 42.

Le plus grand nombre des voitures de troisième classe sont en un seul compartiment ; quelques-unes cependant sont divisées, et dans le cas où il s'en trouve dans un train, un compartiment est réservé pour les dames.

Questions 43 et 44.

Les règlements continuent à interdire formellement de fumer dans toutes les voitures anglaises ; sur quelques chemins seulement, sur ceux du *South-Eastern* (Londres à Douvres) et de *Brighton*, on tolère plus ou moins les fumeurs, mais on ne leur donne pas de compartiment réservé.

WATER-CLOSET DANS LES TRAINS.

§ 8.
Questions 45 et 46.

Rien de pareil n'a été essayé en Angleterre.

POLICE DES GARES.

ADMISSION DES VOITURES PUBLIQUES DANS LES COURS.

§ 9.
Questions 47 et 48.

La plupart des compagnies anglaises n'ayant point de services d'omnibus organisés comme en France, les voitures publiques sont admises dans l'intérieur des gares, selon que la place le permet et sous la surveillance de la police.

SECTION III.

CONSTRUCTION ET EXPLOITATION DES CHEMINS DE FER D'EMBRANCHEMENT.

§§ 12 et 13
du questionnaire.
—
Trois catégories
de chemins de fer
d'embranchement.

Les chemins de fer d'embranchement construits dans les diverses parties du Royaume-Uni peuvent se grouper en trois sortes :

1° Les embranchements construits et exploités par les grandes compagnies propriétaires des lignes principales ;

2° Ceux construits par de petites compagnies indépendantes et exploités par les lignes principales ;

3° Ceux construits et exploités par de petites compagnies indépendantes et toutes locales.

Première catégorie.

La première catégorie comprend d'abord tous les embranchements importants, quelquefois à une seule voie, mais souvent à deux sur une bonne partie de leur longueur, que l'on a construits en Angleterre même à droite et à gauche des lignes principales. Ce n'est point là qu'il faut chercher l'économie de la construction, ni même de l'exploitation. Les compagnies ont entrepris la construction de ces lignes secondaires, assez semblables à quelques-uns des chemins de notre second réseau, sous l'influence de la concurrence, chacune cherchant à attirer ainsi sur sa ligne principale le maximum de trafic. Ces embranchements ont coûté généralement cher de construction, parce que, confiant dans le développement du trafic, on n'a point hésité à acheter les terrains et à construire les ouvrages d'art pour double voie, lorsqu'on ne posait

as celle-ci. En outre, on a adopté des pentes et courbes réduites qui accrois-
saient les dépenses de construction, au profit d'un trafic souvent plus que
problématique. En fait, il est aujourd'hui bon nombre de ces lignes secondaires
qui n'ont qu'un tonnage misérable, et cependant, quelque misérable qu'il
soit, pour l'attirer à elles, pour entretenir le courant dans leur sens, on voit
souvent deux compagnies principales voisines se le disputer, en multipliant
vers lui les trains de correspondances, exploitant, en un mot, ces embranchements comme les lignes principales. Aux désavantages d'un produit kilométrique moyen des plus réduits on ajoute ainsi l'aggravation des frais d'exploitation : il est aisé de comprendre, par suite, comment les recettes nettes de ces
embranchements sont insuffisantes pour servir un intérêt quelconque à un
capital déjà trop élevé de construction. On s'explique cette réponse à peu près
invariable qu'on nous a faite en Angleterre : les embranchements ne payent
pas les frais.

Deuxième catégorie. La seconde catégorie d'embranchements en renferme encore un certain
nombre dont nous ne parlerons pas longtemps : ce sont tous ceux que des
compagnies indépendantes ont construits avec la quasi-certitude de les vendre
ou amodier d'une façon quelconque, mais toujours avantageuse pour elles, aux
compagnies principales pressées par la concurrence. On s'est naturellement peu
préoccupé de l'économie de la construction, moins encore dans ce cas que
dans le précédent. Le trafic demeurant toujours très-faible, l'exploitation étant
conduite dans les mêmes errements, rien d'étonnant que les résultats soient
les mêmes aussi dans les deux cas. Si nous en croyons les renseignements de
personnes sérieuses et dignes de foi, les frais extraordinaires des fusions ou
traités divers d'amodiation auraient même été, pour plusieurs affaires de ce
genre, une cause nouvelle d'insuccès.

Troisième catégorie.
—
Chemins à une voie
d'Écosse
et d'Irlande.
Les embranchements dont il nous reste à parler ont été exécutés et exploités
dans des principes et conditions tout différents de ceux que nous venons d'exposer. On en trouve quelques-uns dans l'Angleterre proprement dite, mais ils
y paraissent peu nombreux : ils desservent d'ailleurs des districts miniers ou
industriels qui assurent toujours un trafic assez rémunérateur, pour peu que
le tonnage soit proportionné aux dépenses de construction. Au contraire, en
Écosse (en Irlande aussi, nous a-t-on dit) il existe bon nombre de ces petits
chemins de fer à une seule voie, desservant de 20 à 30 kilomètres et plus
de pays agricole ou de petite industrie. Le tonnage y est souvent des plus
réduits ; il suffit néanmoins à desservir l'intérêt des dépenses, d'ailleurs fort
modérées, de la construction à un taux très-satisfaisant, surtout pour l'Angleterre.

Avant d'arriver aux monographies détaillées de plusieurs de ces chemins,
quelques mots sur les conditions générales de leur établissement et de leur
exploitation.

CONDITIONS GÉNÉRALES D'ÉTABLISSEMENT.

Organisation
des compagnies.
—
Mode
d'acquisition
des
terrains.

Nous avons dit qu'ils étaient construits ou exploités (souvent les deux à la fois) par des compagnies indépendantes. Le plus souvent ces compagnies s'organisent dans les localités mêmes qui désirent l'établissement du chemin de fer. Il en résulte que les acquisitions de terrains, et même certaines autres dépenses de la construction, reviennent moins cher que si elles étaient faites pour le compte de grandes compagnies, auxquelles le public propriétaire suppose toujours une prospérité excessive. Les acquisitions de terrains, en particulier, déjà facilitées par la présence parmi les intéressés de propriétaires locaux, le sont encore, en Écosse comme sur nombre de points du Royaume-Uni, par le peu de division de la propriété. Le jury fonctionne rarement : les acquisitions se faisant à l'amiable ou par arbitrage.

La constitution des compagnies dans les localités mêmes laisse la véritable direction des entreprises à des personnes résidant le long des embranchements, et qui non-seulement dirigent réellement et efficacement, mais encore sont à l'affût de toutes les occasions pouvant accroitre l'importance du trafic. Il en résulte, en un mot, une exploitation économique en même temps qu'un accroissement continu du tonnage.

Limites de trafic
pour lesquelles
on construit
simple ou double
voie.

Lorsque les chances d'accroissement de trafic sont limitées, on n'acquiert les terrains que pour une seule voie, sauf pour quelques stations principales. En même temps on s'éloigne autant que possible des petites ou des grandes villes, et même des villages un peu considérables, pour éviter des frais d'expropriation trop élevés.

Lorsqu'au contraire les chances d'accroissement du trafic paraissent suffisantes, on acquiert pour la double voie immédiatement.

Pour donner une idée des limites adoptées à cet égard, nous dirons que les constructeurs spéciaux des lignes à bon marché de l'Écosse admettent qu'une simple ligne peut suffire à un trafic de 20 à 30,000 francs de recette brute par kilomètre. Et même, dans certaines circonstances, avec des pentes modérées, avec usage du télégraphe électrique dans le service de l'exploitation, ils pensent qu'on pourrait encore se servir de lignes simples jusqu'à 40 et 50,000 francs par kilomètre. Il est bon d'observer que les tarifs anglais pour voyageurs et pour marchandises sont généralement de 15 à 20 p. o/o plus élevés que les nôtres.

Recettes
kilométriques
des chemins
à
simple voie d'Écosse.

Les lignes à simple voie établies sur plusieurs points de l'Écosse sont loin d'atteindre ces chiffres de recettes brutes : parmi les chemins que nous citerons comme couvrant les intérêts de capitaux à des taux de 3 à 6 p. o/o par an, il n'en est pas dont les recettes sortent des limites de 10 à 15,000 francs par kilomètre.

Conditions générales du tracé.

Quant au tracé, dans de pareilles limites de trafic, il est étudié de façon à réduire les dépenses de construction autant et aussi loin que le permet la traction par locomotives. Le coût de la traction variant, en Angleterre, de 20 à 30 p. o/o de la dépense totale de l'exploitation, on ne craint pas d'augmenter un peu ce chapitre des dépenses par des pentes rapides et nombreuses.

Pentes.
—
Absence de tunnels.

On trouve, en effet, sur quelques-uns de ces petits chemins des pentes fréquentes de $\frac{1}{60}$ à $\frac{1}{50}$ (16 à 20 millim.); le plus grand nombre est cependant compris entre $\frac{1}{66}$ et $\frac{1}{100}$ (10 à 15 millim.). La plus forte qu'on nous ait citée, et sur laquelle d'ailleurs nous avons circulé, est sur le chemin d'Édimbourg à Peebles : elle a $\frac{1}{54,17}$ ou 18 à 19 millim. sur 3 milles de long (4827 m.), sans aucun palier ou partie de moindre inclinaison [1]; ailleurs 12 mèt. 1/2 sur une longueur de 11^{kil},20, divisée par un palier de 200 mèt. de 0$^\text{m}$,004. On ne nous a cité aucune de ces lignes économiques où il y ait le plus petit tunnel. Sur l'embranchement de Peebles, on est même parvenu à passer une ligne de faîte, sans tranchées importantes, par la seule combinaison des pentes et des

Rayon des courbes.

courbes. Celles-ci y sont en effet nombreuses, mais sans avoir rien d'excessif : 400 mèt. au minimum. Au contraire, sur d'autres petites lignes on observe les chiffres suivants :

1° 260 mètres sur la ligne; 100 mètres aux stations (chemin de *Leven*);

2° 540 à 720 mètres sur la ligne; 390 à 400 mètres près des villes; 80 mètres aux stations (chemin de *Banff*);

3° 594 mètres minimum de rayon sur la ligne; 100 mètres aux stations (chemin de *Port-Patrick*).

Les constructeurs écossais estiment qu'on pourrait descendre à 180 mètres de rayon sur la ligne et à 1/80 de pente (0$^\text{m}$,125), comme on l'a fait dans le Durham (Angleterre), à condition d'employer des machines américaines à avant-train articulé.

Locomotives employées :
Leur vitesse.

Dans les courbes 1°, 2° et 3° on fait circuler des locomotives, soit ordinaires, de 20 à 25 tonneaux, soit des machines tenders, de 18 à 20 tonneaux. On ne craint pas des vitesses de 25 à 30 kilomètres avec de pareilles courbes se succédant en sens inverse d'une façon souvent presque continue.

Réduction du volume des terrassements, du nombre et de l'importance des travaux d'art.

C'est dans ces conditions générales qu'ont été tracés les divers chemins de fer dont nous rapporterons plus loin les prix de revient détaillés. On est par-

---

[1] Nous ne parlons ici que des pentes sur la ligne même; mais quand la différence de hauteur des points extrêmes conduit à de trop fortes rampes sur certaines parties de la ligne, ou bien encore dans l'intention de diminuer le développement du chemin près d'une ville située à l'extrémité ou enfin de réduire les frais de terrassement, on a terminé certains chemins par 1 ou 2 kilom 33 millim. de rampe (chemin de Banff à Portsoy,). C'est quelque chose de semblable à ce qu'o.. voit à Folkestone; du port, à l'aide d'une machine de renfort. on monte les éléments des trains jusque sur la ligne, où on les compose.

venu, par ces moyens, à réduire à la fois le volume des terrassements, le nombre et l'importance des travaux d'art, de même qu'on a supprimé les tunnels.

Influence
des conditions
topographiques

Observons toutefois, à cet égard, que les conditions topographiques ont facilité, dans une certaine mesure, l'exécution de ces tracés économiques. La plupart de ces embranchement sont pour but, non de courir par monts et par vaux, mais d'atteindre des plateaux et d'en relier les extrémités, ou bien de remonter simplement des vallées, dont on suit autant que possible les contours. Dans ces conditions premières, les constructeurs écossais, tout en observant les règles de la solidité et de la sécurité, n'ont fait souvent que *lécher le sol*, s'appliquant avec un soin infini à éviter tous les ouvrages dispendieux; se préoccupant de l'économie toujours, de la beauté des ouvrages jamais.

Influence
de
la grande propriété.

D'un autre côté, c'est surtout au sujet des ouvrages d'art, ponts par-dessus ou par-dessous, passages à niveau et barrières, qu'apparaît l'influence, sur le coût de la construction, de la grande propriété et de la participation des principaux propriétaires aux entreprises de chemins de fer. Les constructeurs obtiennent aisément, en ce cas, des arrangements qu'on refuse trop souvent aux compagnies étrangères à la localité.

Ouvrages d'art
pour simple voie.

Sauf les ponts par-dessus, tous les autres ouvrages d'art sont faits pour la simple voie, que les terrains aient été ou non acquis en vue d'une double voie future.

Sur certains de ces petits chemins (*Peebles et Leven*), par exemple, les ponts par-dessous ont des piliers en maçonnerie et des tabliers en bois; sur d'autres, on préfère la construction immédiate en maçonnerie, mais toujours fort simple; enfin, pour les ouvrages plus considérables (chemin de *Port-Patrick*, le plus coûteux de tous ceux qu'on nous a cités, celui aussi qui a le plus grand nombre d'ouvrages importants : viaducs, ponts sur rivière, etc.), on emploie simultanément la pierre, la fonte et le fer.

Simplicité
des bâtiments
et des stations
en
particulier.

Les stations et bâtiments divers sont construits avec une extrême simplicité. Toutes les stations intermédiaires ou secondaires sont construites en bois à un ou deux compartiments à rez-de-chaussée seulement; celles à deux compartiments ont, par exemple, 9 mètres sur 3^{m}50 de section horizontale. Les stations extrêmes sont, au contraire, en pierre, mais de maçonnerie simple et peu épaisse; elles ont des dimensions variables, suivant l'importance de la ville desservie; exemple : pour une ville de 2,000 à 2,500 âmes, station à quatre compartiments, avec un seul quai et deux voies; longueur 30 mètres, largeur 12 à 15 mètres. Les trottoirs sont rares, encore plus les marquises.

Toutes ces stations, rappelons-le, sont assez éloignées des villages ou villes, par la raison que nous avons déjà donnée plus haut.

Pas de logements
aux stations
ni aux barrières.

Comme il n'y a pas de service de nuit sur ces chemins, les chefs de station n'ont généralement pas de logement dans les gares ; encore moins aux quelques barrières gardées.

Longueur
des garages
ou croisements.

On réduit au minimum la longueur de double voie aux stations. Sur un grand nombre de ces chemins, les trains vont successivement dans les deux sens, et il n'y a pas de double voie de croisement ; de simples voies de garage, ou plutôt de remisage des wagons à marchandises, sont alors établies aux diverses stations. La longueur de ces voies accessoires varie entre 150 et 400 mètres, rarement 500 mètres, comprenant les aiguilles et les croisements.

Dépôts de machines
et autres
accessoires.

Les gares d'extrémités ont des dépôts de machines et quelques ateliers de menues réparations, le tout fort peu étendu, parce que le nombre des locomotives dépasse rarement trois ou quatre pour des chemins de 20 à 30 kilomètres à si faible trafic. Pour toutes les réparations importantes, ces petites compagnies envoient leur matériel aux ateliers de construction les plus voisins.

Clôtures.

Sur tous ces chemins il y a des clôtures, en lattes de bois le plus souvent, mais sans haies vives. Elles coûtent cependant fort cher, en Écosse comme en Angleterre. En vue d'économiser encore à cet égard, on a appliqué le procédé suivant sur quelques embranchements d'Irlande. Les terres provenant du creusement des fossés sont simplement rejetées sur les limites de la voie et disposées de façon à y faire une sorte de petit mur en terre, qui fait clôture.

Voie
proprement dite.

Prix des rails,
coussinets, etc.

Pour l'établissement de la voie de fer, on se sert uniformément de coussinets en fonte et de rails à simple champignon. Chaque coussinet pèse 10 à 11 kilogrammes, et le mètre courant de rails 31 à 34 kilogrammes. Quant aux autres éléments de la voie, tels que traverses, coins, chevillettes, ballast, etc., nous renvoyons pour leurs dimensions aux monographies détaillées que nous rapporterons ci-après ; quant aux prix des divers matériaux employés, pierres, briques, bois comme fers et fontes, et prix de la main-d'œuvre, on y verra que plusieurs de ces chemins écossais n'étaient pas dans des conditions aussi favorables qu'on pourrait le supposer. Pour la main-d'œuvre, en particulier, elle est au moins aussi élevée que chez nous. Le prix des rails a varié de 15 à 24 francs les 100 kilogrammes ; celui des coussinets, de 10 à 15 francs.

Prix de revient
du kilomètre
de ligne.

Dans ces conditions générales, le revient du kilomètre oscillerait entre 70 et 125,000 francs, non compris le matériel.

CONDITIONS GÉNÉRALES DE L'EXPLOITATION.

Tarifs élevés.

L'exploitation de ces petits chemins se distingue par les particularités suivantes :

1° Le nombre des voyageurs et le tonnage en marchandises sont très-réduits. Des tarifs élevés accroissent, il est vrai, le chiffre des recettes, mais sans l'amener sur aucun de ces embranchements à plus de 10 à 15,000 francs par kilomètre;

2° La perception de ces tarifs élevés, fait très-général en Angleterre pour les petites distances, se soutient contre la concurrence des voies de terre et de mer par deux causes principales :

1. Malgré la lenteur relative de leur service, ces chemins de fer offrent toujours au consommateur le bénéfice d'une vitesse supérieure à celle des voies ordinaires;

2. Le trafic qui y afflue est souvent destiné à circuler sur les lignes principales; une fois sur l'embranchement, les marchandises n'ont plus de transbordement à subir;

Vitesse de marche

3° La vitesse de marche est généralement faible : elle dépasse rarement 30 kilomètres à l'heure, soit une vitesse effective de 20 à 25 kilomètres;

Service en navette.

4° Ce service se fait presque toujours en navette, avec 2, 3 ou 4 trains par jour dans chaque sens : à trains mixtes ou à trains successifs de voyageurs et de marchandises, les derniers suivant toujours les premiers.

Ce mode d'exploitation, outre qu'il suffit largement à un trafic aussi réduit, comporte les avantages suivants :

1. Le matériel roulant est généralement peu considérable : la dépense de ce chef varie de 10 à 20,000 francs par kilomètre;

2. Le personnel du service d'exploitation est simplifié en même temps qu'il est bien utilisé;

3. Le personnel de surveillance ou de gardiennage de la ligne est réduit à sa plus simple expression. Avec un seul train à la fois sur la voie, et, rappelons-le encore, avec la plupart des passages à niveau non gardés, les signaux nombreux, le télégraphe électrique, etc. tout cela devient inutile;

Mode d'administration.

5° Administrées, parfois gratuitement, par les principaux intéressés, qui sont souvent aussi les plus gros clients du chemin, ces entreprises sont relativement peu chargées de frais généraux (direction et administration centrale);

Influence du prix des matières premières.

6° Les dépenses d'exploitation, déjà notablement amoindries par les motifs précédents, le sont encore par une cause toute spéciale à l'Écosse comme à l'Angleterre : le bas prix des combustibles et des matières premières métalliques;

Résultats généraux de l'exploitation.

7° De ces diverses conditions, il résulte que si le produit du train-kilomètre est minime, la dépense lui est proportionnée à tous égards : aussi, malgré la médiocrité du trafic, le rapport de la seconde au premier dépasse-t-il rarement 50 à 60 p. o/o, quand il ne descend pas à 45 ou 50;

8° Le produit net qui en résulte suffit souvent à assurer de 3 à 6 p. o/o aux capitaux de premier établissement. Cet intérêt paraît d'autant plus satisfaisant en Écosse comme en Angleterre, que ces chemins sont de véritables propriétés, concédées à perpétuité. Lorsqu'ils arrivent, après quelques années d'exploitation, à de pareils rendements, on prend confiance dans leur avenir : les accroissements du trafic étant appelés à couvrir les dépenses de renouvellements et amélioration de la voie et à accroître les produits nets.

OBSERVATIONS GÉNÉRALES.

En cherchant à résumer ce qui précède sur les embranchements économiques de l'Écosse, nous dirons :

Rien de bien neuf, peut-être, dans les procédés de la construction : les courbes et les rampes rapides ont été pratiquées ailleurs, peut-être pas cependant sur une aussi grande échelle ni avec la même continuité. Mais ce qui distingue surtout l'exécution de ces chemins d'Écosse, c'est :

1° L'organisation des compagnies dans les localités mêmes : il en résulte d'abord un amoindrissement certain des frais d'expropriation et de construction ; ensuite, point d'influences étrangères ou lointaines qui détournent les tracés, qui les compliquent et en accroissent les dépenses ;

2° L'esprit d'économie, et l'absence de toute préoccupation quant à la beauté des ouvrages chez les ingénieurs chargés des alignements et de la construction ;

3° Liberté presque absolue laissée aux compagnies au sujet de la consistance des stations et autres accessoires, leur intérêt étant de la développer au fur et à mesure de l'accroissement du trafic.

L'exploitation de ces petits chemins ne comporte pas non plus grande nouveauté ; mais on y retrouve jusque dans les plus petits détails le même esprit d'économie que dans la construction. On y observe encore une grande liberté laissée aux compagnies quant à leurs ordres de service et aux variations des tarifs en dessous des *maxima* fixés par les actes de concession.

Jusqu'à quel point peut-on transporter chez nous ces traits généraux des chemins économiques d'Écosse ? Il ne nous appartient pas de le dire ; mais nul doute que l'imitation soit possible dans une certaine mesure, malgré les dissemblances de constitution de la propriété en France et en Écosse. Assurément aussi les différences du prix du fer, de la fonte, des métaux et des combustibles dans les deux pays, se traduiront chez nous par un accroissement de certains frais de construction et d'exploitation.

Peut-être par ces motifs, à cause du taux plus élevé de l'intérêt, à cause enfin de notre système de concessions temporaires, une recette brute kilométrique de 10 à 12,000 francs paraîtrait-elle chez nous insuffisante à la rémunération des capitaux. Mais peut-être aussi à 12 ou 15,000 fr. déjà trouverait-on, pour de semblables chemins, des entrepreneurs moins exigeants quant aux subventions.

DÉTAILS

RELATIFS A LA SECTION III, §§ XII ET XIII DU QUESTIONNAIRE.

DIVERS EXEMPLES
DE CHEMINS DE FER ÉCONOMIQUES EN ÉCOSSE.

I.
CHEMINS DE LEVEN ET D'EAST-OF-FIFE.
(Embranchement de la ligne principale d'Édimbourg, Perth et Dundee.)

§ 1er. — HISTORIQUE ET CONSTITUTION DES COMPAGNIES.

Organisation des deux compagnies.

Deux compagnies distinctes se sont organisées dans la localité pour construire successivement ces deux chemins, placés sur le prolongement l'un de l'autre, avec une longueur totale de 20 kilomètres. Le premier en date, celui de Leven, avait été établi primitivement sans matériel et devait être exploité par la compagnie du chemin d'Édimbourg à Perth et Dundee; l'accord avec cette compagnie étant devenu impossible, la compagnie de Leven acheta un matériel et exploita ses 9 kilomètres; quelques années plus tard, elle fit la traction sur le chemin d'East-of-Fife. Enfin, depuis un an, elle s'est associée complétement à la compagnie d'East-of-Fife et elle fait étudier le prolongement de ces deux chemins jusqu'au petit port d'Anstruther.

Le conseil d'administration de la compagnie de Leven, composé des principaux intéressés et fondateurs, comprend sept membres : le président est un meunier distillateur de whisky, dont l'établissement est situé sur le chemin même et relié à lui par un embranchement à chevaux. Deux banquiers de Leven et d'Anstruther, deux propriétaires des environs, un procureur et un fondeur en fer sont les autres membres. Le président et quelques membres du conseil sont les mêmes dans les deux compagnies de Leven et d'East-of-Fife depuis la création des deux sociétés. Parmi les actionnaires on compte également un certain nombre de propriétaires dont les terres sont traversées par le chemin.

But du chemin.

Le chemin de Leven proprement dit (9 kilomètres) traverse un pays agricole ou de petite industrie; on y trouve quelques distilleries pour whisky et des féculeries. La seule ville importante est celle de Leven (1,800 ou 2,000 habitants), située à l'extrémité. Le chemin d'East-of-Fife est dans une contrée plus pauvre : pays de pêche surtout. Il en sera à peu près de même du prolongement à l'étude sur Anstruther. Ces deux derniers tronçons étaient ou sont encore appelés à un trafic très-restreint, moindre même que celui de Leven.

Conditions du trafic.

Le trafic promis au chemin de *Leven* avait peu de chances de développement, comme le montre le tableau suivant des recettes totales des six dernières années :

	Totaux.	Par kilomètre.
1856	113,200^f	11,800^f
1857	129,085	13,445
1858	151,250	15,755
1859	160,010	16,666
1860	162,620	16,939
1861, demi-année	77,000	8,020
Soit, pour cette dernière année		16,000

N. B. L'accroissement de trafic qu'on constate de 1856 à 1858 est dû à l'ouverture du chemin d'*East-of-Fife* en août 1857.

Le trafic du chemin d'*East-of-Fife* est à peine la moitié de celui de *Leven* : aussi a-t-on encore apporté plus d'attention à l'économie de la construction sur le premier que sur le second. Nous nous bornerons à rapporter les conditions détaillées de la construction de ce dernier.

§ 2. — CONSTRUCTION DE LA LIGNE DE LEVEN.

Achat des terrains.

Les terrains ont été achetés et le chemin construit pour une seule voie.

Toutes les acquisitions de terrains, sauf une seule, se sont faites par arbitrage, sans intervention du jury.

Conditions du tracé.

L'ensemble du pays traversé est peu accidenté, le chemin suivant une rivière à ondulations nombreuses et rapprochées, mais sans passages difficiles. Il en résulte que le tracé présente bon nombre de courbes à faible rayon (260 mètr. minimum sur la ligne et 100 mètr. aux stations) ; ces courbes se succèdent en outre d'une façon presque continue : on a suivi les contours de la rivière pour réduire le nombre des ponts. Il est vrai de dire que, depuis l'ouverture du chemin, on a rectifié quelques-unes des courbes à rayon minimum de 250 à 260 mètres. Les pentes ne sont pas très-roides : on n'en compte qu'une de 1/98, 10 à 11^{mm}, sur une longueur d'un kilomètre environ.

En ouvrages d'art, le tracé comprend :

Un pont par-dessus de 4^m 20 d'ouverture et de 4^m 50 de hauteur ;

Un pont par-dessous pour route (3^m 90 de largeur et 4^m 20 de hauteur) ;

7 ponts par-dessous sur rivière, dont :

1 à deux ouvertures de 15 mètres ;

1 à trois ouvertures de 9 mètres ;

4 à une arche de 4^m 50 à 15 mètres ;

15 passages à niveau, dont :

> 5 sur routes, avec barrières fermant la voie et gué-
> rites en bois pour les gardes ;
> 8 sur chemins privés, avec simples portes non gar-
> dées ;
> 2 sur sentiers, *idem.*

Importance des terrassements. — 36,500 mètr. cub. de déblais ou remblais, chiffre qu'on a réduit autant que possible par le moyen de courbes multipliées. Le prix du mètre n'aurait été que de 1 fr. 05 cent. environ ; mais, à ce taux, l'entrepreneur y a perdu : il a dépensé au moins 1 fr. 35 cent., ce qui porterait la dépense totale à 45 ou 50,000 francs.

Conditions d'exécution des ouvrages. — A l'époque de la construction du chemin de Léven, les prix de la main-d'œuvre et des matériaux étaient les suivants :

Poseurs et manœuvres, 18sh par semaine (3f 66c par jour) ;
Maçons, 4sh à 4sh 1/2 (5f à 5f 60c par jour).

Maçonnerie :
1° En moellons, 14 fr. 50 cent. le mètre cube ;
2° En pierre de taille, 70 francs le mètre cube ;
3° En briques, 35 francs (la brique coûtant 35 fr. 50 cent. le mille).

Charpente : 3sh le pied cube (138 francs le mètre cube).

Le pont par-dessus a été construit complétement en briques ; il a coûté 5,000 francs.

Le pont par-dessous route a un tablier en fonte ; il a coûté 1,500 francs.

Les ponts sur rivière sont en maçonnerie de moellons, sauf les angles, qui sont en pierres de taille ; les tabliers sont en bois, sauf pour l'un d'eux, voûté en maçonnerie ; les plus grands ont coûté de 18 à 20,000 francs.

Voie proprement dite. — Les rails sont à simple champignon et pèsent 65 livres le yard, soit 32 kilog. le mètre, revenant à 5l 15sh 6d sur la voie (150 francs) la tonne.

Les coussinets sont revenus à 109 francs la tonne.

Les traverses, de 2m 70 de long, ont coûté : les intermédiaires 4f 375, celles de joints 5 fr.

Le ballast en gravier coûtant 3 francs le mètre cube posé, soit 5 fr. 50 cent. par mètre de voie ;

Les coins en bois, 100 francs le mille.

Les chevillettes, en bois sec et comprimé, 44 francs le mille. (On les a remplacées depuis par des chevillettes en fer.)

Clôtures. — Les clôtures sont revenues à 1 fr. 40 cent. le mètre courant : elles consistent en trois lattes de bois horizontales, portées par des poteaux.

Stations.

Il y a 3 stations : deux principales, aux extrémités des 9ᵏ 60, et une à peu près au milieu de la ligne. Toutes sont construites en bois, à deux ou trois compartiments, à un seul rez-de-chaussée, sans logement pour les chefs de station. Pas de trottoirs ni de marquises; une salle d'attente commune, chauffée par un poêle. Comme il n'y a pas de service de nuit et que l'exploitation se fait en navette, il n'y a qu'une faible longueur de double voie. A la station intermédiaire il y en a 255 mètres, dont une partie est destinée à relier la ligne avec une distillerie de whisky; aux extrémités, il y en a un peu plus. Il en résulte que les dépenses de ce chapitre sont réduites à un chiffre réellement insignifiant par kilomètre.

Accessoires et ateliers.

Il n'y a pas de service télégraphique : des signaux de distance et de station seulement, mais il n'y en a pas aux passages à niveau, même aux passages à niveau sur routes. Une plaque tournante est disposée à chaque extrémité de la ligne pour le service de la locomotive et du tender.

Des ateliers très-simples pour menues réparations ont été établis à Leven; on verra plus bas, par le personnel qu'ils occupent, combien ils sont peu développés. Pour réparations importantes, la compagnie de Leven envoie son matériel chez des constructeurs de Leith, près d'Édimbourg.

Coût de la ligne, non compris le matériel.

Dans ces conditions générales, le prix de revient des 9ᵏ 60 a été le suivant :

	POUR TOUTE LA LIGNE.	PAR KILOMÈTRE.
Nº 1. Dépenses préliminaires et du Parlement.	29,147ᶠ 50ᶜ	3,036ᶠ 20ᶜ
2. Études et projets	19,600 00	2,041 65
3. Acquisition de terrains et indemnités. .	180,852 00	18,838 75
4. Construction de la ligne à l'entreprise.	441,506 25	45,989 85
5. Stations et accessoires.	100,927 25	10,513 25
6. Administration, mobilier, frais généraux, intérêts d'argent.	22,112 50	2,303 38
Totaux.	794,145 50	82,723 08

Le compte capital d'établissement est fermé depuis plusieurs années; le seul chapitre sujet à quelques augmentations est le nº 5, l'aménagement des stations ayant dû prendre un peu plus d'importance avec le développement de l'affaire, particulièrement depuis la fusion avec l'*East-of-Fife*. Les frais de cette fusion ont été de 2,500 francs; de même, les dépenses nº 2 ont subi depuis peu un léger accroissement, par suite des études de prolongement sur Anstruther. Le total de ces augmentations était de 10,500 francs au 31 juillet 1861, ce qui porte la dépense totale à 804,645 fr. 50 cent., soit 83,843 francs par kilomètre.

Coût de la ligne d'East-of-Fife.

La ligne d'*East of-Fife* est revenue à pe   au même prix, ainsi qu'il

17

résulte du tableau suivant, extrait du dernier compte rendu de cette compagnie :

	POUR TOUTE LA LIGNE.	PAR KILOMÈTRE.
1. Dépenses du Parlement..............	47,050ᶠ	4,174ᶠ
2. Projets et études...................	27,060	2,403
3. Terrains et indemnités..............	129,078	11,465
4. Construction de la ligne par entreprise...	636,205	56,405
5. Stations et accessoires...............	40,865	3,629
6. Dépenses diverses et générales.........	23,750	2,109
TOTAUX.............	904,008	80,185

Ce chemin a été fait en 1856-1857, à une époque où les rails étaient à un prix élevé : 9 liv. 15 sh. la tonne rendue sur la voie, soit 254 fr. 375 les 1000 kilogrammes.

§ 3. — EXPLOITATION.

Importance et nature du trafic.

Ainsi qu'il a été dit précédemment, l'exploitation embrasse à la fois les deux lignes, c'est-à-dire une longueur de 20 à 21 kilomètres ; mais, pour mettre en évidence les résultats des deux chemins avant leur fusion définitive, nous donnerons d'abord un tableau de leurs trafics respectifs en 1860 :

	LIGNE D'EAST-OF-FIFE.		LIGNE DE LEVEN.	
Voyageurs.........	48,608 produisant	34,675ᶠ	80,581 produisant	57,250ᶠ
Marchandises. Houilles et min ...	3,845 tonn.	5,375	12,960 tonn.	13,400
générales.	9,430	27,725	26,156	(1) 54,175
Bestiaux..	2,731 têtes	3,100	4,261 têtes	1,150
Voitures, chevaux et chiens...........	484	875	660	4,225
TOTAUX...............		71,750	....	130,200
Recettes de la poste et des billets de saison.		1,125	....	1,300
Recette brute totale.........		72,875	....	131,500
Soit, par kilomètre.........		6,480	....	13,906

Au chiffre de 13,906 francs il faut ajouter pour *Leven* la somme de 3,033 francs par kilomètre, provenant de la répartition des produits communs aux deux chemins. On arrive ainsi à 16,939 francs, indiqués précédemment comme recette brute de *Leven* en 1860; de même, il faudrait ajouter au trafic

(1) Sur ce chiffre, 12 à 15,000 francs provenant du roulement des wagons sur les autres lignes.

direct d'*East-of-Fife* une somme de 2,000 francs environ, ce qui le porterait à 8,000 francs ou 8,500 francs par kilomètre.

Ajoutons un dernier renseignement sur la nature du trafic, c'est-à-dire la composition du nombre des voyageurs par classe.

	EAST-OF-FIFE.		LEVEN.	
1re classe.....................	5,589f	11 à 12 p. 0/0.	9,111f	10 à 11 p. 0/0.
2e classe.....................	5,400	11 à 12	11,827	14 à 15
3e et 4e (parlementaire).............	37,619	76 à 78	59,643	74 à 76
	48,608	100	80,581	100

Par son acte de concession, la compagnie de Leven serait autorisée à percevoir, comme la plupart des chemins d'Angleterre :

Voyageurs.
- 1re classe............ 3d par mille. 0f 20 par kilomètre.
- 2e classe .... 2......... 0 13
- 3e classe .... 1 1/2...... 0 10
- 4e classe (parlementaire). 1......... 0 066

Mais en réalité, et sous l'influence de la concurrence des bateaux à vapeur de la côte voisine, ou même des voitures de terre, elle ne perçoit moyennement que :

2d 1/2 par mille....... 0f 15 à 0f 16 par kilomètre pour la 1re classe ;

2............. 0 13................. pour la 2e classe ;

1 1/4 .... 0 08................. pour la 3e classe ;

1................. 0 066............... pour la 4e classe.

Soit une moyenne de 8 à 9 centimes par kilomètre.

Pour les marchandises, le tarif légal est encore celui de la majorité des chemins du Royaume-Uni (voir les rapports de l'un de nous en date des 9 mai et 14 septembre 1860). Mais, en pratique, on a dû réduire ces prix, et même les faire varier souvent selon l'intensité de la concurrence. A cause de ces variations, on n'a pu nous donner les prix moyens, à défaut d'état statistique sur ce sujet ; mais, en comparant le tonnage avec le produit argent des diverses marchandises, on voit que le tarif perçu est toujours fort élevé.

En effet, sur la ligne de Leven en particulier, les 12,960 tonneaux de houille ont produit 13,400 francs, soit 1 fr. 03 cent. par tonne : en admettant que la tonne ait parcouru les 9 kil. 60, cela ferait 10 cent. 73 par kilomètre.

Ce serait à peu près le chiffre, car une partie des wagons de la compagnie circule sur les lignes étrangères; le produit qui en résulte est compris dans la recette brute, produisant ainsi l'effet d'un accroissement de parcours. C'est surtout pour les marchandises ordinaires que ce produit accessoire est important, car en prenant le parcours total de 9 kil. 60 on arriverait à plus de 0 fr. 20 cent. par tonne kilométrique. En tenant compte des recettes sur chemins étrangers, on arriverait à peu près au chiffre moyen de 0 fr. 15 cent. par tonne kilométrique.

Observons enfin, pour achever de caractériser la nature du trafic, que les voyageurs et marchandises qui vont au dehors ou en viennent ne font pas moins des 2/3 aux 3/4 du trafic total du chemin de Leven. Cette circonstance explique comment une ligne de si faible étendue parvient à lutter avec les voies ordinaires du transport local, malgré ces tarifs élevés.

Consistance et coût du matériel.

Pour le trafic total des deux lignes, le matériel appartenant aux deux compagnies comprend :

3 locomotives avec tenders;

5 voitures à voyageurs, dont 1 voiture de 1re classe, 2 mixtes, 2 de troisième;

110 à 115 wagons divers à marchandises. (Ce chiffre s'est accru tous les ans et paraît à peine suffisant, à cause des parcours souvent très-longs que les wagons font sur les chemins étrangers.)

Les locomotives sont à 4 roues couplées de 1m 50 de diamètre; les centres sont espacés de 7 pieds 1/4 (2m 25) : les cylindres ont 0m 48 de diamètre et 0m 62 de course; la pression absolue est de 7 atmosphères, pesant 18 à 20 tonneaux (poids de marche).

La voiture de 1re classe a 3 compartiments à deux banquettes rembourrées, à peu près comme nos secondes.

Les voitures mixtes ont 2 compartiments de seconde aux extrémités et 2 de 1re intermédiaires.

Les voitures de troisième classe sont à un seul compartiment, avec une porte à chaque extrémité.

Toutes ces voitures sont montées sur deux essieux.

Ce matériel est porté sur les comptes des deux compagnies en juillet et septembre 1861 :

Compagnie de *Leven*, à....................	223,075f 00c
———— d'*East-of-Fife*, à................	102,608 75
	325,683 75

Pour 20 kil. 86... 15,613 francs par kilomètre.

<table>
<tr><td style="vertical-align:top; width:20%">Mode d'exploitation.</td><td>Le nombre des trains est de 4 par jour dans chaque sens, hiver et été. A cela s'ajoutent quelques trains spéciaux pour transport de poissons, aux moments où les expéditions de cette denrée deviennent plus importantes. Y compris les deux extrêmes, il y a 6 stations sur toute la longueur des 20 kil. 86. La vitesse moyenne effective (arrêts compris) étant de 22 à 24 kilomètres à l'heure, la durée totale du service en navette est de 14 heures environ par jour, comprenant :</td></tr>
</table>

1° 7 à 8 heures de circulation de trains, quelquefois 9 heures;

2° 6 h. 41 min. d'intervalle entre les trains aux stations extrêmes.

<table>
<tr><td style="vertical-align:top; width:20%">Personnel.
—
Administration
centrale.</td><td>Le comité de direction et d'administration comprend sept membres, comme il a été dit déjà; il ne reçoit aucune rémunération.

Le secrétaire manager ou directeur général a 2,500 francs d'appointements par an : ces fonctions sont remplies par un banquier de Leven qui à ses propres affaires a joint celles des deux compagnies. Il a sous ses ordres, pour le service spécial de cette exploitation :</td></tr>
</table>

1° Un comptable aux appointements de. . . . .   2,750 fr.

2° Un sous-comptable   1,250

3° Un aspirant comptable   710

Total par an pour administration centrale.   7,210

(Soit pour Leven 4,855 francs et East-of-Fife 2,355 francs.)

<table>
<tr><td style="vertical-align:top; width:20%">Entretien de la voie.</td><td>Le personnel pour l'entretien de la voie comprend :</td></tr>
</table>

Un *superintendant*, à peu près l'équivalent d'un piqueur ou d'un conducteur des ponts et chaussées, recevant 1,755 francs par an, ci. . . . .   1,755 fr.

Il surveille l'état de la voie sur toute la longueur des deux chemins.

Il a sous ses ordres 4 ou 5 poseurs, 2 pour Leven, 2 ou 3 pour East-of-Fife, payés 20 francs par semaine, soit, par an. .   3,200

Et 8 ou 9 ouvriers, 4 pour Leven, 4 ou 5 pour Fife, à 16 fr. 25 cent. par semaine, soit, par an.   11,235

Soit à diviser entre les deux compagnies.   16,190

<table>
<tr><td style="vertical-align:top; width:20%">Exploitation.</td><td>Les trains sont toujours mixtes, sauf les trains spéciaux de marée : ils comprennent à peu près constamment 4 ou 5 voitures de voyageurs et 5 ou 6,</td></tr>
</table>

quelquefois 8 ou 10 wagons à marchandises diverses, plus ou moins chargés, parmi lesquels il y a un fourgon à bagages.

Le service de ces trains est fait par le personnel suivant :

5 chefs de station sur la longueur des deux lignes; à la jonction du chemin de Leven avec la ligne d'Édimbourg à Perth et Dundee, les wagons à marchandises arrivent toujours chargés et passent directement de la ligne principale sur l'embranchement, ou réciproquement; il n'y a pas besoin d'un personnel considérable; le service y est fait par un des facteurs de cette gare, auquel on donne un léger supplément de solde.

Chaque chef de station est secondé :

1° Pour les voyageurs, par un enfant de douze ou quatorze ans;

2° Pour le service des marchandises, par un personnel de facteurs ou d'hommes d'équipe variant, avec l'importance des stations, de 1 à 3.

Le chef de station tient :

1° Un livre de voyageurs;

2° Un livre d'expédition des marchandises;

3° Un livre de réception des marchandises;

4° Un livre de caisse;

5° Des carnets particuliers pour chaque sorte de marchandises.

Traction et matériel. Chaque station délivre des billets de voyageurs et enregistre les marchandises pour les principales stations d'Angleterre et d'Écosse : le règlement pour parcours sur les chemins étrangers est fait par le *Clearing-house* de Londres. Les marchandises sont toutes reçues au poids. Sauf une station, toutes les autres ont des bascules; mais, dans la plupart des cas, les expéditeurs remettent une déclaration de poids au chef de station. Les charbons, les marchandises telles que l'huile, le bois, etc., sont pesés par les expéditeurs et à leurs frais; les autres marchandises le sont par les employés de la compagnie, aidés au besoin par les expéditeurs ou les consignataires qui reçoivent.

Les facteurs adjoints au chef de station sont chargés de ces manœuvres, du service des bagages des voyageurs et du garage des wagons, qui se fait partout à l'aide de chevaux.

Il n'y a de service de camionnage qu'à la station principale de Leven.

A chaque station, le service des signaux est confié à l'un des facteurs; les billets sont recueillis par les enfants. Enfin, un seul garde ou chef de train fait le service de toute la ligne.

Les frais de ce personnel sont, pour la ligne de *Leven* en particulier :

2 chefs de station, l'un à 2,000 francs, l'autre à 1,125 francs.	3,125ᶠ
1 facteur, chef de la station de jonction..................	1,100
3 enfants, collecteurs de billets	2,000
5 facteurs ou hommes d'équipe.....................	4,680
1 garde-train (recevant 25 francs par semaine, payés moitié par chaque compagnie).........................	650
Soit un total de............	11,555

et un peu plus pour les 11 kil. 26 d'*East-of-Fife*.

Le personnel de la traction comprend un seul mécanicien et son chauffeur, recevant de chacune des compagnies, le premier, 22 francs par semaine, et le second, 10 fr. 60 cent., soit par an, pour les deux compagnies, 3,390 fr. 40 cent.

Les ateliers d'entretien et de réparation des machines, des voitures et wagons occupent :

1° Un ajusteur..........	1,690	francs par an (pour les deux compagnies).
2° Un nettoyeur de machine.	844	*idem.*
3° Un forgeron..........	1,300	*idem.*
4° Deux aides-forgerons...	1,820	*idem.*
5° Un menuisier.........	1,040	*idem.*
6° Un aide-menuisier.....	844	*idem.*
TOTAL.....	7,538	fr. à diviser entre les deux compagnies.

L'ajusteur, et parfois l'un des forgerons, remplace le mécanicien et son chauffeur en cas de maladie.

§ 4. — DÉPENSES ET PRODUITS NETS.

Nous considérerons d'abord les résultats de l'exploitation des deux compagnies en bloc, telle qu'elle se fait d'ailleurs; nous donnerons ensuite les parts très-différentes qu'elles prélèvent sur le bénéfice total, différence qui tient pour beaucoup à ce que l'un des chemins est tête de ligne et reçoit tout le trafic de l'autre. A ce point de vue, le chemin de *Leven* doit beaucoup à l'ouverture de l'*East-of-Fife;* on ne doit donc pas séparer ces entreprises l'une de l'autre dans l'appréciation de leurs résultats économiques.

Les prix de revient et produits de l'exploitation, d'après les derniers comptes rendus, clos pour les deux compagnies à la date de leur fusion définitive, le 31 juillet 1861, s'établissent comme suit :

Nombre de trains-kilomètres (du 1ᵉʳ février 1860 au 31 janvier 1861) : 55,000.

	DÉPENSES			RECETTES BRUTES.	
	TOTALES.	par TRAIN-KILOMÈTRE.	p. 0/0.	CHEMIN de Leven.	CHEMIN d'East-of-Fife.
	fr. c.	fr. c.		fr.	fr.
Dépenses d'exploitat⁰ⁿ (Trafic-charges). [1]	45,604 00	0 83	29 à 30		
Traction et matériel.............. [2]	44,575 00	0 81	29		
Entretien de la voie (1714 francs par kilomètre)................. [3]	35,753 00	0 65	23		
Frais d'administration et direction... [4]	9,725 00	0 17	6ᵉ		
Droits sur les voyageurs........... [5]	3,840 00	0 07	2 à 3		
Impôts (ordinaires et income-tax)... Frais d'assurances et autres divers... [6]	15,978 00	0 29	10		
Total par train-kilomètre...	....	2 82		162,630	91,840
Dépense totale..........	155,565 00	2 82	100	Recette totale.. 254,470ᶠ	
Dépense totale par kilomètre.	7,445 50	....	....	12,195ᶠ par kilomètre.	

(1) Indépendamment des frais de personnel, qui s'élèvent, comme il a été dit précédemment, à une somme d'environ 25,000 francs, ce chiffre de dépenses comprend : 1° les frais de liquidation, par le *Clearing-house*, du parcours des wagons à marchandises sur les autres lignes du Royaume-Uni, c'est-à-dire de 4 à 5,000 francs environ; 2° les fournitures d'huile et diverses matières pour les stations; 3° les frais de camionnage et manœuvre de gares avec chevaux; 4° les couvertures ou bâches de wagons à marchandises; 5° les dépenses diverses.

(2) Ce chapitre de dépenses comprend la traction et l'entretien du matériel.

Le combustible est la houille en gros morceaux, coûtant, rendue sur le chemin, 8 francs les 1,000 kilogrammes. La proximité des houillères permet à la compagnie de *Leven* de s'approvisionner au fur et à mesure de ses besoins; aussi n'a-t-elle pas de dépôts. La consommation est de 12 kilogrammes par train-kilomètre, soit une dépense de 10 à 11 cent. de combustible.

Les détails du compte seraient, d'ailleurs, les suivants :

Mécanicien et chauffeur..............................	0ᶠ 075
Houille, 12 kilogrammes, à 8 francs la tonne.................	0 096
Graissage..	0 130
Main-d'œuvre de réparation des machines et voitures..................	0 137
Fournitures diverses d'entretien et grosses réparations chez les constructeurs..	0 372
Total.................	0 810

(3) Ce compte est un peu plus élevé pendant cet exercice qu'il n'avait été précédemment; il paraît avoir varié de 14 à 1,500 francs tous les ans par kilomètre; il comprend, en sus des frais de personnel, un renouvellement de coussinets, des dépenses de drainage, du bois de construction pour les ponts et les réparations aux stations.

(4) En sus des frais d'administration, estimés précédemment à 7,210 francs, ce compte comprend les frais d'éclairage au gaz, les réparations des bureaux, les frais de banque, commission, etc.

(5) Ce droit de l'État est fixé à 5 p. o/o sur les trois premières classes de voyageurs.

(6) Les impôts sont de trois sortes : 1° l'income-tax; 2° la taxe locale des pauvres; 3° les impôts ordinaires (*accises*).

Dépense par train-kilomètre, 2 fr. 82 cent. Recette par train-kilomètre, 4 fr. 62 cent.

Bénéfice total, 98,905 francs; par train-kilomètre, 1 fr. 80 cent.; par kilomètre, 4,751 francs.

Rapport de la dépense à la recette, 61/100.

Comme résultat définitif, voilà donc une ligne de 20 kil. 86 qui, coûtant (voie et matériel).................................... 97,500 f le kil.

Avec un produit brut de........................ 12,196

Avec une dépense de........................... 7,445

Produit net................................... 4,751

C'est-à-dire 4,874 p. o/o du capital engagé.

Répartition
des produits
entre
les deux compagnies.

Que si l'on veut maintenant considérer séparément les deux compagnies de *Leven* et d'*East-of-Fife*, il suffit de se reporter au tableau donné précédemment de leurs trafics respectifs pour comprendre que la première réalise 2 fr. 40 cent. de bénéfice net par train-kilomètre, tandis que la deuxième perçoit à peine la moitié (1 fr. 18 cent.).

Aussi, lorsque la compagnie de *Leven* donnait pendant plusieurs années 8 p. o/o à ses actionnaires, outre des réserves assez importantes, la compagnie d'*East-of-Fife* donnait-elle à peine 2 1/2 p. o/o aux siens.

A ce point de vue de l'intérêt servi aux capitaux, il est important d'examiner la situation financière de ces deux compagnies et de vérifier si les chiffres que nous venons de trouver ne sont pas accidentels et acquis aux dépens de l'avenir. C'est par là que nous terminerons cette première monographie des chemins économiques d'Écosse.

Situation financière
de la compagnie
de Leven.

Prenant d'abord la compagnie de Leven à partir de la seconde année de son exploitation (1856), nous trouvons les chiffres suivants dans ses comptes rendus semestriels :

SEMESTRES.	CAPITAL.			FONDS de réserve.	RE-CETTES.	DÉ-PENSE.	RAPPORT de la dépense à la recette.	DIVIDENDES aux actions.	INTÉRÊTS		ALLO-CATION à la réserve.
	Actions.	Obligations.	Dettes.						aux obligations.	aux dettes.	
	fr.	fr.	fr.	fr.	fr.	fr.		Par an.			fr.
3i juillet 1856...	549,660	125,000	127,847	13,150	52,529	26,068	30 p. 0/0.	4 1/2 p. 0/0	4 1/2 p. 0/0	4 1/2 p. 0/0	8,358
3i janvier 1857..	561,300	125,000	141,434	21,506	62,148	31,120	Idem.	5 p. 0/0	Idem.	Idem.	10,324
Juillet 1857.....	561,300	125,000	161,937	31,955	55,266	29,478	50 à 51	Idem.	Idem.	Idem.	7,636
Janvier 1858.....	573,700	125,000	155,300	39,736	70,847	33,540	47 à 48	6 p. 0/0	Idem.	Idem.	12,068
Juillet 1858.....	573,700	125,000	183,231	51.873	79,712	36,261	53 (1)	Idem.	Idem.	Idem.	7,929
Janvier 1859	573,700	125,000	230,741	59,753	80,540	36,817	45 à 46	Idem.	Idem.	Idem.	20,794
Juillet 1859.....	573,825	125,000 (2)	283,317	80,546	77,700	39,155	50	7 1/2 p. 0/0	Idem.	Idem.	10,477
Janvier 1860.....	573,825	125,000	291,332	91,026	62,406	40,364	Idem.	8 p. 0/0	Idem.	Idem.	11,721
Juillet 1860.....	573,825	125,000	302,821	102,745	77,082	41,243	53	Idem.	Idem.	Idem.	6,087
Janvier 1861	574,950	125,000	313,876	106,832	85,547	44,600	52	Idem.	Idem.	Idem.	11,104
Juillet 1861.....	574,950	125,000	325,329	119,938 / 5,074	76,178	43,417	57	Idem.	Idem.	Idem.	5,074
Montant du fonds de réserve...				125,012							

(1) Semestre où il a fallu faire de grosses réparations aux locomotives.

(2) Clôture du compte de construction, resté en suspens par suite de difficultés avec l'entrepreneur.

La dette qui figure dans ce tableau a été créée pour faire le matériel, lorsqu'on dut renoncer à l'exploitation par la ligne principale. On remarquera qu'en défalquant de la dette le montant du fonds de réserve, la différence est même inférieure de 20,000 francs à la valeur du matériel indiqué précédemment (223,075 francs).

L'intérêt du fonds de réserve vient en déduction des intérêts de la dette et au même taux, de sorte que, dans les comptes ci-dessus rapportés, le véritable capital à desservir est 903,267 fr., c'est-à-dire 93 à 94,000 francs par kilomètre au lieu de 97,000 francs que présentent les comptes rendus. Si enfin on considère que, sur ces 903,267 francs, 325,000 environ ne portent que 4 1/2 p. o/o d'intérêt, on voit que les dividendes de 5 et 8 p. o/o servis aux actionnaires sont parfaitement et régulièrement acquis à l'exploitation de Leven; sa situation financière est excellente, et son fonds de réserve lui permet, au moment voulu, d'améliorer la ligne, en remplaçant, comme elle l'a déjà fait partiellement, des ouvrages d'art provisoires par des constructions plus solides et plus durables.

Situation financière de la compagnie d'East-of-Fife.

Sans donner les mêmes détails au sujet du chemin d'*East-of-Fife*, nous dirons que, ouvert le 11 août 1857, il a donné à ses actionnaires :

2ᵉ semestre 1857, 4 p. o/o par an, en sus de 5 p. o/o aux obligations ou dettes, dont l'importance s'est élevée successivement de 30 à 50 p. o/o du capital total.

1ᵉʳ ————— 1858, 2 1/2 p. o/o *idem.*
2ᵉ ————— 1858, 2 1/2 p. o/o *idem.*
1ᵉʳ ————— 1859, 2   p. o/o *idem.*
2ᵉ ————— 1859, 3   p. o/o *idem.*
1ᵉʳ ————— 1860, 2   p. o/o *idem.*
2ᵉ ————— 1860, 3   p. o/o *idem.*
1ᵉʳ ————— 1861, 2 1/2 p. o/o *idem.*

L'élévation progressive de la dette, sans aucun fonds de réserve en balance, fait que la situation financière de la seconde compagnie était moins bien assise que celle de Leven au moment de leur fusion. Mais grâce à cette fusion, qui, on l'a vu précédemment, s'est opérée presque sans frais, l'ensemble de la ligne est aujourd'hui considéré comme une bonne entreprise, capable de servir couramment un intérêt de 5 p. o/o au capital réellement engagé. Une seule réserve serait peut-être à faire à cet égard : ces deux chemins, construits fort économiquement, n'ont pas encore atteint la période de renouvellement de la voie; leurs recettes ne seront-elles pas absorbées en totalité par cette opération ? y suffiront-elles, même aidées par le fonds de réserve ? On ne saurait en répondre positivement, mais il ne faut pas oublier que le trafic se développe tous les jours, bien qu'un peu lentement; c'est là, en définitive, la

meilleure garantie de l'avenir d'affaires basées sur des concessions perpé-
tuelles.

II.

CHEMIN DE PEEBLES.
(Embranchement du *North-British*.)

§ 1ᵉʳ. — ORGANISATION ET BUT DE L'ENTREPRISE.

Historique. Ce chemin, d'une longueur totale de 3o kilomètres, a été construit par une compagnie de propriétaires de la localité, qui pendant huit ans l'a exploité elle-même avec bénéfices croissants; depuis un an, il a été loué à perpétuité au *North-British*, ligne principale d'*Édimbourg* à *Berwick*. Nous rapporterons plus bas les conditions de cette location, qui sont extrêmement favorables à la compagnie de Peebles.

Caractères desservis par le chemin. La petite ville de Peebles (2,ooo à 2,5oo habitants) est située sur le versant méridional des montagnes qui s'étendent au sud d'Édimbourg : entourée de pâturages qui nourrissent de nombreux troupeaux de moutons, elle fabrique des draps grossiers. Contre les charbons et autres marchandises qu'elle reçoit de l'extrémité du chemin, du côté d'Édimbourg, elle renvoie, outre ses draps, des bestiaux, des bois bruts ou débités en planches.

En quittant Peebles, le chemin traverse 8 ou 10 kilomètres de bois de sapins, de pâturages et de plateaux tourbeux, où l'on n'aperçoit que de très-rares habitations. Dès qu'il pénètre sur le versant nord des montagnes, il trouve d'abord un district de papeteries à vapeur, avec un ou deux bourgs ou petites villes de 1 2 à 1,5oo habitants; puis, sur 12 ou 15 kilomètres, il s'avance au milieu d'un pays agricole, où des fermes d'une certaine importance sont jetées çà et là, presque toutes avec machines à vapeur. Sur le dernier tiers de son parcours, avant d'atteindre le North-British, la ligne traverse l'extrémité orien-tale du bassin houiller d'Édimbourg. Deux ou trois puits sont ouverts dans cette région, qui fournissent du charbon aux fermes voisines et aux trains en remonte vers Peebles et les stations intermédiaires.

Depuis l'ouverture de ce chemin, non-seulement la petite industrie des draps et du papier a pris plus d'importance, mais encore l'agriculture a pro-gressé rapidement; les terres ont acquis une plus-value de 25 p. o/o.

Importance du trafic. Le trafic total a été croissant chaque année, comme le montre le tableau suivant :

1856 (3ᵉ année d'existence) 5 à 6,ooo fr. par kilomètre.
1857 6   7,ooo   ——
1858 7   8,ooo   ——
1859 8   9,ooo   ——
1860 9   10,ooo   ——
1861 . . . .   10,ooo   ——

18.

§ 2. — CONSTRUCTION DE LA LIGNE.

Achat des terrains. Les terrains ont été achetés et la ligne construite pour la voie unique.

Toutes les acquisitions ont été faites par arbitrage : les terrains sont moyennement divisés; la ligne demeure souvent pendant 1 ou 2, quelquefois 3 kilomètres, rarement moins de 2 ou 300 mètres, sur les fonds d'un même propriétaire.

Conditions de tracé. Pour passer du versant d'Édimbourg à celui de Peebles, on avait une ligne de faîte à traverser : partant de la cote 46ᵖ64 sur le North-British, le chemin s'élève par des pentes variées, mais toujours dans le même sens, jusqu'à 765 pieds, sur une longueur totale de 16 kilomètres; puis il redescend sur le reste du parcours à la cote de 368 pieds et demi (Peebles).

L'ingénieur chargé du projet a exécuté ce tracé à l'aide de courbes encore assez nombreuses et souvent très-rapprochées, mais dont le rayon ne descend jamais au-dessous de 400 mètres; par contre, il n'a pas ménagé les rampes. En quittant le North-British, on en trouve une première de 1/53 = 18 à 19 millimètres, sur une longueur de 4,800 mètres sans interruption, et sur laquelle se trouve même la première station. A celle-là en succèdent deux de 1/58 (17 à 18ᵐᵐ) sur 2,400 mètres et de 1/72,94 (13 à 14ᵐᵐ) sur 1,600 mètres.

Les autres, jusqu'à la ligne de faîte, ont depuis 16 jusqu'à 5 millimètres. A partir de la ligne de faîte, la première rampe, en descente vers Peebles, a 15 à 16 millimètres sur une longueur de 4,800 mètres; en approchant de la gare finale, les pentes se réduisent progressivement à 10, 4 et 2 millimètres.

On voit, d'après cela, que si la ligne de Leven était remarquable par ses courbes nombreuses et à court rayon, celle de Peebles l'est surtout par ses pentes rapides et multipliées. Les deux chemins ont été tracés par le même ingénieur, M. Bouch, d'Édimbourg, dont le principe a toujours été, dans les nombreuses études de ce genre qu'il a dirigées, de réduire, par ces moyens, les terrassements au minimum de volume. Sur la ligne de Peebles en particulier, il est parvenu à traverser la ligne de faîte avec des tranchées qui n'atteignent que rarement la profondeur de 4 à 5 mètres et des hauteurs de remblais de 5 à 6 mètres : sur un seul point, et pour une faible longueur, ces derniers atteignent 10 mètres. Aussi le volume total des terrassements de la voie proprement dite n'est-il que de 138,215 mètres cubes, soit par kilomètre 4,607 mètres cubes, coûtant 1ᶠ226 le mètre cube.

Enfin, en dehors de ces chiffres restent encore les terrassements pour passages à niveau, stations, déviations de routes ou chemins, de ruisseaux ou rivières; le grand nombre des ouvrages d'art a accru ce dernier chapitre de dépenses d'une façon notable. En définitive, les terrassements complets semblent avoir atteint un chiffre approximatif de 228 à 230,000 francs, soit 7,600 à 7,913 francs le kilomètre.

Ouvrages d'art. — Les ouvrages d'art comprennent :

1° 6 ponts par-dessus :

    1 sur route publique, en maçonnerie;

    5 en bois, sur ruisseaux ou rivières;

2° 13 ponts par-dessous :

    3 pour routes publiques;

    1 pour un grand chemin;

    9 pour des chemins de fermes;

3° 38 passages à niveau :

    8 sur chemins publics (à barrières gardées);

    30 sur sentiers ou chemins de fermes (à simple porte sans garde).

Tous ces ouvrages ont été exécutés à très-peu près dans les conditions générales du chemin de Leven, les prix de la main-d'œuvre et des diverses matières premières étant à peu près les mêmes, sauf peut-être celui du bois de construction, qu'on trouvait sur place ou à faible distance; les 12,000 pieds cubes de bois de sapin employés aux divers ouvrages précédents ayant coûté 500^l = 12,500^f = 1^f,04^c le pied cube, ou 38 francs le mètre cube. Les bois de construction plus forts, de Memel, sont revenus à 2 shillings le pied cube = 92^{f}50^c le mètre cube. Les 19 ponts auraient coûté ensemble 90,000 fr., soit 4 à 5,000 francs chacun.

Voie proprement dite. — Les rails, à simple champignon, sont plus forts ici que sur Leven, à cause des pentes plus roides : 75 livres par yard, c'est-à-dire 37^{k}50 par mètre courant, avec 1^m 20 de portée, d'une traverse à l'autre. Ils ont coûté, rendus sur la voie, mais non posés, 197 francs la tonne (1,015^k). Les coussinets, également non posés, sont revenus, sur la voie, à 13 francs la tonne.

Le ballast, posé, a coûté 3 francs le mètre cube.

Les traverses coûtaient 3 fr. 75 cent. chacune;

Les coins, 105 francs le mille;

Les chevillettes, 56 francs le mille.

Clôtures. — Les clôtures, en lattes de bois, sont revenues : 1° celles avec fossé, à 1 sh. 3 d. 1/2 le yard = 1 fr. 80 cent. le mètre (il y en a à peine 1/12 de cette pre-

mière sorte sur une longueur totale de 62 kilomètres); 2° celles sans fossé, à
1 sh. 3 d. le yard (1 fr. 74 cent. le mètre).

Comme l'indique la longueur totale que nous rapportons ici, il y a certaines
parties du chemin qui n'en ont pas; mais cela est rare.

Stations. La ligne n'a que 7 stations, en ne comprenant point dans ce nombre la
jonction avec le *North-British*, jonction qui s'est faite sans grands frais pour la
compagnie de Peebles à la station d'*Eskbank*, sur la ligne principale.

Sauf la station de Peebles, toutes les autres sont en bois et établies fort
économiquement, à peu près comme celles de Leven. La gare de Peebles seule
est construite en pierre, avec une charpente en fer couvrant deux voies sur
une longueur de 30 mètres environ. Les voyageurs montant et descendant
toujours du même côté, les trottoirs, lorsqu'il y en a, n'existent que d'un
côté; la gare de Peebles elle-même est dans ce cas. Aucune ne comprenait
d'abord de logement; mais à cause de l'éloignement des villages, sur une certaine partie de la ligne, on a été obligé de loger les employés d'une des stations principales. Enfin, toujours à cause du service d'exploitation en navette,
les garages et les portions à double voie sont réduits au minimum d'étendue :
à 1/8 environ de la longueur totale du chemin (3^{kil}896 sur 30 kil.).

Il n'y a de signaux qu'aux abords des stations, les barrières étant le plus
ordinairement dépourvues de personnel de gardiennage.

Accessoires. Comme accessoires, on a établi à Peebles un atelier de réparations et un
dépôt de machines, construits en pierre comme la gare, mais aussi simples
que possible.

A cette gare, qui est de beaucoup la plus importante, il n'y a d'ailleurs
aucun hangar pour marchandises, ni estacades, ni quai de camionnage. Une
voie de garage amène les wagons, de houille, par exemple, sur un emplacement assez considérable, tout à fait découvert, sur le sol duquel on déverse
le contenu de chaque wagon; le consommateur vient ensuite charger ses propres
voitures à ce tas. De même, pour les expéditions de bestiaux de Peebles sur
Édimbourg, les troupeaux sont amenés, quelques instants avant le départ
du train qui les emmènera, sur une partie de cet emplacement, légèrement
exhaussé de façon à rendre l'accostement du train plus facile aux bêtes.

On a construit depuis l'ouverture du chemin une ligne télégraphique pour
le service des dépêches. Le service en est fait par les employés de la compagnie, dont c'est l'entreprise particulière.

Coût de la ligne sans matériel. Au fur et à mesure du développement du trafic, le capital de construction
s'est légèrement accru des dépenses complémentaires faites à différentes sta-
tions, à celle de Peebles surtout.

Le tableau suivant se rapporte au 1ᵉʳ semestre 1859-1860 :

	DÉPENSES TOTALES.	PAR KILOMÈTRE.
1. Dépenses préliminaires et du parlement..................	68,628ᶠ 00ᶜ	2,287ᶠ 60ᶜ
2. Études, projets et plans..........................	60,000 00	2,000 00
3. Acquisition des terrains et indemnités..................	538,442 50	17,948 08
4. Construction de la ligne :		
Terrassements, travaux d'art et pose.. 1,137,104ᶠ 00ᶜ		
Rails........................ 455,797 50	1,613,928 50	53,797 62
Garages 20,727 00		
5. Stations et accessoires :		
Stations...................... 208,795 00		
Accessoires.................... 42,407 00	266,968 00	8,896 93
Signaux 15,766 00		
6. Télégraphe électrique..................	17,742 00	591 40
7. Administration, frais généraux, intérêts d'argent :		
Dépenses diverses et générales...... 48,904ᶠ 00ᶜ	62,489 00	2,082 96
Intérêts de capitaux.............. 13,585 00		
DÉPENSE TOTALE..................	2,628,198 00	87,604 59

De l'époque où ces chiffres étaient soumis aux actionnaires jusqu'au moment de la location du chemin au North-British (1ᵉʳ semestre 1861), le compte de premier établissement n'a pas notablement varié : le dernier compte rendu (octobre 1861) le porte à 2,663,771 francs, soit 88,792 fr. 40 cent. par kilomètre. Cette augmentation a été occasionnée par l'établissement de tables tournantes, l'achat de logements d'employés, le développement des garages, etc., c'est-à-dire par des dépenses parfaitement représentées dans l'actif de la compagnie.

§ 3. — EXPLOITATION.

Nature du trafic.   Le trafic de la ligne de Peebles est généralement plus considérable en été qu'en hiver : nous rapporterons, comme exemple, celui du semestre finissant au 31 août 1860, qui a été le plus élevé depuis l'ouverture de la ligne; il comprenait :

Grande vitesse :

		RECETTES TOTALES.	PAR KILOMÈTRE.
Voyageurs. 62,106 1/2 { 8,508 1ʳᵉ classe / 13,066 2ᵉ classe / 40,531 1/2 3ᵉ classe } ayant produit.	76,675ᶠ		
Bagages et paquets..................	2,692		
Chevaux, voitures et chiens..................	2,217		
Postes..................	312		
A reporter..................	81,896	81,896ᶠ 00ᶜ	

Petite vitesse :

	RECETTES TOTALES.	PAR KILOMÈTRE.
Report............	81,896ᶠ 00ᶜ	

Marchandises générales.. 10,217 tonnes.
Grains................ 772
Charbon, chaux, etc.... 18,897
29,886................... 77,611
Bestiaux et produits divers....................... 1,598
79,209

	RECETTES TOTALES.	PAR KILOMÈTRE.
	79,209 00	
	161,105 00	5,370ᶠ 16ᶜ

Soit donc une recette annuelle de 10,000 francs environ par kilomètre.

Ce que nous avons dit de l'élévation des tarifs au sujet des chemins de Leven et d'East-of-Fife serait à répéter ici : il suffit, pour s'en convaincre, de rapprocher les recettes de la grande et de la petite vitesse des nombres de voyageurs ou de tonnes de marchandises, en se rappelant que le parcours moyen ne dépasse pas, si même il atteint la demi-longueur du chemin, c'est-à-dire 15 kilomètres pour les voyageurs et 18 ou 20 pour les marchandises. Il n'y a d'ailleurs rien ou presque rien à retrancher ici pour roulement des wagons sur les chemins étrangers, le trafic-marchandises de cet embranchement étant tout local. Enfin, mieux que les chemins d'East-of-Fife et de Leven, celui de Peebles peut percevoir les tarifs élevés des actes de concession, parce qu'il a peu de concurrence à craindre. (Voyez à ce sujet le tableau des recettes et dépenses, rapporté plus bas, pour 1860.)

Pour le trafic précédent, le matériel de la compagnie comprenait en octobre 1860 :

2 locomotives, avec tenders, à peu près semblables à celles de Leven;

2 machines-tenders (*tank-engines*);

5 voitures-mixtes (1ʳᵉ et 2ᵉ classe);

6 voitures de 3ᵉ classe;

2 caisses à chevaux;

2 fourgons à bagages;

15 trucks à bestiaux;

123 wagons découverts;

50 wagons couverts;

1,650 sacs à grains.

Le coût total de ce matériel était de 575,375 fr. 75 cent., soit 19,179 fr. 12 cent. par kilomètre. Ce qui porte le capital total de la compagnie à 3,239,144 fr. 75 cent. (3,240,000 fr. en nombre rond) et le coût kilométrique à 108,000 francs.

Mode d'exploitation. Tout en adoptant, comme pour les chemins d'East-of-Fife et de Leven, le système d'exploitation en navette, on a dû le modifier ici à cause de la roideur des pentes et de la forte proportion de houille et de chaux qui entre dans le trafic : avec des trains mixtes proprement dits, le service des voyageurs eût été exposé à des irrégularités fréquentes et même à quelques dangers.

En principe, le service des voyageurs est indépendant de celui des marchandises proprement dites; en aucun cas il ne prend de houille ni de chaux. Trois trains dans chaque sens, composés de 5, 6 ou 7 voitures, avec un fourgon à bagages et 2, 3 ou 4 trucks à bestiaux ou marchandises légères (papier, par exemple), font un service en navette entre les deux extrémités de la ligne.

Derrière eux, à 5 minutes d'intervalle, partent autant de trains, soit de marchandises, soit de houille spécialement; de ces six trains de marchandises ou houille, deux ne parcourent que la moitié environ de la ligne, l'un apportant la houille en remonte aux papeteries à vapeur situées au centre du chemin, l'autre emportant le produit de ces usines en descente vers Édimbourg. Cette organisation du service était facilitée par la distribution naturelle des marchandises entre les divers points de la ligne, le milieu étant occupé par une industrie susceptible de fournir régulièrement au trafic de descente et de remonte.

Il est aisé de voir, en rapprochant ces nombres de trains de la composition du trafic indiqué précédemment, que la charge moyenne des convois est fort réduite. Il n'y aurait peut-être pas en moyenne plus de 20 à 25 voyageurs pour les premiers, ni plus de 30 ou 35 tonnes de marchandises pour les secondes; car pour les mois d'été, auxquels se rapporte le trafic en question, on fait des trains spéciaux de voyageurs, et même des trains directs d'Édimbourg à Peebles, avec une seule station intermédiaire.

Grâce à cette réduction de la charge, et malgré la faiblesse des machines, les trains de voyageurs parcourent la distance entière de 30 kilomètres en 60, 61 et 64 minutes en remonte vers Peebles et en 57 minutes en descente, avec 6 ou 7 stations; ce qui fait des vitesses effectives de 28 à 32 kilomètres et des vitesses de marche de 37 à 38 ou 40 kilomètres à l'heure.

Les trains de marchandises vont à 15 ou 20 kilomètres de vitesse effective, avec 9 stations, ce qui donne une vitesse de marche de 25 kilomètres environ.

Par ce système d'exploitation, tout le service se fait de 7 heures 35 minutes du matin à 7 heures 40 minutes du soir, et entre les trains de voyageurs il reste, aux extrémités, tout le temps nécessaire pour l'arrivée des trains de marchandises, sans que, sauf les cas d'accidents, il y ait lieu à des manœuvres de garages.

Il semble évident que ce mode de travail doit être notablement moins économique que celui par trains mixtes à charges plus fortes, tel qu'on pourrait l'organiser avec des locomotives plus puissantes : nous allons voir cependant que le chemin de *Peebles* arrive à très-peu près au même rapport de la dépense à la recette, nonobstant l'infériorité de son trafic, et finalement à des résultats presque aussi satisfaisants que les chemins réunis de *Leven* et d'*East-of-Fife*; mais il ne faut pas perdre de vue que le premier est d'un tiers plus long que les deux autres ensemble : et quelques kilomètres de plus ou de moins sur des lignes placées dans ces conditions ont une grande influence sur leurs résultats économiques.

Les comptes que nous allons transcrire ici sont ceux de la dernière année d'exploitation du chemin de *Peebles* par la compagnie qui l'a construit : la compagnie du *North-British*, qui l'exploite aujourd'hui, prétend bien que les frais sont entre ses mains un peu moindres que précédemment; mais, en l'absence de comptes séparés, il est difficile de vérifier le fait et de dire si réellement une grande compagnie convient mieux qu'une petite pour l'exploitation de pareils embranchements.

Quoi qu'il en soit, l'exploitation par la compagnie fondatrice du chemin de Peebles nous fournira un second exemple d'un service dont toutes les branches sont organisées en vue d'une stricte économie. Encore ici le conseil d'administration, composé des principaux intéressés et de quelques-uns des plus gros clients du chemin de fer, ne reçoit aucune rémunération. La direction (secrétaire du conseil, comptable, etc.) coûte, comme à Leven, 7,000 à 7,500 francs par an. Toutes les autres dépenses du personnel des différents services sont dans la même proportion; les comptes généraux que nous allons rapporter suffiront à le montrer.

Longueur exploitée en 1860. — 30 kilomètres.

Nombre de trains.......... { Voyageurs.... 2,034 00 / Marchandises.. 2,086 00

Nombre de trains-kilomètres. { Voyageurs.... 56,646 00 / Marchandises.. 41,316 31 } 97,962 31

RECETTES.

1. GRANDE VITESSE.

1. Nombre de voyageurs :

PROPORTIONS.	TARIF par kilomètre.	TOTAL.	
1ʳᵉ classe............ 132	0ᶠ 156		
2ᵉ classe............ 200	0 090	109,919	Tarif moyen du voyageur... 0ᶠ o8ᵉ
3ᵉ classe............ 668	0 062		

2. Produits des voyageurs........................ 140,625ᶠ
3. Produits accessoires de grande vitesse, y compris une cer-
    taine quantité de bestiaux.................... 10,150 } 150,775ᶠ 00ᶜ

II. PETITE VITESSE.

1. Nombre de tonnes de houille.... 35,423 produisant 70,900ᶠ [1]
2. Nombre d'autre minéraux...... 1,399 ————— 3,400
3. Marchandises générales...... .. 23,928 ————— 80,625 [2] } 159,050 00
4. Bestiaux.................................... 4,125

               Recette brute totale................ 309,825 00
               Recette par kilomètre de ligne........ 10,328 33

Recette par train-kilomètre... { Grande vitesse..... 2ᶠ 661 / Petite vitesse...... 3 742 } Moyenne.. 3ᶠ 168

DÉPENSES.

1. Dépenses totales... 453,625ᶠ 00ᶜ
2. Dépenses par kilomètre de ligne.......................... 5,120 83
3. Détail des dépenses par chapitres :

	PAR train-kilomètre.	TOTAL.
1. Entretien et renouvellement de la voie....................	0ᶠ 277	27,100ᶠ [3]
2. Traction et entretien du matériel........................	0 670	65,625 [4]
3. Exploitation..	0 378	36,825 [5]
4. Impôts et taxes locales.................................	0 037	3,675
5. Droits sur la grande vitesse............................	0 036	3,550
6. Frais généraux et divers, y compris les indemnités pour accidents.	0 170	16,850 [6]
Total............	1 568	153,625

[1] Au parcours moyen de 16 kilomètres (maximum), le tarif perçu sur les houilles serait de 0 fr. 12 à 0 fr. 13 cent.

[2] Au parcours moyen de 20 kilomètres (maximum), le tarif perçu sur les marchandises générales serait de 0 fr. 167.

[3] [4] [5], [6] Composition centésimale de ces divers totaux :

[3] Appointements du superintendant.. 9 à 10
    Appointements des poseurs... 35 } 75 p. o/o
    Manœuvres.. 19 à 30

               A reporter..................................... 75 p. o/o

Produit net :

Produit net total............ 156,200f 00c
Produit net par kilomètre de ligne   5,207 50
Produit net par train-kilomètre.   1 6c

Rapport de la dépense à la recette. 50 p. o/o

Les résultats définitifs de l'exploitation des 30 kilomètres de l'embranchement de Peebles, en 1860, se groupent ainsi qu'il suit :

	TOTAUX.	PAR KILOMÈTRE.
Capital de construction et matériel...	3,240,000f	108,000f 00c
Recette totale de ladite année......	309,825	10,328 33
Dépense totale de ladite année......	153,625	5,120 83
Recette nette de ladite année......	156,200	5,207 50

Soit un produit net de 4,82 p. o/o du capital engagé.

Une partie du capital étant constituée par des obligations à 4 3/4 p. o/o, la compagnie de Peebles a donc pu distribuer à ses actionnaires pendant cette dernière année de son exploitation 4 1/2 p. o/o pour le 1er semestre et 5 p. o/o pour le second, tout en mettant une part du produit net à la réserve.

Report..................... 75 p. o/o
Réparations des ponts et ouvrages d'art... 10
Fournitures, rails, etc. 15
                                                                        100

(a) Contre-maître d'ateliers..................................... 4,72 p. o/o ⎫
    Mécaniciens....................................... 9   ⎬ Gages... 39,72
    Chauffeurs et manœuvres............................... 11   ⎭
    Ajusteurs, forgerons, charrons.......................... 15
    Houille et coke... 25,28 ⎫
    Matières pour réparations............................. 35   ⎬ Matières. 60,28
                                                                        ⎭
                                                        100,00   100,00

(b) Chef du mouvement et employés des stations................................. 40 p. o/o ⎫
    Garde-trains.. 7   ⎬ 73
    Hommes d'équipe ou facteurs.................................... 17   ⎭
    Garde-barrières... 4
    Aiguilleurs aux stations.. 5
    Habillements des employés (gardes, par exemple)................. 3 ⎫
    Fournitures diverses, indemnités pour avaries de marchandises... 24 ⎬ 27
                                                                        ⎭
                                                        100   100

(c) Secrétaire du conseil et employés d'administration............................. 48,35 p. o/o
    Pertes et indemnités diverses... 26,23
    Dépenses d'imprimés.. 13,61
    Dépenses diverses, loyers, etc... 11,81
                                                                        100,00

C'est le rendement maximum de ce chemin depuis son ouverture, ainsi qu'il résulte du tableau suivant :

SEMESTRES.	CAPITAL.			DETTE.	RECETTE TOTALE.	PRODUIT NET.	RAPPORT de la DÉPENSE à la recette.	INTÉRÊTS et DIVIDENDES. — Actions ordinaires.
	ACTIONS ordinaires.	ACTIONS de préférence à 5 p. o/o.	OBLIGATIONS à 4 3/4 p. o/o en moyenne.					
	francs.	fr. c.	francs.	francs.	fr. c.	francs.	francs.	
28 février 1856.	"	"	"	"	80,774 25	"	"	"
28 février 1857.	"	"	"	"	103,191 25	42,155	59	"
31 août 1857...	"	"	"	"	"	47,225	"	"
28 février 1858.	"	"	"	"	114,850 00	46,881	59	"
Août 1858......	1,715,000	529,350 00	797,275	"	135,649 00	54,440	59	"
Février 1859...	1,715,424	590,612 50	797,275	"	126,592 00	58,650	55	2 1/2
Août 1859.....	1,715,502	615,000 00	797,275	31,450	135,647 00	83,695	49	3 1/2
Février 1860...	1,715,610	615,000 00	797,275	77,076	126,593 00	72,563	43	4 1/2
Août 1860.....	1,750,000	675,000 00	800,000	130,546	161,187 50	84,273	47	5
31 janvier 1861. (5 mois seulement.)	1,750,000	675,000 00	800,000	46,834	120,225 00	43,470	59	4

La situation financière de la compagnie de Peebles, au moment où intervint l'acte de location au *North-British*, était donc celle-ci :

1° Durant les six ou sept années de son exploitation, la compagnie avait à peu près épuisé les émissions d'actions et obligations qu'elle était autorisée à faire. Des 46,834 francs que nous avons portés comme dette ou excédant de dépenses sur le capital autorisé, d'après le compte rendu de janvier 1861, il faudrait d'abord déduire 31,375 francs, qui ne figurent là que pour ordre et sont représentés par des actions ou obligations restées entre les mains de la compagnie. L'excédant réel du compte capital serait donc de 15,459 francs, couverts soit par les primes, produits de la vente récente de quelques-unes de ces actions, soit par le fonds de réserve. Ces 15,459 francs ajoutés aux 3,225,000 francs d'actions et obligations composeraient le capital de 3,240,000 francs (nombres ronds) d'où nous sommes partis précédemment.

2° Le fonds de réserve, entamé fréquemment par les dépenses complémentaires pour voie ou matériel, n'a jamais pu s'accroître beaucoup ; il était de 21,865 francs au 31 janvier 1861. C'est une réserve bien minime pour un chemin de cette longueur, dont les frais de renouvellement pourraient croître beaucoup d'ici à peu. Sauf ce *desideratum*, les intérêts ou dividendes distribués aux actions ordinaires depuis 1859 semblent parfaitement acquis à l'entreprise.

Conditions de la location du chemin de Peebles au North-British.

Dès le mois d'octobre 1859, les administrateurs de la compagnie, frappés du peu d'importance du fonds de réserve, et redoutant les difficultés d'un renouvellement ou d'un entretien plus coûteux par les seules ressources d'un trafic en définitive fort restreint, prêtaient l'oreille à des propositions de fusion faites à la compagnie de *Peebles* par la ligne principale du *North-British*.

Ces propositions se résumaient pour les actionnaires de Peebles en une consolidation à perpétuité de l'intérêt annuel de 4 p. o/o auquel leur exploitation parvenait à peine, et cependant, malgré la recommandation des directeurs, l'assemblée générale d'octobre 1859 rejeta cette offre de fusion. L'assemblée suivante (avril 1860) la repoussait encore, malgré l'élévation de 4 à 4 1/2 p. o/o du taux d'intérêt garanti par le *North-British*.

Pour comprendre la résistance des actionnaires de Peebles à un projet qui leur garantissait en définitive un intérêt au moins égal à celui qu'ils obtenaient alors, il faut savoir que le *North-British* avait fait le premier pas et dans des conditions qui donnaient un grand avantage aux actionnaires de Peebles. Le *Caledonian-railway* pouvait, en jetant un embranchement sur Peebles, venir prendre la tête de ce dernier chemin et faire par suite une rude concurrence au *North-British* pour le trafic de la partie orientale de l'Écosse avec l'Angleterre. Aussi le *North-British* dut-il consentir à des conditions qui ne répondaient réellement pas aux résultats acquis alors à l'entreprise de Peebles, et qui, même en tenant compte de l'accroissement probable du trafic, étaient encore extraordinairement avantageuses pour cette dernière : voici ces conditions, telles qu'elles ont été votées en assemblée générale du 30 janvier 1861 et homologuées par acte du Parlement le 11 juillet de la même année :

La compagnie de Peebles reçoit la moitié de la recette brute de son chemin ; là-dessus elle paye :

1° Les impôts et taxes locales ;

2° L'intérêt et les dépenses de renouvellement de 300,000 francs d'obligations (le surplus, 500,000 francs, restant à la charge du *North-British* comme représentant le matériel roulant) ;

3° Les dépenses courantes de la compagnie, fixées à 2,500 francs par an ;

4° 5 p. o/o d'intérêt aux actions de préférence (675,000 francs) ;

5° L'intérêt des actions de capital ordinaires (1,750,000 francs).

Ce dernier intérêt (5°) est garanti à 5 p. o/o par la compagnie du *North-British*. En outre, ce n'est que lorsque la moitié des recettes brutes laisse, après le payement de toutes les dépenses 1°, 2°, 3°, 4°, un intérêt de 6 p. o/o au capital ordinaire de Peebles, que le surplus est partagé également entre ces deux compagnies.

On voit, d'après cela, que pour ne pas perdre à ce traité le *North-British* doit exploiter à un rapport de dépense à la recette notablement inférieur à 50 p. o/o, car il doit à ses frais joindre l'intérêt à 4 3/4 d'une partie de la dette (500,000 fr.), c'est-à-dire 23,750 francs par an ou près de 800 francs par kilomètre.

Nous terminerons par le tableau des recettes et des dépenses du 1ᵉʳ semestre d'exploitation, conformément à ce traité (31 juillet 1861).

RECETTES.		DÉPENSES.	
Balance du semestre précédent..	7,050ᶠ	Augmentation du compte capital (stations, etc.).............	4,613
		Dépenses d'exploitation, 50 p. o/o de la recette brute retenus par le *North-British*............	78,088
Recette brute de la grande vitesse.	71,850		
Recette brute de la petite vitesse.	84,328	Dépenses d'administration de la compagnie de *Peebles* et diverses	4,388
		Impôts et taxes	5,454
		Intérêts de 300,000 francs (obligations)..................	10,165
Recettes diverses............	90	Dividendes à 5 p. o/o au capital de préférence.............	16,725
		Dividendes à 5 p. o/o au capital ordinaire................	43,750
TOTAL........	163,318	TOTAL........	163,183
		BALANCE à reporter au prochain semestre........	135

III.

DIVERS EXEMPLES DE CHEMINS DE FER ÉCONOMIQUES.

Les deux lignes dont nous nous sommes occupés jusqu'ici (*Leven* et *Peebles*) sont les seules que nous ayons pu visiter et étudier par nous-mêmes pendant le temps qui nous était accordé; mais, pour montrer que ce ne sont pas des exceptions, nous rapporterons maintenant les renseignements que nous avons pu nous procurer en Écosse sur quelques autres chemins. Nous devons ces renseignements à MM. Blyth frères, Bouch et Ch. Jopp, ingénieurs chargés de la construction de ces divers embranchements.

§ Iᵉʳ. — CHEMIN DE DEESIDE.
(Embranchement du *North-Eastern-Scottish.*)

Ce chemin se divise en deux sections : l'une, dite *Deeside junction*, se rattache directement à la ligne principale d'Aberdeen à Édimbourg. Elle a 16 milles (25 kil. 60) de longueur et fait tête de ligne pour l'autre, dite *Deeside extension*, qui a la même longueur.

La première date déjà de plus de dix ans; la seconde a été construite il y a quatre ou cinq ans avec la participation de la compagnie propriétaire de la première. Il y a donc là quelque chose de semblable à ce que nous avons

— 152 —

observé au sujet du *Leven* et de l'*East-of-Fife*, quant à l'organisation de ces entreprises. En outre, tandis que la section de *Deeside junction* donne depuis quelques années déjà des résultats très-satisfaisants, celle de *Deeside extension* couvre à peine les frais d'exploitation et les intérêts des dettes ou obligations.

A défaut de renseignements complets, nous rapporterons seulement le coût de la ligne de *Deeside junction* et les résultats de son exploitation en 1861.

I. — COÛT DE LA LIGNE FERRÉE.

	DÉPENSES TOTALES.	PAR KILOMÈTRE.
Dépenses préliminaires.	186,875ᶠ	7,299ᶠ 80ᶜ
Acquisitions de terrains et indemnités.	480,000	18,750 00
Études et projets.	83,637	3,267 70
Travaux et voie, rails, traverses, etc.	1,814,500	70,878 60
Ateliers.	37,000	1,445 31
Outillage des ateliers.	46,375	1,811 53
Mobilier des stations.	7,600	296 87
Stations.	24,235	950 19
Total du coût de la ligne.	2,680,222	104,700 00

II. — COÛT DU MATÉRIEL.

Machines locomotives.	250,850	
Voitures de voyageurs.	208,550	
Wagons, trucks, etc.	204,450	
Administration, mobilier, intérêts, dépenses diverses.	294,888	
Total du matériel.	958,738	37,450 ″
Total général.	3,639,050	142,150 ″

Le chiffre de la dépense en matériel, par kilomètre, pourra paraître élevé, mais il comprend les machines, wagons et voitures nécessaires à l'exploitation simultanée de deux sections (51 à 52 kilomètres).

III. — COMPTE D'EXPLOITATION POUR L'ANNÉE FINISSANT AU 31 AOÛT 1861.

RECETTES.		DÉPENSES.	
Voyageurs { 34,472 de 1ʳᵉ classe. / 104,489 de 3ᵉ classe. }	196,672ᶠ	Entretien de la voie.	18,565ᶠ
Voitures, chevaux, chiens.	2,450	Frais de traction.	45,640
Malles.	3,125	Réparations des voitures.	5,380
48,433 tonnes de marchandises et minéraux.	165,330	Réparations des wagons et trucks.	3,643
Marchandises et minéraux à grande vitesse.	23,255	Dépenses du trafic.	34,430
Bestiaux.	2,660	Dépenses générales.	22,614
Recettes diverses.	3,307	Impôts et taxes diverses.	45,783
		Total des dépenses.	176,055
Total des recettes (à reporter).	396,799		

Report............	396,799	Excédant des recettes sur les dé- penses.................	201,569
A déduire pour le factage des marchandises..........	19,175	Soit un rapport de la dépense sur la re- cette de 46 à 47 p. o/o [1].	
Reste.............	377,624	Soit aussi 7,873 francs de produit net par kilomètre ou un peu plus de 5 p. o/o du ca-	
Recette par kilomètre.	14,750	pital dépensé.	

Une portion du capital étant constituée en obligations à 3 1/2 et 4 p. o/o, le produit net a permis de donner 6 p. o/o d'intérêt ou dividende aux actionnaires. C'est, du reste, le taux du rendement de cette entreprise depuis trois ans au moins, en 1858-1859, 1859-1860, 1861-1862. La recette totale s'est aussi maintenue très-régulièrement à 14 ou 15,000 francs par kilomètre pendant ces trois exercices.

On remarquera encore que le trafic est ici plus considérable que sur les chemins de *Leven*, d'*East-of-Fife* et de *Peebles*, et cependant le produit net n'est pas de beaucoup supérieur; en d'autres termes, l'intérêt du capital, le rapport de la dépense à la recette, sont à peu près les mêmes sur *Deeside* que sur les deux autres embranchements.

Cela tient au coût, notablement plus grand, de la construction et de l'exploitation de Deeside. A ce double point de vue, ce chemin serait déjà moins économique que les deux autres; sous le rapport des frais d'exploitation, en particulier, ses comptes rendus montrent que les dépenses du personnel et d'administration centrale y sont notablement plus élevées que sur les précédents.

§ II. — CHEMIN DE BANFF-PORTSOY ET STRATHISLA.

(Embranchement du *North-of-Scotland*.)

Longueur totale du chemin, 19 milles (30k); construit en 1858-1859.

Compagnie composée de propriétaires du pays : l'un des principaux a souscrit pour près de 400,000 francs; dans la ville de Portsoy, qui a 1,800 habitants, on a trouvé 250,000 francs de souscriptions : beaucoup de gens ont pris une action de 10 liv. (250 fr.).

Terrains peu divisés, sauf dans le voisinage de Portsoy : toutes les acquisitions ont été faites par arbitrage et pour une seule voie. La contrée est pauvre et peu peuplée : aussi les terrains ont-ils peu coûté par kilomètre.

Pour les conditions du tracé, voyez les plans et profils déposés par nous aux bureaux de la division des chemins de fer (exploitation), au ministère des Travaux Publics.

Le maximum des pentes est de 14 à 15 millimètres, sauf à l'arrivée près

---

[1] En ne comprenant pas dans les frais les impôts et taxes diverses, le rapport de la recette à la dépense est de 34,80 p. o/o.

du petit port de Portsoy, où, sur une longueur de 3 kilomètres environ, on a adopté la pente de 33 millimètres.

Les rayons minimum sont :

<table>
<tr><td>Sur la ligne... 5 à 600^m</td><td rowspan="3">courbes qui permettent des vitesses effectives de 30^k à l'heure, soit au moins de 40 à 50 en vitesse de marche.</td></tr>
<tr><td>Près des villes. 390^m</td></tr>
<tr><td>Dans la gare... 80^m</td></tr>
</table>

190,000 yards cubes (139,000^{m3}) de déblais ou remblais ayant coûté 1 fr. 40 cent. à 1 fr. 45 cent. le mètre cube.

15 ponts par-dessus, dont un seul important, de 24 mètres d'ouverture, sur rivière ; il a peu de fondation, car tout ce chemin est établi sur terrain primitif, et le roc n'est jamais bien loin. Ce pont, qui a employé 12 tonnes de fer, a coûté 18,750 francs, dont 8,000 francs pour le fer et le reste pour maçonnerie. Les autres ponts par-dessus ont coûté :

Ceux sur route principale...   6,750 fr. (tablier en bois) ;

Ceux sur grands chemins ...   5,000   ——

Ceux sur chemins privés....   3,750   ——

8 ponts par-dessus ayant coûté : les plus chers, 4,625 francs ; les autres, 3,000 francs.

8 ponts par-dessus pour bestiaux, à 1,500 francs chacun.

43 passages à niveau, dont 3 à 1,250 francs chacun et 40 à 250 francs ; les premiers pour routes, et les seconds pour bestiaux ou services agricoles.

Rails de 6^m 66 de long, à simple champignon, 31 à 32 kilogrammes le mètre, ayant coûté, rendus sur la voie, 225 francs la tonne.

Coussinets, pesant 10 kilogrammes chacun, 17 à 18 tonnes par kilomètre de ligne, à 143 fr. 75 cent. la tonne, rendue sur la voie.

Traverses en sapin de qualité inférieure, ne durant que quatre ou cinq ans, écartées de 0^m 70 aux joints et de 0^m 90 sur la longueur du rail.

Ballast, 1^{m3}40 par mètre courant de voie, prix : 2 francs le mètre cube ; on en met une épaisseur de 0^m 225 sur les traverses et de 0^m 125 sur la plate-forme de la voie.

Les stations, au nombre de 10, sont, pour la plupart, de simples guérites en bois à un seul compartiment, ayant coûté 750 francs chacune ; 2 ou 3, les plus importantes, sont des maisonnettes de 9 mètres de long sur 4 mètres de large, à un rez-de-chaussée à deux compartiments, l'un pour salle d'attente, l'autre pour bureau, toujours en bois, ayant coûté 1,250 francs chacune.

Deux ou trois de ces stations n'ont même pas de chef de station : ce sont des haltes où le garde-train distribue et recueille les billets pour quelques stations voisines.

Le chemin se divisant en deux branches en s'approchant de la mer, l'une sur Banff et l'autre sur Portsoy, la jonction seule des deux branches présente une double voie de croisement. Dans la plupart des autres stations, on s'est borné à faire un garage ou une remise de 80 mètres de long, qui, passant de la ligne à l'arrière de la maisonnette de la station, aboutit à un quai de chargement pour marchandises de 10 à 12 mètres de long, le tout absolument découvert.

Dans ces conditions générales, le prix de revient du kilomètre a été le suivant :

63ᵗ 75 de rails à 225ᶠ..............	14,343 fr.
17ᵗ 50 coussinets à 143ᶠ 75...........	2,516
Coins...........................	220
Chevillettes, 1,406 à 35ᶠ.............	492
Traverses, 1,10 à 2ᶠ 70.............	2,970
Pose de la voie, 1ᶠ par mètre..........	1,000
Ballast, 1ᵐ 465 à 2ᶠ...............	2,930
	24,471
2 ponts sur rivière.................	1,100 fr.
Viaducs pour routes................	3,900
Aqueducs et ponceaux..............	2,344
Clôtures.........................	2,750
Terrassements, 4,562ᵐˢ 50...........	7,812
Déviation de chemins...............	2,812
Murs de soutènement...............	1,562
Dépenses diverses.................	124
	22,404
	46,875
Stations.........................	8,600
Acquisitions de terrains.............	6,250
Études et direction des travaux.......	2,500
Administration, dépenses parlementaires	6,075
Résiliation de marché...............	
	70,300

Au moment où ce compte a été établi, il manquait encore certains compléments de la ligne : les stations n'avaient point de mobilier; les dépenses d'intérêt des capitaux pendant la construction ne figurent point non plus dans ce tableau.

Enfin, la ligne est pourvue d'un matériel dont le coût s'est élevé à 10,000 francs par kilomètre.

En ajoutant ces diverses dépenses au compte précédent, on trouve que

20.

le kilomètre de ligne a coûté 80,000 francs (nombres ronds), ce qui, avec le matériel, fait 90,000 francs de dépense totale.

En effet, le capital entier de la compagnie, au 31 juillet 1861, était de 2,729,300 francs, ce qui, pour 30ᵏ 40, fait à peu près le chiffre indiqué par kilomètre.

Le trafic total s'élevant, depuis deux ou trois ans que le chemin est en exploitation, à 4,500 ou 5,000 francs par an et par kilomètre, et le rapport de la dépense à la recette étant de 60 à 65 p. o/o, le produit net de 1,800 ou 2,000 francs suffit à peine à couvrir l'intérêt de la dette, qui s'élève à 55 ou 60 p. o/o du capital total.

§ III. — CHEMIN DE CASTLE-DOUGLAS A PORT-PATRICK.
(Embranchement du *Glasgow and South-Western of Scotland*.)

Cet exemple est intéressant, en ce qu'il se rapporte à un chemin établi dans des conditions topographiques notablement plus défavorables que dans les cas précédents; les stations, les garages et croisements ont aussi plus d'importance que sur les embranchements examinés plus haut; enfin c'est un chemin d'une certaine longueur, destiné à établir des communications directes entre l'Écosse et l'Irlande : le trafic a réellement des chances d'accroissement; aussi, tout en exécutant le chemin à voie unique, a-t-on acheté les terrains et construit certains ouvrages d'art pour la double voie.

La compagnie a été organisée dans le pays même : un des grands propriétaires, le comte de Stair, sur les terres duquel le chemin reste une bonne partie de sa longueur, a pris pour plus d'un million d'actions.

Les pentes ne dépassent pas 13 à 14 millimètres, mais il y en a plusieurs de cette inclinaison, une entre autres sur 11 à 12 kilomètres de longueur, divisée en deux tronçons par une station aux abords de laquelle on a fait un palier de 180 mètres de longueur sur 4 à 5 millimètres de pente. MM. Blyth estiment que ce palier est cependant un peu court.

Les courbes sont assez développées : 5 à 600 mètres de rayon minimum sur la ligne et 100 à 120 aux stations. En raison des difficultés du terrain, les ouvrages d'art sont nombreux et importants.

1° 34 ponts par-dessus, pour double voie, dont : 1° 2 viaducs sur le *Loch Kend*, l'un à 3 ouvertures de 43 mètres chacune, l'autre à 4 arches de 6 mètres, tous deux fondés sur tubes, à 12 mètres sous l'eau : ces deux ouvrages ont coûté ensemble 337,500 francs; — 2° 4 autres viaducs, l'un de 270 mètres de longueur et à 9 arches de 17 mètres de hauteur, qui a coûté 332,500 francs; les autres, de moindre importance; — 3° 4 grands ponts de 16 à 17 mètres; — 4° le reste en ponts de moindre importance, ayant coûté 5 à 12,000 francs chacun.

2° 50 ponts par-dessous, pour simple voie, dont : 1° 20 pour routes et chemins, coûtant de 7 à 12,000 francs; — 2° 30 pour chemins privés, 3,000 à 3,500 francs en moyenne.

3° Environ 50 passages à niveau, dont un bon nombre sans autres barrières qu'une pièce de bois que les passants déplacent eux-mêmes, en prenant les précautions nécessaires.

Les principaux éléments de la construction se sont traités aux chiffres suivants :

$$1° \text{ Main-d'œuvre :} \begin{cases} \text{Ouvriers manœuvres.} & 3^f \text{ à } 3^f 50^c \\ \text{Maçons}\ldots\ldots\ldots & 5 \text{ à } 5\ 50 \\ \text{Tailleurs de pierres.} & 4\ 60 \\ \text{Charpentiers}\ldots\ldots & 4\ 375 \\ \text{Poseurs}\ldots\ldots\ldots & 3^f 75^c \text{ à } 4\ 50 \end{cases} \begin{matrix} \text{par journée} \\ \text{de dix heures.} \end{matrix}$$

$$\begin{matrix} 2° \text{ Prix du mètre} \\ \text{cube de maçonnerie.} \end{matrix} \begin{cases} 92 \text{ en grès taillé;} \\ 16 \text{ à } 17 \text{ en moellons de granite et grauwacke.} \\ 45 \text{ à } 46 \text{ en briques (pour arches de ponts).} \end{cases}$$

La plupart des ponts sont à poutres métalliques, en fer pour les plus grands, en fonte pour les plus petits.

MM. Blyth frères estimaient à 12 tonnes de fonte, coûtant 23 fr. 50 cent. les 100 kilogrammes, et à 5 tonnes 1/2 de fer, coûtant 50 francs les 100 kilogr. la consommation de matériaux métalliques employés dans les ponts de 12 mètres. A ces prix, ces messieurs préfèrent de beaucoup la fonte et le fer aux maçonneries.

Les prix des rails, coussinets et traverses, etc., sont rapportés dans le prix de revient que nous donnons plus bas.

Les stations sont au nombre de 13, espacées moyennement de 6 à 7 kilom. Il y a 5 stations de croisements, présentant trois tronçons de double voie pour voyageurs, pour marchandises ordinaires et pour charbons ou minéraux; en même temps, on y trouve un dépôt de machines, des plaques tournantes pour la manœuvre de celles-ci; enfin des aiguilles aux croisements de ces tronçons avec la ligne principale. Ces stations principales, placées auprès de villes de 3,000 habitants, ont coûté 100 à 130,000 francs chacune, sauf les extrêmes, qui sont revenues un peu plus cher. Les autres ont seulement un tronçon de double voie de 2 à 300 mètres de long pour garage de wagons et ont coûté de 4 à 5,000 francs, rarement 6,000 francs.

Les clôtures sont revenues à 1 fr. 80 cent. ou 2 francs le mètre courant. A ce sujet, nous ferons observer que sur les ponts les plus considérables, au lieu de grilles coûteuses en fer peint, on a adopté de simples mains-courantes en bois.

Dans ces conditions générales, voici quel a été le revient du kilomètre de la partie de la ligne exécutée l'année dernière (85 kilom. de longueur).

70 tonnes de rails par kilomètre, à 17 fr. 50 cent. les 100 kilogr.	12,250ᶠ
21 tonnes de coussinets, à 12 fr. 50 cent. les 100 kilogrammes.	2,625
2,000 coins, à 130 francs le mille......................	260
1,562 kilog. de chevillettes à 37 fr. 50 cent. les 100 kilogrammes.	515
1,100 traverses à 5 fr. 60 cent. l'une....................	6,160
Pose de la voie par mètre, 1 franc.....................	1,000
13ᵐˢ,80 de ballast, à 2 francs.........................	3,600
Total par kilomètre..............	26,410
Terrassements, 13,700 m. c. à 2 francs....................	27,400
Viaducs..	15,625
Ponts (viaducs) pour routes...........................	7,812
Aqueducs et ponceaux................................	4,700
Clôtures..	4,062
Déviations de chemins................................	4,700
Dépenses diverses....................................	3,125
Stations..	11,000
Acquisition des terrains..............................	12,500
Études et directions des travaux.......................	3,125
Administration, frais parlementaires, contentieux............	4,541
Total par kilomètre........	125,000

A cela s'ajouterait le coût du matériel et des ateliers, c'est-à-dire 7 à 8,000 francs par kilomètre, pour leur consistance actuelle; ce qui porterait la dépense totale à 132 ou 133,000 francs le kilomètre.

Cette ligne n'est ouverte que depuis mars 1861. Elle n'est pas terminée; elle doit relier à Glasgow le petit port de Port-Patrick, en face de l'Irlande.

Le trafic n'y est pas encore assez développé pour payer les frais et les intérêts de capitaux.

La recette brute totale du trimestre de mars à juillet 1861 a été de 125,850 francs, soit 503,400 francs par an, ou par kilomètre 6,000 francs environ. Le rapport de la dépense à la recette étant de 50 p. o/o, le produit net serait seulement de 3,000 francs, c'est-à-dire 2 à 2 1/2 p. o/o du capital engagé.

§ IV. — EMBRANCHEMENT DE FORTH AND CLYDE.

Longueur de la ligne : 30 milles ou 48 kilom. 27 ; voie unique.

Terrains et ponts par-dessus, pour double voie.

Ponts par-dessous, pour simple voie.

Maximum des pentes, 13 à 14 millimètres; fréquentes à 12 ou 13.

Rayon de courbes minimum, 300 mètres.

17 à 18 kilomètres du chemin sont presque à niveau : les terrassements ne s'y sont pas élevés tout à fait à 2,000 mètres cubes par kilomètre.

Sur les 30 kilomètres restants, le cube de déblais ou remblais s'est élevé, au contraire, à 10 ou 11,000 mètres cubes par kilomètre.

Le coût total des ponts a été de 440,000 francs, soit 9,000 francs environ.

Sur les 17 ou 18 premiers kilomètres, il y a :

Par-dessus :

Une passerelle en bois (pour piétons);
Un pont en pierre pour route principale ;

Par-dessous :

5 petits ponts en pierre avec tablier en bois;
10 ponts en bois sur rivière ou chemins de fermes;

Sur les 30 kilomètres restants :

Par-dessus :

3 ponts en pierre pour routes;
2 ponts en bois (chemins de fermes);

Par-dessous :

10 petits ponts en pierre (passages de fermes);
4 petits ponts en bois   (*idem*);
7 ponts en bois sur rivière, dont :

   2 à 60,000 francs ;
   1 à 38,500 francs ;
   1 à 82,500 francs ;
   1 à 13,750 francs ;
   2 à 2,800 francs.

Le coût total du drainage et dépenses de fossés, déviations, rectifications de routes, etc., s'est élevé à 233,750 francs, soit 4,907 par kilomètre.

Les clôtures, à 1 fr. 70 cent. ou 1 fr. 75 cent. le mètre courant, ont coûté en tout 170,500 francs, ou 3,550 francs par kilomètre.

Le coût total de la voie (rails, coussinets, traverses, ballast et pose) a été de 1,600,000 francs, soit 33,333 francs par kilomètre (les rails ayant coûté 22 fr. 50 cent. les 100 kilogrammes; les coussinets, 15 francs; les traverses, 3 fr. 75 cent.; le ballast, 3 francs le mètre cube; la pose, 1 fr. 40 cent. par mètre; le transport des matériaux, 6 à 7 francs la tonne).

Les bâtiments des stations et des gardes-barrières, les plates-formes, signaux, passages à niveau, dépôts, bascules, etc., ont coûté en tout 300,000 fr. environ ou 6,250 francs par kilomètre (chaque logement de garde-barrière ayant coûté 3,375 francs et chaque station 20 à 25,000 francs, non compris les rails, ballast, etc.; ces stations ont des logements d'employés et 2 pièces à chaque étage).

Le coût total des terrassements, travaux d'art, voie et accessoires s'est élevé à 3,605,000 francs, soit 70 à 71,000 francs le kilomètre, et les dépenses préliminaires ou générales, à 18,000 francs : ce qui ferait ressortir le kilomètre de ligne, sans matériel, à 98 ou 100,000 francs.

Saint-Étienne, le 8 février 1862.

L'Ingénieur au corps impérial des mines,

Ch. LAN.

RAPPORT DE M. MOUSSETTE[1],

INSPECTEUR PRINCIPAL DE L'EXPLOITATION COMMERCIALE DES CHEMINS DE FER.

SECTION II.
SERVICE DES MARCHANDISES.

§ X. — TRANSPORT PAR PETITE VITESSE.

FERMETURE DES GARES EN CAS D'ENCOMBREMENT DE MARCHANDISES.

Les compagnies anglaises ont le droit de fermer leurs gares en cas d'encombrement de marchandises.

Le fait est arrivé dernièrement à Liverpool, à la gare du *London and North-Western*.

Dans la prévision d'une guerre entre le sud et le nord de l'Amérique, les filateurs de Manchester avaient acquis tous les cotons en laine qui se trouvaient dans les docks de Liverpool et tous ceux qui arrivaient par les navires dans le port. Ils avaient voulu les faire diriger immédiatement sur Manchester.

Lorsque la gare ne pouvait plus contenir de marchandises, on la fermait; on expédiait la nuit tout ce qui avait été reçu pendant la journée. Le lendemain, on fermait de nouveau la gare lorsqu'elle était remplie et l'on expédiait également dans la nuit toutes les marchandises arrivées dans la journée.

Cela a duré sept jours.

Des expéditions ont pu être retardées d'un jour, mais jamais plus; car la compagnie faisait chaque nuit des trains suffisants pour transporter les quantités reçues dans la journée.

On n'a pas pu me citer d'autre exemple de fermeture de gare en Angleterre.

---

[1] Les principales questions relatives à l'exploitation commerciale des chemins de fer en Angleterre (Législation et Tarifs) ont été traitées avec beaucoup de développement par M. Moussette dans deux rapports en date des 9 mai et 14 septembre 1860. L'étude d'aujourd'hui ne porte que sur quelques points qui ne figuraient pas en première ligne dans le programme des précédents travaux de M. Moussette.

MOUVEMENTS EXTRAORDINAIRES DE MARCHANDISES.

Se présente-t-il en Angleterre des cas où la marchandise abonde d'une manière exceptionnelle ?

Il se présente souvent des cas où la marchandise abonde d'une manière exceptionnelle, par exemple, sur les lignes aboutissant aux ports de mer, lorsque les arrivages, retardés longtemps par des vents contraires, ont lieu en même temps.

Il y a aussi de grands mouvements ordonnés tout à coup par suite de fortes spéculations sur les grains, céréales et farines.

En effet, il arrive quelquefois que des spéculateurs veulent faire transporter au centre et à l'ouest des céréales et farines reçues dans les ports de la mer du Nord à l'est de l'Angleterre, et qu'en même temps d'autres spéculateurs veulent faire transporter au centre et à l'est des céréales et farines prises dans les ports sur l'Atlantique.

Alors les apports de marchandises abondent dans les gares des chemins de fer. Mais les compagnies ont toutes un matériel considérable, et les marchandises apportées dans la journée sont toujours expédiées à leur destination dans la nuit par les trains ordinaires et par des trains extraordinaires suffisants.

Une ligne de second ordre pour les marchandises, le *South-Eastern*, a enlevé et transporté dernièrement dans une seule nuit douze cents tonnes de marchandises; la plupart étaient des céréales.

L'hiver, après de fortes gelées, de la neige, du verglas ou un dégel, il y a sur certaines lignes des arrivages considérables de minerais retardés sur les routes de terre par le mauvais temps; mais on s'arrange toujours pour les expédier immédiatement. Les trains extraordinaires restent plus longtemps en route que les trains ordinaires; mais la délivrance des marchandises n'est pas pour cela considérablement retardée.

DÉLAIS D'EXPÉDITION DES MARCHANDISES.

Question 49.

Les délais d'expédition des marchandises sont extrêmement courts en Angleterre.

Toutes les lignes importantes, sans exception, transportent le soir toutes les marchandises reçues dans la journée, et la remise aux destinataires a lieu aussitôt après l'arrivée des trains.

Je vais citer quelques exemples de cette promptitude d'expédition.

LE GREAT-WESTERN.

La gare des marchandises du *Great-Western*, à Londres, est ouverte jusqu'à 9 heures du soir.

Les marchandises remises aux bureaux de ville avant 8 heures et à la gare avant 9 heures partent le même soir, soit par des trains directs, soit par des trains de stations.

Le train direct de Bristol part à minuit 10 minutes. Il dessert en route Reading, Didcot-Swindon, Chippenham et Bath, et arrive à Bristol à 7 heures du matin.

La distance de Londres à Bristol est de 118 milles 1/2 ou 191 kilomètres.

La marchandise, arrivée à 7 heures du matin, est délivrée à partir de 8 heures.

On commence par les petits colis, les denrées et les articles de nouveautés.

Les grosses marchandises viennent ensuite.

A 10 heures du matin tout est ordinairement délivré aux destinataires, à la gare ou à leur domicile.

Le délai entre l'enlèvement de la marchandise et sa délivrance à domicile a donc été de 12 à 14 heures pour un transport à 191 kilomètres.

Jusqu'à une distance de 140 milles ou 225 kilomètres, la marchandise remise avant 9 heures du soir est délivrée à domicile le lendemain avant midi.

Si la marchandise a été enlevée du domicile à midi, comme cela arrive souvent, il faut le dire, c'est réellement un délai total de 24 heures pour un transport à 225 kilomètres et de domicile à domicile.

Les marchandises descendues en route entre Londres et Bristol subissent le délai comme pour Bristol, quoique arrivées plus tôt, parce qu'on ne délivre pas la marchandise pendant la nuit aux stations intermédiaires.

Ainsi, de Londres à Southall, première gare de marchandises après Londres, 8 milles ou 13 kilomètres, la marchandise partie par le train de stations à 1 heure du matin arrive à 1 h. 25 m. à Southall; mais elle n'est délivrée que le matin après 7 heures.

DE LONDRES À EXETER.

(195 milles ou 313 kilomètres.)

La marchandise remise dans la journée, et dans la soirée avant 8 et 9 heures du soir, part à 10 heures du soir et arrive à Exeter à 10 heures du matin le lendemain. Elle est délivrée immédiatement, et tout est rendu à domicile avant midi.

Si la marchandise a été enlevée de Londres, à domicile, à midi, au lieu de l'être à 8 heures du soir, ce n'est encore qu'un délai total de 24 heures pour un transport à 313 kilomètres.

DE LONDRES À MILFORD-HAVEN.

(290 milles ou 467 kilomètres. — Extrémité des lignes en connexion
avec le *Great-Western.*)

Les marchandises en destination de Milford-Haven sont reçues à Londres jusqu'à 9 heures du soir ; elles partent par le train de 11 h. 40 m., passent à Swindon-junction à 3 h. 35 m. du matin et arrivent à Milford-Haven à 6 h. 30 m. du soir, mettant ainsi 18 h. 50 m. pour un trajet de 467 kilomètres sur plusieurs lignes et embranchements.

La marchandise destinée aux bateaux à vapeur qui font un service régulier entre l'Angleterre et l'Irlande leur est remise immédiatement ; celles que les destinataires viendraient eux-mêmes chercher à la gare leur seraient remises le même soir ; mais celles qu'il faut porter à domicile ne sont remises que le lendemain matin.

Le délai le plus long entre l'enlèvement et la remise à domicile peut donc être de 36 heures pour un transport à 467 kilomètres, et en empruntant plusieurs lignes et embranchements différents.

Pour assurer la régularité du service des marchandises, la compagnie du *Great-Western* a constamment à Londres un matériel capable d'enlever dans une nuit 1,200 tonnes de marchandises [1], sans compter les wagons qui servent à transporter les marchandises de la classe minérale et les wagons à charbon et coke appartenant aux charbonnages ou aux compagnies spéciales.

Le service des marchandises arrivant sur Londres se fait avec la même promptitude que celui des marchandises dirigées de Londres sur les provinces.

Ainsi, de Milford-Haven pour Londres (467 kilomètres), les marchandises provenant soit de la ville, soit du bateau d'Irlande, partent à 10 heures du matin : on les avait reçues à la gare jusqu'à 9 heures. Elles arrivent à Londres le lendemain, à 6 heures du matin, et on les délivre à partir de 7 heures, en commençant par les denrées fraiches.

A 10 heures, tout est délivré à domicile à Londres.

En 24 heures, ces marchandises ont donc pu passer des mains de l'expéditeur dans celles du destinataire, et cela après avoir parcouru 467 kilomètres et avoir emprunté plusieurs lignes et embranchements.

Un second départ de Milford-Haven a lieu à 2 heures du soir pour les marchandises apportées à la gare entre 9 heures et midi.

Ces marchandises arrivent à Londres à 7 heures du matin, et sont délivrées à partir de 8 heures.

[1] La gare de Paddington (Londres) expédie par jour, en moyenne, 600 tonnes de marchandises de classes.

Toutes sont à domicile avant midi. — Délai total de 24 heures également.

D'EXETER À LONDRES.
(313 kilomètres.)

Les marchandises de classes partent à 4 heures du soir; elles arrivent à 4 heures du matin, et sont délivrées à Londres à partir de 7 heures du matin.

DE BRISTOL À LONDRES.
(191 kilomètres.)

Départ de Bristol à 7 h. 45 m. du soir de marchandises reçues à la gare jusqu'à 6 heures.

Arrivée à Londres à 5 h. 30 m. du matin.

Les marchandises sont à domicile à 9 heures.

Deuxième départ de Bristol à 10 heures du soir de marchandises reçues jusqu'à 9 heures.

Arrivée à Londres à 8 h. 30 m.

Marchandises délivrées avant 10 heures du matin.

Un train spécial pour les denrées et les légumes frais part de Bristol à 4 h. 20 m. du soir et arrive à Londres à minuit et demi.

Les marchandises sont délivrées immédiatement, et toutes sont aux marchés avant 4 heures du matin.

Ce train a pris des marchandises venues d'Exeter, et prend ensuite en route les denrées arrivées à Gloucester et à Weymouth.

On a reçu des marchandises en gare à Bristol jusqu'à 3 heures du soir.

LE LONDON AND NORTH-WESTERN.

Les marchandises de Londres pour le réseau du *London and North-Western* sont reçues à la gare de marchandises de Camden ou à la gare de Haydon-Square, dans la Cité, jusqu'à 7 heures du soir.

Elles partent depuis 9 heures du soir jusqu'à 1 heure du matin.

Celles qui ont pour destination les stations entre Londres et Birmingham sont déchargées dans la nuit, mais ne sont délivrées au public que le lendemain matin.

Les marchandises de Birmingham (113 milles ou 182 kilomètres) arrivent à 8 h. 15 m. du matin et sont délivrées avant 10 heures.

Les marchandises de Manchester (188 milles 3/4 ou 304 kilomètres) partent à 9 h. 45 m. du soir; elles arrivent à 7 h. 15 m. du matin, et sont délivrées en moins de deux heures.

Les marchandises de Liverpool (201 milles ou 323 kilomètres) partent à 10 h. 30 m. du soir; elles arrivent à 9 h. 25 m. du matin, et sont délivrées en deux heures de temps.

Les marchandises de Londres pour Preston (210 milles ou 338 kilomètres) partent à 11 h. 25 du soir, arrivent à midi 5 minutes du soir le lendemain, et sont délivrées dans la même journée.

Les marchandises pour Carlisle (300 milles ou 483 kilomètres) partent à 11 h. 30 m. du soir; elles arrivent à Carlisle à 6 h. 40 m. du soir le lendemain, et ne sont délivrées à domicile que le lendemain de leur arrivée, de grand matin. Mais les destinataires peuvent les enlever eux-mêmes de la gare aussitôt après leur arrivée.

Dans ce cas, le délai total entre la remise et la réception n'est que de 24 heures pour un parcours de 483 kilomètres.

Les marchandises de Londres pour Holyhead (264 milles ou 425 kilomètres) partent à 10 heures du soir; elles partent ensuite de Crewe à 5 h. 35 m. du matin, et arrivent à Holyhead à 1 heure après midi, ayant ainsi employé seulement 15 heures pour un trajet de 425 kilomètres sur plusieurs lignes ou embranchements.

Les transports de ces mêmes points sur Londres se font dans les mêmes conditions.

Pour les charbons à transporter sur Londres, les expéditeurs préviennent la compagnie dans la journée, ou quelques heures avant la nuit, qu'ils livreront le soir même des wagons, ou un train complet, à Rugby.

Le *coal-train* part à 10 h. 45 m. du soir; il arrive à Camden à 4 h. 50 m. du matin, et les wagons de charbons sont mis immédiatement à la disposition des destinataires.

Le trajet est de 132 kilomètres.

J'ai déjà dit dans un autre rapport (9 mai 1860) que le *London and North-Western* ne fournissait jamais de wagons pour le transport des charbons : ce sont les expéditeurs qui chargent sur des wagons leur appartenant ou sur des wagons loués à des constructeurs.

La compagnie n'a donc pas à se préoccuper du matériel à fournir pour le transport des charbons : aussi lui suffit-il de quelques heures après l'avertissement pour faire partir des trains extraordinaires de charbons.

L'enlèvement des marchandises et leur remise à domicile est faite à Londres, pour les compagnies du *Great-Western* et du *London and North-Western*, par les maisons Pickford et C⁹ et Chaplin et Horne.

Les mêmes entrepreneurs font également le camionnage des marchandises des mêmes compagnies dans les villes importantes.

Mais dans les villes de peu d'importance, ce sont les compagnies elles-mêmes qui font le service du camionnage.

LE GREAT-NORTHERN.

La gare des marchandises du *Great-Northern*, à Londres, n'est jamais fermée.

On y reçoit la marchandise nuit et jour; et la délivrance dans Londres se fait également la nuit comme le jour.

Il faut dire que cette compagnie fait elle-même le camionnage de ses marchandises.

Elle a pour ce service un matériel considérable en voitures et en chevaux.

Le *Great-Northern* expédie les marchandises arrivées en gare par des trains de nuit jusqu'à complet enlèvement; et bientôt après la marchandise enlevée de la plate-forme pour être chargée et transportée sur la ligne est remplacée par la marchandise qui arrive de la ligne, et qui va être immédiatement conduite à domicile.

En général, on prend deux heures pour charger un train. Ainsi toute marchandise apportée deux heures avant le départ d'un train est transportée par ce train.

Le plus long trajet sur la ligne et sur les lignes en connexion avec le *Great-Northern* est d'Aberdeen à Londres (559 milles ou 899 kilomètres).

Le train de 1 heure après midi fait ce trajet en 36 h. 30 m.: c'est un *fast-train*.

Les marchandises arrivées par ce train à Londres à 1 h. 30 m. du matin sont délivrées pour les marchés à 3 heures, et les grosses marchandises sont à domicile avant 9 heures du matin.

Ainsi, en 39 heures les denrées, et en 45 heures les marchandises de classes, ont passé des mains des expéditeurs aux mains des destinataires, après avoir accompli un trajet de 899 kilomètres.

De Londres à Aberdeen le trajet se fait en 39 h. 40 m.; et un délai total de 45 heures a suffi pour l'enlèvement à Londres, le transport à 899 kilomètres et la délivrance des marchandises à Aberdeen.

D'Édimbourg à Londres et *vice versa* (399 milles 1/2 ou 643 kilomètres), le transport a lieu en 23 h. 30 m. dans un sens et en 24 h. 40 m. de temps dans l'autre sens. Le délai total pour l'enlèvement, le transport et la délivrance de la marchandise est de 30 à 40 heures selon le sens du parcours.

De Newcastle à Londres et *vice versa* (275 milles ou 442 kilomètres), le délai pour l'enlèvement, le transport et la livraison de la marchandise est d'environ 20 heures.

D'York à Londres et *vice versa* (191 milles ou 307 kilomètres), un délai de 14 heures suffit pour l'enlèvement, le transport et la délivrance de la marchandise. Par le train le plus lent, le délai total peut ne pas dépasser 20 heures.

De Leeds à Londres et *vice versa* (192 milles 1/2 ou 310 kilomètres), le délai total est également de 14 à 20 heures.

De Nottingham à Londres et *vice versa* (128 milles ou 206 kilomètres), le trajet se fait en 6 h. 40 m., 8 et 9 heures; et le délai total pour l'enlèvement, le transport et la livraison de la marchandise n'est que de 12 à 15 heures, suivant la nature de la marchandise.

Les trains de charbons marchent également avec rapidité sur le *Great-Northern*.

Ainsi de Doncaster à Londres (156 milles 1/2 ou 252 kilomètres) le trajet d'un *coal-train* se fait en 9 heures, et en 12 heures au plus.

La remise du charbon au destinataire a lieu immédiatement après l'arrivée du train.

LE SOUTH-EASTERN.

La gare des marchandises du *South-Eastern* à Londres (gare de Bricklayer's Arms) est fermée à 6 heures du soir; on reçoit les marchandises dans les bureaux de ville jusqu'à 5 heures du soir. Toutes les marchandises sont expédiées la nuit, et arrivent le matin aux plus longues distances de la ligne (88 milles ou 142 kilomètres).

Elles sont délivrées dans la matinée.

Le sens sur Londres est desservi dans les mêmes conditions.

C'est la compagnie elle-même qui fait le camionnage de ses marchandises à Londres et dans la province.

LE LONDON-BRIGHTON AND SOUTH-COAST.

La gare des marchandises du *London-Brighton* est à côté de celle du *South-Eastern*, à Bricklayer's Arms. Elle est fermée également à 6 heures du soir.

Le service des marchandises a lieu dans les conditions du *South-Eastern*.

————

La rapidité de ce service de marchandises tient certainement à la concurrence que se font les compagnies anglaises; mais il faut dire qu'elle est aussi le résultat de la liberté qui est laissée aux compagnies de chemins de fer pour les détails de leur service.

Tous les directeurs m'ont déclaré que si les expéditeurs exigeaient des engagements formels pour les délais d'expédition et de livraison des marchandises, si la législation imposait aux compagnies de chemins de fer des délais rigoureux, et si surtout une pénalité était stipulée pour les cas de retard, ils indiqueraient sur les engagements un délai triple au moins du délai employé actuellement.

Et alors, ont-ils ajouté, de cet état de choses naîtrait certainement l'habitude de prendre tout le temps obligatoire, sous le prétexte d'éviter les erreurs qu'entraîne un rapide service, et aussi pour amener une économie d'exploitation capable de compenser les indemnités auxquelles les compagnies seraient forcément assujetties.

En effet, d'après la législation anglaise, les compagnies de chemins de fer ne sont tenues que d'expédier la marchandise *dans le plus bref délai possible.*

Si donc une circonstance exceptionnelle a empêché une fois une compagnie d'expédier dans le délai ordinaire, ou si une erreur a été commise dans la direction de la marchandise transportée, l'expéditeur, en général, se résigne et excuse la compagnie pour le retard involontaire qu'elle lui a fait subir.

Lorsqu'un expéditeur moins accommodant ou moins juste actionne la compagnie en dommages-intérêts, le juge, appréciant le fait en équité, décide presque toujours que la compagnie est excusable pour une exception, et il déclare la demande mal fondée [1].

Mais si la loi avait imposé des délais rigoureux, si l'expéditeur produisait un engagement formel [2] et stipulant une indemnité en cas de retard, le juge serait toujours contraint de condamner, contrairement à son jugement en équité.

D'un autre côté, si l'on veut établir des comparaisons sous le rapport des délais de transport entre les lignes anglaises et françaises, il y a lieu de tenir compte des circonstances suivantes :

1° Les tarifs anglais sont considérablement plus élevés que ceux des chemins de fer français, surtout pour les marchandises de classes : ainsi, pour les colis au-dessous de 5o kilogrammes, les taxes appliquées par les compagnies anglaises aux expéditions en petite vitesse sont, en général, de beaucoup supérieures à celles de la grande vitesse en France, et elles ne descendent à 2o centimes par tonne et par kilomètre que dans des cas exceptionnels et pour de très-grandes distances, et cela seulement pour le maximum de la coupure (5o kilogrammes ou 112 livres anglaises). En outre, dans la plupart des

---

[1] Il résulte de là que les compagnies n'ont pas, en général, à subir de retenues pour retards. Toutes les autres indemnités pour pertes, erreurs, avaries, etc., sont, sauf de très-rares exceptions, réglées par des transactions amiables avec les expéditeurs ou les destinataires. En somme, le montant total des retenues afférentes aux erreurs ou irrégularités de toute nature représente, pour l'ensemble du transport des marchandises de classes, environ 1 fr. 6o cent. p. o/o du produit brut.

Ce chiffre est élevé, et dépasse notablement la proportion pour laquelle cette nature de frais entre dans les dépenses des lignes françaises.

Cela tendrait à prouver que l'extrême rapidité d'expédition dont nous venons de donner des exemples n'est obtenue, dans une certaine mesure, qu'aux dépens de la bonne exécution du service.

[2] Bien loin de prendre des engagements de cette nature, les compagnies anglaises inscrivent l'avis suivant dans leurs conditions générales :

« La compagnie ne garantit pas les heures de départ ni celles d'arrivée des trains de marchandises. »

Ce qui veut dire que les compagnies ne garantissent aucun délai d'expédition.

cas, la fixation de taxe minima maintient des tarifs exceptionnellement élevés pour les expéditions jusqu'à 200 kilogrammes [1].

Enfin, en prenant le trafic des marchandises de classes et des *parcels* de petite vitesse dans son ensemble, pour toutes les lignes anglaises, on arrive à ce résultat : que le tarif moyen perçu est d'au moins 12 centimes par tonne et par kilomètre. Sur le réseau du *Great-Northern*, ce tarif moyen est de près de 16 centimes. Or, on sait que sur les lignes françaises la moyenne des prix perçus pour les marchandises de cette catégorie varie entre 7 et 9 centimes au plus. Des rémunérations aussi élevées que celles dont nous venons d'indiquer les chiffres permettent, on le conçoit, d'organiser très-largement et très-complétement les services de gares sur les chemins anglais.

2° L'usage, à peu près général, d'après lequel le matériel nécessaire pour les transports minéraux est fourni par les expéditeurs simplifie beaucoup le service de la petite vitesse sur les lignes anglaises. Ces transports entrent, en effet, pour plus des deux tiers dans le mouvement général des marchandises,

---

[1] Au-dessous du poids de 500 livres anglaises ou 225 kilogrammes, la marchandise n'est pas tarifée par les actes de concession : les compagnies peuvent demander pour le transport de ces colis ce qu'elles jugeront convenable.

Les petits colis ou *parcels* n'ont pas de classes. Ils sont taxés sans avoir égard à la nature de la marchandise.

Voici une tarification des *parcels* transportés par trains de marchandises, que l'on peut considérer comme une moyenne des tarifs sur toutes les lignes :

Transport à 24 milles ou 34 kilomètres.

Colis de 12 kilogrammes,	2' 80° par tonne et par kilomètre.	
Id. de 25	1 59	*idem.*
Id. de 37	1 27	*idem.*
Id. de 50	1 06	*idem.*

Transport à 88 milles ou 141 kilomètres.

Colis de 12 kilogrammes,	0' 74° par tonne et par kilomètre.	
Id. de 25	0 40	*idem.*
Id. de 37	0 36	*idem.*
Id. de 50	0 32	*idem.*

(Sur le *Great-Northern*, les colis de 37, 25 et 12 kilogrammes, pour certaines destinations, payent la même taxe totale que les colis de 50 kilogrammes ; il n'y a qu'une seule coupure, de 0 à 50 kilogrammes.)

Pour les plus longues distances, la base du prix de transport d'un colis de 50 kilogrammes descend sur quelques lignes à 20 centimes par tonne et par kilomètre ; mais sur la plupart des lignes elle ne descend pas au-dessous de 25 à 30 centimes.

Les *parcels* d'un poids au-dessus de 50 kilogrammes jusqu'à 200 kilogrammes (448 livres anglaises) peuvent être tarifés d'après la nature de la marchandise, s'il y a intérêt pour l'expéditeur à invoquer le tarif de classes ; mais dans ce cas, afin d'éviter des anomalies, il y a des minima de taxes en rapport avec la taxe de la coupure inférieure du *parcel* tarifé sans distinction de classe. La base du prix de transport d'un colis n'excédant pas 200 kilogrammes ne peut donc guère descendre au-dessous de 12 centimes par tonne et par kilomètre pour les marchandises de la classe la moins élevée et pour les plus grandes distances.

et ils constituent, on le sait, la partie du trafic qui est sujette aux fluctuations les plus nombreuses et les plus étendues.

L'organisation anglaise laissant ainsi aux expéditeurs de matières minérales le soin de prévoir leurs besoins et d'y satisfaire, les compagnies de chemins de fer n'ont plus à pourvoir qu'à la traction, c'est-à-dire à la partie la moins compliquée du service. Dans tous les cas, il résulte de cette organisation que pour les transports dont il s'agit les questions de délai n'existent pas puisque le service se résume par l'exécution d'un remorquage. Dès lors, les compagnies n'ont à leur charge, comme fourniture de matériel et comme manutention, que la partie la moins considérable et la plus régulière des transports, celle qui comprend seulement les marchandises proprement dites ou marchandises de classes.

3° En Angleterre, le trafic des marchandises de classes se répartit beaucoup moins inégalement qu'en France entre les divers points d'expédition et d'arrivage. Ainsi, par exemple, dans les grandes gares de Londres, les expéditions journalières ne dépassent pas en général 500 à 600 tonnes; et si parfois elles atteignent 1,000 à 1,200 tonnes, c'est exceptionnellement et dans des conditions tout accidentelles. Or ces chiffres sont de beaucoup inférieurs à ceux qui représentent le mouvement des gares principales des lignes françaises. Par contre, les gares secondaires sont comparativement plus pauvres sur ces dernières lignes que sur les chemins anglais. Les difficultés qu'apporte à la promptitude du service la concentration de masses considérables de marchandises à expédier d'un même point sont, d'après cela, notablement moindres en Angleterre qu'en France.

4° L'emploi presque général des entrepôts, organisés sur une si vaste échelle dans tous les ports importants de l'Angleterre, a pour effet de régulariser les expéditions.

TARIFS SPÉCIAUX RÉDUITS POUR CHARGEMENT COMPLET DE TRAINS.

Question 55.

Ces arrangements existent partout en Angleterre (voir mes rapports en date des 9 mai et 14 septembre 1860).

TRAITÉS PARTICULIERS.

Question 56.

Les traités particuliers sont fort en usage en Angleterre, et sous toutes les formes (voir mes rapports précités).

WAGONS APPARTENANT AUX EXPÉDITEURS.

Question 57.

Voir mon rapport du 9 mai 1860.

SERVICE DU CAMIONNAGE.

Questions 59 et 60.

Nous avons dit plus haut comment se faisait le service du camionnage en

22.

Angleterre. Ce service est entièrement libre et tout à fait facultatif. Il n'en est pas moins fait d'une manière très-complète. Les voitures font plusieurs tournées régulières dans la journée pour l'enlèvement ou la remise des marchandises à domicile.

Questions 62 et 63.

RESPONSABILITÉ DES COMPAGNIES EN CAS D'AVARIES OU DE PERTE DE COLIS.

En Angleterre, c'est le *Clearing-house* [1] qui décide quelle compagnie supportera le dommage en cas d'avaries ou de perte dans le trajet sur plusieurs lignes.

SERVICES DE RÉEXPÉDITION.

Question 64.

En Angleterre, le service des réexpéditions par routes de terre est parfaitement fait par les compagnies elles-mêmes, ou par les agents ou sous-traitants des maisons Pickford et compagnie, Chaplin et Horne et L. Cameron.

ORDRE D'EXPÉDITION DES MARCHANDISES.

Questions 66 et 67.

En Angleterre, la loi dit que les expéditions auront lieu sans tour de faveur; mais cette prescription est par le fait sans objet, l'expédition étant toujours si prompte, et toutes les marchandises apportées le soir avant la fermeture des gares étant indistinctement expédiées le même soir, ou, dans certaines localités, par le premier train partant après leur remise.

Si l'on choisit certaines marchandises pour le chargement du premier train à expédier, on a soin de faire partir en même temps, autant que possible, toutes les marchandises similaires, afin d'éviter le reproche d'accorder des préférences à certains expéditeurs.

TARIFS SPÉCIAUX POUR UNE VITESSE INTERMÉDIAIRE.

Question 68.

Toutes les marchandises de classes et les *parcels* au-dessus de 28 livres (12 ilogrammes) sont transportés à la même vitesse en Angleterre, et aux prix des tarifs généraux ou des traités particuliers. Il n'est fait d'exception que pour les denrées et les légumes frais qui, pour de longues distances, sont transportés dans des trains express marchant presque à la vitesse des voyageurs; mais le prix de transport dans ces trains, *fast* ou *express*, n'est pas pour cela augmenté. C'est pour le besoin du service, ou à cause de la nature de leur chargement, qu'on donne une si grande vitesse à ces trains, et particulièrement aux trains nommés *market-trains*.

---

[1] Bureau indépendant institué par les compagnies de chemins de fer anglais pour la liquidation de leurs comptes réciproques.

Le *Clearing-house* fait quelquefois office de tribunal arbitral, et le public même s'adresse souvent à lui pour la recherche d'objets perdus ou pour d'autres réclamations relatives au service des chemins de fer.

DÉLIVRANCE DE RÉCÉPISSÉS.

Question 69. En Angleterre, on ne délivre qu'un bulletin d'expédition portant la date de la réception, le poids et le prix de transport du colis.

MAINTIEN DES TAXES ABAISSÉES.

Question 70. En Angleterre, aucune disposition légale n'oblige les compagnies à maintenir leurs tarifs abaissés pendant un certain temps.

§ XI. — TRANSPORT PAR GRANDE VITESSE.

DÉLAIS D'EXPÉDITION POUR LA GRANDE VITESSE.

Question 76. En Angleterre, tous les *parcels* au-dessous de 28 livres (12 kilogrammes), les *parcels* au-dessus de 28 livres jusqu'à 112 livres (50 kilogrammes) que les expéditeurs ne déclarent pas vouloir faire transporter par trains de marchandises, et les colis de tout poids (à l'exception de ceux dits de *grands poids*) que les expéditeurs veulent faire transporter à grande vitesse, sont chargés dans les trains de voyageurs. On choisit ordinairement les trains omnibus pour ce service; mais il arrive souvent que des marchandises destinées aux extrémités des lignes sont chargées dans les trains express.

Les délais pour ces expéditions ne sont guère que le temps du trajet; car on charge la marchandise aussitôt après sa remise à la gare de départ, sur le premier train en partance, et on délivre la marchandise au destinataire, soit dans ses mains, s'il vient lui-même à la gare d'arrivée, soit à son domicile aussitôt après l'arrivée du train.

TARIFS DES COLIS DE GRANDE VITESSE.

Question 77. Les tarifs des *parcels* transportés par les trains de voyageurs sont très-élevés sur les chemins anglais.

Voici le tarif le plus réduit qui existe en Angleterre : c'est celui du *London and Brighton*, chemin qui transporte très-peu de marchandises (18 p. o/o de marchandises sur ses recettes totales) :

PARCOURS DE MOINS DE 25 MILLES OU 40 KILOMÈTRES.

Colis au-dessous de 3 kilogrammes......................	0ᶠ 42ᶜ
———— de 3 à 6 *idem*......................	0 83
———— de 6 à 12 *idem*......................	1 24
———— de 12 à 25 *idem*......................	1 67
———— de 25 à 37 *idem*......................	2 8
———— de 37 à 50 *idem*......................	2 50
Par chaque coupure de 12 kilogrammes au-dessus de 50 kilog..	0 42

PARCOURS DE 25 MILLES ET AU-DESSUS.

Colis de moins de 3 kilogrammes...................... 0f 62,5
———————— de 3 à 6 *idem*...................... 1 25
———————— de 6 à 12 *idem*...................... 1 90
———————— de 12 à 25 *idem*...................... 2 50
———————— de 25 à 37 *idem*...................... 3 12,5
———————— de 37 à 50 *idem*...................... 3 75

Par chaque coupure de 12 kilogrammes au-dessus de 50 kilog. 0 62,5

Ainsi le transport à 40 kilomètres d'un colis de 50 kilogrammes donne une base de 1 fr. 87 cent. par tonne et par kilomètre.

Transporté à la distance entière de Londres à Brighton (50 milles ou 80 kilomètres), il donne encore un prix de base de 94 centimes par tonne et par kilomètre [1].

Les prix ci-dessus comprennent, il est vrai, la collection et la délivrance des colis dans un certain rayon des gares ou des bureaux de ville, et aussi les frais de manutention ; mais en retranchant de ces prix 55 centimes pour les opérations étrangères au transport, lorsqu'il s'agit d'un colis de 50 kilogrammes, on trouvera encore des prix de base de 1 fr. 60 cent. et 80 centimes, par tonne et par kilomètre, pour des colis d'un assez fort poids transportés à 40 ou 80 kilomètres.

COUPURES DE POIDS DES COLIS DE GRANDE VITESSE.

Question 78.

En Angleterre, les coupures sont très-espacées, même pour les *parcels* transportés par les trains de voyageurs. Le plus petit poids compté est de 7 livres ; puis la première coupure est de 7 à 14 livres, la seconde de 14 à 28, et les autres coupures vont de 28 en 28 livres jusqu'à 112 livres.

GROUPEMENT DES COLIS DE MARCHANDISES.

Question 79.

Le groupement est interdit en Angleterre. La loi anglaise, comme la loi française, ne fait d'exception que pour les colis envoyés par une même personne à une même personne.

Paris, le 12 janvier 1862.

L'Inspecteur principal de l'exploitation commerciale des chemins de fer.

MOUSSETTE.

---

[1] Sur le *Great-Northern* et lignes conjointes, un colis de 50 kilogrammes, transporté par train de voyageurs à une distance de plus de 483 kilomètres, coûte une taxe qui fait ressortir un prix de base de 98 centimes par tonne et par kilomètre.

PREMIER RAPPORT

DE

L'INSPECTEUR PRINCIPAL DE L'EXPLOITATION COMMERCIALE

DES CHEMINS DE FER.

———

Paris, le 9 mai 1860.

Monsieur le Ministre,

Par décision du 22 mars dernier, Votre Excellence m'a donné la mission d'étudier, de concert avec M. Goldsmith, la législation anglaise relative à la fixation et à l'application des tarifs de marchandises sur les chemins de fer et le mode d'application de ces tarifs par les compagnies.

Nous nous sommes rendus en Angleterre, et nous avons fait une étude détaillée et complète de la question et des faits qui s'y rattachent.

Les documents que nous avons recueillis sont très-nombreux ; il faudra beaucoup de temps pour les traduire, les analyser et les expliquer.

J'ai pensé alors qu'il serait bon de détacher et de mettre à part tout ce qui concerne la houille, et de faire un premier rapport sommaire dans lequel je ne traiterai que de cette marchandise seulement.

Un second rapport comprendra toutes les marchandises, en général, et répondra complétement aux questions de législation et de pratique posées dans la lettre de Votre Excellence en date du 22 mars 1860.

HOUILLE.

Lorsque les premiers chemins de fer s'établirent en Angleterre, le public et le Parlement ne les considérèrent que comme des entreprises de construction établies surtout en vue du péage à percevoir des expéditeurs qui se serviraient de ces voies pour opérer leurs transports.

On assimilait ce nouveau moyen de communication aux *tram-roads*, chemins à rails de certaine forme existant déjà en Angleterre, particulièrement aux abords des ports de mer et des usines, et sur lesquels des voitures traînées par des chevaux remorquaient des marchandises, en payant seulement un droit de passage à la compagnie propriétaire du *tram-road*.

Les premiers bills de concession de chemins de fer n'établirent donc qu'un droit de passage au profit de la compagnie concessionnaire.

Les bills ajoutaient que dans le cas où les compagnies opéreraient elles-mêmes le transport des marchandises sur leurs lignes, elles pourraient ajouter au droit de péage déterminé dans l'acte une *raisonnable somme* pour les rémunérer de ce transport.

Le Parlement supposait que la concurrence des divers transporteurs sur la ligne même concédée empêcherait les compagnies concessionnaires du droit de péage de percevoir une somme trop forte pour l'opération additionnelle du transport.

Cette législation existait encore en 1836, époque de la concession du chemin de fer de Londres à Douvres *(South-Eastern)*.

Le droit de péage de ce chemin était de :

1 penny ou denier (0^f 10,4) par tonne et par mille pour les engrais;

1 penny et demi (0^f 15,6) pour le charbon de terre et les matériaux de construction;

3 pence (0^f 31,2) pour le sucre et les denrées coloniales, la fonte, le fer, etc.;

4 pence (0^f 41,6) pour les objets manufacturés.

Mais des affréteurs de marchandises et des propriétaires d'usines et de charbonnages se plaignirent que les compagnies de chemins de fer abusaient du droit qui leur avait été laissé par la loi de fixer elles-mêmes le prix du transport sur leurs lignes. Ils firent observer que la faculté pour chacun de transporter ses marchandises sur le chemin de fer, inscrite dans la loi, était une simple fiction, puisque la chose était réellement impraticable, et ils demandèrent qu'à l'avenir la loi déterminât la somme à payer en totalité aux compagnies pour le transport des marchandises.

Le Parlement fit droit à ces réclamations, et tous les bills de concessions de chemins de fer passés depuis 1836 portèrent un tarif de transport complet, tout en maintenant le système de péage.

Les bills nouveaux déterminent donc, dans un article, le droit de péage, et, dans un article suivant, la somme totale que les compagnies concessionnaires pourront demander pour le péage et le transport réunis.

Mais le Parlement ayant en même temps autorisé les compagnies de chemins de fer à prendre, en sus du tarif déterminé, une *raisonnable* somme pour charger, décharger, couvrir, réunir et délivrer la marchandise, il s'est suivi de cette faculté laissée aux compagnies qu'elles doublent et triplent même le tarif du Parlement pour certaines marchandises, lorsqu'elles ne redoutent aucune concurrence.

Je citerai de nombreux exemples de ces extra-charges ou surtaxes lorsque j'écrirai mon rapport sur les transports en général.

Ces surtaxes ne pèsent pas d'ailleurs dans la même proportion sur le transport de la houille que sur le transport des autres marchandises, parce que pour la houille les compagnies sont bridées par la concurrence des canaux ou de la mer.

L'un des droits créés par les compagnies de chemins de fer, outre les droits de chargement ou de déchargement, etc., est le *droit terminal*.

Ce droit a pour but de grever les petits parcours; car comme il s'ajoute toujours au tarif de transport, quelle que soit la distance, il pèse beaucoup plus sur les petits que sur les grands parcours.

La houille subit le droit terminal comme les autres marchandises; seulement, au lieu d'être de 8 shillings et plus quelquefois, comme pour les autres marchandises, il ne dépasse guère 1 shilling (1 fr. 25 cent.) par tonne.

Il faudra donc toujours avoir en mémoire ce droit terminal pour comprendre pourquoi, sur les transports de houille à petite distance, le maximum du tarif du Parlement est toujours dépassé.

Et comme tout est différentiel en Angleterre dans le système de tarification des transports, le droit terminal lui-même est différentiel. Porté à 1 shilling ou 1 shilling et 6 pence pour les petits parcours, il descend à 3 pence (0 fr. 30 cent.) par tonne pour les longs parcours et pour de grands engagements de quantités. Dans ce dernier cas, le droit terminal n'augmente pas beaucoup la taxe, par kilomètre, du transport de la houille.

Je vais indiquer maintenant à Votre Excellence le taux des tarifs *maxima* pour la houille, taux qui varie suivant les époques de concession, et qui varie même selon les lignes.

Voici les maxima les plus élevés obtenus jusqu'en 1845 :

	PAR TONNE ET PAR MILLE.	PAR TONNE ET PAR KILOMÈTRE.
South-Wales	2 pence ou deniers (0f 20,8)	ou 0f 13c
Caledonian	2 1/2 (0 26,2)	0 16,4
North-British	2 1/2 (0 26,6)	0 16,4
Leeds and Bradford	2 1/2 (0 26,2)	0 16,4
Blackburn and Colne	3 (0 31,2)	0 19,5
Cockermouth and Workington	3 (0 31,2)	0 19,5
Ashton and Liverpool junction	3 (0 31,2)	0 19,5
Brighton, Lewes and Hastings	3 (0 31,2)	0 19,5
Gravesend and Rochester	3 (0 31,2)	0 19,5
Lancaster and Carlisle	3 (0 31,2)	0 19,5

London and South-Western	3	pence ou deniers (0f 31c2) ou	0f 19c5
Manchester and Leeds	3	(0 31,2)	0 19,5
Waterford and Kilkenny	3	(0 31,2)	0 19,5
Middland and Great-Western-Ireland	3	(0 31,2)	0 19,5
Ely and Huntingdon	3	(0 31,2)	0 19,5
Exeter and Crediton	3	(0 31,2)	0 19,5
Londonderry	3 1/2	(0 36,6)	0 22,8
Londonderry and Coleraine	3 1/2	(0 36,6)	0 22,8
Ulster extension	3 1/2	(0 36,6)	0 22,8
London and Blackwall extension	3 1/2	(0 36,6)	0 22,8
Belfast and Ballymena	3 1/2	(0 36,6)	0 22,8
Whitehaven and Furness	4	(0 41,7)	0 26
Dublin and Belfast junction	6 1/2	(0 68)	0 42,5

En 1846, le *London and Brighton* obtenait encore un tarif de 2 pence (0f 20,8) par tonne et par mille (0f 13c par tonne et par kilomètre), et en même temps le *London and South-Western*, qui avait eu besoin de recourir au Parlement pour une annexion, voyait son tarif de houille réduit de 3 pence à 2 pence.

Dans la même année, l'*Eastern-Counties* n'obtenait que 1d 1/8 pour la houille et 1d 1/2 pour le coke.

Pour certaines parties de son réseau on accordait 1d 1/2 pour la houille et 2d pour le coke.

Vers l'année 1850, le Parlement réduisit les maxima des tarifs pour toutes les concessions nouvelles, et même pour les anciennes lignes qui venaient devant lui pour des extensions ou des annexions, et il introduisit et consacra le système différentiel.

Ainsi, les bills concernant le *Great-Western* et le *London and North-Western* portent que pour le charbon les prix de péage et de transport réunis seront de :

1d 1/8 (0f 11,7) pour les distances jusqu'à 50 milles;

et 0d 7/8 (0 09,1) pour les distances au-dessus de 50 milles.

Le *Great-Northern* est l'un des chemins qui transportent le plus de houille. Son acte, qui est de 1850, porte un maximum de 1 penny ou denier (0f 10,4) par tonne et par mille pour les distances au-dessous de 24 milles et de 0d 3/4 (0f 07,8) pour les distances au-dessus de 24 milles. C'est le tarif le plus bas qui ait été imposé jusqu'ici par le Parlement.

A cette époque (1850), le Parlement manifestait l'intention d'uniformiser tous les tarifs; il n'accordait plus que celui du *Great-Northern* à toutes les lignes nouvelles et aux anciennes lignes qui avaient à recourir à lui. Mais il s'est quelquefois départi de sa règle, car en 1853 il concédait 1d 1/2 (0f 15,6) pour la houille sur de nouvelles sections du réseau *Eastern-Counties;* et en 1859 il accordait 3^d 1/2 (o^f 36,6) au chemin *East and West India docks*, qui rejoint à Camden-Town le chemin de fer *London and Birmingham*.

Dans le même temps il accordait 2^d (o^f 20,8) pour la houille, et pour toutes les distances, au chemin de fer *Shrewsbury and Hereford*.

Le *Lancashire and Yorkshire* obtenait, en août 1859, 1^d 1/8 (o^f 11,7) pour la houille transportée à 50 milles et o^d 7/8 (o^f 09,1) pour les transports au delà de 50 milles.

Les chemins de fer *Middland, Manchester-Sheffield and Lincolnshire, North-Eastern*, qui transportent beaucoup de houilles pour les usines du pays ou pour l'exportation, ont des tarifs à peu près semblables à ceux du *Great-Western* : 1^d 1/8 (o^f 11,7) et o^d 7/8 (o^f 09,1), suivant la distance.

Le plus bas tarif, je le répète, est celui du *Great-Northern*.

Les bills du Parlement portent que les compagnies de chemins de fer ne sont pas obligées de fournir des wagons pour le transport de la houille. Quelques bills disent que, dans le cas où les compagnies ne fourniraient pas de wagons, elles auraient à faire à l'expéditeur une remise de o^d 1/8 (o^f 01,3) par tonne et par mille. Mais le *Great-Northern*, qui a le tarif le plus bas, n'est tenu de faire aucune remise [1].

Application des tarifs. Location de wagons pour le transport de la houille.

Le *Great-Northern* ajoute donc toujours au prix de transport de la houille un prix de location pour les wagons qu'il fournit. Ce prix est de 9 pence (o^f 95^c) par tonne pour un trajet de 156 milles (251 kilomètres) et au-dessous, ce qui revient à o^f 00,4 par tonne française [2] et par kilomètre lorsqu'on parcourt la distance entière de la zone de location (Doncaster à Londres).

Le *Great-Western* a également deux tarifs : tarif pour les transports dans les wagons des propriétaires de la marchandise et tarif pour les transports effectués dans les wagons de la compagnie.

Le *London and North-Western* ne fournit jamais de wagons.

Les lignes transversales qui aboutissent aux usines ou aux charbonnages et à la mer fournissent rarement des wagons pour la houille.

Beaucoup de charbonnages possèdent les wagons nécessaires à l'expédition de leurs produits, et il s'est formé et établi à côté des charbonnages qui n'ont pas de wagons en propre des compagnies particulières pour la location des wagons à houille nécessaires à ces charbonnages.

---

[1] La dispense de faire une remise de o^d 1/8 par tonne et par mille, lorsque la compagnie ne fournit pas de wagon aux expéditeurs, rend le tarif du *Great-Northern* presque égal à ceux du *Great-Western* et du *North-Western*.

[2] La tonne anglaise est de 2,240 livres anglaises, ou de 1,015 kilogrammes.

Les chemins de fer aboutissant à Londres qui transportent le plus de houille sont :

Le *London and Nord-Western*;

Le *Great-Northern*;

L'*Eastern-Counties*;

Et le *Great-Western*.

Voici le taux des tarifs pour les transports de houille sur trois de ces lignes, *London and North-Western*, *Great-Northern* et *Great-Western*; il nous a été impossible d'obtenir des renseignements certains sur les tarifs d'application de l'*Eastern-Counties*.

LE LONDON AND NORTH-WESTERN.

Tous les charbons arrivant à Londres par le *London and North-Western* font un parcours de 120 à 200 milles (193 à 321 kilomètres).

Ils sont chargés à raison de 0^d 1/2 (0^f 05,2) par tonne et par mille, soit 0^f 03,25 par tonne française de 1,000 kilogrammes et par kilomètre (wagons non fournis par la compagnie).

Les charbons qui arrivent à Liverpool ont un parcours de 20 milles (32 kilomètres) seulement. Le prix de transport est de 1^d par mille, soit 0^f 06,4 par tonne et par kilomètre (wagons non fournis par la compagnie).

Sur d'autres parcours, pour les distances de 50 à 100 milles (80 à 161 kilomètres) environ, le prix est de 0^d 3/4 par tonne et par mille, soit 0^f 04,7 par tonne et par kilomètre (wagons non fournis par la compagnie).

Pour les très-petits parcours, le coût kilométrique peut s'élever jusqu'à 0^f 30^c et 0^f 40^c par tonne, à cause des droits terminaux.

La compagnie ne fournit jamais les wagons, qui appartiennent toujours soit aux usines, soit à des constructeurs qui les leur louent; et la location se fait à raison de 0^{sh} 9^d (0^f 95^c) par tonne pour un parcours ne dépassant pas 120 milles (193 kilomètres) et de 1^{sh} 6^d (1^f 90^c) pour un parcours de 120 à 300 milles (193 à 483 kilomètres).

Mais les wagons sont généralement loués à l'année, moyennant 10 à 12 livres sterling, afin surtout d'éviter de payer pour des petits parcours le prix de location d'une zone entière [1].

La compagnie nous a dit qu'en cas de concurrence elle abaissait légèrement les prix ordinaires, mais seulement d'une manière temporaire et sans jamais descendre au-dessous de 0^d 7/16 par tonne et par mille, ou 0^f 02,8 par kilo-

---

[1] Les compagnies spéciales de location de wagons, pas plus que les compagnies de chemin de fer qui consentent à fournir des wagons aux expéditeurs, ne peuvent faire de différence de prix pour les petits parcours, parce que le temps du trajet ne joue pas un grand rôle dans le temps total employé dans une expédition. Le stationnement en gare pour les opérations accessoires est le même après un petit qu'après un grand parcours.

mètre, location de wagons non comprise (environ o^f o3,25, y compris la location des wagons).

Il résulte de ces renseignements :

1° Que sur le *London and North-Western* le prix ordinaire de transport d'une tonne de houille à des distances de 200 à 320 kilomètres ressort à o^f o3,25 par kilomètre, non compris la location des wagons, ce qui porte le prix total, location de wagon comprise, à environ o^f o3,65 par tonne et par kilomètre ;

2° Que pour les distances de 80 à 161 kilomètres le prix est de o^f o5,8 à o^f o4,5, location de wagon non comprise, et de o^f o7 à o^f o5,5 et o^f o5^c location de wagons comprise ;

3° Que pour les parcours de 3o kilomètres le prix est de o^f o6,56, location non comprise, et de o^f o9,7, location comprise.

LE GREAT-NORTHERN.

Au *Great-Northern* on prend :

Pour un transport à 6 milles ou 9^{kil} 6 (minimum légal de la distance à compter), 1^{sh} 6^d (1^f 90^c) par tonne (minimum de perception), plus o^{sh} 9^d par tonne pour location de wagons, soit 2^{sh} 3^d ou 2^f 81^c par tonne ou o^f 3o^c par kilomètre.

Si les wagons sont fournis par l'expéditeur, le coût kilométrique du transport n'est que de o^f 2o^c par tonne ; et en louant des wagons à l'année on peut arriver à ne dépenser que 6 pence (o^f 62,5) par tonne pour un parcours à 6 milles, stationnement et retour, ce qui fait un coût total de 2 shillings ou 2^f 5o^c, soit o^f 26^c par tonne et par kilomètre.

Pour un parcours de 12 milles ou 19 kilomètres, la taxe de transport est également de 1^{sh} 6^d (1^f 90^c) par tonne. En ajoutant 9 pence ou o^f 95^c pour location de wagons, on a un coût total de 2^{sh} 3^d ou 2^{f}81^c par tonne, soit o^f 15^c par tonne et par kilomètre.

Jusqu'à 36 milles [1] (58 kilomètres), 1 penny (o^f 1o,4) par tonne et par mille, plus 1 shilling (1^f 25^c) par tonne pour droits terminaux et o^d 1/4 (o^f o2,6) par tonne et par mille pour location de wagons, ce qui porte le revient par tonne française et par kilomètre à o^f 1o^c (o^f o8^c et o^f o9^c sur certaines sections) ;

[1] Pour éviter les anomalies, le bill de concession permet d'appliquer au delà de 24 milles la base déterminée pour le parcours de 24 milles et au-dessous jusqu'à ce qu'on atteigne la base déterminée pour les parcours au-dessus de 24 milles.
Entre 36 milles et 5o milles il y a une constante dans le tarif.

Au delà de 36 jusqu'à 5o milles (8o kilomètres), o^d 3/4 par tonne et par mille, plus 1^sh par tonne pour droits terminaux et o^d 1/4 pour location de wagons, ce qui porte le revient par tonne et par kilomètre, pour un parcours de 80 kilomètres, à o^f 07,7 ;

Au delà de 100 milles (161 kilomètres), o^d 5/8 par tonne et par mille, soit environ o^f 05^c par tonne et par kilomètre, location de wagons comprise ;

Au delà de 150 milles, o^d 1/2 par tonne et par mille, soit o^f 04,8, o^f 04^c et o^f 03,65 par tonne et par kilomètre, location de wagons comprise.

Pour les expéditions qui ont lieu de Nottingham, de Doncaster et de Retford, il y a des *prix faits* qui donnent les bases suivantes :

Jusqu'à 4o kilomètres : de o^f 45^c [1] à o^f 09^c par tonne et par kilomètre, suivant la distance parcourue ;

Au delà de 4o kilomètres, de o^f 09^c à o^f 05^c par tonne et par kilomètre, suivant la distance parcourue.

La houille transportée de Doncaster au port de Great-Grimsby paye, pour une distance de 63 milles ou 100 kilomètres, 4^sh 6^d ou 5^f 60^c par tonne, ce qui donne o^f 05,6 par tonne et par kilomètre.

Mais il s'agit ici de charbons destinés à l'exportation, et pour le transport desquels le commerce pourrait employer une autre ligne pour les embarquer à Hull.

Les prix sont augmentés de 5o p. o/o pour le transport du coke, lorsqu'il s'agit de grandes distances.

Pour les très-petites distances, comme on prend tout ce qu'il est possible de demander, et comme le coke est assimilé à la houille dans le tarif du Parlement, on le transporte au prix de la houille.

Le chargement est toujours fait par l'expéditeur, et le déchargement (à Londres excepté) par le destinataire.

On paye à Londres 6 deniers (o^f 62,5) par tonne pour le déchargement, en sus du prix du tarif.

Le destinataire a droit à 48 heures de planche ou de stationnement gratuit des wagons (les dimanches non compris).

Ce sont là, Monsieur le Ministre, les tarifs publics de la compagnie du *Great-*

---

[1] Il y a un *prix fait* (1^sh 10^d ou 2^f 30^c par tonne) pour un transport à 2 milles ou 3^km 200 de Doncaster à Arksey qui porte le coût kilométrique réel à o^f 72^c par tonne, location de wagons comprise.

Un autre prix fait de Doncaster à Rossington (4 milles 3/4 ou 7^km 400) constitue un coût kilométrique de o^f 45^c par tonne, location de wagons comprise.

Mais pour un parcours de Doncaster à Ranskill (12 milles ou 19 kilomètres), le *prix fait* étant le même que pour Rossington, il en résulte que le coût kilométrique descend là à o^f 17^c par tonne, location de wagons comprise.

Northern; mais des négociants et des industriels nous ont dit que cette compagnie faisait souvent de grandes réductions de prix.

Les directeurs du *Great-Northern* nous ont confié qu'en effet, dans certaines circonstances, et à raison de conditions exceptionnelles subies par les expéditeurs, ils abaissaient notablement les tarifs publics.

Par exemple, la compagnie *Imperial-Gaz* de Londres, qui dessert le nord de cette capitale, s'est engagée à faire venir un minimum de 1,000 tonnes de houille par semaine; elle laisse la compagnie faire les expéditions à son gré, et elle prend livraison du charbon aussitôt après l'arrivée du train; rendant ainsi le matériel immédiatement disponible.

La compagnie du chemin de fer lui transporte son charbon de Doncaster à Londres (156 milles ou 251 kilomètres) à raison de 5^{sh} 9^d ou 7^f 19^c la tonne, soit 0^f 02,8 par kilomètre, wagons fournis par la compagnie du chemin de fer.

Pendant les mois d'hiver, les transports de charbon, étant très-considérables, encombrent les voies, les gares, et absorbent tout le matériel pour Londres seulement.

Dans les mois d'été, au contraire, il y a chômage de transports de houille pour Londres.

Si un marchand de houille de Londres consent à faire venir ses approvisionnements pendant les mois d'été, la compagnie réduit alors son tarif jusqu'à 0^f 02,4 par tonne et par kilomètre; mais elle le ramène au taux ordinaire pour les transports du même marchand opérés pendant la saison d'hiver.

La compagnie estime que le transport de la houille, traction et entretien du matériel, lui coûte 0^d 1/4 (0^f 02,6) par tonne et par mille ou 0^f 01,6 par kilomètre. A 0^d 3/8 (0^f 03,9) elle ne refuse pas le transport dans des conditions exceptionnelles, puisqu'elle y trouve encore un bénéfice de 0^d 1/8 (0^f 01,3) par mille, soit 0^f 00,8 par kilomètre.

Des arrangements semblables ont été faits pour le transport du coke; et la compagnie nous a dit que dans certains cas, au lieu de 50 p. o/o au-dessus du prix du charbon, elle acceptait une surtaxe de 25 p. o/o seulement.

La compagnie du *Great-Northern* a jusqu'à présent eu de grands intérêts dans les houillères du nord, et elle a longtemps vendu elle-même la houille, dont le prix de vente comprenait, outre la valeur de la marchandise, les prix de transport et les prix de camionnage, estimés 3^{sh} (3^f 75^c), les droits de gare, qui sont de 8^d (0^f 80^c), et les droits d'octroi, qui sont de 1^{sh} 1^d 1^f 35^c) par tonne.

On doit à la compagnie du *Great-Northern* une diminution dans le prix de vente du charbon, à Londres, de 4^{sh} (5^f) par tonne.

A la compagnie *Imperial Gaz* elle a vendu de la houille à raison de 13 shillings (16^f 25^c) par tonne.

Cette houille lui coûtait, savoir:

Houille à la mine......................	4^{sh} 4^d	ou 5^f 42^c
Transport de la mine à Doncaster...........	1 8	2 08
Octroi à Londres.......................	1 1	1 35
Déchargement à Londres.................	0 2	0 21
Tarif du transport de Doncaster à Londres....	5 9	7 19
Total égal............	13 0	ou 16 25

La compagnie a vendu encore au-dessous de ce prix aux brasseurs qui prennent du menu et du charbon de qualité inférieure.

Elle a, à son débarcadère de Londres, une estacade garnie de cribles par où passe le charbon en se divisant en trois sortes: le fin, le menu et le gros.

Le fin se vend 12 shillings (15 francs) la tonne, rendu à domicile à Londres.

Le matériel du *Great-Northern* comprend 4,100 wagons à houille.

LE GREAT-WESTERN.

Il y a quelques années, la compagnie du *Great-Western,* pour s'épargner des contestations avec des expéditeurs au sujet du droit terminal qui, pour les petits parcours, s'ajoute toujours au maximum du Parlement, a fait publier l'avis dont le texte suit :

CHEMIN DE FER GREAT-WESTERN.

« La compagnie donne avis qu'à partir du 1er novembre 1856 elle cessera de remplir les fonctions d'entrepreneur de transports publics pour les articles ci-après désignés : briques, cendres, charbons, coke, engrais, chaux, matériaux pour réparer les routes, sels de toute nature, tuiles, scories.

« La compagnie consentira néanmoins, à des conditions convenues à l'avance et signées par les contractants, à prêter ses locomotives et ses wagons pour le transport desdits articles entre les diverses stations de sa ligne. »

La résolution annoncée par cet avis était légale, car la législation anglaise sur les chemins de fer n'oblige pas les compagnies à opérer elles-mêmes le transport de la marchandise; elles ne sont tenues qu'à livrer passage sur leurs lignes, moyennant un péage déterminé.

Le Parlement, en fixant, après 1836, un tarif pour le cas où les compagnies de chemins de fer transporteraient elles-mêmes la marchandise sur leurs lignes, n'a pas changé la législation antérieure. Les compagnies ne peuvent pas dépasser ce tarif de transport; mais elles peuvent le refuser et rester simples compagnies de péage.

Aussi, lorsqu'un chemin de fer s'ouvre à la circulation, la compagnie concessionnaire n'affiche-t-elle que le tarif de passage et d'usage de la ligne (le péage) et n'affiche-t-elle jamais le tarif de transport.

Les expéditeurs de charbons et des autres marchandises désignées dans l'avis ci-dessus, ne pouvant pas user du droit fictif d'opérer eux-mêmes leurs transports, se sont résignés à subir les conditions imposées par la compagnie du *Great-Western*, et voici les tarifs qui ont fini par s'établir pour le transport des charbons, et qui sont en vigueur aujourd'hui sur cette ligne :

CHARBONS TRANSPORTÉS SANS ENGAGEMENT DE QUANTITÉ NI DE RECETTE.

Tarif de transport dans les wagons de la compagnie, de station à station, chargement et déchargement faits par les expéditeurs et les destinataires de la marchandise.

De 0 à 6 milles [1] (9^{kil} 6) : 2^{sh} 0^d par tonne ou 4^d par mille (0^f 26^c par kilom.)
  12 ——————(19 0) : 2 6 ————— 2 1/2 ———— (0 16   *idem*).
  24 ——————(38 0) : 3 0 ————— 1 1/2 ———— (0 09 6 *idem*).
  36 ——————(58 0) : 3 6 ————— 1 1/6 ———— (0 07 5 *idem*).
  50 ——————(80 0) : 4 4 ————— 1 1/25 ——— (0 06 8 *idem*).
  75 ——————(120 0) : 5 6 ————— 0 9/10 ——— (0 05 7 *idem*).
100 ——————(161 0) : 6 9 ————— 0 8/10 ——— (0 05   *idem*).
150 ——————(241 0) : 9 4 ————— 0 11/15 —— (0 04 8 *idem*).
200 ——————(322 0) : 11 11 ———— 0 7/10 ——— (0 04 5 *idem*).

TARIF DES EXPÉDITIONS AVEC GARANTIE DE RECETTES ANNUELLES.

A tout expéditeur s'engageant à fournir un trafic annuel d'un chiffre déterminé on applique les prix de transport ci-après indiqués, savoir :

Pour les expéditions faites sur un parcours de 50 à 100 milles (80 à 161 kilomètres), l'expéditeur fournissant ses wagons et garantissant une recette annuelle de 2,500 livres sterling (62,500^f) : 0^d 8/16 par tonne et par mille, plus 1^{sh} 6^d pour droits terminaux.

Supposons un parcours de 75 milles ou 120 kilomètres, les droits ressortent à 0^f 01,3 par kilomètre et le transport à 0^f 03,28 ; ensemble, 0^f 04,58 par kilomètre.

Si la compagnie prête ses wagons, elle ajoute 0^d 1/8 par tonne et par mille : le prix de transport revient alors à 0^f 05,38 par tonne et par kilomètre.

Garantie de 5,000 livres sterling (125,000^f) : même taxe de transport ; mais les droits terminaux sont réduits à 0^{sh} 10^d. Le coût par kilomètre revient alors à 0^f 04,15, et à 0^f 04,95 dans les wagons de la compagnie.

Garantie de 10,000 livres sterling (250,000^f) : même taxe ; droits réduits à 0^{sh} 6^d. Coût par kilomètre, 0^f 03,8, et 0^f 04,6 dans les wagons de la compagnie.

Garantie de 15,000 livres sterling (375,000^f) : même taxe ; droits réduits à 0^{sh} 4^d. Coût par kilomètre, 0^f 03,63, et 0^f 04,43 dans les wagons de la compagnie.

[1] Pour un transport à 4 milles ou 6 kilomètres, le prix fait restant le même que pour 6 milles, il en résulte que le revient par kilomètre est de 0^f 42^c.

Pour les expéditions faites sur un parcours de plus de 100 milles (161 kilomètres), l'expéditeur fournissant ses wagons :

Garantie de 5,000 livres sterling (125,000^f) : 0^d 7/16 par tonne et par mille, plus 1^{sh} 6^d pour droits terminaux.

Supposons un transport de Gloucester à Londres (114 milles ou 182 kilomètres) : le coût kilométrique serait de 0^f 03,88, et de 0^f 04,68 dans les wagons de la compagnie.

Garantie de 10,000 livres sterling (250,000^f) : même base; mais les droits terminaux sont réduits à 1^{sh} 3^d. Le coût kilométrique est alors de 0^f 03,71, et de 0^f 04,51 dans les wagons de la compagnie.

Garantie de 15,000 livres sterling (375,000^f) : même base; mais les droits terminaux sont réduits à 1^{sh}. Le coût kilométrique est alors de 0^f 03,57, et de 0^f 04,37 dans les wagons de la compagnie.

Garantie de 20,000 livres sterling (500,000^f) : même base; droits réduits à 0^{sh} 9^d. Coût kilométrique, 0^f 03,4, et 0^f 04,2 dans les wagons de la compagnie.

Garantie de 30,000 livres sterling (750,000^f) : même base; droits réduits à 0^{sh} 6^d. Coût kilométrique, 0^f 03,22, et 0^f 04 dans les wagons de la compagnie.

Garantie de 40,000 livres sterling (1,000,000^f) : même base; les droits sont réduits à 0^{sh} 3^d. Coût kilométrique, 0^f 03^c, et 0^f 03,8 si les wagons sont fournis par la compagnie.

Lorsqu'un expéditeur fait transporter une grande quantité de charbon à la fois, la compagnie réduit son prix de location de wagon à 0^{sh} 1/16^d par tonne et par mille, ou 0^f 00,4 par kilomètre.

Dans ce cas, le coût par kilomètre peut descendre jusqu'à 0^f 03,4.

Il y a à ajouter à ces frais 1^{sh} par wagon pour manœuvre de wagon par le monte-charge, lorsque la houille est en destination de Londres.

Nous n'avons trouvé au *Great-Western* aucune trace de marchés au-dessous de ces prix, et il ne nous a été rien dit par des négociants ou des industriels qui puisse nous faire croire que cette compagnie ait jamais fait des faveurs exceptionnelles.

Sur le *Great-Western*, le coke est quelquefois taxé au prix du charbon; mais généralement on prend 25 p. o/o en sus, excepté pour les petits parcours, où l'on atteint la limite maximum du tarif du Parlement.

Dans quelques cas, et pour de longues distances, le minerai est chargé au prix du charbon.

Sur le *Great-Western*, comme sur le *London and North-Western* et sur le *Great-Northern*, les wagons des expéditeurs ou les wagons de la compagnie ne sont jamais chargés en retour de Londres.

On les renvoie toujours à vide, et sans frais pour les expéditeurs lorsque les wagons leur appartiennent.

LE NORTH-EASTERN.

Lignes de provinces. Le *North-Eastern* n'aboutit pas à Londres comme les trois grandes lignes dont nous venons de nous occuper; mais il dessert les charbonnages du nord et du nord-est de l'Angleterre et les relie à plusieurs grands ports de mer; il dessert aussi beaucoup d'usines métallurgiques. Le *North-Eastern* est donc l'un des chemins de fer de province qui transportent le plus de houilles et de cokes.

Le tarif de la houille sur cette ligne s'élève, à cause des droits terminaux ou extra-charges, à 2 pence (o^f 20,8) par tonne et par mille pour les distances au-dessous de 12 milles ou 19 kilomètres, soit à o^f 13^c par tonne et par kilomètre.

Le minimum de la distance à compter est 6 milles, et le minimum de la perception de taxe est de 1 shilling ou 1^f 25^c par tonne, soit o^f 13^c par kilomètre.

Pour 20 milles (32 kilomètres), le tarif est de 1^d 3/4, ou o^f 11^c par kilomètre;

Pour 30 milles (48 kilomètres), 1^d 1/2 par mille, ou o^f 10^c par kilomètre.

Au-dessus de 30 milles, le tarif est de 1^d 1/4 à 1^d, ou de o^f 08^c à o^f 06,4 par kilomètre.

Au-dessus de 40 milles, le tarif est de o^d 7/8 par mille, ou de o^f 05,5 par kilomètre.

Et pour les plus longs parcours de la ligne, le tarif descend jusqu'à o^d 5/8 et o^d 4/8 par mille, ou o^f 04^c et o^f 03,25 par kilomètre.

Ces taxes comprennent la fourniture des wagons par la compagnie.

Pour les usines et les manufactures, la compagnie fait des réductions dont ne jouissent pas les expéditeurs de charbons à l'usage domestique. Le rabais est d'environ 40 p. o/o sur les petits parcours, et on ne prend jamais au delà de 1 penny (o^f 10,4) par mille (o^f 06,4 par kilomètre), location de wagon comprise.

Pour les charbons destinés à l'embarquement sur navires, les taxes varient de 1^d 1/2, pour les très-courtes distances, à 1^d 1/8, pour les distances d'environ 20 milles (o^f 10^c et o^f 07^c par kilomètre).

C'est donc une différence en moins de o^f 03^c et o^f 04^c par kilomètre sur le tarif du charbon qui sert à l'usage domestique et qui est déchargé dans l'intérieur du pays.

Les cokes à charger sur navires et ceux qui sont destinés aux usines sont taxés au prix du charbon pour les mêmes destinations ou usages.

Le *North-Eastern* aboutit à trois ports importants d'embarquement de charbons dans la mer du Nord : Newcastle, Sunderland et Hartlepool.

24.

Ces trois ports sont à des distances différentes du lieu de départ des charbons; le tarif est donc différent pour le trajet à chacun desdits ports. Mais lorsqu'il n'y a plus de navires disponibles pour l'embarquement du charbon dans le port le plus rapproché du lieu de départ, et qu'il s'en trouve dans les ports les plus éloignés, la compagnie accorde temporairement le tarif de la plus courte distance, afin d'aider le commerce. Les tarifs d'après la distance réelle reprennent leur empire lorsque chacun des ports précités a des moyens égaux d'embarquement.

Le North-Eastern à York. — Les transports de houilles qui se font ici pour l'approvisionnement de Leeds ont lieu à raison de 0^f 13^c à 0^f 10,5 pour des parcours de 24 à 48 kilomètres. Certaines manufactures embranchées sur la ligne principale, et ayant leurs locomotives qui font les manœuvres aux points d'embranchement, payent, pour des petits parcours, des prix qui ne diffèrent guère de ceux qui sont appliqués sur de longs parcours.

Ainsi, le prix de Manstour à Leeds : 4 milles et 12 cent., ou 6 kilomètres 5, est de 9^d ou 0^f 95^c par tonne; soit 0^f 14,6 par kilomètre.

Le prix de Garforth à Leeds (6 milles 37 cent., ou 10 kilomètres) est de 10^d ou 1^f 05^c par tonne; soit 0^f 10,5 par kilomètre.

Ces prix sont bien au-dessous de ceux qui sont payés pour les mêmes distances par les expéditeurs de charbons à usage domestique.

Sur les diverses branches du *North-Eastern* on transporte, pour de grandes distances et pour de grands engagements, le fer en barres à raison de 0^d 3/4 par tonne et par mille; soit 0^f 04,8 par kilomètre.

La fonte est presque toujours transportée à ce prix.

Le minerai venant de très-loin pour les usines du Staffordshire est transporté au prix du charbon ou peu au-dessus : 0^d 5/8 par tonne et par mille, ou 0^f 04^c par tonne et par kilomètre.

LE SOUTH-WALES.

Les prix varient, sur le *South-Wales*, de 1^d 1/2 à 1/2^d, suivant les distances; soit de 0^f 10^c à 0^f 03,25 par tonne et par kilomètre.

LE TAFF-VALE.

Le *Taff-Vale* aboutit à Cardiff, le plus important port d'embarquement de houilles dans la mer de l'Ouest. Cette ligne n'a que 54 milles (87 kilomètres), et elle transporte 5,000,000 de tonnes de houilles par an.

Le transport se fait au prix de 0^d 7/8 (0^f 09,1) par tonne et par mille (maximum du cahier des charges), plus le droit terminal, qui est de 1^d 1/2 (0^f 15,6) par tonne.

La compagnie du *Taff-Vale* ne fournit pas de wagons.

La location des wagons se fait à l'année, à raison de 10 livres sterling (250 francs). Pour une location de cinq années on obtient une réduction de 10 shillings; restent 9 livres et 10 shillings (237 fr. 50 cent.).

On calcule que la location des wagons revient à o^d 1/8 par tonne et par mille (o^f 00,8 par kilomètre).

Le parcours moyen du charbon sur le *Taff-Vale* est de 20 milles ou 32 kilomètres. Pour cette distance on a à payer 1^{sh} 9^d (2^f 20^c) tout compris, ce qui donne par tonne et par kilomètre o^f 07 19.

Le parcours à la distance entière de 87 kilomètres revient à o^f 06,6; et si l'on occupait constamment les wagons loués à long terme, on descendrait à o^f 06^c par tonne et par kilomètre.

Au retour, les wagons transportent du minerai de fer pour les usines du pays.

LE CALEDONIAN.

Le *Caledonian* part de Carlisle et aboutit à Glasgow et à Édimbourg.

Voici son tarif de transport de houilles :

Jusqu'à 8 milles (13 kilomètres) : 2^d 1/2 par mille, avec minimum de o^{sh} 5^d; soit de o^f 16^c à o^f 50^c par kilomètre;

Entre 8 milles (13 kilomètres) et 18 milles (29 kilomètres), le prix varie de 2^d 1/2 et 2^d par mille; soit de o^f 16^c à o^f 13^c par kilomètre;

Entre 18 et 37 milles (29 et 57 kilomètres), de 2^d à 1^d 1/2 par mille; soit de o^f 13^c à o^f 10^c par kilomètre;

Entre 37 et 77 milles (57 et 124 kilomètres), de 1^d 1/2 à 1^d par mille; soit de o^f 10^c à o^f 06,4 par kilomètre;

Entre 77 et 100 milles (124 à 161 kilomètres), de 1^d à o^d 7/8 par mille; soit de o^f 06,4 à o^f 05,6 par kilomètre.

Ces prix comprennent la location des wagons.

EMBRANCHEMENT DE WISHAW À COLTNESS. — Sur l'embranchement de Wishaw à Coltness, qui a 11 milles de longueur (environ 18 kilomètres), le prix de transport du charbon, qui est de 4^d 3/4 pour 1 mille, est de 1^{sh} 9^d pour 11 milles; soit de o^f 30^c à o^f 12,3 par tonne et par kilomètre.

EMBRANCHEMENT DE GARNKIRK À COATBRIDGE. — Sur l'embranchement de Garnkirk à Coatbridge (10 milles ou 16 kilomètres), qui longe un canal, le prix, qui est de 3^d 1/4 pour 1 mille, est de 1^h 2^{sh} 1/2 pour 10 milles; soit de o^f 21^c à o^f 09,3 par tonne et par kilomètre.

EMBRANCHEMENT DE CARSTAIRS À GREENOCK. — Sur l'embranchement de Carstairs à Greenock et à Glasgow, longeant la Clyde, les prix du tarif général du *Caledonian* sont abaissés pour les parcours de 20 à 50 milles (32 à 80 kilomètres).

Ainsi ils sont, pour un parcours de 21 milles (33 kilomètres), de 2 sh 8d 1/2, environ 1d 5/8 par mille; soit 0f 10e par kilomètre;

Pour 50 milles (80 kilomètres), 4sh 10d, environ 1d 1/16 par mille; soit 0f 07,5 par kilomètre.

Ces prix comprennent la location des wagons.

LIGNE DE NEWCASTLE A CARLISLE.

Sur le chemin de *Newcastle* à *Carlisle*, joignant le *North-Eastern* au *Caledonian*, on prend 1d 3/4 pour les plus petites distances, avec minimum de 1sh par tonne, soit 0f 11,25 par kilomètre, avec minimum de 1f 25c par tonne.

Arrivé à 28 milles (44 kilomètres), le prix descend à 0f 06,5 par kilomètre.

De 28 à 60 milles (de 44 à 96 kilomètres), le prix descend à 0f 05e par kilomètre.

LE LANCASHIRE AND YORKSHIRE.

Le *Lancashire and Yorkshire* aboutit à Manchester et apporte dans cette ville une partie des charbons qui s'y consomment.

Le prix de transport pour les parcours moyens est de 1d (0f 10,4) par tonne et par mille, et 3d (0f 30e) par tonne pour frais de déchargement; soit 0f 06,4 par tonne et par kilomètre, wagons non fournis par la compagnie.

Pour de très-longs parcours, on ne prend que 0d 7/8 par tonne et par mille, ce qui donne 0f 05,6 par kilomètre.

Il n'y a pas de très-petits parcours de charbons sur cette ligne. Les parcours de 31 à 50 milles (50 à 80 kilomètres) reviennent à 0f 10e et 0f 07e par kilomètre.

Le coke est transporté au prix de la houille.

On accorde de 15 à 25 p. o/o de rabais aux expéditeurs de houille et de coke qui garantissent des tonnages.

La compagnie du *Lancashire and Yorkshire* transporte la fonte en gueuses à des prix qui sont peu au-dessus des prix de la houille.

Mais son tarif pour cette marchandise est excessivement différentiel et même anormal.

Ainsi de Fleetwood à Leeds (81 milles ou 130 kilomètres) on prend 5sh 6d seulement, ce qui revient à 0f 05,3 par tonne et par kilomètre;

Et du même point à Blackburn (31 milles ou 50 kilomètres) on prend 6sh 4d, ce qui revient à 0f 15,9 par tonne et par kilomètre.

C'est qu'il existe entre Fleetwood et Leeds une double concurrence à la compagnie du *Lancashire and Yorkshire*, tandis qu'entre Fleetwood et Blackburn elle est complétement maitresse des transports.

De Fleetwood à Manchester, 50 milles (80 kilomètres), le prix du transport de la fonte est de 5sh 10d par tonne; soit 0f 09e par kilomètre.

De Fleetwood à Bradford, 72 milles (116 kilomètres), le prix du transport de la fonte n'est que de 5^{sh} 6^d, comme pour Leeds : coût par kilomètre, 0^f 06^c.

Sur le *Lancashire and Yorkshire*, les prix de transport varient très-fréquemment, et pour toutes les sortes de marchandises.

LE MANCHESTER, SHEFFIELD AND LINCOLNSHIRE.

Sur la ligne de *Manchester, Sheffield and Lincolnshire*, le charbon est transporté de Manchester à Sheffield (41 milles ou 66 kilomètres) moyennant 4^{sh} 2^d, ce qui revient à 0^f 13^c par mille ou 0^f 08^c par kilomètre.

Pour un transport à 6 milles, on prendrait 1^{sh} 6^d, ce qui reviendrait à 0^f 30,9 par mille ou 0^f 19^c par kilomètre.

Le coke, pour les grands parcours, paye 25 p. o/o en sus du tarif du charbon.

La classe minérale (charbon et coke exceptés) paye sur cette ligne de 0^f 07^c à 0^f 08^c par tonne et par kilomètre pour des transports à 66 kilomètres.

Cette compagnie, comme celle du *Lancashire and Yorkshire*, fait des réductions de 15 à 25 p. o/o aux expéditeurs qui garantissent certains tonnages.

LIGNES DU STAFFORDSHIRE.

Toutes les lignes du Staffordshire, desservant les importantes usines à fer de cette contrée, sont réunies aujourd'hui dans les mains d'un fermier de l'exploitation, M. Macleane, ingénieur très-distingué, qui fait tout ce qu'il peut pour favoriser l'industrie de ce pays.

La houille, transportée à une distance de 30 milles ou 48 kilomètres, coûte 2^{sh} par tonne, plus 0^d 1/8 par tonne et par mille pour location de wagons; soit 0^f 06^c par tonne et par kilomètre.

A 10 milles ou 16 kilomètres, le coût du transport est de 0^f 10^c par kilomètre.

Après 50 milles, le tarif est de 0^d 3/4 ou 0^f 07,8 par tonne et par mille, plus 0^d 1/8 ou 0^d 01,3 pour location de wagons, ce qui revient à 0^f 05,6 par kilomètre.

Dans des circonstances spéciales, et pour favoriser la fabrication des fers doux, M. Macleane transporte le coke au prix de 0^d 1/2 par tonne et par mille, soit 0^f 03,25 par kilomètre, et 0^f 04^c location de wagons comprise.

Produit brut moyen
du transport
de
la houille.

D'après les estimations des hommes les plus compétents, le produit brut moyen du transport de la houille en Angleterre est de 0^d 5/8 ou 0^f 06,5 par tonne et par mille, ce qui donne 0^f 04^c par kilomètre, non compris la location des wagons, ou wagons non fournis par les compagnies.

Arrivages de houille
à Londres.

Il est arrivé 4,509,945 tonnes de houilles à Londres dans l'année 1859.

La navigation maritime figure dans ce chiffre pour... 3,299,170 tonnes.

Les canaux, pour.......................... 19,615

Et les chemins de fer, pour.................... 1,191,160

TOTAL ÉGAL........... 4,509,945

En résumé, Monsieur le Ministre, comme Votre Excellence l'aura vu, la base du prix de transport de la houille en Angleterre est à peu près la même qu'en France pour les longs parcours, et dans les circonstances ordinaires; pour les petits parcours, elle est considérablement plus élevée.

Le public accepte sans protestation aujourd'hui cette tarification extrêmement différentielle.

Il faut dire, d'ailleurs, qu'en général les expéditeurs anglais ne décomposent pas le tarif pour en découvrir la base; ils ne voient que la somme totale qui leur est demandée pour le transport.

Lorsqu'ils sont placés à courte distance du lieu de provenance ou du lieu de destination de la marchandise, ils trouvent avantageuse leur situation, et ils payent le tarif établi, sans se préoccuper de la proportion du *miléage*.

Je suis avec le plus profond respect,

Monsieur le Ministre,

de Votre Excellence

le très-humble et très-obéissant serviteur.

L'Inspecteur principal des chemins de fer,

Signé **MOUSSETTE.**

DEUXIÈME RAPPORT

DE

L'INSPECTEUR PRINCIPAL DE L'EXPLOITATION COMMERCIALE

DES CHEMINS DE FER.

Paris, le 14 septembre 1860.

MONSIEUR LE MINISTRE,

Le 9 mai dernier, j'ai eu l'honneur d'adresser à Votre Excellence un premier rapport sur la mission qu'elle m'avait donnée d'étudier la législation anglaise relative à la fixation et à l'application des taxes sur les chemins de fer de ce pays.

Dans ce premier rapport, je n'avais pu traiter que du transport de la houille ; aujourd'hui, je viens traiter de la question des transports en général.

Le programme d'études que Votre Excellence m'avait tracé était le suivant :

1° Quel est, dans les bills de chemins de fer anglais, le mode adopté en ce qui concerne la fixation des tarifs de marchandises ?

A. Y a-t-il un *maximum* fixé ?

B. Y a-t-il des classes différentes de marchandises ayant des *maxima* différents ?

C. Les bills contiennent-ils des clauses relatives à l'égalité des taxes, aux traités particuliers, aux tarifs différentiels, aux délais de transport et de livraison des marchandises, au maintien des taxes abaissées pendant un certain temps, à la publication des taxes avant leur mise en perception ?

2° Comment les compagnies exécutent-elles les clauses des lois de concession relatives au transport des marchandises, en ce qui concerne la fixation et l'application des tarifs ?

3° Font-elles elles-mêmes la perception des tarifs, ou ont-elles des intermédiaires qui perçoivent des tarifs arbitraires en payant aux compagnies une redevance fixe pour le transport ?

4° Quelles sont les relations des compagnies avec les voies concurrentes ? Y a-t-il entre elles un partage des transports ?

5° Quels sont les prix de transport moyens des matières premières, telles que houille, minerai, coton, etc., et des matières fabriquées, telles que fontes, fers, rails, etc. ?

25

6° Ces prix éprouvent-ils des fluctuations fréquentes, et quelles en sont les limites supérieure et inférieure?

7° Ces prix varient-ils suivant la destination, les usines, ports de mer, etc.?

Pour satisfaire à ce programme, je me suis adressé directement au Gouvernement anglais, représenté, dans la spécialité qui m'occupait, par le *Board of trade*; je me suis mis en rapport avec les directeurs des grandes lignes de chemins de fer et avec les industriels les plus importants.

Je vais, en reprenant une à une les questions posées par Votre Excellence, lui faire part du résultat de nos informations.

1° Quel est, dans les bills de chemins de fer anglais, le mode adopté en ce qui concerne la fixation des tarifs de marchandises?

Législation anglaise relative au transport des marchandises sur les chemins de fer.

Ainsi que j'ai déjà eu l'honneur de le dire à Votre Excellence dans mon rapport du 9 mai dernier, les premiers bills de chemins de fer, assimilant ces nouvelles voies aux *tram-roads*, sur lesquels chacun pouvait remorquer sa marchandise, en payant seulement un droit de passage à la compagnie propriétaire, ne déterminaient qu'un droit de péage. Si la compagnie du *railway* voulait se charger elle-même du transport, elle avait la faculté, disait le bill de concession, d'ajouter au droit de péage une *raisonnable somme* pour se rémunérer des dépenses de matériel et des frais de traction.

Cette législation dura jusqu'en 1836; mais, après cette époque, les bills limitèrent la taxe totale que les compagnies de chemins de fer pourraient percevoir lorsqu'elles opéreraient elles-mêmes le transport de la marchandise.

Toutefois, l'esprit de la législation antérieure ne fut pas changé, c'est-à-dire que le droit pour chacun de circuler avec ses propres engins sur le *railway* fut maintenu, et, comme conséquence de ce principe, les compagnies de chemins de fer ne furent pas considérées comme des entreprises de transports publics, obligées de rendre le service réclamé; elles ne furent tenues, comme par le passé, qu'à livrer passage sur leurs lignes, moyennant le péage fixé. Le transport par elles-mêmes resta toujours facultatif [1].

Interprétation de la loi par les compagnies.

Il est résulté de ce système, et de la faculté de percevoir des frais accessoires

[1] Voici comment s'exprime la grande loi de réglementation des chemins de fer de 1845 (*Railways clauses consolidation*), article ou paragraphe 86 :

« Les compagnies pourront faire usage de machines locomotives ou de tout autre moteur et de « voitures et wagons destinés à y être attelés pour circuler sur les voies; elles pourront transporter « sur le chemin de fer autant de voyageurs et de marchandises qu'il s'en présentera dans ce but; elles « pourront percevoir pour ce service une taxe aussi modérée qu'il sera possible de la fixer, de temps « à autre, sans dépasser les prix que chaque loi de concession autorise à percevoir. »

L'article 92 de la loi de 1854 (*Cardwell's act*) n'a pas modifié ce système. Il rappelle le droit de toute compagnie et de tout particulier de faire usage des chemins de fer, moyennant le payement des prix fixés; seulement il oblige les compagnies de chemins de fer à transporter pour tout le monde lorsqu'elles se sont constituées entreprises de transport et qu'elles ont un matériel à cet effet.

Mais les compagnies se croient en droit d'éluder cette dernière prescription.

illimités, que les compagnies de chemins de fer augmentent souvent de beaucoup les taxes maxima fixées par les bills pour le transport complet de la marchandise.

Si des expéditeurs réclament contre cette surtaxe, les compagnies répondent qu'elles ne sont pas tenues de transporter les marchandises, et elles se refusent en effet à ce service, offrant seulement l'usage de leurs voies aux réclamants [1]; et comme ces derniers sont dans l'impossibilité de réaliser la fiction admise par le Parlement, ils ne peuvent que se résigner et payer le tarif imposé.

Alors intervient tacitement une nouvelle condition, celle du consentement de l'expéditeur au payement d'une taxe supérieure à celle de la loi.

Il y a, en effet, dans tous les bills de concession des chemins de fer une disposition ainsi conçue :

« Aucune disposition des présentes ne pourra être interprétée à l'effet d'em-
« pêcher la compagnie de prendre un prix de transport supérieur à ceux fixés
« ci-dessus pour le transport des marchandises de toute nature, lorsqu'elle se
« sera entendue à cet effet avec le propriétaire de la marchandise. »

Ainsi, la résignation forcée de l'expéditeur est transformée en un acquiescement dans les termes prévus par la loi.

Il faut dire, Monsieur le Ministre, à la décharge de ce système, que les surtaxes, dont il donne l'idée aux compagnies, n'ont lieu généralement qu'à l'égard de marchandises de grande valeur, de marchandises légères et encombrantes, de marchandises exigeant des soins particuliers, de marchandises qui ne s'expédient que par petites quantités ou par petits colis.

Le tarif des marchandises de grande consommation, des marchandises de lourde charge, est toujours renfermé dans les limites maxima de la loi, et bien souvent même il est fort au-dessous de ces limites.

S'il en était autrement, l'opinion publique, qui est aussi forte que juste en Angleterre, interviendrait, à défaut d'autorités administratives compétentes, et l'abus projeté serait bientôt rendu impossible.

Le public tolère les surtaxes sur certaines marchandises, parce qu'il pense, comme les compagnies, que les taxes stipulées par le Parlement ne sont réellement pas en rapport avec le service rendu.

Voici, Monsieur le Ministre, la réponse du *Board of trade* à la question n° 1, paragraphe 1ᵉʳ, de Votre Excellence, que je lui avais transcrite :

« La 132ᵉ décision de la Chambre des communes exige que le comité,
« désigné parmi ses membres, auquel l'examen d'une loi relative à un chemin
« de fer aura été déféré détermine les prix maxima auxquels sera soumis le
« transport des marchandises sur ce chemin, et que ces prix comprennent les

---

[1] J'ai cité un remarquable fait de ce genre dans mon rapport du 9 mai 1860, à propos du tarif du transport de la houille sur le *Great-Western*.

« droits de péage, l'emploi de la voie et du matériel, les frais de traction et
« toute autre dépense inhérente au transport des marchandises par voie de fer.

« La manière dont sont estimés ces droits de péage, d'usage de la voie et du
« matériel et ces frais de traction, et dont sont fixés les prix maxima de trans-
« port dans les décisions du Parlement concernant les chemins de fer, sera
« comprise par l'exemple des sections 40 et 49 dans la décision rendue en 1859
« au sujet du *Tenbury railway* (chapitre 16), dont copie est ci-jointe. Les dé-
« cisions rendues antérieurement à l'année 1846 contiennent peu de stipulations
« au sujet des maxima à percevoir. »

L'article 40 de la décision citée par le *Board of trade* ne s'occupe que du
droit de péage pour l'usage de la voie et l'usage du matériel de la compagnie.

Mais les articles 42 et 43, dont ne parle pas le *Board of trade*, déterminent,
l'article 42, les frais de traction, et l'article 43, les maxima de droits et taxes
comprenant ensemble le péage, l'usage de la voie et du matériel de la traction.

Quant à l'article 49, il reproduit tout simplement la disposition contenue
dans les lois antérieures, et portant que la compagnie pourra augmenter le
prix du transport, pourvu qu'il y ait accord entre elle et l'expéditeur à ce
sujet.

Ainsi, dans l'opinion de l'Administration anglaise, comme dans l'opinion du
Parlement, la faculté laissée par la loi aux compagnies d'augmenter les taxes
maxima des bills de concession n'a réellement pas engendré d'abus.

A. *Y a-t-il un maximum fixé ?*

Le *Board of trade* a répondu ainsi à cette partie de la question n° 1 :

« Maintenant ces maxima sont toujours fixés, excepté pour le transport des
« masses indivisibles de grands poids, dépassant, par exemple, 8 tonnes. Dans
« ce cas, il est d'usage d'autoriser les compagnies à percevoir ce qu'elles jugent
« convenable. »

B. *Y a-t-il des classes différentes de marchandises ayant des maxima différents ?*

« Différents prix maxima sont fixés pour différentes classes de marchandises.
« Il n'y a pas de règle fixe pour le nombre des classes ni pour les espèces d'ar-
« ticles à comprendre dans chacune d'elles, ni pour les prix maxima que la
« division de chacune de ces classes peut comporter. »

Telle est, Monsieur le Ministre, la réponse du *Board of trade* à la partie B
de la question n° 1 de Votre Excellence.

En effet, Monsieur le Ministre, le Parlement n'a pas de règle fixe pour la
classification des marchandises.

Dans les premiers bills il y avait une taxe spéciale pour le transport du charbon de terre, une taxe spéciale pour le transport des céréales, une taxe spéciale pour le transport des engrais, et enfin une taxe spéciale pour le transport des marchandises en général.

Dans les bills passés depuis 1846, la classification a été un peu plus détaillée.

Voici celle du *Tenbury railway*, acte 1859 :

1re CLASSE. — Fumier, engrais, chaux et pierres calcaires, matériaux pour la réparation des routes.

2e CLASSE. — Charbons de terre, cokes, charbons de bois, pierres pour la construction ou pour broyer, briques, tuiles, ardoises, marne, minerai de fer, fonte brute, fers en barres.

3e CLASSE. — Fers en feuilles ou en cercles ou autrement travaillés.

4e CLASSE. — Sucre, grains, céréales, farines, peaux, bois de teinture, poteries, bois de construction, métaux (le fer excepté), clous, enclumes, vis et chaînes.

5e CLASSE. — Cotons, laines, drogues, objets manufacturés.

6e CLASSE. — Poissons, plumes, cannes, cochenille, meubles, chapeaux, chaussures, jouets.

La classification légale des grandes lignes de chemins de fer est à peu près la même que celle du *Tenbury railway*. Cependant, comme le fait observer le *Board of trade* lui-même, les prix et les classes que les actes relatifs aux concessions des différentes grandes lignes anglaises comportent « ne sont pas assez homogènes pour qu'on puisse les faire entrer dans un tableau synoptique. »

Il faut faire observer ici qu'à l'inverse de ce qui a été convenu en France, la première classe, en Angleterre, est la moins chère, et la dernière classe est celle qui est taxée au plus haut prix.

Classification pratique uniforme.

Les compagnies de chemins de fer, en Angleterre comme en France, ne tiennent pas compte rigoureusement de l'ordre des classes pour l'application des taxes. On voit là, comme chez nous, des marchandises d'une classe supérieure, selon le tarif légal, être tarifées à une taxe moindre que celle qui est demandée pour une classe inférieure, selon le même tarif légal.

Les compagnies anglaises ont fait ce qui n'a pas encore été accompli en France : elles se sont entendues pour établir une classification uniforme. C'est sous l'inspiration du *Clearing-house* (bureau d'apuration et de liquidation des comptes réciproques des compagnies de chemins de fer) que cette entente s'est opérée.

La classification du *Clearing-house*, suivie aujourd'hui par toutes les grandes compagnies, comprend sept classes, savoir :

Classe minérale,

Classe spéciale,

1re classe,

2e classe,

3e classe,

4e classe,

5e classe.

Cette uniformité de classification est un grand bienfait pour les compagnies comme pour les expéditeurs.

C. *Les bills contiennent-ils des clauses relatives à l'égalité des taxes, aux traités particuliers, aux tarifs différentiels, aux délais de transport et de livraison des marchandises, au maintien des taxes abaissées pendant un certain temps, à la publication des taxes avant leur mise en perception?*

Le *Board of trade* a répondu à cette dernière partie de la question n° 1 :

« Les stipulations relatives à quelques sujets traités dans la question ci-
« dessus posée sont contenues dans une décision générale appelée *Railways
« classes consolidation, act 1845; 8° et 9° Victoria*, chapitre 20, dont copie est
« ci-jointe :

« Cette décision a été rappelée depuis à propos de celles qui sont inter-
« venues pour autoriser la construction d'un chemin de fer, et, par ce motif,
« la décision de 1845 fait partie intégrante de chacune de ces décisions posté-
« rieures.

« Les sections 86 et 106 du *General act* ont rapport à la traction des voya-
« geurs et des marchandises sur les chemins de fer et au prix à percevoir
« pour cette traction. La section 90 est relative à l'égalité des taxes.

Égalité des taxes.
Traités
particuliers.
Tarifs
différentiels.

« Les paragraphes 87, 88 et 90 ont rapport aux traités spéciaux avec les
« entrepreneurs particuliers de transports.

« La prévision de ces différents détails implique des tarifs différentiels et
« variables, sous la réserve que les mêmes prix seront appliqués, sans distinc-
« tion, à toutes les personnes placées dans des conditions identiques.

« Quant aux moyens à employer pour empêcher les préférences illégales ou
« préjudiciables, ils sont prévus par les 2° et 3° paragraphes du *Railway and
« canal trafic, act 1854 (17° et 18° Victoria*, chap. 31), dont copie est ci-jointe.

Délais de transport
et de livraison
des
marchandises.

« En ce qui concerne les délais de transport et de livraison des marchan-
« dises, la dernière ordonnance mentionnée décide que les compagnies de
« chemins de fer et de canaux devront effectuer leur trafic sans retard qui ne
« puisse être justifié, ou, autrement dit, *dans un raisonnable délai.*

Modification
des tarifs.
Maintien
des taxes abaissées
pendant
un certain temps.

« Les compagnies de chemins de fer ont la liberté de changer leurs prix
« de transport de temps en temps (*from time to time*), et sans dépasser les *maxima*
« prévus, et sans aucune limite quant au temps pendant lequel une taxe une
« fois fixée devra être maintenue en vigueur.

Publication des taxes avant leur mise en perception. Délai pour l'application des taxes nouvelles ou des taxes modifiées.

« Les paragraphes 93 et 95 de la loi susmentionnée (*General act*) décident
« que les compagnies de chemins de fer devront afficher sur un tableau, dans
« leurs gares, les prix qu'elles sont autorisées par leur loi spéciale à appliquer
« et qu'elles sont dans l'intention de percevoir; mais il n'est prescrit aucun
« intervalle entre la publication des nouveaux prix et leur mise en vigueur.

« Dans la pratique, les compagnies, lorsqu'elles ont l'intention de changer
« leurs prix pour le transport des marchandises, font ordinairement connaître
« cette résolution par un avertissement inséré dans les journaux et conçu en
« termes généraux, en même temps que par un avis placardé dans les gares, et
« elles fournissent des tableaux des nouveaux prix aux personnes qui leur en
« font la demande.

« Elles n'ont aucune obligation d'informer le *Board of trade*, ni aucun autre
« service public, de cette intention de changer leurs prix. »

Les pièces officielles indiquées et produites par le *Board of trade* seront
jointes au présent rapport. Néanmoins, il est utile de citer dès à présent le
texte des parties les plus importantes de ces pièces : les prescriptions relatives
à l'égalité des conditions, et celles qui ont rapport aux délais d'expédition et à
la publicité des tarifs.

Système différentiel des tarifs.

Quant au système différentiel des tarifs, je n'ai besoin que de dire à Votre
Excellence qu'il a été consacré par la loi anglaise. Dès les premiers temps de
l'établissement des chemins de fer en Angleterre, le Parlement l'a admis et l'a
introduit dans les conditions des bills de concession.

J'en donnerai de nombreux exemples lorsque je parlerai de l'application
des taxes.

Dispositions légales relatives à l'égalité des taxes et aux traités particuliers.

L'article ou section 90 du *General act* de 1845 (*Railways clauses consolidation*) est ainsi conçu :

« Et considérant qu'il est utile que la compagnie soit mise en mesure de
« pouvoir modifier les taxes applicables à son réseau, de façon à les appro-
« prier à la situation de son trafic, mais que cette faculté de modification ne
« doit pas être exercée dans le but de compromettre ou de favoriser des intérêts
« particuliers, ni dans le but de créer collusoirement et déloyalement un mo-
« nopole entre les mains soit de la compagnie, soit de quelques individus,

« Il sera facultatif pour la compagnie, tout en se renfermant dans les
« dispositions et réserves contenues dans les présentes et dans la loi spéciale
« qui la concerne, de modifier et changer de temps à autre, et suivant qu'elle
« le jugera convenable, le prix spécial que cette loi l'autorise à percevoir, soit
« sur la totalité, soit seulement sur une section de son réseau, étant bien en-
« tendu que tous ces prix devront être, dans tous les temps, appliqués sans dis-
« tinction de personnes et sur le même taux, soit par tonne et par mille ou
« autrement, suivant qu'il s'agit de voyageurs, de marchandises ou de toute

« autre nature de transports d'une même espèce, dont la traction devra être
« effectuée par un moteur et un véhicule semblables, dans les mêmes condi-
« tions et sur la même section du chemin de fer, et étant bien entendu
« qu'aucune réduction ni augmentation sur quelqu'un de ces prix ne pourra
« être faite directement ni indirectement à l'avantage ni au préjudice soit
« d'une seule compagnie, soit d'un seul individu qui auraient à faire usage
« de la voie de fer. »

En marge de l'article 90, et comme analyse et résumé de cet article, il est
écrit :

« *Les prix devront être appliqués sans préférence dans les circonstances iden-
« tiques.* »

Ces dispositions du *General act* de 1845, relatives à l'égalité des taxes et
des conditions accessoires du transport, ont été rappelées et complétées par la
loi du 10 juillet 1854 appelée *Cardwell's act* (*Railway and canal trafic, act 1854,
17ᵉ et 18ᵉ Victoria*, chap. 31).

Voici le texte de ladite loi relatif à l'égalité du traitement :

« Toute compagnie de chemin de fer, compagnie de canal ou compagnie
« de chemin de fer et canal réunis, sera tenue, dans la mesure de ses moyens,
« de faire tous ses efforts pour donner toutes les facilités raisonnables en ce
« qui concerne la réception, l'expédition et la livraison des transports effectués
« sur les chemins de fer ou canaux à elle appartenant ou exploités par elle,
« et pour assurer le retour des wagons, trucks, bateaux et autres véhicules.
« Aucune de ces compagnies ne devra établir ni accorder une préférence
« ou un avantage inique en faveur d'aucune personne, en particulier, ni d'au-
« cune compagnie, ni d'aucune nature spéciale de transports, de quelque
« façon que ce soit, de manière qu'aucune de ces compagnies ne pourra sou-
« mettre aucun particulier, ni aucune société, ni aucune nature spéciale de
« transports, de quelque façon que ce soit, à un préjudice ou à un désavantage
« illégal et inique. Toute compagnie de chemin de fer, toute compagnie de
« canal ou toute compagnie de chemin de fer et de canal qui possèdent ou
« qui exploitent des chemins de fer ou des canaux formant une section d'une
« ligne non interrompue de chemin de fer ou de canal, ou bien une commu-
« nication par canal, ou par canal et chemin de fer, ou ayant le *terminus*, la
« station ou le quai de l'un près du *terminus*, de la station ou du quai de
« l'autre, doivent fournir tous les moyens convenables et rationnels pour la
« transmission et la réception de tout le trafic qui arrive par l'un de ces che-
« mins de fer ou canaux à l'autre chemin de fer ou canal, sans aucun retard
« exagéré, sans aucune préférence, sans aucun tour de faveur, comme sans
« préjudice ni désavantage, ainsi qu'il est dit ci-dessus ; de manière que le
« public qui pourrait désirer se servir de ces chemins de fer ou canaux ou de
« ces voies ferrées et canaux réunis, comme ligne non interrompue de com-

« munication, n'éprouve aucun obstacle, mais, au contraire, trouve, à tous les
« instants, toutes les facilités possibles, à cet égard, sur les chemins de fer et
« les canaux des diverses compagnies. »

L'article 3 de la même loi indique la forme des poursuites à exercer contre
les compagnies qui auraient contrevenu aux dispositions de l'article 2, et détermine la juridiction des tribunaux en ce cas.

Il est intitulé ainsi :

« Les personnes qui auraient à se plaindre de ce que toutes les facilités
« désirables ne leur ont pas été accordées pour l'expédition de leurs marchan-
« dises, etc., peuvent déférer les faits aux tribunaux supérieurs par voie de
« motion ou d'assignation. »

Telle est la loi en Angleterre, Monsieur le Ministre. Mais comment est-elle
interprétée par les compagnies? Dans le sens le plus large en toutes circonstances, et toujours en tenant compte plutôt de l'esprit, de l'intention, que
de la lettre de la loi.

Par exemple, les chemins de fer qui desservent en même temps des usines
métallurgiques et des charbonnages transportent le charbon destiné aux usines
à un taux, par mille, inférieur à celui qu'ils exigent pour le transport du charbon destiné à l'usage domestique, quand bien même les expéditeurs de ces
derniers charbons remettraient au chemin de fer des quantités plus considérables que celles que consomment les usines, ou feraient parcourir des distances plus longues à leurs marchandises.

Il y a eu souvent réclamation, à ce sujet, de la part des marchands de charbons; mais les tribunaux, auxquels la question a été déférée, ont interprété
la loi dans le sens de la compagnie. Ils ont jugé, en équité, que le charbon,
qui, par l'intermédiaire du marchand, va se diviser en petites quantités pour
l'usage domestique d'une multitude d'individus, n'a pas droit au même intérêt,
à la même faveur que celui qui va se faire consommer en totalité par un seul,
et pour la production d'une autre marchandise, élément d'un nouveau transport; en un mot, que le marchand et l'industriel n'étaient pas ici dans des
conditions identiques.

L'opinion publique a également donné raison aux compagnies. Aussi les
procès pour des cas de ce genre deviennent-ils de plus en plus rares.

Au reste, la loi elle-même avait déjà admis formellement des distinctions
entre le charbon transporté pour la consommation en Angleterre et le charbon
transporté pour l'exportation. Le bill de concession du *North-Eastern* impose
à la compagnie un tarif spécial pour le charbon destiné à l'embarquement
sur navires.

Les traités
particuliers.

Les traités particuliers sont fort en usage en Angleterre; et jamais Parlement, chambres de commerce, expéditeurs, petits ou grands, n'ont pensé à les condamner, à les interdire, pas même à les restreindre.

Le public consommateur trouve que c'est lui, en définitive, qui en profite, puisque la conséquence des traités particuliers est toujours une réduction des frais de transport sur les objets qu'il consomme.

On fait des traités particuliers sous toutes les formes : traités avec condition de tonnage ; traités avec condition de recettes ; traités avec condition de tout remettre au chemin de fer ; traités pour des longueurs déterminées de parcours ; traités pour des chargements complets de trains ; traités pour des transports dans la morte saison ; traités pour des facilités de chargements et des facultés d'expédition, des prolongations de délais ; traités pour des livraisons rapides, etc.

J'ai cité, dans mon premier rapport, un exemple des traités qui se contractent au *Great-Western* pour le transport du charbon. La recette annuelle assurée s'élève jusqu'à 40,000 livres sterling ou un million de francs.

Les actes législatifs concernant les chemins de fer ne contiennent aucune disposition relativement aux traités de ce genre, lesquels paraissent être considérés par la loi comme rentrant dans la question de l'égalité de traitement. Les arrangements que mentionnent les articles 87 et 88 du *General act*, cités ci-dessus par le *Board of trade* sous la désignation de traités spéciaux ou particuliers, n'ont pas pour objet des conventions de transports intervenant entre compagnies et commerçants, mais seulement les traités de parcours ou de trafic commun que les compagnies de chemins de fer passent entre elles pour assurer la continuité des transports d'un réseau à l'autre.

Délais de transport et de livraison des marchandises.

Il n'y a de dispositions législatives concernant les délais de transport et de livraison des marchandises que celles que j'ai transcrites plus haut (article 2 du *Cardwells' act* 1854 et titre de l'article 3 de la même loi) et qui ont rapport en même temps à la condition d'égalité de traitement.

Le résumé de ces prescriptions législatives est que les compagnies sont tenues d'expédier et de livrer la marchandise dans le plus bref délai possible, et sans tour de faveur pour qui que ce soit ; mais, quant au temps de délai, il n'en est pas fixé.

Les compagnies auxquelles j'ai soumis la même question de délai et de livraison ont répondu ce qui suit :

Le *Caledonian :* « Les marchandises doivent être expédiées vers leur destination par le premier train partant après leur remise. »

Le *Great-Northern :* « L'expédition dépend de la nature de la marchandise ; « s'il s'agit de marchandises ordinaires, la compagnie doit les faire partir par le « plus prochain train, pourvu toutefois que ces marchandises aient été remises « en temps opportun pour pouvoir être chargées ou qu'une circonstance ex- « ceptionnelle n'empêche pas l'expédition. »

Le *Great-Western* : « Un délai fixe n'est pas imposé aux compagnies pour
« l'expédition et la remise des marchandises; mais les tribunaux exigent qu'une
« célérité convenable soit apportée à ce sujet, et si quelque cas se présente de
« réclamations motivées sur ce que des marchandises n'auraient pas été livrées
« après l'expiration du temps qui est ordinairement accordé, la compagnie est
« considérée comme responsable, à moins que quelque circonstance excep-
« tionnelle n'ait causé le retard. »

Le *London and North-Western* : « Il n'y a pas de temps déterminé; mais l'ex-
« pédition doit être faite dans un temps rationnel. En cas de retard, l'appré-
« ciation serait faite par un jury, en tenant compte des circonstances particu-
« lières à l'affaire. »

Le *Lancashire and Yorkshire* : « L'expédition doit avoir lieu dans un temps
« rationnel. Un tribunal décide en cas de contestations. »

Le fait est, Monsieur le Ministre, qu'à moins de stipulations particulières,
les compagnies anglaises expédient et délivrent la marchandise dans un délai
extrêmement court.

J'ai constaté que les marchandises expédiées de Londres pour Liverpool
et *vice versa* (202 milles ou 323 kilomètres) étaient généralement délivrées
au domicile des destinataires le lendemain de leur remise à la gare ou dans
les bureaux de ville.

Au *Great-Western*, les marchandises remises à une gare principale pour
être expédiées à environ 150 milles ou 241 kilomètres sont livrées le lendemain matin à la première heure; celles qui sont remises pour être expédiées à
250 milles ou 402 kilomètres sont livrées le lendemain dans la soirée.

Lorsque les marchandises sont expédiées ou sont en destination d'une petite gare, ou qu'elles ont dû circuler sur des lignes différentes, les délais sont
beaucoup plus longs, mais sans cependant atteindre le temps de délai qui est
apporté en France aux expéditions de marchandises de petite vitesse.

Sur beaucoup de lignes, les trains de marchandises sont réglés à une vitesse
moyenne de marche de 30 kilomètres à l'heure, temps d'arrêt compris. Certaines compagnies, le *Great-Western* entre autres, donnent une vitesse de
40 kilomètres à l'heure à leurs trains de marchandises.

En résumé, s'il n'y a pas de pénalités légales pour les cas de retards, les
compagnies anglaises n'en sont pas moins exposées à payer des indemnités
lorsque les retards causent un préjudice sérieux à l'expéditeur ou au destinataire. Les réclamations sont admises ou rejetées par les tribunaux, suivant
leur valeur dans chaque cas particulier.

26.

Ainsi que me l'a fait observer le *Board of trade*, aucune disposition législative n'ordonne et ne prévoit même le maintien des taxes pendant un certain temps. Je n'ai donc rien à transcrire ici à ce sujet.

Voici le texte des articles 93 et 95 du *General act* de 1845, ordonnant que la liste des prix de transport par chemin de fer soit préalablement affichée :

« Une liste de tous les prix que la compagnie est autorisée à percevoir sui-
» vant la loi de concession, et qu'elle se propose d'appliquer, sera affichée, en
» caractères de même nature, sur un tableau destiné à cet usage, ou plutôt en
» caractères noirs bien distincts sur un fond blanc, ou en caractères blancs sur
» un fond noir, ou en caractères de même nature et bien lisibles imprimés
» sur une feuille qui devra rester collée sur ledit tableau. Ce tableau devra être
» exposé à une place où il puisse être facilement consulté, soit dans les gares,
» soit dans les endroits où l'on acquitte les frais de transport.

» Aucun prix ne pourra être exigé ni perçu par la compagnie pour parcours
» sur le chemin de fer avant que le tableau, dont la mise à la disposition du
» public est ci-dessus prescrite, n'ait été affiché, ou que les bornes milliaires,
» dont la place et la pose sont réglées plus haut, n'aient été déterminées et
» établies. »

Je terminerai les réponses aux différentes parties de la question n° 1 de Votre Excellence en lui disant que, d'après mes informations, il est d'usage assez général en Angleterre que lorsqu'un prix doit être relevé, on l'annonce environ un mois à l'avance.

Il n'y a d'exception à cette règle, sur les grandes lignes, que lorsqu'on est sous la nécessité d'une lutte avec une compagnie rivale.

Aujourd'hui ces luttes à outrance ont cessé. Les grandes compagnies se sont entendues, non pour partager les fruits d'un monopole impossible à établir en Angleterre, mais pour cesser de se faire une concurrence désastreuse.

2° *Comment les compagnies exécutent-elles les clauses des lois de concession relatives au transport des marchandises en ce qui concerne la fixation et l'application des tarifs ?*

Cette question a eu sa réponse, je le pense, Monsieur le Ministre, dans les explications étendues que j'ai eu l'honneur de donner à Votre Excellence à propos de la question précédente.

Ces explications seront, d'ailleurs, renouvelées et complétées lorsque je lui rendrai compte de l'application pratique des tarifs et du taux des taxes en Angleterre.

3° Font-elles (les compagnies) *elles-mêmes la perception des tarifs, ou ont-elles des intermédiaires qui perçoivent des tarifs arbitraires en payant aux compagnies une redevance fixe pour le transport?*

Voici la réponse du *Board of trade* à cette question :

« En général, les compagnies traitent directement les transports sur leur « propre réseau, reçoivent, transportent et livrent les marchandises, et, dans « la plupart des cas, perçoivent les frais de transport.

« Pour beaucoup de petites compagnies, l'exploitation est faite par une « compagnie plus importante, et dont le réseau est en contact avec le leur, ou « bien par un entrepreneur avec un prix de base ou d'autres arrangements « autorisés par décision spéciale du Parlement. Dans ce cas, la compagnie qui « exploite, ou l'entrepreneur, ne peut imposer au public que les prix dont la « compagnie à laquelle appartient la ligne est en droit de faire l'application.

« Quelquefois les compagnies emploient un intermédiaire comme leur « agent pour prendre et livrer les marchandises; mais ces intermédiaires sont « assujettis aux mêmes limites de taxe que les compagnies elles-mêmes.

« Il peut y avoir d'autres entrepreneurs de transports qui, ayant le droit « d'expédier leurs marchandises sur un chemin de fer aux prix maxima fixés « pour ce chemin, tentent de faire concurrence à la compagnie pour l'enlève- « ment, la traction et la livraison des marchandises. Cette sorte de transpor- « teurs n'est astreinte, dans les taxes qu'elle peut imposer au public, à aucune « autre limite que celle qui pourrait résulter de la concurrence faite, soit par « la compagnie du chemin de fer elle-même, soit par quelque entreprise rivale.

« Le réseau d'une compagnie de chemin de fer peut être exploité, sous « réserve d'un prix de base ou de tout autre arrangement autorisé par décision « du Parlement, par les soins d'une autre compagnie de chemin de fer ou « d'un entrepreneur. La compagnie peut charger cet entrepreneur, comme son « propre agent, de prendre les marchandises à domicile, de veiller à leur con- « servation et de les livrer si elle ne veut pas remplir ces fonctions par elle- « même.

« Les arrangements entre compagnies de chemins de fer pour l'exploitation « par l'une d'elles du réseau qui appartient à une autre doivent, en vertu des « bills qui les autorisent, être soumis au *Board of trade* et recevoir son appro- « bation.

« Il n'est pas nécessaire de communiquer au *Board of trade* ni à aucune autre « branche du service public les arrangements par lesquels les compagnies « mettent en leur lieu et place, comme leurs propres agents, des entrepreneurs « particuliers qu'elles chargent de la réception et de la livraison des marchan- « dises.

« Les arrangements entre compagnies de chemins de fer pour l'exploitation

« par l'une d'elles du réseau qui appartient à une autre deviennent de plus en
« plus fréquents. »

Votre Excellence remarquera tout d'abord, d'après la réponse ci-dessus
transcrite du *Board of trade,* que le Gouvernement anglais ne se détache pas du
principe écrit, mais non réalisé, portant droit pour chacun de circuler sur un
chemin de fer moyennant le péage déterminé, et qu'il suppose que des entreprises particulières de transports peuvent, par leurs propres moyens, réaliser
le transport de leurs marchandises sur un chemin de fer qui leur est étranger.

La même question de Votre Excellence relative aux intermédiaires, posée
par moi aux principales compagnies de chemins de fer, a reçu les réponses
suivantes :

Le *Caledonian :* « La compagnie a des agents intermédiaires : MM. Pickford
« et Cie et MM. L. et C. Cameron; mais ils ne s'occupent que des transports
« par terre, et ils ne jouissent d'aucune réduction sur le prix du transport par
« chemin de fer. »

Le *Great-Northern :* « Le *Great-Northern* n'a pas d'agent. Il fait lui-même
« l'enlèvement et la livraison de ses marchandises. »

Le *Great-Western :* « En principe, il n'y a pas d'entrepreneur de transport
« qui, dans l'exercice de ce service, puisse être considéré comme un associé de
« la compagnie du *Great-Western.* Ceux qu'on désigne ainsi, MM. Pickford et
« Cie et MM. Chaplin et Horne, ne sont, en réalité, que des agents de camion-
« nage à l'arrivée et au départ, et, comme tels, ils sont employés de la com-
« pagnie.
« La compagnie perçoit toujours ses propres prix. »

Le *London and North-Western :* « En général, les compagnies appliquent
« leurs propres prix et traitent directement avec le public. Le nombre des
« entrepreneurs de transports sur les chemins de fer est aujourd'hui très-
« limité. Les compagnies exploitent par elles-mêmes sur leur ligne. La plu-
« part des compagnies ont un agent pour les services de l'enlèvement et de la
« livraison. Les nôtres sont MM. Pickford et Cie et MM. Chaplin et Horne. Mais
« ils ne jouissent d'aucune réduction sur les prix de transport sur le chemin
« de fer. La compagnie leur alloue une somme fixe, par tonne, pour l'enlève-
« ment et la livraison de la marchandise. »

Les réponses des autres compagnies sont à peu près les mêmes que celles
que je viens de transcrire.

Je me suis assuré qu'en effet les entrepreneurs de transports, agents aujour-
d'hui des principales compagnies de chemins de fer, lorsqu'ils se chargeaient
du transport complet de la marchandise (et cela n'a guère lieu qu'à l'égard

des marchandises destinées à l'exportation), ne jouissaient d'aucune réduction particulière sur le prix du transport par chemin de fer. On leur applique le tarif général ou les conditions générales des accords spéciaux.

Le seul bénéfice qu'ils tirent de leurs relations avec les compagnies de chemins de fer est celui qu'ils font sur le camionnage et le factage des marchandises et valeurs qui leur sont remises. Mais ce bénéfice est considérable pour quelques agents dont les entreprises s'étendent à presque toutes les villes d'Angleterre, d'Écosse et d'Irlande.

Pendant longtemps certains agents qui, avant l'établissement des chemins de fer, étaient à la tête du roulage en Angleterre ont fait une ardente guerre aux compagnies de chemins de fer; mais ils ont compris qu'à la fin ils devaient succomber. Ils se sont alors transformés en camionneurs des marchandises des chemins de fer, et ils se sont entendus à cet effet avec les compagnies.

Au reste, la tendance des grandes compagnies est aujourd'hui de se passer d'agents et de faire elles-mêmes le camionnage de leurs marchandises, au moins à Londres et dans les grands centres. La compagnie du *Great-Northern* s'est fournie d'un matériel considérable pour le transport par terre de ses marchandises, et elle suffit partout à ce service.

Les autres grandes compagnies ayant leur siége à Londres ne font plus avec leurs agents que des traités à courte échéance, et elles ne leur remettent plus aujourd'hui que les marchandises de valeur et les colis de petit volume.

4° Quelles sont les relations des compagnies avec les voies concurrentes? Y a-t-il entre elles un partage des transports?

Le *Board of trade* a répondu à cette question :

Concurrence des canaux. Traités entre chemins de fer et canaux.

« Une compagnie de chemin de fer ne peut, sans y avoir été autorisée par « le Parlement, faire aucune convention valable avec une compagnie de navi- « gation pour le partage du trafic.

« Des autorisations de ce genre sont rarement demandées.

« Il peut arriver accidentellement qu'une compagnie de chemin de fer et « une société de canaux propriétaires de voies qui peuvent se faire concurrence « fassent l'une avec l'autre quelque arrangement pour le partage du trafic; « mais cet arrangement ne peut subsister à titre permanent, et aucune autorité « publique n'en a connaissance.

« Si les compagnies de chemins de fer établissent une concurrence entre « elles-mêmes, aucune autorité publique n'a le pouvoir de s'interposer à ce « sujet. »

Il résulte de là que le système de liberté industrielle, si universellement pratiqué en Angleterre, s'applique aux arrangements que les compagnies de chemins de fer trouvent convenance à faire soit entre elles, soit avec les canaux, pour répartir le trafic.

En fait, les arrangements de cette nature sont très-nombreux et affectent les formes les plus diverses.

Ainsi certaines compagnies ont acheté ou pris à bail des canaux. Dans ces conditions, elles règlent elles-mêmes, comme elles l'entendent, les prix de transport sur les deux voies. C'est ce qui a lieu, par exemple, sur le *Kennett and Avon*, canal qui met en communication Bristol et Londres et qui a été acheté par le *Great-Western*. La compagnie perçoit sur le canal un tarif inférieur de 25 p. o/o à celui du chemin de fer, et les expéditeurs empruntent l'une ou l'autre voie suivant qu'ils tiennent à l'économie ou à la rapidité du transport.

Ailleurs, et c'est le cas le plus fréquent, les compagnies de chemins de fer et les canaux s'entendent pour la fixation de leurs taxes respectives, en laissant le trafic se répartir de lui-même entre les deux voies. Voici, entre autres, un exemple de ce genre de traités : Le canal de Bridgewater longe le chemin de fer *London and North-Western*. Les deux entreprises sont convenues d'appliquer le même tarif entre Manchester et Liverpool. Par le canal on va droit aux navires; par le chemin de fer le transport est plus prompt, mais la marchandise est grevée de camionnage et de frais accessoires.

Voici un autre arrangement qui est aussi très-usité :

On convient de percevoir les mêmes tarifs sur le canal et sur le chemin de fer, après avoir établi la proportion de trafic qui doit revenir à chaque entreprise. Par exemple, disons que l'on donnera

Au chemin de fer. 75 p. o/o du trafic

Et au canal...... 25 p. o/o
____

100

On convient alors que les frais d'exploitation seront fixés à 20 p. o/o, ou à un taux tellement bas qu'on sera sûr que ni l'une ni l'autre des parties contractantes ne se donnera de peine pour obtenir plus de trafic, pour bénéficier sur les frais d'exploitation, que ce qui est attribué à chacune. Continuant donc d'adopter la proportion ci-dessus indiquée de 75 et 25 p. o/o, disons que le chemin de fer a transporté 90 p. o/o, soit 15 p. o/o de plus que la part qui lui revient aux termes des conventions, et que ce trafic en plus a produit 100 livres sterling, le chemin de fer retiendra 20 livres pour ses frais d'exploitation et remboursera 80 livres au canal.

Nous pouvons ajouter à ces renseignements que sur beaucoup de points les canaux restent en lutte avec les chemins de fer. En Écosse, notamment, les chemins de fer et les canaux se font en ce moment une sérieuse concurrence. Ils s'étaient entendus il y a quelques années, et ils avaient établi les mêmes tarifs; mais ces arrangements n'ont jamais duré bien longtemps.

Il faut dire qu'en Écosse les canaux rayonnent partout. Non-seulement il y a la grande branche qui fait communiquer la mer Allemande avec la mer Irlandaise; mais il y a des branches particulières qui parcourent les localités où sont les usines métallurgiques.

Les canaux ont des tarifs beaucoup plus bas que les chemins de fer; cependant ces derniers transportent une certaine quantité de produits de fabriques, et même de matières premières, tant on apprécie à un haut point en Angleterre la rapidité du transport.

5° Quels sont les prix de transport moyens des matières premières, telles que houille, minerai, coton, etc., et des matières fabriquées, telles que fontes, fers, rails, etc.?

Le *Board of trade* a répondu de la manière suivante à cette question :

« Il n'y a aucun moyen de donner une réponse absolue à cette question. »

Les compagnies de chemins de fer elles-mêmes n'ont pu fournir à cet égard des indications précises, à cause de leur tarification, qui est extrêmement différentielle, et variable encore suivant les quantités transportées et les recettes assurées. Aussi la plupart d'entre elles ne m'ont-elles répondu qu'en m'envoyant leurs tarifs, et en me fournissant des explications, plus ou moins complètes sur la nature de leurs opérations.

En somme, les renseignements authentiques que j'ai recueillis à des sources diverses peuvent se résumer comme il suit :

Les tarifs appliqués aux transports des houilles sur les chemins de fer anglais ont fait l'objet d'un rapport spécial que j'ai eu l'honneur d'adresser précédemment à Votre Excellence. Il me paraît donc inutile d'y revenir ici, et je me bornerai à m'en référer, à cet égard, aux considérations très-détaillées contenues dans mon premier travail.

Seulement, je crois devoir compléter ces considérations en soumettant aujourd'hui à Votre Excellence un tableau comparatif des frais de transport, par tonne, de la houille sur les principaux chemins de fer anglais et sur les principaux chemins de fer français, pour des parcours déterminés.

Je n'ai porté dans ce tableau que les prix demandés pour des transports directs et sur des distances utiles; et conséquemment je n'ai pas consulté, pour le dresser, les tarifs communs ni les tarifs de détournement, en France pas plus qu'en Angleterre.

27

TABLEAU COMPARATIF DES PRIX DE TRANSPORT DE LA HOUILLE, PAR TONNE (FRAIS DE CHARGEMENT ET DE DÉCHARGEMENT NON COMPRIS), SUR LES PRINCIPAUX CHEMINS DE FER ANGLAIS ET SUR LES PRINCIPAUX CHEMINS DE FER FRANÇAIS.

DISTANCES en kilomètres.	CHEMINS ANGLAIS.				CHEMINS FRANÇAIS.								
	Great-Northern. (*)	Great-Western et North-Western. (*)	North-Eastern. (*)	Calédonian. (*)	Nord.	Ouest.	Est.	Orléans. Sens du Centre vers Bordeaux et Nantes. (Houilles françaises.)	Orléans. Sens de Bordeaux et Nantes vers le Centre. (Houilles anglaises.)	Paris à Lyon et à la Méditerranée. Bassin d'Alais.	Bassin de la Loire. Direction de la Méditerranée.	Bassin de la Loire. Direction de Paris.	Bassin de Blanzy. Direction de Paris et de l'Alsace.
6	2f 30c	2f 50c	1f 25c	1f 05c	0f 60c	0f 80c	0f 50c	0f 60c	0f 60c	0f 40c	0f 60c	0f 60c	0f 40c
13	2 60	2 80	1 70	2 05	0 80	1 30	1 05	1 30	1 30	1 00	1 30	1 30	1 00
19	2 80	3 10	2 30	2 80	1 16	1 90	1 15	1 60	1 60	1 50	1 90	1 90	2 50
32	3 50	3 50	3 50	4 00	1 90	2 34	1 90	2 56	2 56	2 50	2 50	3 25	2 50
38	3 75	3 75	3 75	4 50	2 30	2 66	2 30	3 00	3 00	3 00	3 00	3 50	3 00
58	4 50	4 40	4 50	5 65	3 30	4 06	3 50	3 48	3 48	4 00	4 00	5 00	3 00
80	5 40	5 40	5 29	6 60	4 60	5 25	4 60	4 76	4 76	5 00	5 00	6 50	3 00
120	6 00	6 40	6 00	7 90	5 80	6 00	5 00	6 00	6 00	6 00	6 00	6 70	4 80
161	8 00	8 50	8 06	9 20	7 00	7 50	8 05	6 60	7 00	8 00	8 00	8 80	6 40
241	9 65	11 65	9 65		9 48	9 64	10 00	8 30	11 00	12 00	12 00	10 50	8 40
322	11 75	14 90 et 11 75 (1)	10 50		11 90	11 88	13 80	11 00	15 00	12 00	12 00	12 50	11 20

(*) Les prix portés dans ces colonnes sont ceux des expéditions dans les conditions ordinaires, ou des expéditions libres, ou des expéditions pour l'usage domestique.

Le *Great-Northern*, dans des circonstances particulières, transporte à un prix de base qui donnerait 7f 70c par tonne pour un parcours de 322 kilomètres.

Sur le *Great-Western*, les garanties de recettes annuelles donnent droit à des réductions de 0f 00,2 à 0f 01,2 par tonne et par kilomètre : ainsi, pour 322 kilomètres, on peut ne payer que 11f 25c par tonne.

Sur le *London and North-Western*, on a transporté exceptionnellement à 322 kilomètres pour 10f 45c par tonne.

Le *North-Eastern* réduit ses prix sur les petits et moyens parcours en faveur des charbons destinés aux usines ou à l'exportation. Les petits parcours sont taxés dans la proportion des moyens parcours, et les moyens parcours sont taxés dans la proportion des plus longs parcours.

Le *Caledonian* fait des réductions qui vont jusqu'à 30 p. 0/0 aux expéditeurs qui garantissent des tonnages annuels (15,000 tonnes au minimum).

(1) 11f 75c, au lieu de 14f 90c, lorsque l'expéditeur fournit le chargement complet d'un train.

Tarif du minerai.

Voici les tarifs appliqués sur les principales lignes anglaises, et pour les différentes marchandises désignées dans la question n° 5 :

Sur le *Caledonian*, le minerai de fer paye les prix suivants (non compris les frais de manutention) :

Pour un transport à :

6 kilom. :	1f 05c par tonne,	soit 0f 17,5 par tonne et par kilom.	
20 —	2 95 —	0 15	idem.
50 —	5 25 —	0 10,5	idem.
100 —	7 25 —	0 07,2	idem.
161 —	9 25 —	0 05,7	idem.

Sur le *Great-Northern*, le minerai paye :

6 kilom. :	1f 90c par tonne,	soit 0f 31c par tonne et par kilom.	
20 —	2 65 —	0 13	idem.
50 —	4 60 —	0 09	idem.
100 —	6 50 —	0 06,5	idem.
161 —	9 05 —	0 05,6	idem.
200 —	11 00 —	0 05,5	idem.
300 —	15 50 —	0 05,2	idem.

(A ce tarif, les chargements ne peuvent pas être inférieurs à trois tonnes.)

Sur le *Great-Western*, le minerai paye :

Pour un transport à
{
6 kilom. : 2^f 5o^c par tonne, soit o^f 41^c par tonne et par kilom.
16 ——— 2 70 ——— 0 17 *idem.*
64 ——— 6 25 ——— 0 09,7 *idem.*
100 ——— 7 5o ——— 0 07,5 *idem.*
200 ——— 13 00 ——— 0 06,5 *idem.*
241 ——— 15 6o ——— 0 06,4 *idem.*
322 ——— 20 8o ——— 0 06,4 *idem.*
}

La compagnie du *Great-Western* transporte le minerai au prix de la houille pour de très-longs parcours, et en vertu d'accords spéciaux.

Le *London and North-Western* a à peu près les mêmes tarifs que le *Great-Western*, et transporte également le minerai au prix de la houille pour de longues distances et pour de grandes quantités remises à la fois.

Le *Manchester, Sheffield and Lincolnshire* transporte le minerai de Manchester à Sheffield (41 milles ou 66 kilomètres) à raison de 5 fr. 75 cent. par tonne, frais accessoires non compris, — soit o fr. 08,8 par kilomètre.

Sur le *Lancashire and Yorkshire*, le minerai paye o fr. o9 cent. par tonne et par kilomètre pour une distance de 100 kilomètres.

A cause d'une double concurrence, la même compagnie ne prend que 6 fr. 90 cent. par tonne pour transporter le minerai et la fonte de Fleetwood à Leeds (13o kilomètres), — soit o fr. o5,3 par tonne et par kilomètre.

Mais c'est là le tarif le plus bas qui soit appliqué sur cette ligne, qui dessert beaucoup d'usines, traverse de grandes cités et aboutit à plusieurs ports de mer.

Je prendrai comme tarif. moyen, sur cette ligne, le tarif de Fleetwood à Manchester (5o milles ou 8o kilomètres), qui revient à o fr. o9 cent. par tonne et par kilomètre.

Le tarif maximum est celui qui est perçu de Fleetwood à Blackburn (31 milles ou 6o kilomètres): il revient à o fr. 16 cent. par tonne et par kilomètre. Le *Lancashire and Yorkshire* n'a pas de concurrence sur ce point. Il prend alors le plein du tarif légal, et il y ajoute le droit terminal dans son maximum.

Sur le *North-Eastern*, le minerai paye o fr. 13 cent. par tonne et par kilomètre pour les petites distances et o fr. o5 cent. pour les grandes distances.

Celui qui vient de très-loin, et qui est destiné aux usines du Staffordshire, ne paye que o fr. o4 cent., en vertu d'accords spéciaux.

Tarif de la fonte. — La fonte est transportée aux prix indiqués ci-dessus pour le minerai dans les circonstances ordinaires ; seulement, il n'est pas fait à la fonte le même rabais qu'au minerai lorsqu'il y a traité particulier.

27.

On peut donc considérer ces prix comme étant ceux qui sont appliqués généralement au transport des fontes. Le minimum du tarif est de o fr. o5 cent. par tonne et par kilomètre pour les plus longues distances.

Par accord spécial, les fontes partant des usines du Monkland par le chemin de fer *le Monkland* et allant s'embarquer pour le continent dans le Frith of Forth payent 3 sh. 8 d. ou 4 fr. 60 cent. pour un parcours de 23 milles ou 37 kilomètres, ce qui donne un revient par kilomètre de o fr. 12,4. Mais les expéditeurs qui emploient cette voie se font faire une remise d'un shilling (1 fr. 25 cent.) par tonne par les vendeurs, parce que tous les prix à l'usine sont établis : prix franc à bord à Glasgow. Le transport par chemin de fer ne leur revient donc plus qu'à 2 sh. 8 d. ou 3 fr. 30 cent. par tonne, — soit o fr. o8,9 par tonne et par kilomètre.

<table>
<tr><td>Tarif du fer brut.</td><td>

Sur le *Caledonian* on paye au minimum (sur les sections en concurrence avec les canaux), pour le fer en barres :

</td></tr>
</table>

Pour un transport à
- 6 kilomètres : 1ʳ 5oᵉ par tonne, soit oʳ 25ᵉ par tonne et par kilomètre.
- 17 ———— 2 70 ———— 0 16 *idem.*
- 74 ———— 7 50 ———— 0 10 *idem.*

Sur le *Manchester, Sheffield and Lincolnshire*, le fer en barres paye, pour le parcours de Manchester à Sheffield (41 milles ou 66 kilomètres), 7 sh. 6 d. ou 9 fr. 40 cent. par tonne ; ce qui donne un revient de o fr. 14 cent. par tonne et par kilomètre.

Le fer *damageable*, qui n'est pas le fer ouvré, mais le fer en cercles et en feuilles, paye 13 sh. 4 d. par tonne pour le même parcours ; ce qui revient à o fr. 25 cent. par tonne et par kilomètre.

Par accords spéciaux, et pour des tonnages importants garantis, on fait une réduction de 15 à 25 p. o/o sur le tarif général.

Sur le *Lancashire and Yorkshire*, l'*undamageable iron*, tel que tôle pour chaudières et fer en barres autre que les rails, la fonte moulée, légère ou pesante, déclarée ou non susceptible d'avaries, paye pour le parcours de Low-Moor à Manchester (37 milles ou 59 kilomètres), et *vice versa*, 9 sh. 6 d. ou 11 fr. 85 cent. par tonne ; ce qui revient à o fr. 20 cent. par tonne et par kilomètre.

Et pour le parcours de Low-Moor à Liverpool (69 milles ou 111 kilomètres), on paye 12 sh. 6 d. ou 15 fr. 65 cent. par tonne ; ce qui revient à o fr. 14 cent. par tonne et par kilomètre.

Le fer commun en barres (rails, etc.) ne paye pas moins de o fr. 10 cent. par tonne et par kilomètre sur des parcours d'environ 100 kilomètres.

Sur le *North-Eastern*, le fer commun en barres (rails, etc.) paye o fr. 13 cent. par tonne et par kilomètre pour les petites distances.

Mais pour le parcours entier de la ligne, et pour de grands engagements, le tarif descend à 0ᶠ 04,08 par tonne et par kilomètre (3/4ᵈ par tonne et par mille).

Au tarif général, le prix est de 0 fr. 10 cent. par tonne et par kilomètre pour des parcours d'environ 100 kilomètres.

Sur le *London and North-Western,* voici le prix de transport du fer en barres, que j'ai constaté d'après les livres de l'un des plus grands négociants exportateurs de fer en Angleterre :

Des usines du Staffordshire à Londres, en Tamise ou aux docks, 17 sh. 6 d. ou 21 fr. 90 cent. par tonne.

Ce prix comprend :

1° Le camionnage des usines à Birmingham, moyenne distance, 13 milles ;

2° Le transport de Birmingham à Camden-Town, 112 milles ;

3° Le transport de Camden-Town à Poplar, en Tamise ou aux docks, 5 milles.

On croit que le camionnage des usines à Birmingham coûte 5 sh. 6 d. par tonne. Il reste donc à la compagnie du chemin de fer *London and North-Western* 12 shillings ou 15 francs pour le transport de Birmingham à Londres, en Tamise, 117 milles ou 188 kilomètres ; ce qui lui donne 0 fr. 08 cent. par tonne et par kilomètre.

Au tarif général, le revient serait d'environ 0 fr. 10 cent. pour la même distance

Sur le *Great-Western,* le fer en barres (rails, etc.) paye :

Pour un transport à				
16 kilomètres :	4ᶠ 15ᶜ par tonne,	soit 0ᶠ 26ᶜ	par tonne et par kilom.
64	8 35	0 13	idem.
96	10 95	0 11,4	idem.
192	18 75	0 09,7	idem.
241	22 70	0 09,4	idem.
322	29 15	0 09	idem.

Sur le *Great-Northern,* le fer en barres (rails, etc.) paye, au tarif général :

Pour un transport à				
8 kilomètres.	3ᶠ 20ᶜ par tonne,	soit 0ᶠ 40ᶜ	par tonne et par kilom.
16	3 85	0 24	idem.
24	5 00	0 21	idem.
32	5 90	0 18	idem.
48	7 90	0 16,5	idem.
64	10 00	0 15,6	idem.
80	11 25	0 14	idem.
120	13 10	0 11	idem.
161	16 85	0 10,4	idem.
241	24 35	0 10	idem.
310	27 05	0 08,7	idem.

Les tarifs des chemins de fer locaux du pays de Galles sont les mêmes que ceux du *Great-Western* et du *London and North-Western,* chemins partant de Londres qui vont également dans cette contrée.

Le tarif du coton en balles entre Liverpool et Manchester est ordinairement de 10 shillings ou 12 fr. 50 cent. par tonne; aujourd'hui il n'est plus que de 9 shillings ou 11 fr. 25 cent., à cause de la concurrence d'un canal et de deux chemins de fer : le *London and North-Western* et le *Lancashire and Yorkshire.* On m'a assuré que pour de grands engagements on descendait à 8 shillings ou 10 francs par tonne.

Dans cette taxe sont compris les frais de chargement et de déchargement. En estimant ces frais à 1 sh. 6 d. (1 fr. 85 cent.), et en retranchant des sommes de 11 fr. 25 cent. et de 10 francs celle de 1 fr. 85 cent., il restera 9 fr. 40 cent. et 8 fr. 15 cent. pour représenter la taxe principale de transport.

La distance entre Liverpool et Manchester étant de 31 milles ou 50 kilomètres, il ressort de ces prix totaux de transport une base de 19 centimes et de 16 centimes, au minimum, par kilomètre.

Sur le *Great-Northern,* le coton en balles transporté de Londres à Leeds (310 kilomètres) paye 33 sh. 4 d. (41 fr. 65 cent.) par tonne, y compris les frais de manutention et le camionnage. En retranchant 5 sh. 6 d. (6 fr. 85 cent.) pour ces frais accessoires, il restera 34 fr. 80 cent. pour représenter la taxe de transport; soit 0 fr. 11 cent. par tonne et par kilomètre.

De Londres à Nottingham (205 kilomètres), la taxe totale est de 25 shillings (31 fr. 25 cent.) par tonne, tous frais accessoires compris, ou 24 fr. 40 cent. pour la taxe principale de transport ; soit 0 fr. 12 cent. par kilomètre.

Mais pour les autres destinations, et surtout pour les petits parcours, le *Great-Northern* prend des prix relativement beaucoup plus élevés.

Ainsi pour 8 kilomètres il est pris environ 3 shillings (3 fr. 75 cent.) pour taxe principale de transport, ce qui donne 0 fr. 47 cent. par tonne et par kilomètre.

Pour un transport à :

16 kilomètres:	5f 00c par tonne, soit	0f 31c par tonne et par kilom.	
24 —	6 25 —	0 26	idem.
32 —	7 50 —	0 23	idem.
48 —	9 35 —	0 19	idem.
64 —	10 90 —	0 17	idem.
80 —	11 85 —	0 15	idem.
160 —	18 75 —	0 12	idem.
241 —	26 25 —	0 11	idem.

Sur le *Great-Western*, voici les tarifs du coton en balles :

Pour un transport à				
16 kilomètres :	4^f 15^c par tonne, soit	0^f 26^c par tonne et par kilom.	
64 ————	12 50 ————	0 19	idem.
96 ————	15 60 ————	0 16	idem.
192 ————	25 00 ————	0 13	idem.
241 ————	29 70 ————	0 12	idem.
322 ————	37 50 ————	0 11,6	idem.

De grandes quantités remises à la fois, ou des garanties de tonnages annuels, ne feraient pas beaucoup baisser ces prix.

Les tarifs du coton brut sur les autres lignes d'Angleterre sont à peu près les mêmes que ceux que je viens d'indiquer.

J'ai relevé ces tarifs sur les lignes qui transportent des quantités importantes de coton : le *North-Western* et le *Lancashire* entre Liverpool et Manchester, et le *London and North-Western*, le *Great-Northern* et le *Great-Western* entre Londres et les districts manufacturiers du nord, du nord-est, du centre et de l'ouest; et je n'ai négligé, pour cette spécialité, que les lignes qui transportent peu ou point de cotons.

6° Ces prix éprouvent-ils des fluctuations fréquentes, et quelles en sont les limites supérieure et inférieure?

Le *Board of trade* a dit qu'il ne pouvait pas répondre à cette question.

D'après les informations que j'ai recueillies directement auprès des compagnies, il y aurait sous ce rapport une grande diversité dans la manière de procéder des diverses entreprises. Celles qui, comme le *Caledonian* et le *Lancashire and Yorkshire*, ont à lutter non-seulement avec des canaux, mais encore avec d'autres lignes de fer, sont obligées de changer fréquemment leurs tarifs.

D'autres lignes, comme le *Great-Western*, le *North-Western* et le *Great-Northern*, quoique en compétition pour beaucoup de points importants, ont renoncé à une lutte destructive; elles ont établi des tarifs à peu près semblables au total. Seulement la ligne qui a un parcours plus long que l'autre pour atteindre le même point se trouve avoir une base de *milléage* inférieure à celle de l'autre.

En résumé, les tarifs ne varient plus beaucoup maintenant sur les grandes lignes aboutissant à Londres. Ils varient encore fréquemment sur certaines lignes de province qui ont pour concurrence les canaux, et en même temps, quelquefois, d'autres voies de fer. Donner un tableau des limites supérieure et inférieure de ces tarifs est chose, pour ainsi dire, impossible, à cause de leur extrême disproportionnalité kilométrique.

7° *Ces prix varient-ils suivant la destination, les usines, ports de mer, etc.?*

Le *Board of trade* a dit ne pouvoir, d'une manière absolue, répondre à cette question.

En fait, les tarifs de faveur, en raison des destinations ou des emplois, sont en usage en Angleterre, et parfois même des combinaisons de cette nature sont explicitement prévues par les actes législatifs de concession.

Ainsi le bill concernant le *North-Eastern*, par exemple, établit un tarif pour les houilles destinées à l'embarquement, différent de celui des houilles transportées pour la consommation intérieure.

C'est cette disposition législative qui a permis à la compagnie du *North-Eastern* de me répondre comme suit :

« Le transport de la houille donnant lieu à des marchés spéciaux, les com-
« pagnies de chemins de fer ont la faculté d'établir des tarifs spéciaux pour la
« houille en destination des usines ou des manufactures.

« Il est considéré comme d'une bonne administration de le faire.

« Les compagnies peuvent refuser de faire application des mêmes prix à un
« marchand ou à un commissionnaire ou négociant en charbons ou tout autre
« expéditeur qui ne serait pas propriétaire d'usines, et même les compagnies
« pourraient refuser de faire un marché avec eux.

« Il y a cependant un principe auquel doivent se conformer toutes les com-
« pagnies de chemins de fer et qu'elles ne doivent jamais perdre de vue : c'est
« que, quels que soient les prix, quelles que soient les facilités qu'elles ont
« consenties en faveur d'un propriétaire d'usines, elles sont tenues de faire
« bénéficier des mêmes avantages tout autre propriétaire d'usine qui voudrait
« profiter de ces avantages en s'engageant à se conformer exactement aux
« mêmes obligations. »

Le *London and North-Western* a répondu :

« La compagnie peut établir..... etc.; mais le même avantage ne peut pas
« être refusé à un autre, etc. »

Le *Great-Northern*, le *Caledonian* et le *Lancashire and Yorkshire* ont répondu :
« Oui. »

En fait, on accorde en Angleterre aux propriétaires d'usines et aux exportateurs des avantages tout particuliers, mais ce n'est guère que sur la houille et le coke.

Des protestations ont eu lieu à ce sujet de la part de commerçants de Londres; mais les compagnies ont toujours gagné leurs procès devant les tribunaux, jugeant en équité, comme devant l'opinion publique.

J'ai répondu, Monsieur le Ministre, aussi longuement qu'il m'a paru nécessaire de le faire, aux questions posées par Votre Excellence. Cependant je crois devoir ajouter ici des renseignements sur l'application des tarifs aux marchandises autres que celles dont s'occupait Votre Excellence : aux marchandises supérieures en un mot.

Les marchandises anglaises, Votre Excellence le sait, sont divisées en 7 catégories pour l'application des taxes :

Classe minérale;

Classe spéciale ;

1ʳᵉ classe;

2ᵉ classe;

3ᵉ classe ;

4ᵉ classe ;

Et 5ᵉ classe.

Classe minérale. La classe minérale comprend la houille, le coke, le minerai de fer, la fonte en saumons, les briques, tuiles, pierres brutes, chaux, engrais, etc., par chargement d'au moins 4 tonnes.

D'après le tarif du Parlement, on peut prendre généralement un denier ou penny et un huitième de denier par tonne et par mille, soit 0ᶠ 07,3 par tonne et par kilomètre, pour les parcours jusqu'à 50 milles ou 80 kilomètres; 7/8 de denier par tonne et par mille, soit 0ᶠ 05,7 par tonne et par kilomètre, pour les parcours excédant 50 milles ou 80 kilomètres.

Dans mon premier rapport j'ai indiqué les prix de transport de la houille sur les principales lignes anglaises, sur celles qui ont le tarif légal que je viens de citer.

Votre Excellence a vu que, pour les parcours de 6 kilomètres, le tarif appliqué produisait jusqu'à 0ᶠ 41 par tonne et par kilomètre, au lieu de 0ᶠ 07,3 ;

Pour les { 20 kilomètres : 0ᶠ 16ᶜ au lieu de 0ᶠ 07,3 :

parcours de { 38 ———— 0 09,6 ———— 0 07,3.

Mais pour 58 kilomètres le tarif appliqué et le tarif légal s'égalisent.

A 80 kilomètres, le tarif appliqué est au-dessous du tarif légal : 0ᶠ 06,8 au lieu de 0ᶠ 07,3.

Cette différence en moins se montre constamment, et s'accroît même pour les parcours au delà de 100 kilomètres.

On arrive à 0ᶠ 03,65, au tarif général, et à environ 0ᶠ 03ᶜ, par accord spécial, au lieu de 0ᶠ 05,7.

Pour les autres marchandises de la classe minérale, on ne descend jamais aussi bas que pour la houille. Le minerai et la fonte brute, par exemple, restent juste, sur les longs parcours, dans les limites du tarif légal; mais pour les petits parcours, le tarif légal est de beaucoup dépassé : pour 6 kilomètres, par exemple, on prend, de même que pour la houille. 0ᶠ 41ᶜ au lieu de 0ᶠ 07,3.

C'est le droit terminal de 1 shilling et même 1 sh. 6 d. (1ᶠ 25ᶜ et 1ᶠ 85ᶜ) par tonne qui, s'ajoutant au plein du tarif légal pour les petits parcours sur certaines lignes, pèse sur ces parcours, et les fait revenir à un prix de base de beaucoup supérieur à celui qui est déterminé par le Parlement.

Le tarif de la classe minérale exige que les chargements soient de 4 tonnes au moins; au-dessous de ce poids, on paye le prix fixé pour la classe spéciale.

Classe spéciale. La classe spéciale comprend les fers bruts, les minerais autres que les minerais de fer, les produits chimiques communs, les céréales, les légumes secs, les bois de charpente, etc., par chargement d'au moins une tonne. Les chargements au-dessous de ce poids sont taxés au prix de la première classe.

Au tarif du Parlement, ces marchandises sont taxées, les unes à 1ᵈ 1/8 et les autres à 2ᵈ 1/2 (0ᶠ 11,7 et 0ᶠ 26ᶜ) par tonne et par mille pour les distances jusqu'à 50 milles, soit, par kilomètre, 0ᶠ 07,3 et 0ᶠ 16ᶜ; et à 1ᵈ et 2ᵈ (0ᶠ 10,4 et 0ᶠ 20,8) sur les distances excédant 50 milles (80 kilomètres), soit, par kilomètre, 0ᶠ 06,4 et 0ᶠ 12,7.

Le tarif appliqué généralement revient à 0ᶠ 41ᶜ par tonne et par kilomètre sur les parcours de 6 kilomètres, à 0ᶠ 11ᶜ sur les parcours d'environ 100 kilomètres et à 0ᶠ 08ᶜ sur les plus longs parcours.

Ainsi, pour les fers bruts (rangés à part des céréales et des bois de construction dans le tarif du Parlement, et taxés à moindre taux, mais compris dans la même classe par les compagnies), le maximum du tarif légal est toujours dépassé.

C'est que, outre le droit terminal, les compagnies imposent d'autres taxes accessoires aux marchandises, à partir de la classe spéciale, en vertu d'un article du bill disant que la compagnie pourra prendre, en sus de la taxe de transport, une *raisonnable somme* pour charger, décharger, couvrir, réunir et délivrer la marchandise et autres services accessoires (*incidental service*).

Le droit terminal et les autres droits accessoires, même en retranchant 1ˢʰ 6ᵈ ou 1ᶠ 85ᶜ par tonne pour les opérations du chargement et du déchargement, dépassent donc souvent 1ˢʰ 6ᵈ par tonne pour les marchandises de la classe spéciale.

1ʳᵉ classe. La première classe comprend le coton et autres matières textiles en balles, certains produits chimiques, les fers en cercles et autres fers de premier travail, les huiles, le sucre brut en barriques et en sacs, les peaux, les suifs, les bois de premier travail, les papiers communs, les pierres taillées, etc.

Le tarif du Parlement accorde pour ces marchandises 2ᵈ 1/2 et 3ᵈ (0ᶠ 26ᶜ et 0ᶠ 31,2) par tonne et par mille, soit 0ᶠ 16ᶜ et 0ᶠ 19ᶜ par tonne et par kilomètre, pour les distances jusqu'à 50 milles (80 kilomètres); et 2ᵈ et 2ᵈ 1/2 (0ᶠ 20,8 et 0ᶠ 26ᶜ) par tonne et par mille, soit 0ᶠ 12,7 et 0ᶠ 16ᶜ par tonne et par kilomètre, sur les distances excédant 50 milles.

Le tarif appliqué est d'environ $0^f 50^c$ par tonne et par kilomètre pour un parcours de 6 kilomètres, $0^f 16^c$ pour un parcours d'environ 100 kilomètres et $0^f 10^c$ pour les plus longs parcours.

Ici le tarif légal est encore dépassé pour les fers de premier travail et le sucre brut allant aux petites et même aux moyennes distances; il n'est pas atteint sur les transports aux grandes distances. Le coton et les autres matières textiles allant aux moyennes distances payent juste le tarif du Parlement; mais pour les grands parcours il y a notable réduction.

Pour cette classe, les compagnies ajoutent à la somme donnée par la base du tarif du Parlement 2^{sh} ou $2^f 50^c$ par tonne, comme rémunération des services accessoires rendus (*incidental service*), et en sus de $1^{sh} 6^d$ comme frais de manutention. C'est ce qui constitue une surtaxe, à l'égard des marchandises de la catégorie, à $0^f 16^c$ et $0^f 12^c$ par kilomètre, même pour les parcours moyens (de 80 à 150 kilomètres).

2ᵉ classe.

La seconde classe comprend les fers travaillés (fils de fer, tôle fine, chaudières, etc.), les machines lourdes, les métaux autres que le fer, les tapis, les grosses toiles, les fils de coton et de lin, la laine, les porcelaines, les faïences, la poterie, la verrerie et la cristallerie, les denrées ordinaires, les salaisons, les sucres en pains, les instruments aratoires de grand poids, etc.

D'après le tarif du Parlement, ces marchandises payeraient 3^d ($0^f 31,2$) par tonne et par mille, soit $0^f 19^c$ par kilomètre, pour les parcours jusqu'à 50 milles, et $2^d 1/2$ ($0^f 26^c$) par tonne et par mille, soit $0^f 16^c$ par kilomètre, pour les parcours au-dessus de 50 milles (80 kilomètres).

Voici les tarifs appliqués :

Sur le *Great-Western* :

16 kilomètres:	$5^f 20^c$ par tonne, soit	$0^f 33^c$ par tonne et par kilom.	
64	13 85	0 22	*idem.*
96	17 00	0 18	*idem.*
192	29 00	0 15	*idem.*
241	35 00	0 14	*idem.*
322	45 00	0 13	*idem.*

Pour un parcours de

Sur le *Great-Northern* :

8 kilomètres:	$4^f 15^c$ par tonne, soit	$0^f 52^c$ par tonne et par kilomètre.	
16	5 20	0 33	*idem.*
24	6 85	0 29	*idem.*
32	8 50	0 26	*idem.*
48	11 25	0 23	*idem.*
64	13 30	0 20	*idem.*
80	15 00	0 18	*idem.*
160	23 75	0 15	*idem.*
241	33 75	0 14	*idem.*

Pour un parcours de

Ainsi, pour les petits parcours, le tarif du Parlement est considérablement dépassé. A partir de 5o milles ou 8o kilomètres, le tarif appliqué est à peu près le tarif légal; mais pour les grands parcours il y a réduction, allant jusqu'à o^f o3^c par kilomètre.

La troisième classe comprend les vins et eaux-de-vie, la bière, les produits chimiques fins, les cotonnades de Manchester et autres, les toiles d'Écosse et d'Irlande, les toiles de coton, les gros lainages, les chaudières en cuivre, la librairie, la papeterie, le beurre, les fruits secs, les pâtes alimentaires, la sellerie, l'épicerie fine, la laine filée, la bonneterie, les machines portatives, les fers ouvrés, les tabacs manufacturés, etc.

D'après le tarif légal, ces marchandises devraient payer 3^d (o^f 31,2) par tonne et par mille, soit o^f 19^c par kilomètre, pour les parcours jusqu'à 5o milles, et 2^d 1/2 (o^f 26^c) par tonne et par mille, soit o^f 16^c par kilomètre, pour les parcours dépassant 5o milles (8o kilomètres).

Voici les tarifs appliqués :

Sur le *Great-Western* :

Pour un parcours de

16 kilomètres:	5^f 20^c par tonne, soit o^f 33^c par tonne et par kilomètre.
64 — 15 85 —	o 25 *idem.*
96 — 20 20 —	o 21 *idem.*
192 — 35 oo —	o 18 *idem.*
241 — 42 oo —	o 17 *idem.*
322 — 55 oo —	o 17 *idem.*

Sur le *Great-Northern* :

Pour un parcours de

8 kilomètres:	5^f oo^c par tonne, soit o^f 63^c par tonne et par kilomètre.
16 — 5 60 —	o 35 *idem.*
24 — 7 5o —	o 31 *idem.*
32 — 9 20 —	o 29 *idem.*
48 — 12 5o —	o 26 *idem.*
64 — 15 oo —	o 23 *idem.*
8o — 17 oo —	o 21 *idem.*
160 — 3o oo —	o 19 *idem.*
241 — 41 25 —	o 17 *idem.*

Pour les marchandises de cette classe, le tarif légal est toujours dépassé : excessivement pour les petits parcours, et de o^f o5^c à o^f o1^c par kilomètre pour les parcours de 8o à 241 kilomètres.

C'est que le droit terminal et les autres droits accessoires s'élèvent, pour la troisième classe, à 3 shillings ou 3^f 75^c par tonne, indépendamment du droit de chargement et de déchargement.

La quatrième classe comprend les drogues fines, les huiles fines, les conserves, la quincaillerie fine, les toiles cirées fines, les plantes pour jardins, la viande fraîche, les marbres en tranches, les marchandises d'un faible poids, etc.

D'après le tarif légal, ces marchandises devaient être taxées à raison de 3^d 1/2 (0^f 36,4) par tonne et par mille pour les parcours jusqu'à 50 milles, soit 0^f 23^c par tonne et par kilomètre, et à 3^d (0^f 31,2) par tonne et par mille pour les parcours dépassant 50 milles (80 kilomètres), soit 0^f 19^c par tonne et par kilomètre.

Voici les tarifs appliqués :

Sur le *Great-Western* :

Pour un parcours de
- 16 kilomètres : 6^f 25^c par tonne, soit 0^f 38^c par tonne et par kilomètre.
- 64 ——— 18 75 ——— 0 29 *idem.*
- 96 ——— 25 00 ——— 0 26 *idem.*
- 192 ——— 43 75 ——— 0 23 *idem.*
- 241 ——— 52 50 ——— 0 22 *idem.*
- 322 ——— 68 00 ——— 0 21 *idem.*

Sur le *Great-Northern* :

Pour un parcours de
- 8 kilomètres : 7^f 50^c par tonne, soit 0^f 94^c par tonne et par kilomètre.
- 16 ——— 9 00 ——— 0 56 *idem.*
- 24 ——— 11 25 ——— 0 47 *idem.*
- 32 ——— 15 00 ——— 0 46 *idem.*
- 48 ——— 20 00 ——— 0 41 *idem.*
- 64 ——— 23 75 ——— 0 37 *idem.*
- 80 ——— 26 25 ——— 0 33 *idem.*
- 160 ——— 41 25 ——— 0 26 *idem.*
- 241 ——— 60 00 ——— 0 25 *idem.*

Pour toutes les distances, le tarif légal est ici de beaucoup dépassé. Le parcours de 80 kilomètres, qui ne devrait être taxé qu'à raison de 0^f 23^c par kilomètre, est taxé à 0^f 29 et 0^f 33^c, soit 0^f 06^c et 0^f 10^c en plus; sur les plus longs parcours, la surtaxe est encore de 0^f 02^c et 0^f 06^c par kilomètre.

C'est que la quatrième classe subit 3^{sh} 6^d ou 4^f 35^c par tonne pour droit terminal et petits droits accessoires.

5° classe.

La cinquième classe comprend les chapeaux de femme et les chapeaux d'homme, l'ébénisterie, les chaises, les meubles, les cigares, les horloges et pendules anglaises et françaises, le crêpe, l'eau de Cologne, les dents d'éléphants, les broderies, les essences, les huiles essentielles, les plumes, le poisson frais, les fourrures, le gibier; les verres de couleur et les glaces, aux risques et périls des expéditeurs; les gants, les dentelles, les modes, les instruments de musique, les tableaux, la volaille vivante, la soie manufacturée, la soie grége, le minerai d'argent, les éponges, la poterie d'étain, les jouets, les tortues, les vins et spiritueux en bouteilles, etc.

Le tarif légal n'ayant aucune taxe supérieure à 0^f 23^c par tonne et par kilomètre sur les parcours jusqu'à 50 milles et à 0ᶠ 19ᶜ sur les parcours dépassant 50 milles (80 kilomètres pour tous les chemins de fer concédés depuis 1845, excepté pour quelques lignes secondaires), la taxe des marchandises de la cinquième classe devrait être en rapport avec ces bases.

Mais il est bien loin d'en être ainsi.

Sur le *Great-Western*, la cinquième classe paye de taxe principale :

	16 kilomètres: 6ᶠ 25ᶜ par tonne, soit 0ᶠ 38ᶜ par tonne et par kilomètre.		
Pour un parcours de	64 ——— 22 50 ——— 0 35	*idem.*	
	96 ——— 28 75 ——— 0 30	*idem.*	
	192 ——— 47 50 ——— 0 25	*idem.*	
	241 ——— 56 25 ——— 0 23	*idem.*	
	322 ——— 72 50 ——— 0 22	*idem.*	

Mais c'est là le tarif des sections où le *Great-Western* peut rencontrer des compétiteurs.

Pour les points où il ne redoute pas la concurrence, le tarif est plus élevé.

Ainsi, de Londres à Exeter (195 milles ou 313 kilomètres), la taxe principale de la cinquième classe a pour base 0ᶠ 27ᶜ par kilomètre;

De Londres à Plymouth (248 milles ou 399 kilomètres), 0ᶠ 27ᶜ également par kilomètre;

De Londres à Cardiff (171 milles ou 274 kilomètres), la base est de 0ᶠ 31ᶜ par kilomètre;

De Londres à Llanelly (225 milles ou 362 kilomètres), 0ᶠ 31ᶜ par kilomètre;

De Chester à Birmingham (84 milles ou 135 kilomètres), 0ᶠ 39ᶜ par kilomètre;

De Chester à Shrewsbury (42 milles ou 68 kilomètres), 0ᶠ 55ᶜ par kilomètre.

Sur le *Great-Northern*, la cinquième classe paye comme taxe principale :

	8 kilomètres: 7ᶠ 50ᶜ par tonne, soit 0ᶠ 94ᶜ par tonne et par kilomètre.		
	16 ——— 10 00 ——— 0 63	*idem.*	
	24 ——— 12 50 ——— 0 51	*idem.*	
	32 ——— 15 00 ——— 0 47	*idem.*	
Pour un parcours de	48 ——— 21 00 ——— 0 44	*idem.*	
	64 ——— 26 25 ——— 0 41	*idem.*	
	80 ——— 32 50 ——— 0 40	*idem.*	
	160 ——— 57 50 ——— 0 36	*idem.*	
	241 ——— 85 00 ——— 0 36	*idem.*	

Nottingham et Leeds, qui envoient une grande quantité de dentelles et d'objets fins de manufacture à Londres et dans toute l'Angleterre, sont desservis, dans la direction du sud, par la compagnie du *Great-Northern*.

La taxe principale de transport des marchandises de la cinquième classe partant de ces points a comme base de tarif o^f 46^c par kilomètre pour un parcours de 154 kilomètres (Nottingham à Hitchin), o^f 41^c pour un parcours de 207 kilomètres (Nottingham à Londres) et o^f 31^c pour un parcours de 310 kilomètres (Leeds à Londres).

Le maximum du Parlement est donc dépassé, sur les plus longs parcours, de o^f 12^c sur o^f 19^c, soit une surtaxe de 63 p. o/o.

La surtaxe pour les parcours moyens (80 à 160 kilomètres) est souvent de plus de 100 p. o/o.

Et pour les parcours au-dessous de 80 kilomètres, elle est de 100 à 300 p. o/o [1].

La plupart des autres lignes anglaises ont des tarifs tout aussi élevés que ceux du *Great-Northern*, du *Great-Western* et du *London and North-Western*, pour les marchandises de la cinquième classe.

Sur le *Manchester, Sheffield and Lincolnshire*, par exemple, la première classe est taxée à 40 shillings par tonne pour le parcours de Manchester à Sheffield.

D'après le tarif du Parlement, la taxe principale devrait être de.. 13^{sh} 4^d
Les frais accessoires réellement déboursés sont de......... 7

Total.......... .... 20 4

La compagnie perçoit donc le double du tarif légal.

J'ai demandé aux compagnies des explications sur ces surcroîts de taxe, qui, au premier abord, paraissent excessifs.

Voici à peu près ce qui m'a été répondu :

L'addition de frais accessoires aux prix de transport, en sus des *maxima* fixés par les bills de concession, est parfaitement légale, puisqu'elle est prévue par ces bills, qui autorisent explicitement les perceptions supplémentaires destinées à couvrir les dépenses nécessaires pour charger, décharger, couvrir, réunir et délivrer la marchandise et autres services accessoires; en d'autres termes, les *maxima* légaux ne s'appliquent qu'au transport proprement dit, et les compagnies sont pleinement en droit d'y ajouter des surtaxes équivalentes aux charges que leur imposent les opérations diverses qu'entraîne le

---

[1] Les frais de camionnage au départ et à l'arrivée et les frais de chargement et de déchargement à payer en sus de la taxe de transport sur le chemin de fer, et en sus du droit terminal et autres droits accessoires, sont en général de :

12^{sh} 6^d ou 15^f 60^c par tonne pour les marchandises de la 5^e classe.
10 6 ou 13 10 ———————————————————— 4^e *idem*.
9 ou 11 25 ———————————————————— 3^e *idem*.
7 6 ou 9 35 ———————————————————— 2^e *idem*.
6^{sh} et 5^{sh} 6^d ou 7^f 50^c et 6^f 85^c par tonne pour les marchandises de la 1re classe et de la classe spéciale.

mouvement des marchandises dans les gares. En tenant compte de la multiplicité de ces opérations et des dépenses considérables qu'elles occasionnent, le taux des frais accessoires perçus n'est certainement pas exagéré; et on conçoit très-bien que ces frais doivent être portés à un chiffre très-élevé pour les marchandises qui exigent des soins et exposent à des risques tout particuliers.

D'ailleurs, alors même que les compagnies exagéreraient parfois la latitude que les lois et les usages leur laissent pour suppléer à l'insuffisance notoire de certains tarifs légaux, et mettre par ce procédé leurs taxes en rapport avec le service rendu, le public et les tribunaux, prenant en considération les immenses services que les chemins de fer rendent au commerce, leur donneraient raison. Et c'est effectivement ce qui a eu lieu presque toujours, dans les rares occasions où des expéditeurs ont cru devoir déférer aux tribunaux des questions de cette nature.

Je prendrai la liberté, en terminant, de citer quelques passages d'une lettre que m'a écrite le directeur d'une grande compagnie anglaise, et l'un des hommes les plus distingués en administration de chemins de fer.

« Mon cher Monsieur,

« Les renseignements transmis par mon chef de trafic vous auront donné une
« idée des impôts et autres perceptions en usage sur nos chemins de fer
« Je vous remets un des derniers actes du Parlement concernant les chemins
« de fer; vous y verrez, aux pages pliées et marquées, les taxes ordinaires que
« nous pouvons percevoir quand les expéditeurs se servent de locomotives et
« de voitures qui n'appartiennent pas à la compagnie, ainsi que les taxes
« *maxima* comprenant l'usage des locomotives et des voitures de la compagnie.
« Vous y trouverez aussi les règlements pour différents détails.

« Vous remarquerez que les marchandises sont divisées en catégories ou
« classes dans les cahiers des charges. Cette classification est très-mal combi-
« née et est pleine d'inconsistance: des objets tout à fait différents par leurs
« poids, volume, valeur et risques de route se trouvent groupés dans la même
« classe. Il n'est donc pas douteux que cette classification exige des modifica-
« tions importantes.

« Il est résulté du système d'exploitation adopté par les chemins de fer
« anglais que le trafic s'est, pour ainsi dire, établi d'une manière commerciale,
« c'est-à-dire que les taxes et frais accessoires ont, en grande partie, été
« établies en proportion de la valeur commerciale du service rendu; et ainsi,
« comme vous et M. Goldsmith l'avez vu avec étonnement, dans de certains
« cas nous faisons payer des taxes qui dépassent les *maxima* autorisés par le
« Parlement, parce que nous rendons des services auxquels il n'avait pas été
« songé, comme devant pourtant rentrer dans les attributions du transport;

« et dans beaucoup de cas, par contre, nous recevons bien moins que le mon-
« tant que le Parlement nous alloue comme maximum. Je remarque, par
« exemple, que notre tarif de Grimsby (sur la côte Est) à Manchester, pour
« les farines venues de la France, est de 10^{sh} 10^d par tonne, soit pour une dis-
« tance de 110 milles, tandis que notre tarif pour le même article est de
« 12^{sh} 6^d par tonne de Lincoln à Manchester, soit pour une distance de
« 85 milles. Il n'y a pas d'autre motif pour ces perceptions que de dire que
« l'article peut supporter sur un parcours 12^{sh} 6^d de frais, tandis qu'il ne
« peut supporter sur l'autre que 10^{sh} 10^d. Ainsi donc, par suite de la libre
« concurrence qui s'établit entre un port et un autre port, entre divers chemins
« de fer, le public est à même de trafiquer avec les compagnies à peu près
« comme un acheteur de marchandises débat son prix avec le manufacturier
« dans toutes les grandes industries du monde. »

Recette moyenne par tonne et par kilomètre. Les hommes les plus compétents se sont trouvés d'accord pour me dire
que la recette moyenne produite par le transport des marchandises de toutes
catégories ou classes, sur l'ensemble des chemins de fer anglais, était de
1 penny par tonne et par mille, soit 0^f 06,49 par tonne et par kilomètre.

On voit par là que l'élévation extraordinaire du tarif de certaines marchandises n'a pas une grande influence sur la recette moyenne produite par l'ensemble des marchandises.

Il faut tenir compte, il est vrai, que plus des deux tiers des transports
effectués par les chemins de fer anglais, pris dans leur ensemble, appartiennent à la classe minérale et à la classe spéciale.

On calcule que la recette moyenne produite par le transport des marchan-
dises des 1re, 2e, 3e, 4e et 5e classes est d'environ 0^f 12^c par tonne et par kilomètre.

Sur quelques lignes aboutissant à Londres, le trafic des mêmes marchandises donne une recette moyenne d'environ 0^f 16^c par tonne et par kilomètre.

Je suis avec le plus profond respect,

Monsieur le Ministre,

de Votre Excellence

le très-humble et très-obéissant serviteur,

L'Inspecteur principal des chemins de fer,

Signé **MOUSSETTE.**

RAPPORT

SUR

LES CHEMINS DE FER A BON MARCHÉ DE L'ÉCOSSE,

PAR M. BERGERON,

ANCIEN INGÉNIEUR DE LA COMPAGNIE DES CHEMINS DE FER DE L'OUEST [1].

————————

Conformément aux instructions contenues dans la lettre de Son Excellence M. le Ministre des Travaux Publics, qui m'a fait l'honneur de m'attacher à la mission de MM. Moussette et Lan, je me suis particulièrement occupé des questions relatives à la construction et à l'exploitation des chemins de fer à bon marché de l'Écosse.

Le rapport rédigé par M. Lan contient les notes et les renseignements que nous avons pu recueillir sur cet intéressant sujet ; je n'aurai donc pas à les reproduire de nouveau.

Je me bornerai à présenter quelques observations qui me sont personnelles, et qui peuvent, dans certaines parties, compléter le travail de M. Lan.

En 1860, j'eus l'occasion de remarquer en Écosse des chemins de fer construits et exploités avec une très-grande économie. Un surtout me parut

[1] Quelques-uns des renseignements contenus dans ce rapport font double emploi avec ceux qu'on a trouvés dans le rapport de M. Lan. On a cru cependant devoir les laisser subsister, parce qu'ils font partie d'un ensemble complet, et qu'ils donnent des éléments comparables pour l'étude de la question de la construction économique des chemins de fer.

29.

digne d'attention : c'est l'embranchement qui se détache à Eskbank de la ligne d'Édimbourg à Hawick et va aboutir, après un parcours de 3o kilomètres, à la petite ville de Peebles, sur la rivière Tweed.

Je m'étais arrêté sur son parcours à la station de Roslin, après avoir visité les ruines célèbres du château et de la chapelle de ce nom. L'employé qui délivrait les billets m'expliqua qu'il était à la fois receveur, facteur et gardien d'un passage à niveau ; qu'il n'avait personne de sa famille pour l'aider dans ses fonctions. Depuis cinq ans, sans manquer un seul jour (je ne compte pas les dimanches, où le mouvement des chemins de fer est généralement interrompu en Écosse), il s'était parfaitement acquitté tout seul du service multiple dont il était chargé.

Sur une petite voie de garage, contiguë à la station, se trouvaient deux wagons de houille à l'adresse d'un blanchisseur du voisinage. A mon observation qu'il lui fallait bien quelqu'un pour l'aider dans les manœuvres de ces wagons, l'employé répondit que les expéditeurs ou destinataires des marchandises fournissent eux-mêmes les ouvriers pour charger ou décharger les wagons et prêter main-forte aux agents de la compagnie pour les manœuvres. Ainsi, le public étant appelé à faire lui-même une partie du service des gares, la compagnie du chemin de fer obtient une économie notable dans son personnel.

J'appris encore qu'après le passage du dernier train, à huit heures du soir, le chef de station fermait la porte de son bureau et allait passer la nuit dans son domicile, qui ne dépendait pas du chemin de fer. Avant de partir, il laissait libre le passage à niveau ; les barrières, cadenassées perpendiculairement à la voie, empêchaient les animaux d'y pénétrer pendant la nuit.

L'employé revenait le lendemain matin, à sept heures, reprendre son service. N'ayant pas de télégraphe pour le retenir dans son bureau, il trouvait le temps nécessaire pour aller à son domicile prendre ses repas dans l'intervalle des trains, dont le nombre était de quatre par jour, dans les deux sens, pendant l'été et de trois pendant l'hiver.

Ainsi, le chemin de fer de Peebles est exempt du service de nuit, des frais d'éclairage de la voie, des signaux, des gares et des trains et du personnel supplémentaire qu'il nécessite.

Tout cela me donna l'envie de m'assurer de l'importance des économies que ce mode d'exploitation doit produire, et je pus me procurer, sur le chemin de Peebles et sur la compagnie qui l'exploite, les renseignements que voici :

Les principaux habitants de la petite ville de Peebles et du pays qui l'environne n'ayant pu s'entendre avec la compagnie du *North-British railway* pour la construction d'un embranchement qui les mît en communication avec la ville d'Édimbourg, ont formé entre eux une société anonyme qui a demandé et obtenu la concession du chemin de fer d'Eskbank à Peebles.

Le capital souscrit par eux s'élevait d'abord, en totalité, à la somme de 1,750,000 francs.

C'était beaucoup pour une petite ville de 2,000 habitants, mais pas assez pour exécuter un embranchement de 30 kilomètres : aussi les travaux n'étaient pas finis qu'il n'y avait plus d'argent dans la caisse.

On espérait que la grande compagnie achèterait ou tout au moins terminerait et exploiterait l'embranchement. Les négociations les plus actives entreprises dans ce but n'ayant pas abouti, il a bien fallu que la petite compagnie de Peebles achevât son chemin, construisît les stations, achetât le matériel roulant et entreprît l'exploitation de sa ligne.

Elle trouva à emprunter à un taux n'excédant pas 5 p. o/o, au moyen d'obligations et d'actions privilégiées, les sommes nécessaires au complément de ses travaux.

En moins de deux ans après la loi de concession, le chemin de fer fut exécuté et livré a l'exploitation.

Les dépenses ont été :

1° Pour les frais parlementaires, l'acquisition des terrains, la construction du chemin et de ses dépendances, telles que gares, stations, remises, ateliers, frais généraux, etc. . . . . 2,657,444^f 75^c

2° Pour l'acquisition du matériel roulant. 575,373 55

Total pour 30 kilomètres. 3,232,818 30

Soit, par kilomètre, 107,760 fr. 60 cent.

Le chemin de Peebles, comme on voit, revient à très-bon marché ; il est à simple voie, aussi bien pour les travaux d'art que pour les terrassements, sur tout son parcours, excepté aux stations où se trouvent des voies de garage et d'évitement.

Son profil longitudinal se maintient à la surface du sol, comme pour une route ordinaire ; il a plusieurs courbes qui n'ont pas plus de 400 mètres de rayon, et, sur les deux tiers de la longueur, l'inclinaison des rampes varie de 15 à 19 millimètres par mètre. Ses stations sont au nombre de 7, espacées entre elles de 4 kilomètres environ. La gare de Peebles a des ateliers et des remises pour le matériel roulant et une halle couverte pour les marchandises.

Le matériel roulant se compose de :

4 locomotives, dont 2 à tender ;

2 tenders ;

5 voitures mixtes de 1re et de 2e classe pour voyageurs ;

6 voitures de 3e classe ;

2 fourgons à bagages ;

2 wagons-écuries ;

15 wagons à bestiaux ;

123 wagons à marchandises ;

50 bâches ;

1,650 sacs à grains.

Ce dernier article ne figure pas ordinairement dans la nomenclature du matériel roulant. Il est bon à signaler aux compagnies qui, en France, auront à exploiter les lignes du troisième réseau ; car c'est souvent un moyen d'encourager les fermiers d'un pays agricole à se servir du chemin de fer pour le transport de leurs grains au marché ou au moulin, que de leur prêter les sacs dont ils ont besoin.

Les recettes brutes de l'exploitation ont été pendant l'année 1860, en nombre rond, de............................... 300,000^f

Les dépenses, réduites à 45 p. o/o, ont été de..... 135,000

Le bénéfice net a été, par conséquent, de......... 165,000

Soit 5 p. o/o environ du capital de construction.

Le produit brut kilométrique étant seulement de 10,000 francs, il paraît surprenant qu'on puisse distribuer 5 p. o/o de dividende aux actionnaires. C'est cependant ce qui a lieu, et j'ai pu m'en assurer par le compte rendu à l'assemblée générale du 30 octobre 1860, dont j'ai un exemplaire sous les yeux, et qui contient les détails les plus minutieux sur les dépenses de l'exploitation.

Pendant l'exercice, qui ne comprend qu'un semestre, les dépenses se sont élevées pour :

1° Entretien de la voie, à................... 13,058^f 00^c

2° Traction, à.......................... 15,147 80

3° Entretien du matériel roulant, à.......... 18,264 45

4° Dépenses d'exploitation (trafic), à......... 20,384 75

5° Frais généraux, à.................... 6,476 65

6° Télégraphie électrique, à............... 1,086 45

7° Taxes et impôts, à................... 2,501 50

TOTAL................ 76,919 60

Ces chiffres ne s'appliquent qu'à l'exercice d'un semestre ; il faudrait les doubler pour avoir approximativement les frais annuels de chacun des chapitres ci-dessus. En faisant le calcul, on arrive à décomposer les dépenses annuelles d'exploitation, par kilomètre, de la manière suivante :

Entretien de la voie.....................	860f 00c
Frais de traction......................	1,000 00
Entretien du matériel..................	1,210 00
Frais de trafic...........	1,350 00
Frais généraux, etc...	550 00
TOTAL.............	4,970 00

c'est-à-dire que la dépense d'exploitation est inférieure à 5,000 francs par kilomètre, comme je l'ai déjà dit.

Les recettes brutes d'une année s'élevant à 10,000 francs par kilomètre, il reste comme bénéfice net une somme supérieure à 5,000 francs, qui forme le revenu à cinq pour cent du capital employé à la construction du chemin de Peebles.

On a, par cet exemple, la preuve qu'on peut construire des embranchements à bon marché et en retirer un revenu convenable, lors même que le produit brut de l'exploitation n'atteint pas le chiffre des plus pauvres lignes de la France.

Ce qui a lieu en Écosse peut évidemment se reproduire chez nous, quand on sera dans les mêmes conditions.

Voilà plus d'un an que j'ai soumis les renseignements et observations qui précèdent à plusieurs administrateurs, directeurs et ingénieurs de nos grandes compagnies. Le *Journal des Travaux publics* les a publiés au mois de mars 1861, et ils ont éveillé l'attention de M. le directeur général des ponts et chaussées et des chemins de fer.

Après avoir institué une commission composée des personnages spéciaux les plus éminents pour ouvrir et diriger une nouvelle enquête sur les questions relatives à la construction et à l'exploitation des chemins de fer, M. le Ministre de l'Agriculture, du Commerce et des Travaux Publics a jugé convenable d'envoyer en Angleterre et en Écosse des ingénieurs ayant mission de faire une étude particulière des embranchements construits et exploités à bon marché.

J'ai eu l'honneur d'être attaché à cette mission, et dans l'excursion rapide que je viens de faire en Écosse avec M. Lan, ingénieur au corps impérial des mines, j'ai eu la satisfaction de voir mes calculs vérifiés et mes appréciations reconnues fondées, non-seulement pour ce qui concerne Peebles, mais encore pour tous les embranchements établis dans les mêmes circonstances.

Le tableau ci-joint, extrait des rapports officiels soumis au Parlement dans la session de 1861, en donne la preuve et fait voir à quel degré d'économie on est parvenu à réduire les frais d'exploitation sur ces embranchements.

Les comptes d'exploitation du chemin de Peebles y sont reproduits avec d'autres chiffres, parce qu'ils ne s'appliquent pas au même exercice.

TABLEAU DE QUELQUES EMBRANCHEMENTS EN ÉCOSSE CONSTRUITS ET

NOMS DES EMBRANCHEMENTS.	LON-GUEUR.	CAPITAL dépensé à la construction par kilomètre.	PRODUIT annuel kilométrique des voyageurs.	PRODUIT kilométrique des marchandises et bestiaux.	TOTAL des recettes kilométriques.	TARIFS PERÇUS pour les voyageurs.			NOMBRE des trains dans l'année.	NOMBRE de kilomètres parcourus par les trains.	ENTRETIEN de la voie par kilomètre.
						1re classe.	2e classe.	3e classe.			
	kilom.	francs.	francs.	francs.	francs.	cent.	cent.	cent.			francs.
Banff, Portsoy et Strathisla (6 stations).	30	63,708	2,767	1,815	4,582	13	"	6	2,662	79,176	207
Crieff-Junction (4 stations)...........	14 4	73,442	3,312	6,122	9,435	15 5	11 5	7 3	2,228	38,843	760
Deeside (9 stations)................	25 6	145,000 (avec matériel.)	3,672	6,000	14,072	9	"	5 5	3,128	77,241	842
Dunblane, Doune et Callander (4 stat^{ns}).	16	98,400	4,613	3,347	8,060	12 8	10	6	2,042	35,121	778
Fife et Kinross (7 stations)...........	25 6	69,095	1,867	1,753	3,620	15	11	6 2	2,732	55,057	* 465
Inverness-Nairn et Aberdeen-Junction (16 stations)................	88	176,388 (avec matériel.)	7,979	4,163	12,142	9	"	5 5	2,781	212,603	897
Leven (2 stations)......) Fusionnés depuis moins d'une	9 6	84,545	6,539	7,508	14,047	16 4	13	6	2,504	24,964	1,418
East-of-Fife (3 stations)..) année.......	11 2	70,535 (avec matériel.)	3,473	3,033	6,506	17	13	5 4	2,500	28,134	* 611
Morayshire (ayant 2 lignes distinctes et 4 stations)................	17 6	100,000 (avec matériel.)	3,354	3,961	7,315	9 3	"	6	5,880	36,243	727
Peebles (7 stations)................	30	106,453 (avec matériel.)	4,725	5,302	10,027	15	10	6 2	2,034	97,425	903
Saint-Andrews (2 stations)...........	8	82,200	6,450	4,797	11,247	12 7	10 2	6	4,432	36,077	1,234
MOYENNES...........	22 4	91,437	4,450	4,345	8,795	13 15	11 2	6 01	3,000	65,535	806

Les chiffres de ce tableau sont extraits, comme je l'ai dit, des rapports officiels soumis au Parlement.

Les compagnies de chemins de fer ont, en Angleterre, l'usage d'arrêter leurs comptes d'exploitation tous les six mois ; il est probable que les renseignements fournis pour quelques lignes ne s'appliquent pas à l'exercice d'une année entière, et nous avons marqué du signe * les chiffres qui nous ont paru être évidemment erronés.

Le prix de traction qu'exigent les grandes compagnies pour faire servir leur matériel à l'exploitation des petits embranchements est généralement de 1 shilling par mille ou o^f 78^c par kilomètre de train. Ce sont les chiffres se rapprochant de ce prix qui me paraissent vrais dans la colonne des frais de matériel et traction, divisés par le nombre de kilomètres parcourus par les trains dans le courant d'une année.

Nous avons toutefois raison de considérer aussi comme exacts les nombres représentant la proportion de la dépense à la recette brute et les intérêts ou dividendes des actions, parce qu'ils sont extraits des comptes rendus aux assemblées générales et qu'ils sont publiés dans tous les journaux. Une erreur même matérielle ne pourrait pas être commise à ce sujet. On voit alors qu'avec de bien faibles produits les compagnies qui exploitent les embranchements sont parvenues à leur faire rendre un intérêt aussi élevé que sur les grandes lignes.

La colonne qui représente les frais d'établissement est surtout digne d'attention, puisque la moyenne, pour les onze lignes désignées au tableau,

EXPLOITÉS PAR DES COMPAGNIES LOCALES ET INDÉPENDANTES DES GRANDES LIGNES.

MATÉRIEL ET TRACTION		FRAIS de trafic par kilomètre.	FRAIS généraux et d'administration.	TOTAL des dépenses par kilomètre.	EXCÉDANT des recettes kil.-métriques.	PROPORTION pour 100 de la dépense à la recette.	INTÉRÊTS ou dividendes des actions.	MATÉRIEL ROULANT à l'usage des chemins.			OBSERVATIONS.
par kilomètre de chemin.	par kilomètre de train parcouru.							Nombre de machines locomotives.	Nombre de voitures de voyageurs.	Nombre de wagons de marchandises.	
fr.	fr.	fr.	fr.	fr.	fr.	p. o/o.	p. o/o.				
* 843	* 0 32	* 838	422	2,339	2,243	51	2	3	10	42	* Ces chiffres ne doivent s'appliquer qu'à l'exploitation pendant un exercice semestriel.
2,300	0 85	1,770	428	5,500	3,935	58	4	Traction et matériel fourni par la grande compagnie.			
2,130	0 71	1,321	1,140	5,432	9,239	37	6	5	30	106	
1,980	0 90	1,667	776	5,201	2,861	65	3	Traction et matériel fourni par la grande compagnie.			
** 568	**0 26	** 451	470	1,946	1,674	53	2.5	2	5	85	** Ces chiffres ne doivent s'appliquer qu'à l'exploitation pendant un exercice semestriel. En divisant la traction par le nombre de kilomètres parcourus par les trains dans l'année, on a un résultat quatre fois trop faible.
1,657	0 68	1,288	1,145	4,987	7,155	41	4	11	46	330	
** 557	**0 21	2,630	1,953	6,568	7,459	47	8	2	3	51	
** 558	**0 22	1,163	973	3,306	3,200	50	4	1	2	36	
2,095	0 91	1,622	708	5,153	2,162	70	2	3	7	66	
2,191	0 67	1,227	802	5,121	4,906	51	4.5	4	11	142	
3,556	0 79	1,562	881	7,234	4,013	64	5	Traction et matériel fourni par la grande compagnie.			
1,680	0 60	1,413	881	4,780	4,015	54	4.10				

n'atteint pas la somme de cent mille francs par kilomètre, et, pour quelques-unes, le prix du matériel roulant y est même compris.

Nous avons pu nous procurer sur les dépenses de construction des renseignements détaillés que nous ont communiqués les ingénieurs écossais ou que nous avons extraits des comptes rendus des compagnies.

En voici quelques-uns comprenant d'autres lignes qui ne figurent pas sur notre tableau.

PRIX DE REVIENT DU KILOMÈTRE DE CONSTRUCTION

DU CHEMIN DE BANFF, PORTSOY ET STRATHISLA,

COMMUNIQUÉ PAR MM. BLYTHE, INGÉNIEURS À ÉDIMBOURG.

Longueur : 3o kilomètres.

(Pays facile; construction économique.)

PRÉLIMINAIRES.	DÉPENSE PAR KILOMÈTRE.	
	PARTIELLE.	TOTALISÉE.
Dépenses préliminaires, Parlement, etc..............	6,100f 00c	
Études des projets et plans..............	2,500 00	14,850f 00c
Acquisition des terrains..............	6,250 00	
ÉTABLISSEMENT DE LA PLATE-FORME DU CHEMIN.		
Terrassements : 6,625mc à 1 fr. 20 cent..............	7,950 00	
2 ponts sur rivière..............	1,095 75	
Viaducs pour routes et chemins..............	3,906 25	
Ponceaux et aqueducs..............	2,343 75	20,858 25
Clôtures du chemin..............	2,750 00	
Déviations de chemin et passages à niveau..............	2,812 50	
À reporter..............	....	35,708 25

	DÉPENSE PAR KILOMÈTRE.	
	PARTIELLE.	TOTALISÉE.
Report...	....	35,708f 25c
VOIE DE FER.		
63,750 kilogr. de rails, à 225 francs la tonne........................	14,343f 75c	
17,500 kilogr. de coussinets, à 143 fr. 75 cent. la tonne........	2,515 60	
Coins..	218 75	
Chevillettes..	500 00	24,853 10
1,000 traverses, à 2 fr. 80 cent........................	2,800 00	
Ballast, à 1 fr. 67 cent..............................	2,675 00	
Pose de la voie : 1,000 mètres à 1 franc................	1,000 00	
Stations...	....	8,600 00
Dépenses imprévues..................................	....	1,951 15
Total pour le kilomètre à bon marché....	....	70,312 50

On nous a fait remarquer que dans les dépenses préliminaires se trouve, pour résiliation d'un marché d'entreprise, une somme qui, répartie sur la longueur du chemin, représente par kilomètre............... 4.687f 50c
et que les rails ont été achetés à 9 livres au lieu de 6 livres la tonne : différence, 3 livres ou 75 francs par tonne, ce qui fait pour un kilomètre de chemin.......................... 4,781 25

Total en trop.......... 9,468 75

Lequel retranché de.......................... 70,312 50

Reste.................... 60,843 75

Le kilomètre pourrait alors atteindre le chiffre de 61,000 francs environ.

PRIX DE REVIENT DU KILOMÈTRE DE CONSTRUCTION
DU CHEMIN DE CASTLE-DOUGLAS A PORT-PATRICK,
COMMUNIQUÉ PAR MM. BLYTHE.

Longueur : 53 milles (85 kilomètres).

(Tracé difficile, accidenté; grandes rivières à traverser. — Dépense limite supérieure des chemins du même genre construits dernièrement en Écosse.

	DÉPENSE PAR KILOMÈTRE.	
PRÉLIMINAIRES.	PARTIELLE.	TOTALISÉE.
Dépenses préliminaires pour la concession..................	3,437f 50c	
Études et plans....................................	3,125 00	19,062f 50c
Acquisition des terrains.............................	12,500 00	
ÉTABLISSEMENT DU CHEMIN, PLATE-FORME.		
Terrassements : 14,000mc à 2 francs, environ.............	28,125 00	
Grands viaducs et ponts de rivières.....................	15,625 00	
Viaducs pour routes et chemins........................	7,812 50	65,000 00
Ponceaux et aqueducs................................	4,687 50	
Clôtures du chemin..................................	4,062 50	
Déviation de routes et passages à niveau.................	4,687 50	
À reporter...	....	84,062 50

	DÉPENSE PAR KILOMÈTRE.	
	PARTIELLE.	TOTALISÉE.
Report............		84,062f 50c
VOIE DE FER.		
687,500 kilogr. de rails par kilomètre, à 175 francs la tonne....	12,031f 25c	
21,250 kilogr. de coussinets, à 125 francs la tonne.........	2,656 25	
Coins............	273 45	
Chevillettes........	586 00	25,746 95
Traverses, à 6 fr. 20 cent. l'une........	6,200 00	
Ballast : 1m 60c par mètre, à 2 fr. 50 cent........	4,000 00	
Pose de la voie, à 1 franc par mètre........		1,000 00
Stations........		11,000 00
Dépenses imprévues........		3,190 55
Prix du kilomètre........		125,000 00

INVERNESS ET ABERDEEN-JUNCTION.

Longueur : 64 kilomètres.

(Extrait d'un compte rendu.)

(Ligne déjà ancienne, traversant un pays accidenté.)

	DÉPENSE	
	TOTALE.	PAR KILOMÈTRE.
Dépenses préliminaires........	321,250f 00c	
Études et projets........	151,050 00	9,261f 00c
Contentieux, etc........	120,425 00	
Terrains et indemnités........	857,625 00	13,400 00
Travaux et stations........	8,950,525 00	140,000 00
Télégraphie........	41,475 00	
Mobilier des stations........	39,425 00	
Ateliers et outillage........	211,425 00	
Imprimés, frais de bureau........	20,300 00	
Honoraires des administrateurs........	19,100 00	33,191 00
Traitement du secrétaire, etc........	8,150 00	
Agents de surveillance........	17,725 00	
Droits féodaux........	13,175 00	
Intérêts, commissions de banque........	150,725 00	
Dépenses diverses........	10,650 00	
Total........	12,535,325 00	195,852 00

INVERNESS A NAIRN.

Longueur : 24 kilomètres.

(Extrait d'un compte rendu.)

	DÉPENSE	
	TOTALE.	PAR KILOMÈTRE.
Dépenses préliminaires........................	97,975f 00c	
Études et projets après la concession..........	65,750 00	9,022f 00c
Contentieux et actes parlementaires............	52,800 00	
Terrains et indemnités........................	419,450 00	17,477 00
Travaux et stations...........................	2,093,750 00	87,240 00
Hôtel pour les voyageurs......................	52,675 00	
Télégraphie électrique........................	15,625 00	
Voitures et wagons............................	273,000 00	
Outillage des ateliers.........................	4,850 00	
Mobilier des bureaux et stations...............	28,400 00	10,705 00
Imprimés, fournitures de bureau................	16,150 00	
Honoraires des administrateurs................	5,375 00	
Droits féodaux...............................	6,650 00	
Intérêts pendant la construction...............	6,950 00	
Dépenses diverses............................	9,300 00	
	3,168,850 00	
A déduire pour le matériel livré à la compagnie d'Aberdeen-Junction..........................	182,175 00	
Reste..........................	2,986,675 00	124,444 00

ABERDEEN ET TURRIFF.

Longueur : 18 milles (29 kilomètres).

(Extrait des comptes rendus.)

	DÉPENSE	
	TOTALE.	PAR KILOMÈTRE.
Dépenses préliminaires........................	91,850f 00c	3,167f 00c
Construction.................................	3,065,375 00	105,700 00
Terrains et indemnités.............. 279,000f		
Dépôt de garantie pour prise de possession des terrains. 60,000	339,000 00	11,700 00
Études, plans et direction des travaux..........	61,650 00	2,126 00
Surveillance, gardes, etc......................	11,350 00	
Annonces, frais de bureau.....................	6,000 00	
Traitement du secrétaire et de son employé.....	13,650 00	
Contentieux	5,625 00	
Honoraires des administrateurs................	3,125 00	
Intérêts sur les versements....................	14,550 00	3,887 00
Mobilier des stations.........................	12,775 00	
Employés avant l'ouverture du chemin..........	1,250 00	
Compte d'intérêts............................	40,150 00	
Ports de lettres..............................	350 00	
Dépenses diverses............................	4,150 00	
Total..........................	3,670,850 00	126,580 00

ALFORD-VALLEY.

Longueur : 16 milles 1/2 (26 kil. 400 mèt.).

(Extrait des comptes rendus.)

	DÉPENSE	
	TOTALE.	PAR KILOMÈTRE.
Dépenses parlementaires préliminaires............	166,125f 00c	6,292f 00c
Travaux de construction............	2,108,475 00	79,850 00
Terrains et indemnités............ 62,175f	85,525 00	3,240 00
Dépôt pour les terrains............ 23,350		
Études, plans et direction des travaux............	56,175 00	2,127 00
Traitement du secrétaire et de ses employés............	3,400 00	
Honoraires des administrateurs............	3,025 00	
Surveillance des travaux............	6,425 00	
Télégraphie électrique............	7,450 00	
Annonces, impressions, frais de bureau............	4,500 00	
Mobilier des stations............	7,475 00	4,097 00
Contentieux et procès............	7,900 00	
Compte d'intérêts............	62,875 00	
Ports de lettres............	225 00	
Dépenses diverses............	1,750 00	
Total............	2,524,025 00	95,606 00

CHEMIN DE LEVEN.

Longueur du chemin : 9 kil. 600 mèt.

(Extrait des comptes présentés à l'assemblée générale des actionnaires de Leven pour le semestre échu le 31 janvier 1861.)

	DÉPENSE	
	TOTALE.	PAR KILOMÈTRE.
COMPTES D'ÉTABLISSEMENT.		
Dépenses parlementaires............	29,147f 50c	3,036f 00c
Études et projets............	19,600 00	2,042 00
Acquisitions de terrains, indemnités............	158,157 50	16,475 00
Traités amiables pour les terrains............	22,695 00	2,364 00
Construction de la ligne............	441,500 00	45,988 00
Machine locomotive............	51,250 00	5,339 00
Stations et voies de garage............	108,450 00	11,297 00
Dépenses diverses............	32,100 00	3,343 00
MATÉRIEL ROULANT.		
Voitures, machines locomotives et wagons............	150,875 00	15,716 00
Total............	1,013,775 00	105,600 00

CHEMIN DE PEEBLES.

Longueur : 3o kilomètres.

(Extrait d'un compte rendu à l'assemblée générale en 1859.)

	DÉPENSE	
DÉPENSES D'ÉTABLISSEMENT.	TOTALE.	PAR KILOMÈTRE.
Terrassements, travaux d'art et pose de la voie.............	1,115,734^f 00^c	37,191^f 00^c
Fourniture de rails : 2,380 tonnes, à 191 fr. 5o cent. la tonne..	455,797 00	15,193 00
Voies d'évitement...................................	20,727 00	692 00
Réservoirs, grues d'alimentation......................	25,000 00	833 00
Signaux..	15,767 00	526 00
Mobilier, frais d'installation.........................	10,936 00	364 00
Routes d'accès, drainage, travaux d'assainissement........	21,870 00	729 00
Dépenses diverses..................................	13,090 00	436 00
Préliminaires et dépenses du Parlement.................	68,828 00	2,294 00
Études des projets et plans...........................	60,000 00	2,000 00
Terrains et indemnités...............................	530,545 00	17,684 00
Remises, ateliers et stations..........................	208,795 00	6,961 00
Intérêts des capitaux versés..........................	13,575 00	453 00
Frais généraux.....................................	35,594 00	1,186 00
Télégraphie électrique...............................	17,743 00	591 00
Outillage de l'atelier................................	6,473 00	215 00
MATÉRIEL ROULANT.	2,620,474 00	87,348 00
4 locomotives et 2 tenders...........................	226,937 00	7,564 00
11 voitures de voyageurs et 142 wagons.................	287,822 00	9,594 00
TOTAL....................	3,135,233 00	104,506 00

DÉTAIL DE LA CONSTRUCTION DU MORAYSHIRE.

1re PARTIE. — D'ELGIN À LOSSIEMOUTH.

Longueur : 6 milles (9 kilom. 6oo m.).

	DÉPENSE	
ÉTABLISSEMENT DU CHEMIN.	TOTALE.	PAR KILOMÈTRE.
Préliminaires et dépenses du Parlement...................	148,700^f 00^c	15,489^f 00^c
Études des projets et plans.............................	21,750 00	2,265 00
Agence, commissions..................................	44,525 00	4,637 00
Annonces, impressions................................	4,050 00	421 00
Terrains et indemnités................................	63,300 00	6,593 00
Travaux et stations...................................	563,475 00	58,695 00
Dépenses diverses....................................	36,275 00	3,778 00
TOTAL....................	882,075 00	91,878 00
MATÉRIEL ROULANT.		
Locomotives...	65,875 00	6,862 00
Voitures et wagons...................................	63,525 00	6,617 00
TOTAL....................	129,400 00	13,479 00
RÉSUMÉ.		
ÉTABLISSEMENT DE LA LIGNE............................	882,075 00	91,878 00
MATÉRIEL ROULANT..................................	129,400 00	13,479 00
TOTAL GÉNÉRAL..........	1,011,475 00	105,357 00

Pour les chemins que nous venons de passer en revue et dont les comptes de construction sont, pour la plupart, extraits des rapports officiels soumis au Parlement par les compagnies, le prix de revient du kilomètre est bien moins élevé, comme on le voit, que pour les chemins français.

Cependant le territoire de l'Écosse n'est pas moins accidenté que le nôtre, la main-d'œuvre des ouvriers ne s'y paye pas moins cher; les matériaux de construction, tels que pierres, chaux, briques, etc., y coûtent autant.

Nous pouvons, tout aussi bien que les Écossais, faire usage de traverses en sapin, au risque d'avoir à les renouveler plus souvent.

Il n'y a que les rails, les coussinets et les ouvrages d'art en fer pour lesquels ils ont un avantage sur nous.

Nous avons, à la charge de nos chemins, une augmentation de dépense de 70 francs environ par tonne de rails et de 60 francs par tonne de coussinets.

Un kilomètre de simple voie exige à peu près 70 tonnes de rails et 20 tonnes de coussinets.

Nous avons donc en plus, pour un kilomètre de chemin, 4,900 francs pour les rails et 1,200 francs pour les coussinets, en tout 6,100 francs.

Admettons un chiffre à peu près égal pour les ponts avec poutres en fer ou en fonte, qui reviennent en Angleterre à meilleur marché, nous arrivons à une augmentation forcée de 12,000 francs environ par kilomètre de chemin construit en France, comparé à un chemin dans les mêmes conditions construit en Écosse.

Il s'en faut de beaucoup que l'écart entre le prix de revient de nos chemins et celui des autres soit seulement de 12,000 francs par kilomètre; il est, en réalité, beaucoup plus grand.

Cela tient à ce que les embranchements ont été exécutés en France comme les lignes principales, par l'État ou par de grandes compagnies, et nous allons faire voir que celles-ci ne peuvent pas les construire aussi économiquement que le feraient des compagnies locales et indépendantes.

Les principaux arguments à faire valoir en faveur de la construction et de l'exploitation des petits chemins de fer d'embranchement par des compagnies locales et indépendantes, de préférence aux grandes compagnies exploitant les grands réseaux, sont les suivantes :

1° Une compagnie locale a plus de facilités pour obtenir la souscription du capital.

Quand on fait appel au crédit pour une entreprise déterminée, dont tous les éléments peuvent être immédiatement contrôlés par les souscripteurs, il est probable que, l'affaire étant bien expliquée et son succès bien démontré, elle recueillera dans le pays la plus grande partie du capital nécessaire.

Avant de proposer la construction d'un embranchement, les propriétaires

et les industriels de la contrée traversée ont entre eux des réunions préparatoires; on y discute les avantages et les mérites du projet, envisagé au double
point de vue de la dépense et des produits. Si, à la suite de ces enquêtes
préparatoires, le chemin de fer ne parait pas devoir réaliser les avantages qu'on
en espérait, l'affaire est abandonnée comme n'ayant pas de raison d'être; mais
si, au contraire, on est assuré que le trafic aura assez d'importance pour que
le produit net de l'exploitation atteigne ou dépasse l'intérêt légal de l'argent
employé, les habitants s'empressent de souscrire le capital; ils sont d'autant
plus disposés à le faire, que les administrateurs ou promoteurs du projet
sont au milieu d'eux, qu'ils sont honorablement connus, que leur position
sociale est une garantie et est faite pour inspirer confiance dans la bonne
direction d'une affaire patronnée par eux. Ils ont, en outre, l'avantage de
suivre sur les lieux les développements de l'opération, de s'en rendre compte
jusque dans ses plus petits détails, et ils ont la satisfaction de savoir exactement de quelle manière leur argent est dépensé.

Il n'en est pas de même pour les grandes compagnies, où les placements
se font souvent avec la sécurité et les chances qu'on a quand on veut tenter
la fortune au jeu ou à la loterie.

N'avons-nous pas vu des exemples malheureusement trop fréquents où de
pauvres actionnaires de grandes entreprises se sont vus ruinés le lendemain
du jour où on leur annonçait que leurs affaires étaient en voie de prospérité?
Ils n'avaient eu aucun moyen de contrôler l'emploi qu'on avait fait de leurs
capitaux; des dividendes fictifs leur avaient été distribués, et leur confiance a
été cruellement trompée. Cela n'est point à craindre avec une petite affaire
locale dont les éléments et la conduite sont constamment sous les yeux de ceux
qui la dirigent, et sous ce rapport les souscripteurs du capital y trouvent
toutes les garanties désirables.

2° Une compagnie locale a plus d'avantage qu'une grande compagnie pour
construire un chemin de fer à bon marché.

1° **TERRAINS.**

Quand des propriétaires voient leurs champs traversés par des légions
d'ingénieurs étrangers au pays, chargés de faire les études d'un chemin de
fer, ils sont généralement animés de sentiments peu bienveillants à leur
égard. Ils ne tiennent aucun compte des avantages que le chemin de fer doit
leur procurer et ne songent qu'à faire payer leurs terrains le plus cher possible. A leurs yeux, les administrateurs des compagnies dont le siége est à
Paris sont des spéculateurs qu'il est toujours bon d'exploiter, et ils ne manquent pas de le faire.

Nous pourrions citer une multitude d'exemples où les grandes compagnies ont été dans la nécessité de payer les terrains à un prix triple et quadruple de leur valeur réelle.

Cela ne peut pas avoir lieu pour une petite compagnie locale, où les propriétaires sont eux-mêmes souscripteurs du fonds social. Ils se connaissent tous, et aucun d'eux ne peut émettre des prétentions exagérées sans soulever une vive opposition de la part de ses collègues, qui savent parfaitement ce que vaut sa propriété.

L'opposition serait non moins vive contre celui qui réclamerait un plus grand nombre de passages de la voie ferrée qu'il ne convient pour la desserte de ses champs et de ses cultures. Les grandes compagnies sont toujours victimes de ces sortes d'exigences, tandis que les petites compagnies en seraient exemptes autant que possible.

2° TRAVAUX.

Les administrateurs d'un chemin de fer qui résident sur les lieux mêmes où la ligne est en construction connaissent mieux que des étrangers les ressources du pays, soit pour la qualité, soit pour le prix des matériaux.

Les projets d'ouvrages d'art, tels que ponts et viaducs, sont généralement, pour les grandes compagnies, préparés dans les bureaux de l'ingénieur en chef, résidant à Paris, d'après certains types qui ne sont pas toujours les plus économiques par rapport à la nature des substances usitées dans le pays traversé. Là où un pont en fer serait économique, on prend de la pierre, et quelquefois, dans les contrées où le bois et les briques abondent, on fait des ouvrages en fer. Pareille faute ne serait pas commise si la direction des travaux était placée sous le contrôle immédiat des habitants intéressés dans l'entreprise.

Quand on fait un chemin de fer, il y a presque toujours moyen de réaliser des économies nombreuses pendant la marche des travaux. Si la direction est à Paris, les projets, une fois signés par l'ingénieur en chef, sont invariablement exécutés sans le moindre changement, et cependant les conducteurs ne manquent jamais de déclarer que si l'on avait opéré d'une autre manière, si l'on avait suivi telle courbe ou telle rampe, on aurait simplifié le travail et réalisé une forte économie.

Une direction *locale* aura sur celle de Paris l'avantage de profiter de toutes les circonstances favorables qui peuvent se présenter pendant l'exécution des travaux, soit en améliorant les tracés, soit en modifiant les dimensions et le mode de construction des ouvrages d'art.

3° Les grandes compagnies ne peuvent pas construire leurs embranchements d'une façon aussi modeste que le ferait une petite compagnie locale.

Le public sera évidemment plus exigeant dans un cas que dans l'autre; il demandera pour l'embranchement des stations disposées et établies comme celles de la grande ligne. On voudra des ouvrages d'art somptueux, des voies d'accès, des chemins latéraux, des passages en nombre exagéré.

Les demandes de ce genre se produiront de tous côtés, l'Administration supérieure les signalera aux compagnies et celles-ci feront le plus souvent droit aux réclamations.

Il est donc bien difficile, pour une grande compagnie, de construire des embranchements à bon marché.

Pour la petite compagnie locale et indépendante, c'est autre chose.

D'abord le chemin est fait généralement pour le compte de ceux qui doivent s'en servir, et leur propre intérêt les empêchera de crier trop haut contre des installations de service qui n'ont pas le luxe et le confortable des grandes lignes.

Ensuite personne n'aurait le courage de lui imposer des travaux dont l'importance excéderait de beaucoup les ressources financières de l'entreprise.

Les ingénieurs des grandes compagnies, comme nous l'avons déjà dit, ne font pas assez de différence dans le mode de construction des embranchements et celui des grandes lignes; les tracés, profils, ouvrages d'art, dispositions des gares, sont souvent les mêmes; leur prix de revient est presque aussi élevé.

Les ingénieurs écossais ont acquis la réputation et se sont fait une spécialité de construire des chemins de fer *à bon marché*. Leurs types diffèrent essentiellement de ceux des grandes lignes. Les terrassements et ouvrages d'art sont faits pour la simple voie. Si le chemin est supposé devoir atteindre un jour à un trafic important et nécessiter la pose d'une seconde voie, les terrains sont achetés et les ponts par-dessus sont construits pour la double voie; mais les terrassements et les ouvrages tels que ponts, ponceaux, viaducs en-dessous, sont faits pour la simple voie, parce qu'on peut les allonger et les élargir plus tard sans arrêter la circulation du chemin de fer, tandis qu'un pont par-dessus devrait être démoli s'il est trop étroit pour la double voie.

Au lieu de tracer de longs alignements et de n'admettre que des rampes régulières, ils suivent les sinuosités du sol comme s'il s'agissait d'une route ordinaire, où le profil peut varier d'inclinaison jusqu'à 20 ou 25 millimètres de pente. Leurs remblais et leurs tranchées ont des hauteurs insignifiantes, et, par suite, leurs ouvrages d'art ont des dimensions très-réduites.

Ils s'arrangent pour que les emplacements des gares et stations soient bien déterminés d'avance, afin que leurs terrassements s'équilibrent avec ceux de la ligne.

Chez nous, les gares, dont l'établissement est mis aux enquêtes après que les projets concernant la ligne principale ont été approuvés, exigent presque toujours des dépôts ou des emprunts latéraux supplémentaires considérables, qu'on pourrait éviter d'avance en abaissant ou en relevant le profil des abords et en faisant les terrassements des gares en même temps que ceux de la ligne principale.

Ils ne séparent pas l'entreprise du ballastage et de la pose de la voie de celle de la construction.

On demandait un jour à M. Betts, entrepreneur anglais, quel est le meilleur ballast à employer sur un chemin de fer : « C'est celui qu'on trouve sur « place, » répondit-il. Cette maxime, qui n'est pas vraie pour l'espèce ou la qualité du ballast, est essentiellement juste pour l'économie dans la dépense. Les constructeurs des chemins écossais la pratiquent avec le plus grand soin. Si une tranchée présente des déblais d'une nature favorable, ils ne se font pas faute d'abaisser la plate-forme du chemin, d'élargir la tranchée et de modifier le profil pour se servir comme ballast de tout l'excédant des déblais. La voie de fer posée définitivement sert à les transporter au loin par locomotives, et il arrive souvent que le chemin est ballasté et prêt à être livré à l'exploitation dès que les autres travaux d'art et de terrassement sont achevés.

On comprend combien ce système est plus économique que le nôtre en France, où, par suite d'un usage résultant de l'application de la loi de 1842, la pose et le ballastage de la voie ne commencent qu'après la réception des travaux et la livraison de la plate-forme à son profil définitif.

J'ai dit que les grandes compagnies font leurs embranchements dans les mêmes conditions que la ligne principale. Leurs rails, traverses, coussinets, chevillettes, coins, matériel fixe et roulant, sont les mêmes. Rien n'oblige une petite compagnie locale et indépendante à suivre ces errements.

Sur les petits chemins d'Écosse, les rails ne pèsent pas beaucoup plus de 30 kilogrammes par mètre courant; les dimensions et les poids des autres fournitures de la voie sont réduits dans la même proportion, les traverses sont en sapin, le ballast moins épais. Cela n'a pas d'inconvénient, parce que les locomotives sont moins lourdes et que la vitesse de marche des trains est bien moins grande.

J'ai donc raison de dire que les petites compagnies peuvent exécuter les embranchements à meilleur marché que les grandes compagnies.

4° Une petite compagnie locale est plus en état que la grande d'exploiter avec avantage un embranchement.

Les embranchements doivent être exploités dans des conditions d'économie que peuvent rarement atteindre les grandes compagnies.

Quand nous avons demandé, dans notre dernier voyage, les raisons par lesquelles les embranchements sont exploités en Écosse avec plus d'économie et de profit qu'en Angleterre, où ils font généralement partie des grands réseaux, on nous a répondu ceci :

« En Écosse, les compagnies n'ont pas d'état-major d'employés supérieurs, « et le public est appelé à faire lui-même une partie du service des gares. »

Ce que j'ai raconté précédemment du chemin de Peebles vient à l'appui de cette assertion.

On nous a dit ensuite :

« Sur un chemin de faible longueur, la surveillance est active et inces-
« sante. Le directeur peut se rendre compte par lui-même de ce qui s'y passe ;
« il connaît par leurs noms tous ses employés, il est en relation directe avec
« eux, sans intermédiaire. Il en obtient une plus grande somme de travail et de
« dévouement par des communications personnelles et des ordres verbaux que
« par des circulaires écrites ou des règlements imprimés.

« Le directeur de l'exploitation du chemin de *London and North-Western* (le
« plus grand réseau de l'Angleterre) ne connaît pas même de vue le dixième
« de son personnel ; comment peut-il lui faire sentir les effets d'une autorité
« bienveillante et éclairée ?

« Avant leur fusion, les lignes de *Londres à Birmingham*, du *Grand-Junction*
« et de *Liverpool à Manchester*, exploitées séparément, produisaient 10 p. o/o
« de revenu à leurs actionnaires ; aujourd'hui, la grande compagnie qui tient
« tout le réseau a de la peine à leur distribuer 5 p. o/o. Il n'y a donc pas
« avantage à étendre au delà de certaines limites la direction active d'un
« chemin de fer. Vouloir mettre sous l'autorité d'un seul chef d'exploitation un
« réseau de 1,000 à 1,500 kilomètres, c'est comme si l'on donnait à un co-
« lonel un régiment de 20,000 hommes à commander. De même que l'expé-
« rience a appris, dans tous les pays où l'on sait faire la guerre, que les régi-
« ments ne peuvent pas être composés de plus de 2,000 à 3,000 soldats, de
« même en Angleterre on est arrivé à reconnaître qu'un chef d'exploitation ne
« devrait pas avoir plus de 100 à 150 kilomètres de chemin à diriger, pour
« que la surveillance y soit efficace et que le service y soit fait avec ordre et
« économie. » . . . . . .

Voilà ce qu'on nous a dit en Angleterre, et je suis de cet avis, car depuis longtemps j'avais fait en France les mêmes remarques.

Au lieu de partager son réseau en grandes divisions ayant chacune environ 150 kilomètres de longueur, comme étaient autrefois les lignes de Paris à Rouen, de Paris à Orléans, etc., sur lesquelles le service se faisait si bien ; au lieu d'installer au centre de chaque division un sous-directeur ayant, à titre de délégué, l'autorité du chef sur tout le personnel compris dans cette division ; au lieu de localiser pour ainsi dire son action, le directeur d'une grande compagnie laisse aujourd'hui son pouvoir et sa responsabilité tomber de ses mains, pour s'éparpiller sur les chefs de service qui l'entourent.

A 400 kilomètres de distance, par exemple, un chef de gare reçoit ses instructions du chef du mouvement, qui est à Paris ; un chef de dépôt ne fait pas marcher une locomotive sans l'autorisation de l'ingénieur chef du matériel et de la traction, demeurant à Paris ; un conducteur chef de section adresse tous ses rapports sur l'état de la voie à l'ingénieur chargé de l'entretien et de la surveillance, résidant à Paris.

Chacun de ces services a des agents intermédiaires, appelés inspecteurs, qui n'ont pas d'autre mission que de transmettre les ordres et expliquer les règlements. Chaque bureau central est rempli d'employés chargés de dépouiller les rapports et la correspondance, d'expédier les ordres, les instructions, et de répondre aux lettres de service.

Le chef du trafic commercial, pour un marché de transport; l'architecte, pour une réparation dans un bâtiment; l'avocat chargé du contentieux, pour un procès; le chef de contrôle, pour une erreur de billets, envoient au loin des employés spéciaux, indépendants les uns des autres, indifférents à tout ce qui se passe autour d'eux, et prenant à tâche de ne se mêler en quoi que ce soit des affaires qui ne sont pas de leur ressort, lors même qu'elles pourraient compromettre les intérêts de la compagnie à laquelle ils sont attachés.

Il en résulte, au préjudice de la compagnie, des rivalités de position, des froissements de caractères, des jalousies de métier, des conflits d'attributions et une paralysie de toute initiative individuelle, dont les inconvénients se font sentir aux extrémités du réseau, et, à plus forte raison, sur les embranchements qui se détachent de la ligne principale.

Le directeur d'une grande compagnie, quels que soient son travail, son intelligence, sa présence d'esprit et sa mémoire, ne peut pas utilement fixer une attention soutenue sur toutes les affaires qui lui arrivent.

Il s'occupera naturellement, en premier lieu, de celles qui concernent le *through traffick*, comme on dit en Angleterre, c'est-à-dire le service et le mouvement de la grande ligne, la comptabilité générale, les expéditions de long parcours, les tarifs, les marchés et les rapports de la compagnie avec l'Administration supérieure.

Les questions relatives aux embranchements viendront ensuite; elles ne sont pas faites pour l'intéresser beaucoup, puisqu'elles ont rapport à une exploitation généralement onéreuse pour sa compagnie.

Les embranchements sont onéreux parce que la marche des trains et l'organisation du service y sont subordonnées au mouvement de la ligne principale, et nullement aux convenances du trafic local.

On y fait un service de nuit dont les gens du pays ne profitent pas autrement que pour correspondre avec les trains de la grande ligne. Le service des gares et de la traction, la surveillance de la voie, la garde des passages à niveau, la manœuvre des aiguilles et des signaux, exigent un double personnel de jour et de nuit, fonctionnant de la même manière et coûtant autant que sur la ligne principale.

Il n'est donc pas surprenant que sur la plupart des embranchements appartenant aux grandes compagnies, les frais arrivent à absorber les produits de l'exploitation et quelquefois à les dépasser.

Avec une petite compagnie et une direction locale et indépendante, un embranchement doit toujours être rémunérateur.

Des administrateurs résidant sur les lieux connaissent mieux que des étrangers les ressources du pays. Ils vont eux-mêmes à la recherche de la clientèle, et, par leurs relations personnelles, développent le trafic local. Ils iront, s'il le faut, comme nous l'avons dit pour le chemin de Peebles, jusqu'à fournir des sacs aux fermiers et aux cultivateurs, pour faciliter l'expédition de leurs grains.

Ils ne font pas de service de nuit.

Pendant l'été, le nombre des trains est ordinairement de *quatre* dans chaque sens, depuis sept heures du matin jusqu'à huit heures du soir. Pendant l'hiver, le nombre est réduit à *trois*, aller et retour, de huit heures du matin à sept heures du soir.

Les trains sont généralement mixtes, c'est-à-dire composés de voitures de voyageurs et de wagons de marchandises.

Une seule locomotive suffit presque toujours pour le service d'un petit embranchement; il est donc inutile d'en protéger les stations par des signaux à distance, puisque la rencontre de deux trains est impossible.

S'il n'y a pas de service de nuit, il n'est pas nécessaire d'avoir des gardiens à résidence fixe pour les passages à niveau.

Au lieu de maisons, de simples guérites suffisent pour abriter ces gardiens, qui retournent chez eux le soir après le passage du dernier train. Avant de partir, ils ont le soin de fermer leurs barrières sur la voie de fer et de laisser libre le chemin des piétons et des voitures.

En Angleterre, les petits chemins communaux ou d'exploitation rurale ont des barrières sans gardiens. Des poteaux indicateurs marquent les heures réglementaires des trains, et comme les passages à niveau de ces petits chemins ne sont fréquentés que par les cultivateurs qui résident dans le voisinage, au bout de peu de temps il n'est pas un seul d'entre eux ayant à conduire des voitures ou des bestiaux au labour ou au pâturage qui ne sache exactement les heures où il est exposé à rencontrer un train, et il sait s'en garantir.

Les stations sont construites avec la plus grande simplicité : une marquise en bois, fermée de trois côtés et ouverte sur la voie, sert d'abri aux voyageurs, une simple guérite est le bureau du receveur.

Généralement les stations sont adjacentes aux passages à niveau des grandes routes; les gardiens des barrières sont en même temps chefs de station.

On nous a cité une gare où le receveur est un épicier du village voisin. Il arrive à son poste un quart d'heure avant l'heure réglementaire du passage d'un train; il délivre les billets au départ, retire ceux des voyageurs à l'ar-

-rivée, et quand le train est parti, il retourne à sa boutique, où la femme a fait la vente des épiceries pendant l'absence de son mari.

Dans ces conditions, le salaire d'un receveur ne dépasse pas 20 livres sterling (500 francs) par an.

Toutes les fois que le cahier des charges ne le leur impose pas, les compagnies ne font circuler sur leurs chemins que des voitures de 1re et de 3e classe.

Dans les trains omnibus des grandes lignes, et il en serait de même à plus forte raison sur un petit embranchement, les voitures de 1re classe sont presque toujours vides, celles de 2e à moitié pleines, et celles de 3e classe sont encombrées de voyageurs; à quoi bon faire circuler sans profit un matériel vide dont l'entretien est si cher?

Sur les chemins de banlieue, les trains ne renferment que deux classes de voyageurs; il doit en être de même sur une ligne d'embranchement.

Une petite compagnie a généralement pour employés des gens d'une toute autre catégorie que ceux que nous voyons sur nos grands réseaux; elle fait choix de simples ouvriers, quelquefois de manœuvres, qu'elle paye beaucoup moins cher, et dont elle retire pourtant un travail plus considérable et plus varié que si c'étaient des hommes spéciaux.

L'embranchement de Thornton à Leven, dont nous avons déjà parlé, ayant une longueur inférieure à 10 kilomètres, et exploité par une compagnie indépendante, offre l'exemple frappant d'un personnel économique.

Les administrateurs, qui en sont les principaux actionnaires, s'occupent activement de tous les détails du service, sans traitement, sans jetons de présence, parce que leur intérêt personnel s'y trouve engagé.

Le président du conseil du chemin de Leven est un meunier distillateur dont l'usine est contiguë à la seule station intermédiaire; il connaît par leurs noms de baptême tous les employés et ouvriers attachés au chemin. Le secrétaire du conseil, qui réside à Leven, ville de 3,000 âmes seulement, est un petit banquier de la localité, qui tient les comptes et fait toutes les affaires de la compagnie moyennant une faible rétribution de 2,000 francs par an. Il a dans son bureau deux commis pour tenir les écritures et le contrôle, qui reçoivent chacun 50 livres sterling ou 1,250 francs par an.

Un inspecteur, ancien maître charpentier, dirige le mouvement des trains et est payé comme un ouvrier, à raison de 30 shillings par semaine.

Il n'y a qu'un seul mécanicien pour conduire la locomotive, et cet homme marche avec son chauffeur tous les jours de la semaine, excepté le dimanche, depuis le matin jusqu'au soir. Il graisse et nettoie sa machine dans l'intervalle des trains, dont le parcours ne dure pas plus de 20 minutes. La machine reste en feu quelquefois pendant six mois consécutifs.

Les salaires du mécanicien et du chauffeur s'élèvent à 32 et à 25 shillings par semaine. Si par hasard le mécanicien tombait malade, son chauffeur le remplacerait. L'inspecteur maitre charpentier chef du mouvement sait conduire aussi une locomotive et pourrait, à la rigueur, faire le même service.

L'atelier se compose d'une forge où un homme travaille avec un frappeur à réparer les chaines et les crochets d'attelage, les boulons, les écrous, etc.

Un menuisier, auquel le maitre charpentier inspecteur chef du mouvement prête la main quand cela est nécessaire, est occupé aux menues réparations des voitures. On lui donne pour cela de 25 à 28 shillings par semaine.

Les grandes réparations, telles que les changements d'essieux, de roues, de tubes et de foyers, se font à Édimbourg, dans l'atelier de construction de MM. Hawthorn, qui ont fourni les machines et qui préparent toujours d'avance les principales pièces de rechange pour faire attendre le moins possible.

Le service de la voie ne comprend qu'un chef d'équipe et 6 ouvriers poseurs pour entretenir le chemin sur toute sa longueur de 9,600 mètres.

La station intermédiaire est desservie par un seul homme, chargé de délivrer des billets au départ, retirer ceux des voyageurs à l'arrivée, tenir des registres de comptabilité, faire les expéditions de marchandises et, en même temps, balayer son bureau, le trottoir et la salle d'attente, nettoyer, entretenir les lampes, etc.

Tout ce personnel est payé comme le seraient de simples ouvriers, à tant par semaine. Il n'y en a aucun parmi eux qui aurait la prétention d'être traité comme dans les grandes compagnies, en fonctionnaire exigeant, de la part de ceux qui l'emploient, des égards, des procédés et une pension de retraite sur ses vieux jours.

Est-il possible à une compagnie quelconque, organisée comme elles le sont chez nous, de faire sur un de ses embranchements un service aussi réduit, aussi simple et aussi économique que celui de la petite compagnie de Leven?

Je n'hésite pas à répondre qu'elle le peut, mais c'est seulement à la condition absolue de confier à un agent responsable et indépendant la direction absolue de l'exploitation de cette petite ligne; voici pourquoi :

Je crois avoir démontré que les embranchements concédés à titre onéreux sont mal exploités par les grandes compagnies, qui cherchent à en atténuer les frais en réduisant le plus possible le nombre des trains.

Par le peu d'empressement qu'elles mettent à encourager le trafic, elles sont sans cesse en butte aux plaintes et aux récriminations des localités mal desservies.

Le directeur d'un réseau de 1,200 kilomètres a bien autre chose à faire que de s'inquiéter du mouvement d'un petit chemin qui se détache de la ligne principale à plusieurs centaines de kilomètres de son bureau; et cependant rien ne peut s'y produire, aucun changement ne peut y être apporté sans son autorisation préalable.

Qu'un particulier vienne proposer une expédition immédiate de bestiaux ou de marchandises exigeant un supplément de matériel ou un train extraordinaire, c'est bien rare s'il pourra obtenir dans un court délai une réponse favorable.

Le plus souvent le matériel sera absorbé par le trafic de la ligne principale, et on ne pourra pas en distraire un seul wagon pour l'envoyer sur l'embranchement.

D'autres fois on sera arrêté par la crainte des accidents auxquels on s'expose en autorisant à distance des trains exceptionnels dont la marche est réglée par des circulaires qui peuvent ne pas être toujours très-bien comprises par les agents subalternes.

Il en serait autrement si la compagnie avait sur les lieux un agent responsable, agissant avec toute l'indépendance du directeur et ayant une autorité absolue sur le personnel et sur le mouvement du matériel affecté au service de la petite ligne.

Les voyageurs et les expéditeurs de marchandises appelés à se servir d'un embranchement éloigné de Paris auraient au moins à leur portée quelqu'un capable de leur rendre raison de suite s'ils avaient des propositions ou des réclamations à faire, tandis qu'aujourd'hui ils sont obligés de s'adresser à la direction de Paris, et celle-ci, avant de leur répondre, croit devoir ouvrir une enquête, se faire envoyer des rapports par ses inspecteurs, prévenir le contrôle, consulter quelquefois le service du contentieux, etc., formalités très-longues qui fatiguent les uns et découragent les autres.

J'insiste particulièrement sur la nécessité de concentrer, sous une direction absolue et locale, tous les services d'un embranchement.

Il arrive souvent que les chefs de gare ont besoin d'ouvriers supplémentaires pour former ou décomposer les trains. Sur une petite ligne, les équipes chargées de l'entretien de la voie pourraient, sans inconvénient et sans augmentation de dépenses, leur prêter main-forte. Dans une autre occasion, on aurait recours au personnel des ateliers et de la traction.

Cela se passait ainsi autrefois sur les chemins de fer de Versailles et de Saint-Germain, où l'exploitation du service de banlieue se faisait à bien meilleur marché qu'aujourd'hui.

Les jours des grandes eaux de Versailles, on voyait les employés de tous grades et de tous les services, même ceux des bureaux, occupés, sous les ordres immédiats de leur directeur, à régulariser et à surveiller la marche des trains; ils restaient à leur poste depuis le matin jusqu'au milieu de la nuit, et faisaient le service avec une ardeur et une émulation qu'on ne voit plus aujourd'hui sur nos chemins de fer.

Je voudrais, pour la fortune et l'avenir des chemins de fer en France, que le personnel chargé de les exploiter fût organisé comme l'armée.

Avec une pareille organisation, et en tenant compte des observations exposées dans cette note, les grandes compagnies pourront ajouter à leur réseau de nouveaux embranchements; mais il est infiniment préférable, comme nous l'avons dit, de les concéder à de petites compagnies locales, représentées par les notabilités du pays, capables de les construire et de les exploiter au mieux de leurs intérêts et à l'avantage des populations qui les réclament.

Il n'est pas nécessaire que le matériel roulant soit la propriété de la petite compagnie et que la traction se fasse à ses frais, sous sa direction et sous sa responsabilité.

Le plus souvent, il y aura avantage à en charger la grande compagnie.

Un système s'est produit dernièrement dans les départements de l'Alsace, qui, s'il pouvait être généralisé sur les autres parties du territoire, donnerait une vive impulsion à la construction des embranchements : c'est de faire exécuter les terrassements, les travaux d'art, et même le ballastage de la voie, par les départements et les communes, en se servant de la loi sur les chemins vicinaux pour établir la plate-forme du chemin de fer.

La compagnie concessionnaire n'aurait plus que la voie à poser, les stations à construire et le matériel roulant à fournir, comme dans le système de la loi de 1842 ; et encore, pour économiser le matériel, elle pourrait traiter de la traction avec la grande compagnie, ainsi que cela doit avoir lieu en Alsace.

Dans ces conditions, l'embranchement français reviendrait à meilleur marché que n'importe quel chemin d'Écosse.

Il serait bien à désirer que ce système pût être appliqué par toute la France ; mais, par malheur, les départements riches comme celui du Bas-Rhin et capables de faire de pareils sacrifices sont en bien petit nombre.

De pauvres localités, à qui un chemin de fer est indispensable, auront, en général, meilleur compte à s'adresser à l'État qu'au Préfet et au Conseil général de leur département, pour obtenir une subvention en argent, en terrains ou en travaux ; car, à moins que le chemin projeté ne traverse la plus grande partie du département, il est probable que les localités laissées en dehors refuseront d'y contribuer.

Le système des chemins de fer vicinaux de l'Alsace ne pourra donc qu'être exceptionnellement mis en pratique dans le reste de la France.

D'ailleurs, il est bien temps de renoncer au mode énervant des subventions, des garanties d'intérêt, des travaux faits par l'État dans les conditions de la loi de 1842, et d'entrer dans la voie naturelle et logique de donner les chemins de fer à ceux-là seulement qui ont intérêt à s'en servir et qui sont en mesure de les faire.

Que le Gouvernement déclare être prêt à concéder tout embranchement qui lui sera demandé au nom d'une compagnie formée des hommes les plus honorables et des propriétaires les plus riches du pays traversé ;

Qu'il laisse à cette compagnie *locale* toute liberté de construire son embranchement dans les conditions économiques des chemins écossais ;

Qu'il lui accorde le droit de percevoir des tarifs plus élevés que ceux des grandes lignes, mais toujours bien inférieurs aux frais de transport sur les routes de terre;

Qu'il lui permette d'apporter à ces tarifs telle modification qu'elle jugera utile à ses intérêts, tout en restant dans les limites du maximum fixé par le cahier des charges.

A l'exception des lignes d'un intérêt purement stratégique, comme celles qui longent les frontières; d'un intérêt agricole et sanitaire, comme celles de la Sologne, de la Brenne et de la Dombes; d'une difficulté de construction extraordinaire comme celles des pays de hautes montagnes et de vallées étroites de l'Auvergne, des Pyrénées, des Alpes et du Jura : lignes qui ne pourront jamais donner des produits capables de couvrir les dépenses d'établissement, si elles n'ont pas de subvention; à l'exception, dis-je, de ces lignes spéciales, nous verrions la France construire son troisième réseau de chemins de fer sans accroissement de charges pour l'État, sans gêne pour les compagnies existantes, si le Gouvernement consentait aux conditions que je viens d'énumérer et se relâchait un peu de la rigueur des règlements et des formalités administratives.

Paris, le 5 février 1862.

CH. BERGERON.

RAPPORT

SUR

LES CONDITIONS DE CONSTRUCTION ET D'EXPLOITATION

DES CHEMINS DE FER ALLEMANDS.

Avant 1837, l'Allemagne ne possédait que 225 kilomètres de chemins de fer à chevaux, construits pour le transport des sels ou du bois de chauffage. Le premier chemin à locomotives livré à l'exploitation fut celui de Leipzig à Dresde, dont l'ouverture eut lieu en avril 1837.

Aujourd'hui, le réseau allemand, achevé dans ses principales lignes, présente un développement de 18,000 kilomètres de voies ferrées qui sillonnent les 37 États de la Confédération germanique et les pays non allemands soumis aux couronnes d'Autriche et de Prusse.

Ce réseau comprend 62 administrations distinctes, dont 18 sont gérées par l'État dans 10 gouvernements différents et 44 par des compagnies.

L'irrégularité des frontières des pays compris entre le bas Rhin et l'Elbe, les nombreux États ou enclaves que l'on rencontre dans ce parcours, ainsi que les exigences du trafic extérieur, n'ont pas tardé à faire sentir le besoin d'asseoir l'exploitation internationale des chemins de fer sur des bases communes, et ont conduit à constituer, sous le nom d'*Union des chemins de fer allemands*, une association à laquelle se sont ultérieurement rattachés tous les chemins de fer de l'Allemagne.

Cette union a arrêté et publié successivement un règlement sur le service des voyageurs, un règlement sur le transport des marchandises, ainsi que des prescriptions générales pour la construction et l'exploitation des voies ferrées.

Les dispositions de ces règlements ont été promulguées dans leur ensemble par quelques États, ou reproduites, ainsi que cela a eu lieu en Bavière, en Autriche et en Prusse, dans les règlements spéciaux relatifs à l'exploitation des chemins de fer. Elles servent de base à tout le trafic extérieur des chemins, et assurent la régularité nécessaire pour le transport des voyageurs et des marchandises sur tous les points du réseau.

SECTION Ire.

CONSTRUCTION DES CHEMINS DE FER.

Nous examinerons spécialement dans ce travail :

Les réseaux du grand-duché de Bade, du royaume de Wurtemberg et du chemin de fer de l'État de Bavière ;

Les lignes autrichiennes qui desservent la vallée du Danube, celles qui relient Trieste à Vienne, Prague et Dresde, ainsi que celles qui rattachent Vienne à la Gallicie, à la Pologne, à la Silésie prussienne et à Berlin ;

Les lignes de Berlin à Kœnigsberg, Stettin, Hambourg, Magdebourg et Leipzig ;

Enfin les réseaux qu'emprunte la ligne de Leipzig à Hanovre, Cologne et Verviers.

Ces lignes, qui embrassent les principales artères commerciales de l'Allemagne, desservent le mouvement d'affaires de ce pays avec l'est de la France, par Strasbourg et Saint-Louis ; avec la Suisse, le bas Danube, la Pologne et la Russie ; avec les ports de la mer du Nord aux embouchures de la Vistule, de l'Oder, de l'Elbe, du Weser et de l'Ems, ainsi que le commerce avec la Hollande et une partie de la Belgique

Elles comprennent 22 lignes ou réseaux sur les 62 qui font partie de l'Union allemande, et 10,287 kilomètres sur 18,000 que présentent les voies ferrées.

Les résultats de l'étude de ces lignes peuvent ainsi être regardés dans leur ensemble comme expression fidèle des conditions de construction et d'exploitation des chemins de fer allemands.

DÉTAIL DU RÉSEAU.

Nous donnons dans le tableau n° 1 ci-annexé (page 176) le relevé des diverses lignes que nous avons parcourues, le détail des lignes principales et secondaires qu'elles comprennent, ainsi que les dépenses de leur établissement, et les résultats financiers de l'exploitation du dernier exercice dont les comptes ont été arrêtés.

VOIE.

On voit par ce tableau que les lignes de Mannheim à Strasbourg et à Bâle, celle de Bruchsal à Ulm, la ligne de Myslowitz (frontière autrichienne) à Breslau, Francfort, Berlin et Magdebourg, et la ligne de Leipzig à Verviers par Hanovre et Cologne, sont à deux voies: Sur le surplus des lignes, qui forment les 0,83 du développement total, la deuxième voie n'est posée que partiellement, suivant les besoins du service, aux abords des stations les plus importantes ou aux croisements habituels des trains. Le trafic des lignes exploitées à une voie ne laisse pas toutefois d'avoir de l'importance, car la recette brute atteint, au cours actuel du change sur Vienne, pour le chemin *Autrichien de l'État*, 27,952 francs, pour le *Sud-Autrichien*, 37,044 francs, et pour le *Nord-Autrichien*, 44,614 francs par kilomètre.

Les terrains sont en général acquis pour deux voies, et les terrassements et ouvrages d'art exécutés pour la deuxième voie. Sur le chemin de fer royal de *Bavière* et sur la ligne de Vienne à Pesth et Czegled, les terrassements ne sont cependant exécutés que pour une voie, à l'exception des remblais ou déblais importants. Pour la plupart des lignes d'embranchement qui ne doivent pas être ultérieurement prolongées, les terrains ne sont acquis que pour une seule voie.

RAILS.

La largeur de la voie est aujourd'hui, pour tous les chemins de fer, de 1^m,435 (4′ 8″ 1/2 anglais) entre les rails. Les rails employés présentent des profils variables, suivant l'époque de leur livraison : pour les rails neufs que l'on pose actuellement, tous les chemins ont adopté le profil Vignole, sauf la ligne de *Berlin à Magdebourg* et celle d'*Ulm à Salzbourg*, qui ont conservé le rail à double champignon. Le poids des rails récemment employés varie de 34 à 38 kilogrammes par mètre courant ; leur hauteur, de 112 à 132 millimètres. Tous les joints sont reliés par des éclisses.

SUPPORTS.

Comme supports de la voie, on rencontre encore sur les chemins de *Bavière*, de Nuremberg à Hof et de Bamberg à Aschaffenbourg, des dés en grès ou en granit ; mais on les remplace peu à peu par des traverses en bois. Celles-ci sont adoptées pour tout le reste du réseau et comprennent des essences de chêne, de pin, de hêtre, d'épicéa, de sapin et de mélèze, suivant les localités. Ces dernières essences sont le plus souvent préparées.

Sur les 22 lignes qu'embrasse ce travail, trois n'emploient que des traverses en chêne ; douze emploient des traverses préparées au sulfate de cuivre, et sept des traverses imprégnées au chlorure de zinc. On a également essayé sur quelques lignes les huiles créosotées, le chlorure de manganèse, un mélange de sulfate de fer et de sulfure de baryum et le sublimé corrosif, mais sans s'arrêter définitivement à l'emploi de ces réactifs antiseptiques.

TRACÉ.

Les tracés des différents réseaux présentent, suivant les territoires qu'ils desservent, de grandes variations. Dans la vallée du Rhin, dans celle du Danube ainsi que dans la plaine du nord de l'Allemagne, on rencontre de grands alignements droits avec courbes de grand rayon, dont le minimum atteint rarement 376 mètres sur les lignes principales.

Le réseau du *Wurtemberg*, les lignes transversales de la *Bavière*, le *Sud-Autrichien* et le chemin *Rhénan*, dans la section de Cologne à Crefeld, sont toutefois plus sinueux.

Nous donnons ci-dessous le développement des courbes dont le rayon est inférieur à 376 mètres, ainsi que les rayons minima adoptés dans les tracés, en ajoutant que ces rayons ne sont employés, sauf sur le *Sud-Autrichien*, que pour de faibles longueurs ou aux abords des stations. Ainsi, en *Bavière*, le minimum des rayons sur la ligne est de 248 mètres; sur le chemin *Rhénan*, de 225 mètres.

NUMÉROS.	DÉSIGNATION DES CHEMINS.	LONGUEUR TOTALE des courbes de moins de 376ᵐ de rayon.	RAYON MINIMUM des courbes.
		mètres.	mètres.
1	Grand-ducal badois............................	2,271	230
2	Royal de Wurtemberg...........................	1,887	270
3	Royal de Bavière...............................	24,459	183
4	Ouest-Autrichien..............................	1,504	284
5	Sud-Autrichien................................	106,397	188
6	Autrichien de l'État...........................	1,609	284
7	Nord-Autrichien...............................	327	180
8	Guillaume-Silésien............................	1,004	263
17	Magdebourg-Wittenberge.......................	327	188
21	Cologne-Minden...............................	722	150
22	Rhénan.......................................	31,764	158

En général, on admet que les rayons des courbes ne doivent pas descendre au-dessous de :

1,128 mètres dans les plaines,

627 ——— dans les terrains ondulés,

376 ——— dans les régions montueuses;

et que le minimum des rayons à adopter est de :

376 mètres dans les deux premiers cas,

188 ——— dans le troisième.

PENTES ET RAMPES.

L'examen des pentes et rampes des différentes lignes conduit à des résultats analogues. Dans la plupart, les pentes ne dépassent pas 10 millimètres par mètre; sur d'autres, on ne rencontre des pentes supérieures que sur une faible étendue ou sur des lignes secondaires à fréquentation restreinte.

On trouve des rampes supérieures à 10 millimètres sur les lignes suivantes :

Dans le grand-duché de *Bade*, où les pentes de la ligne principale ne dépassent pas 5 millimètres, sur la ligne de Durlach à Pforzheim, qui présente une rampe de $0^m,0125$ sur 11 kilomètres 300 mètres de longueur.

Dans le *Wurtemberg*, la ligne principale franchit l'Alpe de Souabe, entre Geisslingen et Ulm, avec une rampe de $0^m,0225$ sur 5 kilomètres de longueur et une pente de $0,^m015$ sur 5,4 kilomètres. Sur la ligne de Cannstadt à Wasseralfingen, on sort de la vallée du Neckar, à Cannstadt, avec une rampe de $0^m,0125$ sur 4 kilomètres 500 mètres.

En *Bavière*, on franchit sur la ligne de Nuremberg à Hof, entre Neuenmarkt et Schorgast, le faîte de partage des bassins du Main et de la Saale à l'aide d'une rampe de $0^m,025$ sur 6 kilomètres 900 mètres de développement. On rencontre de plus sur la ligne de Bamberg à Aschaffenbourg, près de Laufach, une pente de $0^m,020$ sur 6,3 kilomètres.

Sur le *Guillaume-Silésien*, l'un des embranchements présente une rampe de $0^m,0225$ sur 0,3 kilomètres.

Dans le duché de *Brunswick*, un chemin d'embranchement atteint la ville de Hartzbourg, au pied du Hartz, à l'aide de deux rampes, l'une de $0^m,0225$ et de 0,5 kilomètre de longueur ; la seconde, de $0^m,012$ sur 7,5 kilomètres.

Le chemin de fer de *Hanovre à Cassel* traverse, entre Göttingue et Münden, le faîte secondaire de deux affluents du Weser, la Leine et la Werra, avec des pentes de $0^m,016$ sur 7,5 kilomètres.

Sur la ligne de *Cologne à Giessen*, on passe de la vallée du Rhin dans celle du Weser, près de Dillenbourg, à l'aide d'une rampe de $0^m,015$ sur 6,7 kilomètres et d'une pente de $0^m,011$ sur 12,3 kilomètres.

Enfin nous trouvons sur le chemin de fer *Rhénan* une rampe de $0^m,026$ sur 2,1 kilomètres de longueur, entre Aix-la-Chapelle et Ronheide.

Ces plans inclinés se trouvent en partie sur des lignes secondaires, à faible fréquentation, dans lesquelles les convois sont remorqués par des machines à quatre ou six roues couplées, de force suffisante. Sur les lignes principales, on les franchit en employant des machines de renfort toutes les fois que le chargement l'exige, et l'exploitation se fait couramment aujourd'hui, sans décomposer les trains, sur le réseau que nous avons parcouru, à l'exception de la ligne de Vienne à Trieste, qui mérite une description spéciale.

Cette ligne, qui part de la vallée du Danube à Vienne, franchit une première fois les Alpes au Semmering, entre Gloggnitz et Mürzzuschlag, se développe ensuite de Mürzzuschlag, par Grätz, Cilly, Laybach, à Franzdorf, dans les vallées sinueuses des bassins de la Drave et de la Save, et traverse un second rameau des Alpes, le Karst, entre Franzdorf et Trieste. Ce dernier groupe montueux se présente sous la forme d'un haut plateau qui se termine par des pentes abruptes du côté de la Save et de l'Adriatique, de sorte que la ligne présente trois sections à pentes fortes, dont les développements sont :

	LONGUEUR.	PENTES MAXIMA.
Entre Gloggnitz et Mürzzuschlag, rampes et pentes.	41^k,7	0^m,025
—— Franzdorf et Planina, rampe..............	23, 9	0, 011
—— Sessana et Trieste, pente................	34, 7	0, 0125

Sur les 614 kilomètres que comprend la ligne, on rencontre :

Alignements droits........................	392,4 kilomètres.
Courbes de 188^m de rayon.................	8,7
—— de 284....................	46,6
—— de 380....................	51,3
—— de 475 à 665....................	33,6
—— de 760 à 950....................	27,9
—— de 950 à 1,140....................	15,1
—— de 1,330 à 5,700....................	38,4
Total................	614

Les pentes et rampes sont réparties ainsi qu'il suit :

Paliers........................	82,3 kilomètres.
Pentes de 0 à 5^{mm}....................	293,2
—— de 5 à 10....................	167,5
—— de 20 à 12,5....................	44,4
—— de 12,5 à 22,5....................	17,8
—— de 25....................	8,8
Total................	614

Les stations sont, pour la presque totalité, horizontales; quelques-unes atteignent des pentes de 3 millimètres (Bade). Sur la ligne de Trieste, on rencontre deux stations avec des pentes de 10 millimètres, dont l'une sur un embranchement, et la seconde au faîte du Semmering. Pour le surplus des lignes, 0^m,0025 est la limite supérieure des pentes.

Dans les souterrains, les pentes observées sont les mêmes que celle de la ligne aux deux têtes du souterrain, ou à l'une des deux têtes, lorsqu'il y a changement de pente.

Les pentes ne sont pas adoucies dans les courbes, si ce n'est au *Hanovre*, où l'on a réduit la pente de 16 à 14 millimètres, dans la section de Göttingue à Münden, dans les courbes qui ont 338 mètres de rayon. L'expérience de la traction a montré que cette réduction de pente soulageait notablement la machine et dépassait ainsi le but proposé. Au Semmering, on a adopté pour les rampes de 25 millimètres un rayon de 284 mètres, alors que le rayon

minimum, pour les sections à pente de 22,5 millim. et au-dessous, est de
188 mètres.

En général, dans les dernières lignes construites, comme celle de *Cologne
à Giessen*, on a fréquemment employé des rampes de 13 à 15 millimètres.
Sur un embranchement que le chemin *Autrichien de l'État* continue d'Ora-
witza à Steyerdorf, il y a des pentes de 20 millimètres avec courbes de
118 mètres de rayon sur 18 kilomètres environ; et la chaîne du Brenner,
entre Innsbruck et Botzen, doit être franchie à l'aide de rampes de 25 millimètres, sur lesquelles le minimum des rayons des courbes est de 316 mètres.

Les dépenses de premier établissement varient de 154,845 francs par kilomètre pour le réseau de *Brunswick* (19) à 404,000 francs pour l'*Ouest-
Autrichien* (4). Pour sept lignes du nord de l'Allemagne, celles de *Brunswick* (19), *Berlin-Anhalt* (15), *Magdebourg-Halberstadt* (18), *Berlin-Stettin* (12),
Guillaume-Silésien (8), l'*Est-Prussien* (11) et le *Hanovre* (20), qui présentent
un développement de 2,732 kilomètres, les frais de construction sont inférieurs à 200,000 francs par kilomètre. La dépense est supérieure à 300,000 fr.
sur quatre autres réseaux : *Berlin-Magdebourg* (14), *Cologne-Minden* (21), sur
le chemin *Rhénan* (22) et sur l'*Ouest-Autrichien* (4); tandis que pour les onze
lignes restantes, dont la longueur de 6,188 kilomètres comprend les 0,60 du
réseau examiné, les frais de premier établissement sont compris entre
200,000 francs et 300,000 francs par kilomètre.

SECTION II.
EXPLOITATION.

I. RÉSULTATS GÉNÉRAUX.

Les colonnes 10, 11 et 12 du tableau n° 1 résument les résultats financiers de l'exploitation dans le dernier exercice arrêté lors de notre visite des
divers chemins de fer. Elles montrent que sur les cinq lignes du *Guillaume-
Silésien* (8), de *Magdebourg-Wittenberge* (17), de *Berlin-Stettin* (12), de l'*Est-
Prussien* (11) et de l'*Ouest-Autrichien* (4), la recette brute est inférieure à
20,000 francs par kilomètre, et qu'elle est de plus de 40,000 francs sur les
six lignes de *Berlin-Magdebourg* (14), *Leipzig-Magdebourg* (16), *Haute-Silésie* (9),
Nord-Autrichien (7), *Magdebourg-Halberstadt* (18) et *Cologne-Minden* (21).

Pour les onze autres lignes, le produit brut varie entre 20,000 et
40,000 francs.

Sur huit lignes, on exploite avec une dépense qui s'élève de 0,35 [*Haute-
Silésie* (9)] à 0,40 de la recette brute. Pour douze autres, les frais d'exploitation varient de 0,40 à 0,50 du produit brut, alors qu'ils atteignent sur la ligne
de *Berlin-Hambourg* (13) les 0,53 et sur celle de *Berlin-Stettin* (12) les 0,64 de
la recette.

Les frais d'exploitation, qui s'élèvent sur cinq lignes à plus de 16,000 fr.

par kilomètre, sont compris pour quatorze lignes entre 16,000 et 8,000 fr., et descendent pour les trois lignes du *Guillaume-Silésien* (8), de *Magdebourg-Wittenberge* (17) et de l'*Est-Prussien* (11) au-dessous de 8,000 francs. Nous donnons ci-dessous la spécification des dépenses pour les trois lignes sur lesquelles on constate cet intéressant résultat :

	GUILLAUME-SILÉSIEN.	MAGDEBOURG-WITTENBERGE.	EST-PRUSSIEN.
Longueur exploitée................	162 kilom.	105 kilom.	687 kilom.
Recette brute kilométrique...........	11,192 francs.	14,300 francs.	16,583 francs.
Proportion des frais d'exploitation......	0. 47	0. 43	0. 44
Dépense : Entretien................	1,905 francs.	2,990 francs.	2,507 francs.
Traction...................	1,106	1,842	2,355
Mouvement...............	1,666	1,337	1,741
Frais généraux............	606	928	611
Total des dépenses d'exploitation..	5,288	7,097	7,214
Reste, produit net par kilomètre.......	5,904	7,203	9,369

II. MACHINES.

Nous donnons, dans le tableau n° 2 joint à ce rapport (page 180), le nombre des machines en service sur les diverses lignes, ainsi que leur parcours et leur travail total dans l'exercice que nous avons examiné.

Sur 17 lignes on n'emploie que des machines où l'écartement des essieux est invariable, et qui rentrent, avec plus ou moins de modifications, dans le type anglais des locomotives. Les machines américaines, à truck mobile à l'avant-train, sont exclusivement employées dans le Wurtemberg, où le tracé est très-sinueux, et sont également en service sur les chemins de fer de *Bade*, sur le *Sud-Autrichien*, le chemin *Autrichien de l'État* et le *Nord-Autrichien*.

Les chemins *Sud-Autrichien* et *Autrichien de l'État* emploient concurremment des machines-tenders sur les parties les plus accidentées de leur réseau.

La proportion de ces différents types résulte du tableau suivant :

	DÉSIGNATION DES CHEMINS.	TYPE ANGLAIS.	TYPE AMÉRICAIN.	MACHINE-TENDER.	TOTAL.
1	Bade....................	79	11	″	90
2	Wurtemberg..............	″	89	″	89
5	Sud-Autrichien...........	151	45	74	270
6	Autrichien de l'État.......	179	90	73	342
7	Nord-Autrichien..........	187	31	″	218
″	Chemins non dénommés......	1,467	″	″	1,467
	Totaux................	2,063	266	147	2,476
	Proportion.............	0. 83	0. 11	0. 06	1. 00

Dans le *Wurtemberg*, toutes les machines sont à quatre roues couplées. Sur le *Sud-Autrichien*, on emploie des machines à quatre, six et huit roues couplées. Sur les autres lignes, les machines ont deux, quatre et six roues motrices, suivant les charges à remorquer et les conditions du tracé.

Les machines-tenders du chemin *Autrichien de l'État* sont employées pour remorquer de très-lourdes charges, les grands convois omnibus de voyageurs et les trains de marchandises considérables de la Hongrie. Elles traînent dans ce dernier cas jusqu'à 1,000 tonnes sur palier avec une vitesse de 23 kilomètres.

Sur le *Sud-Autrichien*, les machines-tenders servent pour la traversée du Semmering, et, concurremment avec des machines à essieux rigides et des machines à avant-train américain, sur la section de Laybach à Trieste.

Les trains de voyageurs, dont la charge normale est de 165 tonnes, sont dédoublés de Gloggnitz à Mürzzuschlag pour la traversée du Semmering. Ils prennent une machine de renfort de Neustadt à Gloggnitz (rampe de 0^m,0084), ainsi que de Brück à Mürzzuschlag (rampe de 0^m,0066), lorsque la charge dépasse 140 tonnes.

Pour le passage du Karst, les trains ne sont pas décomposés; mais on donne une machine de renfort lorsque la charge dépasse 125 tonnes pour les deux sections de Franzdorf à Planina (rampe de 0^m,0111) et de Trieste à Sessana (rampe de 0^m,0125).

La charge des trains de marchandises est de 350 tonnes, excepté dans le Semmering, où les trains sont divisés de manière à atteler à chaque machine, suivant sa force, 120 à 175 tonnes. Lorsque la charge dépasse 300 tonnes, on peut prendre une machine de renfort dans les sections déjà mentionnées qui avoisinent le Semmering, ainsi que pour gravir le Karst.

Les écartements des roues des machines qui circulent sur la ligne sont de 3^m,47 au plus, et de 2^m,95 pour les machines du Karst. Les surfaces de chauffe pour ces machines et les machines-tenders sont de 137 à 157 mètres carrés.

Pour les autres réseaux, les sections à fortes pentes sont franchies à l'aide de machines de renfort, sans modifier les trains.

Les avantages offerts par les machines-tenders pour franchir des courbes de petit rayon et remorquer de fortes charges sont compensés par les frais d'entretien plus considérables qu'elles exigent en raison de la complication de leur mécanisme, et les dernières machines construites sur les lignes dont il s'agit ici rentrent dans les types anglais et américain.

Sur les lignes du nord, de Berlin à Cologne, on emploie pour les trains express des machines Crampton à roues motrices de 1^m,80 à 2^m,10 de diamètre, dont la construction rentre dans les dispositions ordinaires.

COMBUSTIBLES.

Les combustibles employés pour le chauffage des machines sont :

Le coke,

La houille,

Le lignite,

La tourbe,

Le bois de chêne et de sapin.

Le coke n'est exclusivement employé que sur les lignes de *Berlin-Stettin* (12), *Berlin-Hambourg* (13), *Berlin-Magdebourg* (14) et *Magdebourg-Wittenberge* (17). Sur les autres lignes du nord de l'Allemagne, entre Königsberg et Aix-la-Chapelle, il est encore employé pour le service des voyageurs ; mais dans les lignes de la Silésie prussienne, de l'Autriche, de la Bavière, du Wurtemberg et de Bade (1-10), on n'emploie, sauf de rares exceptions, que des combustibles non carbonisés, houille, lignite, tourbe ou bois.

APPAREILS FUMIVORES.

La ligne de *Basse-Silésie et Marche* a monté dans les foyers des machines chauffées à la houille un appareil fumivore qui amène de l'air chaud au-dessus de la zone de combustion de la houille. Sur les autres lignes, les essais faits dans ce genre n'ont pas été généralisés jusqu'ici, et l'on est arrivé à brûler la houille dans les foyers ordinaires dans des conditions assez avantageuses pour les voyageurs, en ayant soin de ne pas surcharger la grille et de conduire le feu de manière à avoir une machine bien allumée aux arrêts des stations. Un souffleur communiquant de la chaudière à la cheminée permet, d'ailleurs, d'activer le tirage pendant les moments d'arrêt.

Le lignite employé sur le *Sud* et l'*Ouest-Autrichien*, ainsi qu'en Bohême, donne, sous le rapport de la fumée, des résultats moins satisfaisants que la houille.

L'emploi de la tourbe, qui a lieu sur une grande échelle dans le sud de la Bavière, entre Ulm et Friedrichshafen, dans le Wurtemberg, et sur la ligne de Lehrte à Harbourg en Hanovre, provoque, ainsi que le bois, malgré les dispositions spéciales des cheminées, de nombreuses étincelles qui incommodent les voyageurs.

Ces combustibles sont néanmoins employés pour les diverses catégories de trains, sans provoquer de réclamations de la part du public.

STATIONS D'EAU.

Le parcours que peuvent faire les machines avant de renouveler leur eau varie dans de larges proportions avec le tracé des lignes. Sur le Semmering et le Karst, les stations d'eau sont éloignées de 18 kilomètres ; dans les plaines, leur distance moyenne est de 30 kilomètres, et les machines à voyageurs parcourent 60 kilomètres avant de renouveler leur eau.

La dépense en eau est notablement diminuée par l'emploi de l'appareil dit *de condensation* de M. Kirchweger, *ober-maschinen-meister* des chemins de Hanovre.

Cet appareil, dont l'application remonte à une douzaine d'années, est employé sur 9 des 22 chemins que nous examinons, savoir : en *Wurtemberg* (2), en *Bavière* (3), dans les deux chemins de *Silésie* (9, 10), sur l'*Est-Prussien* (11), les lignes de *Berlin à Stettin* (12), à *Hambourg* (13), la ligne de *Halberstadt* (18) et le réseau de *Hanovre* (20). Il consiste à établir une communication entre le tuyau d'échappement de la vapeur, à la sortie des cylindres, et le tender, à l'aide d'un tuyau de 10 centimètres de diamètre qui communique, au moyen d'une rotule et d'une partie verticale recourbée, à un tuyau de 13 centimètres terminé par une calotte et percé de trous qui est placé horizontalement à la partie inférieure de la caisse à eau. Un clapet placé à portée du mécanicien permet de régler le dégagement de la vapeur dans le tender et dans les tuyaux d'échappement.

L'eau arrive rapidement, à l'aide de cet appareil, à une température voisine de l'ébullition, et l'on réalise par son emploi une économie de 20 p. o/o d'eau et de 6 à 8 p. o/o de combustible. On peut facilement franchir ainsi, sur les chemins qui présentent des alternatives de pentes et de rampes, 90 kilomètres avec les trains de voyageurs; et sur le chemin de Basse-Silésie et Marche, les express peuvent parcourir avec cet appareil jusqu'à 130 kilomètres sans prendre de l'eau.

III. CLASSIFICATION DES TRAINS.

Les trains qui circulent sur le réseau allemand reçoivent, suivant les localités, des désignations très-diverses; mais on peut, en prenant pour base de leur classement leur affectation, les ramener à quatre classes distinctes. Ce sont :

Les trains express, qui ne prennent que des voyageurs de 1re et de 2e classe, à un prix généralement supérieur au tarif ordinaire;

Les trains omnibus, qui reçoivent des voyageurs de toutes classes;

Les trains mixtes, affectés à la fois au transport des marchandises et des voyageurs, le plus souvent des deux dernières classes;

Les trains de marchandises.

Les trains express circulent sur toutes les lignes principales exploitées à simple ou à double voie, sauf celles de *Berlin-Stettin*, du *Nord-Autrichien*, les lignes de Brünn à Bodenbach (Dresde) et de Vienne à Neu-Szöny, du réseau de la compagnie *Autrichienne de l'État*: sur les lignes Vienne-Pesth-Basiasch et Vienne-Trieste, ils ne sont pas journaliers, et l'Autriche se trouve sous ce rapport en arrière du reste de l'Allemagne.

Sur toutes les autres lignes il y a en général un express par jour, dans les deux sens.

Les lignes de *Basse-Silésie* (1) et de *Cologne-Minden* (21), qui ont un mouvement très-considérable, ne font point de trains mixtes. Sur d'autres parties du réseau, à fréquentation restreinte, notamment en Bavière, sur les lignes de *Stettin*, *Hambourg*, etc., la presque totalité des trains de marchandises prennent des voyageurs.

En Autriche, les trains mixtes ne sont employés que pour le service local de certaines sections des lignes principales ou pour les embranchements.

NOMBRE DES TRAINS.

Le nombre des trains à voyageurs varie aussi dans de très-larges limites : de 4 à 6 en Autriche, il s'élève à 12 et 14 dans les lignes où les trains mixtes dominent.

Nous donnons dans le tableau n° 2, colonnes 17 et 18, le nombre des trains, rapporté à la distance entière, qui circulent par an et par jour moyen sur les différentes lignes. D'après ce tableau, le nombre des trains varie de 6 à 22 par jour, et les lignes où circulent le plus grand nombre de trains sont celles de :

Cologne-Minden, avec . . . . 22,4 trains.
Bade 20
Magdebourg-Halberstadt 17
Vienne-Trieste 16,8

NOMBRE MOYEN D'ESSIEUX.

Le nombre moyen d'essieux de chaque espèce de train est également indiqué relativement aux différentes lignes : pour les trains express (col. 19), omnibus (col. 20), ainsi que pour les trains mixtes et à marchandises (col. 21), qu'il était difficile de séparer, en raison de l'emploi fréquent des trains à marchandises au transport des voyageurs.

Le nombre moyen d'essieux varie, pour les trains express, de 10 à 22; pour les trains omnibus, de 15 à 30, et pour les trains mixtes et à marchandises, de 40 à 109.

VITESSE DES TRAINS.

La vitesse moyenne, arrêts compris, et la vitesse de pleine marche des différents trains (col. 27, 28, 29 et 30 du tableau n° 2) sont en général peu considérables.

Pour les express, elle n'est sur l'*Ouest-Autrichien*, ligne de Vienne à Paris, que de 36 kilomètres à l'heure (arrêts compris), tandis qu'elle atteint sur la ligne de *Berlin-Magdebourg* 51 kilomètres.

Les trains omnibus circulent avec des vitesses variant de 26 à 38 kilomètres à l'heure, alors que la vitesse des trains mixtes va de 16 à 24 kilomètres et celle des trains de marchandises de 11 à 25 kilomètres, ainsi qu'il résulte du détail des chiffres du tableau n° 2.

Les vitesses pour les trains express et omnibus pourraient être notablement augmentées; car le maximum de vitesse de pleine marche permis dans le nord de l'Allemagne est de 75 kilomètres à l'heure, tandis que les plus grandes vitesses de pleine marche ne dépassent pas 56 kilomètres.

IV. SERVICE DES VOYAGEURS.

Nous avons réuni dans le tableau n° 3 joint à ce rapport (page 182) les divers éléments relatifs au matériel des voitures et au transport des voyageurs. Nous allons les compléter par quelques détails.

MATÉRIEL.

Les voitures employées pour le transport des voyageurs sont à 4, 6 et 8 roues; nous avons donc dû rapporter les poids morts au nombre d'essieux, pour obtenir un terme uniforme de comparaison.

Les voitures à 4 roues sont employées dans le pays de *Bade*, en *Bavière* et en *Autriche*, où elles sont appelées à remplacer, à mesure des mises hors d'emploi, l'ancien matériel à 6 et à 8 roues.

Les voitures à 6 roues sont, au contraire, adoptées dans le nord de l'Allemagne, lignes 8 à 22, où elles sont regardées comme plus douces pour les voyageurs, en raison de leur plus grand poids, et comme présentant plus de sécurité dans le cas des ruptures d'essieux. Ce dernier argument nous paraît toutefois de peu de valeur, aujourd'hui que l'on a coutume de serrer les chaines d'attelage de manière à faire appuyer fortement les uns sur les autres les tampons de deux voitures contiguës dans les trains de voyageurs, et les voitures à six roues ont l'inconvénient d'être plus difficilement remplies que celles à quatre roues.

Le matériel à 8 roues, avec portières dans l'axe longitudinal des voitures, suivant le système américain, qui était autrefois employé sur le *Sud-Autrichien,* sur l'*Autrichien de l'État* et sur le chemin de *Basse-Silésie et Marche,* y est successivement remplacé, et n'est plus conservé comme type normal que sur le réseau de *Wartemberg*.

Sous le rapport des poids morts et du nombre de places par essieu, le matériel à 8 roues peut soutenir la comparaison avec les voitures à 6 et à 4 roues; car le poids mort, par place de voyageur, n'est que de 207 kilogrammes, alors qu'il est :

Pour les voitures à 6 roues de la ligne de *Berlin-Potsdam-Magdebourg,* de.............................. 219 kilogrammes;

Et pour les voitures à 4 roues de l'*Ouest-Autrichien,* de 236

Le nombre de places par essieu, qui est de 16, rentre également dans la

34

— 206 —

moyenne ordinaire, le nombre de places variant de 12,5 (*Bavière*) à 19,7 (*Cologne-Minden*) pour un essieu; mais le travail utile de ces voitures est inférieur à celui des voitures à 4 et à 6 roues, en raison de la difficulté de remplir des compartiments contenant de 48 à 80 places.

Aussi le *Wurtemberg* présente-t-il la moindre proportion de places occupées sur les places offertes, 0,16, tandis que cette proportion s'élève pour plusieurs chemins à 0,39 et 0,40.

L'expérience a d'ailleurs appris sur le *Sud Autrichien* et sur l'*Autrichien de l'État*, qui ont des courbes de 188 et de 284 mètres de rayon, que les voitures à 4 roues, à essieux rigides, offraient les mêmes garanties de sécurité que les voitures articulées à 8 roues.

VOYAGEURS.

Il y a, en général, trois classes de voyageurs. Sur les chemins de fer *Guillaume-Silésien*, *Haute-Silésie*, *Basse-Silésie et Marche*, *Est-Prussien*, *Cologne-Minden* et *Rhénan*, on a introduit avec avantage une 4ᵉ classe pour les voyageurs qui se rendent sur les marchés ou qui jusqu'ici ne profitaient pas des voies ferrées. Le tarif de cette classe est de 2,5 centimes par kilomètre, et chaque voyageur peut porter avec lui jusqu'à 40 kilogrammes en bagages, hottes, paniers, etc. Ces voyageurs sont placés debout dans des voitures couvertes, soit par compartiments de 20 à 25 places, soit par demi-wagons, ayant 35 à 40 places l'un.

La section des voitures est de 2ᵐ,62 de largeur sur 1ᵐ,93 de hauteur. Le nombre des places par banquette est de :

3 pour la 1ʳᵉ classe;
4 pour la 2ᵉ classe;
8 pour la 3ᵉ classe.

Les tarifs ne sont pas plus élevés qu'en France; ainsi, l'on paye par kilomètre :

	1ʳᵉ CLASSE.	2ᵉ CLASSE.	3ᵉ CLASSE.	4ᵉ CLASSE.
Dans le grand-duché de Bade................	9ᶜ	6ᶜ	3ᶜ8	»
En Bavière..............................	8,6	4,8	3,8	»
En Autriche............................	11,8	8,9	5,9	»
En Prusse..............................	10	7,5	5	2ᶜ5

Les chiffres donnés pour l'Autriche sont en argent; mais comme on paye en valeur de banque, qui a 37.5 p. o/o d'agio alors que les tarifs sont au plus relevés de 25 p. o/o, on doit admettre, pour la durée de la crise financière autrichienne, au moins 12,5 p. o/o de dépréciation sur les tarifs ci-dessus, qui sont de fait inférieurs aux tarifs français.

Les voyageurs sont donc, à égalité de prix, mieux traités en Allemagne qu'en France, où les voitures ont une hauteur insuffisante et où les voyageurs de 1re classe ne disposent pas d'un espace supérieur à celui des voyageurs de 2e classe, comme sur les chemins allemands.

FREINS.

Les trains comprennent, en général, dans le nombre d'essieux mentionné aux colonnes 19, 20, 21 :

  1 fourgon à bagages à frein;
  1 wagon de la poste à frein.

Dans le matériel neuf, tous les freins sont à vis, et les anciens freins à levier qui étaient usités pour le matériel bavarois sont successivement mis hors de service.

Le nombre des freins qui entrent dans un convoi est réglé comme suit :

Pour des pentes de   0   à   2^{mm}, 1 frein sur 8 essieux.
 ——————— 2   à   3,3, —————— 6
 ——————— 3,3 à   5 —————— 5
 ——————— 5   à 10 —————— 4
 ——————— 10   à 16 —————— 3
 ——————— 16   à 25 —————— 2

Le fourgon à bagages est placé après le tender, et le wagon-poste, en général, à l'extrémité du train; les autres freins sont répartis uniformément dans l'intervalle.

POSTE.

Le service de la poste se fait par les trains express et omnibus. En Autriche, toutefois, l'Administration des postes ne profite, pour le service de détail de la ligne, que des trains omnibus. Ce service n'occasionne de retards qu'à l'époque de Noël, où il est surchargé d'articles de messagerie.

VITESSE DES TRAINS DE COUR.

Les trains de cour circulent sur les lignes à la vitesse de pleine marche des trains express, en profitant des pertes de temps dues aux arrêts des stations intermédiaires, de manière à atteindre 60 kilomètres par heure. On ne tolère sur aucun réseau une vitesse supérieure à la limite fixée par les règlements, soit 75 kilomètres en pleine marche.

BIEN-ÊTRE DES VOYAGEURS.

Toutes les voitures de 1re et de 2e classe, souvent celles de 3e, sont pourvues de rideaux.

Les premières classes sont chauffées en hiver sur toutes les lignes. Le chemin de Basse-Silésie emploie, à cet effet, des cylindres en fonte remplis

de sable chauffé au rouge sombre, que l'on place de l'extérieur dans une boîte
en tôle établie sous les siéges des voyageurs. On arrive ainsi à élever la température à 12-14 degrés au-dessus de l'air ambiant. Sur les autres lignes, on
emploie des boules à eau chaude que l'on change après 70 à 100 kilomètres
de parcours.

Dans le pays de *Bade*, en *Bavière* et en *Autriche*, on chauffe également les
secondes classes dans les grands froids.

En *Wurtemberg*, les premières et secondes classes sont chauffées à l'aide de
poêles disposés au milieu du wagon, à la place d'une banquette.

Les compartiments de 2ᵉ classe sont séparés les uns des autres, et il y a sur
la plupart des lignes des voitures mixtes de 2ᵉ et de 3ᵉ classe, où les compartiments de 3ᵉ classe sont également séparés.

Les voitures de 3ᵉ classe seules ne présentent pas de compartiments.

Il y a, dans chaque classe, un coupé réservé pour les dames.

FUMEURS.

Pour les fumeurs, la règle observée est à peu près la suivante :

En 1ʳᵉ classe, on ne fume que dans les compartiments désignés à cet effet,
et qu'une suscription fait connaître au public (*Rauch-Coupé*).

En 2ᵉ classe, on fume dans tous les compartiments, sauf ceux réservés aux
dames (*Damen-Coupé*) et ceux qui sont spécialement désignés aux non-fumeurs
(*für nicht-Raücher*).

En 3ᵉ classe, on fume partout.

WATER-CLOSETS.

Il y a sur toutes les lignes du sud de l'Allemagne et sur quelques lignes
du nord, dans les trains express et omnibus, des water-closets dans le fourgon
à bagages; mais ils sont très-peu employés. On leur reproche d'être d'un
accès difficile pour les dames, qui ont cependant le plus à s'en servir.

Dans le grand-duché de *Bade*, on a essayé de placer entre deux compartiments de 2ᵉ classe, accessibles l'un aux dames seulement, l'autre aux hommes,
deux water-closets dont chacun s'ouvre sur l'un des deux compartiments contigus. Cette disposition fort commode, employée dans les trains express,
absorbe toutefois une demi-voiture de 2ᵉ classe.

POLICE DES GARES.

Les gares de voyageurs sont, sauf de rares exceptions, ouvertes au public.
Sur quelques lignes on perçoit un droit d'entrée de 0ᶠ,25 par personne,
mais sans exercer un contrôle efficace sur les personnes qui accompagnent les
voyageurs.

~ Les transports sur essieux des voyageurs, à partir des stations, sont faits soit par des voitures de la poste, qui exploite le service des messageries, soit par .es omnibus pour les petites distances. Toutes les voitures sont admises dans les gares, et les administrations laissent à la police locale le soin de prendre les mesures nécessaires pour en assurer le bon ordre.

V. TRANSPORT DES MARCHANDISES.

Le tableau n° 4 (page 184) résume ce qui a trait au matériel et au mouvement de transport des bagages et marchandises de grande et petite vitesse sur les différents réseaux examinés.

MATÉRIEL.

Les wagons employés présentent encore ici des types bien différents, et l'on rencontre des véhicules à 4, 6 et 8 roues. Ces derniers sont surtout employés en *Wurtemberg*, dont le matériel est composé par moitié de voitures articulées à 8 roues et de voitures à 4 roues.

Sur les autres lignes, on remplace successivement le matériel à 6 roues et à 8 roues par des wagons à 4 roues. Cette transformation a surtout reçu dans ces derniers temps une vive impulsion par l'emploi des fers double T pour les longerons des châssis des wagons. Ces longerons en fer, adoptés sur toutes les lignes du nord de l'Allemagne, se sont bien comportés dans les accidents et chocs qui se sont produits; et leur emploi, qui permet de conserver aux tampons de choc une position invariable, alors que les longerons en bois se courbent presque toujours, sera bientôt général.

Les nouveaux wagons, d'un tonnage de 10,000 kilogrammes, ont un poids mort de 5ᵗ, 5 à 6 tonnes pour les tombereaux et hauts bords et de 7 tonnes à 7ᵗ, 5 pour les wagons couverts.

Sur les vingt-deux lignes que nous examinons, les chemins de *Wurtemberg* et de *Berlin-Hambourg* ont en moyenne 3 essieux par wagon. Cinq autres lignes ont de 2,5 à 3 essieux, et quatorze, soit les deux tiers, de 2,5 à 2 essieux.

Les dimensions des essieux, établies dans le principe pour supporter une charge utile de 2 tonnes par essieu, ont été successivement augmentées de manière à supporter 3, 4 et 5 tonnes de charge.

Ce dernier tonnage est adopté aujourd'hui pour tous les wagons couverts, tombereaux et plats-bords qui entrent en service.

Ensuite de cette modification du matériel, le tonnage par essieu (col. 50) varie de 2ᵗ, 2, sur la ligne de *Magdebourg* à *Wittenberge*, à 4ᵗ, 9, sur l'*Ouest-Autrichien*.

Les poids morts (col. 51) varient également de 2 à 3 tonnes, et le rapport du poids mort au poids utile est sur neuf lignes de 0,5 à 0,7, tandis que sur les treize autres il varie de 0,7 à 1,0.

Le tonnage kilométrique, c'est-à-dire le rapport du nombre des tonnes portées à un kilomètre au parcours kilométrique des wagons, est en général faible; il varie de 0^t, 8 à 1^t, 6 par essieu, et en rapprochant les chiffres que donne la colonne 55 des tonnages par essieu (col. 5o), on trouve que sur les six lignes de *Bade*, *Wurtemberg*, *Sud-Autrichien*, *Est-Prussien*, *Ouest* et *Nord-Autrichien*, la charge moyenne varie de 0,23 à 0,3o du tonnage.

Sur les neuf lignes *Autrichien de l'État*, *Berlin-Anhalt*, *Leipzig-Magdebourg*, *Hanovre*, *Berlin-Stettin*, *Royal-Bavière*, *Haute-Silésie*, *Berlin-Magdebourg* et *Rhénan*, la charge moyenne est de 0,33 à 0,4o du tonnage.

Sur les six lignes de *Brunswick*, *Cologne-Minden*, *Bas-Silésien*, *Guillaume-Silésien*, *Berlin-Hambourg*, *Magdebourg-Halberstadt*, ce rapport s'élève de 0,43 à 0,5o, pour atteindre sur la seule ligne de *Magdebourg à Wittenberge*, dont le tonnage spécifique (col. 56) n'est que de 93,3o9 tonnes, 0,60 du tonnage des wagons.

La composition des trains atteint 15o à 2oo essieux, remorqués par deux machines, sur les lignes dont les pentes ne dépassent pas 4 millimètres. Sur les lignes à pentes de 5 à 16 millimètres, les trains sont de 56 à 6o essieux au moins.

Les wagons sont pourvus de freins à vis ou à levier; mais l'emploi exclusif de ces derniers est aujourd'hui abandonné en principe. On dispose dans les trains :

Pour des pentes de 0^{mm} à 2^{mm} 1 essieu à frein sur 12;
———————— de   2   à 3,3   1 ———————— 10;
———————— de 3,3 à 5   1 ———————— 8;
———————— de   5   à 1o   1 ———————— 7;
———————— de 1o   à 16   1 ———————— 5;
———————— de 16   à 25   1 ———————— 4.

Sur le *Sud-Autrichien* et en *Bavière*, les wagons sont de plus pourvus en partie de freins à levier qui sont serrés sur les plans inclinés à forte pente. Les freins sont autant que possible également répartis sur la longueur du convoi, et le dernier doit être placé à l'extrémité du train, ou à une distance moindre que l'espacement normal des freins dans le convoi.

Pour les quantités de marchandises expédiées, leurs parcours et les produits correspondants, nous nous bornerons à renvoyer aux chiffres du tableau n° 4, en rappelant que nous avons réuni aux marchandises proprement dites les poids, parcours et produits des bagages, articles de grande vitesse, équipages et bestiaux.

VI. SÉCURITÉ.

CLÔTURES.

Les chemins de fer allemands ne sont pourvus de clôtures que dans les parties où cette disposition est reconnue nécessaire pour assurer le service, aux abords des villes, des passages à niveau, etc. Sur le reste du parcours, même lorsque des routes fréquentées suivent la voie sur une assez longue étendue, il n'y a souvent point de clôtures.

Les passages à niveau sont fermés au moyen de barrières manœuvrées par des gardes-voies, ou, pour les passages peu fréquentés, à l'aide d'une chaine en fil de fer. Dans ce dernier cas, la distance du point de manœuvre des barrières ne doit pas dépasser 540 mètres. Les barrières doivent être établies à 4 mètres au moins de l'axe de la voie la plus rapprochée, et sont fermées trois minutes au moins avant l'heure de passage des trains.

BIFURCATIONS, PONTS TOURNANTS.

En cas de bifurcations hors des gares ou de ponts tournants, un signal fixe est placé à 300 mètres en avant de ces points. Les aiguilles des bifurcations doivent être fermées toutes les fois qu'elles ne sont pas pourvues d'un aiguilleur chargé de leur manœuvre.

STATIONS.

L'enceinte des stations est close. Elles sont protégées par des mâts de signaux et par des disques fixes placés à 300 mètres de distance. Sur quelques lignes on commence à employer des disques mobiles manœuvrés à l'aide d'une chaine en fil de fer.

Un poteau placé à 30 mètres en avant du dernier changement de voie de la station, et éclairé la nuit, avertit le mécanicien de ralentir la vitesse; de plus, les aiguilles de croisements de voies présentent des disques ou des ailettes éclairés la nuit qui avertissent les mécaniciens de la position des aiguilles.

SIGNAUX.

L'entrée des stations demeure ouverte aux convois toutes les fois que le mât de signaux ou le disque mobile placé à l'extrémité de la gare ne donne point le signal d'arrêt.

Toutes les stations sont pourvues d'un télégraphe électrique qui leur permet de communiquer avec les deux stations voisines et avec tout le réseau.

Dans le grand-duché de *Bade* et dans le *Wartemberg*, les gardes-voie correspondent entre eux par des signaux acoustiques à l'aide de cornets, et font connaître ainsi les passages des trains sur la ligne.

On rencontre toutefois en *Wartemberg* aux environs d'Ulm, où il y a plusieurs passages à niveau importants, et aux abords des tunnels, des sonneries électriques qui annoncent le passage et la direction des trains.

En *Bavière* et en *Autriche*, on emploie, pour signaler les trains, des mâts portant des ailettes mobiles, des ballons en osier ou des disques, éclairés de nuit par des feux blancs, rouges ou verts. On n'a employé jusqu'ici, concurremment aux signaux optiques, les signaux électriques que sur l'*Ouest-Autrichien*, sur le Semmering, ou aux abords de quelques grandes stations; mais on fait des expériences en ce moment pour en généraliser l'emploi.

Pour le surplus des lignes que nous avons parcourues, entre Oderberg et Verviers (nᵒˢ 8 à 22 des tableaux statistiques), on emploie concurremment les signaux optiques et les sonneries électriques.

Les signaux optiques sont le plus souvent des mâts avec ailettes mobiles, que l'on éclaire la nuit. Les sonneries avertissent, par 12, 24 ou 36 coups, du passage des trains dans les deux sens, ainsi que du repos jusqu'au prochain train réglementaire. Sur les lignes à grand trafic, il y a un fil qui sert exclusivement à la manœuvre des sonneries et à la correspondance entre les stations voisines pour le service du mouvement; un deuxième télégraphe sert pour la correspondance générale de la ligne.

MARCHE DES CONVOIS.

Dans les passages des stations, ou à leurs abords, les machines doivent ralentir leur marche de manière à pouvoir arrêter le train après un parcours de 90 mètres. Les trains de voyageurs ne peuvent quitter une station que 10 minutes après les trains de voyageurs ou de marchandises qui les précèdent sur la voie. Pour les trains de marchandises, cet intervalle est réduit à 5 minutes; mais la distance de deux trains consécutifs doit toujours être de 5 minutes en temps ou de 900 mètres en longueur, et les gardes-voie font ralentir le deuxième convoi quand cet intervalle se trouve raccourci.

Sur les lignes exploitées à double voie, les trains prennent toujours leur droite. Sur les lignes à une seule voie, on ne les fait partir d'une station que lorsque la station voisine a fait connaître que la voie était libre dans la direction suivie par le train.

Les gardes-voie et les mécaniciens sont pourvus des moyens de correspondance ordinaires.

La correspondance entre le mécanicien et le personnel du convoi se fait à l'aide d'une cordelette placée à la partie supérieure des voitures ou wagons, à portée des siéges des conducteurs, et qui aboutit au sifflet à vapeur de la machine, ou quelquefois à un timbre placé sur la paroi extérieure du tender, près du mécanicien.

Cette cordelette se prolonge, pour les trains express et omnibus, sur toute la longueur du train; pour les trains mixtes, sur toutes les voitures à voyageurs, et pour les trains de marchandises, jusqu'au premier garde-frein ou au chef du train. Son emploi, satisfaisant pour les trains de voyageurs, laisse à désirer pour les trains de marchandises, en hiver surtout, et le personnel arrive quelquefois à se départir de sa surveillance en se reposant sur la cordelette, qui ne remplit pas son effet.

L'application méthodique de ces dispositions et des règlements rend en Allemagne les accidents extrêmement rares.

Sur le *Sud-Autrichien*, sur le chemin de *Bade* et sur celui de *Berlin à Stettin*, on a essayé autrefois d'établir une communication directe entre les voyageurs et les agents d'un train en marche, à l'aide de drapeaux rouges manœuvrés aux portières; mais les inconvénients attachés à l'emploi de ce moyen, dont les voyageurs se servaient souvent sans motif fondé, ont conduit à y renoncer.

Sur les autres lignes, on n'a jamais éprouvé le besoin de mesures de ce genre et l'on ne s'en est point occupé.

SECTION III.

EXPÉDITION DES MARCHANDISES.

TRANSPORTS PAR PETITE VITESSE.

Aux termes du dernier règlement arrêté par l'Union des chemins de fer allemands pour le transport des marchandises, lequel est appliqué depuis le 1er mars 1862, chaque chemin de fer de l'Union se charge du transport des marchandises en provenance ou en destination de toutes les stations du réseau ouvertes au service des marchandises, sans qu'il soit nécessaire, pour passer d'un chemin à un autre, d'adresser les marchandises à un intermédiaire.

Tous les chemins qui sont en relations d'affaires suivies ont de plus publié des tarifs directs entre les diverses stations de leurs réseaux, et les marchandises sont expédiées sans rompre charge dans presque toute l'étendue de l'Union douanière, ainsi que dans l'intérieur de l'empire d'Autriche.

La remise des marchandises se fait aux stations frontières par colis pour les articles de grande vitesse ou pour les envois peu considérables, et par remise d'enveloppe toutes les fois que l'on a affaire à des chargements complets de wagons. Les wagons fermés sont expédiés sous plomb et accompagnés d'une feuille de chargement établie pendant l'opération même du chargement, et dont les stations expéditrices sont responsables. Dans le cas de remise par colis, les stations frontières ou de bifurcation assument la responsabilité des stations expéditrices.

Le service de douane se fait, soit aux stations frontières, soit, pour les wagons plombés, aux bureaux principaux établis dans les capitales des États du Zollverein ainsi que dans les villes de commerce les plus considérables. Les expéditeurs sont seuls responsables de la validité des documents de douane remis par eux au chemin de fer.

35

TARIFS.

Sous le rapport des tarifs, les choses à transporter sont classées, comme en France, en trois grandes subdivisions, qui comprennent :

1ʳᵉ CLASSE. — Les produits manufacturés en général, les denrées coloniales fines, les articles de drogueries, les tabacs fabriqués, liqueurs en bouteilles, poissons frais et salés, comestibles, conserves, etc.

2ᵉ CLASSE. — Les métaux bruts, les mécaniques ordinaires, les vins, esprits, cotons bruts, tabacs, denrées coloniales ordinaires, etc.

3ᵉ CLASSE. — Les matières premières, houilles, minerais, matériaux de construction, bois de feu, engrais, fontes brutes, déchets de toute sorte, etc.

En *Autriche* et en *Prusse*, les tarifs établissent des prix de transport pour les trois classes de marchandises. Dans le grand-duché de *Bade*, en *Wurtemberg*, en *Bavière*, en *Brunswick* et en *Hanovre*, les tarifs ne mentionnent que la première et la deuxième classe, et l'on accorde pour les articles de la troisième classe, pour les quantités supérieures à 4 tonnes, des réductions fixes dont le montant varie, suivant les États, de 20 à 50 p. 0/0 sur les prix de la 2ᵉ classe.

Les tarifs élémentaires sont, en général, calculés sur la base d'une somme fixe pour frais généraux et d'un montant proportionnel au parcours. Pour un parcours moyen de 150 kilomètres, ils sont, par tonne à 1 kilomètre :

	1ʳᵉ classe.	2ᵉ classe.	3ᵉ classe.
Grand-duché de Bade	14ᶜ	11ᶜ	9ᶜ
Wurtemberg	14	11	7
Bavière	22	13	7
Autriche (cours du pair)	23	17	11
Prusse orientale	14	11	9
Hanovre	18	14	7
Prusse rhénane	15	11	8

Il y a de plus sur tous les réseaux des tarifs réduits pour les matières expédiées par chargements complets qui forment les principaux éléments du trafic des lignes et pour celles que les chemins ont intérêt, en raison de la concurrence, à attirer dans leur parcours.

Les houilles et lignites sont ainsi transportés de la Silésie à Berlin et de la Westphalie sur les bords de l'Elbe à 3 centimes par tonne; en Autriche, à 7 centimes. Il y a également des tarifs réduits pour les chaux expédiées en vrac, les bois, les pierres, etc.

Les céréales et légumes farineux sont soumis partout à un tarif fixe indépendant des mercuriales des marchés. En Autriche les cahiers des charges obligent les compagnies à transporter ces matières, en cas de disette, au prix de 5 centimes par tonne kilométrique. Dans les autres pays, il n'y a pas de prescriptions à ce sujet; mais sur les chemins exploités par les États, aussi bien que sur les lignes des compagnies, on fait, en cas de disette, toutes les réductions de prix possibles. Le *Bas-Silésien* a expédié ainsi en 1861 des pommes de terre sur Berlin au prix de 3 centimes par tonne kilométrique, et les compagnies ont appliqué à ces mêmes transports un tarif de 6 centimes.

Les traités particuliers existent sur tous les chemins autrichiens et sont également tolérés sur tous les chemins exploités par les compagnies dans le nord de l'Allemagne, qui se font une active concurrence pour les transports. L'Administration se borne à veiller à ce que les expéditeurs soient également traités lorsqu'ils présentent des transports qui rentrent dans les mêmes limites de tonnage et de parcours. Sur les chemins de l'État, ces traités sont défendus.

Les transports se font presque exclusivement avec le matériel des compagnies. Sur le chemin *Rhénan* et sur celui de *Cologne à Minden*, quelques établissements ont leurs propres wagons; mais leur emploi donne lieu, pour les délais de retour, à de fréquentes réclamations qui ne sont pas compensées par les avantages que les expéditeurs retirent de l'emploi de ces wagons, et l'Administration pousse les compagnies à racheter ce matériel.

Les tarifs ne peuvent être relevés que six semaines après la publication des nouveaux tarifs dans l'Allemagne du nord, et après trois mois en Autriche. Sur quelques lignes exploitées par l'État, notamment en Wurtemberg, les tarifs sont modifiés à volonté.

COUPURES.

L'unité de poids adoptée pour tous les transports est le quintal de douane, de 50 kilogrammes. Pour les marchandises de la petite vitesse, le poids minimum sur lequel se calcule le prix de transport est de 25 kilogrammes, avec coupures de 5 en 5 kilogrammes, en comptant chaque fraction comme entière.

EXPÉDITION.

Les marchandises du commerce sont expédiées dans l'ordre de leur inscription; pour les houilles, les vins, céréales, minerais et autres matières de 2ᵉ ou de 3ᵉ classe, dont le chargement est fait par les expéditeurs ou qui sont envoyées par chargements complets, l'ordre d'expédition s'établit pour les produits similaires à mesure que les chargements ou les remises complètes sont terminés.

Les chemins ne sont tenus de transporter qu'en proportion de leur matériel, et ont le droit de refuser de recevoir les marchandises avant l'époque de leur expédition. Cette disposition est consacrée par l'article 422 du nouveau Code de commerce de l'Allemagne, qui est en vigueur depuis le 1ᵉʳ mars 1862.

35.

et les compagnies, en cas d'encombrement, ferment leurs gares pour un délai déterminé qu'elles portent à la connaissance du public.

GROUPAGE.

En tant que réunion sous un même emballage de marchandises appartenant à diverses personnes et expédiées à plusieurs destinataires, le groupage est interdit en Autriche, et les contrevenants sont soumis à une amende triple de la taxe soustraite de ce fait au chemin de fer.

Dans les pays de l'Union douanière, on ne donne aucune attention à cette question, qui porte principalement atteinte au privilége de la poste.

La question du groupage, qui a eu en France, il y a quelques années, une grande importance, se présente en effet en Allemagne dans des conditions toutes différentes. Le transport des voyageurs et des articles de messageries était effectué en France par des compagnies puissantes, dont les chemins de fer ont peu à peu supprimé l'industrie, et qui ont cherché à conserver une partie de leur clientèle en se faisant les intermédiaires entre les chemins de fer et le public. En Allemagne, au contraire, ces transports étaient regardés comme une attribution de la Couronne et exécutés par l'Administration des postes, qui se réserve encore aujourd'hui le droit exclusif de transporter dans ses fourgons tous les articles dont le poids est inférieur à

5   kilogrammes, dans le pays de Bade;
7,50 ——————— dans le Hanovre;
9,75 ——————— dans le Brunswick et la Prusse.

En Wurtemberg, le transport forcé ne comprend plus que les envois de bijoux et matières précieuses d'un poids inférieur à 12,5 kilogrammes. En Bavière et en Autriche, les transports sont libres, si cen'est pour les lettres, papiers et journaux.

Ces restrictions apportées à la liberté des transports s'appliquent même aux expéditions en transit, et les commissionnaires n'ont ainsi qu'un intérêt fort restreint à grouper leurs envois.

La réunion d'un certain nombre d'expéditions distinctes sur une même lettre de voiture établie par un commissionnaire est, au contraire, en usage et encouragée par les compagnies, qui ont elles-mêmes des bureaux de ville ou des correspondants dans les villes principales don telles desservent le trafic. Le public, habitué à se servir de l'intermédiaire des commissionnaires, accepte partout cet usage.

LETTRES DE VOITURE.

Le contrat de transport est conclu entre le chemin de fer et l'expéditeur par la présentation de la lettre de voiture du fait de ce dernier et par l'apposition du timbre d'expédition du côté de la station expéditrice. Cette appo-

.sition ne doit avoir lieu qu'après remise complète des marchandises mentionnées dans la lettre de voiture.

La lettre de voiture doit contenir :

Le lieu et la date de son établissement;

Les nombre, marques et numéros des colis;

Le mode d'emballage, le contenu et le poids;

Le nom du destinataire et le lieu de destination;

La valeur déclarée;

Le bordereau détaillé des documents de douane qui accompagnent l'expédition, s'il y a lieu.

Elle doit être signée par l'expéditeur.

En Autriche, on délivre aux expéditeurs un récépissé reproduisant les indications de la lettre de voiture. Dans les autres parties de l'Allemagne, les expéditeurs doivent présenter, lorsqu'ils désirent une constatation de la remise effectuée par eux au chemin de fer, deux exemplaires identiques de la lettre de voiture, et le bureau expéditeur leur rend un de ces exemplaires visé pour duplicata.

DÉLAI DE LIVRAISON.

Tous les chemins publient des délais de livraison. Le délai de livraison total pour des expéditions parcourant plusieurs lignes s'obtient en ajoutant les délais spéciaux acceptés par les différents chemins qui prennent part au transport.

Le délai court à partir de la première heure du jour qui suit celui indiqué par le timbre de la lettre de voiture. Les dimanches et jours fériés ne sont jamais comptés dans le délai.

Il est tenu pour observé si, pendant sa durée, la marchandise a été camionnée au domicile commercial du destinataire, ou si le destinataire a été avisé dans cet intervalle par la poste ou autrement, après l'arrivée effective de la marchandise au lieu de destination.

Les délais de transport sont:

Dans le pays de *Bade*, pour les distances ne dépassant pas 148 kilomètres. . . . . 2 jours.

Pour les distances supérieures du réseau, qui a 361 kilomètres. . . . . 3 "

Dans le *Wurtemberg*, de station à station, sur tout le réseau de 442 kilomètres. . . . . 4 "

En *Bavière*, pour les distances allant jusqu'à 185 kilomètres. . . . . 2 "

Pour chaque 111 kilomètres en sus. . . . . 1 jour de plus.

En *Autriche,* sur tous les chemins, 111 kilomètres par jour.

Sur les trois chemins de *Silésie :*

Pour les distances jusqu'à 151 kilomètres............. 3 jours.

De 151 à 301 kilomètres......................... 4   "

Au delà.. 5   "

Sur l'*Est-Prussien* on compte :

Jusqu'à 135 kilomètres.......................... 3 jours.

Et 110 kilomètres en moyenne par jour pour les distances
supérieures.

Sur la ligne de *Berlin-Stettin,* longue de 339 kilomètres,
on admet entre deux points quelconques du réseau... 3   "

Le chemin de *Berlin-Hambourg,* de 299 kilomètres, et
celui de *Berlin-Anhalt,* qui a 358 kilomètres de développement, acceptent comme délai de transport, de station
à station................................... 2   "

Les autres lignes de Berlin et de Leipzig à Cologne, qui ont formé pour
leur exploitation une association spéciale, transportent les marchandises d'un
point quelconque du réseau à une autre station, sur les lignes principales
de *Cologne-Magdebourg, Magdebourg-Berlin* et *Magdebourg-Leipzig,* dans des
délais variant, avec les distances, de 1 à 2 jours. Pour les transports qui vont
aux points les plus éloignés des lignes secondaires, tels que Hartzbourg, Bremer-Hafen, Emden, Osnabrück, Emmerich, les délais sont de 3 jours, ce
qui donne pour les transports extrêmes un parcours de 216 kilomètres en
24 heures.

Enfin le chemin *Rhénan* transporte les marchandises qui parcourent une
seule de ses trois lignes, dont les longueurs sont de 154, 90 et 82 kilomètres, en.. 2 jours,

et les articles qui transitent de l'une à l'autre, en......... 3   "

Ces délais ne s'appliquent en général qu'aux marchandises
de la première et de la seconde classe.

Sur la plupart des lignes, on ajoute encore à ces transports de 2 à 3 jours
pour l'enlèvement et le déchargement, ainsi que 24 heures pour la transmission d'une ligne à une autre contiguë, et l'on arrive ainsi à fixer le délai
de livraison.

INDEMNITÉS POUR RETARD.

Dans les États du Zollverein, l'indemnité à laquelle le destinataire a droit
lorsqu'il établit que le retard lui a causé préjudice, s'élève, d'après les règlements des chemins de fer, si la marchandise lui est délivrée dans les deux
jours qui suivent l'expiration du délai de livraison, à la moitié du prix du
transport, et pour un retard de plus de deux jours, à la totalité de ce prix.

En Autriche, le chemin de fer perd :

Pour un retard de 1 à 3 jours...... 1/4)
——————— 3 à 8 jours...... 1/3 } du montant du port.
——————— au delà de 8 jours 1/2)

Le nouveau Code de commerce (article 427) a admis ces stipulations, mais sans leur reconnaître la portée absolue que les compagnies leur avaient donnée jusqu'à présent, et l'article 398 porte qu'en cas de stipulation d'indemnités pour retards dans les délais de livraison, l'entrepreneur peut être tenu à une indemnité supérieure au montant stipulé, jusqu'à concurrence du dommage qui est résulté du retard.

Cette disposition nouvelle amènera sans doute, dans les premiers temps de son application, des actions contentieuses beaucoup plus fréquentes que celles qui se sont produites jusqu'ici, et qui ont été extrêmement rares, si l'on en excepte la Prusse rhénane, où la législation française était appliquée.

Dans les réseaux exploités par les États, et en Autriche, où les règlements approuvés par le ministère servent de base aux tribunaux pour l'application des lois, ces actions en indemnité ne se produisaient pas. Dans les autres pays, les relations des chemins de fer avec le public sont en général très-bienveillantes, et permettent de résoudre à l'amiable les difficultés qui se présentent pour cause de retards ou d'avaries.

TRANSPORTS PAR GRANDE VITESSE.

Les chemins de fer ne peuvent pas être tenus d'expédier les marchandises de grande vitesse par les trains express, qui servent exclusivement au transport des voyageurs et de leurs bagages.

En Prusse, on permet toutefois aux chemins de fer, lorsque la fréquence des voyageurs est restreinte, d'atteler aux trains express des wagons de marchandises; mais le chargement ne doit pas, en ce cas, dépasser les deux tiers de leur tonnage normal. On expédie cependant, en général, par les express du gibier et de la marée.

Les articles de la grande vitesse pour lesquels il existe des lettres de voiture spéciales sur papier rouge sont expédiés par les trains à voyageurs, ainsi que le bétail vivant, lorsqu'il n'est pas transporté par trains spéciaux.

On les expédie également par les trains mixtes ou à marchandises sur les lignes qui ont un nombre restreint de convois journaliers, lorsqu'on peut les faire arriver ainsi plus vite à destination. Il suffit, en général, que ces marchandises soient remises deux heures avant les départs des trains, pour qu'elles soient immédiatement expédiées.

Le tarif de la grande vitesse est le plus souvent double de celui de la première classe, pour toutes les marchandises. En Bavière, il n'est que de moitié plus élevé.

Le minimum de poids admis à la grande vitesse, pour les calculs des ports, est de 10 kilogrammes, avec coupures de 5 en 5 kilogrammes.

Les délais de transport pour la grande vitesse sont :

En Autriche, de 318 kilomètres par jour.

Pour les lignes prussiennes des environs de Berlin, dont la longueur ne dépasse pas 300 à 400 kilomètres, on compte 24 heures pour le parcours d'une seule ligne et 48 heures pour le parcours sur deux lignes voisines. Sur l'Est-Prussien, le délai pour les distances de moins de 572 kilomètres est de 48 heures; pour les distances au delà, 60 heures.

On compte de plus, pour établir le délai de livraison, 12 heures pour le délai d'enlèvement, pour chaque délai de transmission d'une ligne à une autre et pour le délai de remise, les dimanches et jours fériés non compris.

Dans les associations du nord de l'Allemagne, dans le grand-duché de Bade, le Wurtemberg et en Bavière, les délais de livraison de la grande vitesse sont moitié de ceux de la petite vitesse. Quand les délais de livraison sont dépassés, le chemin de fer perd :

Dans les États du Zollverein,

> Pour un retard de 24 heures, la moitié;

> Et pour un retard supérieur, la totalité du port.

En Autriche, l'indemnité à la charge de la compagnie est du quart du port pour un retard de 12 à 24 heures; pour un retard de plus de trois jours, la compagnie renonce, au maximum, à moitié du port.

CAMIONNAGE.

Les chemins de fer prennent, en général, réception des marchandises sur le carreau de leurs magasins et les délivrent de même. Les frais de chargement et de déchargement sur les wagons sont compris dans les tarifs établis de station à station, et portés à la connaissance du public, pour les marchandises de la première et de la deuxième classe. Pour les marchandises de la troisième classe et pour celles transportées par tarifs spéciaux, le chargement et le déchargement sont faits par l'expéditeur et le destinataire, ou à leurs frais.

Pour la grande vitesse et la première classe de marchandises, le camionnage est compris, sur les lignes du nord, dans les frais de transport; mais les parties peuvent livrer leurs colis ou en prendre réception en gare, contre détaxe des frais de camionnage de départ ou d'arrivée. Le public a l'habitude de se faire adresser ses marchandises bureau restant, et de les faire expédier ou retirer par ses propres attelages ou par des commissionnaires de roulage avec lesquels il se trouve en relations.

Le camionnage obligé ne se rencontre que dans les centres principaux, tels que Berlin, Leipzig, Cologne, où il est motivé par le besoin d'éviter l'encombrement des magasins; il est fait par des entrepreneurs ou des corporations, et ne constitue pas pour les compagnies une source de bénéfices appréciables.

ASSURANCES.

Dans les États du Zollverein, on admet que le chemin de fer répond sans autre indemnité, par le seul fait du contrat de transport, du dommage survenu par suite de perte ou d'avarie, depuis la réception de la marchandise jusqu'à sa livraison, toutes les fois que le dommage ne résulte pas de la nature ou du conditionnement de la marchandise et de cas de force majeure.

Si le camionnage est fait à la diligence du chemin de fer, sa responsabilité s'étend, sauf recours contre les entrepreneurs de camionnage, de la prise en charge à la remise effective de la marchandise. Dans les autres cas, sa responsabilité ne s'étend que de gare en gare.

La prescription pour déchet et avarie commence quatre semaines après la livraison et l'acquittement du port. En cas de perte totale, il n'y a prescription qu'après un délai d'un an.

Le montant de l'indemnité à payer aux ayants droit, en cas de perte totale, est calculé sur la base de la valeur commerciale qu'aurait eue une marchandise de même nature à l'époque et au lieu de destination fixés, déduction faite des frais de douane, de port et autres que la perte aura fait épargner.

On admet comme valeur maximum de la perte une somme de 150 francs par 100 kilogrammes pour toutes les marchandises, à moins qu'une valeur plus élevée ne soit déclarée par la lettre de voiture.

L'indemnité, dans ce dernier cas, peut atteindre le montant de la valeur déclarée, à la charge par l'expéditeur d'acquitter à titre de prime d'assurance:

Pour une valeur de   150 à   750ᶠ les 100 kilogrammes,   2 o/o ⎫
————————   750 à 1,500   ————————   4 o/o ⎬ du port.
————————   1,500 à 2,250   ————————   6 o/o ⎭

et ainsi de suite, en ajoutant 2 o/o du port pour chaque coupure de 750 francs. Pour les transports par grande vitesse et les marchandises d'encombrement, auxquelles on applique des tarifs de transport supérieurs, la prime d'assurance se calcule sur la base du port des marchandises de la première classe.

En Autriche, les dispositions arrêtées en commun par les compagnies sont moins libérales: tous les objets à transporter sont soumis à une assurance générale qui est, au cours du pair (le cours actuel est de 137,5 pour 100), de o fr. o4 cent. par 100 kilogrammes pour les articles de petite vitesse, expédiés de station à station sur le même réseau, et de o fr. o6 cent. pour les marchandises qui passent sur une autre ligne. Pour la grande vitesse, la prime d'assurance est de o fr. 25 cent. par 100 kilogrammes, pour les transports de station à station sur une ligne, et o fr. 37,5 cent. par 100 kilogrammes, dans le cas de transit. Moyennant ces primes d'assurance, on rembourse, en cas de perte, la valeur des objets transportés jusqu'à concurrence d'une valeur de :

150 francs pour la petite vitesse,
500 francs pour la grande vitesse.

Chaque expéditeur peut de plus faire assurer ses marchandises pour une plus-value, en payant une assurance spéciale, qui est de o fr. 10 cent. par 100 kilogrammes pour les marchandises circulant sur un réseau, et de o fr. 15 cent. pour celles qui transitent sur un deuxième réseau, pour chaque valeur de 125 francs au delà du taux de l'assurance normale.

En cas d'avarie, la diminution de valeur qui en résulte pour la chose transportée est réglée proportionnellement à l'indemnité maximum en cas de perte.

Paris, le 15 mars 1862.

C. DUBOCQ.

Ingénieur ordinaire des mines,

APPENDICE.

RELEVÉ DESCRIPTIF DES LIGNES, DES FRAIS

Numéros d'ordre.	DÉSIGNATION des chemins de fer.	DIRECTION DES LIGNES PRINCIPALES.	EMBRANCHEMENTS.
1	2	3	4
1*	Grand-ducal badois	De Mannheim, par Carlsruhe et Bâle, à Waldshut	Sur Pforzheim, Bade et Kehl
2*	Royal de Wurtemberg	De Bruchsal, par Stuttgart et Ulm, à Friedrichshafen	Sur Heilbronn, Wasseralfingen et Rottenburg
3*	Royal de Bavière	De Lindau, par Augsbourg et Bamberg, à Hof	Sur Anspach, Gundelhof et Bayreuth
		De Bamberg, par Würzbourg, à Aschaffenbourg	
		D'Ulm, par Augsbourg et Munich, à Salzbourg	Sur Starnberg, Miesbach et Kuffstein
4	Ouest-Autrichien	De Salzbourg, par Lambach, Wels et Linz, à Vienne	Sur Passau et Hetzendorf
5	Sud-Autrichien	De Vienne, par Grätz, Pragerhof et Laybach, à Trieste	Sur Laxenbourg et Œdenbourg
		De Pragerhof, par Kanischa, Stuhlweissenburg, à Ofen	Sur Neu-Szöny
6	Autrichien de l'État	De Brünn, par Trübau et Prague, à Bodenbach (Dresde)	Sur Olmütz
		De Marchegg, par Pesth et Temeswar, à Baziasch	Sur Orawicza
		De Vienne, par Raab, à Neu-Szöny	
7	Nord-Autrichien	De Vienne, par Lundenburg et Oderberg, à Cracovie	Sur Stockerau, Marchegg, Brünn, Olmütz, Troppau, Bielitz, Granica et Myslowitz
8*	Guillaume-Silésien	De Cosel, par Ratibor, sur Oderberg	Sur Leobschütz et Kattowitz
9*	Haute-Silésie	De Breslau, par Cosel et Kattowitz, sur Myslowitz	Sur Morgenroth et Beuthen
10*	Basse-Silésie et Marche	De Berlin, par Frankfurt, sur Breslau	Sur Görlitz
			À reporter

* Les chemins marqués d'un astérisque sont exploités par l'État.

...ONSTRUCTION ET DES PRODUITS KILOMÉTRIQES.

LONGUEUR exploitée en 1861.	LONGUEUR de la deuxième voie.	OUVERTURE DE L'EXPLOITATION partielle.	totale.	DÉPENSE de premier établissement par kilomètre.	RECETTE route par kilomètre.	DÉPENSE d'exploitation par kilomètre.	PRODUIT net par kilomètre.	EXERCICE réalisé.
5	6	7	8	9	10	11	12	13
kilomètres.	kilomètres.			francs.	francs.	francs.	francs.	
314	269	1840	1861	265,676	24,502	10,472	14,031	1859
47	12							
277	162	1845	1853	251,021	26,706	12,756	13,950	7.59—6.60
165	"	"	1861					
565	7	1844	1859					
68	"	"	"					
192	14	1852	1854	248,428	21,743	10,644	11,099	10.59—9.60
302	"	1838	1860					
60	"	"	"					
314	40	1858	1860	404,000	19,254	9,650	9,604	1860
87	"	"	"					
578	355	1841	1857					
36	"	"	"	225,000	37,044	16,390	21,154	1860
330	"	"	1860					
80	"	"	"					
396	79	1845	1851					
85	"	"	"					
656	"	1846	1858	217,400	26,952	10,015	16,937	1860
38	"	"	"					
159	"	1846	1856					
421	153	1838	1858	290,000	44,614	16,832	27,782	1860
205								
57	"	1846	1858	184,945	11,192	5,288	5,904	1860
105	"							
197	197	1842	1847	256,019	42,903	15,244	27,659	1860
64	"							
358	358	1842	1846	254,583	39,903	17,095	22,808	1860
31	28							
6,193								

numéros d'ordre	DÉSIGNATION DES CHEMINS DE FER	DIRECTION DES LIGNES PRINCIPALES.	EMBRANCHEMENTS.
1	2	3	4
			Report.
11*	Est-Prussien	De Frankfurt, par Krentz et Königsberg, à Eydtkuhnen	Sur Dantzick.
12	Berlin-Stettin	De Berlin, par Stettin, à Stargard. De Stargard à Cöslin et Colberg.	
13	Berlin-Hambourg	De Berlin, par Wittenberge et Büchen, à Hambourg.	De Büchen à Lauenburg.
14	Berlin-Magdebourg	De Berlin, par Potsdam et Brandebourg, à Magdebourg.	
15	Berlin-Anhalt	De Berlin, par Jüterbogk, Wittenberg et Bitterfeld, à Halle. De Jüterbogk à Röderau (Dresde).	Sur Dessau, Cöthen et Leipzig.
16	Leipzig-Magdebourg	De Leipzig, par Halle et Cöthen, à Magdebourg.	Sur Schönebeck et Stassfurt.
17	Magdebourg-Wittenberge		
18	Magdebourg-Halberstadt	De Magdebourg à Oschersleben.	Sur Halberstadt.
19*	Ducal de Brunswick	D'Oschersleben, par Brunswick, à Peine (Hanovre). De Wolfenbüttel à Kreiensen (Cassel).	Sur Helmstadt et Hartzbourg.
20*	Royal de Hanovre	De Peine, par Lehrte et Hanovre à Minden. De Harbourg, par Lehrte, Nordstemmen et Göttingen, à Cassel. De Wunstorf, par Brême, à Geeste-Münde. De Löhne, par Osnabrück et Rheine, à Emden.	De Hanovre à Nordstemmen.
21	Cologne-Minden	De Minden, par Dortmund, Oberhausen et Düsseldorf, à Cologne. D'Oberhausen, par Emmerich, à Arnhem (Hollande). De Deutz, par Dillenburg et Wetzlar, à Giessen.	Sur Duisburg, Ruhrort et Siegen.
22	Rhénan	De Bingen, par Coblenz, Cologne, Aix-la-Chapelle, à Herbesthal.	De Cologne à Crefeld.
			Total.

(*) Les chemins marqués d'un astérisque sont exploités par l'État.

LONGUEUR exercée en 1861.	LONGUEUR de la deuxième voie.	OUVERTURE de l'exploitation.		DÉPENSE de premier établissement par kilomètre.	RECETTE brute par kilomètre.	DÉPENSE d'exploitation par kilomètre.	PRODUIT net par kilomètre.	EXERCICE examiné.
		partielle.	totale.					
5	6	7	8	9	10	11	12	13
kilomètres.	kilomètres.			francs.	francs.	francs.	francs.	
6,193								
723	»	1851	1860	189,151	16,583	7,214	9,369	1860
31	»							
168	»	»	1843	164,830	14,938	9,653	5,285	1860
171	»	»	1859	193,230				
286	155	»	1846	203,294	31,755	17,159	14,596	1860
13	»							
147	142	1836	1846	332,743	40,917	15,210	25,707	1860
162	86							
80	»	1840	1859	162,767	22,233	9,867	-12,366	1860
116	»							
119	119	»	1840	227,264	42,258	15,717	26,541	1860
32	»	»	1857					
108	»	1849	1851	218,302	14,300	7,097	7,203	1860
38	36	»	1843	171,765	49,401	18,648	30,753	1860
20	»							
85	83							
72	»	1838	1858	154,845	29,349	14,037	15,312	1860
43	»							
106	106							
330	102							
163	55	1844	1861	190,852	21,009	10,660	10,439	7.59—6.60
235	»							
27	»							
267	267							
61	»	1845	1861	334,829	55,436	21,352	34,084	1860
166	»							
29	»							
244	116	1839	1859	350,539	29,432	10,705	18,727	1860
52	»							
10,287								

Tableau N° 2.

RELEVÉ DU TRAVAIL DES MACHINES ET

NUMÉROS D'ORDRE	DÉSIGNATION DU CHEMIN DE FER	LONGUEUR moyenne exploitée	NOMBRE de locomotives	PARCOURS total des machines. Kilomètres	NOMBRE DE TRAINS rapportés à la distance entière.		NOMBRE MOYEN journalier des trains.			TRAVAIL SUR. Poids utile.
1	2	14	15	16	Par an. 17	Par jour. 18	Express. 19	Omnibus. 20	Mixtes et marchandises. 21	22
1*	Grand-ducal badois............	351	90	2,603,641	7,418	20. 0	22	24	55	5,565,773
2*	Royal de Wurtemberg.........	329	89	1,922,204	5,844	16. 0	20	28	64	5,571,634
3*	Royal de Bavière.............	1,093	209	4,360,852	3,989	10. 9	18	26	63	11,707,698
4	Ouest-Autrichien............	280	58	1,111,390	3,968	10. 8	14	30	40	5,807,217
5	Sud-Autrichien..............	614	270	3,765,842	6,133	16. 8	14	30	56	15,108,997
6	Autrichien de l'État..........	1,324	342	5,141,739	3,883	10. 6	10	26	66	15,960,821
7	Nord-Autrichien.............	626	218	3,209,047	5,126	14. 0	#	28	109	10,485,766
8*	Guillaume-Silésien...........	162	23	394,323	2,232	6. 1	12	15	47	348,565
9*	Haute-Silésie...............	261	73	1,592,912	4,826	13. 2	17	18	76	2,283,694
10*	Basse-Silésie et Marche.......	289	135	2,260,940	5,815	15. 9	18	22	102	6,916,370
11*	Est-Prussien................	687	125	2,105,254	3,064	8. 4	15	23	78	7,691,161
12	Berlin-Stettin...............	339	58	959,614	2,820	7. 9	#	28	115	3,089,694
13	Berlin-Hambourg............	299	78	1,532,717	5,131	14. 1	12	27	88	3,228,230
14	Berlin-Magdebourg..........	147	45	793,391	5,303	14. 8	18	23	70	3,417,306
15	Berlin-Anhalt...............	358	61	1,230,450	3,447	9. 4	20	19	71	3,406,582
16	Leipzig-Magdebourg..........	151	51	848,562	5,814	15. 9	18	24	88	2,367,097
17	Magdebourg-Wittenberge.......	108	20	276,055	2,566	7. 0	#	21	56	609,700
18	Magdebourg-Halberstadt.......	56	22	377,162	6,466	17. 7	22	30	65	1,114,325
19*	Ducal de Brunswick..........	200	50	1,093,226	5,466	14. 9	18	22	55	2,095,137
20*	Royal de Hanovre............	819	202	3,506,469	4,281	11. 5	18	30	93	7,369,559
21	Cologne-Minden.............	352	176	2,933,902	8,162	22. 4	14		75	7,535,021
22	Rhénan....................	296	81	1,636,123	5,500	15. 0	13		52	5,835,500

(*) Les chemins marqués d'un astérisque sont exploités par l'État.

ET DE LA VITESSE DES TRAINS.

| VOITURES VOYAGEURS. Poids mort. | TRAVAIL DES WAGONS à marchandises. Poids utile. | Poids mort. | TOTAL DES POIDS remorqués. | VITESSE MOYENNE DES TRAINS. Kilomètres à l'heure. | | | | | | | | NUMÉROS D'ORDRE. |
| | | | | EXPRESS. Arrêts compris. | EXPRESS. Pleine marche. | OMNIBUS. Arrêts compris. | OMNIBUS. Pleine marche. | MIXTES. Arrêts compris. | MIXTES. Pleine marche. | MARCHANDISES. Arrêts compris. | MARCHANDISES. Pleine marche. | |
23	24	25	26	27		28		29		30		
46,788,123	34,694,835	111,132,823	198,381,554	41	56	.29	36	16	32	11	⁀20	1
94,793,372	43,017,725	171,464,272	314,947,003	40	49	26	39	24	30	12	22	2
84,463,135	134,893,870	246,863,148	477,947,851	38	48	27	36	20	24	17	21	3
44,903,687	28,627,288	56,751,794	136,089,786	36	40	27	33	25	28	17	23	4
132,901,285	186,793,010	474,760,176	809,562,568	39	42	28	32	18	22	13	19	5
107,022,149	295,161,998	506,082,011	924,226,170	44	53	37	45	25	30	18	23	6
78,539,496	197,953,631	433,963,974	720,942,867	»	»	35	41	27	32	14	21	7
3,932,306	16,461,176	25,704,519	46,446,566	37	43	34	40	25	29	17	23	8
13,619,689	124,391,115	204,556,574	344,851,072	41	49	35	43	22	25	16	25	9
45,584,643	143,901,996	288,861,237	485,284,255	46	51	30	42	»	»	13	21	10
54,248,890	45,436,224	180,579,700	288,995,954	42	50	31	39	34	41	17	25	11
22,621,061	22,899,057	63,831,169	112,441,001	»	»	35	41	20	25	24	31	12
39,418,439	68,132,107	144,804,274	245,563,050	44	50	36	43	29	37	21	27	13
26,809,311	21,542,560	64,693,952	115,743,129	51	55	28	42	26	32	20	20	14
31,656,017	40,235,341	92,038,878	167,338,828	40	47	33	39	19	24	20	26	15
19,630,449	35,586,139	96,274,852	153,867,537	43	51	36	43	27	35	21	27	16
4,410,596	10,433,326	16,884,130	32,337,752	»	»	38	44	25	31	25	30	17
8,999,836	15,600,466	34,467,155	60,091,982	39	45	31	37	20	30	20	26	18
24,991,361	42,278,690	91,374,832	160,735,720	45	47	26	29	21	25	20	25	19
89,701,686	132,303,159	244,937,291	434,311,417	50	56	34	45	25	32	18	22	20
64,640,160	153,887,580	244,531,441	407,504,182	48	51	29	33	»	»	14	20	21
5,037,325	33,093,235	48,617,312	132,583,382	43	48	35	40	29	37	19	28	22

Tableau N° 3.

RELEVÉ DU TRAVAIL DES VOITURES ET DU…

NUMÉROS D'ORDRE	DÉSIGNATION DU CHEMIN DE FER	NOMBRE de VOITURES (31)	NOMBRE de PLACES (32)	POIDS TOTAL des voitures, tonnes (33)	NOMBRE d'ESSIEUX (34)	NOMBRE DE PLACES par voiture (35)	NOMBRE de VOYAGEURS reçus (36)	PROPORTION pour 100 voyageurs reçus, des voyageurs de (37) — 1re cl.	2e cl.	3e cl.	4e cl.	DE VOI…
1*	Grand-ducal badois	282	9,944	1,980	624	15.9	2,558,006	1.9	18.5	79.6	,	74.5
2*	Royal de Wurtemberg	171	10,028	2,079	628	16.0	3,042,687	0.5	20.3	79.2	,	75.
3*	Royal de Bavière	548	19,466	2,937	1,550	12.5	3,661,983	0.7	19.8	79.3	,	156.
4	Ouest-Autrichien	351	11,927	2,812	702	17.0	1,131,224	1.4	18.9	79.7	,	78.
5	Sud-Autrichien	545	24,282	4,851	1,690	14.4	3,144,982	2.0	20.1	77.9	,	201.
6	Autrichien de l'État	504	22,522	4,084	1,405	16.0	2,489,864	2.2	19.2	78.6	,	212.
7	Nord-Autrichien	374	10,180	2,244	748	13.6	1,886,390	2.3	17.6	80.1	,	138.
8*	Guillaume-Silésien	25	968	152	67	14.4	179,211	1.2	21.6	61.0	16.2	4
9*	Haute-Silésie	83	3,912	635	231	16.9	640,735	1.3	23.9	43.2	31.6	38
10*	Basse-Silésie et Marche	164	8,909	1,541	511	17.4	1,263,788	1.2	16.9	35.1	46.8	92
11*	Est-Prussien	185	9,894	1,875	555	17.8	1,416,558	0.5	18.5	34.3	46.7	165
12	Berlin-Stettin	110	5,404	1,090	325	16.6	643,874	0.8	20.2	79.0	,	41
13	Berlin-Hambourg	121	6,182	1,019	363	17.0	841,505	1.1	25.2	73.7	,	4
14	Berlin-Magdebourg	99	4,473	980	292	15.3	920,198	3.0	25.1	71.9	,	4
15	Berlin-Anhalt	102	4,582	925	285	16.1	681,818	1.1	20.6	78.3	,	4
16	Leipzig-Magdebourg	123	4,462	843	293	15.2	812,162	0.5	13.6	85.9	,	3
17	Magdebourg-Wittenberge	31	1,646	258	93	17.7	187,591	0.4	15.7	83.9	,	
18	Magdebourg-Halberstadt	34	1,684	296	102	16.5	473,623	2.0	24.6	73.4	,	1
19*	Ducal de Brunswick	71	3,700	671	213	17.4	1,002,432	1.2	21.4	77.4	,	3
20*	Royal de Hanovre	298	12,772	2,530	894	14.3	2,021,785	1.1	18.4	80.5	,	1
21	Cologne-Minden	160	8,971	1,607	455	19.7	2,520,431	1.2	14.1	20.2	64.3	1
22	Rhénan	190	7,725	1,409	506	15.2	2,496,053	8.3	23.8	56.0	11.9	

(*) Les chemins marqués d'un astérisque sont exploités par l'État.

...T DU SERVICE DES VOYAGEURS.

NOMBRE de voyageurs à 1 kilomètre.	NOMBRE d'essieux.	RAPPORT DES PLACES occupées aux places offertes.	NOMBRE de voyageurs transportés à la distance entière.	PARCOURS moyen d'un voyageur.	PRODUIT TOTAL des voyageurs.	PRODUIT MOYEN par voyageur.	par voyageur à 1 kilomètre. (Tarif.)	NUMÉROS D'ORDRE.
38	39	40	41	42	43	44	45	
				kilomètres.	francs.	fr. c.	centimes.	
74,210,312	14,745,706	0. 32	211,425	29	3,727,301	1. 46	5. 0	1
75,621,785	28,634,073	0. 16	229,853	25	3,148,496	1. 04	4. 2	2
156,102,644	44,586,843	0. 21	142,834	47	7,568,609	2. 07	4. 8	3
76,109,564	11,211,857	0. 40	271,820	67	2,795,053	2. 47	3. 7	4
201,441,299	46,307,068	0. 30	328,148	64	6,850,156	2. 18	3. 4	5
212,800,281	36,818,713	0. 36	160,725	85	9,692,540	3. 89	4. 5	6
138,810,210	26,179,832	0. 39	223,339	74	5,714,535	3. 03	4. 1	7
4,647,545	1,605,340	0. 18	26,302	26	256,681	1. 41	5. 5	8
30,440,292	8,631,491	0. 33	125,998	47	1,680,789	2. 62	5. 5	9
92,218,456	14,661,075	0. 36	237,168	73	4,620,002	3. 65	4. 9	10
182,549,317	17,135,061	0. 34	149,240	72	5,312,849	3. 75	5. 1	11
41,196,802	17,046,350	0. 35	121,522	64	2,327,455	3. 61	5. 6	12
43,043,129	10,571,003	0. 24	144,065	51	2,651,221	3. 15	6. 1	13
45,304,088	8,077,349	0. 30	309,638	49	2,687,125	2. 92	6. 0	14
45,447,932	9,391,154	0. 39	127,313	67	2,915,010	4. 27	6. 5	15
34,561,287	6,859,302	0. 30	236,262	39	1,540,218	1. 88	4. 8	16
8,129,413	1,950,795	0. 24	75,566	43	449,470	2. 36	5. 5	17
14,860,342	2,065,847	0. 30	254,740	31	846,169	1. 79	5. 6	18
34,691,834	7,933,024	0. 25	173,009	34	1,759,440	1. 75	5. 1	19
95,264,722	24,620,473	0. 27	119,976	47	6,045,707	2. 99	6. 2	20
188,406,963	17,104,415	0. 26	299,161	40	4,866,089	1. 92	4. 8	21
72,806,997	15,827,451	0. 32	262,860	31	4,743,100	1. 90	6. 1	22

TABLEAU N° 4.

RELEVÉ DU TRAVAIL DES WAGO[NS]

NUMÉROS D'ORDRE.	DÉSIGNATION DU CHEMIN DE FER.	NOMBRE de wagons.	TONNAGE TOTAL.	POIDS TOTAL.	NOMBRE d'essieux des wagons.	TONNAGE par essieu.	POIDS mort par essieu.	QUANTITÉ de marchandises expédiées.
		46	47	48	49	50	51	52
			tonnes.	tonnes.		tonnes.	tonnes.	tonnes.
1*	Grand-ducal badois	1,587	12,070	9,487	3,488	3.5	2.7	416,857
2*	Royal de Wurtemberg	878	6,264	6,050	2,644	2.4	2.3	430,343
3*	Royal de Bavière	3,938	23,929	17,682	8,689	2.7	2.0	853,786
4	Ouest-Autrichien	810	7,995	4,795	1,620	4.9	2.9	214,228
5	Sud-Autrichien	4,327	34,539	23,735	9,830	3.5	2.4	876,922
6	Autrichien de l'État	6,872	67,996	38,033	18,972	3.6	2.0	2,588,311
7	Nord-Autrichien	5,005	33,573	21,392	10,642	3.1	2.0	1,898,423
8*	Guillaume-Silésien	914	5,339	3,846	1,861	2.9	2.1	342,629
9*	Haute-Silésie	2,303	16,707	11,778	5,622	3.0	2.1	1,218,715
10*	Basse-Silésie et Marche	1,727	13,214	10,775	4,169	3.2	2.6	933,134
11*	Est-Prussien	1,540	13,002	10,569	3,546	3.7	3.0	882,531
12	Berlin-Stettin	631	3,861	4,359	1,617	2.4	2.7	316,415
13	Berlin-Hambourg	966	6,255	6,496	2,723	2.3	2.4	482,382
14	Berlin-Magdebourg	519	3,828	3,416	1,304	2.9	2.6	200,304
15	Berlin-Anhalt	851	6,080	4,704	1,855	3.3	2.5	431,822
16	Leipzig-Magdebourg	1,026	6,712	6,064	2,195	3.0	2.8	586,382
17	Magdebourg-Wittemberge	188	1,046	1,081	475	2.2	2.3	128,682
18	Magdebourg-Halberstadt	299	1,689	1,763	741	2.3	2.4	421,652
19*	Ducal de Brunswick	647	4,151	3,792	1,456	2.8	2.6	841,299
20*	Royal de Hanovre	3,831	23,705	19,588	8,585	2.8	2.3	1,276,317
21	Cologne-Minden	4,018	29,089	18,863	8,767	3.4	2.2	3,687,137
22	Rhénan	1,272	10,271	6,571	2,580	4.0	2.5	583,582

(*) Les chemins marqués d'un astérisque sont exploités par l'État.

ET DU SERVICE DES MARCHANDISES.

NOMBRE de tonnes de marchandises transportées à 1 kilomètre.	NOMBRE de kilomètres parcourus par les convois.	TONNAGE kilométrique par convoi.	NOMBRE de tonnes transportées à la distance entière.	PARCOURS moyen d'une tonne.	PRODUIT			NUMÉROS D'ORDRE.
					TOTAL des marchandises.	MOYEN		
						par tonne.	par tonne et par kilomètre. (Tarif.)	
53	54	55	56	57	58	59	60	
				kilomètre.	francs.	fr. c.	centimes.	
34,894,835	40,836,637	0. 8	99,416	84. 0	4,161,614	10. 00	11. 90	1
43,017,725	75,208,014	0. 6	130,753	97. 9	5,655,030	12. 87	13. 14	2
134,893,870	121,380,249	1. 1	123,416	158. 0	13,875,749	16. 25	10. 28	3
28,627,288	19,213,798	1. 5	102,240	135. 0	2,399,156	11. 38	8. 38	4
186,793,010	196,567,522	0. 9	304,223	213. 0	16,454,408	18. 76	8. 81	5
295,161,998	246,612,548	1. 2	222,932	117. 6	25,638,947	10. 22	8. 68	6
197,953,631	215,902,475	0. 9	316,219	116. 5	21,997,526	12. 95	11. 11	7
16,461,176	12,060,188	1. 4	90,643	48. 3	1,297,420	3. 79	7. 85	8
124,391,118	112,340,187	1. 3	481,362	121. 8	8,117,176	6. 66	5. 47	9
145,249,167	108,010,409	1. 4	317,130	176. 8	10,302,156	11. 04	6. 23	10
57,442,225	56,226,628	1. 0	61,669	128. 6	5,643,974	8. 15	6. 34	11
22,899,060	23,579,792	0. 9	67,548	72. 4	2,664,982	8. 42	11. 63	12
68,312,104	59,131,103	1. 2	201,988	144. 0	6,527,587	13. 53	9. 39	13
22,580,225	20,446,932	1. 1	145,037	112. 5	3,077,133	15. 36	13. 71	14
40,235,347	35,394,849	1. 1	103,002	92. 6	4,904,716	11. 59	12. 52	15
35,586,140	33,688,941	1. 0	235,202	60. 4	4,436,574	7. 56	12. 51	16
10,437,089	7,976,456	1. 3	93,309	85. 5	1,019,817	8. 22	9. 61	17
15,600,463	14,047,014	1. 1	258,648	37. 0	2,029,444	4. 81	13. 00	18
42,273,690	35,090,182	1. 2	211,368	52. 1	4,167,982	5. 14	9. 86	19
112,303,159	107,353,302	1. 0	137,122	88. 0	11,583,495	9. 07	10. 31	20
153,587,585	100,590,164	1. 5	449,607	56. 8	13,040,198	4. 85	8. 54	21
33,003,232	20,330,216	1. 6	111,801	56. 7	3,595,114	6. 16	10. 86	22

ARRÊT DE LA COUR DE CASSATION

(CHAMBRE CIVILE).

PRÉSIDENCE DE M. PASCALIS.

AUDIENCE DU 27 JANVIER 1862.

CHEMINS DE FER. — LETTRE DE VOITURE. — INDEMNITÉ DE RETARD.

Les Compagnies de chemin de fer, étant soumises à un régime réglementaire spécial, ne sauraient être obligées, en vertu de l'article 102 du Code de commerce, d'accepter ou de subir la fixation à forfait, dans la lettre de voiture, d'une indemnité pour cause de retard, sous le prétexte d'un usage qui fixerait cette indemnité au tiers du prix du transport.

Elles ne peuvent, à défaut de règlement administratif, être liées à cet égard que par leur consentement; et, en l'absence de convention préalable ou d'accord ultérieur sur l'indemnité pour cause de retard, c'est aux tribunaux à arbitrer cette indemnité en raison du préjudice provenant du retard.

Cette question était soulevée par les pourvois des Compagnies des chemins de fer de l'Est et de Lyon, contre trois arrêts des Cours impériales de Colmar, Besançon et Paris, rendus au profit des sieurs Royer, Munier et Delaville.

La Cour, au rapport de M. le conseiller Laborie, après les plaidoiries de MM⁰ Beauvois-Devaux et Léon Clément, pour les Compagnies demanderesses, et de MM⁰ Bosviel et Brugnon, pour les défendeurs, conformément aux conclusions de M. l'avocat général de Marnas, a cassé en ces termes :

« La Cour,

« Vu les articles 101 et 102 du Code de commerce, et 1108 du Code Napoléon;

« Attendu que, dans le contrat commercial connu sous le nom de *lettre de voiture*, comme dans tous les contrats, le consentement des parties est une des conditions essentielles à sa formation; que si, à l'égard des Compagnies de chemins de fer et par suite du monopole dont elles sont investies, ce principe, applicable à l'industrie du transport sous le régime de la libre concurrence, a été modifié, et si les Compagnies sont soumises à des obliga-

« tions réglementaires sur les conditions de délais et du prix des transports à
« effectuer, sans pouvoir en débattre le règlement avec les expéditeurs, les
« cahiers des charges et arrêtés administratifs qui, sous ce rapport, font la loi
« tout à la fois de ces Compagnies et des expéditeurs, ne règlent et ne prévoient
« rien en ce qui concerne l'indemnité due pour cause de retard ; que cet élé-
« ment accessoire du contrat de transport reste, par conséquent, sous l'em-
« pire du droit commun ; que les Compagnies de chemins de fer ne peuvent
« donc, sous le prétexte d'un usage généralement pratiqué sous le régime de
« la libre concurrence, être obligées d'accepter ou de subir un forfait d'indem-
« nité réglé à l'avance ; qu'elles ne pourraient, à défaut d'un règlement admi-
« nistratif, être liées à cet égard que par leur consentement, et que, en l'ab-
« sence de convention préalable ou d'accord ultérieur sur l'indemnité pour
« cause de retard, c'est aux tribunaux à arbitrer l'indemnité, en raison du pré-
« judice provenant du retard ;

« D'où il suit qu'en jugeant le contraire et en décidant que la Compagnie
« demanderesse est tenue d'accepter dans une lettre de voiture la clause pénale
« ou fixation à forfait d'une indemnité du tiers du prix du transport, en cas
« de retard, sous le prétexte d'un usage généralement admis en matière de
« transport, l'arrêt dénoncé a fait une fausse application des articles 101 et
« 102 du Code de commerce, et, par suite, violé tant ces mêmes articles que
« l'article 1108 du Code Napoléon.

« Par ces motifs, casse, etc. »

DÉCRET.

NAPOLÉON, par la grâce de Dieu et la volonté nationale, Empereur des Français, à tous présents et à venir, salut.

Sur le rapport de notre Ministre Secrétaire d'État au département de l'Agriculture, du Commerce et des Travaux publics;

Vu l'ordonnance royale du 15 novembre 1846, portant règlement d'administration publique sur la police, la sûreté et l'exploitation des chemins de fer;

Vu les cahiers des charges des compagnies de chemins de fer;

Vu l'avis du comité consultatif des chemins de fer, en date du 11 janvier 1862;

Notre Conseil d'État entendu,

Avons décrété et décrétons ce qui suit:

ARTICLE PREMIER.

Par dérogation aux articles 44, 48 et 49 de l'ordonnance royale du 15 novembre 1846, et aux paragraphes 1, 2 et 3 de l'article 48 des cahiers des charges des compagnies de l'Est, de l'Ouest, d'Orléans, du Nord, de Paris à Lyon et à la Méditerranée, du Midi, des Ardennes et du Dauphiné, le transport par chemin de fer des marchandises de transit (c'est-à-dire traversant la France d'une frontière à une autre, sous plomb de douane), ainsi que des marchandises d'exportation (c'est-à-dire expédiées d'un point situé sur le territoire français en destination de l'étranger), sera réglé par les dispositions suivantes:

TARIFS DE TRANSIT.

ART. 2.

En ce qui concerne le transport des marchandises en transit, notre Ministre de l'agriculture, du commerce et des travaux publics pourra autoriser les compagnies qui en feront la demande à percevoir les prix et appliquer les conditions qu'elles jugeront les plus propres à combattre la concurrence qui leur est faite par les voies étrangères.

Elles ne seront astreintes, dans ce cas, à aucune formalité d'affichage préalable et à aucun délai, soit pour appliquer les taxes réduites, soit pour opérer, dans les limites fixées par leurs cahiers des charges, le relèvement des prix abaissés.

ART. 3.

Les compagnies auxquelles cette autorisation aura été accordée communiqueront à notre Ministre de l'agriculture, du commerce et des travaux publics les prix et conditions applicables aux transports de transit, la veille de leur mise en vigueur.

Chaque tarif de cette catégorie devra être produit sous forme de *prix faits*, c'est-à-dire présenter, pour chaque espèce de marchandises, un chiffre total unique, par tonne, comprenant le péage, le transport et les frais accessoires de toute nature, de la frontière d'entrée à la frontière de sortie.

Ce prix total devra être le même pour tous les ports de mer appartenant au même réseau et situés sur le même littoral.

ART. 4.

Chaque tarif de transit sera porté à la connaissance du public, avant sa mise en vigueur, par des affiches apposées dans toutes les gares dénommées dans le tarif.

ART. 5.

A toute époque, notre Ministre de l'agriculture, du commerce et des travaux publics pourra interdire l'application des tarifs de transit.

TARIFS D'EXPORTATION.

ART. 6.

Les compagnies seront dispensées, pour les tarifs d'exportation à prix réduits, des formalités d'affichage préalables prescrites par l'article 49 de l'ordonnance royale du 15 novembre 1846.

Elles seront en outre exonérées de l'obligation imposée par les cahiers des charges, de ne pas relever les taxes avant le délai d'un an.

Elles devront, pour les tarifs de cette nature, se conformer aux dispositions suivantes :

ART. 7.

Les compagnies soumettront à notre Ministre de l'agriculture, du commerce et des travaux publics toutes les propositions tendant, soit à abaisser les taxes des marchandises destinées à l'exportation, soit à modifier les conditions générales d'application relatives à ces transports.

ART. 8.

Les propositions dont il s'agit devront indiquer les parties du réseau sur lesquelles les tarifs sont appliqués au départ, et la durée fixée pour l'application.

Cette durée ne pourra, dans aucun cas, être inférieure à trois mois.

ART. 9.

Si, dans un délai de cinq jours, à dater de l'enregistrement de ces propositions au ministère de l'agriculture, du commerce et des travaux publics, le Ministre n'a pas notifié aux compagnies son opposition, les tarifs proposés pourront être appliqués à titre provisoire.

Ces tarifs seront portés immédiatement à la connaissance du public par des affiches apposées dans toutes les gares dénommées au tarif.

ART. 10.

Toutes les fois qu'après le délai minimum de trois mois, fixé par l'article 8 du présent décret, ces compagnies voudront relever les tarifs d'exportation par elles abaissés, elles seront tenues de se conformer à toutes les dispositions de leurs cahiers des charges et de l'ordonnance royale du 15 novembre 1846.

ART. 11.

A la fin de chaque exercice, chaque compagnie adressera à notre Ministre un tableau général indiquant le tonnage, la nature, la provenance et la destination des marchandises transportées sur son réseau, aux termes des tarifs de transit et d'exportation, ainsi que les prix et conditions auxquels ces transports auront été effectués.

ART. 12.

Notre Ministre secrétaire d'État au département de l'agriculture, du commerce et des travaux publics est chargé de l'exécution du présent décret.

Fait au palais des Tuileries, le 26 avril 1862.

Signé NAPOLÉON.

Par l'Empereur :

Le Ministre Secrétaire d'État au département de l'agriculture, du commerce et des travaux publics,

Signé E. ROUHER.

DÉCRET.

—

NAPOLÉON, par la grâce de Dieu et la volonté nationale, EMPEREUR DES FRANÇAIS, à tous présents et à venir, SALUT.

La Cour de Cassation a rendu l'arrêt suivant sur le pourvoi du sieur Bazile Gibiat, en cassation de l'arrêt rendu par la Cour impériale de Bordeaux, chambre des appels de police correctionnelle, le 3 juillet dernier, en faveur des sieurs Charles Didion et Antoine Angelvy.

. La Cour...

Vu les articles 14 de la loi du 15 juillet 1845 et 53 du cahier des charges de la compagnie d'Orléans;

Attendu que l'article 53 précité n'est que la reproduction dans le cahier des charges de la compagnie d'Orléans de l'article 14 de la loi du 15 juillet 1845;

Que cet article, à moins d'une autorisation spéciale de l'administration supérieure, interdit à la compagnie du chemin de fer de faire directement ou indirectement avec des entreprises de transports de voyageurs ou de marchandises, sous quelque dénomination ou forme que ce puisse être, des arrangements qui ne seraient pas également consentis en faveur de toutes les autres entreprises desservant la même route;

Qu'il résulte de cette disposition que le traité par lequel une compagnie de chemin de fer concède des avantages à une entreprise de transport de voyageurs ou de marchandises emporte par lui-même soit la nécessité d'une autorisation, soit l'obligation de faire profiter des mêmes avantages les autres compagnies desservant la même route;

Que cette disposition est générale; que ni de son texte ni de la pensée qui l'a dictée on ne peut induire qu'elle ait entendu distinguer entre les entreprises existant au moment où les arrangements ont été consentis et les entreprises qui se sont formées postérieurement;

Que ce n'est pas, en effet, le traité qui constitue l'infraction, mais le refus d'admettre aux mêmes conditions toutes les entreprises desservant la même route;

Qu'il faut donc admettre qu'au principe d'égalité consacré par la loi en faveur de toutes les entreprises, il ne peut y avoir d'autre dérogation que celle qui résulte d'une autorisation spéciale de l'administration supérieure, et que si l'autorisation n'est pas indispensable au cas où au jour du traité il n'existe qu'une seule entreprise, la fondation ultérieure d'entreprises rivales a pour effet nécessaire de rendre obligatoire l'exécution des articles 14 et 53 dans les termes qui viennent d'être ci-dessus exposés;

Attendu que l'arrêt attaqué pour renvoyer le sieur Didion, directeur de la compagnie d'Orléans, des poursuites dirigées contre lui, s'est fondé uniquement sur cette théorie de droit que la loi de 1845 dans son article 14, ainsi que l'article 53 du cahier des charges, ne protége que les industries existant au moment des arrangements dont il est question; que par suite une entreprise qui n'a pris naissance qu'après ces arrangements n'a pas droit à la même faveur parce qu'elle affronte volontairement les chances d'infériorité qui lui sont faites;

Que par application de ce principe ledit arrêt décide que le traité fait entre la compagnie d'Orléans et Angelvy, licite sans autorisation au moment où il a été signé, n'a pu cesser de l'être par le fait postérieur de Gibiat; que, dès lors, son exécution pendant le temps qui a précédé l'autorisation n'a rien eu d'illégal;

Qu'en statuant ainsi l'arrêt attaqué a créé une distinction qui n'est pas dans la loi et a faussement interprété les articles ci-dessus visés;

Par ces motifs, casse et annule, mais seulement dans la disposition relative à l'infraction au cahier des charges, l'arrêt de la Cour impériale de Bordeaux, du 3 juillet dernier.

TABLEAU COMPARATIF,

AU 31 DÉCEMBRE 1862,

Des Tarifs spéciaux de toute nature et de ceux qui stipulent une augmentation de délai pour les transports à petite vitesse.

CHEMINS DE FER.	NOMBRE de TARIFS SPÉCIAUX.	NOMBRE de TARIFS SPÉCIAUX stipulent une augmentation de délai.	PRINCIPALES MARCHANDISES à LONG DÉLAI.	NOMBRE de JOURS.
Nord	27	17	Minerai de fer	15
			Houille et coke	15
			Pavés et pierres à macadam	15
			Perches destinées aux houillères	15
Est	56	44	Pierres de taille brutes et légèrement ébauchées, pierres à macadam et pavés	20
			Terre réfractaire	15
			Fer en barres, fonte brute, minerai de fer, castine, gravier en retour sur Forbach	15
Ardennes	14	8	Houilles et cokes	15
			Bois et minerai	15
Ouest	28	15	Liquides, bois, plâtres, produits chimiques, charbons de bois, houilles et coke, engrais, granit, pierres de taille, sel, soufre, bitume et matières résineuses, etc.	10
Orléans	47	17	Foins et pailles	15
			Ardoises	20
			Bois	15
			Écorces de chêne et tan en sacs	15
			Charbons de bois	15
			Matériaux de construction, coke, houille, minerai	20
			Houille et coke	15
			Minerai de fer	15
			Plâtres et engrais	15
À reporter	172	101		

CHEMINS DE FER.	NOMBRE de TARIFS SPÉCIAUX.	NOMBRE de TARIFS SPÉCIAUX stipulant une augmentation de délai.	PRINCIPALES MARCHANDISES À LONG DÉLAI.	NOMBRE de JOURS.
Report......	172	101		
Paris à la Méditer-ranée..........	65........	47.........	Foins, fourrages et pailles........	10
			Bois.........................	10
			Cailloux, carreaux, marbres, moellons et matériaux de construction.	10
			Faïence, porcelaine et poterie pour l'exportation.............	20
Dauphiné.........	37........	26.........	Foin, fourrages, paille, etc......	4
			Marchandises dont les dimensions excèdent celle du matériel.....	5
			Emballages vides en retour.......	6
Midi.............	45........	36........	Sels marins.................	10
			Plâtres.....................	10
			Foin, fourrages et paille.........	8
			Cercles en bois...............	8
			Charbons de bois..............	10
			Bois.........................	10
			Argile, chaux, fumier, pierre, plâtre.....................	15
			Ferraille, fonte, minerai........	10
			Traverses pour chemins de fer....	10
			Houille et coke...............	10
			Minerai de zinc, cuivre et plomb..	10
			Sels marins.................	15
			Poteaux télégraphiques.........	10
Total........	319	210		

SÉCURITÉ DES VOYAGEURS

DANS LES TRAINS EN MARCHE.

RAPPORT DE LA COMMISSION

INSTITUÉE

PAR DÉCISION DE M. LE MINISTRE, EN DATE DU 23 FÉVRIER,

ET COMPOSÉE

DE MM. THOYOT, COUCHE, EUGÈNE DE FOURCY,

INGÉNIEURS EN CHEF.

RAPPORT.

A la suite de l'assassinat commis sur M. le Président Poinsot, dans un train du chemin de l'Est, S. Exc. M. le Ministre de l'Agriculture, du Commerce et des Travaux publics a, par lettre du 23 février 1861, confié l'examen des divers documents concernant ce déplorable attentat à une commission composée de :

MM. TROYOT, ingénieur en chef des ponts et chaussées, chargé du contrôle du chemin de Lyon;

COUCHE, ingénieur en chef des mines, chargé du contrôle du chemin de l'Est;

EUG. DE FORCY, ingénieur en chef des mines, chargé du contrôle du chemin du Nord, rapporteur.

Les documents remis à la Commission forment trois dossiers distincts.

1ᵉʳ DOSSIER.

Rapports et propositions des ingénieurs de contrôle, présentés en exécution de la circulaire ministérielle du 12 décembre 1860.

Le 12 décembre 1860, au moment où l'opinion publique était encore tout émue de l'événement, M. le Ministre invitait les ingénieurs du contrôle à étudier, entre autres mesures propres à assurer la sécurité des voyageurs :

1° Le contrôle de route pratiqué, à des instants indéterminés, par les agents du train circulant sur les marchepieds des voitures;

2° L'installation de signaux visuels mis, pour chaque voiture, à la portée des voyageurs;

3° La disposition de panneaux à glaces dormantes, formant communication entre les divers compartiments d'une même voiture;

4° L'exercice d'une surveillance toute spéciale aux points de ralentissement des trains.

Ces diverses mesures, après avoir été étudiées par chaque service du contrôle, ont été discutées en conférence. Les avis et observations qu'elles ont suscités sont très-fidèlement résumés dans un rapport d'un d'entre nous, en date du 22 décembre 1860.

Postérieurement au dépôt de ce rapport, l'Administration a reçu des notes des ingénieurs du contrôle des chemins d'Anzin, de Carmaux, de Lyon à Genève, de Graissessac et du Midi. Ces notes n'ont apporté aucun fait nouveau dans la discussion ; elles ne sont point de nature à modifier les conclusions insérées au rapport récapitulatif du 22 décembre 1860.

2e DOSSIER.

Propositions de personnes étrangères à l'Administration.

La circulaire du 12 décembre 1860 a été reproduite par la plupart des journaux. Aussi, en dehors des études officielles qu'elle a prescrites, a-t-elle fait surgir plusieurs propositions émanant de conseillers officieux, de tous pays et de toutes professions. Ces propositions, au nombre de trente-deux, forment un dossier distinct dont le dépouillement a été assez pénible et, il faut le dire, des moins fructueux.

Chaque proposition, quelque insignifiante qu'elle fût, a été l'objet d'un avis spécial. Nous avons respecté, même dans ses abus, le droit de proposition ; mais pour ne pas embarrasser la marche de notre rapport, nous plaçons à la suite de ce dernier, et comme pièces justificatives, les notes relatives à chaque inventeur.

Parmi les trente-deux propositions que comprend le dossier :

Dix (n°s 4, 10, 13, 15, 19, 20, 21, 22, 25, 32) conseillent ou la voiture américaine même, ou diverses variantes de cette voiture. — M. Leprovost, ingénieur civil (n° 20), ne se dissimule point qu'on ne saurait imposer aux Compagnies le renouvellement immédiat de leur matériel roulant. Il conserve donc tous les châssis actuels, renferme ses modèles dans les gabarits adoptés, et substitue, au fur et à mesure du dépérissement des caisses en bois, des caisses en fer laminé (une demande de brevet a été déposée pour la construction de ces caisses métalliques). Il trouve ainsi moyen de donner plus de place au voyageur et d'établir néanmoins un couloir dans toutes les voitures, pour la circulation des agents du train. — M. Love, ingénieur civil (n° 21), reproduit un type de voiture unique qu'il a déjà soumis en 1857 à l'Administration. L'introduction de ce type se relierait à un remaniement radical des tarifs de voyageurs et des cahiers des charges. Le mémoire de M. Love est loin d'être sans valeur ; il mériterait une sérieuse attention ; mais les questions qu'il soulève ne sauraient être résolues que de concert entre l'Administration et les Compagnies.

Deux propositions (n°s 9 et 18) se bornent à reconnaître l'utilité du cou-

...tole de route et demandent, pour prévenir tout accident, qu'on établisse des garde-corps le long des marchepieds.

Neuf inventeurs présentent divers systèmes de communication entre les voyageurs et les agents du train.

Les nᵒˢ 2, 3, 14, 24 conseillent des appareils, visuels ou sonores, placés sur les voitures des voyageurs : nous démontrons que leurs signaux visuels ne seraient point vus, que leurs signaux sonores ne seraient point entendus. — Le sieur Nobecourt (nᵒ 3o), qui connaît mieux les difficultés de la question, place le timbre d'appel dans le fourgon même du conducteur; mais la complication des fils de tirage rend son système tout à fait impraticable. — Le sieur Fragneau (nᵒ 31) a seul pensé à l'électricité.

Les nᵒˢ 17, 26, 28 et 29, croient à l'efficacité de tuyaux acoustiques communiquant sur toute la longueur du train. Il est facile de démontrer que ce système de communication serait au contraire entièrement inefficace. Les tuyaux ne transmettraient aucun son distinct, à moins d'être employés comme porte-voix. — Afin d'établir la communication sonore qu'ils ont imaginée, les trois premiers inventeurs supposent que les voyageurs feront la *chaîne* pour transmettre le signal donné par l'un d'eux: de sorte qu'un seul compartiment vide suffirait pour rompre la transmission du son. — L'appareil du sieur Tourrette (nᵒ 29) est le seul qui n'exige point le concours des voyageurs : c'est en même temps le plus simple des quatre.

Les propositions nᵒˢ 5, 7, 8, 16, 23 et 27 s'occupent des moyens de mettre en communication deux compartiments contigus d'une même voiture. — M. Conil (nᵒ 7) conseille d'articuler la cloison de manière qu'elle puisse basculer autour d'une charnière horizontale. — M. de Gassot-Champigny (nᵒ 16) va plus loin encore : la portion du dossier correspondant à l'une des places de coin d'un compartiment entrerait à coulisse dans la partie fixe de la paroi; on ne l'en ferait sortir que si un huitième voyageur montait dans le compartiment. (Voir note nᵒ 16 à la suite du présent rapport.) Cette disposition est ingénieuse, et on pourrait en recommander l'essai à quelque Compagnie de bonne volonté.

Nous ne mentionnons que pour mémoire les pièces nᵒˢ 1, 6, 11 et 12, qui sont au-dessous de toute discussion.

3ᵉ DOSSIER.

Coupes transversales des voies et des voitures à voyageurs, présentées en exécution de la circulaire du 29 décembre 1860.

En dehors du programme d'études tracé dans la circulaire du 12 décembre 186o, l'attentat qui, pendant plusieurs jours, a, pour ainsi dire, occupé la France entière, n'a fait surgir aucune proposition d'une simplicité assez manifeste, d'une efficacité assez incontestable, pour que l'Administration ou les

Compagnies puissent en tirer un utile parti. Le contrôle de route est, en conséquence, resté la seule mesure de sécurité qui méritât une sérieuse attention. Chacun en reconnaissait l'utilité; mais quelques-uns pensaient qu'il n'était point applicable sur toutes les lignes. Plus hardi dans ses assertions, M. Arnoux, qui s'est fait connaître par l'ingénieux matériel de la ligne de Sceaux, et dont le nom peut à bon droit faire autorité en exploitation de chemin de fer, a écrit, le 26 décembre 1860, à M. le Ministre, une lettre dans laquelle il estime avoir prouvé *qu'avec peu de temps, des dépenses insignifiantes et presque pas de gêne, on peut installer, du côté de l'entrevoie, une galerie qui non-seulement pourrait être parcourue sans danger par les employés des Compagnies, mais même au besoin par les agents de l'autorité.* Une semblable promesse était assez séduisante pour que S. Exc. ait jugé utile d'en recommander l'étude, et une circulaire du 29 décembre 1860 a, en conséquence, prescrit aux ingénieurs de fournir : 1° des profils en travers de la voie, de l'entrevoie, des accotements et des points singuliers des chemins confiés à leur surveillance ; 2° des coupes transversales des voitures de toute sorte circulant sur ces mêmes chemins. L'ensemble de ces dessins constitue le troisième des dossiers soumis à notre examen.

En lisant la lettre de M. Arnoux, nous n'avons pas été médiocrement surpris d'y voir qu'une caisse de voiture avait, au maximum, $2^m,20$ de large ! C'est une erreur. Il n'existe point de caisse de première classe qui n'ait $2^m,60$ de large. La plupart atteignent $2^m,62$, quelques-unes $2^m,65$.

La demi-largeur de l'entrevoie descend sur de nombreuses parties
des chemins à $\frac{1^m,800}{2}$, soit. . . . . $0^m,900$
 La demi-voiture est de $\frac{2^m,620}{2} =$ . . . . $1^m,310$
 La demi-voie est de $\frac{1^m,510}{2} =$ . . . . $0^m,755$

d'où il résulte que la voiture déborde le rail de. . . . . $0^m,555$ $0^m,555$

L'espace disponible pour la galerie extérieure de $0^m,40$, si hardiment préconisé par M. Arnoux, est donc de . . . . $0^m,345$

Sa lettre n'a donc pu qu'égarer la discussion, et il convient de l'écarter entièrement du débat.

Le contrôle de route une fois admis en principe, la question se ramène à une question de chiffres. Ceux que nous allons donner reposent sur des mesures prises en vue même de l'objet qui nous occupe.

Le contrôle de route suppose l'ouverture complète de la portière de 1re classe. Or, la saillie d'une semblable portière sur le flanc de la voiture est de. . . . . $0^m,620$

A reporter. . . . . . . $0^m,620$

Report........ 0ᵐ,620

D'un autre côté, un homme de corpulence moyenne, placé en travers sur le marchepied, se tenant d'un bras à la voiture, ayant l'autre bras allongé le long du corps, mesure, à hauteur d'épaule....... 0ᵐ,550 comptés depuis le flanc de la voiture.

Cette largeur est un peu moindre que la saillie de la portière ouverte. Un homme circulant avec précaution sur le marchepied pourra donc passer partout où passe une portière ouverte, et on peut ainsi ne considérer que cette dernière dans le calcul très-simple que voici :

Demi-largeur d'une voiture $\left(\frac{2^m,611}{2}\right)$..................... 1ᵐ,310

Saillie sur la voiture d'une portière ouverte............. 0ᵐ,620

TOTAL................... 1ᵐ,930

Largeur de la demi-voie, d'axe en axe des deux rails $\left(\frac{1^m,511}{2}\right)$.... 0ᵐ,755

Saillie de la portière ouverte en dehors de l'axe du rail.... .. 1ᵐ,175

Si deux trains se rencontraient portières ouvertes, ces portières devraient occuper ensemble sur l'entrevoie une largeur de deux fois 1ᵐ,175, soit... 2ᵐ,350

Or, l'entrevoie n'a que 2 mètres de large et descend souvent même à 1ᵐ,80.

Nous pouvons donc affirmer que le contrôle de route est matériellement impossible du côté de l'entrevoie; il ne peut être pratiqué que par l'accotement, et la question se trouve en conséquence ramenée à celle-ci : *les chemins français ont-ils tous et partout un accotement assez large pour livrer passage à une voiture de 1ʳᵉ classe ayant une portière ouverte?* Ajoutons que cette largeur ne peut pas être strictement réduite à la saillie de 1ᵐ,175, ci-dessus indiquée : que l'usure des roues, l'inclinaison transversale de la voie dans les courbes, la flexibilité des ressorts, impriment aux voitures des oscillations qui les jettent alternativement, par un mouvement bien connu sous le nom de *lacet*, vers chaque côté de la voie. L'amplitude de ces oscillations peut être évaluée à 0ᵐ,125.

Ce qui donne en nombre rond, pour la largeur d'accotement nécessaire au contrôle de route............................... 1ᵐ,30

Le problème qui nous occupe se trouve ainsi réduit à une expression des plus simples. Or, si nous remarquons :

Que, pour la plupart des chemins, les ouvrages d'art ont une largeur de................................. 7ᵐ,40

Que les deux voies prennent ensemble (1ᵐ,51 × 2) = 3ᵐ,02

Que l'entrevoie y est de..................... 1ᵐ,80   4ᵐ,82   7ᵐ,40

On voit qu'il reste pour les deux accotements.......... 2 58

et pour chacun d'eux.............................. 1ᵐ,29

Il s'en faut donc d'*un centimètre* seulement qu'on ait la largeur nécessaire pour le passage d'une portière ouverte.

Ajoutons d'une part que nos calculs ne sauraient être rigoureux à *un centimètre près,* que le matériel lui-même comporte dans ses mesures un aussi faible écart et qu'il sera, en tout cas, extrêmement facile de riper les voies en les rapprochant l'une de l'autre de manière à gagner 1 ou 2 centimètres sur chaque accotement. On doit donc admettre que le contrôle de route est ou peut être rendu praticable partout où les ouvrages d'art ont 7ᵐ,40 de large, et il ne nous reste plus, pour les points singuliers où cette largeur n'existe pas, qu'à interroger les profils fournis pour chaque chemin.

Chemin de Paris à Lyon.

Le pont supérieur du chemin de Perrigny à Domois (321ᵏ,2) n'a, d'une colonne à l'autre, que 6ᵐ,77.

Le pont du canal du centre, commune de Chagny (366ᵏ,8), n'a, entre les pieds-droits, que 7ᵐ,35, et est de plus à plein cintre.

Ces deux ouvrages appartiennent à la section de Dijon à Châlon-sur-Saône.

Sur le reste du chemin, tous les ouvrages ont 7ᵐ,40 et permettent, en conséquence, le contrôle de route. Ce contrôle a d'ailleurs été pratiqué par la Compagnie de Lyon, et elle est toute disposée à le reprendre.

Ligne du Bourbonnais.

De Roanne à Lyon, la largeur des ouvrages d'art dépasse partout 7ᵐ,40. Elle est au minimum de 7ᵐ,60 et dépasse en plusieurs points 9 mètres. La courbe des tunnels commence, il est vrai, très-près de terre, et il faudrait en certains points rapprocher les deux voies de quelques centimètres pris sur l'entrevoie. Quelques murs de clôture, leviers d'aiguilles, mâts de signaux sont trop rapprochés du rail ; il faudrait déplacer ces obstacles. Les parapets d'un grand nombre de ponts sous rail ou viaducs sont également très-rapprochés du rail le plus voisin. Mais il suffit que ces parapets n'aient pas plus de 1ᵐ,10 de hauteur, pour qu'une portière ouverte passe par-dessus leur arête supérieure, et comme le cahier des charges des Compagnies permet pour cette hauteur un minimum de 0ᵐ,80, il est invraisemblable que ce minimum ait été dépassé de 0ᵐ,30. Si les parapets avaient plus de 1ᵐ,10, il serait nécessaire d'élargir les accotements aux dépens de l'entrevoie.

De Nevers à Brioude, les tunnels ont en général une largeur de 7ᵐ,40 (sauf certains viaducs sur rail qui descendent à 7ᵐ,32). Les accotements y seraient, dans l'état actuel, partout insuffisants et devraient, pour admettre le contrôle de route, être élargis aux dépens de l'entrevoie, qui est ici de 1ᵐ,94. Quelques ponts sous rail n'ont que 7 mètres entre parapets ; mais ces derniers ne sont pas assez élevés pour empêcher l'ouverture des portières.

Chemin de Lyon à la Méditerranée.

Quelques voitures mixtes ont sur ce chemin 2ᵐ,65 de large.

Rive gauche. De Lyon à Marseille, par Avignon, les profils des travaux d'art n'accusent aucune difficulté pour le contrôle de route.

Rive droite. L'accotement serait insuffisant : 1° sous le tunnel de Beaucaire et le pont du Mas-Larrié (section de Tarascon à Nîmes); 2° sous le pont des Lattes (section de Nîmes à Montpellier); 3° sous le pont en charpente de la Roubine-de-Vic (section de Montpellier à Cette). L'insuffisance de la largeur est telle qu'on ne pourrait y remédier sans réduire l'entrevoie à des dimensions inadmissibles sous le pont des Lattes et celui de la Roubine-de-Vic, qui devraient être signalés comme points dangereux aux contrôleurs de route.

Les souterrains ont au pied 8 mètres au moins de largeur. C'est assez dire que le contrôle de route n'y offre aucune difficulté.

Sur la *ligne de Strasbourg*, les ouvrages d'art ont 7ᵐ,40, mais l'accotement n'y est que de 1ᵐ,27; on pourrait, sans doute, reprendre sur l'entrevoie les 3 centimètres nécessaires au passage d'une portière ouverte, mais cet élargissement ne suffirait pas : les pieds-droits des ouvrages en plein cintre sont peu élevés et la courbe de la voûte formerait généralement un obstacle auquel on ne pourrait remédier que par un rétrécissement de l'entrevoie tout à fait inadmissible en présence des dimensions du gabarit de chargement adopté sur la ligne de l'Est. Il faudrait donc ou modifier ce gabarit (ce qui serait une mesure grave), ou signaler certains passages comme points dangereux aux contrôleurs de route.

Sur la *ligne de Bâle*, un ouvrage d'art a moins de 7 mètres, d'autres n'admettent qu'une voie. Le contrôle de route y serait impossible sur plusieurs points.

La *ligne de Mulhouse*, construite suivant les prescriptions du décret du 18 août 1853, a dans ses ouvrages 8 mètres de large et ne présente, en conséquence, aucune difficulté pour la circulation sur les marchepieds.

Le contrôle de route s'exerce couramment sur le réseau du Nord. Il devient en conséquence inutile de discuter pour ce réseau la largeur des ouvrages d'art. Quelques ouvrages de fortification, notamment l'entrée et la sortie de Douai, font seuls obstacle au contrôle et sont bien connus des agents. La Compagnie s'occupe en ce moment même d'éloigner à 1ᵐ,50 du rail extérieur tous les menus objets, disques, grues, leviers d'aiguilles, etc. placés à une distance moindre de ce rail.

Ce chemin est à une voie. Les voitures n'y ont que 2ᵐ,50 de large. On y pourrait installer le contrôle de route, sauf à signaler quelques ponts sur rail, où l'accotement n'est que de 1ᵐ,15, et ne donne que juste le passage d'une portière ouverte, abstraction faite des oscillations de la voiture.

Sur les *lignes de banlieue*, les souterrains de l'Europe, à l'entrée de Paris, n'ont point les dimensions nécessaires pour laisser passer une portière ouverte, mais il n'existe aucune utilité à pratiquer le contrôle de route sur ces lignes, et il est en conséquence superflu de se préoccuper des difficultés qu'il y rencontrerait.

40

Sur les *lignes de Normandie et de Bretagne*, les ouvrages ont 7^m,40 de large entre culées. Le contrôle de route y est donc possible. A Darnetal, entre Sotteville et Rouen (rive droite), le pont qui supporte la route départementale n° 30 pourrait seul faire obstacle; l'accotement n'y a que 1^m,13. Il faudrait ou riper les voies sous ce pont ou le signaler comme point dangereux aux contrôleurs de route.

Réseau d'Orléans. — De Paris à Bordeaux, les ouvrages d'art ont 7^m,40. L'accotement y est de 1^m,26, mais la courbure des voûtes en plein cintre obligerait de le porter à 1^m,35. Ce qui laisserait, pour la moitié de l'entrevoie, $\frac{7^{m40}}{2} - (1^m,35 + 1^m51)$ $= 0^m,84$. Le gabarit adopté sur le réseau déborde l'axe des rails de 0^m,845. Il y aurait donc bien juste place pour ce gabarit après que l'accotement aurait été rendu assez large pour le contrôle de route, et la Compagnie pourrait se trouver dans la nécessité ou de rétrécir son gabarit ou d'interdire le contrôle au passage de certains points reconnus dangereux.

Lignes du Midi. — Sur les lignes du Midi, les ouvrages d'art ont 8 mètres de large entre pieds-droits. Le contrôle de route s'y pratique journellement, sans péril ni difficulté pour les agents du train.

Chemin de Graissessac à Béziers. — Le chemin est à une voie. Quelques passages sur rail n'ont que 1^m,25 d'accotement, mais les voitures n'ont que 2^m,50 de large et pourraient passer par ces ouvrages, portières ouvertes.

Chemin de Carmeaux à Albi. — Les souterrains ont sur cette ligne 7^m,50 de large et pourraient admettre le contrôle de route.

Chemin de ceinture. — Le contrôle de route serait sans utilité sur le chemin de ceinture. On doit, à cet égard, l'assimiler aux chemins de banlieue, et il n'y a pas lieu de se préoccuper des faibles dimensions de ses ouvrages d'art.

CONCLUSIONS.

L'analyse des volumineux dossiers que nous venons de dépouiller nous parait démontrer que la solution de la question posée, à la suite du crime du 6 décembre 1860, n'a point fait, depuis, de grands progrès. Les Compagnies, les ingénieurs, le public lui-même a été en quelque sorte convié à l'enquête, et nous nous trouvons en présence des mêmes difficultés, des mêmes incertitudes qu'au début.

Il demeure bien évident, et il serait oiseux d'y insister, que nulle des mesures écloses de l'imagination des inventeurs n'aurait pu sauver M. le président Poinsot, ni la glace dormante placée dans l'épaisseur des compartiments, ni les tubes acoustiques, ni les signaux visuels, ni les communications électriques. Le contrôle de route, si un hasard providentiel avait fait apparaître l'agent du train en temps opportun, aurait pu seul arrêter le bras de l'assassin, et ce contrôle est encore la seule mesure dont l'efficacité résiste à toute discussion.

L'émotion produite par l'attentat a été et devait être grande, mais le temps l'a singulièrement calmée. Le public est revenu de sa première surprise, et les voyageurs qui, au lendemain de l'accident, cherchaient à se grouper par voiture, recherchent de nouveau le comfort des compartiments vides. Il y aurait donc lieu, peut-être, à se demander si l'Administration, dégagée aujourd'hui de la pression de l'opinion publique, doit encore se préoccuper grandement d'un crime qui suppose une audace heureusement fort rare. Mais nous n'avons point à entrer dans cet ordre d'idées, dont Son Excellence doit seule faire une juste appréciation; nous traiterons donc la question telle qu'elle nous a été posée, et nous rechercherons s'il est possible de donner au public la réalité ou même l'apparence d'une protection qui puisse à la fois rassurer les voyageurs et effrayer les criminels.

Plusieurs voix se sont élevées en faveur de la voiture américaine. Cette *voiture omnibus*, d'une longueur double ou triple des nôtres, répond, en Amérique, à une nécessité de l'exploitation : c'est la seule qui convienne à des courbes de très-petit rayon et permette aux essieux de prendre la convergence nécessaire sans compromettre la stabilité de la caisse. Ce matériel ne répugne point, d'ailleurs, aux habitudes américaines.

Si, en Europe, les compagnies suisses ont réussi à faire goûter aux voyageurs le matériel américain, c'est qu'elles s'adressent à un public spécial, voyageant par très-petits parcours, désireux de jouir du paysage, et que la voiture américaine offre à certains degrés, pour le touriste, le charme du bateau à vapeur. Mais, en dehors de cette pittoresque contrée, quel serait, en Europe, le voyageur assez résigné pour accomplir sans se plaindre, la nuit et même le jour, un voyage un peu long dans une stalle ouverte à tous les bruits, à tous les yeux, à toutes les oreilles. L'un de nous, dans une visite faite, en vue de notre rapport, au grand dépôt de Malines, a trouvé un vieux représentant de la voiture américaine : son long truc avait été partagé en plusieurs caisses distinctes et exactement disposées comme celles du matériel courant. Nous n'avons encore considéré que la commodité des voyageurs; les objections que soulève la voiture américaine seraient bien autrement graves, si l'on considérait les intérêts des compagnies : matériel, hangars, remises, tout serait à refaire.

D'autres, sans recommander la voiture américaine, ont pensé qu'on devrait du moins modifier les cloisons des voitures actuelles, de manière à en faire communiquer les divers compartiments. Si cette communication était permanente, elle offrirait tous les inconvénients de la voiture omnibus, et il serait

40.

assez singulier que l'Administration vînt rendre cette communication obligatoire, au moment même où elle se préoccupe de sa suppression dans les voitures de 3ᵉ classe. Si elle n'était que facultative, elle supposerait une entente des voyageurs de chaque compartiment, ou un acte d'autorité du chef de train; or, l'un se rencontrerait très-rarement, l'autre soulèverait de très-vives révoltes. Le voyageur aime avec excès l'indépendance; il désire être en wagon comme chez lui; il veut bien être protégé, mais à condition que cette protection ne lui coûtera aucun sacrifice personnel. Nous ne pouvons donc conseiller qu'à titre d'essai la disposition de dossier mobile imaginé par M. de Gassot-Champigny (pièce nº 16 du 2ᵉ dossier, et rapport nº 16 des pièces justificatives jointes au présent rapport).

Glace dormante.   La glace dormante placée à la partie supérieure des cloisons offre, sur une moindre échelle, quelques-uns des avantages de la communication entre compartiments. Elle peut, dans certains cas, être d'un utile secours aux voyageurs, inspirer une crainte salutaire aux malintentionnés et constituer, en tout cas, un épouvantail matériel ou moral. Elle ne porte aucune atteinte ni à la commodité, ni à l'indépendance des voyageurs, qui seront toujours à même d'en masquer l'ouverture, s'ils le jugent à propos. Elle peut, d'ailleurs, être établie avec une très-faible dépense. Elle ne laisse, en outre, passer ni les paroles des voyageurs, ni les courants d'air, ni la fumée de tabac.

En conséquence nous pensons que, par application de l'article 12 de l'ordonnance du 15 novembre 1846, on peut donner à la sécurité publique une satisfaction aussi peu dispendieuse, et inviter les compagnies à installer immédiatement, dans toutes les cloisons, une ou deux glaces dormantes, ayant au minimum 0ᵐ,10 de haut sur 0ᵐ,25 de large, placées immédiatement au-dessous des filets à menus bagages et pouvant être recouvertes de chaque côté par une pièce d'étoffe mobile.

Signaux d'appel.   Les inventions d'appareil destiné à faire communiquer les voyageurs avec les agents du train sont de beaucoup les plus nombreuses, et celles qui ont le plus fait travailler l'imagination du public, parmi même les plus ignorants. Les signaux acoustiques n'ont aucune efficacité; la pratique en a fait depuis longtemps justice. Les signaux visuels sont sans valeur en temps de brouillard et exigent, en temps clair, une attention continuelle des agents du train; ils devraient d'ailleurs avoir une élévation considérable, pour ne pas être masqués par les voitures de l'Administration des Postes. Une communication électrique pourrait seule résoudre le problème (voir nº 31, lettre du sieur Fragneau). Mais une réflexion qui n'a pas été assez faite, et qui domine évidemment toute la question, c'est qu'avant de donner au voyageur le moyen d'appeler à lui les agents du train, il faut d'abord donner à ces agents le moyen de se rendre auprès du voyageur; car on ne peut raisonnablement admettre qu'on arrête le train au premier signal émanant d'un compartiment. Il nous semble donc tout à fait prématuré de mettre les voyageurs en relation avec les agents du convoi, tant qu'on n'aura pas résolu la question du *contrôle de route*. C'est par cette dernière question que nous terminerons notre rapport.

L'analyse du dossier n° 3 a pu acquérir deux points importants à la discussion :

1° Le contrôle de route est partout impossible du côté de l'entrevoie;

2° Le contrôle de route n'est possible sur l'accotement qu'avec une distance de 1ᵐ,30 entre l'axe du rail extérieur et les parois d'ouvrages et objets de toute nature placés sur le flanc de la voie. Cette distance de 1ᵐ,30 peut d'ailleurs n'être considérée qu'à 1ᵐ,20 au-dessus du rail (hauteur de l'arête inférieure d'une portière ouverte); mais elle doit en revanche régner encore à 2ᵐ,70 (hauteur de l'arête supérieure de ladite portière) au-dessus de ce même rail.

Si l'on considère les ouvrages de 7ᵐ,40 de large prescrits par les premiers cahiers des charges, la discussion des profils fournis dans chaque service de contrôle fait voir que l'accotement n'y a point généralement 1ᵐ,30 de large. Pour obtenir cette largeur, il faut rapprocher les deux voies l'une de l'autre aux dépens de l'entrevoie. Sous les ouvrages d'art, le chemin devrait donc présenter le profil ci-après :

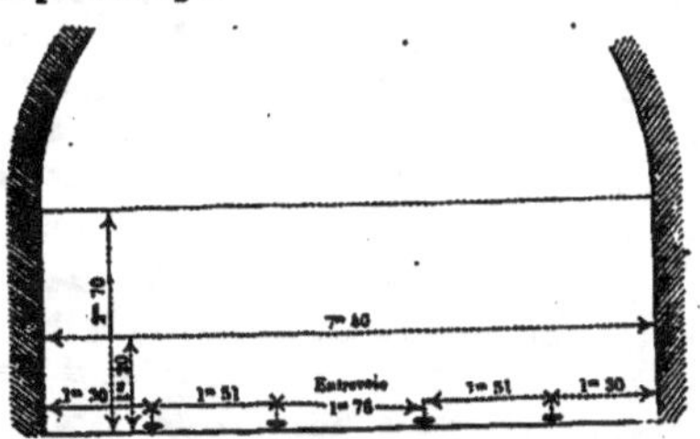

c'est-à-dire que l'entrevoie devra y être réduit à 1ᵐ,78.

Dans les ponts et tunnels à plein cintre, où la courbe de la voûte prend rapidement naissance, l'accotement de 1ᵐ,30 ne suffirait point pour le développement de la portière, et il faudrait sous ces ouvrages diminuer encore davantage l'entrevoie. Cette réduction excessive pourrait entraîner la modification des gabarits de chargement et apporter un trouble considérable dans le service des marchandises. Il convient donc, tout d'abord, d'admettre que sur certaines lignes, et en certains points, les Compagnies devront suspendre l'exercice du contrôle de route. Mais cette concession une fois faite aux exigences de l'état des lieux, nous ne voyons point pourquoi toutes les Compagnies n'entreraient pas dans l'application d'une mesure qui est la règle commune en Belgique, que les Compagnies du Nord et du Midi ont adoptée depuis longtemps et que la Compagnie de Lyon a elle-même pratiquée.

L'un de nous est allé en Belgique étudier spécialement le contrôle de route. Les ingénieurs belges estiment que ce contrôle occasionne moyennement par an un accident mortel; ce résultat statistique, tel regrettable qu'il soit, est pourtant un bien faible chiffre, si on considère que les contrôleurs passent en quelque sorte tout le temps du voyage sur le marchepied.

Les billets de voyageurs, qu'on recueille en France à la sortie des stations, sont relevés, en Belgique, dans les voitures mêmes. A cet effet, dès que le train approche d'une station, les contrôleurs entrent par les marchepieds dans chaque compartiment, vérifient les billets et retiennent ceux des voyageurs qui doivent descendre à cette prochaine station. Un voyageur trouvé sans billet est convaincu d'avoir dépassé sa destination. Toute fraude est ainsi rendue impossible, sauf connivence avec l'agent du train. Si ce mode de contrôle garantit les intérêts pécuniaires du chemin, il ne fait que trop expier au voyageur belge la liberté dont il jouit à l'entrée ou à la sortie des gares. Il ne saurait évidemment être question de l'introduire en France avec cette rigueur; mais, si le voyageur français savait qu'à un ou plusieurs moments tout à fait inattendus il peut voir paraître à la portière de sa voiture un agent du train, il est incontestable qu'il se commettrait moins de fraudes de billets pris pour de fausses destinations ou pour des places de classe inférieure; que les femmes auraient moins à redouter les entreprises de grossiers voisins; qu'un voyageur, gravement indisposé, aurait quelque chance d'obtenir l'arrêt du train; qu'un malfaiteur enfin, pour en revenir au point de départ de la question, tremblerait d'être surpris au moment même de l'exécution du crime.

Le contrôle de route peut donc être fructueux aux Compagnies, puisque la Compagnie du Nord en estime le produit direct à 150,000 francs, sans compter son action indirecte sur les probités chancelantes. Il peut être utile au voyageur, redoutable au malintentionné. A tous ces titres, l'Administration doit agir près des Compagnies pour en étendre l'application. Dans quelle mesure cette action doit-elle s'exercer? Voici à cet égard notre unanime avis.

Le contrôle de route, il faut le reconnaître, sera, quoi qu'on fasse, toujours accompagné d'un certain péril. Le prescrire d'une manière absolue sur toutes les lignes et en tous les points, ce serait pour l'Administration assumer la responsabilité de graves accidents et jouer un rôle fâcheux auprès des agents des Compagnies. Indépendamment de cette considération, nous avons vu que, dans un grand nombre d'ouvrages, il faudrait élargir l'accotement en rétrécissant l'entrevoie, mais que ce rétrécissement ne pouvait dépasser certaines limites. Nous avons énuméré ces ouvrages (3e dossier). Toutefois, notre énumération peut n'être pas complète; certaines circonstances particulières ont pu même échapper aux ingénieurs de contrôle. Il est donc bien évident qu'à cet égard les Compagnies doivent, dans le principe, rester juges des modifications possibles à l'entrevoie. L'Administration ne saurait, dès aujourd'hui, descendre jusqu'à de pareils détails; elle ne pourra les aborder que progressivement, lorsqu'une pratique un peu prolongée permettra d'apprécier, en toute connaissance de cause, chaque difficulté de chaque chemin.

Si les obstacles inhérents à la voie peuvent, pour le moment, rester en dehors des prescriptions administratives, il n'en est pas de même du matériel roulant des Compagnies. Rien n'empêche, dès aujourd'hui, d'organiser les marchepieds, les mains-courantes, comme s'ils devaient immédiatement servir au contrôle de route. Ces dispositions ont déjà été indiquées dans le rapport rédigé par l'un de nous, à la date du 22 décembre 1860. Les marchepieds devront déborder des deux côtés la longueur de la voiture, afin de diminuer l'intervalle à franchir pour le contrôleur d'un wagon à l'autre du train en marche. Les poignées devront être remplacées par des mains-courantes horizontales, qui ne seront interrompues qu'aux portières. Ces mains-courantes déborderont, comme les marchepieds et pour la même raison, les deux extrémités de la voiture.

Les dispositions adoptées par l'Administration seront affichées par extrait, d'une manière permanente, dans toutes les stations de chemin de fer. Les paragraphes 2 et 3 de l'article 63 de l'ordonnance du 15 novembre 1846 seront rappelés au bas de l'affiche.

En conséquence,

Nous pensons qu'il y a lieu, par M. le Ministre de l'agriculture, du commerce et des travaux publics, de prendre un arrêté qui sera rendu exécutoire par les préfets des départements traversés (conformément à l'article 21 de la loi du 15 juillet 1845), et dont les principales dispositions pourront être libellées ainsi qu'il suit :

Vu l'article 21 de la loi du 15 juillet 1845;

Vu l'article 12 de l'ordonnance du 15 novembre 1846, portant que les voitures destinées au transport des voyageurs devront être pourvues de ce qui est nécessaire à la sûreté des voyageurs;

Les Compagnies de chemin de fer devront pratiquer, dans les cloisons des compartiments de 1re et de 2e classe, une ou deux ouvertures fermées par une glace transparente ayant au moins 10 centimètres de haut sur 25 centimètres de large. Ces ouvertures seront placées au-dessous des filets à menus bagages : elles seront de chaque côté munies d'une pièce d'étoffe mobile.

Les Compagnies devront organiser sur toutes les voitures composant les trains de voyageurs un système de marchepieds et de mains-courantes horizontales, qui permette, soit aux agents mêmes du train, soit à des contrôleurs spéciaux, de parcourir toute la longueur du convoi du côté des accotements du chemin. Les mains-courantes pourront être interrompues devant les portières; mais elles déborderont, ainsi que les marchepieds, les deux extrémités de la voiture. Les marchepieds auront de 20 centimètres à 25 centimètres au moins de largeur.

Les dispositions ci-dessus prescrites devront être terminées dans le délai de six mois.

Les Compagnies soumettront, dans le même délai, les ordres de service qu'elles auront arrêtés pour l'exercice du contrôle de route. Ces ordres de service indiqueront notamment les points ou sections du chemin où le contrôle n'est point immédiatement praticable.

FIN DU RAPPORT.

NOTES.

—

N° 1.
M. Besset.

M. *Besset*, curé à Brie-de-la-Rochefoucauld (Charente), laissant de côté les mesures recommandées par M. le Ministre, propose d'assigner d'avance à chaque voyageur la voiture et le compartiment qu'il doit occuper. Les employés des gares et des trains seraient munis de cartes de diverses couleurs, chaque voiture aurait ses portières peintes de couleurs correspondantes, etc., etc. L'inventeur paraît mal connaître, d'une part les habitudes des voyageurs, d'autre part la complication des manœuvres de composition et de décomposition des trains.

La proposition du sieur Besset ne supporte point la discussion, et elle n'est susceptible d'aucune suite.

N° 2.
M. Brédif de Reverdy.

M. *Brédif de Reverdy*, de Bordeaux, propose de placer, sur l'impériale des voitures, un disque dont la tige verticale serait articulée vers le tiers inférieur de sa longueur. La partie supérieure serait, dans l'état de repos, maintenue horizontalement entre les deux mâchoires d'une pince à ressort ayant ses branches emprisonnées dans un étui vertical. Le voyageur qui voudrait relever le disque, tirerait l'étui au moyen d'une poignée adaptée à sa base; la pince s'ouvrirait, et un ressort, logé dans l'articulation même de la tige du disque, relèverait la partie supérieure de ce dernier. Pendant la nuit, une lampe, horizontale dans toutes ses positions, serait placée au centre du disque et protégée par deux verres rouges. Enfin le disque porterait, vers quatre points de sa circonférence, des sifflets à air que le mouvement même du train mettrait en jeu. Le bruit de ces quatre sifflets ne serait évidemment point perceptible. Mais le reste de l'appareil est simple, facile à manœuvrer. Une fois lâché, le disque ne pourrait plus être ramené au repos par le voyageur qui l'aurait indûment manœuvré.

L'appareil du sieur Brédif pourrait être recommandé, si l'on décidait que des signaux visuels seraient mis à la disposition des voyageurs.

N° 3.
Le sieur Beauvalet.

M. *Beauvalet*, chef de manutention à la gare de Clermont-Ferrand, après avoir présenté quelques objections contre l'emploi des communications électriques et des disques visuels, pense que le mieux serait de transformer les wagons cellulaires actuels en wagons à circulation commune. En attendant, et comme expédient transitoire, il propose d'installer un timbre sonore sur chaque impériale, auquel aboutiraient des fils de tirage placés dans les compartiments de la voiture. Un agent spécial aurait pour mission de se rendre, par les marchepieds, jusqu'au compartiment qui aurait donné le signal d'alarme. S'il jugeait l'arrêt du train nécessaire, il jetterait de sa place, sur la voie ferrée, un fort pétard.

Nous nous étonnons qu'un employé de chemin de fer ait des idées aussi fausses sur l'efficacité des signaux sonores. Le timbre des impériales éloignées de l'agent ne serait point entendu, et le son du pétard qu'il jetterait sur la voie ne parviendrait point jusqu'au mécanicien.

Le système de M. Bonvalet suppose, d'ailleurs, la possibilité de circuler sur tous les marchepieds; il se lie, en conséquence, à celui du *contrôle de route*, et n'apporte aucune lumière dans l'étude de la question.

N° 4.
Un citoyen
d'Amérique.

Un *citoyen des États-Unis* adresse à M. le préfet de police une lettre dans laquelle il recommande l'emploi du matériel américain. Ce matériel comprend de longues voitures pouvant contenir de 150 à 200 personnes. Un couloir règne dans toute la longueur du wagon. De chaque côté du couloir se trouve une série de banquettes à dossier pour deux personnes. Il existe des voitures d'hommes, des voitures de femmes et des voitures d'hommes et femmes. Les wagons se terminent aux deux bouts par des balcons ou plate-formes; ils sont munis de cabinets d'aisance, etc., etc.

Le matériel américain est assez connu. La lettre que nous venons d'analyser ne nous apprend rien de nouveau.

N° 5.
M. Carpentras.

M. *Carpentras*, voyageur de commerce, demande :

1° Qu'on dispose une persienne à feuillets métalliques très-inclinés, dans la cloison des compartiments au-dessus de la tête des voyageurs;

2° Qu'on abaisse le verrou des portières, pour rendre la sortie des voyageurs très-difficile;

3° Qu'on ferme à la clef les portières de l'entrevoie.

L'emploi des persiennes remédierait à l'isolement des compartiments d'une façon assez simple, mais incommode pour les voyageurs.

La fermeture à clef des portières de l'entrevoie n'offre plus matière à discussion. Si cette précaution présente quelques avantages, on ne saurait se dissimuler qu'elle complique le service des trains et peut, dans certains accidents, priver les voyageurs d'un moyen de salut.

N° 6.
M. A. Chevalier.

M. *A. Chevalier*, de l'Académie impériale de médecine, envoie le numéro du *Courrier des Familles*, en date du 1er juin 1856. Dans un article de ce numéro, M. Chevalier signale le prix élevé des chemins de banlieue aux jours de dimanche; il demande que chaque train contienne un wagon spécial pour les voyageurs indisposés; que les voitures de 2° et de 3° classe soient chauffées; que les voyageurs ne soient point parqués dans les salles d'attente; que les employés soient plus polis.

Cet article est tout à fait à côté de la question qui nous occupe. Nous n'avons point à le discuter.

N° 7.
Le sieur Conil.

M. *Conil*, de Montmartre, trouve qu'une glace dormante placée au-dessus de la tête des voyageurs ne suffirait pas pour assurer leur sécurité. Il arrête la cloison des compartiments à 15 ou 20 centimètres au-dessous du plafond de la voiture, en fermant de chaque côté par un store l'espace vide ainsi ménagé, et il articule la cloison même de manière qu'elle puisse, à la volonté des voyageurs, basculer, d'un côté ou de l'autre, autour d'une charnière. Il suffirait de fermer ou d'ouvrir un simple verrou pour rendre l'appui-tête fixe ou mobile. M. Conil déclare d'ailleurs renoncer pour son invention à tout brevet qui pourrait en entraver l'application.

La disposition imaginée par le sieur Conil peut avoir des avantages, et nous ne croyons point devoir la repousser d'une manière absolue.

N° 8.
M. Cazenave.

M. *Cazenave*, de Gratentour (près Toulouse), ancien employé aux poudres et salpêtres, fait bon marché de toutes les dispositions de timbres, de pédales, de cornets acoustiques, de communications électriques. Il préfère supprimer toutes les cloisons, fermer de glaces les deux parties extrêmes des voitures et, pour la nuit, installer à la tête et à la queue du train de fortes lampes à énergiques réflecteurs, éclairant toute l'étendue du convoi. Un employé, placé en lieu convenable, muni de deux bons yeux et d'une excellente jumelle, aurait pour unique mission de suivre tous les mouvements des voyageurs. A ses deux yeux se joindraient les cent, deux cents, cinq cents yeux des habitants du train. Cette surveillance mutuelle rendrait tout méfait impossible.

Cette analyse de la lettre du sieur Cazenave nous épargne la peine de la discuter.

N° 9.
M. Derheims.

M. *Derheims*, conseiller municipal à Saint-Omer, membre correspondant de l'Académie de médecine, après avoir lu la circulaire ministérielle, ne reconnaît comme efficace que le contrôle de route.

Pour rendre ce contrôle moins dangereux, M. Derheims demande qu'on établisse un garde-corps le long des marchepieds. Ce garde-corps serait évidemment très-utile. Il suffirait qu'il pût passer à travers les ouvrages d'art pour que le contrôleur fût lui-même préservé à cet égard de tout accident. Il empêcherait toute chute de l'agent. L'ouverture des portières nécessiterait, toutefois, dans l'installation des garde-corps, certaines dispositions que le sieur Derheims n'indique pas, mais qu'on peut facilement imaginer.

N° 10.
M. Dessaint.

M. *Dessaint*, professeur à Saint-Omer, propose d'installer, dans toute la longueur du train, un couloir servant au contrôle des billets et à la surveillance des voyageurs. Ce couloir serait séparé des compartiments de voyageurs par une cloison à portes vitrées. Chaque compartiment serait, pour toutes les voitures, réduit à quatre places. Un pont mobile permettrait de passer d'un wagon dans celui qui le précède ou le suit.

En somme, la proposition de M. Dessaint ne constitue qu'une variante du matériel américain, matériel bien connu et généralement repoussé en Europe.

N° 11.
M. de Mat.

M. *de Mat*, demeurant à Paris, ne croit à l'efficacité d'aucune des mesures proposées jusqu'ici. Il pense que toute sécurité serait donnée aux voyageurs, en ne leur permettant l'entrée des compartiments vides qu'au fur et à mesure du remplissage des compartiments précédents, en allant de la tête vers la queue du train.

Lorsqu'un compartiment cesserait en route d'être entièrement occupé, les voyageurs des compartiments suivants seraient contraints de le compléter.

C'est à Sa Majesté même que l'auteur a soumis son étrange proposition.

N° 12.
M. Empeytat.

Le sieur *Empeytat*, ancien sous-directeur du chemin de Versailles (rive gauche), trouve que l'on mesure trop parcimonieusement la place aux voyageurs. Il pense qu'on devrait augmenter le nombre des voitures dans chaque train, ne mettre que trois voyageurs par banquette en 1re classe et quatre en 2e classe. Quant à la question de sécurité, il voudrait que chaque voiture eût un frein et un conducteur spécial. Des tuyaux acoustiques mettraient les voyageurs en communication avec ce conducteur.

La question de dépense ne paraît point arrêter le sieur Empaytat. Nous pensons qu'elle ne peut être aussi complétement négligée.

Le sieur *François*, commis du Mont-de-Piété, pense que le contrôle de route est dangereux pour les employés, inefficace quand le froid couvre les vitres de vapeur ou de glace. Il demande qu'on abaisse les cloisons dans toutes les voitures, comme elles le sont déjà dans celles de 3e classe; qu'on ménage un couloir au milieu du wagon; qu'un pont mobile permette aux employés de passer d'une voiture dans la voiture voisine; qu'il y ait un fumoir à un bout du train, des cabinets d'aisance à l'autre bout.

En résumé, le sieur François demande qu'on introduise en France le wagon américain.

Le sieur *Fuilhan*, architecte à Paris, approuve le contrôle de route. Il propose de placer sur chaque wagon un timbre assez fort pour être entendu du conducteur ou du graisseur d'arrière. Un cordon de tirage réunirait à ce timbre chaque compartiment et ferait apparaître un drapeau qui, la nuit, serait éclairé par un réflecteur. Ces très-vagues indications ne sont, d'ailleurs, accompagnées d'aucun dessin.

L'emploi des timbres sonores est définitivement condamné par la pratique. Nous n'avons rien d'utile à tirer de la lettre du sieur Fuilhan.

Le sieur *Gautier*, de la société d'éclairage au gaz de Saint-Pierre-les-Calais, demande :

1° Que l'on ferme à clef les portières de l'entrevoie;

2° Que l'on supprime les divisions intérieures des voitures;

3° Qu'un couloir intérieur soit réservé, dans chaque wagon, pour la circulation des contrôleurs, et qu'il existe, pour ces derniers, des ponts-levis de communication entre toutes les voitures.

Les motifs qui ont fait supprimer la fermeture à clef des portières s'appliquent à celles de l'entrevoie : les fermer à clef serait, en cas d'accident, priver les voyageurs de tout moyen rapide de sortie.

Les divisions intérieures des voitures paraissent répondre au goût des voyageurs, et il a été même plusieurs fois question de les étendre aux voitures de 3e classe.

Enfin le couloir de service, réservé aux agents du train, suppose, dans le matériel de la Compagnie, la substitution du wagon américain au wagon français.

M. *de Gassot-Champigny*, demeurant au château de M^{re}rebeau, près Moulins, modifie ainsi qu'il suit les compartiments des voitures :

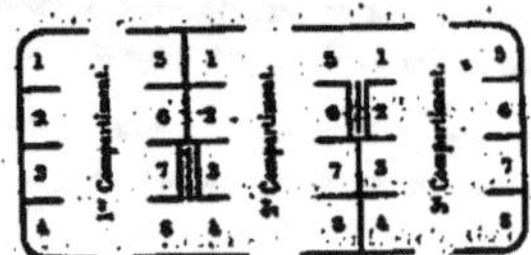

Quand les 8 places du 1er compartiment ne sont pas toutes occupées, le dossier de la place 8 reste enfermé dans une coulisse comprise entre les places 7 du 1er, et 3 du 2e compartiment; le siége de cette place 8 et celui de la place 4 du 2e compartiment sont à fond brisé comme des strapontins, assurant ainsi la communication entre les deux compartiments. Si un voyageur se présente pour occuper l'un des deux siéges vacants, il tire le dossier de sa coulisse. La communication est interceptée; mais l'auteur suppose que le dossier mobile porte une vitre, et laisse deux miroirs, placés au-dessus des places 4 du 1er et 8 du 2e compartiment, suppléer par leur mutuelle réflexion à la communication matérielle qu'intercepte le panneau tiré de sa coulisse.

Les 2e et 3e compartiments communiquent par leurs places 5 et 1, et ainsi de suite.

La disposition recommandée par M. de Gassot-Champigny est ingénieuse. Nous pensons qu'elle est susceptible d'être prise en considération, sans toutefois nous dissimuler qu'elle compliquera sensiblement la construction des voitures.

N° 17.
M. Hugon.

Le sieur *Hugon*, gérant de la Compagnie du gaz portatif, à Paris, propose d'établir une série de tubes acoustiques, non-seulement entre tous les compartiments d'une même voiture, mais encore entre deux voitures consécutives. Un employé placé dans un des wagons aurait l'oreille constamment tendue, et dès qu'il entendrait quelque bruit extraordinaire, se porterait à l'origine de ce bruit.

Nous pensons que ces conduits acoustiques ne transmettraient aucun son, à moins qu'ils ne fussent employés comme porte-voix; qu'un voyageur ayant besoin de secours ne pourrait le demander à chacun des orifices débouchant dans son compartiment; que la transmission du cri jusqu'à l'employé ne pourrait se faire qu'avec le concours des voyageurs placés dans les compartiments extrêmes des wagons, et qu'il suffirait qu'un des compartiments fût inoccupé pour rendre toute transmission ultérieure impossible.

La proposition de M. Hugon ne supporte point la discussion.

N° 18.
M. Labrouche.

Le sieur *Labrouche*, vice-consul de Grèce, à Bayonne, recommande l'emploi du wagon américain. A défaut de ce dernier, il propose d'élargir le marchepied, de le remonter au niveau du plancher des wagons, de le garnir d'un garde-corps, de faire les portières à coulisse. On permettrait ainsi la circulation extérieure tout le long du train, non-seulement aux agents mais aux voyageurs mêmes. La surveillance s'exercerait en commun, les voyageurs indisposés pourraient gagner des water-closets placés à l'extrémité du convoi. Ce système réunirait toutes les conditions de confort et de sécurité!

Les objections que soulève le système du sieur Labrouche se présentent trop naturellement à l'esprit pour qu'il y ait lieu de s'y arrêter.

N° 19.
M. Leroy.

Le sieur *Narcisse Leroy*, entrepreneur de chemins de fer, à Batignolles, a envoyé, sans lettre ni notice, deux feuilles de dessin exécutées par une main habile et représentant une série de voitures d'une disposition toute nouvelle. Chacune d'elles est à deux étages; mais chaque étage n'a que 1^m,50 de hauteur.

Nous n'avons point à discuter ce matériel qui, nonobstant la qualité de l'inventeur, paraît appartenir plus au domaine de la fantaisie qu'à celui de la pratique. En ce qui regarde l'étude des questions indiquées par la circulaire ministérielle, les propositions du sieur Leroy peuvent être rangées parmi celles qui recommandent l'emploi de la voiture américaine.

N° 20.
M. Leprovost.

Le sieur *Leprovost*, ingénieur civil, employé au bureau du matériel de la Compagnie de l'Ouest, annonce qu'il a déposé à la préfecture de Seine-et-Oise une demande de brevet pour la construction de voitures en fer laminé. Il a plus tard, à la date du 6 mars 1861, fait une nouvelle communication plus détaillée et appuyée d'une série de dessins avec devis approximatif du poids et du prix des nouvelles voitures.

En résumé, le sieur Leprovost se rallie à l'emploi du matériel américain. Mais il serait injuste de confondre son travail avec les propositions qui abondent dans le dossier soumis à notre examen et où les signataires se contentent de préconiser en termes généraux le matériel d'outre-mer. M. Leprovost a très-soigneusement étudié la question. Ses dessins annoncent une grande intelligence pratique. Loin de proposer le renouvellement radical du matériel des Compagnies, il conserve tous les châssis actuels, renferme ses modèles dans les gabarits des chemins aujourd'hui construits, et ne substitue ses caisses en fer qu'au fur et à mesure du dépérissement des caisses en bois. L'espace affecté à chaque voyageur serait accru en moyenne de 15 décimètres carrés, environ 3 p. o/o. Un couloir de circulation intérieure régnerait dans toute la longueur du train. Toutes les nécessités de voyage seraient satisfaites, y compris le chauffage en hiver, au moyen de tuyaux de vapeur prise dans la chaudière et l'aérage en été au moyen des orifices résultant de la suppression des tuyaux de vapeur.

En laissant de côté la question de chauffage, nous devons accorder une mention toute particulière à la communication que nous venons d'analyser; et si les Compagnies étaient amenées à introduire le système américain dans leur matériel roulant, nous pensons qu'elles pourraient très-utilement profiter des études de M. Leprovost.

N° 21.
M. Love.

Le sieur *Love*, ingénieur civil, rue de Turin 4, à Paris, rappelle qu'il a déjà soumis, en février 1857, le modèle d'une voiture mixte, à deux étages, destinée à devenir le type unique de tous les wagons à voyageurs. L'emploi de cette voiture suppose une réforme complète des règlements et cahier des charges. Il n'existerait plus que deux classes de places. Mais les trains de vitesse admettraient ces deux classes, et en compensation de l'abaissement moyen des prix pour les trains omnibus, on relèverait ceux des trains accélérés. Il existerait ainsi, en fin de compte, quatre prix différents qui répondraient mieux que les trois prix actuels à l'importance du service rendu. La voiture unique proposée par le sieur Love aurait l'avantage d'alléger les trains en diminuant le nombre des places vides, et le rapport du poids mort au poids utile transporté. Il faudrait à chaque Compagnie moins de voitures, le prix d'acquisition et d'entretien du matériel roulant en serait d'autant réduit.

Les propositions du sieur Love ne sont certainement point sans valeur. Sa voiture aurait, au point de vue qui nous occupe, les avantages du wagon américain. Mais, ainsi que le lui faisait remarquer M. le directeur général des ponts et chaussées et des chemins de fer, dans sa lettre du 12 mars 1857, l'Administration ne saurait prendre aucune initiative à l'égard des modifications qu'il propose d'introduire dans la construction du matériel roulant, et les cahiers des charges forment entre l'État et les Compagnies un contrat qui ne pourrait être revisé que d'un commun accord.

N° 22.
M. Moreau.

Le sieur *Moreau*, de Lons-le-Saunier, se borne à recommander l'emploi du matériel américain qu'il a vu fonctionner sur certains chemins de fer suisses.

N° 23.
M. Noyrit.

Le sieur *Noyrit*, de Nantes, propose de pratiquer dans chaque cloison des voitures un vasistas fermé d'une persienne qui laisserait passer la voix, tout en interceptant la vue. Dans le cas où un compartiment ne contiendrait que deux personnes et où les compartiments adjacents seraient entièrement vides, un surveillant serait tenu de se placer dans l'un de ces derniers.

L'analyse de la lettre du sieur Noyrit nous dispense de toute réflexion.

N° 24.
M. Petitpas.

Le sieur *Petitpas*, conducteur attaché au secrétariat du Conseil des ponts et chaussées, conseille d'adapter au-dessus de chaque compartiment un réflecteur parabolique. Un cordon, dont la poignée serait à la disposition des voyageurs, mettrait la lampe du compartiment à la hauteur du foyer de ce réflecteur et ferait en même temps sonner un timbre.

On sait depuis longtemps qu'un coup de timbre ne saurait être entendu par les agents d'un train en mouvement. L'appareil proposé par le sieur Petitpas ne fonctionnerait donc pas en plein jour, et il n'y a pas lieu de donner suite à la lettre de l'inventeur.

N° 25.
M. Rosneg.

Le sieur *Rosneg*, adjoint au maire de Schelestadt, se borne à recommander le contrôle de route pour le matériel existant, et l'emploi du wagon américain sur les nouvelles lignes, ou sa substitution aux voitures hors de service sur les anciennes lignes.

Il regarde d'ailleurs comme plein d'inconvénient tout appareil mis à la disposition des voyageurs pour communiquer avec les agents du train.

N° 26.
M. Rivaud.

Le sieur *Rivaud*, ancien horloger à Angoulême, propose d'établir, sous les banquettes, des jours fermés par des plaques criblées de trous et permettant d'entendre tous les bruits un peu forts des compartiments voisins. Un tube en caoutchouc établirait la communication acoustique de wagon en wagon. En cas d'accident l'alarme serait donnée de voiture à voiture par les voyageurs jusqu'au garde-frein. L'inventeur reconnaît que l'ouverture des vitres de portières pourrait donner lieu à des courants d'air dans une grande étendue du train; mais le remède serait à côté du mal. Les voyageurs incommodés par les courants manderaient le conducteur qui irait d'autorité fermer les vitres ouvertes et même, s'il était nécessaire, les fixer par dehors.

Le système proposé par M. Rivaud ne nous paraît pas susceptible d'être accueilli avec faveur.

N° 27.
M. Sorel.

M. *Sorel*, commissaire central de police à Saint-Étienne, demande qu'on établisse dans chaque cloison des compartiments une vitre de 0^m,90 de haut, sur 0^m,60 de large. A part les dimensions exagérées de cette vitre, le moyen qu'indique M. Sorel est précisément l'un de ceux que mentionne la circulaire ministérielle.

N° 28.
M. Tigé.

Le sieur *Tigé*, rue de Richelieu n° 83, envoie un dessin assez informe représentant :

1° Un vasistas en glace, rectangulaire, tournant librement autour de son arête supérieure et se tenant ainsi fermé en vertu de son propre poids ;

2° Un tube en caoutchouc allant d'un wagon au suivant et fermé par un obturateur en bois dont les voyageurs auraient la libre disposition pour faire arriver l'avertissement d'alarme jusqu'au chef de train.

Le premier de ces appareils est précisément indiqué dans la circulaire ministérielle. Le second suppose que les divers compartiments du train sont tous occupés.

N° 29.
M. Tourette.

Le sieur *Tourette*, géomètre à Remoulin (Gard), propose d'établir une communication acoustique dans toute la longueur du train, au moyen d'un tube métallique rectiligne placé intérieurement au haut de chaque wagon. Une ouverture munie d'un grillage serait pratiquée dans ce tube dans chaque compartiment. Un bout mobile de tuyau en caoutchouc établirait, de wagon en wagon, la continuité du tube métallique.

Nous pensons que ce tube ne transmettrait aucun son distinct, et qu'il ne pourrait servir qu'à titre de porte-voix.

N° 30.
M. Nobecourt.

Le sieur *Nobecourt*, dessinateur au bureau des études du matériel du chemin de fer du Nord, annonce un moyen très-facile de mettre les voyageurs en communication avec le chef de train. Il produit quatre dessins destinés à faire comprendre le mécanisme de son appareil. Cet appareil est loin d'être simple. Une corde, spéciale à chaque voiture, aboutirait au marteau d'un timbre placé dans le fourgon du chef de train ; elle mettrait en jeu un index spécial dont le numéro correspondrait à celui de la voiture qui ferait appel au conducteur. Il en résulte qu'un train de 12 à 15 voitures aurait besoin de 12 à 15 cordes de tirage et de 12 à 15 index distincts. On voit d'ailleurs, par les dessins de l'inventeur, que les wagons devraient toujours être placés dans le même sens par rapport à la marche du train, et l'on sait qu'un wagon doit au contraire être entièrement symétrique des deux bouts. L'attelage et la composition des trains seraient donc des plus compliqués et à peu près impossibles dans une manœuvre de nuit.

On ne peut rien tirer de la proposition du sieur Nobecourt.

N° 31.
M. Fragneau.

M. *Fragneau*, constructeur de machines à Bordeaux, rue Sanbat n° 56, rappelle dans une lettre adressée au service du contrôle du Midi, qu'il avait, en juillet 1853, installé sur un des trains de cette ligne un petit appareil qui, renfermé sous le siège du conducteur du train, se composait d'un sifflet électrique mis en communication avec un bouton situé dans chaque compartiment des voitures. Ce bouton était disposé au centre d'une inscription réglementaire destinée à en prévenir l'abus et ne pouvait être remis en place sans le secours d'un agent. Un petit indicateur s'élevait au-dessus du compartiment au moment même où on y faisait usage du bouton d'avertissement.

Les expériences furent faites en présence du directeur, des ingénieurs et des membres de l'Administration. L'appareil coûtait 5oo francs par trains de 22 voitures. M. Fragneau ne dit pas pourquoi les expériences n'ont reçu aucune suite. Son système offre, quant aux résultats, une analogie complète avec celui que M. Prud-homme vient d'essayer sur la ligne de l'Est.

N° 32.
M. Lartigau.

Le service du contrôle du Midi transmet, avec un avis défavorable, une lettre dans laquelle le sieur *Lartigau*, demeurant à Bordeaux, propose d'établir dans chaque cloison de voiture une porte pour la circulation des voyageurs et des agents du train. Cette porte entraînerait la suppression d'une place par banquette dans chaque voiture de 2ᵉ classe et le rétrécissement des places de 1ʳᵉ classe. Cette modification ne serait qu'une application du système américain au matériel actuel.

CHEMINS VICINAUX

DE GRANDE COMMUNICATION

DESTINÉS A ÊTRE TRANSFORMÉS EN CHEMINS DE FER.

CHEMINS EN COURS D'EXÉCUTION.

DE STRASBOURG À BARR, WASSELONNE ET MUTZIG.

(Longueur réelle : 48^k,526^m,3o; en nombre rond : 49 kilomètres.)

DE HAGUENAU À NIEDERBRONN.

(Longueur réelle : 19^k,54o^m,3o; en nombre rond : 20 kilomètres.)

TABLEAU transmis par M. COUMES, ingénieur en chef des ponts et chaussées.

RÉSUMÉ DES DÉPENS[ES TOTA...]

Pour la construction de la voie vicinale et pour sa transform[ation en voie...]

NATURE DES DÉPENSES.	
Construction de la voie vicinale. (Aux frais des communes et du département, et avec des subventions industrielles librement consenties.)	Frais généraux. (Études, projets et surveillance des travaux par le personnel du servic[e vicinal] et sur les fonds de ce service)............
	Acquisition des terrains............
	Terrassements et chaussée formant ballast............
	Ouvrages d'art............
	Totaux pour la construction de la voie vicinale...
Transformation de la voie vicinale en voie ferrée. — Partie aux frais du département.	Stations............
	Maisons et guérites des gardes, barrières des passages à niveau, et clôture des station[s seu]lement. (La clôture longitudinale des chemins non comprise.)............
	Traverses en bois pour supports de rails. (L'injection non comprisé.)............
	Poteaux et fils du télégraphe électrique. (Les appareils de transmission non compris.)............
	Totaux............
Partie aux frais de la société concessionnaire.	Voie ferrée, pour injection des traverses, fourniture des rails et du matériel fixe, et pas compris les voies de garage.)............
	Intérêts pendant la construction, et frais généraux............
	Totaux............
	Totaux pour la transformation en voie ferrée...
Construction de la voie vicinale et transformation en voie ferrée; ensemble............	
Pour les deux chemins ensemble............	

S...TOTALES ET PAR KILOMÈTRE

...voie ferrée, selon les estimations rectifiées pendant l'exécution.

	CHEMIN DE STRASBOURG À BARR, WASSELONNE ET MUTZIG.		CHEMIN DE HAGUENAU À NIEDERBRONN.		OBSERVATIONS.
	MONTANT DES DÉPENSES.		MONTANT DES DÉPENSES.		
	TOTALES.	PAR KILOMÈTRE, pour 49 kilomètres.	TOTALES.	PAR KILOMÈTRE, pour 20 kilomètres.	
	827,868f 34c	16,895f 00c	166,459f 45c	8,323f 00c	Les dépenses ci-contre sont conformes aux estimations rectifiées pendant l'exécution.
	822,785 28	16,792 00	154,647 57	7,732 00	
	183,500 00	3,745 00	78,000 00	3,900 00	
	1,834,153 62	39,432 00	399,107 02	19,955 00	
	418,906 00	8,522 59	153,254 00	7,809 72	Cette partie de la dépense de transformation est reproduite selon les estimations qui ont servi de base aux subventions pécuniaires à payer par le département, en vertu des traités passés avec les sociétés sollicitant les concessions.
	74,290 00	1,511 44	20,820 00	1,060 96	
	206,563 00	4,202 50	86,716 00	4,418 99	
	12,788 25	260 17	4,906 00	250 01	
	712,547 25	14,496 70	265,696 00	13,539 68	
	1,715,000 00	35,000 00	700,000 00	35,000 00	Les dépenses sont établies selon les estimations totales préparées lors de la formation du capital des deux sociétés sollicitant les concessions et une subvention de l'État.
	85,000 00	1,735 00	34,700 00	1,735 00	
	1,800,000 00	36,735 00	734,700 00	36,735 00	
	2,513,047 25	51,231 70	1,000,396 00	50,274 68	
	4,347,200 87	88,663 70	1,399,503 02	70,229 68	

Dépense totale..........	5,746,703f 00c
Dépense par kilomètre. (pour 49 kilomètres.)...	83,300 00
pour 70 kilomètres.....	82,096 00

L'exposé des motifs de la loi du 2 juillet 1862, relative à une imposition extraordinaire du département du Bas-Rhin, applicable à la construction d'un troisième chemin de Schlestadt à Sainte-Marie-aux-Mines, annonce que le prix de revient des deux chemins en cours d'exécution ne dépassera pas 82 à 83,000 francs par kilomètre, en comptant ensemble 70 kilomètres.

NOTE

SUR LE SYSTÈME ARTICULÉ, PAR M. ARNOUX.

———

Messieurs,

Mon intention est d'éviter ici toute discussion technique; mais afin d'exposer avec clarté les avantages que j'attribue au système articulé, je demande la permission de rappeler brièvement les faits qui se sont produits et qui me paraissent être la conséquence des défauts principaux que je reproche au système parallèle en usage, en ce qu'ils ont de contraire aux économies qu'on voudrait obtenir dans l'établissement et dans l'exploitation des chemins de fer.

Je crois être ainsi complétement dans la question.

Les voies de fer sont incontestablement les plus parfaites de toutes celles qui existent. La dureté et la régularité de la surface de roulement font que la résistance à la traction y est du 200me du poids brut remorqué, tandis que sur les routes ordinaires cette résistance est du 20me ou 25me de ce poids. Ces mêmes qualités ont rendu possible l'emploi de la vapeur comme moyen de traction, ce qui a permis d'obtenir et de dépasser des vitesses de 30 et 60 kilomètres à l'heure pour la marchandise et les voyageurs, tandis qu'elle n'est que de 4 et 12 kilomètres sur les routes.

Ces avantages presque fabuleux se sont réalisés et se réalisent encore sur les lignes droites ou presque droites sur lesquelles le matériel parallèle en usage ne rencontre pas de résistances anormales; mais ils s'amoindrissent lorsque, pour obtenir quelques économies importantes dans l'établissement de la voie, on est obligé d'introduire des courbes dans les tracés.

Lorsqu'on voit les voitures de terre, si simples et si légères, eu égard aux aspérités du chemin qu'elles parcourent, circuler sans effort et avec une égale facilité sur les lignes droites et sur les courbes du plus petit rayon, on se demande comment, pour des voies plus parfaites, on n'a pas cherché à appliquer les seuls principes rationnels, la liberté des roues et la direction perpendiculaire des essieux au chemin qu'ils parcourent.

Tout porte à croire qu'on s'est laissé tromper par l'analogie apparente de ces voies nouvelles avec les petites voies de fer en usage dans les mines ou autres établissements industriels, et qu'on a été séduit par l'extrême simplicité de montage des wagonnaux qui constituent tout le matériel roulant de ces voies de service intérieur.

La première qualité de ces wagonnaux devait être une extrême facilité à se mouvoir individuellement dans les deux sens, et c'est ce qu'on obtint avec des essieux très-rapprochés, des roues fixées sur les essieux et des voies très-étroites. Avec ces précautions, ils passent en effet sur des courbes de très-petit rayon, mais à la condition de ne pas avoir de vitesse, d'y éprouver des frottements considérables et d'y dérailler fréquemment. Tout, on le voit, était sacrifié aux qualités que je viens d'indiquer.

Il ne pouvait en être ainsi des wagons de chemin de fer destinés, au contraire, à franchir de grandes distances en convois, à prendre de grandes vitesses et à donner avant tout une sécurité parfaite.

Ce fut cependant le système adopté; toutefois, on apporta plus de soins dans la construction, la voie fut portée à la largeur, encore insuffisante, de 1ᵐ,50, et les essieux reçurent un écartement convenable pour assurer la stabilité; mais, à l'instar des wagonaux de mines, les wagons se dirigent eux-mêmes sur la voie, soit qu'ils soient poussés isolément, soit qu'ils fassent partie d'un convoi; car les bouts de chaîne qui les réunissent n'opèrent que la traction. Il me paraît facile de prouver que c'est à ces dispositions acceptables en ligne droite, insolites sur les courbes, que sont dues les difficultés qui entravent le développement des chemins de fer. Dans ces considérations, je n'excepte pas les locomotives, parce qu'à ce point de vue, il n'est question que de leurs trains qui ne se comportent pas autrement que les wagons, tandis que l'écartement de leurs essieux étant plus grand, elles éprouvent plutôt les résistances attribuées au parallélisme.

Dès l'origine, ces inconvénients graves avaient été sentis, et, dans l'intérêt de la sécurité, ils avaient donné lieu à des prescriptions tellement sévères, quant aux rayons des courbes, que, si elles n'avaient été modifiées, elles eussent réduit considérablement les directions sur lesquelles il était possible de construire des chemins de fer à moins de dépenses hors de toute proportion avec l'importance des transports.

Il me paraît facile d'établir par des faits que cet état de choses, peu sensible d'abord, s'est aggravé à chaque diminution de courbes, et qu'on altère ainsi progressivement les avantages qui constituent la supériorité des chemins de fer, à savoir : la sécurité, la vitesse et l'économie.

On sait que ce n'a été que poussés par d'impérieuses nécessités et, on peut ajouter, toujours à regret, parce qu'ils en sentaient les inconvénients, que les ingénieurs ont été progressivement obligés d'adopter des courbes qui, de 1,500 mètres de rayon, sont descendues à 300, et des rampes qui, de 5 millimètres, se sont élevées à 17. Ainsi, ces deux conditions fondamentales de courbes plus petites et de rampes plus fortes, que les Commissions consultées n'ont cessé d'indiquer comme les seules susceptibles de procurer des économies notables, se sont modifiées par la force des choses, en dépit des dangers, heureusement jusqu'ici plus théoriques que réels, que présente le système parallèle dans les courbes, et d'une résistance plus grande dont les conséquences ont été une diminution de vitesse et une augmentation de puissance et par conséquent de poids des machines et des rails.

Sans parler des conditions exceptionnelles qui, pour le passage des montagnes, pourront obliger parfois à réduire le plus possible les rayons des courbes, ne doit-on pas s'attendre à ce que les mêmes nécessités qui ont progressivement modifié les limites qu'on s'est successivement imposées, ne s'arrêteront pas précisément, pour les courbes, à celle de 300 mètres, quand déjà elle est dépassée dans de nouveaux projets, et quand surtout le besoin de diminuer les frais de transports et les frais accessoires devient de plus en plus impérieux?

Si, de ces considérations qui concernent l'établissement de la voie, on passe à l'examen des frais d'exploitation, on retrouve également des faits qui jettent une vive lumière sur cette partie de la question.

Dans l'origine, on se le rappelle, les locomotives n'avaient qu'un seul essieu moteur, comme cela existe encore pour beaucoup de machines à voyageurs; ces machines n'offrant, comme adhérence, qu'un poids inférieur à la moitié de leur poids total, étaient très-sensibles aux résistances accidentelles; aussi les mécaniciens en retard se rejetaient-ils toujours sur le patinage de leurs machines dans les courbes, et cependant, à l'époque où nous nous reportons, les courbes n'avaient pas moins de 1,000 mètres de rayon; mais, comme le même fait se reproduit aujourd'hui quel que soit le système des locomotives, cela paraît prouver qu'en admettant quelque exagération dans ces plaintes, elles ont encore quelque chose de vrai.

Lorsqu'on ouvrit le chemin de Versailles (rive droite), on entendit taxer d'imprudence les ingénieurs qui avaient eu le courage d'appliquer la première courbe de 800 mètres au raccordement d'Asnières, et même accuser l'Administration de faiblesse pour l'avoir autorisée. Il est notoire qu'eu égard à l'état du matériel à cette époque, où on était encore dans toute la rigidité du parallélisme des essieux et de l'écartement de la voie, on dut prendre des mesures pour atténuer les résistances que présentait cette seule courbe, aujourd'hui oubliée, si ce n'est dans les comptes d'entretien de ce chemin qui, comparés, dit-on, à ceux du chemin de Saint-Germain, son voisin, en offrent une preuve incontestable.

Plus tard, que n'a-t-on pas dit à propos de la courbe de 500 mètres de la sortie de la gare de Dijon? n'exigea-t-elle pas de nouvelles mesures palliatives, bien qu'elle fût sur un point où les trains sont sans vitesse à cause de la proximité du stationnement?

Ces exemples, que plusieurs d'entre vous, Messieurs, pourraient augmenter par d'autres plus récents et surtout plus significatifs, prouvent incontestablement que les résistances sont rapidement croissantes avec la diminution des rayons des courbes. Il est évident que, dominé par la nécessité, on s'est enhardi à abuser de plus en plus du rippement et du glissement des roues sur les rails, sauf à augmenter la force et le poids des machines et par suite la force et le poids des rails.

Je n'oublie pas que je parle devant une Commission dont tous les membres sont mieux posés que moi pour achever ma pensée; aussi éviterai-je d'entrer dans de plus grands détails, en finissant sur ce point par un seul chiffre qui m'a été donné tout récemment, c'est que sur les lignes à petites courbes, il n'est plus possible de compter, pour déterminer la charge des trains, sur un coefficient supérieur au 100ᵐ, tandis qu'il est, en ligne droite, d'un 200ᵐ, et sur une vitesse supérieure à 30 kilomètres, sans courir quelques dangers.

Il était tout naturel que les locomotives dont l'écartement des essieux n'a pas pu être fixé au-dessous de 3ᵐ,20, résistassent avant les wagons dont l'écartement des essieux est de 2ᵐ,70. Si on déclare aujourd'hui que, sur les courbes de 500 mètres, il faut pour les locomotives trouver un remède, est-ce à dire que les wagons y passent sans effort? Je crois avoir prouvé qu'aussitôt qu'il y a courbe, la résistance des trains parallèles se fait sentir, légèrement sans doute, mais qu'elle croît rapidement.

J'ai peu de choses à dire, on le comprend, des procédés au moyen desquels on cherche à remédier à la résistance des locomotives dans ces courbes; ils sont appréciés diversement, mais ils présentent tous une sorte de dérangement dans l'harmonie et le système de construction des locomotives, et on peut craindre qu'il n'y ait danger d'en forcer l'usage, soit sur de plus petites courbes, soit avec plus de vitesse. Qu'il me soit permis de faire remarquer que nous sommes encore bien loin de la liberté dont j'ai parlé et à laquelle on ne doit cesser d'aspirer, parce que ses résultats seront inappréciables et parce qu'on l'obtient, je le répète, sur des voies moins parfaites.

Il me paraît difficile qu'on cherche à s'étourdir plus longtemps sur les conséquences de ces résistances en déclarant qu'en définitive ce n'est qu'une dépense de quelques kilogrammes de plus de fer et de combustible, car cela prend des proportions trop grandes. En fait de machines, il est une règle que ne doivent pas perdre de vue ceux qui ont besoin de compter, et cette règle, surtout applicable aux chemins de fer, est que toute la portion du travail d'une machine qui n'est pas utilisée à vaincre la résistance normale est employée à la destruction de la machine elle-même; or, dans l'espèce, la voie est une partie très-essentielle de la machine, et elle souffre comme la locomotive qu'elle porte; cette observation a quelque valeur quand on est dans l'obligation de pourvoir au renouvellement du matériel, tant fixe que roulant.

On citait naguère un roulier qui, après un dégel, avait bouleversé 1 à 2 kilomètres de pavés en échappant aux barrières fermées; ne serait-il pas à craindre qu'une locomotive trop serrée dans la voie ne produisît un effet analogue?

Toutes ces considérations, qui me frappaient depuis longtemps et dont je prévoyais les conséquences, étaient bien faites pour m'encourager à reprendre avec ardeur mes anciennes convictions.

Je n'entrerai pas ici dans la description du système articulé tel qu'il est appliqué au chemin de fer de Sceaux, que chacun de vous, Messieurs, connaît depuis longtemps; mais je dois expliquer l'origine et le but des perfectionnements que j'y ai récemment apportés.

Lorsqu'il y a moins de trois ans, l'attention fut appelée sur la dépense considérable de certains chemins qui auraient pu être construits dans des conditions moins coûteuses, on m'observa alors que l'un des reproches qu'on faisait aux wagons articulés était de ne pouvoir se confondre dans les gares et dans les trains avec les wagons ordinaires, ce qui entraînerait une grande gêne. J'ai répondu par une disposition qui donnait satisfaction à cette objection. Je ne reviendrai pas sur ce procédé, qui a été jugé par une commission qui a consigné son approbation dans un rapport qui doit être sous les yeux de la Commission.

Depuis, une question plus grave dans ses conséquences a été soulevée, c'est celle de la suppression des galets. A ce propos deux observations m'ont été faites, la Commission me permettra de les citer textuellement à cause de leur importance. Comme elles partaient de deux points de vue différents pour arriver à la même conclusion, elles devaient plus particulièrement fixer mon attention.

Dans la première, on n'admettait pas l'utilité de courbes plus petites que 300 mètres, parce qu'on pensait qu'elles devaient suffire dans tous les cas; les wagons, tels qu'ils sont, passant, disait-on, sans trop de résistances dans ces courbes, il n'y avait pas lieu de modifier cette partie du matériel; tandis que les locomotives y éprouvant de grandes résistances, il fallait y apporter un remède. C'était, ajoutait-on, la seule difficulté dont il fût urgent de s'occuper.

En ce qui touche les wagons, il était donc inutile de persévérer à me préoccuper d'un changement; mais à l'égard des locomotives, si on pouvait supprimer les galets, il me paraissait possible de trouver dans les locomotives articulées l'élément d'une bonne solution de la difficulté.

Contrairement à cette manière de voir, dans la seconde observation on déclarait que si jusqu'à ce jour on n'avait pas cru devoir s'occuper de petites courbes, c'était uniquement parce que le besoin ne s'en était pas fait sentir; mais que comme il devenait urgent d'y penser, il faudrait bien trouver un matériel convenable. A ce propos on faisait remarquer que malgré quelques imperfections graves du matériel articulé, il offrait quelques détails avantageux. Ainsi, l'attelage rigide avait moins d'inconvénients qu'on ne l'avait craint dans l'origine; la liberté des roues devait présenter des économies incontestables; la disposition des parallélogrammes adoptée pour la convergence paraissait suffisamment pratique; mais la direction par les galets ne devait jamais être adoptée par les Compagnies, parce qu'en supposant même qu'on consentît à localiser le service des locomotives sur les embranchements à petites courbes, il y aurait à faire établir dans les gares de jonction des voies spéciales, puisque le passage des galets exigeait des dispositions de croisements et d'aiguilles autres que celles en usage, et qu'il en résulterait nécessairement des difficultés et des dépenses que les Compagnies n'accepteraient pas.

De toute manière la question était, comme on le voit, très-nettement posée, et il fallait trouver un autre procédé de direction pour les essieux de tête, qui remplaçât complétement les galets et qui n'eût pas leurs inconvénients.

Si, comme je l'ai cru trop longtemps, c'eût été une impossibilité, il eût été certainement fâcheux de se priver pour cela d'un moyen qui, en définitive, pouvait conduire à des économies réelles, à cause d'une disposition qui cependant remplissait et remplit encore le but.

Heureusement le moyen était tout à la fois simple, facile et économique en ce qu'il supprimait une dépense qu'on a évaluée au cinquième des frais d'entretien.

Ce procédé a été parfaitement et très-clairement décrit dans le rapport de la Commission chargée de l'examiner et qui, après des épreuves tout à fait satisfaisantes sur un wagon, a conclu à ce qu'il fût promptement appliqué à une locomotive.

Cette Commission pense qu'il y a tout espoir d'obtenir le même succès, mais qu'il est prudent, en pareille matière, de faire cet essai, et je partage complétement son avis.

Si l'épreuve réussit, le système articulé me paraît devoir offrir la réponse aux deux observations que j'ai citées, aussi bien pour pousser jusqu'à sa dernière limite l'usage du matériel actuel, que pour permettre, sans restriction, l'emploi des petites courbes, en laissant aux ingénieurs chargés des études, toute la latitude qu'ils ont pour le tracé des routes.

Il me reste à résumer les avantages que doit présenter le système articulé, au triple point de vue des économies, de la vitesse et de la sécurité. Ainsi que je l'ai fait pour la critique du système parallèle, je m'appuyerai sur des faits.

Sans doute le système, tel qu'il était avant ces derniers perfectionnements, était complet et applicable; mais il donnait prise à la critique par la difficulté de le raccorder avec le matériel actuel, et il faut convenir que c'était une gêne. Aujourd'hui, sous la réserve des succès du nouveau mode de direction, succès déjà obtenu sur un wagon et qui n'est qu'une question d'exécution pour les locomotives, je présente le système avec une confiance d'autant plus grande, que tout en donnant pour les tracés la liberté de mouvement la plus complète, il se relie parfaitement au système actuel, qu'il se prête à une transition aussi lente que les Compagnies le jugeront utile à leurs intérêts, et aussi parce qu'il répond à un besoin du moment, soit pour prolonger autant que possible l'usage des wagons parallèles sur les courbes, soit pour obtenir des moyens de traction plus puissants, puisqu'il se prête à toutes les recherches que l'on tente dans ce but.

<table><tr><td>Économies
sur
les frais d'établissement.</td><td></td></tr></table>

L'un des membres de la Commission a été chargé d'évaluer les économies qui résulteraient de l'usage des petites courbes, en se rendant compte des rectifications qu'on pourrait faire aux passages les plus difficiles d'un projet dont il avait dirigé les études; je lui laisse bien volontiers la parole sur ce point le plus important de tous.

Pour faciliter des études du même genre, je me bornerai à rappeler que depuis le 3 août 1854 deux courbes en S, de 100 mètres, sont parcourues quatorze fois par jour, avec la vitesse de 35 et souvent 40 kilomètres, et que cela n'a pas donné lieu même à un arrêt (à ma connaissance); que depuis juin 1846 les courbes des lacets de Sceaux, qui ont de 50 à 60 mètres de rayon, sont parcourues en moyenne trente fois par jour, avec une vitesse d'environ 30 kilomètres, et jamais les trains articulés n'y ont déraillé; enfin j'observe que les rayons des courbes des gares sont de 30 mètres, que les premiers essais ont été faits sur une courbe de 18 mètres et que c'est sur ces courbes qu'il a été constaté que la résistance était constante.

<table><tr><td>Économies
sur la résistance
à la traction.</td><td></td></tr></table>

Les rampes ont été également recommandées comme un moyen certain d'obtenir des économies, surtout quand on peut les combiner avec des courbes et mieux encore les employer simultanément avec elles. Avec les trains articulés on est certain de n'avoir à ajouter à la résistance normale que la résistance due à la déclivité des rampes; mais pour celle-ci, l'avantage que donne la barre articulée qui forme l'axe du convoi, de recevoir le mouvement sur un point quelconque de sa longueur et même de multiplier les points d'application de la puissance, donne la solution la plus simple et la plus naturelle des rampes; c'est la seule à laquelle on ait recours sur les routes, c'est le cheval de renfort.

Cette considération conduit à une autre que nous ne devons pas oublier, parce qu'elle met un terme aux augmentations progressives du poids des rails et même à leur remplacement par des rails en acier. La nécessité d'avoir des machines dont la puissance est calculée sur l'obstacle le plus grand, a fait porter à sept et même huit tonnes le poids portant sur chacune des roues qui marchent en tête; la conséquence a été d'adopter des rails plus forts. Or, en répartissant le poids également sur toutes les roues motrices, puisque les machines ont d'autres moyens de direction, on pourra revenir aux rails de 34 kilos, suffisants pour des roues chargées de cinq tonnes.

Je ne reviendrai pas sur les économies que pourra donner l'entretien du matériel;

les chiffres qui ont été relevés s'appliquent à un état qu'on peut considérer comme arriéré, qui, comme le système actuel, devra subir des améliorations par suite des observations que le service a provoquées. Je crois être parfaitement autorisé à dire qu'on ne me ferait aucune concession, en admettant que l'emploi d'un matériel qui suit naturellement la voie doit entraîner moins de frais qu'un matériel toujours en lutte contre des effets qui le repoussent sur la voie qu'il tend à abandonner.

Vitesse.

Les essais faits pendant un mois, et dans une très-mauvaise saison, de plusieurs voitures articulées dans les trains express de Calais, me paraissent propres à rassurer sur la vitesse que peuvent prendre ces voitures. Il y avait de fortes raisons d'espérer qu'il en serait ainsi, mais encore est-il bon qu'une recherche qui avait un tout autre but, ait été faite et ait donné ce résultat.

Sécurité.

La sécurité ne peut être mise en doute, quand on réfléchit au service de quatorze ans, moins quatre mois, que ce matériel a fait sur le chemin de Sceaux, surchargé d'obstacles créés avec l'intention de le mettre à l'épreuve et ayant subi une autre épreuve, plus forte peut-être, celle de la mauvaise fortune, due au défaut d'aliment suffisant, et tout cela sans le plus léger accident.

En présence des économies considérables que pourra donner, sur certaines directions, l'application du système, on eût pu supporter quelque gêne ou se priver de quelques avantages; heureusement on n'aura aucun sacrifice à faire sous quelque rapport que ce soit, les habitudes même pourront être conservées.

La crainte d'oublier des observations auxquelles la Commission attacherait quelque intérêt, ou d'en rappeler de moins utiles, m'a décidé à chercher à n'omettre, autant que possible, aucune de celles dont j'ai eu l'honneur de l'entretenir. MM. les Secrétaires, plus à portée que moi d'en juger, voudront bien faire eux-mêmes le choix de celles qu'ils croiront utile de conserver au procès-verbal.

ÉTUDE

DE LA QUESTION DES FREINS.

Le Ministre de l'Agriculture, du Commerce et des Travaux publics, en même temps qu'il organisait la Commission des travaux de laquelle ce livre est destiné à rendre compte, chargeait une Commission spéciale[1] d'étudier la question des freins appliqués aux convois de chemins de fer.

Un arrêté ministériel, en date du 16 avril 1849, avait fixé le nombre de garde-freins que devait contenir un train, suivant sa composition. Mais depuis cette époque, et quoiqu'il soit vrai de dire encore aujourd'hui qu'il n'y a qu'un très-petit nombre d'accidents dus à l'insuffisance des freins, la vitesse des trains a augmenté, ainsi que leur masse; les locomotives ont plus de puissance; on a admis des rampes d'une déclivité qu'on proscrivait autrefois; enfin, le trafic des chemins de fer s'étant accru, il circule sur les voies un plus grand nombre de trains animés de vitesses différentes et demandant des manœuvres plus promptes et plus énergiques pour éviter les chocs et les collisions.

Dans cette situation, l'Administration a dû se poser la question de savoir s'il n'y avait pas lieu de modifier dans quelques-unes de ses parties l'arrêté du 16 avril 1849.

La Commission a délibéré sur cette question, et l'on trouvera ci-après les conclusions de son rapport.

---

[1] Cette Commission est composée de MM. *Combes*, président; *Mary*, *Couche*, *Sauvage*, *Petiet* et *Bochet*, secrétaire rapporteur.

AVIS
DE LA COMMISSION DES FREINS.

La Commission,

Considérant que les freins actuellement usités suffisent généralement pour garantir la sécurité des trains;

Que, néanmoins, la faculté d'arrêter plus promptement serait, dans certains cas, d'une utilité incontestable;

Que les essais multipliés dont les freins de divers systèmes ont été l'objet, pendant ces dernières années, sur les chemins de fer français, prouvent que l'importance de la question est parfaitement comprise par la plupart des Compagnies;

Est d'avis que :

1° Il n'y a pas lieu, dans l'état, de modifier la réglementation actuelle pour les freins;

2° Il y a lieu d'inviter les Compagnies qui ont déjà entrepris des expériences sur divers systèmes de freins à les poursuivre, et celles qui sont jusqu'à présent restées en dehors de ces essais, à entrer dans la même voie;

3° Il conviendrait d'inviter les Compagnies à étudier l'application de freins énergiques aux locomotives;

4° Il y a lieu d'appeler tout particulièrement l'attention des Compagnies sur les freins automoteurs, déjà en usage sur quelques lignes, et, en général, sur l'importance qu'il y aurait à placer les moyens d'arrêt à la main du mécanicien.

Paris, 3 juin 1863.

Pour copie conforme :
Le Secrétaire de la Commission,
BOCHET.

TABLE DES MATIÈRES.